Elektrizität und Magnetismus

Stefan Roth
Achim Stahl

Elektrizität und Magnetismus

Experimentalphysik – anschaulich erklärt

 Springer

Stefan Roth
Aachen, Deutschland

Achim Stahl
Aachen, Deutschland

ISBN 978-3-662-54444-0
https://doi.org/10.1007/978-3-662-54445-7

ISBN 978-3-662-54445-7 (eBook)

Die Deutsche Nationalbibliothek verzeichnet diese Publikation in der Deutschen Nationalbibliografie; detaillierte bibliografische Daten sind im Internet über http://dnb.d-nb.de abrufbar.

Planung und Lektorat: Lisa Edelhäuser, Martina Mechler

Gedruckt auf säurefreiem und chlorfrei gebleichtem Papier

Springer Spektrum ist ein Imprint der eingetragenen Gesellschaft Springer-Verlag GmbH, DE und ist ein Teil von Springer Nature. Die Anschrift der Gesellschaft ist: Heidelberger Platz 3, 14197 Berlin, Germany

Vorwort

Dies ist der zweite Band eines Werkes über die Grundlagen der Experimentalphysik. Er ist aus der Vorlesung „Experimentalphysik 2" entstanden, die wir für unsere Studienanfänger im Fach Physik an der RWTH Aachen gehalten haben. Das vorliegende Buch wendet sich aber nicht nur an Studierende der Physik, sondern an alle, die die Experimentalphysik erlernen wollen. Die Vorlesung ist geprägt von den vielen Experimenten, die wir dabei vorführen. Wir haben versucht, die Freude am Experimentieren in diesem Buch einzufangen und weiterzugeben. Wir hoffen, dass uns dies einigermaßen gelungen ist. Manche der vorgestellten Experimente können Sie selbst nachmachen. Versuchen Sie es! Das macht erst richtig Spaß. Doch mit Experimentieren allein ist es nicht getan. Sie müssen sich mit den Modellvorstellungen und Erklärungsweisen der Physik auseinandersetzen. Das Buch will Sie auch dabei unterstützen.

Dieses Buch ist Teil einer Reihe über die Experimentalphysik. Thematisch behandelt der vorliegende Band den Elektromagnetismus. Das Buch ist in drei Teile untergliedert. Diese sind:

1. Die Elektrostatik: Hier führen wir die elektrische Ladung ein, zeigen, welche Kräfte zwischen den Ladungen wirken und welche Phänomene mit ruhenden Ladungen verbunden sind.
2. Die Magnetostatik: In diesen Kapiteln besprechen wir elektrische Ströme und die Magnetfelder, die im Zusammenhang mit Strömen auftreten. Allerdings beschränken wir uns hier noch auf zeitlich konstante Ströme.
3. Die Elektrodynamik: Im dritten Teil behandeln wir schließlich Ladungen, die sich beliebig bewegen können. Damit lassen wir in diesem Teil auch zeitlich veränderliche Ströme zu, was zu einer Verknüpfung von elektrischen und magnetischen Phänomenen führt.

Für das Verständnis des Buchs ist ein besonderes Vorwissen über Physik nicht erforderlich. Vielmehr werden grundlegende Inhalte der Schulphysik sogar wiederholt. Allerdings setzen wir Schulkenntnisse in Mathematik voraus und greifen an der einen oder anderen Stelle auf mathematische Verfahren zurück, die wir im ersten Band eingeführt haben. Den Anhang „Mathematische Grundlagen", den Sie vielleicht schon aus dem ersten Band kennen, haben wir noch um ein paar wenige Themen, die besondere Bedeutung für die Elektrizitätslehre haben, ergänzt. Sollte Ihnen die Mathematik Schwierigkeiten bereiten, beabsichtigt dieser Anhang eine Brücke zu den Büchern der Mathematik zu schlagen, von denen wir Ihnen einige am Anfang des mathematischen Anhangs nennen.

Auch zu Beginn des zweiten Bandes ist es uns wichtig, Sie darauf hinzuweisen, dass dieses Buch Ihnen den Stoff zwar präsentiert, aber Sie ihn sich selbst erarbeiten müssen. Verstehen Sie das vorliegende Lehrbuch als ein Angebot, das Ihnen das Erarbeiten des Stoffes erleichtern soll. Das eigentliche Verstehen geschieht in Ihrem Kopf. Dort müssen Sie sich ein eigenes Gedankengebäude der Physik mit Ihren Vorstellungen, Erklärungen und Zusammenhängen errichten.

Zum Aufbau des Buches: Die drei Teile sind in Kapitel untergliedert. Jedes Kapitel besteht aus einem erklärenden Text, der zusammen mit Abbildungen und Gleichungen den wesentlichen Stoff des Kapitels beschreibt. Daneben fördern Experimente und Beispiele ein vertieftes Verständnis.

Experiment 0.1: Beispiel eines Experimentes

In dieser Darstellung werden im Buch die Experimente präsentiert. Manche sind im Text zitiert und dann für das Verständnis sehr wichtig. Andere dienen mehr der Illustration. Das ein oder andere können Sie vielleicht selbst nachmachen. Probieren Sie es!

Beispiel 0.1: Darstellung eines Beispiels

Ferner sind in den Text ergänzende Beispiele eingebunden. Dieser Text demonstriert die Formatierung eines Beispiels. Beispiele sind von grundlegender Bedeutung. Sie zeigen, wie Sie das gelernte Wissen anwenden können. Arbeiten Sie die Beispiele durch. Mit ihrer Hilfe können Sie Ihr Verständnis überprüfen.

Am Ende der meisten Kapitel werden zudem Übungsaufgaben angeboten. Lösungen finden Sie in knapper Form im Anhang.

Viel Spaß und Erfolg!

Das vorliegende Buch ist nicht nur unser Werk. Hinter dem Buch stehen viele Helfer, bei denen wir uns hier herzlichst bedanken möchten. Unser Dank geht an Beate Roth fürs Korrekturlesen, an unsere Kollegen Prof. Lutz Feld, Dr. Katja Klein und Egon Schneevoigt, denen wir viele der tollen Experimente (und die Fotos davon) zu verdanken haben, ferner an Jennifer Merz, Franziska Scholz, Richard Brauer, Niklas Mohr, Jan Domenik Sammet, Rüdiger Jussen, Hendrik Jansen, Joschka Lingemann, Lukas Gromann, Julius Schniewind, Sarah Böhm, Oliver Pooth und an all die Studierenden, die uns auf Fehler hingewiesen haben. Schließlich wollen wir uns beim Springer-Verlag für die exzellente Unterstützung bedanken, insbesondere bei Martina Mechler und Lisa Edelhäuser.

Aachen   Stefan Roth und Achim Stahl
September 2018

Inhaltsverzeichnis

II   Magnetostatik

Verzeichnis der Experimente

Elektrostatik

Elektrische Ladung

Stefan Roth und Achim Stahl

© Springer-Verlag GmbH Deutschland, ein Teil von Springer Nature 2018
S. Roth, A. Stahl, *Elektrizität und Magnetismus*, DOI 10.1007/978-3-662-54445-7_1

1

◻ Abb. 1.1 Die Dame steht auf einem Isolierschemel. Der Techniker zur Linken bedient die Elektrisiermaschine, mit der sie aufgeladen wird. Nähert der Verehrer sich ihren Lippen, wird ein Funke überspringen

1.1 Reibungselektrizität

1.1.1 Einleitung

Elektrische Phänomene sind für uns heute ganz alltäglich. Denken Sie beispielsweise an elektrisches Licht oder an Elektromotoren. Auch in der Natur gibt es elektrische Phänomene, die schon unseren Vorfahren nicht entgangen sein konnten, wie z. B. der Blitzschlag. Tatsächlich haben sich die Menschen bereits sehr früh mit Elektrizität beschäftigt. Schon die Ägypter (um 2750 v. Chr.) hatten beobachtet, dass sich bestimmte Fische (Zitterrochen) durch elektrische Schocks gegen Angreifer verteidigen. Auch die Griechen untersuchten elektrische Phänomene. Thales von Milet wird die Erkenntnis zugeschrieben, dass man Bernstein durch Reiben elektrisch aufladen kann, so dass es andere Gegenstände anzieht. Auf diese Erkenntnis geht der Name „Elektrizität" zurück. Er kommt vom griechischen Wort für Bernstein $\eta\lambda\epsilon\kappa\tau\rho\text{o}\nu$, was im Transkript ins lateinische Alphabet Elektron ergibt. Reibungselektrizität werden Sie in ▶ Experiment 1.1 kennen lernen.

Zu einer echten Modeerscheinung wurde Elektrizität Mitte des 18. Jahrhunderts. Man hatte sogenannte „Elektrisiermaschinen" erfunden, mit denen man auf Jahrmärkten und in der gehobenen Gesellschaft Experimente durchführte. Sehr beliebt war der elektrische Kuss, der in ◻ Abb. 1.1 zu sehen ist. Die Dame wird elektrisch aufgeladen, dann nähert sich der Verehrer seiner Angebeteten. Wird es zwischen den beiden funken?

Experiment 1.1: Reibungselektrizität

© RWTH Aachen, Sammlung Physik

Wir wiederholen die Experimente des Thales von Milet. Wir reiben verschiedene Gegenstände aneinander und laden sie dadurch elektrisch auf. Am geeignetsten sind Hartgummi oder Glasstäbe, die man mit einem Tuch reibt, z. B. mit einem Seidentuch oder einem Katzenfell. Die Aufladung kann man mit Papierschnipseln nachweisen. Nähert man den geriebenen Stab den Schnipseln, so werden diese angezogen. Sie lösen sich vom Boden und haften am Stab.

Im ersten Band haben Sie gesehen, dass man die Phänomene der Wärmelehre auf die mechanische Bewegung der Atome und Moleküle zurückführen kann. Man könnte erwarten, dass dies auch mit den Phänomenen der Elektrizität möglich sei. Dies ist aber nicht der Fall. Elektrizität ist ein vollständig neues Phänomen. Sie lässt sich nicht mit mechanischen Gesetzmäßigkeiten erklären.

Mit der Mode der elektrischen Versuche Mitte des 18. Jahrhunderts begann auch die wissenschaftliche Erforschung der Elektrizität im modernen Sinne. Etwa im Jahre 1750 beschrieb Benjamin Franklin (◼ Abb. 1.2) Elektrizität als ein Fluidum. Er erkannte, dass es zwei Sorten von Elektrizität gibt, die in seiner Interpretation durch einen Überschuss bzw. einen Mangel an diesem elektrischen Fluidum entstehen. Man konnte sie durch das Reiben von Stäben unterschiedlicher Materialien erzeugen. Reibt man beispielsweise einen Glasstab mit einem Seidentuch, streift man Fluidum vom Seidentuch ab. Auf dem Stab entsteht ein Überschuss an Fluidum, der Stab wird positiv geladen. Reibt man dagegen einen Hartgummistab mit einem Fell, entsteht ein Defizit an Fluidum (negative Ladung).

◼ **Abb. 1.2** Benjamin Franklin, Vorlage für die amerikanische 100 $ Banknote

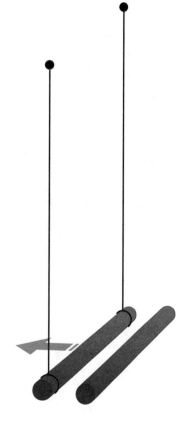

Experiment 1.2: Anziehung und Abstoßung von Stäben

Wir reiben einen Hartgummistab, wie Sie ihn bereits aus ▶ Experiment 1.1 kennen, mit einem Katzenfell und hängen ihn waagerecht an zwei Schnüren auf. Nähern wir uns mit einem weiteren Hartgummistab, den wir ebenfalls mit einem Katzenfell gerieben haben, so wird der aufgehängte Stab deutlich sichtbar abgestoßen. Wiederholen wir das Experiment, indem wir einen Glasstab verwenden, den wir mit einem Seidentuch gerieben haben, so wird der aufgehängte Stab nun angezogen.

Wir betrachten das Verhalten verschiedener Stäbe in ▶ Experiment 1.2. Wir beobachten sowohl anziehende als auch abstoßende Kräfte zwischen den geriebenen Stäben. Zwei gleiche Stäbe stoßen sich ab, egal ob es sich um positiv oder negativ geladene Stäbe handelt. Bei ungleichen Stäben kann es sowohl zu Anziehung als auch zu Abstoßung kommen. Franklin hatte solche Experimente benutzt, um positiv und negativ zu definieren: Bei Abstoßung tragen die Stäbe gleichnamige Ladungen, bei Anziehung ungleichnamige. Hierin unterscheiden sich die elektrischen Kräfte von der Gravitationskraft. Die Gravitation kennt ausschließlich anziehende Kräfte. Die Experimente zeigen noch einen weiteren wesentlichen Unterschied: Elektrische Kräfte sind sehr viel stärker als die Gravitation. Die gravitative Anziehung zwischen den Stäben ist so schwach, dass sie praktisch nicht beobachtet werden kann, während die elektrischen Kräfte deutlich zu sehen sind.

1.1.2 Die triboelektrische Reihe

☐ Tabelle 1.1 Die triboelektrische Reihe

Positiv
Luft
Menschliche Haut
Fell
Glas
Nylon
Seide
Papier
Stahl
Hartgummi
Nickel, Kupfer
Kunstseide
Polyethylen
PVC
Silikon
Teflon
Negativ

Wir beschreiben Reibungselektrizität durch die triboelektrische Reihe. Der Begriff kommt vom griechischen Wort „tribein", was reiben bedeutet. Die Aufladung ist stark materialabhängig. In ☐ Tab. 1.1 sind einige Materialien aufgeführt. Die Tabelle ist folgendermaßen zu lesen: Reibt man zwei Materialien aneinander, so wird der Stoff, der näher am positiven Ende der Reihe steht, sich positiv aufladen, während der andere Stoff negativ geladen wird. Reibt man beispielsweise Glas mit Kunstseide, so wird das Glas positiv geladen. Reibt man dagegen einen Hartgummistab mit einem Fell, so wird der Stab negativ geladen. Dies sind die beiden Materialkombinationen, die wir hauptsächlich in den Experimenten verwenden.

Erklären kann die Reibungselektrizität erst die Festkörperphysik. Daher können wir eine Erklärung hier nur andeuten. Die Aufladung entsteht beim Kontakt der Oberflächen zweier Körper und deren anschließender Trennung. Das Reiben an sich ist nicht entscheidend. Es stellt lediglich einen guten Kontakt zwischen den Oberflächen her. Unterschiedliche Materialien haben unterschiedliche Austrittsarbeiten für Elektronen, die durch die Lage des Fermi-Potenzials an der Oberfläche bestimmt werden. Diese Austrittsarbeit gibt an, wie viel Arbeit nötig ist, um ein Elektron von der Oberfläche des Materials zu entfernen, bzw. wie viel Energie frei gesetzt wird, wenn ein Elektron von der Oberfläche aufgenommen wird. Ist die Austrittsarbeit von Material A geringer als die von Material B, so wird Energie gesetzt, wenn Elektronen beim Kontakt von A nach B übergehen. Dies bewirkt eine positive Aufladung von A (Elektronenmangel) und eine negative Aufladung von B (Elektronenüberschuss).

> **Beispiel 1.1: Elektrostatische Aufladungen im Alltag**
>
> Durch Reibung kann es im Alltag zu vielfältigen Aufladungen kommen. Sicherlich haben Sie schon einmal bemerkt, dass es knistert, wenn Sie einen Pullover aus Kunstfasern über den Kopf ziehen und möglicherweise standen Ihnen anschließend die Haare zu Berge. Wenn die Fasern des Pullovers über die Haare streichen, kommt es zu einer Aufladung der Haare. Die Ladungsunterschiede können so hoch werden, dass kleine Funken überspringen, die Sie

als Knistern wahrnehmen. Anschließend sind die Haare elektrisch geladen. Sie stoßen sich gegenseitig ab, wodurch sie aufgerichtet werden. Im Bild zeigt sich eine ähnliche Aufladung der Haare durch die Reibung mit der Rutsche.

© Wikimedia: Chris Darling from Portland, USA

Für den Menschen sind diese Aufladungen in den allermeisten Fällen ungefährlich. Kritisch können sie allerdings für empfindliche Elektronik werden. Durch Reibung am Gehäuse von Elektronik-Chips beim Transport oder bei der Handhabung kann es zu Aufladungen kommen. Wird die Aufladung zu stark, kann dies Entladungen auslösen, die den Chip zerstören. Schützen kann man die empfindliche Elektronik, indem man für den Transport antistatische Verpackungen wählt und vor einer Berührung die Hand oder das Werkzeug über eine Erdverbindung entlädt. Solch eine antistatische Verpackung hat eine Beschichtung mit einer begrenzten elektrischen Leitfähigkeit, die eine Aufladung weitgehend verhindert.

1.2 Die elektrische Ladung

1.2.1 Das Coulomb

Mit der elektrischen Ladung quantifizieren wir die Elektrizität. Die Ladung gibt die Menge an Elektrizität an, die ein bestimmter Körper trägt. In Franklins Sinne ist dies die Menge an Fluidum, die wir

◘ Abb. 1.3 Charles Augustin de Coulomb (1736–1806)

auf den Körper übertragen bzw. die wir aus dem Körper entnommen haben. Eine Vorstellung, die wir bald revidieren werden. Da es sich bei der Elektrizität um ein neues Phänomen handelt, stellt die Ladung eine neue physikalische Größe dar, zu deren Messung wir eine neue Einheit einführen müssen, die sich nicht auf die mechanischen Einheiten Meter, Kilogramm und Sekunde zurückführen lässt. Die neue Einheit trägt den Namen „Coulomb" nach dem französischen Physiker Charles Augustin de Coulomb (◘ Abb. 1.3), der als Begründer der Elektrizitätslehre gilt.

Das Coulomb mit dem Einheitenzeichen C ist im SI-System[1] selbst keine Basiseinheit. Es wird zurückgeführt auf das Ampere (Einheitenzeichen A), die Einheit des elektrischen Stromes, die wir in den folgenden Kapiteln diskutieren werden. Ein Coulomb ist die Ladungsmenge, die von einem Strom der Stärke 1 A in einer Sekunde transportiert wird:

$$1\,\mathrm{C} = 1\,\mathrm{A\,s} \tag{1.1}$$

Ein Coulomb ist eine relativ große Ladungsmenge. In den Experimenten zur Reibungselektrizität, die Sie im ersten Abschnitt gesehen haben, wird man sie nicht erreichen können. Typische Ladungsmengen, die bei Reibung auftreten, werden kaum die Größe von $1\,\mu\mathrm{C}$ überschreiten.

Zu den Erfindungen Coulombs gehört eine Drehwaage – genannt „elektrische Balance" – mit der er elektrische Kräfte nachweisen und das Abstandsgesetz vermessen konnte. Sie ist in ◘ Abb. 1.4 in der Originalzeichnung und in ◘ Abb. 1.5 vereinfacht dargestellt. Der Balken trägt zwei Kugeln, auf die Ladungen übertragen werden können. Der Balken ist an einem Torsionsdraht aufgehängt, mit dem Coulomb selbst sehr kleine Drehmomente bestimmen konnte. Durch

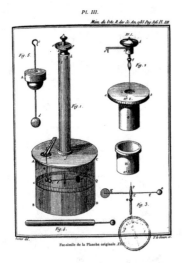

◘ Abb. 1.4 Historische Skizze zur Coulombs Drehwaage

◘ Abb. 1.5 Schematische Darstellung der Drehwaage

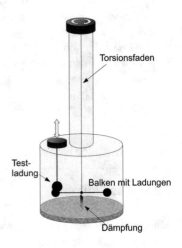

Torsionsfaden

Testladung

Balken mit Ladungen

Dämpfung

---

[1] Das *„Système International d'Unités"*, kurz SI-System, haben wir in Kapitel 2 des ersten Bandes vorgestellt.

ein Loch im unteren Behälter konnte eine weitere geladene Kugel eingebracht werden. Über die Drehung des Balkens wurde dann die Kraft auf diesen vermessen. Das geschlossene Gehäuse hielt Störungen (z. B. Luftströmungen) fern. Im Boden des Gehäuses tauchte ein Plättchen in eine Flüssigkeit, was eventuelle Schwingungen dämpfte.

1.2.2 Ladungserhaltung

Betrachten Sie nun ▶ Experiment 1.3. Es zeigt eine wichtige Eigenschaft der elektrischen Ladung: Sie verhält sich additiv. Laden wir einen Körper zweimal nacheinander mit der gleichen Ladung auf, so trägt er danach die doppelte Ladung im Vergleich zur einmaligen Aufladung. Lädt man ihn ein weiteres Mal mit der gleichen Ladungsmenge, so steigt die Gesamtladung auf dem Körper auf das Dreifache, usw. Lädt man einen Körper dagegen einmal positiv und danach mit der gleichen Ladungsmenge negativ auf, so ist er wieder ungeladen. Die zugeführten Ladungen addieren sich auf dem Körper zur Gesamtladung.

Experiment 1.3: Elektrische Ladung

Mit dem Elektrometer können wir eine wichtige Eigenschaft der elektrischen Ladung zeigen. Doch zunächst wollen wir das Elektrometer, das wir noch in vielen weiteren Experimenten benutzen werden, kurz erklären (siehe Abbildung). Oben auf dem Elektrometer befindet sich eine Kugel, auf die man Ladung aufbringen kann. Sie ist auf einer metallenen Halterung montiert, in deren Mitte ein Zeiger drehbar aufgehängt ist. Kugel, Halterung und Zeiger sind leitend miteinander verbunden. Lädt man die Kugel auf, so laden sich auch Halterung und Zeiger auf. Sie tragen dann gleiche Ladungen und stoßen sich gegenseitig ab, was den Zeiger wie angedeutet zum Ausschlag bringt. Ein äußerer Ring und ein Fuß tragen die beschriebenen Elemente, sind aber von diesen elektrisch isoliert.

Wir benutzen wieder die geriebenen Hartgummistäbe und bringen vorsichtig Ladung auf die Kugel auf. Der Zeiger schlägt aus. Bringt man weitere Ladung auf die Kugel auf, so verstärkt sich der Ausschlag bis der Zeiger schließlich bei etwa 90° anschlägt. Man sieht deutlich, dass sich die Ladung auf dem Elektrometer sammelt. Je mehr Ladung wir aufbringen, desto größer wird der Ausschlag. Wie wir gesehen haben, werden die Hartgummistäbe durch Reiben mit einem Fell negativ geladen. Haben wir das Elektrometer mit einem solchen Hartgummistab geladen, so können wir nun einen durch Reiben mit einem Seidentuch positiv geladenen Glasstab verwenden, um die Ladung auf dem Elektrometer zu neutralisieren.

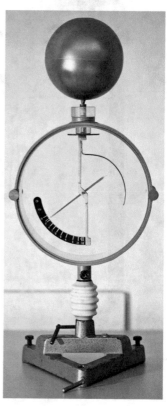

© Foto: Hendrik Brixius

Bringen wir mit dem Glasstab positive Ladung auf, so geht der Ausschlag zurück. Bringen wir mehr Ladung auf, so wird er schließlich zu null und steigt bei noch mehr Ladung wieder an. Positive und negative Ladungen neutralisieren sich gegenseitig.

Beispiel 1.2: Bändchenelektrometer

Hier ist ein weiterer Typ eines Elektrometers zu sehen, ein Bändchenelektrometer. Bei diesem Typ befinden sich im Elektrometer zwei Bändchen aus einer Metallfolie, die sich durch die Aufladung gegenseitig abstoßen. An der Skala kann man die Abstoßung und damit die Ladung ablesen.

Experiment 1.4: Ein Elektrometer im Eigenbau

Ein Elektrometer können Sie leicht selbst bauen. Versuchen Sie es! Die Abbildung zeigt das Prinzip. Sie brauchen einen isolierenden Ständer, an dem Sie das Elektrometer befestigen. Dies kann zum Beispiel eine Glasflasche sein. Am Ständer befestigen Sie einen Metallbügel, den Sie aus einem Stück Kupferdraht herstellen können. Am Ende hängen Sie an zwei dünnen Fäden je eine Styroporkugel auf, die Sie im Bastelgeschäft kaufen können. Nun müssen Sie Kugeln und Faden nur noch leitfähig machen. Dies können Sie erreichen, indem Sie diese mit Graphitfarbe anmalen, die Sie im Baumarkt kaufen können. Damit ist das Elektrometer fertig. Streifen Sie einen geriebenen Kunststoff- oder Glasstab am Metallbügel ab, dann sollten sich die Styroporkugeln abstoßen und damit die Ladung anzeigen. Viel Spaß beim Experimentieren!

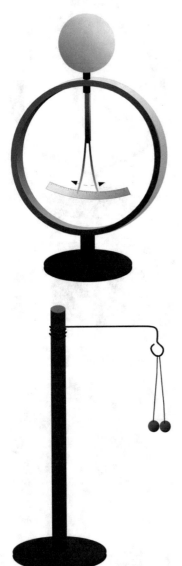

Aus dem additiven Verhalten der Ladung können wir einen Erhaltungssatz ableiten. Wenn wir das Elektrometer aufladen, erzeugen wir keineswegs neue Ladung. Wir übertragen lediglich Ladung vom Stab auf das Elektrometer. Diese sammelt sich dort an. Sie geht nicht verloren. Daher können wir folgenden Erhaltungssatz formulieren:

❯ Erhaltungssatz der Ladung

In einem geschlossenen System ist die Summe der elektrischen Ladungen immer konstant.

Geschlossene Systeme hatten wir bereits im ersten Band definiert. Wir nennen ein System geschlossen, wenn es keinen Materieaustausch mit der Umgebung haben kann. Diesen Austausch von Materie müssen wir für den Ladungserhaltungssatz ausschließen, da mit der

Materie Ladung das System verlassen oder dem System hinzugefügt werden könnte. Möchte man den Ladungserhaltungssatz auf offene Systeme anwenden, so muss man den Erhaltungssatz durch eine Kontinuitätsgleichung ersetzen, ganz analog, wie wir dies in der Strömungslehre getan haben (Band 1, Abschn. 16.2).

Wie alle Erhaltungssätze lässt sich auch der Erhaltungssatz der elektrischen Ladung im Sinne des Noether-Theorems auf eine Symmetrie zurückführen (siehe Band 1, Abschn. 7.4): Es handelt sich um eine Symmetrie unter einer sogenannten Eichtransformation. Dies ist allerdings ein Thema, das jenseits des Horizontes dieses Buches liegt.

1.2.3 Elektrische Maschinen

Für Experimente mit größeren Ladungsmengen reicht die Reibungselektrizität der Stäbe nicht aus. Hier werden wir des Öfteren auf eine Maschine zurückgreifen, die Ladungen trennt. Man nennt sie einen Bandgenerator oder auch Van-de-Graaff-Generator. In ◘ Abb. 1.6 ist das Funktionsprinzip dargestellt. Ein Band aus einem isolierenden Material (meist Gummi) ist über zwei Rollen gespannt, die von einem Isolator auf Abstand gehalten werden. Über einen Motor an der unteren Rolle wird das Band angetrieben. An der unteren Rolle wird über eine metallene Bürste positive Ladung auf das Band aufgetragen. Durch die Bewegung des Bandes wird die Ladung zur oberen Rolle transportiert, wo sie von einer weiteren metallenen Bürste abgegriffen wird. An der oberen Rolle ist eine metallene Glocke montiert, das Hochspannungsterminal. Die Ladung wird von der Bürste auf die Innenseite des Hochspannungsterminals geleitet. Lädt es sich allmählich auf, so stoßen sich die positiven Ladungen ab. Sie entfernen sich möglichst weit voneinander, wodurch sie sich auf der Außenseite des Terminals sammeln. Die Innenseite trägt keine Ladung, so dass von der Bürste Ladung ungestört nachfließen kann. Durch den Ladungstransport des Bandes kann sich das Hochspannungsterminal bis zu einigen Millionen Volt aufladen (wir werden im Folgenden noch genau diskutieren, was eine Million Volt bedeutet). Man kann die Ladung nun vom Terminal mit Kugeln oder Kabeln abgreifen.

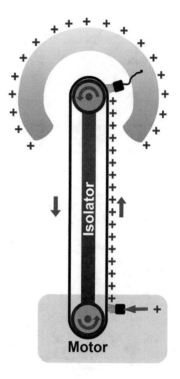

◘ **Abb. 1.6** Prinzip eines Bandgenerators

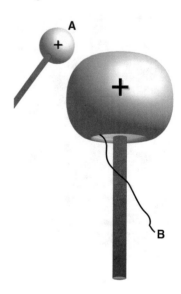

Beispiel 1.3: Konduktorkugel

Ein Konduktor ist ein elektrisch leitender Körper, der isoliert aufgestellt ist. Meist handelt es sich um Kugeln. Der Begriff kommt vom englischen Wort „conductor", was Leiter bedeutet. Sie werden zum Sammeln und Speichern von Ladungen benutzt. Die Abbildung zeigt eine solche Konduktorkugel. Es gibt zwei Möglichkeiten, Ladung auf die Konduktorkugel zu übertragen. Man kann Ladung auf der Außenseite der Kugel abstreifen

(„A"). Man muss dann allerdings beachten, dass es im Falle einer bereits geladenen Konduktorkugel lediglich zu einem Ausgleich der Ladungen zwischen der Konduktorkugel und der neu aufzubringenden Ladung kommt. Effizienter ist es, die Ladung auf der Innenseite der hohlen Konduktorkugel aufzubringen, z. B. wie in der Abbildung angedeutet über einen Draht („B"). Durch elektrische Abstoßung werden die Ladungen auf die äußere Oberfläche der Konduktorkugel gedrängt. Die Innenseite der Hohlkugel trägt keine Ladung. Bringt man frische Ladung dort an, wird sie vollständig übernommen und auf die Außenseite der Konduktorkugel abgeführt.

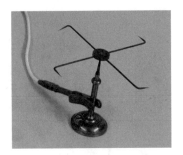

© RWTH Aachen, Sammlung Physik

Experiment 1.5: Das Sprührad

Nun, da wir den Bandgenerator besprochen haben, können wir ihn als Ladungsquelle für eine Reihe von Experimenten nutzen. Das erste ist ein recht simples Experiment. In der Abbildung sieht man ein sogenanntes Sprührad. Das Rad ist leicht drehbar gelagert. Man verbindet es über ein Kabel mit dem Hochspannungsterminal des Bandgenerators. Es lädt sich so stark auf, dass von den vier Spitzen kleine Funken ausgehen. Die Ladungen, die im Funken stark beschleunigt werden, reißen Luftmoleküle mit, so dass eine Luftbewegung entsteht, die man den elektrischen Wind nennt. Er versetzt durch seinen Rückstoß das Sprührad in Rotation.

© RWTH Aachen, Sammlung Physik

Experiment 1.6: Der Bandgenerator

Das zweite Experiment zeigt die elektrische Abstoßung zwischen Objekten, die wir mit dem Bandgenerator elektrisch aufladen. Im ersten Bild sieht man auf dem Hochspannungsterminal einen Metallstab, an dem Papierstreifen befestigt sind. Sie laden sich auf und stoßen sich dann ab. Um den maximalen Abstand zwischen den Streifen zu erreichen, stellen sich diese gegen die Schwerkraft auf und spreizen sich in alle Richtungen ab.
Im zweiten Bild sieht man denselben Effekt: Dieses Mal allerdings an einem Probanden. Er steht auf einem isolierten Schemel, so dass er die Hochspannung, die der Bandgenerator erzeugt, nicht spürt. Er hat die Hand aufs Hochspannungsterminal gelegt[2] und wird dadurch aufgeladen. Seine Haare reagieren wie zuvor die Papierstreifen: Sie stehen in alle Richtungen ab.

© Foto: Hendrik Brixius

---

[2] Der Bandgenerator ist ausgeschaltet. Das Hochspannungsterminal entladen. Dann steigt der Studierende auf den isolierten Schemel und legt die Hand auf. Erst jetzt wird der Bandgenerator gestartet.

Heute kann man Bandgeneratoren als Spielzeug kaufen. Sie tragen die Namen „Flying Stick" oder „Fun-Fly Stick". Der batteriegetriebene Generator ist in einer Art Zauberstab eingebaut. Man legt Lametta (meist Streifen aluminiumbeschichteter Mylarfolie) auf die Spitze des Stabes und schaltet den Generator ein. Das Lametta wird aufgeladen und dann vom Stab abgestoßen. Mit etwas Geschick kann man das Lametta über dem Stab schweben lassen. Es scheint von magischen Kräften in der Luft gehalten zu werden.

© RWTH Aachen, Sammlung Physik

In modernen Kopierern spielt die elektrische Anziehungskraft eine wichtige Rolle. Technisch spricht man auch von Elektrofotografie. Laserdrucker funktionieren nach demselben Prinzip. Das heute gängige Verfahren ist die Xerografie, ein indirektes Verfahren, das ohne Nasschemie auskommt. Das Verfahren wurde bereits 1937 patentiert, die Firma Haloid Company kaufte das Patent. Sie wurde später in Xerox umbenannt und brachte die ersten Kopierer auf den Markt, die das nun nach ihr benannte Verfahren nutzen.

Das Schlüsselelement des Kopierers ist die Trommel mit ihrer lichtempfindlichen Beschichtung. Intensive Beleuchtung ändert die elektrische Leitfähigkeit der Beschichtung. Im Dunkeln ist sie isolierend, durch Bestrahlung wird sie leitend. Amorphe Halbleiter wie z. B. amorphes Silizium oder Arsentriselenid zeigen ein solches Verhalten. Sie sind in einer Schicht auf einer geerdeten Aluminiumtrommel aufgebracht.

Die Skizze zeigt das Prinzip der Xerografie. Die Trommel dreht sich und dabei entsteht die Kopie in mehreren Schritten. Wir beschreiben sie beginnend mit der Aufladung.

- *Aufladung*: An Elektroden nahe der Oberfläche der Trommel wird eine hohe positive Spannung angelegt. Es kommt zu einer Entladung zwischen den Elektroden und der lichtempfindlichen Schicht. Negative Ionen treffen auf die Beschichtung und laden die isolierende Beschichtung negativ auf.

- *Belichtung*: Im nächsten Schritt wird das Bild auf die Trommel übertragen. Das kann bei einem analogen Kopierer durch eine optische Abbildung geschehen oder bei einem digitalen Kopierer durch eine Reihe Leuchtdioden, die das Bild Zeile für Zeile auf die Trommel bringen. Dort wo Licht auf die Trommel fällt, wird die Beschichtung leitend und die elektrischen Ladungen können über die geerdete Trommel abfließen. Nun sind nur noch die Flächen geladen, die später geschwärzt werden sollen.

— *Entwicklung*: Nun wird durch eine weitere Walze Toner aus dem Vorratsgefäß auf die Trommel übertragen. An den Stellen, an denen die Trommel geladen ist, bleibt der Toner auf Grund elektrischer Anziehung auf der Trommel haften.

— *Toner-Transfer*: Danach wird das Papier über mehrere Walzen an die Trommel herangeführt. Die Walze ist an der Stelle, an der sich Papier und Trommel berühren, noch stärker negativ geladen, als dies bei der Aufladung am Anfang der Fall war. Dadurch geht der Toner auf das Papier über. Das Bild wird auf das Papier übertragen.

— *Fixierung*: Das bedruckte Papier entfernt sich von der Trommel und wird erhitzt, wodurch der Toner auf dem Papier fixiert wird. Es ist nun ein permanentes Bild entstanden.

— *Reinigung*: Schließlich muss die Trommel von Tonerresten gereinigt und für den nächsten Umlauf vorbereitet werden. Zunächst wird sie vollständig beleuchtet und dadurch entladen. Eine weitere Walze nimmt dann zurückgebliebenen Toner elektrisch ab und transferiert ihn in einen Behälter. Zum Schluss streift eine Bürste verbliebene Tonerreste ab und reinigt die Trommel.

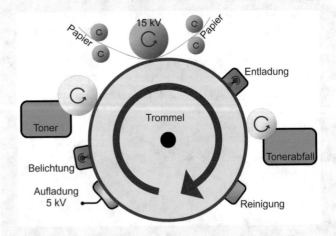

Beispiel 1.6: Elektro-Staubfilter

Auch die Elektro-Staubfilter basieren auf den Anziehungskräften elektrischer Ladungen. Das Verfahren nennt man auch Elektrogasreinigung (EGR), was ein passenderer Name ist, da es sich nicht um einen Filter im eigentlichen Sinne handelt. Die Abbildungen zeigen den Aufbau einer EGR und ein Foto einer solchen Anlage an einem Biomasseheizwerk.

Betrachten Sie die Skizze: Das zu reinigende Gas tritt links unten in die Kammer ein. In der Kammer befinden sich an den Wänden geerdete Elektroden und in der Mitte die auf negative Hochspannung (typisch 40 kV) aufgeladenen Sprühelektroden. Die Hochspannung ist so hoch, dass Elektronen aus den Sprühelektroden austreten und im Umfeld Elektronenlawinen im Gas erzeugen. Ein Teil der freigesetzten Elektronen driftet zu den äußeren Elektroden. Dabei lagern sich Elektronen am Staub im Gas an und laden die Staubpartikel negativ auf. In der Folge werden sie durch die elektrische Kraft zu den äußeren Elektroden gebracht, wo der Staub neutralisiert wird und sich niederschlägt. Von Zeit zu Zeit müssen die äußeren Elektroden vom Staub gereinigt werden, z. B. durch Hammerschläge mit einem Klopfwerk. Der Staub fällt zu Boden, durch ein Gitter und sammelt sich im Staubbunker unter der Kammer. Da das Aufladen des Staubes und der Drift zu den äußeren Elektroden Zeit braucht, darf die Strömungsgeschwindigkeit in der Kammer nicht zu hoch sein (großer Querschnitt) und die Strömungsstrecke muss eine gewisse Länge aufweisen.

© Wikimedia: Ulrichulrich

1.3 Die Elementarladung

1.3.1 Faraday'sche Gesetze der Elektrolyse

Michael Faraday war zu der Zeit, zu der die moderne Elektrizitätslehre entwickelt wurde, einer der großen Experimentatoren. ◘ Abb. 1.7 zeigt ihn in jungen Jahren beim Experimentieren mit Leidener Flaschen. Wir werden noch einige seiner Entdeckungen kennen lernen. Neben vielen anderen Dingen hat er sich mit der Elektrochemie be-

schäftigt. Im Jahre 1834 veröffentlichte er zwei Gesetze[3], die wir heute als die Grundgesetze der Elektrolyse verstehen und die Faraday'schen Gesetze der Elektrolyse nennen. Ins Deutsche übersetzt lauten sie:

❯ 1. Faraday'sches Gesetze der Elektrolyse

Die Stoffmenge, die an einer Elektrode während der Elektrolyse abgeschieden wird, ist proportional zur elektrischen Ladung, die durch den Elektrolyten geschickt wird.

❯ 2. Faraday'sches Gesetz der Elektrolyse

Die durch eine bestimmte Ladungsmenge abgeschiedene Masse eines Elements ist proportional zur Atommasse des abgeschiedenen Elements und umgekehrt proportional zu seiner Wertigkeit (also zur Anzahl von einwertigen Atomen, die sich mit diesem Element verbinden können).

Nach den Gesetzen wird in elektrochemischen Reaktionen beim Umsatz eines Mols eines Stoffes immer eine feste elektrische Ladung umgesetzt. Bei einem einwertigen Stoff sind dies $96.486\,\mathrm{C/mol}$, eine Größe, die man die Faraday-Konstante nennt. Mit der Avogadro-Konstanten berechnet man, dass bei der Reaktion eines einzelnen Moleküls des Stoffes $1{,}6 \cdot 10^{-19}\,\mathrm{C}$ umgesetzt werden[4]. Für die Zeitgenossen Faradays war aber nicht klar, ob es sich dabei um einen Mittelwert über viele Reaktionen handelt oder ob bei jeder Reaktion exakt diese Ladung umgesetzt wird. Die Idee, dass diskrete Teilchen (Elektronen und Protonen) die Träger der elektrischen Ladung sind, war zu dieser Zeit noch nicht etabliert. Sie wurde zuerst 1750 von Benjamin Franklin beschrieben. Aber noch Anfang des 20. Jahrhunderts gab es einen heftigen Disput zwischen dem österreichischen Physiker Felix Ehrenfeld und dem amerikanischen Physiker Robert Millikan über diese Frage. Schließlich gelangen Millikan 1913 die entscheidenden Messungen für den Nachweis, dass es sich um immer denselben Ladungsbetrag handelt. Wir nennen dies heute das Millikan-Experiment.

   ■ Abb. 1.8 zeigt eine Skizze seiner Apparatur aus der Veröffentlichung von 1913[5]. In ■ Abb. 1.9 ist zudem eine Fotografie seiner Apparatur zu sehen, die im Nachhinein mit einer moderneren Optik (Fernrohr) und einer neuen Hochspannungsversorgung ausgestattet wurde. Der Kern der Apparatur ist ein Plattenkondensator, der sich

---

[3] Michael Faraday: Experimental Researches in Electricity. Seventh Series. In: Philosophical Transactions of the Royal Society of London. 124, Januar 1834, S. 77–122.
[4] Als Faraday 1834 die Gesetze der Elektrolyse veröffentlichte, kannte er Avogadros Arbeiten, in denen dieser 1811 eine feste Anzahl von Molekülen in gleichen Volumina idealer Gase postulierte. Den Wert der Avogadro-Konstante konnte allerdings erst Josef Loschmidt 1865 erstmals bestimmen.
[5] The Physical Review, Volume 2 (1913), S. 109–143.

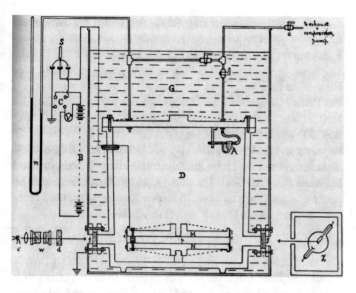

Abb. 1.8 Millikans Skizze seiner Apparatur aus der Publikation von 1913

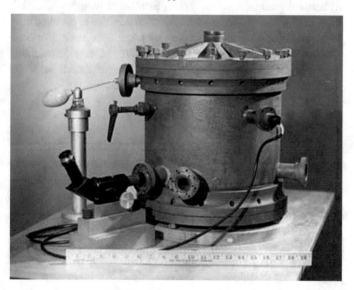

Abb. 1.9 Fotografie der Apparatur von Millikan

im unteren Bereich des Messingtanks „D" befindet. Die beiden runden, waagerechten Platten sind in seiner Skizze (■ Abb. 1.8) mit den Buchstaben „M" und „N" bezeichnet. Im Tank „D" sieht man oben rechts den Zerstäuber „A". Mit ihm konnte er Öl in feine Tröpfchen zerstäuben. Der Zerstäuber arbeitet mit einem Venturirohr, wie wir es in Beispiel 16.5 im ersten Band kennen gelernt haben. Beim Austritt der Öltröpfchen aus der Düse werden sie durch Reibung an der Glaswand elektrisch aufgeladen. So bildet sich über dem Kondensator ein Nebel geladener Öltröpfchen. Auf Grund der Schwerkraft sinken die Tröpfchen langsam zu Boden. In der Mitte der oberen Kondensatorplatte befindet sich ein kleines Loch über das einzelne Tröpfchen in das Innere des Kondensators gelangen können. Dort konnten sie über eine Optik (links unten) beobachtet werden („c"). Bei Bedarf konnte man die Öltröpfchen mit Röntgenstrahlung aus einer Röntgenröhre („X") weiter ionisieren. Der gesamte Messingtank „D" wurde zur Stabilisierung der Temperatur in ein Ölbad „G" eingebracht. Der Messingtank „D" war luftdicht verschlossen. Millikan konnte den Druck im Tank gegenüber dem Umgebungsdruck absenken (und anheben). Mit dem Quecksilbermanometer „m" bestimmte er den Druck im Tank. Die untere Kondensatorplatte ist geerdet, die obere konnte über „S" mit einer Hochspannung aus Leidener Flaschen „B" versorgt werden. Aus vielen Messungen bestimmte er die Elementarladung zu $(4{,}774 \pm 0{,}009) \cdot 10^{-10}$ ESU und daraus die Avogadro-Konstante zu $(6{,}062 \pm 0{,}12) \cdot 10^{23}$. Dabei ist ESU die damals übliche Einheit der elektrischen Ladung („electrostatic units"). Es ist 1 ESU $= 3{,}335641 \cdot 10^{-10}$ C. Umgerechnet ins SI-System entspricht die Messung einer Elementarladung von $(1{,}592 \pm 0{,}003) \cdot 10^{-19}$ C. Millikan erreichte damit schon eine erstaunlich hohe Präzision. Allerdings zeigt ein Vergleich mit dem heute anerkannten Wert der Elementarladung von $1{,}602 \cdot 10^{-19}$ C eine Abweichung von mehr als fünf Standardabweichungen. Offensichtlich hat Millikan seine Messgenauigkeit ein wenig überschätzt.

1.3.2 Das Millikan-Experiment

Wir wollen nun den historischen Weg verlassen und uns zunächst der Messmethode des Experimentes zuwenden. Die Ladung jedes einzelnen Öltröpfchens wird aus seiner Bewegung im elektrischen Feld des Kondensators bestimmt. Um dies zu verstehen, müssen wir zunächst die Kräfte angeben, die auf jedes Öltröpfchen wirken. Diese sind:

- Die Gewichtskraft auf das Tröpfchen, $F_G = mg$. Dabei kennen wir zunächst die Masse m des Tröpfchens nicht. Wir ersetzen die Masse durch den Radius r des Tröpfchens. Im Prinzip lässt sich dieser aus der Beobachtung mit dem Fernrohr bestimmen. Weiter unten werden wir noch eine präzisere Methode vorstellen. Es ist $m = \rho_{\text{Öl}} V$ und $V = \frac{4}{3}\pi r^3$ und damit:

$$F_G = \frac{4}{3}\pi r^3 \rho_{\text{Öl}} g. \tag{1.2}$$

- Die elektrische Kraft auf das Tröpfchen, $F_{\text{el}} = QE$, wobei wir in der Formel die elektrische Feldstärke E durch den Quotienten aus der Spannung U, die am Kondensator anliegt, und dem Abstand d der parallelen Platten ersetzen können. Hier haben wir auf ein Ergebnis vorgegriffen, das wir erst in ▶ Kap. 2 ausführlich diskutieren können. Beachten Sie, dass die elektrische Kraft proportional zur gesuchten Ladung Q ist. Es ergibt sich:

$$F_{\text{el}} = Q\frac{U}{d}. \tag{1.3}$$

— Der Auftrieb, $F_A = \rho_{\text{Luft}}Vg$, den die Öltröpfchen in der Luft erfahren. Auch hier wollen wir das Volumen des Tröpfchens durch seinen Radius ausdrücken und erhalten:

$$F_A = \frac{4}{3}\pi r^3 \rho_{\text{Luft}}g. \tag{1.4}$$

— Schließlich ist noch die Reibungskraft F_R wichtig, sofern sich das Tröpfchen bewegt. Da sich diese nur langsam bewegen, können wir von laminaren Strömungen ausgehen und die Stokes'sche Reibungskraft verwenden, $F_R = 6\pi\eta_{\text{Luft}}rv$. Dabei ist η_{Luft} die Viskosität der Luft und v die Geschwindigkeit des Tröpfchens (siehe Abschn. 16.5; Band 1). Allerdings stellt sich heraus, dass die Stokes'sche Reibungsformel bei sehr kleinen Objekten ungenau wird. Die Ungenauigkeiten treten auf, falls die Größe der Objekte in die gleiche Größenordnung wie die mittlere freie Weglänge λ der Gasmoleküle kommt. Der britische Mathematiker Cunningham hat für diesen Fall eine korrigierte Reibungsformel angegeben. Sie lautet (Cunningham-Korrektur):

$$F_R = \frac{6\pi\eta_{\text{Luft}}rv}{1 + \frac{\lambda}{r}\left(A_1 + A_2 e^{-A_3 r/\lambda}\right)}. \tag{1.5}$$

Die Konstanten müssen experimentell bestimmt werden. Für Luft lauten sie $A_1 = 1{,}257$, $A_2 = 0{,}400$ und $A_3 = 1{,}10$. Die mittlere freie Weglänge in Luft unter Normalbedingungen beträgt $\lambda = 0{,}068\,\mu\text{m}$.

Um eine Messung durchzuführen, sprüht man Öltröpfchen in den Messingtank ein und sucht nach einem möglichst kleinen Öltröpfchen, das sich im Inneren des Kondensators befindet, möglichst nicht zu weit vom Zentrum entfernt. Dessen Bewegung beobachtet man bei zwei unterschiedlichen Spannungen am Kondensator. Man bestimmt die Sink- bzw. Steiggeschwindigkeit, indem man die Position des Tröpfchens über einige Minuten hinweg verfolgt. Aus den beiden Messungen kann man dann sowohl den Radius des Tröpfchens als auch seine Ladung bestimmen. Es gibt zwei unterschiedliche Messverfahren. Bei der sogenannten Schwebemethode beobachtet man zunächst das Sinken des Tröpfchens bei ausgeschalteter Spannung und danach regelt man die Spannung so ein, dass das Tröpfchen schwebt, und notiert die Spannung. Bei der Steig-/Sinkmethode wählt man zwei Spannungen am Kondensator so aus, dass das Öltröpfchen bei einer Spannung steigt und bei der anderen sinkt. Man misst jeweils die Geschwindigkeit und die Spannung. Die erste Methode ist einfacher, die zweite ist etwas genauer. Die zweite hat zudem die Möglichkeit durch den Vergleich von Sink- und Steiggeschwindigkeit zu überprüfen, ob Konvektion einen Einfluss auf die Messung hatte. Wir wollen trotzdem die erste Methode besprechen.

Bei ausgeschalteter Spannung sinkt das Öltröpfchen nach unten. Es wirken die Gewichtskraft nach unten und der Auftrieb und die Reibungskraft nach oben. Nach einer sehr kurzen Beschleunigung am Anfang ist ein Kräftegleichgewicht mit einer konstanten Sinkgeschwindigkeit erreicht. Im Kräftegleichgewicht gilt (wir wollen im Folgenden auf die Berücksichtigung der Cunningham-Korrektur verzichten):

$$F_G = F_A + F_R$$

$$\frac{4}{3}\pi r^3 \rho_{\text{Öl}} g = \frac{4}{3}\pi r^3 \rho_{\text{Luft}} g + 6\pi \eta_{\text{Luft}} r v \tag{1.6}$$

$$\implies \quad r = \sqrt{\frac{9}{2g}\frac{\eta_{\text{Luft}} v}{\rho_{\text{Öl}} - \rho_{\text{Luft}}}}$$

Schalten wir dann die Spannung am Kondensator ein und bringen das Tröpfchen zum Schweben, so kommt seine Ladung ins Spiel. Der Kondensator muss so gepolt werden, dass die elektrische Kraft nach oben zeigt. Im Schwebezustand herrscht wiederum Kräftegleichgewicht. Wegen $v = 0$ tritt keine Reibungskraft mehr auf. Es ist:

$$F_G = F_A + F_{\text{el}}$$

$$\frac{4}{3}\pi r^3 \rho_{\text{Öl}} g = \frac{4}{3}\pi r^3 \rho_{\text{Luft}} g + Q\frac{U}{d} \tag{1.7}$$

$$\implies \quad Q = \frac{4}{3}\pi r^3 g \left(\rho_{\text{Öl}} - \rho_{\text{Luft}}\right)\frac{d}{U}$$

Nun setzen wir den Radius r aus der Sinkmessung ein und erhalten so die Ladung des Tröpfchens.

Mit diesem Verfahren ist es möglich, die Ladung einzelner Öltröpfchen zu vermessen. Dies gibt uns allerdings noch keinen direkten Zugriff auf die Elementarladung. Dazu ist eine statistische Auswertung vieler Messungen notwendig. Vermessen wir viele verschiedene Öltröpfchen, so stellen wir fest, dass das Ergebnis immer ein ganzzahliges Vielfaches einer bestimmten Ladungsmenge ist. Diese Ladungsmenge nennt man die Elementarladung e. Die Öltröpfchen haben Ladungen von $1e$, $2e$, $3e$ usw. oder auch negative Ladungen $-1e$, $-2e$, ... Heute verstehen wir den Grund. Die Elementarladung entspricht dem Betrag der Ladung eines einzelnen Elektrons. Die Elementarladung ist damit als positive Größe definiert. Das Elektron hat eine negative Ladung, die wir dann als $-e$ angeben können. Wird durch die Reibung an der Austrittsdüse des Zerstäubers ein Elektron vom Glas auf das Öltröpfchen übertragen, so trägt das Tröpfchen eine Ladung $-1e$. Werden hingegen zwei Elektronen auf das Tröpfchen übertragen, trägt es die Ladung $-2e$, usw. Da durch die Reibung immer nur ganze Elektronen übertragen werden, können keine Bruchteile der Elementarladung auftreten. Wir messen immer ganzzahlige Vielfache von e. Positiv geladene Öltröpfchen entstehen, indem Elektronen vom Tröpfchen auf das Glas übergehen. Gehen beispielsweise drei Elektronen über, so hat das Tröpfchen eine Ladung $+3e$. In ▶ Experiment 1.7 ist eine moderne Apparatur beschrieben und auch ein Messergebnis gezeigt.

Experiment 1.7: Millikan-Experiment

In der Abbildung ist eine moderne Apparatur eines Millikan-Experimentes zu sehen. Man sieht den Kondensator mit runden Platten. Der Spalt zwischen den Platten ist mit einer Plexiglasscheibe gegen Luftzug geschützt. Links ist ein Fernrohr angebracht, mit dem man die Öltröpfchen beobachtet. Im Vordergrund ist der Zerstäuber zu sehen, mit dem man hier die Öltröpfchen direkt in den Spalt zwischen den Platten einspritzt. Vorne rechts ist die Beleuchtung des Spalts und hinten rechts sind die Anschlusskabel für die Hochspannung zu sehen.

© RWTH Aachen, Sammlung Physik

Die zweite Abbildung zeigt das Ergebnis einer Messung mit der Schwebemethode. Die Cunningham-Korrektur wurde bei der Auswertung berücksichtigt. Die x-Achse zeigt die gemessene Ladung. Sie ist in feine Intervalle unterteilt. Für jedes Intervall ist auf der y-Achse aufgetragen, wie oft ein Öltröpfchen mit einer Ladung in diesem Intervall gemessen wurde. Man kann klar erkennen, dass bestimmte Werte besonders häufig auftreten. Dies sind die Vielfachen der Elementarladung e. Auf Grund von

Messfehlern streuen die Messwerte ein wenig um die Vielfachen von e, aber die Häufungen sind deutlich zu erkennen. Die meisten vermessenen Öltröpfchen haben Ladungen zwischen $-3e$ und $+3e$. Es treten keine Messwerte ungeladener Öltröpfchen auf. Dies bedeutet nicht, dass beim Einspritzen nicht auch manche Öltröpfchen ungeladen bleiben, aber diese Öltröpfchen werden nicht vom Kondensator beeinflusst, so dass man sie nicht zum Steigen bringen kann. Sie können nicht vermessen werden. Daher fehlen die Einträge um die Null.

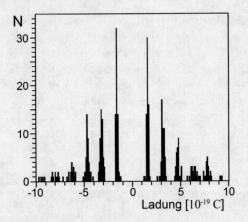

© RWTH Aachen, Sammlung Physik

1.3.3 Die Elementarladung

Der genaueste Wert der Elementarladung ist heute

$$1{,}6021766208(98) \cdot 10^{-19}\,\mathrm{C}. \tag{1.8}$$

Die beiden Ziffern in der Klammer geben die Unsicherheit in den letzten beiden Stellen des Wertes an. Beachten Sie, dass wir hier das erste Mal auf eine quantisierte Größe treffen. Die Größen, die wir in Band 1 in der Mechanik und in der Wärmelehre kennen gelernt haben, waren alle kontinuierlich. Betrachten Sie beispielsweise die Wärmemenge. Sie übertragen Wärme aus einem Reservoir auf ein Gas. Die Wärmemenge, die Sie übertragen, kann dabei beliebige Werte annehmen. Haben Sie in einem Experiment die Wärmemenge Q übertragen, können Sie das Experiment so modifizieren, dass nur noch die Hälfte von Q übertragen wird, und das beliebig oft. Dies geht bei der Übertragung elektrischer Ladungen nicht, weil Sie schließlich bei der Übertragung einer Elementarladung ankommen und diese nicht mehr halbiert werden kann. Trotzdem werden wir die elektrische Ladung meist als kontinuierliche Größe behandeln.

Dies ist immer dann gerechtfertigt, wenn es sich um makroskopische Ladungen handelt, da sich diese aus einer so großen Zahl von Elementarladungen zusammensetzen, dass die Quantelung nicht mehr relevant ist. Eine Ladung von 1 C setzt sich aus etwa $6{,}2 \cdot 10^{18}$ Elementarladungen zusammen.

Wir haben nun mehrfach darauf hingewiesen, dass es keine Ladungen gibt, die einen Bruchteil der Elementarladung betragen. Dies ist streng genommen nicht korrekt. Die moderne Elementarteilchenphysik hat die Quarks als Bausteine der Protonen und Neutronen in den Atomkernen entdeckt und deren Ladungen zu $-1/3e$ und $+2/3e$ bestimmt. Mit dieser Entdeckung müssten wir streng genommen eine neue Elementarladung e' definieren. Die Quarks hätten dann die Ladungen $-e'$ bzw. $+2e'$ und das Elektron die Ladung $-3e'$. Wir wollen aber bei der ursprünglichen Definition der Elementarladung bleiben.

Beispiel 1.7: Die Ladung des Protons

Wie wir in Band 1 im Kapitel über die Himmelsmechanik (Kap. 11) gesehen haben, ist der Umlauf der Planeten um die Sonne durch die Gravitation bestimmt. Ausgehend vom Gravitationsgesetz kann man ihn sehr genau berechnen. Elektrische Kräfte tragen nicht merklich bei. Sie würden zu Abweichungen der Bahnen von den Berechnungen auf Basis der Gravitation führen. Dies bedeutet, dass die Planeten elektrisch neutral sein müssen.

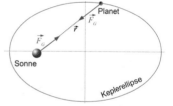

Nun bestehen die Planeten aus einer großen Anzahl von Atomen, d. h. aus einer identischen Zahl von Protonen und Elektronen. Die Protonen haben die entgegengesetzte Ladung der Elektronen, also $Q(p^+) = +e$. Würde sich die Ladung eines Protons von der eines Elektrons auch nur geringfügig unterscheiden, würde sich dies wegen der großen Zahl der Atome zu einer signifikanten Ladung und damit zu einer Störung der Planetenbahnen aufsummieren. Aus dieser Überlegung ergibt sich eine Abschätzung des möglichen Unterschiedes zwischen der Ladung von Elektron und Proton:

$$Q\left(p^+\right) + Q\left(e^-\right) < 10^{-21}e$$

❓ Übungsaufgaben zu ▶ Kap. 1

1. Sie haben ein Katzenfell, Tücher aus Nylon, Seide und Kunstseide sowie mehrere Hartgummistäbe zur Verfügung. Mit welchem Material reiben Sie zwei Hartgummistäbe, so dass sich diese anschließend abstoßen bzw. anziehen?

2. An welcher Stelle müsste Aluminium in ▫ Tab. 1.1 stehen? Suchen Sie in Nachschlagewerken oder dem World Wide Web.

3. Wie groß ist die elektrische Ladung der Elektronen in einem Hausschlüssel (10 g)? (Nehmen Sie an, dass er aus Eisen besteht.)

1

4. Beim radioaktiven Zerfall (β^--Zerfall) wandelt sich im Atom-kern ein Neutron in ein Proton um. Dabei werden ein Elektron und ein elektrisch neutrales Neutrino aus dem Atom emittiert. In welchem Ladungszustand befindet sich das Stickstoffatom nach dem Zerfall $^{14}_{6}C \rightarrow ^{14}_{7}N$?

5. In einer Millikan-Apparatur schwebt bei einer Feldstärke von $E = 2 \cdot 10^5$ N/C ein Öltröpfchen mit dem Radius $r = 1{,}66\,\mu$m. Wie groß ist seine Ladung in Vielfachen der Elementarladung? (Dichte Öl $850\,$kg/m^3, Dichte Luft $1{,}18\,$kg/m^3)

Kraft und Feld

Stefan Roth und Achim Stahl

© Springer-Verlag GmbH Deutschland, ein Teil von Springer Nature 2018
S. Roth, A. Stahl, *Elektrizität und Magnetismus*, DOI 10.1007/978-3-662-54445-7_2

2.1   Das Coulomb-Gesetz

2.1.1   Das Kraftgesetz

Wir geben nun das Kraftgesetz der elektrischen Kraft an. Die elektrische Kraft zwischen zwei Körpern mit den Ladungen Q_1 und Q_2, die sich in einem Abstand r voneinander befinden, ist gegeben durch:

$$\vec{F}_{\text{el}} = k\,\frac{Q_1 Q_2}{r^2}\,\hat{r}_{12} \tag{2.1}$$

Die Gleichung ist unter dem Namen Coulomb-Gesetz bekannt, benannt nach dem französischen Physiker Charles Augustin de Coulomb, den wir schon als Namensgeber für die Einheit der elektrischen Ladung kennen gelernt haben (siehe ◘ Abb. 1.3).

> Coulomb-Gesetz
> Die Kraft zwischen zwei punktförmigen Ladungen Q_1 und Q_2 im Abstand r beträgt:
>
> $$\vec{F}_{\text{el}} = k\,\frac{Q_1 Q_2}{r^2}\,\hat{r}_{12}$$

Der Einheitsvektor $\hat{r}_{12}$ gibt die Richtung von der Position der Ladung Q_1 zur Position der Ladung Q_2 an. Gl. 2.1 beschreibt dann die Kraft, die die Ladung Q_1 auf die Ladung Q_2 ausübt. Möchten Sie die umgekehrte Kraft von Q_2 auf Q_1 bestimmen, müssen Sie die Indizes in Gl. 2.1 vertauschen, d. h. die Richtung von $\hat{r}_{12}$ in $\hat{r}_{21}$ umkehren. Beide Ladungen werden als punktförmig angenommen. Beachten Sie, dass die Kraft quadratisch mit dem Abstand der beiden Ladungen abnimmt.

Die Gültigkeit des Gesetzes kann man mit Hilfe der Coulomb-Waage überprüfen, mit der man auch die Kraftkonstante k bestimmen kann, oder mit der Schaukel in ▶ Experiment 2.1.

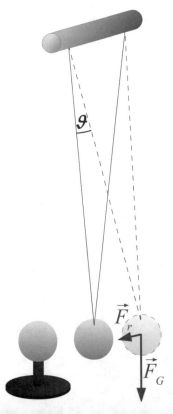

Experiment 2.1: Coulomb-Gesetz

Wir zeigen hier eine einfache Apparatur, die eine Vermessung elektrischer Kräfte erlaubt. Eine Kugel ist auf einem beweglichen Ständer montiert, die zweite Kugel ist an zwei Fäden so aufgehängt, dass sie in einer festen Richtung pendeln kann (Abbildung). Lädt man die Kugeln, so stoßen sie sich gegenseitig ab. Die Kugel in der Schaukel wird ausschlagen, bis die von der Gewichtskraft $\vec{F}_G$ ausgehende rücktreibende Kraftkomponente $\vec{F}_r$ die elektrische Kraft kompensiert. Es ist $F_r = mg\sin\vartheta$. Für kleine Ausschläge gilt $\sin\vartheta \approx s/l$ mit dem Ausschlag s und der Pendellänge l, so dass sich $F_{\text{el}} = mgs/l$ ergibt. Verschiebt man nun die Kugel am Boden und misst jeweils den Ausschlag s zur Ruhelage und den Abstand r zwischen den Kugeln, so kann man das Coulomb-Gesetz schrittweise nachvollziehen.

Wir benutzen zur Demonstration in der Vorlesung eine moderne
Variante mit elektronischem Kraftmesser und automatischer
Abstandsmessung. Der Aufbau ist im Foto zu sehen. Die letzte
Abbildung zeigt ein typisches Messergebnis (blaue Punkte) mit
einem Vergleich zur Erwartung aus dem Coulomb-Gesetz (rote
Linie). Die Abweichungen bei geringen Abständen sind darauf
zurückzuführen, dass die Kugeln bei diesen Abständen nicht mehr
als näherungsweise punktförmig angesehen werden können.

© RWTH Aachen, Sammlung Physik

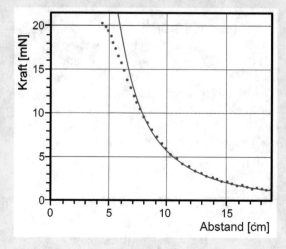

2.1.2 Die Stärke der elektrischen Kraft

Mit der Coulomb-Waage oder der Apparatur aus ▶ Experiment 2.1 kann man auch die Kraftkonstante k im Coulomb-Gesetz bestimmen. Man erhält einen Wert von $k = 8{,}99 \cdot 10^9\,\mathrm{N\,m^2/C^2}$. Dies bedeutet, dass zwei Ladungen von je 1 C mit einem Abstand von 1 m voneinander eine Kraft von $8{,}99 \cdot 10^9\,\mathrm{N}$ aufeinander ausüben. Dies ist eine sehr große Kraft. Vergleichen Sie dazu das Gravitationsgesetz:

$$F_G = G\frac{m_1 m_2}{r^2} \tag{2.2}$$

Der Wert der Gravitationskonstanten $G = 6{,}6742 \cdot 10^{-11}\,\mathrm{N\,m^2/kg^2}$ ist um Größenordnungen kleiner und die Kräfte entsprechend auch. Einen Vergleich anhand eines Beispiels finden Sie in ▶ Beispiel 2.1.

Im SI-System schreibt man die Kraftkonstante der elektrischen Kraft meist als

$$k = \frac{1}{4\pi\epsilon_0} \tag{2.3}$$

mit der Dielektrizitätskonstanten

$$\epsilon_0 = 8{,}854187817 \cdot 10^{-12}\,\frac{\mathrm{C^2}}{\mathrm{N\,m^2}}, \tag{2.4}$$

die auch einfach elektrische Feldkonstante genannt wird. In dieser Formulierung lautet dann das Coulomb-Gesetz:

$$\vec{F}_{\mathrm{el}} = \frac{1}{4\pi\epsilon_0}\frac{Q_1 Q_2}{r^2}\hat{r}_{12} \tag{2.5}$$

Beispiel 2.1: Elektrische Kraft und Gravitation

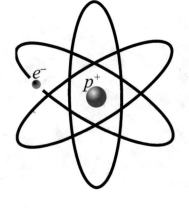

Betrachten Sie ein Wasserstoffatom in einem klassischen Bild. Wie auf einer Planetenbahn kreist ein Elektron um den Atomkern, der im Falle des wichtigsten Isotops ^{1}H lediglich aus einem einzelnen Proton besteht. Der Radius der Elektronenbahn (Bohr'scher Atomradius) und damit der Abstand zwischen Proton und Elektron beträgt etwa $r = 5{,}3 \cdot 10^{-10}$ m. Die Massen sind $m_{p^+} = 1{,}67 \cdot 10^{-27}$ kg und $m_{e^-} = 9{,}11 \cdot 10^{-31}$ kg, die elektrischen Ladungen $\pm 1{,}602 \cdot 10^{-19}$ C. Damit lassen sich die Kräfte berechnen:

$$F_{\mathrm{el}} = k\frac{Q_{p^+} Q_{e^-}}{r^2} = 8{,}99 \cdot 10^9\,\frac{\mathrm{N\,m^2}}{\mathrm{C^2}}\frac{\left(1{,}602 \cdot 10^{-19}\,\mathrm{C}\right)^2}{\left(5{,}3 \cdot 10^{-10}\,\mathrm{m}\right)^2}$$

$$\doteq 8{,}4 \cdot 10^{-8}\mathrm{N}$$

$$F_G = G \frac{m_{p^+} m_{e^-}}{r^2}$$

$$= 6{,}6742 \cdot 10^{-11} \, \frac{\text{N m}^2}{\text{kg}^2} \, \frac{1{,}67 \cdot 10^{-27} \, \text{kg} \cdot 9{,}11 \cdot 10^{-31} \, \text{kg}}{(5{,}3 \cdot 10^{-10} \, \text{m})^2}$$

$$= 3{,}6 \cdot 10^{-43} \text{N}$$

Der Vergleich zeigt, dass Gravitationskräfte in der Atomphysik gegenüber den elektrischen Kräften völlig vernachlässigbar sind.

Beispiel 2.2: Elektrische Einheiten

Wie wir gesehen haben, lassen sich die elektrischen Kräfte nicht auf mechanische Ursachen zurückführen. Dies hat zur Folge, dass wir eine neue Einheit für die Quantifizierung ihrer Stärke durch die Ladung wählen müssen. Gehen wir davon aus, dass wir die Kraft in Gl. 2.1 in Newton messen, wie wir das bereits aus der Mechanik kennen, so ist klar, dass wir mit der Definition der Ladungseinheit den Wert der Konstanten k festlegen. Je mehr Ladung einer Einheitsladung entspricht, desto größer ist die Kraft, die von zwei Einheitsladungen ausgeht und desto größer muss folglich k sein. Im Prinzip kann man die Einheitsladung so definieren, dass sich ein Wert $k = 1$ ergibt. In der Tat wird im sogenannten cgs-System die Einheit der Ladung so definiert, dass sich für das Coulomb-Gesetz $k = 1$ ergibt. Wir wollen aber beim SI-System bleiben.

Wir greifen vor auf eine Relation, die wir erst in der Elektrodynamik begründen werden. Dort wird sich für die Lichtgeschwindigkeit die Beziehung $c = 1/\sqrt{\epsilon_0 \mu_0}$ ergeben, wobei c die Lichtgeschwindigkeit bezeichnet und μ_0 eine Konstante ist, die analog zu ϵ_0 die Stärke der magnetischen Anziehung zwischen Strömen beschreibt. Im SI-System wird nun diese magnetische Kraft benutzt, um die Ladungseinheit zu definieren (wir werden darauf in ▶ Abschn. 8.2.2 zu sprechen kommen), und zwar so, dass sich für μ_0 der Wert $4\pi \cdot 10^{-7} \, \text{Ns}^2/\text{C}^2$ ergibt. Da ferner der Meter heute als die Strecke definiert ist, die Licht in dem 299.792.458sten Bruchteil einer Sekunde zurücklegt, hat die Lichtgeschwindigkeit den exakten Wert $2{,}99792458 \cdot 10^8$ m/s. Damit lässt sich der exakte Wert der Dielektrizitätskonstanten ϵ_0 aus der obigen Relation zu

$$\epsilon_0 = \frac{1}{c^2 \mu_0} = \frac{10^7}{4\pi \, (2{,}99792458 \cdot 10^8)^2} \, \frac{\text{C}^2}{\text{N m}^2}$$

$$= 8{,}854187817620389 \ldots \cdot 10^{-12} \, \frac{\text{C}^2}{\text{N m}^2}$$

berechnen.

2.1.3 Motivation des Coulomb-Gesetzes

Wir haben das Coulomb-Gesetz oben ohne Herleitung angegeben. Man kann sich auf den Standpunkt stellen, dass man das Gesetz aus den Experimenten mit der Coulomb-Waage ableiten kann. Aber wesentliche Aspekte des Kraftgesetzes lassen sich auch anderweitig motivieren. Dies wollen wir hier versuchen.

Zunächst stellen wir fest, dass die elektrische Kraft auf den Körper 1 proportional zur Ladung Q_2 ist, von der der Körper angezogen bzw. abgestoßen wird. Dies ist eine Form der Superposition, die man nur schwer aus Axiomen oder anderen allgemeinen Überlegungen ableiten kann. Man kann sie aber recht einfach experimentell überprüfen, z. B. mit der Apparatur aus ▶ Experiment 2.1. Der Körper 1 sei an der Schaukel aufgehängt. Wir bringen zunächst eine Kugel mit der Ladung Q_2^a im Abstand r an und messen die Kraft F^a. Danach wiederholen wir die Messung beim selben Abstand mit einer Kugel der Ladung Q_2^b und messen die Kraft F^b. Schließlich übertragen wir die Ladung dieser Kugel auf die erste Kugel, die nun die Ladung $Q_2 = Q_2^a + Q_2^b$ trägt. Wir messen die Kraft F_2, die von der Ladung Q_2 ausgeht, und stellen fest, dass gilt $F_2 = F_2^a + F_2^b$. Dies impliziert, dass die Kräfte proportional zur Ladung sein müssen.

Damit haben wir erkannt, dass $F_{el} \sim Q_2$ gelten muss, wobei F_{el} die Kraft auf die Ladung Q_1 bezeichnet. Nun wollen wir annehmen, dass Newtons drittes Axiom (actio = reactio) auch für elektrische Kräfte gilt. Dies kann man nur dadurch erreichen, dass man eine Proportionalität zu beiden beteiligten Ladungen annimmt. Nur dann ändert sich der Betrag der Kraft bei Vertauschen von Q_1 und Q_2 nicht. Es muss also $F_{el} \sim Q_1 Q_2$ gelten.

Nun wollen wir das Abstandverhalten begründen. Dies ist im Rahmen der klassischen Physik nicht möglich. Wir wollen hier kurz ein Bild von Kraftwirkungen einführen, das der Quantenfeldtheorie entspringt. Wir stellen uns vor, dass von einer Ladung Q_1 Feldquanten isotrop in alle Richtungen ausgesandt werden, die die Kraftwirkung übertragen. Bringt man an einem anderen Ort eine weitere Ladung Q_2 an, so wird die Kraftwirkung von Q_1 auf Q_2 proportional zur Menge an Feldquanten sein, die von Q_1 diesen Ort erreichen, genauer gesagt, zu deren Dichte. Betrachten Sie nun ◻ Abb. 2.1. Sie zeigt die Ladung Q_1 mit einigen Feldquanten. Legt man eine gedachte Kugelschale um die Ladung, so wird eine feste Anzahl von Feldquanten in einem gegebenen Zeitintervall die Kugelschale durchdringen. Stellen Sie sich nun vor, dass Sie den Radius der Kugelschale vergrößern. Dann wird immer noch die gleiche Anzahl von Feldquanten pro Zeiteinheit die Kugelschale durchdringen. Aber die Fläche der Kugelschale hat sich quadratisch mit dem Radius vergrößert ($A = 4\pi r^2$). Damit hat die Dichte der Feldquanten und damit die Stärke der Kraft wie $1/r^2$ abgenommen. Man könnte sagen, dass die $1/r^2$-Abhängigkeit der Kräfte eine Konsequenz der drei Raumdimensionen ist. Beispielsweise wäre in einem fiktiven

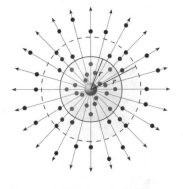

◻ **Abb. 2.1** Bild eines Kraftfeldes ausgehend von der Quantenfeldtheorie

vierdimensionalen Raum die Oberfläche einer Kugel proportional zu r^3 und die Kräfte würden wie $1/r^3$ abfallen.

Aber lassen Sie uns nach diesem kurzen Ausflug in die klassische Physik zurückkehren:

Tatsächlich kann man die $1/r^2$-Abhängigkeit von einer anderen experimentellen Beobachtung ableiten, nämlich der Tatsache, dass sich elektrische Ladungen immer an den äußeren Oberflächen leitender Körper ansammeln, deren Inneres aber ladungsfrei bleibt. Im Falle einer Hohlkugel wird sich die Ladung auf der Außenseite sammeln. Dies stimmt auch dann noch, wenn man eine geladene Kugel, die mit der Hohlkugel elektrisch verbunden ist, in deren Inneres bringt. Die Ladung wird dann nach außen abfließen. Betrachten Sie die Skizze einer Apparatur in ◘ Abb. 2.2. Eine kleine Kugel hängt an einem Metallfaden in einer Hohlkugel. Sie ist über den Metallfaden mit der Hohlkugel verbunden. Die Hohlkugel lässt sich mittig in eine obere und untere Halbschale öffnen. In geöffnetem Zustand kann man die kleine Kugel elektrisch aufladen. Dann schließt man die Kugel, wartet einen Moment und löst dann oben die Befestigung des Metallfadens an der Hohlkugel. Die kleine Kugel fällt auf den Boden, der auf der Innenseite elektrisch isolierten Hohlkugel. Nun kann man die Hohlkugel wieder öffnen, die kleine Kugel entnehmen und deren Ladung überprüfen. Es stellt sich heraus, dass die Ladung über den Metallfaden abgeflossen ist und sich nun auf der Außenfläche der Hohlkugel befindet. Die kleine Kugel zeigt keine Ladung.

Joseph Priestley, der eher den Chemikern durch die Entdeckung des Sauerstoffs bekannt ist, erkannte den entscheidenden Zusammenhang zum Abstandsgesetz der elektrischen Kraft. Die Ladungen der kleinen Kugel stoßen sich gegenseitig ab und drängen sich dadurch gegenseitig durch den Faden auf die Hohlkugel. Dies ist aber nur dann möglich, wenn auf diese Ladungen keine Kräfte von der Ladung auf der Hohlkugel ausgehen, die man sehr viel größer machen kann. Wir wollen daher zunächst einmal berechnen, welche Kraft von den Ladungen Q auf der Oberfläche der Hohlkugel auf eine Ladung q im Inneren der Hohlkugel ausgeht (◘ Abb. 2.3).

Die Ladung q mag sich an einem beliebigen Ort im Inneren der Hohlkugel befinden. Die Oberfläche der Hohlkugel trägt eine homogene Ladungsdichte ρ. Ohne Einschränkung der Allgemeinheit drehen wir das Koordinatensystem so, dass die Ladung q auf die z-Achse fällt. Dann ist klar, dass sich aus Symmetriegründen die Komponenten der elektrischen Kräfte in x- und y-Richtung zu null addieren. Es bleibt die z-Komponente zu bestimmen. Es ist

◘ **Abb. 2.2** Experiment zur Suche nach Ladungen im Inneren eines Hohlleiters

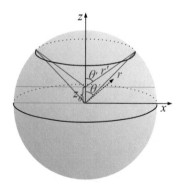

◘ **Abb. 2.3** Zur Berechnung der Kraft im Innern einer Hohlkugel

$$F_z = \int \cos\theta' k \frac{q\rho}{r'^2} dA = \int\limits_0^{2\pi}\int\limits_0^{\pi} \cos\theta' k \frac{q\rho}{r'^2} r^2 \sin\theta\, d\theta\, d\phi$$

$$= 2\pi k q\rho r^2 \int\limits_0^{\pi} \cos\theta' \frac{1}{r'^2} \sin\theta\, d\theta \tag{2.6}$$

Aus ◻ Abb. 2.3 lesen wir ab ($e = z_0/r$):

$$r'^2 = (r\cos\theta - z_0)^2 + r^2 \sin^2\theta$$
$$= r^2 \left[(\cos\theta - e)^2 + \sin^2\theta\right]$$
$$= r^2 \left(1 - 2e\cos\theta + e^2\right)$$
$$\cos\theta' = \frac{r\cos\theta - z_0}{r'} = \frac{\cos\theta - e}{\sqrt{1 - 2e\cos\theta + e^2}}$$

(2.7)

Damit haben wir:

$$F_Z$$
$$= 2\pi kq\rho r^2 \int_0^\pi \frac{\cos\theta - e}{\sqrt{1 - 2e\cos\theta + e^2}} \frac{1}{r^2 \left(1 - 2e\cos\theta + e^2\right)} \sin\theta d\theta$$
$$= 2\pi kq\rho \int_0^\pi \frac{(\cos\theta - e)\sin\theta}{\left(1 - 2e\cos\theta + e^2\right)^{\frac{3}{2}}} d\theta$$
$$= 2\pi kq\rho \int_{-1}^1 \frac{x - e}{\left(1 - 2ex + e^2\right)^{\frac{3}{2}}} dx$$

(2.8)

Wobei wir im letzten Schritt $x = \cos\theta$, $-\sin\theta d\theta = dx$ substituiert haben. Dieses Integral kann man nun durch partielle Integration lösen. Es ergibt sich:

$$F_z = 2\pi kq\rho \left.\frac{1 - ex}{e^2 \sqrt{1 - 2ex + e^2}}\right|_{-1}^{+1}$$
$$= \frac{2\pi kq\rho}{e^2} \left(\frac{1 - e}{\sqrt{1 - 2e + e^2}} - \frac{1 + e}{\sqrt{1 + 2e + e^2}}\right) = 0$$

(2.9)

Die Rechnung zeigt also, dass im Inneren der Hohlkugel keine Kräfte von den äußeren Ladungen Q wirken. Die Ladung q im Inneren der Hohlkugel kann sich folglich frei bewegen. Wegen der internen Kräfte zwischen ihren Ladungsträgern, werden sich diese nach außen auf die Hohlkugel bewegen. Die Kugel im Inneren entlädt sich. Der entscheidende Schritt ist es nun, zu realisieren, dass bei jedem anderen Abstandsgesetz eine Nettokraft von den äußeren Ladungen Q auf die Ladung im Inneren entstehen würde, die die Ladungen auf der Kugel im Inneren festhält, sofern sie nicht zufällig in Richtung des Metallfadens zeigt. Versuchen Sie es selbst. Ändern Sie die Potenz von r' in Gl. 2.6 und berechnen Sie das Integral neu. Es wird sich nicht null ergeben. Die Kugel könnte sich nicht entladen. Den Fall, dass die Kraft zufällig in Richtung des Metallfadens zeigt, kann man dadurch ausschließen, dass man die Kugel mit umgekehrter Ladung auflädt oder an anderer Stelle in der Hohlkugel anbringt. Aus dieser Überlegung wurde historisch das Coulomb-Gesetz abgeleitet.

2.2 Influenz

2.2.1 Ladungstrennung

Wir wollen uns noch einmal die Versuche mit dem Elektrometer (▶ Experiment 1.3) genauer ansehen. Wir reiben einen Hartgummistab und wollen dessen Ladung auf der Kugel auf dem Elektrometer abstreifen. Wenn Sie genau beobachten, sehen sie, dass das Elektrometer bereits ausschlägt, bevor wir mit dem Hartgummistab die Kugel berühren. Wie kann das sein? Bevor wir die Kugel auf dem Elektrometer berühren, ist das Elektrometer ja noch ungeladen.

◼ Abb. 2.4 versucht zu illustrieren, wie es zu diesem Ausschlag kommt. Nähert man sich mit dem negativ geladenen Stab der Kugel, so werden die Elektronen auf der Kugel durch die elektrische Abstoßung vom Stab von der Kugel verdrängt. Die Kugel lädt sich positiv auf. Die Elektronen werden nach unten in den Bereich des Zeigers gedrängt und laden diesen Bereich negativ auf. Die Gesamtladung des Elektrometers muss ja nach wie vor null sein. Diese negative Ladung im Bereich des Zeigers bewirkt den Ausschlag. Durch den Einfluss der Ladung auf dem Stab wurde eine räumliche Trennung der positiven und negativen Ladungen auf dem Elektrometer erreicht. Man nennt dieses Phänomen Influenz. Es beschreibt allgemein die Trennung der Ladungen in vormals neutralen Körpern durch den Einfluss äußerer elektrischer Kräfte. Unser Experiment war ein Beispiel dafür.

Entfernt man den Stab wieder vom Elektrometer (ohne es vormals berührt zu haben), so geht der Ausschlag wieder zurück. Die Elektronen bewegen sich zurück in die Kugel und neutralisieren diese wieder.

◼ **Abb. 2.4** Influenz an einem Elektrometer

Experiment 2.2: Ladungsmessung durch Influenz

Dies ist eine leicht modifiziert Variante der Demonstration der Influenz mit dem Elektrometer. Gegenüber ◼ Abb. 2.4 haben wir die Kugel auf dem Elektrometer durch einen Becher ersetzt. Wir wollen die Ladung auf einer kleinen, positiv geladenen Kugel bestimmen, die an einem isolierenden Stab montiert ist. Wir halten die Kugel in den Becher, ohne diesen zu berühren. Durch Influenz entsteht auf der Innenseite des Bechers eine negative Ladung, die genauso groß ist wie die Ladung auf dem Becher. Auf der Außenseite des Bechers entsteht die entsprechende positive Ladung. Diese misst das Elektrometer. Sie entspricht exakt der Ladung auf der Kugel. Der Vorteil dieser Messung gegenüber einem Berühren und Abstreifen der Ladung liegt darin, dass sie auch für Ladungen auf nicht leitenden Körpern funktioniert, bei denen das Abstreifen meist sehr schwierig ist.

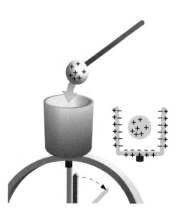

Wir haben erklärt, dass bei der Influenz Ladungen in einem neutralen Leiter getrennt werden. Dass dies in der Tat so ist, lässt sich mit einem einfachen Experiment demonstrieren. Betrachten Sie hierzu ► Experiment 2.3.

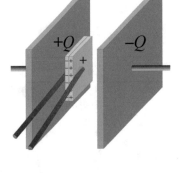

Experiment 2.3: Ladungstrennung durch Influenz

Statt eines geriebenen Stabes benutzen wir einen Plattenkondensator, dessen Platten wir wie in der Skizze angedeutet aufgeladen haben. Ein solcher Plattenkondensator bewirkt eine größere elektrische Kraft, als wir sie mit einem geriebenen Stab erreichen können. Nun nehmen wir zwei Metallplatten, die wir aufeinanderlegen und so zu einem Körper vereinen. An den beiden Platten ist jeweils ein isolierender Kunststoffstab befestigt, mit dem wir die Platten in den Kondensator hineinhalten können. Wir bringen die beiden Platten im direkten Kontakt in den Kondensator hinein und warten einen kurzen Moment. Die negativen Ladungen auf den beiden Platten werden zur positiv geladenen äußeren Kondensatorplatte hin verschoben und laden die dieser Kondensatorplatte zugewandte Platte negativ auf, während auf der anderen Platte eine positive Ladung zurückbleibt. Nun trennen wir die beiden Platten noch im Kondensator voneinander und führen sie dann aus dem Kondensator heraus, ohne dass sie sich noch einmal gegenseitig berühren oder eine der äußeren Kondensatorplatten berühren. Nun können wir nachweisen, dass die beiden Platten tatsächlich geladen sind. Wir streifen zunächst die Ladung der ersten Platte auf einem Elektrometer ab und beobachten den Ausschlag. Danach streifen wir die zweite Platte auf demselben Elektrometer ab und sehen, dass der Ausschlag wieder verschwindet. Sie trägt eine entgegengesetzte Ladung vom gleichen Betrag.

2.2.2 Influenz in Metallen

Wir wollen die atomaren Prozesse in den Metallen etwas näher betrachten. Metalle sind wie die meisten Festkörper aus einer regelmäßigen Anordnung von Atomen aufgebaut, die man das Gitter nennt. Genauer gesagt sind es bei den Metallen Atomrümpfe bestehend aus den Atomkernen und den Elektronen der inneren Schalen, die das Gitter aufbauen. Dazwischen findet man Elektronen, die sich frei zwischen den Atomrümpfen bewegen können. Sie sind für die elektrische Leitfähigkeit der Metalle und andere Eigenschaften einschließlich der Influenz verantwortlich. Das Gitter ist durch die

Ladung der Atomkerne positiv geladen. Die frei beweglichen Elektronen kompensieren mit ihrer negativen Ladung die Ladung des Gitters.

Nähert man eine elektrisch negative Ladung Q_0 einem Metall, so werden die frei beweglichen Elektronen von der Ladung abgestoßen. Sie bewegen sich von der Ladung weg. Auf der der Ladung zugewandten Seite bleibt eine positive Raumladung Q_1 zurück, während die abgewandte Seite negativ geladen wird (Q_2). Die Situation ist in ◻ Abb. 2.5 A zu sehen. Zwischen der Ladung Q_0 und den influenzierten Ladungen Q_1 bzw. Q_2 bilden sich Coulomb-Kräfte aus. Sie sind in der Abbildung mit $\vec{F}_1$ und $\vec{F}_2$ bezeichnet. Die Beträge der Kräfte sind

$$F_1 = \frac{1}{4\pi\epsilon_0} \frac{Q_0 Q_1}{r_1^2}$$

$$F_2 = \frac{1}{4\pi\epsilon_0} \frac{Q_0 Q_2}{r_2^2} \qquad (2.10)$$

Die Kräfte zeigen in entgegengesetzte Richtungen. In ◻ Abb. 2.5 A ist die Kraft auf die Ladung Q_1 anziehend, während die Kraft auf Q_2 abstoßend wirkt. Da die Kugel insgesamt neutral ist, müssen die Ladungen Q_1 und Q_2 dem Betrage nach gleich sein. Trotzdem sind die beiden Kräfte nicht gleich, denn der Abstand r_1 von Q_0 zu Q_1 ist geringer, als der zu Q_2 (r_2). Daher ist $F_1 > F_2$ und die anziehende Wirkung überwiegt. Durch die Influenz entsteht eine anziehende Kraft zwischen der negativen Ladung Q_0 und dem neutralen Körper. In ◻ Abb. 2.5 B ist noch der umgekehrte Fall einer positiven Ladung Q_0 dargestellt. Nun wechseln Q_1 und Q_2 das Vorzeichen, aber wieder entsteht eine anziehende Kraft, die die abstoßende überwiegt. Wir kommen folglich zu dem Schluss, dass unabhängig von den Polaritäten durch Influenz selbst auf neutrale Körper eine Kraft entsteht, die immer anziehend wirkt.

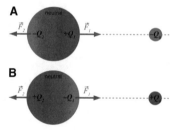

◻ **Abb. 2.5** Zur Erklärung der Kraft durch Influenz

Experiment 2.4: Der Trommler

An einem langen Faden hängen wir einen Tischtennisball in einen geladenen Plattenkondensator. Die Oberfläche des Tischtennisballs haben wir vorher mit einer Graphitfarbe leitend gemacht. Durch Influenz trennen sich die Ladungen auf dem Tischtennisball. Lenkt man den Tischtennisball ein wenig aus der Mittellage aus, entsteht eine Kraft, die ihn noch weiter zur Seite zieht. (Die Mittellage stellt ein labiles Gleichgewicht dar.) Der Ball bewegt sich zur Seite und berührt schließlich die Platte des Kondensators. Dort wird er nun mit derselben Polarität, wie sie die Platte trägt, aufgeladen.

Es entsteht eine abstoßende Kraft gegen die Platte. Der Ball wird zur Mitte beschleunigt, bewegt sich darüber hinaus, und berührt schließlich die gegenüberliegende Platte mit umgekehrter Polarität. Dort fließt seine Ladung ab und der Ball wird umgekehrt geladen, wodurch er erneut abgestoßen wird und zurück zur ersten Platte fliegt. So wird er zwischen den beiden Platten hin- und her gestoßen. Beim Auftreffen auf einer der Platten entsteht ein charakteristisches Geräusch, das sich zu einem Trommeln zusammensetzt, daher der Name.

© Foto: Hendrik Brixius

2.2.3 Influenz in Nichtleitern

Influenz basiert auf der Beweglichkeit der Elektronen in Metallen. In Isolatoren gibt es keine beweglichen Ladungsträger. Trotzdem gibt es Fälle, in denen sich die Ladungen ein wenig bewegen können, nämlich dann, wenn polare Moleküle vorhanden sind. Ein solches Beispiel ist Wasser. Im Wasser sind die Elektronen alle an die Wassermoleküle gebunden. Das H_2O-Molekül ist nicht linear aufgebaut. Durch die Struktur der Orbitale des Sauerstoffatoms bildet sich ein Winkel zwischen den beiden O-H-Bindungen von etwa 105° aus. Die beiden Wasserstoffatome sind zu einer Seite des Moleküls hin verschoben. Wegen der hohen Elektronegativität des Sauerstoffs sind die Bindungselektronen zum Sauerstoff hin verschoben, so dass die Sauerstoffatome (in ◻ Abb. 2.6 orange) eine negative Raumladung tragen, während die Wasserstoffatome

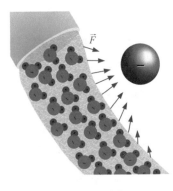

◻ **Abb. 2.6** Influenz auf einen Wasserstrahl

(blau) positiv geladen sind. Dadurch entsteht ein polares Molekül. Nähert man nun eine Ladung (siehe ◼ Abb. 2.6), können sich die Elektronen zwar nicht bewegen, aber die Moleküle ändern ihre Orientierung. In unserem Beispiel ist die äußere Ladung negativ. Die Wassermoleküle drehen sich bevorzugt so, dass die H-Atome zur negativen Ladung zeigen und die O-Atome der Ladung abgewandt sind. Man sieht in der Abbildung, dass nun die rechte Oberfläche des Wasserstrahls positiv und die linke negativ geladen ist. Nun gilt wieder das Argument, das Sie bereits bei den Metallen kennen gelernt haben. Da die positiven H-Atome etwas näher bei der externen Ladung sind, ist die Anziehungskraft etwas größer als die Abstoßung der negativen O-Atome, so dass in der Summe eine leichte Anziehungskraft entsteht. Der Wasserstrahl wird durch die äußere Ladung abgelenkt.

Experiment 2.5: Influenz an einem Wasserstrahl

Das im Text und in ◼ Abb. 2.6 beschriebene Experiment lässt sich auch sehr schön vorführen. Die Abbildung zeigt den Aufbau. Wir benutzen einen durch Reibungselektrizität aufgeladenen Hartgummistab, der sich im Bild hinter dem Wasserstrahl befindet. Er lenkt diesen nach hinten ab.

© Foto: Hendrik Brixius

Selbst an Isolatoren, die keine polaren Moleküle enthalten, kann man Influenz beobachten. Durch die Einwirkung der elektrischen Kräfte von außen, können Ladungen innerhalb der Moleküle verschoben werden, so dass ursprünglich unpolarisierte Moleküle in Richtung der äußeren Ladung polarisiert werden. Dies bewirkt dann wiederum eine anziehende Kraft, die allerdings meist gering ist.

Ein Beispiel zeigen wir in ▶ Experiment 2.6:

Experiment 2.6: Kunststoffstab im Kondensatorfeld

Wir hängen einen kleinen Kunststoffstab drehbar zwischen die Platten unseres Kondensators. Wir justieren die Aufhängung so, dass der Stab zunächst parallel zu den noch ungeladenen Platten hängt. Dann laden wir die Platten auf. Durch Influenz werden die Ladungen im Stab verschoben. Die anziehenden Kräfte, die dadurch entstehen, richten den Stab senkrecht zu den Platten aus. Entlädt man die Platten anschließend, pendelt der Stab wieder in seine anfängliche Orientierung zurück.

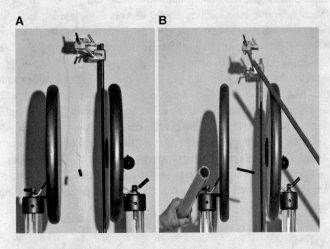

© Fotos: Hendrik Brixius

Beispiel 2.3: Influenzmaschine nach Wimshurst

Diese Maschinen wurden zur Erzeugung von Elektrizität eingesetzt
bevor man das Generatorprinzip entdeckt hatte. Sie können
hohe Spannungen erzeugen, wenn auch bei geringer Leistung.
Wir benutzen sie heute noch für Demonstrationsexperimente
in der Elektrostatik. Der englische Ingenieur James Wimshurst
(1832–1903) hat die Maschine, die vielfältige Vorläufer hatte,
perfektioniert. Nach ihm ist sie heute benannt. Die Abbildung
veranschaulicht das Funktionsprinzip in Schritten. Das Foto zeigt
ein Exemplar der Wimshurstmaschine.

Eine Wimshurstmaschine besteht aus zwei Plexiglasscheiben,
die sich angetrieben mit einer Kurbel gegenläufig auf einer
gemeinsamen Achse drehen. Auf den Vorder- und Rückseiten
sind Metallplatten angebracht, so dass gegenüberliegende Platten
eine Art Kondensator bilden. Die Ladungen werden über Bürsten
auf zwei Konduktoren abgeleitet. In unserer Abbildung trägt
der linke die positive Ladung und der rechte die negative.
Oft sind Leidener Flaschen mit den Konduktoren verbunden,
um die Speicherkapazität zu erhöhen und eine gleichmäßigere
Spannungsversorgung zu erreichen.

Wir beginnen die Erklärung der Funktionsweise mit Abb. A.
Die Konduktoren müssen bereits eine initiale Ladung tragen.
Die Maschine verstärkt lediglich diese Ladung. Wir wollen die
Bewegung der Metallplatte verfolgen, die sich auf der rückwärtigen
Seite in Abb. A ganz links befindet. In Abb. A bewegt sie sich
gerade von unten nach oben unter den Bürsten hindurch, die sie
mit dem positiven Konduktor verbindet. Die Ladung auf der Platte
wird abgestreift und auf den Konduktor übertragen. Nun ist die

Platte (nahezu) ungeladen. Wir wollen sie weiter verfolgen. Sie bewegt sich nach oben und befindet sich im nächsten Schritt hinter einer positiven Platte (Nr. 3 in Abb. B). Durch Influenz werden die Ladungen auf der hinteren Platte getrennt. Die negativen Ladungen werden zur vorderen Seite der Scheibe hin verschoben, die hintere Oberfläche lädt sich positiv auf. Die Scheibe dreht sich weiter. In Abb. C erreicht sie eine weitere Bürste, die die positive Influenzladung auf der Rückseite abstreift und mit einer negativen Influenzladung, die sich an der gegenüberliegenden hinteren Platte gebildet hat, neutralisiert. Zurück bleibt auf unserer Platte eine negative Ladung. Diese wird nun durch die Rotation der Scheibe weitertransportiert, bis sie die Bürste erreicht, die mit dem negativen Konduktor verbunden ist. Dort wird sie schließlich abgestreift und lädt den Konduktor weiter auf. Damit haben wir eine halbe Umdrehung beschrieben. In der zweiten Hälfte eines Umlaufes läuft der gleiche Prozess noch einmal mit umgekehrter Polarität ab.

Wichtig ist noch zu erkennen, dass die negativ geladene Platte aus Abb. C auf dem Weg zum negativen Konduktor noch eine Funktion erfüllt. In Abb. D haben wir einen weiteren Zwischenschritt kurz vor dem Konduktor dargestellt. Unsere Platte befindet sich nun hinter der Platte mit der Nummer 11, die gerade am Konduktor entladen wurde. Es ist die negative Ladung auf unserer Platte, die jetzt durch Influenz die Ladungen auf Platte Nr. 11 trennt. Der Prozess ist immer derselbe. Eine gegenüberliegende geladene Platte trennt durch Influenz die Ladungen. Die außen liegende Influenzladung wird an einer Bürste mit Verbindung zur gegenüberliegenden Platte neutralisiert. Durch die zurückbleibende, innen liegende Influenzladung ist nun die Platte geladen. Ihre Ladung wird zum Konduktor transportiert und dort abgestreift.

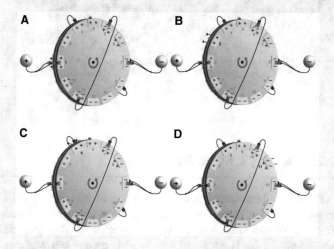

Im Foto kann man noch einige weitere Details erkennen. Die
beiden Konduktorkugeln (A) sind nach innen geneigt und berühren
sich, so dass sie entladen sind. Rechts und links sieht man die
beiden Leidener Flaschen (B), die über einen beweglichen Bügel
(C) mit den Konduktoren verbunden sind. Der Pinsel, der die
Ladung auf die Konduktorkugeln bringt, ist hinter der Halterung
der Konduktorkugel verborgen, aber man kann den Bügel (D)
erkennen, der die Verbindung zum Pinsel auf der Rückseite
herstellt. Bei E befindet sich ein Pinsel des vorderen Neutralisators.
Man kann die Stange wahrnehmen, die zur gegenüberliegenden
Platte führt. Der zweite Pinsel ist allerdings von der rechten
Leidener Flasche verdeckt. Den zweiten Neutralisator kann man
durch die Plexiglasscheiben hindurch ebenfalls erkennen. Die
Scheiben werden von der Rückseite über eine Kurbel und einen
Riemen angetrieben.

Mit der Wimshurstmaschine kann man durchaus Spannungen von
100 kV erreichen. Wenn man kräftig kurbelt, steigt die Spannung
so weit an, bis an den Konduktoren Funken überschlagen, die diese
entladen. Die elektrischen Ströme, die man damit erreichen kann,
sind allerdings gering. Sie liegen im Bereich von einigen μA.

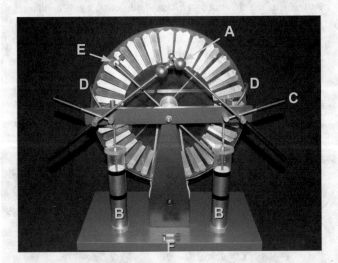

© RWTH Aachen, Sammlung Physik

2.2.4 Faraday'scher Käfig

Auf einem influenzähnlichen Effekt beruht auch der sogenannte Faraday'sche Käfig. Damit bezeichnet man einen elektrisch leitenden
Hohlkörper, dessen Inneres frei von elektrischen Kräften (Feldern)
ist. Die Wände des Hohlkörpers müssen nicht massiv sein. Meist ge-

nügt auch ein Gitter, um den Innenraum von elektrischen Einflüssen zu schützen.

Bringt man Ladungen auf den Käfig auf, so stoßen sich diese ab. Sie verteilen sich auf der äußeren Oberfläche, da so ein maximaler Abstand zwischen ihnen entsteht. Die Innenseite des Käfigs ist ungeladen (siehe ◘ Abb. 2.7). Man kann den Käfig von innen berühren, ohne dass man die Ladung spürt. Auch die Kräfte, die von externen Ladungen ausgehen, werden durch den Käfig neutralisiert. An der äußeren Oberfläche des Käfigs werden durch die äußeren Kräfte so lange Ladungen verschoben, bis sie die äußeren Kräfte neutralisieren.

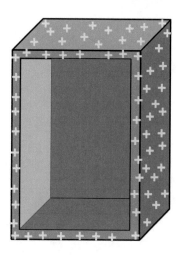

◘ **Abb. 2.7** Schematische Darstellung eines Faraday'schen Käfigs

Experiment 2.7: Ladungen auf einer Hohlkugel

Dieses Experiment demonstriert, dass sich die Ladungen ausschließlich auf der äußeren Oberfläche eines metallischen Leiters befinden. Wir benutzen eine Kugel, die wir mit einem Hartgummistab elektrisch aufladen. Wir umschließen die Kugel mit zwei Halbschalen, so dass ein elektrischer Kontakt zwischen den Halbschalen und mit der Kugel im Inneren entsteht. Wenn unsere Vermutung stimmt, dass sich die Ladungen ausschließlich auf der äußeren Oberfläche befinden, werden sie nun von der inneren Kugel auf die äußeren Halbschalen abfließen. Nun entfernen wir die Halbschalen wieder. Wir überprüfen ihre Ladungen sowie die der inneren Kugel mit einem Elektrometer und stellen fest, dass die Ladung in der Tat vollständig auf die äußeren Schalen abgeflossen ist. Die innere Kugel zeigt keine Ladung mehr.

Experiment 2.8: Abschirmung eines Elektrometers

© Foto: Hendrik Brixius

Wir bringen einen geladenen Hartgummistab in die Nähe eines
Elektrometers. Wir beobachten einen deutlichen Ausschlag durch
Influenz. Nun stülpen wir ein Drahtgitter über das Elektrometer.
Der Ausschlag am Elektrometer geht sofort zurück. Das Drahtgitter
wirkt als Faraday'scher Käfig und schirmt das Elektrometer von
elektrischen Kräften ab.

Experiment 2.9: Faraday'scher Käfig

Das Foto zeigt zwei Frauen in einem Faraday'schen Käfig. Das
Foto wurde im Palais de la Découverte in Paris aufgenommen. Der
Käfig schützt die Frauen selbst vor kräftigen Blitzen.

© wikimedia: Antoine Taveneaux

Beispiel 2.4: Ein Auto als Faraday'scher Käfig

In einem Gewitter entladen sich gewaltige Energien. Ein Faraday'scher Käfig schützt Personen vor Blitzschlag. Ein Auto

stellt einen solchen Faraday'schen Käfig dar. Im Inneren sind die
Insassen sicher, selbst wenn ein Blitz das Auto direkt trifft. Die
metallische Karosserie leitet die Ladungen auf der Außenseite
auf den Boden ab. Selbst die Fensteröffnungen beeinträchtigen
den Käfig nur wenig. Zwar sind die Reifen des Autos Isolatoren,
aber bei den hohen Spannungen des Blitzschlags und dem meist
einhergehenden Regen kommt es zu einem Überschlag von der
Karosserie auf den Boden, so dass die Ladungen schließlich in
den Boden abgeleitet werden. Dabei fließen hohe Ströme (bis
in den Bereich von 100 kA). Durch die Hitzeentwicklung und
die Magnetfelder kann es zu Schäden am Auto selbst kommen,
doch das größte Risiko ist vermutlich die Unfallgefahr durch den
Schrecken des Fahrers.

© wiki: public domain; U.S.
National Oceanic and
Atmospheric Administration

2.3 Das elektrische Feld

2.3.1 Der Feldbegriff

Wir betrachten die Kraftwirkung, die von einer geladenen Kugel ausgeht (◼ Abb. 2.8). Eine kleine geladene Kugel (Ladung q), die an
einem Faden aufgehängt ist, wird von einer Ladung Q abgestoßen.
Die kleine Kugel wird aus ihrer Ruhelage ausgelenkt. Was führt zu
dieser Kraftwirkung? Woher „weiß" die kleine Kugel, dass sich in
der Nähe eine gleichnamige Ladung Q befindet und sie sich daher
bewegen muss?

Materielle Ursachen kann man ausschließen. Man könnte das Experiment im Vakuum wiederholen oder eine Glasscheibe zwischen
die Kugeln stellen. Beides würde eine materielle Übertragung, wie
z. B. durch eine Druckwelle, ausschließen. Trotzdem beobachtet man
in beiden Varianten eine Kraftwirkung. Um die Frage zu beantworten, wodurch die kleine Kugel die Kraftwirkung erfährt, führen wir
ein neues, abstraktes Konzept ein. Das Konzept des elektrischen Feldes. Wir sagen, dass sich um die Ladung Q ein elektrisches Feld
ausbildet. Dieses Feld spürt die kleine Kugel. Das elektrische Feld
bewirkt die Kraft und damit den Ausschlag. Wir werden im Folgenden viel mit Feldern argumentieren. Sie werden sich allmählich an
diese Vorstellung gewöhnen. Dabei werden Sie hoffentlich realisieren, dass Felder mehr als eine Vorstellung sind. Sie tragen ihre eigene
Realität. Die moderne Physik kann gar eine materielle Basis des Feldes nachweisen: Die Photonen als Feldquanten.

Alternativ kann man sich dem Konzept des Feldes auf ganz prag-
matische Art und Weise nähern, indem man feststellt, dass man in
vielen Fällen an der Kraftwirkung einer bestimmten Ladungskonfiguration auf beliebige andere Ladungen an beliebigen Orten interessiert ist. Dies führt zum Begriff der Probeladung. Man stellt sich

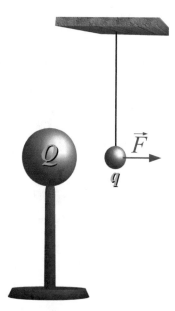

◼ **Abb. 2.8** Kraftwirkung auf eine
kleine Kugel

vor, dass man die Kraftwirkung der Ladungskonfiguration durch eine kleine Ladung q_{Probe} – Probeladung genannt – erfasst, indem man mit ihr die Kraftwirkung in den interessanten Raumbereichen sukzessive ausmisst. Hat man so eine dreidimensionale Karte der Kraftwirkung erstellt, kann man die Kraftwirkung auf eine beliebige Ladung umrechnen. Die Kraftwirkung, die man mit der Probeladung bestimmt, ist proportional zur Probeladung selbst. Dann hängt die Größe

$$\vec{E} = \frac{\vec{F}}{q_{\text{Probe}}} \tag{2.11}$$

allein von der Ladungskonfiguration, die die Kräfte erzeugt, ab. Man nennt diese Größe $\vec{E}$ die elektrische Feldstärke. Die Kraftwirkung auf eine beliebige Ladung q erhält man dann aus

$$\vec{F} = q\vec{E}. \tag{2.12}$$

Allerdings müssen wir bei diesem Ansatz beachten, dass die Probeladung sehr klein sein muss. Sie darf die Ladungskonfiguration, die wir ausmessen wollen, nicht verändern. Man spricht daher oft von infinitesimal kleinen Probeladungen, ein Konzept, das eher theoretische Bedeutung hat und angesichts der Quantelung der Ladung nicht unproblematisch ist.

Das elektrische Feld einer Punktladung erhalten wir aus $\vec{E} = \vec{F}/q$, indem wir die Coulomb-Kraft auf eine Ladung q im Feld einer Punktladung Q einsetzen. Es ergibt sich:

$$\vec{E} = \frac{1}{4\pi\epsilon_0} \frac{Q}{r^2} \hat{e}_r \tag{2.13}$$

In dem nun entwickelten Feldkonzept sieht es so aus, als würden wir die beiden Ladungen Q und q unterschiedlich behandeln. Dies ist aber nicht der Fall. Auch um die Ladung q bildet sich ein elektrisches Feld aus, das eine Kraft auf die Ladung Q ausübt. Dies ist die Reactio zu der eingangs beschriebenen Kraft.

Wir können das Feldkonzept folgendermaßen zusammenfassen:

— Jede elektrische Ladung ist von einem elektrischen Feld umgeben.

— Das elektrische Feld übt eine Kraft auf die darin befindlichen Ladungen aus.

— Es gilt das Superpositionsprinzip für die Felder verschiedener Ladungen.

2.3.2 Superposition

Das Superpositionsprinzip überträgt sich von den Kräften auf das elektrische Feld. Wir betrachten die Situation in ◗ Abb. 2.9. Eine Probeladung befindet sich in der Nähe von vier weiteren Ladungen.

Die Kraft auf die Probeladung ergibt sich als vektorielle Summe der vier Einzelkräfte, die von den vier Ladungen ausgehen:

$$\vec{F} = \sum_{i=1}^{4} \vec{F}_i = \frac{q}{4\pi\epsilon_0} \sum_{i=1}^{4} \frac{Q_i}{r_i^2} \hat{r}_i \tag{2.14}$$

Entsprechend lässt sich die Feldstärke schreiben als:

$$\vec{E} = \frac{1}{4\pi\epsilon_0} \sum_{i=1}^{4} \frac{Q_i}{r_i^2} \hat{r}_i \tag{2.15}$$

Dabei haben wir erstmals das Konzept einer Punktladung benutzt. Eine Punktladung ist eine Ladung mit einer räumlichen Ausdehnung, die so gering ist, dass die Ausdehnung keinen Einfluss auf das elektrische Feld hat. Wäre die Ladung in einem einzigen Punkt konzentriert, würde sich das gleiche elektrische Feld ergeben.

Für eine beliebige Anzahl von Ladungen haben wir folglich:

$$\vec{E} = \frac{1}{4\pi\epsilon_0} \sum_{i=1}^{N} \frac{Q_i}{r_i^2} \hat{r}_i \tag{2.16}$$

Dies kann man auf eine kontinuierliche Ladungsverteilung erweitern (siehe ◘ Abb. 2.10),

$$\vec{E}(\vec{r}) = \frac{1}{4\pi\epsilon_0} \int \frac{\rho(\vec{r})}{|\vec{r} - \vec{r}'|^2} \frac{\vec{r} - \vec{r}'}{|\vec{r} - \vec{r}'|} d^3\vec{r}', \tag{2.17}$$

wobei wir die Ladung Q durch die Ladungsdichte ρ ersetzt haben. Für diese gilt:

$$\rho = \frac{Q}{V} \quad Q = \int \rho(\vec{r}) \, d^3\vec{r} \tag{2.18}$$

Aus Gl. 2.12 sieht man, dass die Einheit der elektrischen Feldstärke $1\,N/C$ ist. Wir werden später noch sehen, dass man diese Einheit auch als $1\,V/m$ schreiben kann.

Wir wollen noch auf einen wichtigen Aspekt des Feldkonzeptes eingehen. Ohne das elektrische Feld müssen wir elektrische Kräfte als Fernwirkungen akzeptieren: Eine Ladung Q an einem Ort bewirkt eine Kraft auf eine Ladung q, die sich an einem weit entfernten Ort befinden kann. Mit dem Feldkonzept gehen wir zu einer Nahwirkung über: Die Ladung Q erzeugt ein elektrisches Feld, das sich durch den Raum ausbreitet. Es erreicht den Ort, an dem sich die Ladung q befindet. Das Feld an diesem Ort bewirkt die Kraft auf q. Die Ursache für die Kraft liegt also nicht in der Ferne, sondern am unmittelbaren Ort der Kugel (Nahwirkung). Fernwirkungen sind problematisch, insbesondere wenn sie an die Relativitätstheorie denken. Sie besagt, dass sich nichts schneller ausbreiten kann als Licht. Fernwirkungen wirken aber instantan, d. h. augenblicklich.

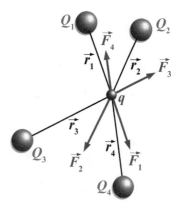

◘ **Abb. 2.9** Superposition der Kräfte von vier Punktladungen

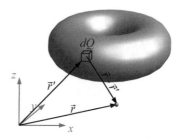

◘ **Abb. 2.10** Integration einer kontinuierlichen Ladungsverteilung am Beispiel eines geladenen Toroiden

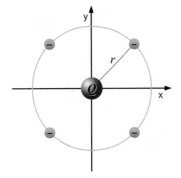

Die Abbildung zeigt eine Ladungskonfiguration, deren elektrisches Feld wir bestimmen wollen. Man könnte sich diese Ladungskonfiguration als ein Modell für das elektrische Feld eines Atoms vorstellen. Im Zentrum sitzt der Kern mit der positiven Ladung, darum kreisen vier Elektronen, deren Position wir in einer Momentaufnahme festgehalten haben. Wie Sie vermutlich schon wissen, kann man Atome nicht durch klassische Punktladungen beschreiben, aber trotzdem gibt diese Abschätzung eine gute Idee, wie sich das Feld weit weg vom Atom selbst verhält. Nur dies wollen wir in der Analogie nutzen.

Das Feld bestimmt sich aus:

$$\vec{E} = \frac{1}{4\pi\epsilon_0} \left(\frac{Q}{r_Q^2} \hat{r}_Q + \sum_{i=1}^{4} \frac{e}{r_i^2} \hat{r}_i \right)$$

Der erste Term ist das Feld, das vom Kern ausgeht, die Summe gibt den Beitrag der vier Elektronen. Wir wollen als Indizes lo für links oben, ro für rechts oben usw. verwenden. Um die Rechenarbeit nicht zu groß werden zu lassen, beschränken wir uns auf das Feld entlang der positiven x-Achse. Das elektrische Feld, das vom Kern ausgeht, ist das bekannte Feld einer Punktladung. Es zeigt auf der x-Achse in x-Richtung. Dieser Beitrag ist:

$$\vec{E}_Q = \frac{1}{4\pi\epsilon_0} \frac{Q}{x^2} (1,0,0)$$

Betrachten wir als Nächstes das Elektron rechts oben. Es hat die Position $(l, l, 0)$ mit $l = \frac{1}{2}\sqrt{2}r$. Sein Abstand zu einem Punkt auf der x-Achse mit der Koordinate $(x, 0, 0)$ ist $r_{ro} = \sqrt{(x-l)^2 + l^2}$. Der Feldvektor hat die Richtung $(-\cos\phi_{ro}, \sin\phi_{ro}, 0)$, wobei sich der Winkel ergibt zu $\cos\phi_{ro} = (x-l)/r_{ro}$ und $\sin\phi_{ro} = l/r_{ro}$. Es ist also:

$$\vec{E}_{ro}$$

$$= \frac{1}{4\pi\epsilon_0} \frac{e}{(x-l)^2 + l^2} \left(-\frac{(x-l)}{\sqrt{(x-l)^2 + l^2}}, \frac{l}{\sqrt{(x-l)^2 + l^2}}, 0 \right)$$

$$= \frac{e}{4\pi\epsilon_0} \frac{1}{\left((x-l)^2 + l^2 \right)^{3/2}} (-(x-l), l, 0)$$

Daraus können wir nun auch die Feldvektoren der anderen Elektronen ableiten. Für die Elektronen auf der linken Seite müssen wir $(x - l)$ durch $(x + l)$ ersetzen und für die unteren Elektronen

E_y durch $-E_y$. Folglich ist:

$$\vec{E}_{ro} = \frac{e}{4\pi\epsilon_0} \frac{1}{\left((x-l)^2 + l^2\right)^{3/2}} \left(-(x-l), l, 0\right)$$

$$\vec{E}_{ru} = \frac{e}{4\pi\epsilon_0} \frac{1}{\left((x-l)^2 + l^2\right)^{3/2}} \left(-(x-l), -l, 0\right)$$

$$\vec{E}_{lu} = \frac{e}{4\pi\epsilon_0} \frac{1}{\left((x+l)^2 + l^2\right)^{3/2}} \left(-(x+l), -l, 0\right)$$

$$\vec{E}_{lo} = \frac{e}{4\pi\epsilon_0} \frac{1}{\left((x+l)^2 + l^2\right)^{3/2}} \left(-(x+l), l, 0\right)$$

Wie man auf Grund der Symmetrie von oben und unten auch erwartet, heben sich die y-Komponenten gegenseitig weg, und es bleibt von den Elektronen ein Feld in negativer x-Richtung zurück. Also ergibt sich für das Feld der vier Elektronen

$$\vec{E}_e = \frac{-e}{4\pi\epsilon_0} \frac{1}{x^2} \left(\frac{2(1-k)}{(1-2k+2k^2)^{3/2}} + \frac{2(1+k)}{(1+2k+2k^2)^{3/2}} \right) \hat{e}_x$$

mit $k = l/x$. Für x-Koordinaten weit weg vom Atom können wir dies entwickeln ($k \ll 1$) durch $(1 \pm 2k + 2k^2)^{-\frac{3}{2}} \approx 1 \mp 3k + 9k^2 \mp \dots$ und erhalten:

$$\vec{E}_e = \frac{-4e}{4\pi\epsilon_0} \frac{1}{x^2} \left(1 + 6k^2\right) \hat{e}_x$$

Betrachten wir zunächst ein positiv geladenes Ion, z. B. C^{2+}. Das Kohlenstoffatom hat sechs positive Ladungen im Kern ($Q = 6e$) und mit nur vier Elektronen in der Hülle ist es zweifach geladen. Das elektrische Feld auf der x-Achse ist dann

$$\vec{E}\left(C^{2+}\right) = \frac{1}{4\pi\epsilon_0} \frac{2e}{x^2} \left(1 - 12k^2\right) \hat{e}_x.$$

Der Term $-12k^2$ verliert mit größer werdendem Abstand vom Atom schnell an Bedeutung und wir erhalten das gleiche Feld wie von einer zweifach positiv geladenen Punktladung. Die vier Elektronen neutralisieren quasi vier Protonen im Kern und die verbleibenden Protonen erzeugen das sichtbare Feld. Betrachten wir als zweites Beispiel das elektrische Feld eines neutralen Beryllium-Atoms mit vier positiven Ladungen im Kern ($Q = 4e$). Wir erhalten:

$$\vec{E}(Be) = -\frac{1}{4\pi\epsilon_0} \frac{24e}{x^2} \frac{l^2}{x^2} \hat{e}_x$$

Zwar ist das Atom neutral, aber es hat trotzdem ein Feld, das über den unmittelbaren Raum des Atoms hinausreicht. Allerdings fällt dieses Feld mit x^{-4} viel schneller ab als das einer Punktladung.

2.3.3 Feldlinien

Die Kraftwirkung, die von einer Punktladung Q auf eine weitere Punktladung q ausgeht, ist nach dem Coulomb-Gesetz

$$\vec{F} = \frac{1}{4\pi\epsilon_0} \frac{Qq}{r^2} \hat{r}. \tag{2.19}$$

Daher erhalten wir für das elektrische Feld einer Punktladung Q:

$$\vec{E} = \frac{1}{4\pi\epsilon_0} \frac{Q}{r^2} \hat{r} \tag{2.20}$$

Um uns mit dem elektrischen Feld vertraut zu machen, würden wir es gerne grafisch darstellen. Doch dies ist nicht einfach. Man muss ja jedem Punkt im Raum einen Vektor mit Betrag und Richtung zuweisen. Es gibt Möglichkeiten, einen Teil der Information über das Feld grafisch darzustellen, doch keine ist vollständig befriedigend. Wir beschränken uns auf einen zweidimensionalen Schnitt durch den Raum, unsere Zeichenebene. Wir wollen die beiden wichtigsten Darstellung eines Vektorfeldes in solch einer Ebene kurz vorstellen. Die erste Möglichkeit ist ein Bild der Feldvektoren. Man benutzt ein regelmäßiges Gitter von Raumpunkten, an denen man Vektorpfeile anzeichnet, die die Projektion des Vektorfeldes in die Zeichenebene widerspiegeln. In ◘ Abb. 2.11 A ist dies für eine Punktladung zu sehen. Gezeigt ist eine Ebene, in deren Mitte die Punktladung liegt. An jedem Punkt des konzentrischen Rasters ist ein dunkelgrüner Vektorpfeil eingezeichnet, der Betrag und Richtung des Feldes an diesem Punkt angibt. In ◘ Abb. 2.11 B sind die sogenannten Feldlinien zu sehen. Dies sind Kurven, deren Tangenten in jedem Punkt die Richtung der Feldvektoren angibt. Den Betrag des Feldes kann man indirekt ablesen. Dort, wo die Feldlinien dichter liegen, ist auch die Feldstärke höher.

Für ◘ Abb. 2.11 mussten wir eine Richtung der Feldvektoren festlegen. Dies ist eine Konvention. Die Feldvektoren geben immer die Richtung einer Kraft auf eine positive Probeladung an, d. h., sie zeigen von den positiven felderzeugenden Ladungen zu den negativen. Diese Konvention werden wir im Folgenden immer beachten.

A

B

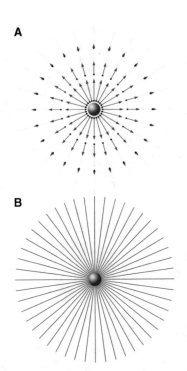

◘ **Abb. 2.11** Grafische Darstellung des elektrischen Feldes einer Punktladung. **A** Feldvektoren; **B** Feldlinien

Mit Hilfe von Gl. 2.16 lässt sich das elektrische Feld bestimmen, das von einzelnen Punktladungen ausgeht. Die Abbildungen zeigen einige Beispiele. Zu sehen sind die Feldlinien, die die Richtung und die Stärke des Feldes anzeigen. Die Farbgebung im Hintergrund spiegelt den Betrag der Feldstärke wieder. Je heller, desto stärker ist das Feld am jeweiligen Ort. Da die Felder mit dem Abstand von den Ladungen sehr schnell abfallen, wurde eine logarithmische Skala für die Kolorierung verwendet.

Die Beispiele zeigen:

A. Zwei Punktladungen mit den Ladungen $+Q$ und $-Q$.
B. Zwei Punktladungen mit den Ladungen $+2Q$ und $+Q$.
C. Drei Punktladungen. Die obere trägt die Ladung $-2Q$, die unteren beiden jeweils $+Q$.

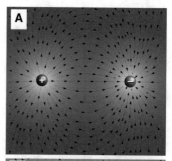

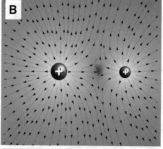

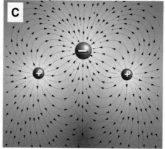

2.3.4 Berechnung der Felder und Beispiele

Als Beispiel einer kontinuierlichen Ladungsverteilung wollen wir das elektrische Feld berechnen, das von einem elektrisch geladenen Ring entlang seiner Achse erzeugt wird. Dabei wollen wir die Dicke des Rings (den Durchmesser des Drahtes, falls Sie den Ring als Drahtschleife betrachten) vernachlässigen. Die Bezeichnungen sind in der Skizze erklärt. Betrachten Sie Beiträge zum Feld auf der Achse, die von gegenüberliegenden Elementen des Rings herrühren, so sehen Sie, dass sich die Beiträge in x-Richtung addieren, während sich die Beiträge quer zur x-Achse wegheben. Das Feld auf der x-Achse muss in x-Richtung orientiert sein. Die Ladungsdichte auf dem Ring sei λ, so dass das Integral über den Umfang des Rings $\int_0^{2\pi R} \lambda dl$ gerade die Ladung Q auf dem Ring ergibt. Jedes Element des Rings trägt die Ladung dQ und liefert zur x-Komponente des Feldes den Betrag

$$dE_x = \frac{1}{4\pi\epsilon_0} \frac{1}{r^2} \cos\phi dQ.$$

Der Winkel ϕ ist der Winkel zwischen der x-Achse und der Verbindungslinie zwischen dQ und dem Punkt, bei dem wir das Feld bestimmen. Aus der Skizze liest man ab $r = \sqrt{R^2 + a^2}$ und

$\cos\phi = a/r$. Folglich ergibt sich für das gesamte Feld:

$$E_x = \int \frac{1}{4\pi\epsilon_0} \frac{1}{r^2} \cos\phi \, dQ = \frac{1}{4\pi\epsilon_0} \int \frac{1}{R^2 + a^2} \frac{a}{(R^2 + a^2)^{1/2}} dQ$$

$$= \frac{1}{4\pi\epsilon_0} \frac{a}{(R^2 + a^2)^{3/2}} \int dQ = \frac{1}{4\pi\epsilon_0} \frac{Qa}{(R^2 + a^2)^{3/2}}$$

Für große Entfernungen vom Ring ($a \gg R$) geht das Feld in das Feld einer Punktladung über ($E_x \sim 1/a^2$), doch nähert man sich dem Ring, so steigt es weniger schnell an als das Feld einer Punktladung, fällt wieder ab und wird im Mittelpunkt des Rings gar zu null.

Beispiel 2.8: Feld einer unendlich ausgedehnten Platte

Als weiteres Beispiel einer kontinuierlichen Ladungsverteilung wollen wir das elektrische Feld berechnen, das von einer homogen geladenen Platte ausgeht. Um die Rechnung zu vereinfachen, wollen wir annehmen, dass die Platte unendlich ausgedehnt ist. Dies wird die Integration erleichtern.

$$\vec{E} = \frac{1}{4\pi\epsilon_0} \int_{\text{Platte}} \frac{\rho(\vec{r})}{r^2} \hat{r} \, dV$$

Wir benutzen statt der räumlichen Ladungsdichte ρ die Flächenladungsdichte, die meist mit σ bezeichnet wird. Da die Platte homogen geladen sein soll, ist σ eine Konstante. Dann ist

$$\vec{E} = \frac{1}{4\pi\epsilon_0} \int_{\text{Platte}} \frac{\sigma}{r^2} \hat{r} \, dA.$$

In der Skizze ist eine Probeladung über der Platte zu sehen. Wir zerlegen die Kraft auf die Probeladung und damit auch das elektrische Feld in eine Komponente senkrecht zur Platte, die wir $\vec{E}_z$ nennen, und in Komponenten parallel zur Platte. Aus Symmetriegründen mitteln sich die parallelen Komponenten gegenseitig weg. Wir müssen also nur E_z bestimmen. Wie man aus der Skizze sieht, ist $E_z = \cos\beta E$. Wir führen das Integral über die Platte in den angegebenen Ringen aus:

$$E_z = \frac{1}{4\pi\epsilon_0} \int_0^\infty \int_0^{2\pi} \frac{\sigma}{d^2} \cos\beta \, d\varphi r \, dr$$

Den Abstand der Probeladung vom Ladungselement auf der Ebene haben wir nun mit d bezeichnet (siehe Skizze), um ihn vom Radius der Ladungsringe zu unterscheiden. Den senkrechten Abstand unserer Probeladung von der Platte bezeichnen wir mit a und den Winkel zwischen a und d mit β. Dann ist $d = a/\cos\beta$ und

$$E_z = \frac{1}{4\pi\epsilon_0}\frac{\sigma}{a^2}\int\limits_0^\infty\int\limits_0^{2\pi}\cos^3\beta\,d\varphi r\,dr = \frac{1}{2\epsilon_0}\frac{\sigma}{a^2}\int\limits_0^\infty\cos^3\beta r\,dr.$$

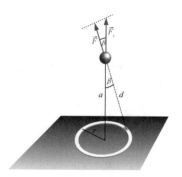

Nun ist $r = a\tan\beta$, was es uns ermöglicht, die Integration über β auszuführen: $dr = \frac{a}{\cos^2\beta}d\beta$ und wir müssen die Grenzen anpassen. Damit ist

$$E_z = \frac{1}{2\epsilon_0}\frac{\sigma}{a^2}\int\limits_0^{\pi/2}a^2\sin\beta\,d\beta = \frac{\sigma}{2\epsilon_0}\left(-\cos\beta\right)\Big|_0^{\pi/2} = \frac{\sigma}{2\epsilon_0}.$$

Das Ergebnis ist ein elektrisches Feld, das senkrecht von der Platte weg zeigt und dessen Stärke unabhängig vom Abstand von der Platte ist, d. h., die Feldstärke ist überall im Raum die gleiche. Ein solches Feld nennt man homogen.

Beispiel 2.9: 3D-Feld eines Plattenkondensators

Hier folgt ein weiteres Beispiel der Darstellung eines elektrischen Feldes über die Feldvektoren. Allerdings haben wir hier versucht, die dreidimensionale Verteilung zu ermitteln. Schauen Sie selbst. Dies ist das Feld eines Plattenkondensators. Es ist, sofern man von den Randbereichen absieht, homogen zwischen den Platten und verschwindet im Außenbereich. Schon für so einfache Feldkonfigurationen kann die dreidimensionale Darstellung verwirrend sein. Die zweite Abbildung zeigt das Feldlinienbild in zweidimensionaler Darstellung zum Vergleich.

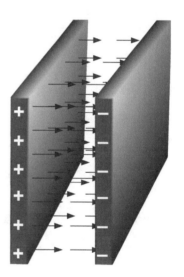

Beispiel 2.10: Berechnung des Feldes eines Plattenkondensators

In ▶ Beispiel 2.9 hatten wir angegeben, dass zwischen den Platten eines Plattenkondensators ein homogenes Feld herrscht. Wir wollen dies begründen. Dazu greifen wir auf die Berechnung des Feldes einer unendlich ausgedehnten Platte in ▶ Beispiel 2.8 zurück. Dort hatten wir gesehen, dass eine solche Platte ein Feld erzeugt, das senkrecht zur Platte steht und den Betrag $E_z = \frac{\sigma}{2\epsilon_0}$ hat. Nun fügen wir zwei solche Platten parallel im Abstand d übereinander. In der Skizze sehen Sie eine positive Platte in Grün und das zugehörige elektrische Feld ebenfalls in Grün. Darüber sehen Sie

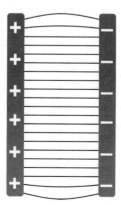

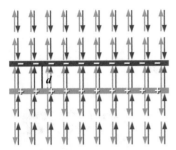

eine negativ geladene Platte mit ihrem Feld in Rot. Im Bereich zwischen den beiden Platten zeigen beide Felder in die gleiche Richtung und addieren sich. Die Feldstärke im Plattenkondensator ist folglich $E = \sigma/\epsilon_0$. Im Außenbereich zeigen die Felder in entgegengesetzte Richtungen und kompensieren sich zu null, d. h., dort ist kein Feld. Da bereits das Feld einer einzelnen, unendlich ausgedehnten Platte sich als homogen herausstellte, hat auch der Plattenkondensator ein homogenes Feld.

Wir wollen uns nun noch anschauen, wie sehr die Homogenität leidet, wenn die Platten des Kondensators nicht unendlich ausgedehnt sind. Dazu betrachten wir die Feldstärke entlang der Symmetrieachse eines Kondensators mit runden Platten mit Radius R. Wir berechnen wieder zunächst die Feldstärke einer einzelnen Platte mit dem Integral aus ▶ Beispiel 2.8, das wir nur noch bis zu einem Winkel β_{max} integrieren:

$$E_{z,1} = \frac{1}{2\epsilon_0} \frac{\sigma}{a^2} \int_0^{\beta_{max}} a^2 \sin\beta\, d\beta = \frac{\sigma}{2\epsilon_0} \left. (-\cos\beta) \right|_0^{\beta_{max}}$$

$$= \frac{\sigma}{2\epsilon_0} (1 - \cos\beta_{max})$$

Die Größe a ist dabei der senkrechte Abstand vom Mittelpunkt der Platte. Den Winkel β_{max} können wir aus der Geometrie bestimmen. Es ist $\cos\beta_{max} = a/\sqrt{a^2 + R^2}$. Damit erhalten wir:

$$E_{z,1} = \frac{\sigma}{2\epsilon_0} \left(1 - \frac{a}{\sqrt{a^2 + R^2}} \right)$$

Hierzu müssen wir nun das Feld der zweiten Platte addieren. Der senkrechte Abstand zur zweiten Platte ist $d - a$, wenn d der Abstand der beiden Platten ist. Damit erhalten wir für das Feld auf der Symmetrieachse:

$$\vec{E} = \frac{\sigma}{2\epsilon_0} \left(1 - \frac{a}{\sqrt{a^2 + R^2}} + 1 - \frac{d - a}{\sqrt{(d - a)^2 + R^2}} \right) \hat{e}_z$$

Man sieht, dass die Abweichungen von einem homogenen Feld dann besonders groß werden, wenn der Plattenabstand d ähnlich groß wird wie der Radius R der Platten. In diesem Fall hat man kein wirkliches Kondensatorfeld mehr. Interessanter ist der Fall, wenn d klein gegen R ist. Aber auch in diesem Fall ist das Feld selbst im Zentrum des Kondensators nicht ganz homogen. Die Feldstärke variiert mit der Position a entlang der Symmetrieachse.

Wir können den Zusammenhang besser erfassen, wenn wir unser Ergebnis für kleine Werte von a/R bzw. $(d-a)/R$ entwickeln. Es gilt $1/\sqrt{1+e^2} \approx 1 - \frac{1}{2}e^2 + \ldots$ und damit:

$$\vec{E}$$

$$= \frac{\sigma}{2\epsilon_0}\left(1 - \frac{a}{R}\left(1 - \frac{1}{2}\frac{a^2}{R^2}\right) + 1 - \frac{d-a}{R}\left(1 - \frac{1}{2}\frac{(d-a)^2}{R^2}\right)\right)\hat{e}_z$$

$$= \frac{\sigma}{\epsilon_0}\left(1 - \frac{1}{2}\frac{d}{R} + \frac{1}{2}\frac{(d-a)^3}{R^3} + \frac{1}{2}\frac{a^3}{R^3}\right)\hat{e}_z$$

In führender Ordnung ergibt sich wieder das Ergebnis, das wir bereits aus ▶ Beispiel 2.8 kennen: $E = \sigma/\epsilon_0$. Doch es gibt für den endlichen Kondensator eine Reihe von Korrekturen zu diesem Wert. Die führende Korrektur ist der Term $\frac{1}{2}d/R$, der zu einer gleichmäßigen Absenkung der Feldstärke auf der Achse führt. Darüber hinaus gibt es Terme, die von a abhängen und die eine Inhomogenität des Kondensatorfeldes bewirken, selbst in der Mitte des Kondensators. Sie sind aber proportional zu a^3/R^3 und damit sehr klein.

Beispiel 2.11: Numerische Berechnung der Feldinhomogenitäten

In ▶ Beispiel 2.10 hatten wir die z-Komponente des Feldes entlang der Achse eines Plattenkondensators berechnet. Wir erhielten das Ergebnis über eine analytische Berechnung. Wollen wir nun das Feld an einem beliebigen Punkt berechnen, so wird das Integral so kompliziert, dass ein analytisches Ergebnis nur noch schwer zu erreichen ist. Wir gehen daher zu einer numerischen Integration über. Wir berechnen zunächst wieder das Feld einer einzelnen Platte (der positiv geladenen). Das Feld der negativen Platte ergibt sich dann aus der Symmetrie des Problems. Wir wählen das Koordinatensystem so, dass die positive Platte in der x-y-Ebene liegt, mit ihrem Mittelpunkt im Ursprung des Koordinatensystems. Die z-Achse zeigt senkrecht von der Platte weg nach oben. Sie gibt den senkrechten Abstand von der positiven Platte an, den wir in den Beispielen 2.8 und 2.10 mit a bezeichnet hatten. Es sei R der Radius der Platten und d deren Abstand. Da die Anordnung radialsymmetrisch um die z-Achse ist, genügt es, das Feld in der x-z-Ebene zu berechnen. Es gilt dann für das Feld der positiven Platte $\vec{E}_+ = (E_x(x,z), 0, E_z(x,z))$ und für das Feld der negativen Platte $\vec{E}_- = (-E_x(x, d-z), 0, E_z(x, d-z))$. Für ein infinitesimales Element der Platte haben wir $\vec{r}_{dQ} = r(\cos\phi, \sin\phi, 0)$. Wir berechnen das Feld am Punkt $\vec{r}_0 = (x, 0, z)$. Es ist:

$$\vec{E}(x, z) = \frac{\sigma}{4\pi\epsilon_0} \int\limits_0^R \int\limits_0^{2\pi} \frac{1}{\left|\vec{r}_0 - \vec{r}_{dQ}\right|^2} \frac{\vec{r}_0 - \vec{r}_{dQ}}{\left|\vec{r}_0 - \vec{r}_{dQ}\right|} d\phi r dr$$

Dieses Integral lösen wir nun mit einem Computer als Summe über kleine Flächenelemente der Platte.

Die Abbildungen zeigen das Ergebnis in unterschiedlichen Darstellungen. Wir haben einen Plattenkondensator mit einem Verhältnis von Plattenabstand zu Radius der Platten (d/R) von 2 zu 5 gewählt. Dieses Verhältnis bestimmt die Inhomogenitäten. Je kleiner der Wert, desto geringer werden die Inhomogenitäten. Beachten Sie, dass in den Bildern x- und z-Achse unterschiedliche Maßstäbe haben. In Abbildung A sind die Feldvektoren dargestellt. Die Pfeile überlappen in dieser Darstellung teilweise. In der Mitte des Kondensators sieht man ein homogenes Feld. Doch an den Rändern deformiert sich das Feld nach außen und wird deutlich schwächer. Selbst 0,5 cm außerhalb der Platten ist noch ein kleines Restfeld zu sehen.

In Abbildung B sind die Pfeile zu Linien aneinander gereiht. Man sieht die Feldlinien, die sich am Rand des Kondensators deutlich nach außen wölben. Der Hintergrund zeigt farbkodiert die Abweichung der Feldstärke vom Wert σ/ϵ_0, den man für einen unendlich ausgedehnten Plattenkondensator erwartet. Die Farbskala reicht von rot (geringe Abweichung) über blau zu weiß (maximale Abweichung). Die periodischen Farbänderungen von rot nach blau an den Rändern der Platten sind ein Artefakt der numerischen Berechnung. Hier wurden zu wenige Stützstellen verwendet.

Aus den Daten der numerischen Berechnung kann man nun auch einzelne Werte auslesen. Das Feld hat seinen maximalen Wert auf der Symmetrieachse des Kondensators unmittelbar an den Platten. Die numerische Berechnung ergab 81,47 % des Wertes eines unendlich ausgedehnten Kondensators. Nach der analytischen Berechnung in ▶ Beispiel 2.10 sollte sich ein Wert von 83.2 % ergeben ($a = 0$ in die Formel einsetzen). In der Mitte des Kondensators ist das Feld etwas geringer. Die numerische Berechnung ergab 80,39 % während die analytische Berechnung 80,2 % liefert. Mit der numerischen Rechnung lassen sich nun auch Werte abseits der Symmetrieachse bestimmen. In der Mittelebene des Kondensators ($x = d/2$) fällt die z-Komponente des Feldes von 80,39 % von σ/ϵ_0 auf 76,14 % im Abstand von $R/2$ von der Mitte auf 38,28 % direkt am Rand ($z = R$) ab. Selbst im Abstand von 1,2R von der Mitte hat das Feld noch eine z-Komponente von 15,44 %. In dieser Mittelebene sind die Radialkomponenten des Feldes null. Doch abseits der Mittelebene hat man auch Komponenten in x-Richtung.

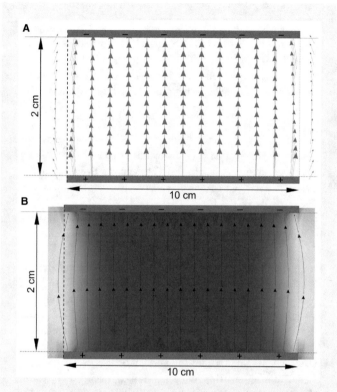

Hier sei noch eine Bemerkung gemacht: Betrachten Sie noch einmal kritisch das Feld an den Rändern der beiden Platten. Es zeigt schräg nach außen. Dabei hatten wir erklärt, dass der elektrische Feldvektor immer senkrecht auf metallenen Oberflächen steht. Wie kommt es zu diesem Widerspruch? Es liegt an unseren Annahmen. Wir haben in unserem Computerprogramm stillschweigend eine homogene Ladungsdichte auf den Platten eingetragen. Unser Ergebnis zeigt, dass dies nicht exakt richtig ist. Die schräge Komponente des Feldes würde Ladungen zu den Rändern der Platte hin verschieben. Die Ladungsdichte würde dort etwas steigen, was die Inhomogenitäten, die wir berechnet haben, etwas reduzieren würde. Wollten wir das Feld des Plattenkondensators noch genauer bestimmen, müssten wir diesen Effekt berücksichtigen.

Rechenmethoden

Nun haben wir viermal das Feld eines Plattenkondensators mit immer genaueren Verfahren diskutiert. Wir wollen diese Verfahren noch einmal im Zusammenhang betrachten:

1. Zunächst hatten wir mit einfachen Argumenten begründet, warum das Feld im Plattenkondensator homogen sein muss (▶ Beispiel 2.9).

2. Dann hatten wir den unendlich ausgedehnten Plattenkondensator als Idealisierung betrachtet. Für ihn konnten wir das homogene Feld rechnerisch nachweisen (▶ Beispiel 2.8 und 2.10).

3. Dann hatten wir einen endlichen Kondensator betrachtet. Da aber die Integration schwierig wurde, haben wir uns auf einen einfacheren Spezialfall, das Feld auf der Symmetrieachse, beschränkt. Wir bekamen eine erste Idee der Inhomogenitäten (▶ Beispiel 2.10).

4. Schließlich haben wir ein numerisches Verfahren benutzt, mit dem wir das Feld mit allen Inhomogenitäten bestimmen konnten. Allerdings mussten wir feststellen, dass auch in die numerische Bestimmung vereinfachende Annahmen eingeflossen sind (▶ Beispiel 2.11).

Jeder dieser Schritte hat seine Berechtigung. Man kann nicht sagen, welcher dieser Ansätze der geeignete ist. Dies hängt vom Einzelfall ab. Es hängt vor allem davon ab, wie detailliert Sie das Feld bestimmen müssen. Sie müssen selbst entscheiden, welches Verfahren für Ihre Aufgabe am besten geeignet ist. Und vielleicht noch ein Tipp: Oft lohnt es sich, mehr als nur ein Verfahren durchzuführen und die Ergebnisse zu vergleichen. Dies erhöht das Verständnis und hilft, sich gegen Rechenfehler zu schützen.

Beispiel 2.12: Elektronenkanone

In Elektronenröhren, wie man Sie z. B. früher in Fernsehapparaten benutzte (Foto), wurden Elektronenstrahlen in sogenannten Elektronenkanonen erzeugt. Die Skizze zeigt den Aufbau einer solchen Elektronenkanone. Die Glühkathode wird durch einen Strom stark erhitzt, ähnlich dem Glühdraht in einer Glühbirne. Dadurch können Elektronen in das umgebende Vakuum austreten. Sie sammeln sich im Wehnelt-Zylinder, der diesen Bereich vom elektrischen Feld im Außenbereich abschirmt. In der Mitte der Frontfläche hat der Wehnelt-Zylinder ein Loch, durch das das äußere Feld ein wenig in den Innenraum hineingreifen kann. Einzelne Elektronen werden vom Feld erfasst und nach außen gesogen. Dort spüren sie das starke elektrische Feld zwischen Wehnelt-Zylinder und Anode. Dieses beschleunigt die Elektronen auf die Anode zu, wo sie durch ein Loch in der Anode herausschießen. So entsteht der Elektronenstrahl.

Wir wollen die Bewegung der Elektronen berechnen. Ihre Anfangsgeschwindigkeit, mit der sie aus dem Wehnelt-Zylinder austreten, können wir vernachlässigen. Der Abstand zwischen der Frontfläche des Wehnelt-Zylinders und der Anode sei $l = 1$ cm. Die positive Spannung, die an der Anode anliegt, betrage $U = 10$ kV. Wir betrachten die Anordnung von Wehneltzylinder und Anode näherungsweise als Plattenkondensator, was zu einem homogenen Feld der Stärke $E = 10 \frac{\text{kV}}{\text{cm}} = 10^6 \frac{\text{N}}{\text{C}}$ führt. Die Kraft auf ein einzelnes Elektron ist dann:

$$F = eE = 1{,}6 \cdot 10^{-19}\,\text{C} \cdot 10^6\,\frac{\text{N}}{\text{C}} = 1{,}6 \cdot 10^{-13}\,\text{N}$$

Damit ergibt sich eine Beschleunigung von

$$a = \frac{F}{m_e} = \frac{1{,}6 \cdot 10^{-13}\,\text{N}}{9{,}1 \cdot 10^{-31}\,\text{kg}} = 1{,}8 \cdot 10^{17}\,\frac{\text{m}}{\text{s}^2}.$$

Aus der beschleunigten Bewegung folgt eine Endgeschwindigkeit nach $l = 1$ cm von

$$v_{\text{end}} = \sqrt{2al} = 5{,}9 \cdot 10^7\,\frac{\text{m}}{\text{s}},$$

was immerhin schon 20 % der Lichtgeschwindigkeit entspricht.

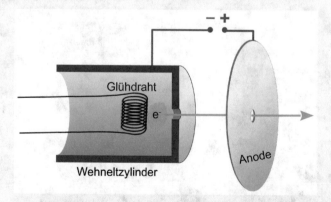

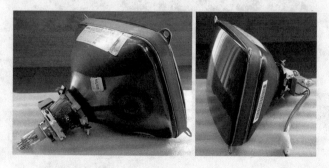

© Poc at German Wikipedia: Patrik Schindler

2

Experiment 2.10: Ablenkung von Elektronen im Plattenkondensator

Die elektrischen Feldlinien beschreiben die Kräfte auf Ladungen im elektrischen Feld. Für den Plattenkondensator hatten wir ein homogenes Feld angegeben. Senden wir eine Ladung parallel zu den Platten durch das Feld, so wirkt auf diese eine konstante Kraft $\vec{F} = q\vec{E}$, die die Ladung in Richtung der entgegengesetzt geladenen Platte beschleunigt. Unter dem Einfluss der konstanten Beschleunigung wird die Ladung eine parabelförmige Bahn durchlaufen. Dies können wir mit einem Elektronenstrahl demonstrieren. Der Elektronenstrahl wird in einer Röhre erzeugt, die weitgehend evakuiert ist. Der durchgehende Elektronenstrahl bringt das Restgas zum Leuchten und macht so die Bahn der Elektronen sichtbar.

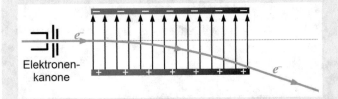

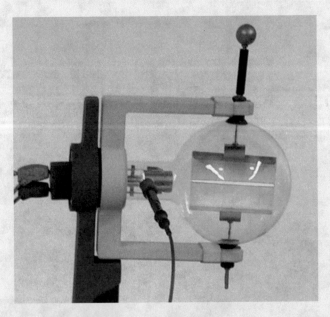

© RWTH Aachen, Sammlung Physik

Experiment 2.11: Elektrische Feldlinien

Man kann elektrische Feldlinien mit Grieskörnern sichtbar machen. Die Skizze zeigt das Prinzip. Durch Influenz wirken Kräfte auf ein längliches Grieskorn, die dieses im elektrischen Feld entlang der Feldlinien ausrichten. Bringt man viele Körner in ein Ölbad, in dem sie leicht beweglich sind, werden sie sich ausrichten und die Feldlinien dadurch sichtbar machen.

Die drei Fotos zeigen Beispiele für Feldlinienbilder. Im ersten Bild ist eine einzelne Punktladung zu sehen. Die Körper sind Metallflächen, die auf eine Plexiglasplatte aufgebracht sind. Hier haben wir in der Mitte eine positive Scheibe und am Rand einen Ring als Gegenpol. Diese beiden Körper sind mit einem Netzgerät verbunden, mit dem sie mit der gewünschten Ladung belegt werden. Auf der Plexiglasscheibe steht eine Petrischale, in der sich etwas Öl befindet. Die Grieskörner werden dann auf das Öl gestreut. Sie schwimmen. Nach einem kurzen Moment richten sich die Grieskörner aus und das Bild wird erkennbar. Im zweiten Foto ist das Feld zweier entgegengesetzt geladener Punktladungen zu sehen und im dritten Foto ein Plattenkondensator. Beim Plattenkondensator sind die Verzerrungen der Feldlinien zu den Seiten deutlich erkennbar.

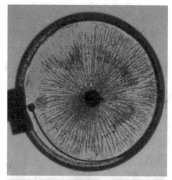

Betrachten wir die elektrischen Feldlinien in den Beispielen, die wir gesehen haben, so fällt eine Reihe von Regelmäßigkeiten auf:

1. Die Feldlinien beginnen und enden jeweils an den Ladungen (per Konvention beginnen sie an einer positiven und enden an einer negativen Ladung).
2. Es gibt keine in sich geschlossenen Feldlinien.
3. Die Feldlinien kreuzen sich niemals.
4. Die Feldlinien stehen immer senkrecht auf metallischen Flächen.
5. Die Feldlinien sind im Bereich von Spitzen dichter als in anderen Bereichen.
6. Im Inneren metallischer Körper findet man keine Feldlinien.

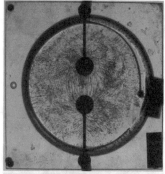

Die ersten beiden Punkte sind vielleicht die wichtigsten. Sie charakterisieren den Verlauf der Feldlinien. Der dritte Punkt folgt aus der Ableitung der Feldlinien von der elektrischen Kraft. Gäbe es einen Punkt, an dem sich Feldlinien kreuzen, so würde die elektrische Kraft in diesem Punkt in zwei verschieden Richtungen gleichzeitig wirken. Dies ist nicht möglich. Der vierte Punkt bedarf einer kurzen Erklärung. Stellen Sie sich vor, es gäbe einen Punkt an der Oberfläche

© RWTH Aachen, Sammlung Physik

eines Metalls, an dem die Feldlinie nicht senkrecht auf der Oberfläche steht. Dann könnten wir die elektrische Kraft in eine Komponente
senkrecht zur Oberfläche und eine Komponente parallel zu Oberfläche zerlegen. Die parallele Komponente würde die Ladung entlang der Oberfläche verschieben, und zwar so lange, bis die parallele
Komponente verschwindet. Erst dann hätten wir den statischen Fall
erreicht, von dem wir hier immer ausgehen. Dieses Argument gilt allerdings nur für leitende Oberflächen. Ladungen auf den Oberflächen
von Nichtleitern können nicht verschoben werden. Die Feldlinien stehen nicht notwendigerweise senkrecht auf deren Oberflächen. Der
fünfte Punkt folgt aus dem vierten. Startet man mit homogenen Ladungsverteilungen auf den Oberflächen eines metallischen Leiters, so
wird man in der Nähe der Spitzen Feldkomponenten finden, die die
Ladungen in Richtung der Spitzen verschieben. Dann steigen dort die
Ladungsdichten und damit die Feldstärken. Den letzten Punkt haben
wir bereits behandelt, und zwar im Zusammenhang mit dem Faraday'schen Käfig.

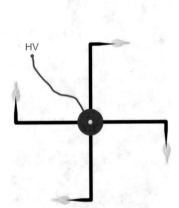

HV

© RWTH Aachen, Sammlung Physik

Experiment 2.12: Elektrischer Wind treibt Flügelrad

Dieses Experiment demonstriert die Konzentration des elektrischen
Feldes an metallischen Spitzen. Ein Flügelrad mit vier Armen,
die in dünnen, abgewinkelten Spitzen auslaufen, ist horizontal
möglichst reibungsfrei gelagert (siehe Abbildungen). Es wird
an eine Hochspannung angeschlossen, die man beispielsweise
mit der Influenzmaschine nach Wimshurst erzeugen kann. Bei
sehr hohen Spannungen beginnt sich das Flügelrad langsam zu
drehen. An den Spitzen ist die Feldstärke maximal. Hier entstehen
kleine Funken. In den Funken werden Elektronen von den Spitzen
wegbeschleunigt. Man nennt dies den elektrischen Wind. Die
Reactio auf die Beschleunigung der Elektronen setzt das Rad in
Bewegung.

Experiment 2.13: Flackernde Kerze im elektrischen Wind

Auch dieses Experiment beruht auf dem elektrischen Wind, der
durch die hohe Feldstärke an der Spitze der Elektrode erzeugt
wird: Die Spitze, die in der Abbildung zu sehen ist, wird auf
Hochspannung aufgeladen. Die Kerze zeigt den elektrischen Wind
durch Flackern an.
Der elektrische Wind bildet sich sowohl bei positiver wie auch bei
negativer Polarität der Spitze aus. Ist sie negativ geladen, treten
bei hohen Feldstärken Elektronen aus der Spitze aus und lagern
sich an den Luftmolekülen vor der Spitze an. Diese werden dann
von der Elektrode abgestoßen. Sie werden wegbeschleunigt und

reißen dabei andere Moleküle mit. Dies erzeugt den Wind. Im Falle einer positiven Spitze werden Elektronen aus Atomen ausgelöst und auf die Spitze zu beschleunigt. Bei genügend hoher Feldstärke ist die Beschleunigung so stark, dass die Elektronen beim Stoß mit Luftmolekülen Elektronen aus den Hüllen der Moleküle herausschlagen. Wiederum werden die Moleküle dann von der Spitze abgestoßen, beschleunigt und reißen weitere Moleküle mit sich. Der entstehende Luftstrom bringt auf diese Weise die Kerze zum Flackern.

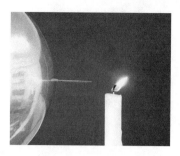

© wikimedia: Zátonyi Sándor, (ifj.)

2.4 Das elektrische Potenzial

2.4.1 Arbeit und Energie

Wenn sich Ladungen in einem elektrischen Feld bewegen, so wird von den Feldkräften Arbeit an ihnen verrichtet (siehe ◘ Abb. 2.12). Die Arbeit bestimmt sich folgendermaßen:

$$W = - \int_{\text{Weg}} \vec{F} d\vec{s} = -q \int_{\text{Weg}} \vec{E} d\vec{s} \qquad (2.21)$$

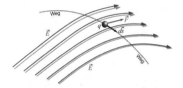

◘ **Abb. 2.12** Ein Feld verrichtet Arbeit an einer bewegten Ladung

Ein positiver Wert bedeutet dabei, dass Arbeit von außen verrichtet werden muss, um die Ladung gegen die Feldkräfte zu bewegen, während bei einem negativen Wert das Feld Arbeit an der Ladung verrichtet.

Die verrichtete Arbeit hängt vom elektrischen Feld ab und von der Größe der Ladung, die man bewegt. Will man das elektrische Feld charakterisieren, ist die zweite Abhängigkeit störend. Man kann sie eliminieren, indem man die Arbeit auf die Ladung normiert. Man erhält dann die Arbeit pro Einheitsladung:

$$\frac{W}{q} = - \int_{\text{Weg}} \vec{E} d\vec{s} \qquad (2.22)$$

Wir betrachten ein Beispiel, nämlich die Verschiebung einer Ladung im Feld einer Punktladung. Der Weg, den wir im ersten Schritt berechnen wollen, ist ◘ Abb. 2.13 angegeben. Er führt vom Punkt A über den Punkt C zum Punkt B. Die Größen r_A, r_B usw. bezeichnen die Abstände der jeweiligen Punkte von der felderzeugenden Ladung. Die Arbeit, die auf diesem Weg von den Feldkräften verrichtet wird, ist

$$\frac{W_{ACB}}{q} = - \int_{A}^{C} \vec{E} d\vec{s} - \int_{C}^{B} \vec{E} d\vec{s}. \qquad (2.23)$$

Für das erste Integral sind Kraft und Weg parallel, so dass es genügt, die Beträge zu betrachten. Im zweiten Integral stehen Kraft und Weg senkrecht aufeinander. Es verschwindet folglich. Wir setzen das Feld einer Punktladung aus Gl. 2.13 ein und erhalten:

$$
\begin{aligned}
\frac{W_{ACB}}{q} &= -\int_A^C \left|\vec{E}\right| ds \\[2mm]
&= -\frac{1}{4\pi\epsilon_0} \int_{r_A}^{r_C} \frac{Q}{r^2} dr \\[2mm]
&= -\frac{1}{4\pi\epsilon_0} \left[-\frac{Q}{r}\right]_{r_A}^{r_C} \\[2mm]
&= -\frac{Q}{4\pi\epsilon_0}\left(\frac{1}{r_A} - \frac{1}{r_C}\right)
\end{aligned}
\tag{2.24}
$$

ACB

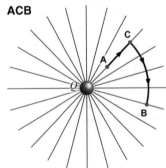

Zum Vergleich berechnen wir den zweiten Weg, der in ◘ Abb. 2.13 angegeben ist. Er führt vom Ausgangspunkt A zunächst über einen engen Kreis zu Punkt D und erst dann radial nach außen zu B:

$$
\begin{aligned}
\frac{W_{ADB}}{q} &= -\int_A^D \vec{E}\, d\vec{s} - \int_D^B \vec{E}\, d\vec{s} \\[2mm]
&= -\int_D^B \left|\vec{E}\right| ds \\[2mm]
&= -\frac{1}{4\pi\epsilon_0} \int_{r_D}^{r_B} \frac{Q}{r^2} dr \\[2mm]
&= -\frac{1}{4\pi\epsilon_0}\left[-\frac{Q}{r}\right]_{r_D}^{r_B} \\[2mm]
&= -\frac{Q}{4\pi\epsilon_0}\left(\frac{1}{r_D} - \frac{1}{r_B}\right) = \frac{W_{ACB}}{q}
\end{aligned}
\tag{2.25}
$$

ADB

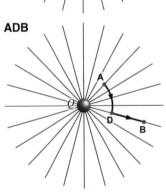

◘ **Abb. 2.13** Verschiedene Wege im Feld einer Punktladung

Beim letzten Schritt haben wir benutzt, dass $r_A = r_D$ und $r_C = r_B$. Wir erkennen, dass die verrichtete Arbeit vom Weg unabhängig ist, auf dem die Ladung von A nach B verschoben wird. Dies gilt nicht nur für die beiden hier betrachteten Wege, sondern allgemein für jeden beliebigen Weg. Wir können daraus schließen, dass die Arbeit entlang eines geschlossenen Weges verschwinden muss. Wir zeigen dies für den Weg A → C → B → D → A:

$$
\left.
\begin{array}{ll}
\text{A} \to \text{C} & -\dfrac{Q}{4\pi\epsilon_0}\left(\dfrac{1}{r_A} - \dfrac{1}{r_C}\right) \\[3mm]
\text{C} \to \text{B} & 0 \\[3mm]
\text{B} \to \text{D} = -\text{D} \to \text{B} & +\dfrac{Q}{4\pi\epsilon_0}\left(\dfrac{1}{r_A} - \dfrac{1}{r_C}\right) \\[3mm]
\text{D} \to \text{A} & 0
\end{array}
\right\} = 0
\tag{2.26}
$$

Das Ergebnis lässt sich auch folgendermaßen schreiben:

$$W = -q \oint \vec{E}\,d\vec{s} = 0 \qquad (2.27)$$

Diese Relation haben wir zunächst für das Feld einer einzelnen Punktladung abgeleitet. Mit dem Superpositionsprinzip kann man zeigen, dass die Relation dann für beliebige Ladungsverteilungen gelten muss. Diese Relation ist die Voraussetzung, dass wir nun ausgehend von der Arbeit eine potenzielle Energie definieren können. Wir definieren sie als:

$$E_{\text{pot}}\left(\vec{r}_0\right) = 0$$

$$E_{\text{pot}}\left(\vec{r}\right) = -q \int_{\vec{r}_0}^{\vec{r}} \vec{E}\,d\vec{s} \qquad (2.28)$$

Wie wir gesehen haben, kann man für die Bestimmung des Integrals einen beliebigen Weg wählen. Es führen alle Integrationswege zum selben Ergebnis. Der Wert der so definierten potenziellen Energie hängt nur vom Ort ab, aber nicht vom Weg, auf dem die Ladung zu dem Ort gelangt ist. Erst auf Grund dieser Eigenschaft wird dies eine sinnvolle Definition. Schreibt man $q\vec{E}$ wieder als $\vec{F}$, so sieht man, dass diese potenzielle Energie, wie alle anderen Energien die Einheit Joule trägt.

In der Definition der potenziellen Energie tritt ein Referenzpunkt $\vec{r}_0$ auf. Man kann ihn beliebig wählen. Er legt den Nullpunkt der Energieskala fest. In der Regel wählt man einen Punkt im Unendlichen, wo in den meisten Fällen die Felder auf null abgeklungen sind[1]. In die meisten Rechnungen gehen nur Energiedifferenzen ein. Diese sind von der Wahl des Referenzpunktes unabhängig.

2.4.2 Potenzial

Wie schon die Arbeit hängt auch die so definierte potenzielle Energie nicht nur vom elektrischen Feld, sondern auch von der Probeladung ab, die man bewegt. Um dies zu eliminieren, kann man auch die potenzielle Energie auf die Ladung normieren. Die Größe, die so entsteht, nennt man das elektrische Potenzial φ,

$$\int_{\vec{r}_0}^{\vec{r}} \vec{E}\,d\vec{s} = \varphi\left(\vec{r}\right) - \varphi\left(\vec{r}_0\right), \qquad (2.29)$$

---

[1] Falls die Ladungen auf einen endlichen Raumbereich begrenzt sind, fällt das Feld im Unendlichen auf null ab und wir können dort das Potenzial auf null setzen. Falls nicht, müssen wir einen Referenzpunkt im Endlichen wählen.

wobei wir wieder $\varphi(\vec{r}_0)$ als Referenzpunkt null setzen. Für eine Punktladung im Ursprung ergibt sich beispielsweise

$$\varphi\left(\vec{r}\right) = \frac{1}{4\pi\epsilon_0}\frac{Q}{r}. \tag{2.30}$$

Hier haben wir den Bezugspunkt $\vec{r}_0$ wie oben angekündigt ins Unendliche gelegt.

Wie für die elektrischen Kräfte und Felder gilt auch für das Potenzial das Superpositionsprinzip. Das Potenzial einer Konfiguration diskreter Punktladungen bestimmt man aus:

$$\varphi\left(\vec{r}\right) = \sum_{i=1}^{N}\varphi_i\left(\vec{r}\right) = \frac{1}{4\pi\epsilon_0}\sum_{i=1}^{N}\frac{Q_i}{\left|\vec{r}-\vec{r}_i\right|} \tag{2.31}$$

Die Bezeichnungen sind in ◘ Abb. 2.14 erklärt. Für eine kontinuierliche Ladungsverteilung gilt entsprechend:

$$\varphi\left(\vec{r}\right) = \frac{1}{4\pi\epsilon_0}\int_{\text{Körper}}\frac{\rho\left(\vec{r}'\right)}{\left|\vec{r}-\vec{r}'\right|}d^3\vec{r}' \tag{2.32}$$

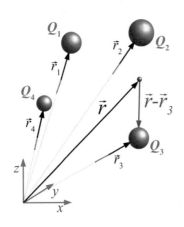

◘ **Abb. 2.14** Zur Superposition der Potenziale

Das elektrische Potenzial weist jedem Raumpunkt einen Wert zu. Es ist eine skalare Größe ohne Richtung. Insofern ist die grafische Darstellung einfacher als beim elektrischen Feld. Man benutzt zum Darstellen die sogenannten Äquipotenzialflächen. Diese Flächen verbinden Punkte mit gleichem Potenzial im Raum. Da das Papier nur zweidimensional ist, zeichnen wir meist ebene Schnitte durch den Raum. In der Zeichenebene werden die Äquipotenzialflächen dann zu Äquipotenziallinien. In ◘ Abb. 2.15 ist noch einmal als Beispiel das elektrische Feld einer positiven Punktladung zu sehen. Man sieht in Schwarz die Feldlinien und in Dunkelrot die Äquipotenziallinien. Jede Äquipotenziallinie gehört zu einem festen Wert des Potenzials. Üblicherweise zeichnet man Linien zu festen Schritten $\Delta\varphi$ im Wert des Potenzials ein. Dort, wo sich das Potenzial stark verändert, liegen die Linien dann dichter. Die Äquipotenzialflächen einer Punktladung sind konzentrische Kugelschalen um die Ladung, so dass die Äquipotenziallinien als Kreise erscheinen. Nahe der Ladung steigt das Potenzial rasch an, so dass dort die Dichte der Linien größer ist.

Auf den Äquipotenzialflächen und Äquipotenziallinien ändert sich das Potenzial nicht. Verschiebt man eine Ladung entlang einer Äquipotenziallinie, so ist hierfür keine Kraft notwendig. Dies bedeutet, dass das elektrische Feld jeweils senkrecht auf den Äquipotenziallinien und -flächen stehen muss. In ◘ Abb. 2.15 ist dies zu erkennen.

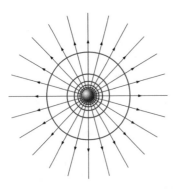

◘ **Abb. 2.15** Äquipotenziallinien einer Punktladung

2.4.3 Elektrisches Feld und Potenzial

Wir haben gesehen, wie sich das Potenzial aus der Feldstärke berechnen lässt. Es gilt ($\varphi(\vec{r}_0) = 0$):

$$\varphi(\vec{r}) = -\int_{\vec{r}_0}^{\vec{r}} \vec{E}(\vec{r}) \, d\vec{s} \tag{2.33}$$

Lässt sich diese Relation umkehren? Kann man aus dem Potenzial auf die Feldstärke zurückrechnen?

Dies ist in der Tat möglich. Um es zu erreichen, betrachten wir die Arbeit entlang eines infinitesimalen Wegelementes, das zunächst in x-Richtung zeigen soll. Es ist:

$$\begin{aligned} dW &= -q\varphi(x, y, z) - (-q\varphi(x + dx, y, z)) \\ &= q\varphi(x + dx, y, z) - q\varphi(x, y, z) \\ &= q\frac{\varphi(x + dx, y, z) - \varphi(x, y, z)}{dx} dx \\ &= q\frac{\partial\varphi(x, y, z)}{\partial x} dx \end{aligned} \tag{2.34}$$

Wir hätten diese infinitesimale Arbeit auch auf einem anderen Weg bestimmen können, nämlich aus

$$dW = -q\vec{E}(\vec{r}) \, d\vec{s}. \tag{2.35}$$

Mit $d\vec{s} = (dx, 0, 0)$ wie oben ergibt sich

$$dW = -q\left(E_x, E_y, E_z\right) \cdot (dx, 0, 0) = -qE_x dx. \tag{2.36}$$

Vergleichen wir die beiden Ergebnisse (Gln. 2.34 und 2.36), so sehen wir, dass diese nur dann übereinstimmen, falls gilt:

$$E_x = -\frac{\partial\varphi(\vec{r})}{\partial x} \tag{2.37}$$

Nun müssen wir die Argumente nur noch einmal mit infinitesimalen Wegelementen in y- bzw. z-Richtung wiederholen und erhalten so:

$$\begin{aligned} E_y &= -\frac{\partial\varphi(\vec{r})}{\partial y} \\ E_z &= -\frac{\partial\varphi(\vec{r})}{\partial z} \end{aligned} \tag{2.38}$$

Wir fassen die Ergebnisse zusammen zu:

$$
\begin{aligned}
\vec{E}\left(\vec{r}\right) &= \left(-\frac{\partial\varphi\left(\vec{r}\right)}{\partial x},-\frac{\partial\varphi\left(\vec{r}\right)}{\partial y},-\frac{\partial\varphi\left(\vec{r}\right)}{\partial z}\right)\\
&= -\operatorname{grad}\varphi\left(\vec{r}\right)\\
&= -\nabla\varphi\left(\vec{r}\right)
\end{aligned}
\tag{2.39}
$$

Wir haben hier erstmals den Gradientenoperator benutzt. Falls Sie mit diesem Operator noch nicht vertraut sind, müssen Sie sich nun damit vertraut machen. Wir empfehlen Ihnen hierzu die gängigen Bücher der Mathematik. Außerdem haben wir im Anhang einige Aspekte zu diesem Thema zusammengestellt (siehe Anhang A3, Abschn. 2).

Nun haben Sie gesehen, wie man aus der Feldstärke das Potenzial berechnen kann und wie man aus dem Potenzial wieder auf die Feldstärke zurückrechnen kann. Man mag sich fragen, wozu man überhaupt das Potenzial benötigt, da Potenzial und Feldstärke offensichtlich dieselbe Information enthalten. Der Grund ist ein praktischer. Das Potenzial ist im Gegensatz zur Feldstärke eine skalare Größe. Diese ist in vielen Rechnungen einfacher zu handhaben.

2.4.4 Ein wirbelfreies Feld

Am Ende von ▶ Abschn. 2.3 hatten wir zusammengefasst, was wir über die Feldlinien herausgefunden hatten. Wir hatten unter anderem festgestellt, dass Feldlinien niemals geschlossene Linien bilden. Auf diese Beobachtung wollen wir noch etwas näher eingehen, indem wir die Rotation des Feldes untersuchen. Die Rotation ist ein weiterer mathematischer Operator, den man auf Vektorfelder wie das elektrische Feld anwenden kann. Er ist aus dem Gradientenoperator $\vec{\nabla} = (\frac{\partial}{\partial x},\frac{\partial}{\partial y},\frac{\partial}{\partial z})$ aufgebaut, den wir bereits kennen gelernt haben. Die Rotation eines Vektorfeldes $\vec{E}\left(\vec{r}\right)$ ist definiert als:

$$
\operatorname{rot}\vec{E}\left(\vec{r}\right) = \vec{\nabla}\times\vec{E}\left(\vec{r}\right) = \left(\frac{\partial E_z}{\partial y} - \frac{\partial E_y}{\partial z},\frac{\partial E_x}{\partial z} - \frac{\partial E_z}{\partial x},\frac{\partial E_y}{\partial x} - \frac{\partial E_x}{\partial y}\right)
\tag{2.40}
$$

Wir untersuchen den Wert der Rotation des elektrischen Feldes, indem wir das Feld durch sein Potenzial ausdrücken:

$$
\begin{aligned}
&\vec{\nabla}\times\vec{E}\left(\vec{r}\right)\\
&= \left(\frac{\partial^2\varphi\left(\vec{r}\right)}{\partial y\partial z} - \frac{\partial^2\varphi\left(\vec{r}\right)}{\partial z\partial y},\frac{\partial^2\varphi\left(\vec{r}\right)}{\partial z\partial x} - \frac{\partial^2\varphi\left(\vec{r}\right)}{\partial x\partial z},\frac{\partial^2\varphi\left(\vec{r}\right)}{\partial x\partial y} - \frac{\partial^2\varphi\left(\vec{r}\right)}{\partial y\partial x}\right)
\end{aligned}
\tag{2.41}
$$

Wenn das Potenzial zweimal stetig differenzierbar ist, dürfen wir die Reihenfolge der Differenziationen vertauschen und der gesamte Ausdruck verschwindet. In der Natur ist diese Bedingung immer erfüllt, bedeutet sie doch, dass Potenzial und Feldstärke keine Sprünge oder Knicke machen. Wir haben also für alle elektrostatischen Felder:

$$\text{rot } \vec{E} = 0 \tag{2.42}$$

Mit Hilfe des Stokes'schen Integralsatzes lässt sich diese differenzielle Aussage in eine Integralform überführen. Für jedes (stetig differenzierbare) Vektorfeld $\vec{V}(\vec{r})$ gibt der Satz einen Zusammenhang zwischen dem Integral über eine Fläche A und dem Integral über deren Rand $S = \partial A$ an. Der Satz besagt, dass

$$\int_A \vec{\nabla} \times \vec{V}(\vec{r})\, d\vec{A} = \oint_{\partial A} \vec{V}(\vec{r})\, d\vec{s}. \tag{2.43}$$

Wenden wir dies auf das elektrische Feld an, so erhalten wir:

$$\int_A \vec{\nabla} \times \vec{E}(\vec{r})\, d\vec{A} = \oint_S \vec{E}(\vec{r})\, d\vec{s} = 0 \tag{2.44}$$

Dabei ist S der Rand, d. h. die Begrenzungslinie der Fläche A, über die sich das erste Integral erstreckt. Da man die Fläche A beliebig wählen kann, muss das zweite Integral für beliebige geschlossene Wege S verschwinden. Dies ist die Integralform der differenziellen Aussage von Gl. 2.42.

Aus der Integralform sieht man, was dies mit geschlossenen Feldlinien zu tun hat. Hätte man eine geschlossene Feldlinie, so könnte man den Integrationsweg entlang dieser Feldlinie wählen. Der Integrand wäre über das gesamte Integral positiv, so dass sich ein positiver, von null verschiedener Wert ergeben müsste. Da dies aber nicht sein kann, kann es keine geschlossenen Feldlinien geben. Solche geschlossenen Feldlinien nennt man auch Wirbel des Feldes und das elektrische Feld nennt man daher wirbelfrei.

2.4.5 Berechnung von Potenzialen

Beispiel 2.13: Potenzial einer Drahtschleife

In ▶ Beispiel 2.7 haben wir die elektrische Feldstärke auf der Achse einer Drahtschleife bestimmt. Dieselbe Anordnung wollen wir nun aus der Sicht des Potenzials betrachten. Von einem einzelnen Element des Rings erhalten wir den Beitrag

$$d\varphi = \frac{1}{4\pi\epsilon_0} \frac{1}{r} dQ.$$

Aus der Skizze von ▶ Beispiel 2.7 liest man $r = \sqrt{R^2 + a^2}$ ab. Damit erhält man für das Potenzial:

$$d\varphi(a) = \frac{1}{4\pi\epsilon_0} \int \frac{1}{\sqrt{R^2 + a^2}} dQ$$

Der Integrand ist entlang der Drahtschleife konstant, so dass sich folgendes Ergebnis ergibt

$$\varphi(a) = \frac{1}{4\pi\epsilon_0} \frac{Q}{\sqrt{R^2 + a^2}}$$

Wie schon in ▶ Beispiel 2.7 nähern wir uns für große Abstände von der Drahtschleife ($a \gg R$) dem Ergebnis, das wir von einer Punktladung bekommen hätten. Wie Sie sehen, war die Berechnung des Potenzials doch deutlich einfacher als die Berechnung des Feldes. Sind Sie jedoch am Feld und nicht am Potenzial interessiert, können Sie dieses nun aus dem Potenzial durch Ableitung gewinnen:

$$E_x = -\frac{\partial \varphi(a)}{\partial a} = -\frac{1}{4\pi\epsilon_0} \frac{Q}{(R^2 + a^2)^{\frac{3}{2}}} \left(-\frac{1}{2}\right)(2a)$$

$$= \frac{1}{4\pi\epsilon_0} \frac{Qa}{(R^2 + a^2)^{\frac{3}{2}}}$$

Dies ist das Ergebnis, das wir bereits in ▶ Beispiel 2.7 erhalten hatten.

Beispiel 2.14: Potenzial im Inneren einer Kugel

Nun können wir das Potenzial einer Kugel bestimmen. Wie wir gesehen haben, sammelt sich die Ladung auf der Oberfläche der Kugel. Wir betrachten daher eine elektrisch geladene Kugelschale. Aus Symmetriegründen genügt es, das Potenzial entlang einer Achse zu bestimmen, die vom Mittelpunkt der Kugel ausgeht. Das Potenzial muss in alle Richtungen gleich sein. Die Kugelschale mit Radius R trägt die Ladung

$$Q = \int\limits_{-1}^{1} \int\limits_{0}^{2\pi} \sigma R^2 d\phi d\cos\theta = 4\pi R^2 \sigma.$$

Die Bezeichnungen sind in der Skizze angegeben. Das Potenzial ergibt sich aus

$$\varphi(a) = \frac{\sigma}{4\pi\epsilon_0} \int\limits_{-1}^{1} \int\limits_{0}^{2\pi} \frac{1}{r(a)} R^2 d\phi d\cos\theta.$$

Den Abstand des Punktes a vom Ladungselement auf der Kugelschale erhält man aus dem Kosinussatz: $r^2 = R^2 + a^2 - 2aR \cos \theta$. Damit ergibt sich für das Potenzial:

$$
\begin{aligned}
\varphi(a) &= \frac{\sigma R^2}{4\pi \epsilon_0} \int_{-1}^{1} \int_{0}^{2\pi} \frac{1}{\sqrt{R^2 + a^2 - 2aR \cos \theta}} \, d\phi \, d \cos \theta \\
&= \frac{\sigma R^2}{2\epsilon_0} \int_{-1}^{1} \frac{1}{\sqrt{R^2 + a^2 - 2aR \cos \theta}} d \cos \theta \\
&= \frac{\sigma R^2}{2\epsilon_0} \left. \frac{\sqrt{R^2 + a^2 - 2aR \cos \theta}}{aR} \right|_{-1}^{+1} \\
&= \frac{\sigma R^2}{2\epsilon_0} \left[\frac{\sqrt{R^2 + a^2 - 2aR}}{aR} - \frac{\sqrt{R^2 + a^2 + 2aR}}{aR} \right]_{-1}^{+1} \\
&= \frac{Q}{8\pi \epsilon_0} \left[\frac{\pm (R-a)}{aR} - \frac{\pm (R+a)}{aR} \right]
\end{aligned}
$$

Nun müssen wir unterscheiden, ob der Punkt a innerhalb oder außerhalb der Kugelschale liegt. Beginnen wir mit dem Fall $a > R$. Dann liegt r zwischen $a - R$ und $a + R$. Die Vorzeichen der Wurzeln müssen wir entsprechend wählen. Es ergibt sich

$$
\begin{aligned}
\varphi(a > R) &= \frac{Q}{8\pi \epsilon_0} \left[\frac{-(R-a)}{aR} - \frac{(R+a)}{aR} \right] = \frac{Q}{8\pi \epsilon_0} \frac{2R}{aR} \\
&= \frac{Q}{4\pi \epsilon_0} \frac{1}{a} .
\end{aligned}
$$

Dies ist dasselbe Potenzial wie für eine Punktladung mit der entsprechenden Ladung Q im Zentrum der Kugelschale. Liegt dagegen a im Inneren der Kugelschale, so fällt r in das Intervall $R - a$ bis $R + a$. Damit erhalten wir:

$$
\varphi(a < R) = \frac{Q}{8\pi \epsilon_0} \frac{2a}{aR} = \frac{Q}{4\pi \epsilon_0} \frac{1}{R}
$$

Wir erhalten ein Potenzial, das von der Position a innerhalb der Kugel unabhängig ist. Es ist konstant und damit verschwindet das elektrische Feld im Innern der Kugelschale, da wir es ja als Ableitung des Potenzials nach den Ortskoordinaten berechnen. Und folglich gibt es im Inneren einer Kugelschale auch keine elektrischen Kräfte, ein Ergebnis, das wir bereits am Ende von ► Abschn. 2.1 auf anderem Wege gefunden hatten.

Wir hatten gesehen, wie wir das elektrische Potenzial einer beliebigen Ladungskonfiguration bestimmen können (Gl. 2.31 bzw. 2.32).

Sofern wir die Position aller Ladungen kennen, müssen wir lediglich das Integral in Gl. 2.32 berechnen.

$$\varphi(\vec{r}) = \frac{1}{4\pi\epsilon_0} \int \frac{\rho(\vec{r}')}{|\vec{r} - \vec{r}'|} d^3\vec{r}' \qquad (2.45)$$

Man nennt es das Poisson-Integral. Das elektrische Feld ergibt sich dann aus dem Potenzial nach Gl. 2.39. Doch nicht immer kennt man die Ladungsverteilung. In vielen praktischen Fällen sind nicht die Ladungsdichten, sondern die Potenziale an bestimmten Orten vorgegeben. Zum Beispiel trägt eine geerdete Metallplatte das Potenzial null, doch sie kann eine komplizierte Ladungsverteilung aufweisen, falls weitere Ladungen zugegen sind. Diese Ladungsverteilung ist nicht von vorneherein bekannt, so dass Gl. 2.45 nicht ausgewertet werden kann. Man spricht von einem Randwertproblem, da der Wert der Lösungsfunktion am Rand des interessanten Gebietes vorgegeben ist. Die Lösung solcher Randwertprobleme wollen wir den Kollegen aus der theoretischen Physik überlassen. Es würde den Rahmen dieses Buches sprengen. Wir wollen lediglich ein Lösungsverfahren anhand eines einfachen Beispiels diskutieren (▶ Beispiel 2.15).

Beispiel 2.15: Methode der Spiegelladungen

Wir betrachten eine Punktladung vor einer unendlich ausgedehnten, geerdeten Platte. Sie ist als positive Ladung q im linken Teil der Skizze zusammen mit den Feldlinien zu sehen. In der Mitte liegt die Metallplatte, deren Potenzial $\varphi_{\text{Platte}} = 0$ betragen soll. Dies ist die Randbedingung dieses Randwertproblems. Wie wir bereits wissen, müssen die elektrischen Feldlinien senkrecht auf der Oberfläche der Platte stehen. Diese Randbedingung lässt sich realisieren, indem man die Platte durch eine fiktive Punktladung im Bereich rechts der Platte ersetzt. Man nennt sie die Spiegel- oder Bildladung. Wählt man das Koordinatensystem so, dass die Platte in der x-y-Ebene liegt und die positive Punktladung auf der z-Achse, so lautet die Randbedingung

$$\varphi_1(x, y, 0) + \varphi_2(x, y, 0) = 0,$$

wobei φ_1 das Potenzial der positiven Punktladung und φ_2 das der Spiegelladung ist. Aus dieser Bedingung lassen sich Position und Größe der Spiegelladung bestimmen. Eine einfache Rechnung zeigt, dass die Spiegelladung entgegengesetzt gleich groß sein muss und sich gegenüber im gleichen Abstand von der Platte auf der negativen z-Achse befinden muss. Als Potenzial erhalten wir:

$$\varphi\left(\vec{r}\right) = \frac{q}{4\pi\epsilon_0} \left(\frac{1}{\left|\vec{r}-\vec{r}_1\right|} - \frac{1}{\left|\vec{r}+\vec{r}_1\right|} \right)$$

Dabei gibt $\vec{r}_1$ die Position der positiven Punktladung auf der z-Achse an. Nun können wir das elektrische Feld aus $\vec{E}(\vec{r}) = -\nabla\varphi(\vec{r})$ berechnen. Wir erhalten:

$$\vec{E}\left(\vec{r}\right) = \frac{q}{4\pi\epsilon_0} \left(\frac{\vec{r}-\vec{r}_1}{\left|\vec{r}-\vec{r}_1\right|^3} - \frac{\vec{r}+\vec{r}_1}{\left|\vec{r}+\vec{r}_1\right|^3} \right)$$

Wie man leicht nachrechnet, verschwinden auf der Metallplatte ($z = 0$) die x- und y-Komponenten des Feldes. Es steht senkrecht auf der Fläche. Die Flächenladungsdichte σ, die sich durch die Influenz der positiven Punktladung in ihrer Nähe auf der Platte sammelt, ist schließlich gegeben durch $\sigma = \epsilon_0 E_z$. Diese Beziehung werden wir noch in ▶ Abschn. 2.6 begründen (▶ Beispiel 2.18). Wir erhalten

$$\sigma = -\frac{q}{2\pi} \frac{z_1}{\left(x^2 + y^2 + z_1^2\right)^{\frac{3}{2}}},$$

wobei z_1 der Abstand der Punktladung von der Metallplatte und x und y die Koordinaten auf der Platte sind.

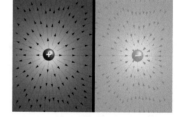

Beispiel 2.16: Methode der Spiegelladungen 2

Hier folgt ein weiteres Beispiel zur Methode der Spiegelladungen, das einige interessante Aspekte in der Berechnung zeigt. Wir betrachten eine Punktladung Q, die sich vor einer geerdeten Kugel befindet. Die Punktladung habe den Abstand x_0 vom Mittelpunkt der geerdeten Kugel. Man kann das Feld durch eine Spiegelladung Q' bestimmen, die sich auf der Verbindungslinie vom Mittelpunkt der Kugel zu Q befindet. Ohne Einschränkung der Allgemeinheit legen wir Punktladung Q und Spiegelladung Q' auf die x-Achse. Der Abstand der Spiegelladung vom Mittelpunkt der Kugel sei x'. Es ist nun zu zeigen, dass das Potenzial überall auf der Oberfläche der Kugel verschwindet. Dazu betrachten wir einen Vektor $\vec{r} = R(\cos\phi, \sin\phi, 0)$, wobei dieser Ortsvektor vom Mittelpunkt der Kugel ausgeht und ϕ den Winkel des Ortsvektors zur x-Achse angibt. Das Potenzial von Ladung und Spiegelladung ist:

$$\varphi\left(\vec{r}\right) = \frac{1}{4\pi\epsilon_0}\left(\frac{Q}{\sqrt{\left(R\cos\phi - x_0\right)^2 + \left(R\sin\phi\right)^2}}\right.$$

$$\left.+ \frac{Q'}{\sqrt{\left(R\cos\phi - x'\right)^2 + \left(R\sin\phi\right)^2}}\right)$$

$$= \frac{1}{4\pi\epsilon_0}\left(\frac{Q}{\sqrt{R^2 + x_0^2 - 2Rx_0\cos\phi}}\right.$$

$$\left.+ \frac{Q'}{\sqrt{R^2 + x'^2 - 2Rx'\cos\phi}}\right) = 0$$

Da die Bedingung für beliebige Werte von ϕ erfüllt sein muss, können wir Werte auswählen, die die Berechnung vereinfachen. Wir wählen zunächst $\phi = 0°(\cos\phi = 1)$ und erhalten:

$$\frac{Q}{\sqrt{R^2 + x_0^2 - 2Rx_0}} + \frac{Q'}{\sqrt{R^2 + x'^2 - 2Rx'}} = 0$$

$$\frac{Q}{\sqrt{\left(R - x_0\right)^2}} + \frac{Q'}{\sqrt{\left(R - x'\right)^2}} = 0$$

$$\frac{Q}{\pm\left(R - x_0\right)} + \frac{Q'}{R - x'} = 0$$

Beachten Sie, dass wir beim Ziehen der Wurzel im ersten Term ein $\pm$ hinzugefügt haben, da $(R - x_0)^2 = (x_0 - R)^2$. Im Prinzip hätten wir dies auch beim zweiten Term tun müssen, doch diese zusätzlichen Lösungen lassen sich durch Multiplikation der Gleichung mit -1 in die bereits angegebenen Lösungen überführen. Wir lösen nach x' auf und erhalten:

$$x'_{\pm} = \frac{RQ \pm \left(RQ' - x_0Q'\right)}{Q}$$

Als weitere Bedingung betrachten wir $\phi = 180°(\cos\phi = -1)$. Wiederum müssen wir beim Ziehen der Wurzel den Fall eines negativen Radikanden betrachten. Wir erhalten:

$$\frac{Q}{\pm\left(R + x_0\right)} + \frac{Q'}{R + x'} = 0$$

$$\pm\left(RQ' + x_0Q'\right) + 2RQ + x'_{\pm}Q = 0$$

Nun haben wir vier Fälle, die wir in einer Fallunterscheidung einzeln betrachten:

Fall a (++): Wir wählen an beiden Stellen das positive Vorzeichen. Wir erhalten:

$$Q' = -Q$$
$$x' = x_0$$

Fall b (+−): Wir wählen vorne das positive Vorzeichen und setzen x'_- ein. Wir erhalten:

$$Q' = -\frac{R}{x_0}Q$$
$$x' = \frac{R^2}{x_0}$$

Fall c (−+): Wir wählen vorne das negative Vorzeichen und setzen x'_+ ein. Wir erhalten:

$$Q' = \frac{R}{x_0}Q$$
$$x' = \frac{R^2}{x_0}$$

Fall d (−−): Wir wählen an beiden Stellen das positive Vorzeichen. Wir erhalten:

$$Q' = +Q$$
$$x' = x_0$$

Die Berechnung führt also zu vier Lösungen. Diese untersuchen wir weiter. Zur Überprüfung betrachten wir $\phi = 90°(\cos\phi = 0)$. Es stellt sich heraus, dass die Fälle c und d gar keine echten Lösungen sind, sondern nur die beiden Spezialfälle 0° und 180° lösen. Wir lassen sie fallen. Betrachten wir nun Lösung a. Mathematisch gesehen ist sie in der Tat eine Lösung der Gleichungen, aber es ist physikalisch nicht die Lösung, die wir gesucht haben. Die Ladungen Q und Q' befinden sich in diesem Fall beide am selben Ort x_0. Sie sind entgegengesetzt gleich groß und neutralisieren sich gegenseitig. Es sind keine Ladungen im Raum vorhanden und demzufolge ist das Potenzial überall im Raum null und damit auch auf der Kugeloberfläche. Der Fall b ist schließlich die gesuchte Lösung, die in der Abbildung skizziert ist.

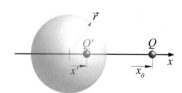

Physikalische Bedingungen
Ist Ihnen aufgefallen, dass wir in ▶ Beispiel 2.16 zwischen mathematischer und physikalischer Lösung unterschieden haben?

Wir hatten aus der Aufgabe eine Bedingung in Form einer Gleichung aufgestellt ($\varphi(\vec{r}) = 0$ auf der Kugeloberfläche). Dann hatten wir die Bedingung mathematisch gelöst. Wir haben zwei Lösungen erhalten (die Fälle a und b), die im mathematischen Sinn gleichwertig sind. Doch die eine Lösung (Fall a) entspricht nicht dem, was wir aus physikalischer Sicht als eine Antwort auf die Aufgabenstellung bezeichnen würden. Der Fall b stellte sich als die gesuchte Lösung heraus. Dieses Beispiel zeigt, wie wichtig es ist, nicht an der Stelle zu enden, an der man eine mathematische Lösung gefunden hat. Es ist unumgänglich, dass man die gefundene(n) Lösung(en) untersucht und interpretiert.

2.5   Der elektrische Fluss

2.5.1 Definition

In den vorherigen Kapiteln haben wir darüber gesprochen, dass die Feldlinien in Bereichen hoher Feldstärke dichter liegen. Der elektrische Fluss ist ein Maß für diese Dichte der Feldlinien. Er bezieht sich auf eine bestimmte Fläche und gibt an, wie viele Feldlinien diese durchdringen. Der elektrische Fluss durch die Fläche A ist definiert als:

$$\Phi_A = \int_A \vec{E}\, d\vec{A} \tag{2.46}$$

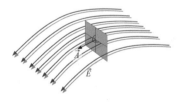

◻ Abb. 2.16 Zur Definition des elektrischen Flusses

Die Definition ist in ◻ Abb. 2.16 illustriert. Als Symbol verwenden wir das große griechische Phi. Bitte nicht mit dem Potenzial (Kleinbuchstabe φ) verwechseln. Jeder Fläche wird dabei ein Vektor $\vec{A}$ zugeordnet, der senkrecht auf der Fläche steht und dessen Betrag die Größe der Fläche widerspiegelt. Man nennt $\vec{A}$ die Flächennormale zur Fläche A. Integrale über gekrümmte Flächen sind so zu verstehen, dass man für jedes infinitesimale Flächenelement $d\vec{A}$ dessen Flächennormale bestimmt, das Skalarprodukt mit dem elektrischen Feldvektor am Ort des Elementes bildet und schließlich die Ergebnisse aufsummiert. Bei offenen Flächen ist diese Definition der Flächennormalen nicht eindeutig. Neben $\vec{A}$ stellt auch $-\vec{A}$ eine Flächennormale dar. Man muss im Einzelfall angeben, welche der beiden Möglichkeiten man wählt. Bei geschlossenen Flächen, das sind Flächen, die man als Oberfläche eines Körpers darstellen kann, wählt man die Flächennormale in der Regel so, dass sie nach außen zeigt.

Betrachten Sie zur Illustration ◻ Abb. 2.17. Wir wollen den elektrischen Fluss durch eine Kreisscheibe mit Radius R bestimmen, deren Mittelpunkt im Koordinatenursprung liegt und die in der x-y-Ebene ausgerichtet ist. Der Normalenvektor auf die Kreisscheibe ist

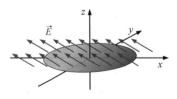

◻ Abb. 2.17 Elektrischer Fluss durch eine Kreisscheibe

ein Einheitsvektor in z-Richtung, wir wählen $\vec{n} = (0, 0, 1)$. Die Flächennormale ist dann $\vec{A} = (0, 0, \pi R^2)$. Das elektrische Feld sei als homogen angenommen mit dem Feldvektor $\vec{E} = \frac{E_0}{\sqrt{3}}(-\sqrt{2}, 0, 1)$. Da die Vektoren in diesem Beispiel konstant sind, können wir schreiben

$$\Phi_A = \int_A \vec{E} \, d\vec{A} = \vec{E} \cdot \vec{A} = \frac{E_0 \pi R^2}{\sqrt{3}}. \tag{2.47}$$

2.5.2 Der Fluss durch geschlossene Flächen

Als nächstes Beispiel wollen wir eine geschlossene Fläche betrachten. Wir bestimmen den elektrischen Fluss durch die Oberfläche eines Würfels im homogenen Feld eines Plattenkondensators mit Feldstärke E_0 (siehe ◻ Abb. 2.18). Wir bezeichnen die sechs Flächen des Würfels mit den Initialen von „oben/unten", „vorne/hinten" und „links/rechts". Dann ist:

$$\Phi_A = \oint_A \vec{E} \, d\vec{A} = \int_{A_o} \vec{E} \, d\vec{A} + \int_{A_u} \vec{E} \, d\vec{A} + \int_{A_v} \vec{E} \, d\vec{A}$$
$$+ \int_{A_h} \vec{E} \, d\vec{A} + \int_{A_l} \vec{E} \, d\vec{A} + \int_{A_r} \vec{E} \, d\vec{A} \tag{2.48}$$

Die Flächennormalen der vier Flächen „oben/unten" und „vorne/hinten" stehen senkrecht auf dem elektrischen Feld, so dass die Skalarprodukte und damit die Integrale null ergeben. Wieder sind die Vektoren konstant, so dass wir schreiben können:

$$\Phi_A = \vec{E} \vec{A}_l + \vec{E} \vec{A}_r \tag{2.49}$$

Die Flächennormalen zeigen nach außen. Folglich zeigt die Normale auf die linke Fläche nach links und die auf die rechte Fläche nach rechts, so dass gilt $\vec{A}_r = -\vec{A}_l$ und wir erhalten $\Phi_A = 0$. Der Fluss durch den Würfel verschwindet. Anschaulich gesprochen liegt dies daran, dass auf der linken Seite genauso viele Feldlinien in den Würfel eintreten, wie auf der rechten Seite wieder austreten, so dass sich in der Summe null ergibt. Dies ist unabhängig von der Form des gewählten Volumens. Wir haben einen Würfel gewählt, da für diesen die Integrale eine besonders einfache Form annehmen. Aber das Argument, dass links genauso viele Feldlinien eintreten, wie rechts austreten, trifft auf alle Formen zu.

Um dies zu demonstrieren, verändern wir die Form des Integrationsvolumens aus dem vorangegangenen Beispiel. Wir kippen die rechte Seite des Würfels (siehe ◻ Abb. 2.19), der sich wiederum in einem homogenen elektrischen Feld befinden soll. Mit dem Koordinatensystem aus ◻ Abb. 2.19 ergibt sich $\vec{E} = (E, 0, 0)$ und $\vec{A}_r =$

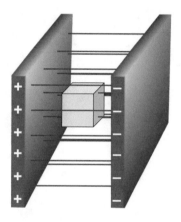

◻ **Abb. 2.18** Der elektrische Fluss durch einen Würfel in einem homogenen Feld

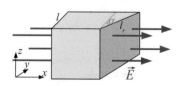

◻ **Abb. 2.19** Der elektrische Fluss durch einen Polyeder mit einer schiefen Seite

$A_r(\cos\alpha, -\sin\alpha, 0)$. Aus der Skizze liest man ab: $\cos\alpha = l / l_r$ und damit $A_r = A_l / \cos\alpha$. Damit ergibt sich:

$$\Phi_A = \vec{E}\vec{A}_l + \vec{E}\vec{A}_r = -EA_l + EA_r \cos\alpha = -EA_l + EA_l = 0 \tag{2.50}$$

Die Neigung der Fläche verändert den Gesamtfluss durch die geschlossene Fläche nicht. Das Argument, dass links genauso viele Feldlinien eintreten, wie rechts wieder austreten, ist von der Orientierung der Flächen unabhängig.

Vielleicht können Sie sich nun vorstellen, wie man den Fluss durch eine beliebige geschlossene Fläche aus dem Fluss durch kleine Elemente aufbauen kann. Zunächst gehen wir von zwei Polyedern P_1 und P_2 aus, die wir so wählen, dass sie zwei gleiche Flächen A_{12} haben. An diesen Flächen stoßen wir die Polyeder passend aneinander. Die Flächennormalen zu A_{12} zeigen in entgegengesetzte Richtungen, je nachdem ob wir A_{12} als zu P_1 oder P_2 gehörend betrachten, so dass die Flüsse durch A_{12} entgegengesetzte Vorzeichen haben. Berechnen wir $\Phi_1 + \Phi_2$, die Summe der Flüsse durch die Oberflächen von P_1 und P_2, so ergibt sich null, da ja schon jeder Fluss einzeln null ergibt. Dies entspricht aber dem Fluss durch die Oberfläche A des Körpers, der durch Verschmelzung der beiden Polyeder P_1 und P_2 entsteht, denn die beiden einzigen Beiträge aus $\Phi_1 + \Phi_2$, die nicht zur Oberfläche A gehören, sind die Flüsse durch die Kontaktfläche A_{12}, die in der Summe mit entgegengesetztem Vorzeichen auftreten und sich daher wegheben.

Damit haben wir gezeigt, dass der Fluss durch die Oberfläche eines Körpers, der durch Verschmelzen zweier Polyeder entsteht, ebenfalls null ist. Nun kann man diese Überlegung wiederholen und so durch Verschmelzen vieler Polyeder beliebige Körper mit beliebig geformten Oberflächen erzeugen, wobei der Fluss durch die Oberfläche A immer null sein wird. Ein Beispiel ist in ◪ Abb. 2.20 gezeigt, wo eine Kugel durch Polyeder mit schiefen Endflächen approximiert wird. Die Approximation ist in der Abbildung noch recht grob, man kann sie aber beliebig verfeinern, indem man immer mehr, immer kleinere Polyeder verschmilzt. Da der Fluss durch die Polyeder null ist, muss auch der Fluss durch A verschwinden[2].

Vielleicht hilft Ihnen an dieser Stelle eine Analogie weiter. Betrachten Sie eine stationäre Strömung einer inkompressiblen Flüssigkeit. Die Stromlinien geben die Richtungen an, entlang denen sich die Moleküle der Flüssigkeit bewegen. Die Dichte der Stromlinien ist ein Maß für die Geschwindigkeit der Moleküle. Wir definieren einen Feldvektor $\vec{F}$, der in Richtung der Stromlinie zeigt und dessen Betrag der Geschwindigkeit der Moleküle an diesem Ort entspricht[3].

◪ **Abb. 2.20** Approximation einer Kugel durch Polyeder

---

[2] Etwas Geduld bitte, wir werden noch Beispiele besprechen, in denen der Fluss nicht null ist.

[3] In diesem einfachen Beispiel ist der Feldvektor identisch mit der Geschwindigkeit am jeweiligen Ort.

Dann können wir einen Fluss $\tilde{\Phi}_A$ definieren:

$$\tilde{\Phi}_A = \int_A \vec{F} \, d\vec{A} \tag{2.51}$$

Auch für dieses Beispiel würde sich zeigen, dass der Fluss durch geschlossene Flächen verschwindet. Die Begründung ist hier einfacher. Für jedes Molekül, das durch die geschlossene Fläche A in das Volumen eintritt, muss genau ein aus dem Volumen austreten, denn die Zahl der Moleküle im Volumen muss konstant bleiben. Wir haben die Flüssigkeit ja als inkompressibel angenommen.

Dies überträgt sich auf die Feldlinien. Eine Feldlinie, die in den Körper eintritt, muss auch wieder austreten. Daher verschwindet der Gesamtfluss. Für den elektrischen Fluss sehen wir dasselbe Verhalten. Der Name „elektrischer Fluss" ist eine Anspielung auf diesen Vergleich. Beachten Sie aber, dass mit dem elektrischen Fluss kein Fluidum verbunden ist, das tatsächlich fließt[4].

Bisher haben wir ausschließlich Flüsse in homogenen elektrischen Feldern berechnet. Möglicherweise haben Sie sich gefragt, ob wir deshalb als Fluss durch eine geschlossene Fläche immer null erhalten. Dem ist nicht so! Ein Gegenbeispiel mag dies zeigen. Wir könnten den Fluss durch die Oberfläche A_1 des in ◻ Abb. 2.21 dargestellten Würfels berechnen, doch leider ist das Integral recht kompliziert. Stattdessen betrachten wir die Oberfläche A_2 eines Kugelsegmentes. Die Beiträge von den Seitenflächen verschwinden, da Flächennormalen senkrecht auf dem radialen Feld stehen. Es bleiben die Beiträge der inneren Fläche mit Radius r_i und der äußeren Fläche mit Radius r_a. Die innere Fläche habe die Größe A_i. Da die Größen der Flächen mit dem Quadrat des Radius skalieren, muss die äußere Fläche die Größe $A_a = \frac{r_a^2}{r_i^2} A_i$ haben. Setzen wir die Feldstärken ein, ergibt sich:

$$\Phi = -\frac{1}{4\pi\epsilon_0}\frac{Q}{r_i^2}A_i + \frac{1}{4\pi\epsilon_0}\frac{Q}{r_a^2}A_a = 0$$

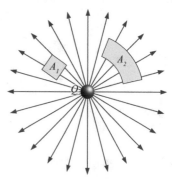

◻ **Abb. 2.21** Elektrischer Fluss im Feld einer Punktladung

Wiederum haben wir null erhalten. Auch im inhomogenen Feld gilt das Argument, Feldlinien, die eintreten, müssen auch wieder austreten.

2.5.3 Die Quellstärke des Feldes

Ahnen Sie schon, welche Feldkonfiguration zu einem nicht verschwindenden Fluss durch eine geschlossene Oberfläche führt? Die Feldlinien müssen im Inneren der geschlossenen Fläche beginnen

---

[4] In einem quantenfeldtheoretischen Sinne könnte man die virtuellen Photonen, die das Feld ausmachen, mit dem Fluidum in Analogie setzen.

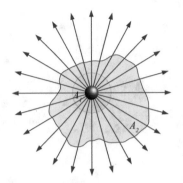

⬛ Abb. 2.22 Elektrischer Fluss um eine Punktladung

(oder enden), d. h., es müssen sich Ladungen im Inneren der Fläche befinden. Wir betrachten wieder eine Punktladung der Größe Q, aber dieses Mal wählen wir eine Kugelschale mit Radius R um die Punktladung als Fläche. Eine solche Fläche ist in ⬛ Abb. 2.22 als Fläche A_1 eingezeichnet. Der Normalenvektor ist radial nach außen gerichtet, so dass überall das elektrische Feld parallel zum Normalenvektor der Oberfläche steht und sich das Integral vereinfacht zu:

$$\Phi_1 = \oint_{A_1} \left| \vec{E} \right| dA \tag{2.52}$$

Für das Feld der Punktladung gilt:

$$\left| \vec{E} \right| = \frac{1}{4\pi\epsilon_0} \frac{Q}{r^2}$$

Es ist auf der Kugelschale ($r = R$) konstant, so dass wir das Integral einfach berechnen können:

$$\Phi_1 = \left| \vec{E} \right| \oint_{A_1} dA = \frac{1}{4\pi\epsilon_0} \frac{Q}{R^2} 4\pi R^2 = \frac{Q}{\epsilon_0} \tag{2.53}$$

Der elektrische Fluss stellt sich als proportional zur Größe der Punktladung heraus. Dieses Mal haben wir nur Feldlinien gefunden, die aus der Oberfläche der Kugel austreten, aber keine, die eintreten, so dass das Integral von null verschieden ist.

Wiederum hängt das Ergebnis nicht von der Form des gewählten Volumens ab. Wir hätten statt der Kugel auch einen Würfel oder eine beliebige andere Form wählen können, nur wären die Integrale komplizierter zu berechnen. Das Ergebnis hängt auch nicht von der Position der Ladung innerhalb der Kugel ab. Wichtig ist nur, dass sich die Ladung im Inneren befindet. Um dies anschaulich zu machen, wählen wir eine Hilfskonstruktion. Um den Fluss durch die unregelmäßige Fläche A_2 in ⬛ Abb. 2.22 zu berechnen, schneiden wir im Inneren eine Kugel mit der Oberfläche A_1 heraus. Die verbleibende kugelschalenähnliche Form mit der unregelmäßigen äußeren Oberfläche A_2 und der inneren Begrenzung durch A_1 nennen wir A_3. Der Fluss Φ_1, der aus A_1 austritt, tritt unmittelbar in A_3 ein. Da aber A_3 eine geschlossene Oberfläche ohne Ladung im Inneren darstellt, muss der Fluss Φ_3 durch A_3 insgesamt null sein. Da Φ_1 im Inneren eintritt, muss Φ_1 auch außen durch die unregelmäßige Oberfläche A_2 wieder austreten. Wir erhalten für A_2 den gleichen Fluss Q/ϵ_0 wie für A_1 und zwar unabhängig von der Form von A_2.

Beachten Sie, dass in ⬛ Abb. 2.22 das Feld einer positiven Ladung Q dargestellt ist. Für eine negative Ladung zeigen die Feldlinien auf die Punktladung zu. Sie sind antiparallel zu den Flächennormalen und folglich werden die Flüsse negativ. In unserem Ergebnis ist dann $\frac{Q}{\epsilon_0} < 0$.

Zum Schluss wollen wir noch untersuchen, was sich ergibt, wenn mehr als eine Ladung im Spiel ist. Stellen Sie sich vor, wir platzieren in ◘ Abb. 2.22 neben der gezeigten Ladung, die wir jetzt Q_1 nennen wollen, eine weitere Ladung Q_2 im Innern der Fläche A_2. Dann gilt auf Grund der Superposition des elektrischen Feldes $\vec{E} = \vec{E}_1 + \vec{E}_2$ für den Fluss durch A_2:

$$
\begin{aligned}
\Phi_A &= \oint_{A_2} \vec{E}\,d\vec{A} = \oint_{A_2} \left(\vec{E}_1 + \vec{E}_2 \right) d\vec{A} = \oint_{A_2} \vec{E}_1 d\vec{A} + \oint_{A_2} \vec{E}_2 d\vec{A} \\
&= \frac{Q_1}{\epsilon_0} + \frac{Q_2}{\epsilon_0} = \frac{\sum Q}{\epsilon_0}
\end{aligned}
$$

$$(2.54)$$

Der Fluss ergibt sich einfach aus der Summe der Ladungen.

Nun fügen wir eine dritte Ladung hinzu, die wir allerdings außerhalb der Fläche A_2 in ◘ Abb. 2.22 platzieren. Dann gilt:

$$
\begin{aligned}
\Phi_A &= \oint_{A_2} \vec{E}\,d\vec{A} = \oint_{A_2} \left(\vec{E}_1 + \vec{E}_2 + \vec{E}_3 \right) d\vec{A} \\
&= \frac{Q_1}{\epsilon_0} + \frac{Q_2}{\epsilon_0} + 0 = \frac{\sum Q_{\text{ein}}}{\epsilon_0}
\end{aligned}
$$

$$(2.55)$$

Wieder können wir das Integral durch Superposition auf drei einzelne Integrale aufteilen. Das dritte Integral ergibt allerdings null, da sich die Ladung dieses Integrals außerhalb der Fläche A_2 befindet. Wir dürfen in der Berechnung nur die Ladungen berücksichtigen, die sich innerhalb der Fläche A_2 befinden. Dies deutet der Index Q_{ein} an. Dieses Ergebnis lässt sich auf kontinuierliche Ladungsverteilungen übertragen, indem man diese durch infinitesimale Punktladungen aufbaut.

Damit haben wir eine allgemeine Regel für den elektrischen Fluss durch geschlossene Flächen gefunden. Für beliebige Flächen A und beliebige Ladungsverteilungen gilt:

$$
\oint_A \vec{E}\,d\vec{A} = \frac{Q_{\text{ein}}}{\epsilon_0},
$$

$$(2.56)$$

wobei Q_{ein} die von der Fläche A eingeschlossene Ladung darstellt. Man nennt dies das Gauß'sche Gesetz. Mit Hilfe des Gauß'schen Integralsatzes lässt sich dieses Oberflächenintegral in ein Volumenintegral umformen[5]. Für ein stetig differenzierbares Vektorfeld $\vec{E}$ gilt:

$$
\oint_A \vec{E}\,d\vec{A} = \int_V \vec{\nabla} \cdot \vec{E}\,dV
$$

$$(2.57)$$

[5] Bitte das Gauß'sche Gesetz (Physik) nicht mit dem Gauß'schen Integralsatz (Mathematik) verwechseln.

Dabei erstreckt sich das rechte Integral über das Volumen V und das linke Integral über dessen (abschnittsweise glatte) Oberfläche A. Im Integranden erscheint auf der rechten Seite die Divergenz des Vektorfeldes. Mit dem Gauß'schen Integralsatz können wir das Gauß'sche Gesetz aus seiner Integralform, in der wir es abgeleitet hatten, in eine differenzielle Form umwandeln. Dazu müssen wir auch die Ladung durch ein Integral ausdrücken. Es ist

$$Q_{\text{ein}} = \int_V \rho \, dV, \tag{2.58}$$

womit sich folgender Zusammenhang ergibt:

$$\int_V \vec{\nabla} \cdot \vec{E} \, dV = \oint_A \vec{E} \, d\vec{A} = \frac{Q_{\text{ein}}}{\epsilon_0} = \frac{1}{\epsilon_0} \int_V \rho \, dV \tag{2.59}$$

Ganz links und ganz rechts stehen zwei Integrale über dasselbe, aber beliebig wählbare Volumen. Diese beiden Integrale können nur dann übereinstimmen, wenn bereits die Integranden übereinstimmen. Es muss an jedem beliebigen Punkt gelten:

$$\vec{\nabla} \cdot \vec{E} = \text{div} \, \vec{E} = \frac{\rho}{\epsilon_0} \tag{2.60}$$

Dies ist die gesuchte differenzielle Relation.

2.6   Maxwell-Gleichungen

2.6.1 Die Maxwell-Gleichungen

◻ **Abb. 2.23** James Clerk Maxwell (1831–1879)

Man könnte behaupten, die Bedeutung, die Sir Isaac Newton für die Mechanik hat, hat James Clerk Maxwell für den Elektromagnetismus (◻ Abb. 2.23). Zum hundertsten Jahrestag von Maxwells Geburt, beschrieb Albert Einstein dessen Leistungen als „das Tiefste und Fruchtbarste, das die Physik seit Newton entdeckt hat". Maxwell gilt als der wichtigste Naturwissenschaftler des 19. Jahrhunderts. Er gilt als Mitbegründer der kinetischen Gastheorie (Maxwell'sche Geschwindigkeitsverteilung), er hat die Mathematik weiterentwickelt und er hat die Grundlage für die heutige Theorie des Elektromagnetismus gelegt. Das Letztere ist Thema dieses Buches. Maxwell erkannte, dass sich Elektrizität und Magnetismus auf gemeinsame Ursachen zurückführen lassen. Er fasst die vielen experimentellen Ergebnisse seiner Zeit (vor allem die von Michael Faraday) in ein einheitliches theoretisches Gebilde zusammen. Seine Gleichungen bilden auch heute noch die Grundlage des Elektromagnetismus.

Neben manch anderem sagte er elektromagnetische Wellen voraus und berechnete ihre Ausbreitungsgeschwindigkeit. Dabei fiel ihm auf, dass die Ausbreitungsgeschwindigkeit dieser Wellen verblüffend nahe an der Lichtgeschwindigkeit lag, woraus er korrekterweise schloss, dass Licht eine solche elektromagnetische Welle ist. 1864 schrieb er in seinem Werk „A Dynamical Theory of the Electromagnetic Field" in der Einleitung (§ 20): „This velocity is so nearly that of light, that it seems we have strong reason to conclude that light itself (including radiant heat, and other radiations if any) is an electromagnetic disturbance in the form of waves propagated through the electromagnetic field according to electromagnetic laws."

Doch nicht alles, was er schrieb, hat heute noch Gültigkeit. Wie all seine Zeitgenossen ging er davon aus, dass Licht einen Äther zur Ausbreitung benötigt. In der Encyclopædia Britannica schreibt er in einem Artikel über Licht: „Welche Schwierigkeiten auch immer wir haben, eine schlüssige Vorstellung von der Beschaffenheit des Äthers zu entwickeln, so kann es doch keinen Zweifel daran geben, dass die interplanetarischen und interstellaren Räume nicht leer, sondern von einer materiellen Substanz oder einem Körper erfüllt sind, der mit Sicherheit der größte und wahrscheinlich der einheitlichste Körper ist, von dem wir wissen."

Wir wollen nun einen ersten Blick auf Maxwells Gleichungen werfen. Die Version, die wir hier betrachten, beschreibt ausschließlich statische (unbewegte) elektrische Ladungen. Die Erweiterung auf Magnetfelder und dynamische Ladungen wird folgen.

❯ Maxwell-Gleichungen der Elektrostatik

	Integralform	Differenzialform
1.	$\oint_S \vec{E} \, d\vec{s} = 0$	$\operatorname{rot} \vec{E} = 0$
3.	$\oint_A \vec{E} \, d\vec{A} = \dfrac{Q_{\text{ein}}}{\epsilon_0}$	$\operatorname{div} \vec{E} = \dfrac{\rho}{\epsilon_0}$

Die Nummerierung der Gleichungen ist die allgemein übliche, die bereits berücksichtigt, dass für die Magnetfelder weitere Gleichungen (2. und 4.) hinzukommen werden. Differenzial- und Integralform sind zueinander äquivalent.

Die erste Gleichung besagt, dass das Feld statischer Ladungen wirbelfrei ist, d. h., dass es keine in sich geschlossenen Feldlinien gibt. Die zweite Gleichung besagt, dass die elektrischen Ladungen die Quellen und Senken des elektrischen Feldes sind, d. h., dass die Feldlinien an den (positiven) Ladungen beginnen und an den (negativen) Ladungen enden. Niemals beginnen oder enden sie im ladungsfreien Raum.

Die erste Gleichung kann man für alle Zentralpotenziale ableiten. Eine solche Gleichung gilt, wann immer die Kraft in gerader Linie auf die Ladung zeigt, die die Kraft erzeugt. Die zweite Gleichung gilt nur dann, wenn die Kraft wie $1/r^2$ mit dem Abstand von der Ladung abfällt.

Die Maxwell-Gleichungen stellen die Axiome der Elektrostatik dar. Begonnen hatten wir die Darstellung der Elektrostatik allerdings nicht mit Axiomen, sondern mit dem Coulomb-Gesetz. Man kann es aus den Maxwell-Gleichungen ableiten, was wir hier kurz zeigen wollen. Wir betrachten das elektrische Feld einer Punktladung Q_1. Die Kraft, die es auf eine Ladung Q_2 ausübt, ist nach der Definition der Feldstärke gegeben durch:

$$\vec{F} = Q_2 \vec{E}$$

Für das elektrische Feld muss gelten:

$$\oint_A \vec{E}\, d\vec{A} = \frac{Q_{\text{ein}}}{\epsilon_0}$$

Wir wählen als Integrationsfläche A die Oberfläche einer Kugel (Radius r) mit der Ladung Q_1 in ihrem Zentrum. Dann steht der Vektor der elektrischen Feldstärke überall senkrecht auf der Kugeloberfläche, d. h. $\vec{E}$ und $d\vec{A}$ sind überall parallel. Aus Symmetriegründen muss die Feldstärke an jeder Stelle der Kugeloberfläche gleich groß sein, denn es ist ja keine Richtung auf der Kugel ausgezeichnet. Folglich gilt:

$$\oint_A \vec{E}\, d\vec{A} = \left|\vec{E}\right| \oint_A dA = \left|\vec{E}\right| 4\pi r^2$$

Aus der Maxwell-Gleichung folgt dann

$$\left|\vec{E}\right| 4\pi r^2 = \frac{Q_1}{\epsilon_0} \implies \left|\vec{E}\right| = \frac{1}{4\pi\epsilon_0} \frac{Q_1}{r^2},$$

und damit ergibt sich für die Kraft

$$\left|\vec{F}\right| = \frac{1}{4\pi\epsilon_0} \frac{Q_1 Q_2}{r^2}.$$

Dies ist das Coulomb-Gesetz. In dieser Ableitung haben wir implizit auch die dritte Maxwell-Gleichung benutzt, als wir angenommen haben, dass es sich um ein radiales Feld handelt.

In ► Beispiel 2.8 hatten wir das Feld einer unendlich ausgedehnten Platte durch eine Integration bestimmt. Mit Hilfe der Maxwell-

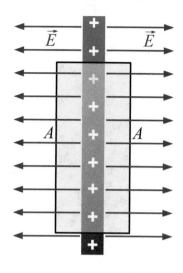

Gleichungen lässt sich dieses Feld viel einfacher berechnen. Betrachten Sie die Skizze. Wir schneiden ein Stück aus der unendlichen Fläche heraus und benutzen als Integrationsfläche für die erste Maxwell-Gleichung die in der Skizze angedeutete Oberfläche eines Quaders mit den seitlichen Flächen A. Die Maxwell-Gleichung lautet

$$\oint_A \vec{E} \, d\vec{A} = \frac{Q_A}{\epsilon_0}$$

wobei Q_A die Ladung auf dem eingeschlossenen Teil der unendlichen Fläche ist. Es tragen lediglich die beiden seitlichen Flächen zum Integral bei. Die Integrale über die linke und die rechte Fläche sind identisch. Somit ergibt sich:

$$\oint_A \vec{E} \, d\vec{A} = 2 \int_A \vec{E} \, d\vec{A} = 2E \int_A dA = 2EA$$

Eingesetzt in die Maxwell-Gleichung erhalten wir:

$$2EA = \frac{Q_A}{\epsilon_0} \quad \Longrightarrow \quad E = \frac{Q_A}{2\,A\epsilon_0} = \frac{\sigma}{2\epsilon_0}$$

Hier haben wir die Flächenladungsdichte $\sigma = Q_A/A$ eingesetzt. Dies ist das Ergebnis, das Sie bereits aus ▸ Beispiel 2.8 kennen.

2.6.2 Beispiele

Beispiel 2.19: Feld eines elektrisch geladenen, geraden Drahtes

Das Feld eines geraden Leiters können wir auf ähnliche Art und Weise berechnen. Wir wählen die Oberfläche eines Zylinders als Integrationsfläche. Er ist in der Abbildung dargestellt. Die Achse des Zylinders falle mit dem Draht zusammen. Das Feld steht senkrecht auf der Mantelfläche. Es genügt, den Mantel M zu betrachten, die Stirnflächen tragen nicht bei. Der Mantel hat Radius r und Höhe l:

$$\oint_A \vec{E} \, d\vec{A} = \left|\vec{E}\right| \int_M dA = \left|\vec{E}\right| 2\pi r l = \frac{Q}{\epsilon_0} \quad \Longrightarrow \quad \left|\vec{E}\right| = \frac{1}{2\pi\epsilon_0} \frac{\lambda}{r}$$

Dabei haben wir die Liniendichte der Ladung $\lambda = Q/l$ eingeführt. Nun ersetzen wir den Draht durch ein Koaxialkabel. Im Inneren haben wir einen Draht mit einem Radius r_I, die Seele des Kabels.

In einem Radius r_o ist diese durch eine Abschirmung ummantelt. Wir wollen annehmen, dass die Seele eine positive Ladung trägt und die Ummantelung die entsprechend negative. Wir nehmen an, dass die Seele homogen geladen ist, auch wenn die Ladung sich eher an deren Oberfläche sammeln müsste. Wieder muss das Feld aus Symmetriegründen radial sein. Wir bestimmen die Feldstärke als Funktion des Radius. Mit der Rechnung von oben erhalten wir:

$$\left|\vec{E}\right| = \frac{1}{2\pi\epsilon_0}\frac{\lambda_{\text{ein}}}{r}$$

Nun müssen wir die Liniendichte innerhalb von r bestimmen. Wir beginnen mit dem Bereich der Seele. Die Ladungsdichte sei ρ. Dann ist:

$$Q = \int\limits_0^r\int\limits_0^l 2\pi\rho\,dl\,r'dr' = 2\pi\rho l\int\limits_0^r r'dr' = \pi\rho l r^2$$

Die Liniendichte ist:

$$\lambda = \frac{Q}{l} = \pi\rho r_i^2 \quad \text{und} \quad \lambda_{\text{ein}} = \pi\rho r^2 = \lambda\frac{r^2}{r_i^2}$$

Damit ergibt sich:

$$\left|\vec{E}\right| = \frac{1}{2\pi\epsilon_0}\frac{\lambda}{r_i^2}r$$

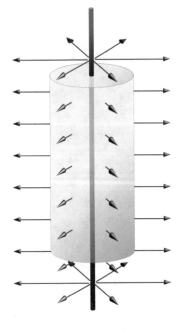

Die Feldstärke steigt im Bereich der Seele linear mit r an. Im Bereich zwischen Seele und Abschirmung ist keine weitere Ladung, so dass $\lambda_{\text{ein}} = \lambda$ bleibt. Die Feldstärke fällt ab:

$$\left|\vec{E}\right| = \frac{1}{2\pi\epsilon_0}\frac{\lambda_{\text{ein}}}{r}$$

Erreicht r die Abschirmung, so kommt zu λ die Liniendichte der Abschirmung hinzu, die $-\lambda$ beträgt. Damit ist $\lambda_{\text{ein}} = 0$ außerhalb von r_o und die Feldstärke ist im Außenbereich null.

Beispiel 2.20: Feld und Potenzial einer homogen geladenen Kugel

Wir wollen zum Schluss noch das elektrische Feld und das Potenzial einer homogen geladenen Kugel mit Radius R bestimmen. Die Ladungsdichte der Kugel sei $\rho_0 > 0$, ihre Ladung $Q_0 = \frac{4}{3}\pi R^3\rho_0$. Wir beginnen mit dem Feld im Außenraum der Kugel und benutzen das Gauß'sche Gesetz. Aus Symmetriegründen muss das Feld radial nach außen zeigen. Es genügt folglich, die Radialkomponente E_r zu bestimmen. Wir integrieren über eine Kugeloberfläche A konzentrisch zum Mittelpunkt der Kugel:

$$\int\limits_A \vec{E} \cdot d\vec{A} = \int\limits_A E_r \, dA = E_r 4\pi r^2 = \frac{Q_{\text{ein}}}{\epsilon_0} = \frac{1}{\epsilon_0} \frac{4}{3}\pi R^3 \rho_0$$

$$\Rightarrow E_r = \frac{\rho_0}{\epsilon_0} \frac{R^3}{3r^2} \quad \text{(außen)}$$

Im Innenraum der Kugel ist zu beachten, dass bei einem Abstand r zum Mittelpunkt der Kugel die eingeschlossene Ladung nur noch $Q = \frac{4}{3}\pi r^3 \rho_0$ beträgt. Folglich ist das elektrische Feld:

$$\Rightarrow \quad E_r = \frac{\rho_0}{\epsilon_0} \frac{r}{3} \quad \text{(innen)}$$

Zur Bestimmung des Potenzials können wir Gl. 2.33 heranziehen. Wir integrieren vom Unendlichen in gerader Linie auf den Mittelpunkt der Kugel zu. Zunächst im Außenraum ($\vec{E}$ und $d\vec{r}'$ sind antiparallel):

$$\varphi(r) = -\int\limits_\infty^r \vec{E} \cdot d\vec{r}' = \int\limits_\infty^r \frac{\rho_0}{\epsilon_0} \frac{R^3}{3r'^2} dr' = -\int\limits_r^\infty \frac{\rho_0}{\epsilon_0} \frac{R^3}{3r'^2} dr'$$

$$= \frac{\rho_0}{\epsilon_0} \left(-\frac{R^3}{3r'} \right) \Big|_r^\infty = \frac{\rho_0}{\epsilon_0} \frac{R^3}{3r} \quad \text{(außen)}$$

Im Innenraum benutzen wir das unbestimmte Integral:

$$\varphi(r) = -\int \frac{\rho_0}{\epsilon_0} \frac{r}{3} dr = -\frac{1}{2} \frac{\rho_0}{\epsilon_0} \frac{r^2}{3} + c$$

Die Integrationskonstante c bestimmen wir so, dass das Potenzial an der Oberfläche der Kugel stetig wird. Es ergibt sich

$$c = \frac{R^2 \rho_0}{2\epsilon_0}$$

und damit

$$\varphi(r) = \frac{R^2 \rho_0}{2\epsilon_0} \left(1 - \frac{r^2}{3R^2} \right) \quad \text{(innen)} .$$

Der Verlauf von Feldstärke und Potenzial sind in der Abbildung dargestellt. Die Einheiten sind $E_0 = \rho_0 R / \epsilon_0$ und $\varphi_0 = R^2 \rho_0 / 2\epsilon_0$.

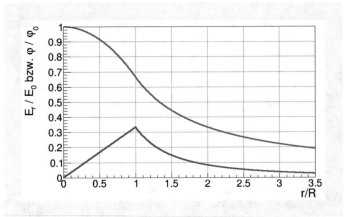

In ▶ Abschn. 2.4 hatten wir argumentiert, dass im Feld einer Punktladung nur die radialen Bewegungen zum Potenzial beitragen und dass das elektrische Feld ein konservatives Kraftfeld darstellt. Wir wollen den Zusammenhang mit der ersten Maxwell-Gleichung noch etwas formaler aufzeigen. Allgemein muss für konservative Felder gelten:

$$\oint \vec{F}\,d\vec{s} = 0 \quad \text{bzw.} \quad \oint \vec{E}\,d\vec{s} = 0 \tag{2.61}$$

Wir betrachten wieder das Feld einer Punktladung. Andere Ladungskonfigurationen lassen sich durch Superposition daraus ableiten. Wir wissen, dass Gl. 2.61 äquivalent ist zu der Aussage, dass das Integral von Punkt A nach Punkt B nicht vom Weg abhängt. Wir berechnen

$$\int_A^B \vec{E}\,d\vec{s} \tag{2.62}$$

im Feld der Punktladung entlang eines beliebigen Weges: $d\vec{s} = \hat{e}_x dx + \hat{e}_y dy + \hat{e}_z dz$. Allerdings ist es in diesem Fall günstiger, Kugelkoordinaten zu benutzen. Das Wegelement ausgedrückt in Kugelkoordinaten ergibt $d\vec{s} = \hat{e}_r dr + \hat{e}_\theta r d\theta + \hat{e}_\phi r \sin\theta d\phi$. Eingesetzt in Gl. 2.62 erhalten wir:

$$\int_A^B \left(\vec{E} \cdot \hat{e}_r \right) dr + \int_A^B \left(\vec{E} \cdot \hat{e}_\theta \right) r d\theta + \int_A^B \left(\vec{E} \cdot \hat{e}_\phi \right) r \sin\theta d\phi \tag{2.63}$$
$$= \varphi(B) - \varphi(A)$$

Nun wissen wir aus ▶ Abschn. 2.4, dass bereits das erste Integral auf das gewünschte Potenzial führt, woraus wir schließen können, dass das zweite und das dritte Integral nicht beitragen dürfen. Die Komponenten des elektrischen Feldes in θ- und ϕ-Richtung müssen verschwinden. Das Feld muss radial sein.

2.6.3 Maxwell-Gleichungen und Potenzial

Zum Schluss dieses Abschnittes wollen wir noch einmal auf das Potenzial eingehen. Wir wollen die Maxwell-Gleichungen unter Benutzung des Potenzials neu formulieren. Wir starten mit der ersten Gleichung:

$$\operatorname{rot} \vec{E} = \operatorname{rot}\left(-\vec{\nabla}\varphi\right) = \begin{pmatrix} \frac{\partial}{\partial y}\left(\frac{\partial \varphi}{\partial z}\right) - \frac{\partial}{\partial z}\left(\frac{\partial \varphi}{\partial y}\right) \\ \frac{\partial}{\partial z}\left(\frac{\partial \varphi}{\partial x}\right) - \frac{\partial}{\partial x}\left(\frac{\partial \varphi}{\partial z}\right) \\ \frac{\partial}{\partial x}\left(\frac{\partial \varphi}{\partial y}\right) - \frac{\partial}{\partial y}\left(\frac{\partial \varphi}{\partial x}\right) \end{pmatrix} = \begin{pmatrix} 0 \\ 0 \\ 0 \end{pmatrix} \quad (2.64)$$

Drücken wir die Feldstärke durch ein Potenzial aus, so sehen wir, dass die erste Maxwell-Gleichung automatisch erfüllt ist.

Nun versuchen wir die dritte Maxwell-Gleichung neu zu formulieren:

$$\begin{aligned} \operatorname{div} \vec{E} &= -\operatorname{div} \vec{\nabla}\varphi = -\operatorname{div}\left(\frac{\partial \varphi}{\partial x}, \frac{\partial \varphi}{\partial y}, \frac{\partial \varphi}{\partial z}\right) \\ &= -\left(\frac{\partial^2 \varphi}{\partial x^2} + \frac{\partial^2 \varphi}{\partial y^2} + \frac{\partial^2 \varphi}{\partial z^2}\right) = -\Delta\varphi \end{aligned} \quad (2.65)$$

Wir erhalten folglich die Gleichung:

$$-\Delta\varphi = \frac{\rho}{\epsilon_0} \quad (2.66)$$

Diese Gleichung ist äquivalent zu den beiden Maxwell-Gleichungen. Wir haben die beiden Differenzialgleichungen erster Ordnung durch eine einzige Differenzialgleichung ersetzt, die allerdings von zweiter Ordnung ist.

❓ Übungsaufgaben zu ▶ Kap. 2

1. Eine Ladung der Größe $+q$ ist zwischen zwei Ladungen der Größe $-q$ im Abstand r und $r/2$ angeordnet (siehe Abbildung). Wie groß ist die Kraft auf die positive Ladung? In welche Richtung zeigt sie?

2. Betrachten Sie noch einmal ▶ Beispiel 1.7. Nehmen Sie an, die Ladung eines Protons sei dem Betrage nach um den Wert $\Delta Q = 10^{-21} e$ größer als die des Elektrons. Zwischen der Sonne und der Erde würde eine abstoßende Kraft entstehen. Welchen Bruchteil der gravitativen Anziehungskraft von Sonne und Erde würde sie ungefähr ausmachen? (Masse eines H-Atoms $1{,}7 \cdot 10^{-27}$ kg)

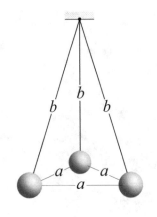

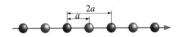

3. Drei kleine Kugeln haben je eine Masse von $m = 10\,\text{g}$ und tragen jeweils eine Ladung q. Jede hängt an einem masselosen Faden der Länge $b = 1\,\text{m}$ an einem gemeinsamen Aufhängepunkt. Im Gleichgewichtszustand befinden sich die Kugeln an den Eckpunkten eines gleichseitigen Dreiecks mit der Seitenlänge $a = 10\,\text{cm}$. Bestimmen Sie die Ladung q auf den Kugeln.

4. Bestimmen Sie die Frequenz, mit der man den Trommelschlag des Trommlers aus ▶ Experiment 2.4 hört, und zwar in Abhängigkeit von der auf den Ball übertragenen Ladung q, der Masse des Balls m, der Spannung U des Kondensators und des Abstandes d der Kondensatorplatten unter Vernachlässigung von Reibungseffekten und der Gewichtskraft.

5. Sie reihen abwechselnd Anionen mit negativer Elementarladung und Kationen mit positiver Elementarladung auf einem unendlich ausgedehnten, eindimensionalen Gitter auf. Der Abstand zwischen zwei Ladungen beträgt $a = 5 \cdot 10^{-10}\,\text{m}$. Bestimmen Sie die potenzielle Energie eines Kations. Tipp: $\sum_{n=1}^{\infty} \frac{1}{n}(-1)^{n+1}x^n = \ln(1+x)$ für $-1 < x < 1$.

6. Eine dünne Stange der Länge $l = 10\,\text{cm}$ ist homogen geladen. Die Linienladungsdichte beträgt $\lambda = 1\,\mu\text{C/m}$. In Richtung der Achse der Stange ist im Abstand $a = 20\,\text{cm}$ vom Ende der Stange eine punktförmige Ladung $Q_1 = 100\,\text{nC}$ platziert. Welche Kraft wirkt zwischen Stange und Punktladung?

7. Ein Wasserstoffatom (klassische Betrachtung) besteht aus einem Kern, der von einem einzelnen Elektron umkreist wird. Beide tragen eine Elementarladung. Im Grundzustand beträgt der Bahnradius $a_0 = 0{,}529 \cdot 10^{-10}\,\text{m}$. Bestimmen Sie die Geschwindigkeit des Elektrons ($m_e = 9{,}109 \cdot 10^{-31}\,\text{kg}$) unter der Annahme, dass der Kern ruht. Vergleichen Sie mit der Lichtgeschwindigkeit.

8. Im Ursprung eines Koordinatensystems befindet sich eine Ladung Q und auf der x-Achse im Abstand a eine weitere Ladung $3Q$. An welchem Punkt der x-Achse ist das elektrische Feld null?

9. Sie wollen numerisch das elektrische Feld einer homogen geladenen quadratischen Platte (Kantenlänge L) bestimmen. Sie approximieren die homogene Ladung durch ein quadratisches Gitter von Punktladungen q mit dem Gitterabstand l. Es ist $L = nl$ mit einer natürlichen Zahl n.

   a. Bestimmen Sie die Ladungen q, so dass sich eine Flächenladungsdichte von $1\,\text{C/m}^2$ ergibt.

   b. Skizzieren Sie die Schritte eines Computerprogramms, das die Feldstärke auf der Symmetrieachse im Abstand d von der Platte bestimmt.

   c. Wie lässt sich die Symmetrie des Problems ausnutzen, um den Rechenaufwand zu verringern?

10. Zwei Punktladungen der Größe Q sind im Abstand a voneinander angeordnet. Zeigen Sie, dass die Äquipotenzialflächen im Fernfeld (Definition?) Kugeloberflächen entsprechen.

11. Betrachten Sie einen Würfel der Kantenlänge $2d$, in dessen Mittelpunkt sich eine Punktladung der Größe q befindet. Berechnen Sie den Fluss durch eine der Oberflächen und zeigen Sie, dass sich in der Summe der Oberflächen q/ϵ_0 ergibt.

12. Eine Kugelschale mit innerem Radius r_i und äußerem Radius r_a sei mit einer Ladungsdichte ρ homogen geladen. Bestimmen Sie mit Hilfe des Gauß'schen Satzes das elektrische Feld im Inneren der Kugelschale, in der Kugelschale und im Außenraum.

13. Betrachten Sie das folgende elektrische Feld:

$$\vec{E}(x, y) = C \begin{pmatrix} 2bxy \\ x^2 + ay^2 \\ 0 \end{pmatrix}$$

Wie müssen Sie die Konstanten a und b wählen, damit das Feld wirbel- und quellenfrei wird?

Multipole

Stefan Roth und Achim Stahl

© Springer-Verlag GmbH Deutschland, ein Teil von Springer Nature 2018
S. Roth, A. Stahl, *Elektrizität und Magnetismus*, DOI 10.1007/978-3-662-54445-7_3

3.1   Ansatz

In den vorherigen Kapiteln haben wir die Elektrostatik an Hand einfacher Beispiele entwickelt, die meist aus Punktladungen oder einfachen, homogen geladenen Körpern bestanden. In vielen Fällen interessierte uns dabei die Wirkung räumlich begrenzter Ladungen in großer Entfernung[1]. In solchen Fällen hat die genaue räumliche Verteilung der Ladung nur noch geringen Einfluss auf die Wirkung und es liegt nahe, die oft komplexe Ladungsverteilung durch einfache Ladungsverteilungen zu approximieren. Diese charakterisieren das Verhalten der Ladung im Fernbereich schon recht gut. Die Details der Ladungsverteilung eines Körpers sind nur dann wichtig, wenn wir den Körper aus unmittelbarer Nähe betrachten. Aus größerer Entfernung verschwindet der Einfluss der Details zunehmend. Diese Approximation ist das Thema dieses Kapitels.

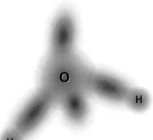

Beispiel 3.1: Ladungsverteilung von Wasser

Eine quantenmechanische Berechnung von Molekülen ergibt Orbitale, die die Wahrscheinlichkeit angeben, dort Elektronen anzutreffen. Dies kann man als Ladungsdichte interpretieren. Die Abbildung gibt ungefähr die Ladungsdichte in einem Wassermolekül wieder. Die blauen Ladungsverteilungen stellen die positiven Kerne dar. Im Falle des Sauerstoffatoms wurden die Ladungen der inneren beiden Elektronen beim Kern mitberücksichtigt. Die roten Verteilungen veranschaulichen die negativen Ladungsdichten der verbleibenden sechs Elektronen des Sauerstoffs und der Elektronen der beiden Wasserstoffatome. Die Elektronen sind gepaart in je zwei Orbitale, die die Bindungen mit den Wasserstoffatomen bilden, und zwei weitere Orbitale, die sich auf der gegenüberliegenden Seite hinter dem Sauerstoffatom befinden. Insgesamt ist die Ladungsdichte im Bereich des Sauerstoffatoms etwa 0,8 Elementarladungen höher als zur Neutralisierung der Ladung des Kerns notwendig wäre. Das Sauerstoffatom trägt eine negative Teilladung. Die beiden Wasserstoffatome besitzen entsprechend positive Teilladungen von je etwa 0,4 Elementarladungen. Die Ladungsverteilung ist komplex. In vielen Fällen ist eine Näherung angebracht, um das Verhalten des Moleküls zu beschreiben.

Ziel ist es also, die exakte Ladungsverteilung durch vereinfachte Ladungsverteilungen darzustellen, deren Verhalten wir berechnen

---

[1] Darunter verstehen wir Entfernungen, die deutlich größer sind als die Dimensionen des räumlichen Bereiches, über den sich die Ladungen erstrecken.

können. Wir benutzen hierzu eine Reihe von Ladungsverteilungen
mit steigender Komplexität. Man nennt sie die Reihe der Multipole.
Der erste Multipol gibt eine grobe Approximation der Ladungsverteilung wieder. Nimmt man weitere hinzu, bekommt man eine zunehmend bessere Näherung an die tatsächliche Ladungsverteilung.
In ◩ Abb. 3.1 sind die ersten Glieder dieser Reihe gezeigt.

Dabei muss die Stärke der Multipole, d. h. die Ladungsmenge,
deren räumliche Größe (Abstand der Ladungen) und deren Orientierung an die zu beschreibende Ladungsverteilung angepasst werden.
Im Folgenden wollen wir die ersten Multipole näher vorstellen und
dann noch einmal systematischer auf die Entwicklung eingehen.

3.2 Monopol

Der Monopol ist eine Punktladung, wie wir sie bereits kennen. Potenzial und elektrisches Feld sind gegeben durch (siehe ◩ Abb. 3.2):

$$\vec{E}_{\text{Mono}}\left(\vec{r}\right) = \frac{1}{4\pi\epsilon_0}\frac{Q}{r^2}\hat{r}$$

$$\varphi_{\text{Mono}}\left(\vec{r}\right) = \frac{1}{4\pi\epsilon_0}\frac{Q}{r} \tag{3.1}$$

Dies dient als gröbste Näherung einer Ladungsverteilung. Aus großer
Entfernung betrachtet verhält sich eine beliebige Ladungsverteilung
wie eine Punktladung, wobei die Ladung Q der Nettoladung der
Ladungsverteilung entspricht. Positive und negative Ladungen in der
Ladungsverteilung kompensieren sich gegenseitig, lediglich deren
Differenz wirkt nach außen. Die Ladung Q bestimmt sich aus:

$$Q = \sum_i Q_i \quad \text{bzw.} \quad Q = \int_V \rho\left(\vec{r}\right) dV \tag{3.2}$$

Diese Näherung macht allerdings nur dann Sinn, wenn die Nettoladung nicht null ergibt. Für den Fall $Q = 0$ müssten wir weitere
Terme in der Reihe der Multipole betrachten. Dies wäre beispielsweise für das Wassermolekül in ▶ Beispiel 3.1 erforderlich.

Für ein H_3O^+-Ion hingegen könnte der Monopol als eine mögliche Näherung angenommen werden mit der Nettoladung von einer
positiven Elementarladung. Somit kann man im Falle $Q \neq 0$ also
sagen, dass im Fernfeld der Monopolterm dominiert.

Es bleibt noch die Frage zu klären, an welcher Stelle im Raum
die Monopolladung anzubringen ist, mit der wir eine kompliziertere
Ladungsverteilung nähern. Sie ist sicherlich innerhalb des Bereiches
anzubringen, über den sich die Ladungsverteilung erstreckt. Doch wo
genau? Die Frage ist gar nicht so einfach zu beantworten. Beachten

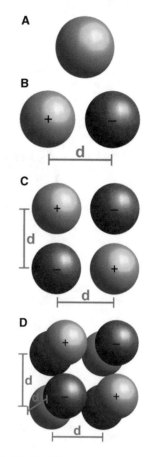

◩ **Abb. 3.1** Die ersten Multipole als
diskrete Punktladungen

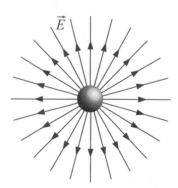

◩ **Abb. 3.2** Ein Monopol und sein
elektrisches Feld

Sie, dass wir in dieser Näherung alle Strecken, die kleiner als die räumliche Ausdehnung der Ladungsverteilung sind, vernachlässigt haben. Daher kann man gar nicht angeben, welches der korrekte Ort innerhalb der Ladungsverteilung ist. Innerhalb dieser Näherung sind ja alle Orte gleichwertig. Üblich ist es, die Ladung im sogenannten Ladungsschwerpunkt $\vec{r}_S$ anzubringen. Dieser ist gegeben durch:

$$\vec{r}_S = \frac{\sum_i |Q_i| \vec{r}_i}{\sum_i |Q_i|} \quad \text{bzw.} \quad \vec{r}_S = \frac{\int_V |\rho(\vec{r})| \vec{r} \, dV}{\int_V |\rho(\vec{r})| \, dV} \tag{3.3}$$

In der ersten Formel gibt dabei $\vec{r}_i$ den Ort an, an dem sich die i-te Punktladung befindet. Der Ansatz ist ähnlich wie beim Massenmittelpunkt in der Mechanik (Band 1, Abschn. 12.3). Beachten Sie allerdings, dass Massen immer positiv sind, während Ladungen auch negativ sein können. Daher haben wir die Beträge in Gl. 3.3 eingefügt. Vergewissern Sie sich bitte, dass Sie ohne Beträge nicht das gewünschte Resultat erhalten, indem Sie beispielsweise den Ladungsschwerpunkt für eine Konfiguration zweier entgegengesetzter Ladungen bestimmen.

3.3 Dipol

3.3.1 Das Potenzial

Das nächste Element in der Reihe der Multipole ist der Dipol. Er besteht aus zwei gleich großen, entgegengesetzten Ladungen Q, die einen festen Abstand d zueinander einnehmen. Der Abstand wird meist als Vektor $\vec{d}$ angegeben, der von der negativen zur positiven Ladung zeigt. Wir bestimmen zunächst das elektrische Potenzial eines solchen Dipols. Die Bezeichnungen sind in ◘ Abb. 3.3 angegeben. Aus der Skizze liest man ab:

$$\vec{r}_- = \vec{r}_0 + \frac{\vec{d}}{2} \quad \vec{r}_+ = \vec{r}_0 - \frac{\vec{d}}{2} \tag{3.4}$$

Wir bestimmen das Potenzial durch Superposition der Potenziale der beiden Punktladungen:

$$\varphi_{\text{Dipol}}(\vec{r}_0) = \frac{1}{4\pi\epsilon_0} \left(\frac{Q_+}{|\vec{r}_+|} + \frac{Q_-}{|\vec{r}_-|} \right)$$

$$= \frac{1}{4\pi\epsilon_0} \left(\frac{Q}{\left|\vec{r}_0 - \frac{\vec{d}}{2}\right|} - \frac{Q}{\left|\vec{r}_0 + \frac{\vec{d}}{2}\right|} \right) \tag{3.5}$$

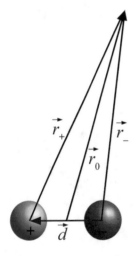

◘ **Abb. 3.3** Zur Bestimmung des elektrischen Potenzials eines Dipols

Wir sind am Potenzial des Dipols im Fernfeld interessiert. In diesem Bereich gilt $|\vec{r}_0| \gg |\vec{d}|$. Wir nutzen diese Relation für eine Näherung,

$$
\frac{1}{\left|\vec{r}_0 \pm \frac{\vec{d}}{2}\right|} = \frac{1}{\sqrt{\left(\vec{r}_0 \pm \frac{\vec{d}}{2}\right)^2}} = \frac{1}{\sqrt{\vec{r}_0^2 \pm \vec{r}_0 \cdot \vec{d} + \frac{d^2}{4}}}
$$

$$
= \frac{1}{r_0 \sqrt{1 \pm \frac{\vec{r}_0 \cdot \vec{d}}{r_0^2} + \frac{d^2}{4r_0^2}}} \approx \frac{1}{r_0}\left(1 \mp \frac{1}{2}\frac{\vec{r}_0 \cdot \vec{d}}{r_0^2} + \dots\right), \tag{3.6}
$$

und setzen dieses in das Potenzial ein:

$$
\varphi_{\text{Dipol}}(\vec{r}_0) = \frac{1}{4\pi\epsilon_0}\left(\frac{Q}{r_0}\left(1 + \frac{1}{2}\frac{\vec{r}_0 \cdot \vec{d}}{r_0^2}\right) - \frac{Q}{r_0}\left(1 - \frac{1}{2}\frac{\vec{r}_0 \cdot \vec{d}}{r_0^2}\right)\right)
$$

$$
= \frac{1}{4\pi\epsilon_0}\frac{Q}{r_0}\frac{\vec{r}_0 \cdot \vec{d}}{r_0^2} = \frac{1}{4\pi\epsilon_0}\frac{\vec{p}}{r_0^2} \cdot \frac{\vec{r}_0}{r_0} = \frac{1}{4\pi\epsilon_0}\frac{Qd}{r_0^2}\cos\theta
$$

$$
\tag{3.7}
$$

In der vorletzten Gleichung haben wir eine neue Größe eingeführt. Man nennt sie das Dipolmoment:

$$
\vec{p} = Q\vec{d} \tag{3.8}
$$

Sie charakterisiert die Stärke eines Dipols. Ihre Einheit ist C m.

Im Falle des Dipols ist das Potenzial richtungsabhängig. Es variiert mit $\cos\theta$, dem Winkel zwischen den Vektoren $\vec{d}$ und $\vec{r}_0$. Entlang der Verbindungslinie der beiden Ladungen ist das Potenzial maximal, senkrecht zu dieser Verbindungslinie geht es auf null zurück. Das Potenzial des Dipols fällt mit dem Radius stärker ab als das einer Punktladung. Bei der Punktladung hatten wir einen Abfall des Potenzials proportional $1/r$ und einen Abfall der Feldstärke proportional $1/r^2$. Für den Dipol fällt das Potenzial bereits wie $1/r^2$ und die Feldstärke folglich mit $1/r^3$ ab. Trägt der Körper eine Nettoladung (das war in unserem Beispiel nicht der Fall), so wird in größerer Entfernung vom Körper die Kraftwirkung des Monopols die des Dipols deutlich übersteigen.

Beispiel 3.2: Potenzial des Dipols

Im Text haben wir das Potenzial des Fernfeldes des Dipols in führender Ordnung bestimmt. Dabei haben wir mit Gl. 3.6 die Entfernung von den Ladungen zum Punkt $\vec{r}_0$ genähert. Wir wollen diese Näherung noch einmal systematischer angehen. Wir schreiben die Gleichung neu:

$$
\frac{1}{\left|\vec{r}_0 \pm \frac{\vec{d}}{2}\right|} = \frac{1}{r_0 \sqrt{1 \pm \frac{\vec{r}_0 \cdot \vec{d}}{r_0^2} + \frac{d^2}{4r_0^2}}} = \frac{1}{r_0} \frac{1}{\sqrt{1 + \Delta_\pm}}
$$

$$
\approx \frac{1}{r_0} \left(1 - \frac{1}{2}\Delta_\pm + \frac{3}{8}\Delta_\pm^2 - \frac{5}{16}\Delta_\pm^3 \cdots\right)
$$

$$
\text{mit} \quad \Delta_\pm = \pm \frac{\vec{r}_0 \cdot \vec{d}}{r_0^2} + \frac{d^2}{4r_0^2} = \pm \frac{d}{r_0}\cos\theta + \frac{d^2}{4r_0^2}
$$

Wir setzen Δ in die Näherung ein und sortieren nach Potenzen von d/r_0. Wir erhalten:

$$
\frac{1}{r_\pm} = \frac{1}{r_0} \frac{1}{\sqrt{1 + \Delta_\mp}}
$$

$$
\approx \frac{1}{r_0} \left(1 \pm \left(\frac{d}{2r_0}\right)\cos\theta + \left(\frac{d}{2r_0}\right)^2 \left(\frac{3}{2}\cos^2\theta - \frac{1}{2}\right)\right.
$$

$$
\left. \pm \left(\frac{d}{2r_0}\right)^3 \left(\frac{5}{2}\cos^3\theta - \frac{3}{2}\cos\theta\right) + \ldots\right)
$$

Vielleicht kommen Ihnen die Polynome in $\cos\theta$ bekannt vor? Es sind die Legendrepolynome $P_n(\cos\theta)$. Damit haben wir:

$$
\frac{1}{r_\pm} = \frac{1}{r_0} \sum_{n=0}^{\infty} \left(\pm \frac{d}{2r_0}\right)^n P_n(\cos\theta)
$$

Dies können wir nun ins Potenzial einsetzen und erhalten:

$$
\varphi_{\text{Dipol}}(\vec{r}_0) = \frac{1}{4\pi\epsilon_0} \frac{Q}{r_0} \left(\sum_{n=0}^{\infty} \left(+\frac{d}{2r_0}\right)^n P_n(\cos\theta)\right.
$$

$$
\left. - \sum_{n=0}^{\infty} \left(-\frac{d}{2r_0}\right)^n P_n(\cos\theta)\right)
$$

$$
= \frac{1}{4\pi\epsilon_0} \frac{Q}{r_0} 2 \sum_{n=0}^{\infty} \left(\frac{d}{2r_0}\right)^{2n+1} P_{2n+1}(\cos\theta)
$$

Da wir die Reihe jetzt nicht mehr abgeschnitten haben, ist dies nun die exakte Lösung des Potenzials eines Dipols. Allerdings ist der Konvergenzradius der Reihe zu beachten. Es muss $|\Delta_\pm| < 1$ gelten, sonst konvergiert die Reihe nicht.

3.3.2 Elektrisches Feld

Aus dem so bestimmten Potenzial können wir nun mittels Gl. 2.39 das elektrische Feld bestimmen. Die Dipolanordnung ist rotationssymmetrisch um die Achse des Dipols, das ist die Verbindungslinie zwischen den beiden Ladungen. Wählen wir die z-Achse entlang dieser Verbindungslinie (in Richtung von $\vec{d}$ in ◼ Abb. 3.3), so stellt der Winkel θ den Polarwinkel in diesem System dar. Die Rotationssymmetrie erkennt man daran, dass eine Abhängigkeit vom Azimuthwinkel ϕ fehlt. Dies führt zu einem zylindersymmetrischen Feld mit der z-Achse als Zylinderachse. Man sieht das am einfachsten, wenn wir den Gradienten in Kugelkoordinaten ausdrücken. In diesen Koordinaten gilt

$$\vec{E}(\vec{r}) = -\vec{\nabla}\varphi(\vec{r})$$
$$= -\frac{\partial\varphi(r,\theta)}{\partial r}\hat{e}_r + \frac{1}{r}\frac{\partial\varphi(r,\theta)}{\partial\theta}\hat{e}_\theta + \frac{1}{r\sin\theta}\frac{\partial\varphi(r,\theta)}{\partial\phi}\hat{e}_\phi, \quad (3.9)$$

wobei die ersten beiden Terme nicht von ϕ abhängen und der dritte verschwindet. Es ergibt sich:

$$\vec{E}(\vec{r}) = \frac{1}{4\pi\epsilon_0}\frac{p}{r^3}(2\cos\theta\hat{e}_r + \sin\theta\hat{e}_\theta) \quad (3.10)$$

Das elektrische Feld eines Dipols ist in ◼ Abb. 3.4 dargestellt. Die Zylinderachse liegt horizontal, die blaue Kugel stellt die positive Ladung dar, die rote die negative. Eingezeichnet sind neben den Feldlinien einige Äquipotenziallinien. Im Bereich um die Ladungen liegen sie so dicht, dass sie das gesamte Bild abdecken würden. Sie sind daher in der Zeichnung weggelassen. Interessant ist die vertikale Äquipotenziallinie. Sie gehört zum Potenzial null. In der Tat kann man eine Probeladung vom Unendlichen bis zum Mittelpunkt des Dipols verschieben, ohne dabei Arbeit zu verrichten. Die elektrische Kraft wirkt in allen Punkten senkrecht zur Linie.

3.3.3 Dipolmoment

Wir hatten gesehen (Gl. 3.2), dass sich die Gesamtladung einer Anordnung von Punktladungen, auch „Monopolmoment" genannt, nach folgender Formel bestimmt: $Q = \sum_i Q_i$. Entsprechend bestimmt man auch ein Dipolmoment:

$$\vec{p} = \sum_i Q_i\vec{r}_i \quad (3.11)$$

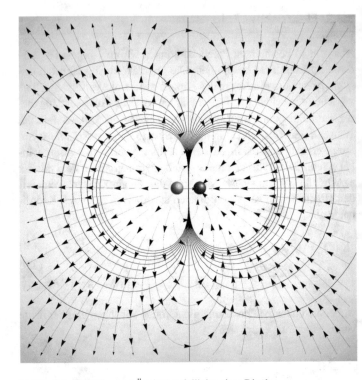

Abb. 3.4 Feldlinien und Äquipotenziallinien eines Dipols

Eine Herleitung werden wir im abschließenden ▶ Abschn. 3.5 zeigen. Für den Dipol aus ▪ Abb. 3.3 ergibt sich

$$\vec{p} = Q\,\frac{\vec{d}}{2} + (-Q)\,\frac{-\vec{d}}{2} = Q\vec{d},\qquad(3.12)$$

konsistent mit unserer Definition des Dipolmomentes in Gl. 3.8. Man sieht aus Gl. 3.11, dass das Dipolmoment vom Koordinatenursprung abhängt, auf den sich der Vektor $\vec{r}$ bezieht. Am auffälligsten ist dies, wenn man eine einzelne Punktladung betrachtet. Befindet sie sich im Koordinatenursprung, so verschwindet das Dipolmoment, wie man dies intuitiv erwartet. Nicht aber, falls die Punktladung in einem Punkt $\vec{r}_0$ abseits des Koordinatenursprungs angebracht ist. Dann entsteht ein Dipolmoment der Größe $\vec{p} = Q\vec{r}_0$. Um dieses nicht intuitive Ergebnis zu umgehen, bezieht man Dipolmomente (und auch die höheren Multipolmomente) meist auf den Ladungsschwerpunkt der Verteilung. Dies wollen wir im Folgenden so handhaben.

Man mag sich fragen, ob einzelne Ladungen einen direkten Einfluss auf das Dipolmoment haben. In Bezug auf den Ladungsschwerpunkt ist dies nicht der Fall. Addiert man beispielsweise zu unserem Dipol aus ▪ Abb. 3.3 eine Punktladung im Ursprung, so ändert sich das Dipolmoment nicht. Es ändert sich auch dann nicht, wenn man eine kompliziertere Ladungsverteilung addiert, solange

deren Dipolmoment verschwindet. Addiert man zu beiden Ladungen
in ◼ Abb. 3.3 jeweils die gleiche Ladung q, so ist

$$\vec{p} = Q\frac{\vec{d}}{2} + (-Q)\frac{-\vec{d}}{2} + q\frac{\vec{d}}{2} + q\frac{-\vec{d}}{2} = Q\vec{d} \qquad (3.13)$$

wie zuvor. Dieses Beispiel lässt sich leicht auf einen Beweis erwei-
tern, der zeigt, dass die Addition beliebiger Konfigurationen mit $\vec{p} = 0$ das Dipolmoment nicht verändert.

Aus Gl. 3.11 sieht man ferner, dass punktsymmetrische Ladungsverteilungen kein Dipolmoment besitzen. Gibt es zu jeder Ladung Q
im Ort $\vec{r}$ eine entsprechende Ladung der gleichen Größe am Ort $-\vec{r}$,
so verschwindet das Dipolmoment.

Wir haben also gesehen, dass das Dipolmoment einer Ladungsverteilung vom Koordinatenursprung abhängt, auf den wir das Dipolmoment beziehen. Dies gilt allgemein für alle Multipolmomente außer dem Monopol. Das Monopolmoment stellt ja die Gesamtladung
der Konfiguration dar, und diese ist vom Koordinatenursprung unabhängig. Diese Unabhängigkeit bleibt auch noch für das Dipolmoment
für den Spezialfall erhalten, dass die Gesamtladung der Konfiguration null ergibt. Sie können das leicht mit ▶ Beispiel 3.2 testen.

Es steht noch aus, die Erweiterung von Gl. 3.11 auf kontinuierliche Ladungsverteilungen anzugeben. Sie lautet:

$$\vec{p} = \int_V \rho(\vec{r})\,\vec{r}\,d\vec{r} \qquad (3.14)$$

An dieser Stelle soll noch eine Bemerkung zu ◼ Abb. 3.1 angeführt
werden. Dort haben wir eine Ladungsverteilung aus zwei Punktladungen als Dipol vorgestellt. Warum gerade diese? Schließlich haben wir gesehen, dass auch viele andere Ladungsverteilungen ein
Dipolmoment besitzen. Das Besondere an der Ladungsverteilung in
◼ Abb. 3.1 ist, dass die Multipolentwicklung dieser Ladungsverteilung nur aus einem einzigen Term besteht, nämlich dem Dipolterm.
Die anderen Terme verschwinden, was bei anderen Ladungsverteilungen mit einem Dipolterm nicht der Fall ist.

Beispiel 3.3: Dipolmoment des Wassers

Mit Gl. 3.11 lässt sich nun auch das Dipolmoment eines Wassermoleküls bestimmen. Wir müssen zunächst den Ladungsschwerpunkt
angeben, auf den wir später das Dipolmoment beziehen wollen. Wir
beginnen mit einem einfachen Koordinatensystem mit dem Kern
des Sauerstoffatoms im Koordinatenursprung und den beiden Wasserstoffatomen symmetrisch zur z-Achse, wie dies in der Abbildung
zu sehen ist. Die Koordinaten sind ($\alpha = 90° - 104{,}5°/2$):

O-Atom	$\vec{r}_O = (0,0,0)$	$Q_O = -2q$
H-Atom rechts	$\vec{r}_{H1} = (\cos\alpha, 0, \sin\alpha) \cdot 95{,}7\,\text{pm}$ $= (0{,}791, 0, 0{,}612) \cdot 95{,}7\,\text{pm}$	$Q_{H1} = +q$
H-Atom links	$\vec{r}_{H2} = (-\cos\alpha, 0, \sin\alpha) \cdot 95{,}7\,\text{pm}$ $= (-0{,}791, 0, 0{,}612) \cdot 95{,}7\,\text{pm}$	$Q_{H2} = +q$

Die Teilladung q beträgt $0{,}328e$. Der Ladungsschwerpunkt ist dann:

$$\vec{r}_S = \frac{1}{4q}\left(-2q\,(0,0,0) + q\,(0,0,2\sin\alpha)\cdot 95{,}7\text{pm}\right)$$

$$= (0,0,0{,}306)\cdot 95{,}7\,\text{pm}$$

Nun bestimmen wir das Dipolmoment des Wassermoleküls in Bezug auf $\vec{r}_S$:

$$\vec{p} = \sum_i Q_i \vec{r}_i = -2q\left(\vec{r}_O - \vec{r}_S\right) + q\left(\vec{r}_{H1} - \vec{r}_S\right)$$

$$+ q\left(\vec{r}_{H2} - \vec{r}_S\right) = (0,0,1{,}224)\cdot 95{,}7\,\text{pmq}$$

$$|\vec{p}| = 6{,}15 10^{-30}\,\text{C m} = 38{,}4\,\text{pm}\,e$$

Der Vektor ist in der Abbildung in oranger Farbe eingetragen. Der Betrag des Dipolmomentes ausgedrückt in SI-Einheiten mag klein erscheinen, doch beachten Sie, dass es sich um ein einziges Molekül handelt. Die zweite Angabe in der Einheit pm e ist leichter zu interpretieren. Das Dipolmoment entspricht dem Dipolmoment einer positiven und einer negativen Elementarladung, die in einem Abstand von $38{,}4\,\text{pm}$ angebracht sind, was $40\,\%$ der Bindungslänge in einem Wassermolekül entspricht.

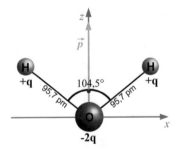

3.3.4 Kräfte auf den Dipol

Nun wollen wir untersuchen, wie sich ein Dipol verhält, wenn wir ihn in ein äußeres, elektrisches Feld bringen, zunächst in ein homogenes Feld. In ■ Abb. 3.5 ist die Situation dargestellt. Auf die positive und negative Ladung wirkt jeweils eine gleich große, aber entgegengesetzte Kraft, so dass keine Nettokraft auf den Dipol einwirkt. Aber die beiden Kräfte erzeugen ein Drehmoment um eine Achse senkrecht zum Feld. Es ist

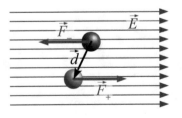

■ **Abb. 3.5** Kräfte auf einen Dipol in einem homogenen Feld

$$\vec{F}_+ = Q\vec{E}, \quad \vec{F}_- = -Q\vec{E} \tag{3.15}$$

und damit in Bezug auf den Mittelpunkt des Dipols

$$\vec{M} = \sum \vec{a} \times \vec{F} = \frac{\vec{d}}{2} Q \vec{E} + \frac{-\vec{d}}{2} \left(-Q \vec{E} \right) = Q \vec{d} \times \vec{E} = \vec{p} \times \vec{E}.$$

(3.16)

Das Drehmoment ist proportional zur Stärke des Feldes und zur Stärke des Dipols. Es hängt über das Kreuzprodukt von der Ausrichtung des Dipols ab. Steht er senkrecht zum Feld, ist das Drehmoment maximal. Ist der Dipol entlang der Feldlinien ausgerichtet, verschwindet das Drehmoment. Das Drehmoment ist immer so gerichtet, dass die positive Ladung in Feldrichtung und die negative Ladung entgegen der Feldrichtung gezogen wird. Es richtet den Dipol in diese Orientierung aus.

Experiment 3.1: Dipol im homogenen elektrischen Feld

Das Ausrichten eines Dipols im homogenen elektrischen Feld kann man mit einem makroskopischen Dipol demonstrieren. Wie in der Abbildung angedeutet, ist ein Dipol bifilar in einem Plattenkondensator aufgehängt. Der Dipol besteht aus zwei Tischtennisbällen, die mit Graphitfarbe bemalt wurden. Man kann sie mit einem Netzgerät, aber auch mit geriebenen Stäben aufladen. Eine Kugel wird positiv, die andere negativ geladen. Die beiden Tischtennisbälle sind mit einem Kunststoffstab verbunden, der mit Heißwachskleber an den Tischtennisbällen befestigt wurde. Die bifilare Aufhängung hält den Dipol parallel zu den Platten des Kondensators. Legt man nun eine Spannung (mindestens 10 kV) an den Platten an, so dreht sich der Dipol gegen die bifilare Aufhängung in die Richtung der Feldlinien. Die positiv geladene Kugel weist zur negativ geladenen Kondensatorplatte und umgekehrt. Entlädt man den Kondensator, geht die Auslenkung zurück.

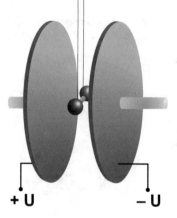

Da bei der Drehung des Dipols Ladungen unter dem Einfluss von Kräften bewegt werden, wird hier Arbeit geleistet. Diese berechnet sich aus dem Potenzial. Für eine einzelne Ladung gilt $W = Q\varphi$ und für einen Dipol mit den Ladungen $+Q$ und $-Q$

$$W_{\text{Dipol}} = Q \varphi \left(\vec{r}_1 \right) - Q \varphi \left(\vec{r}_2 \right).$$

(3.17)

Nun ist aber

$$\varphi \left(\vec{r}_1 \right) - \varphi \left(\vec{r}_2 \right) = \vec{\nabla} \varphi \left(\vec{r} \right) \cdot \vec{d} = -\vec{E} \cdot \vec{d}$$

(3.18)

und damit

$$W_{\text{Dipol}} = -Q\,\vec{E}\cdot\vec{d} = -\vec{p}\cdot\vec{E}. \tag{3.19}$$

Dies ist ein wichtiges Ergebnis, das in der Atom- und Kernphysik immer wieder auftauchen wird. Die Energie eines Dipols in einem elektrischen Feld wird wesentlich durch die Richtung zwischen dem Dipolmoment und dem Feldvektor bestimmt. Im energetisch günstigsten Fall zeigen $\vec{p}$ und $\vec{E}$ in dieselbe Richtung.

Betrachten wir zum Schluss noch die Kräfte auf einen Dipol in einem inhomogenen Feld (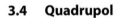 Abb. 3.6). Im Falle eines homogenen Feldes waren die Kräfte auf die beiden Ladungen dem Betrage nach gleich groß, so dass keine Nettokraft auf den Dipol wirkte. Dies ist im inhomogenen Feld nicht mehr der Fall. Im skizzierten Beispiel (Abb. 3.6) ist $\vec{F}_+$ größer als $\vec{F}_-$, da das Feld am Ort der positiven Ladung stärker ist. Dadurch wirkt neben dem Drehmoment eine Nettokraft auf den Dipol. Sie ist:

Abb. 3.6 Dipol in einem inhomogenen Feld

$$\vec{F} = Q\,\vec{E}\left(\vec{r}+\vec{d}\right) - Q\,\vec{E}\left(\vec{r}\right) = Q\frac{d\,\vec{E}\left(\vec{r}\right)}{d\,\vec{r}}\cdot\vec{d} = \vec{p}\cdot\left(\vec{\nabla}\vec{E}\right) \tag{3.20}$$

Die Kraft auf den Dipol ist proportional zum Gradienten des Feldes. Nachdem sich der Dipol im Feld ausgerichtet hat, wird er in den Bereich höherer Feldstärke hineingezogen. Dies war der Grund, warum die Wassermoleküle in ▶ Experiment 2.5 zum geladenen Stab gezogen wurden.

3.4   Quadrupol

3.4.1 Potenzial

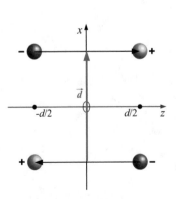

Abb. 3.7 Ein Quadrupol zusammengesetzt aus zwei Dipolen

Nach dem Dipol folgt der Quadrupol in der Reihe der Multipole. Wir bauen einen Quadrupol aus zwei Dipolen auf. In Abb. 3.7 der Ansatz skizziert. Der Ladungsabstand der Ladungen q in den beiden Dipolen ist jeweils d und dies sei auch der Abstand der beiden Dipole zueinander. Wir legen den Ursprung des Koordinatensystems ins Zentrum des Quadrupols. Das Dipolmoment eines einzelnen Dipols ist:

$$\varphi_{\text{Dipol}}\left(\vec{r}\right) = \frac{1}{4\pi\epsilon_0}\frac{\vec{p}\cdot\vec{r}}{r^3} = \frac{1}{4\pi\epsilon_0}\frac{p\cos\theta}{r^2} \tag{3.21}$$

Wir orientieren den Dipol so, dass $\vec{p}$ in z-Richtung zeigt, so dass der Winkel θ zwischen $\vec{p}$ und $\vec{r}$ dem Polarwinkel in diesem Koordinatensystem entspricht. Das Potenzial des Quadrupols erhalten wir durch

Addition der Potenziale der beiden Dipole. Es ist für kleine Abstände d

$$\varphi_{\text{Quadrupol}}\left(\vec{r}\right) = \varphi_{\text{Dipol}}\left(\vec{r} - \frac{\vec{d}}{2}\right) - \varphi_{\text{Dipol}}\left(\vec{r} + \frac{\vec{d}}{2}\right)$$

$$= d\,\frac{\varphi_{\text{Dipol}}\left(\vec{r} - \frac{\vec{d}}{2}\right) - \varphi_{\text{Dipol}}\left(\vec{r} + \frac{\vec{d}}{2}\right)}{d} \tag{3.22}$$

$$= -d\,\frac{\partial}{\partial x}\varphi_{\text{Dipol}}\left(\vec{r}\right)$$

Nun ist

$$\frac{\partial}{\partial x}\varphi_{\text{Dipol}}\left(\vec{r}\right) = \frac{1}{4\pi\epsilon_0}\left(-2\frac{p\cos\theta}{r^3}\frac{\partial r}{\partial x} - \frac{p\sin\theta}{r^2}\frac{\partial\theta}{\partial x}\right) \tag{3.23}$$

und mit ($x = r\sin\theta\cos\phi$, $y = r\sin\theta\cos\phi$, $z = r\cos\theta$)

$$\frac{\partial r}{\partial x} = \frac{\partial}{\partial x}\sqrt{x^2 + y^2 + z^2} = \frac{1}{2}\frac{1}{\sqrt{x^2 + y^2 + z^2}}2x = \frac{x}{r}$$

$$= \frac{r\sin\theta\cos\phi}{r} = \sin\theta\cos\phi$$

$$\frac{\partial\cos\theta}{\partial x} = \frac{\partial}{\partial x}\frac{z}{\sqrt{x^2 + y^2 + z^2}} = \left(-\frac{1}{2}\right)\frac{z}{(x^2 + y^2 + z^2)^{\frac{3}{2}}}(2x)$$

$$= -\frac{r\cos\theta}{r^3}r\sin\theta\cos\phi = -\frac{1}{r}\sin\theta\cos\theta\cos\phi \tag{3.24}$$

und andererseits

$$\frac{\partial\cos\theta}{\partial x} = -\sin\theta\frac{\partial\theta}{\partial x} \tag{3.25}$$

woraus folgt

$$\frac{\partial r}{\partial x} = \sin\theta\cos\phi \quad\text{und}\quad \frac{\partial\theta}{\partial x} = \frac{1}{r}\cos\theta\cos\phi. \tag{3.26}$$

Dies setzen wir in Gl. 3.23 ein und erhalten:

$$\varphi_{\text{Quadrupol}}\left(\vec{r}\right)$$

$$= -d\,\frac{\partial}{\partial x}\varphi_{\text{Dipol}}\left(\vec{r}\right)$$

$$= -\frac{pd}{4\pi\epsilon_0}\left(-2\frac{\cos\theta}{r^3}\sin\theta\cos\phi - \frac{\sin\theta}{r^2}\frac{1}{r}\cos\theta\cos\phi\right)$$

$$= \frac{pd}{4\pi\epsilon_0}\frac{1}{r^3}\left(3\cos\theta\sin\theta\cos\phi\right) = \frac{3qd^2}{4\pi\epsilon_0}\frac{1}{r^3}\cos\theta\sin\theta\cos\phi$$

Die Äquipotenziallinien und das Feld sind in ◻ Abb. 3.8 dargestellt.

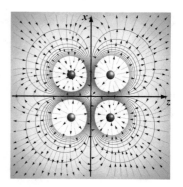

◻ **Abb. 3.8** Das Feld eines Quadrupols (*Pfeile*) und sein Potenzial (*Linien*). In der Umgebung der Ladungen wurden die Äquipotenziallinien unterdrückt, da sie dort zu dicht liegen

Wie Sie leicht überprüfen können, hat diese Ladungsanordnung weder eine Nettoladung (Monopolmoment) noch ein Dipolmoment, so dass in der Tat das Quadrupolmoment das Fernfeld dominiert. Das Potenzial fällt im Fernfeld mit der dritten Potenz des Abstandes zu den Ladungen ab. Beachten Sie allerdings, dass dies nicht die einzige Ladungskonfiguration ist, die zu einem reinen Quadrupolmoment führt. Einen weiteren reinen Quadrupol diskutieren wir in ▶ Beispiel 3.4.

Beispiel 3.4: Ein linearer Quadrupol

Wir wollen noch einen weiteren reinen Quadrupol vorstellen. Wieder bauen wir ihn aus zwei entgegengesetzt gepolten Dipolen auf, die wir im Zentrum des Koordinatensystems positionieren (siehe Abbildung). Die Dipole seien entlang der z-Achse orientiert. Jeder Dipol besteht aus zwei Ladungen q, die um die Strecke d voneinander getrennt sind. Nun verschieben wir die Dipole jeweils um die Strecke $d/2$ und zwar den Dipol, der in die positive z-Richtung zeigt, nach rechts und den anderen nach links. So entsteht die Konfiguration, die in der Abbildung zu sehen ist. Die beiden negativen Ladungen liegen nun im Koordinatenursprung und addieren sich dort zu $-2q$.

Das Potenzial des so entstandenen Quadrupols ist:

$$\varphi_{\text{Quadrupol}}\left(\vec{r}\right) = \varphi_{\text{Dipol}}\left(\vec{r} - \frac{\vec{d}}{2}\right) - \varphi_{\text{Dipol}}\left(\vec{r} + \frac{\vec{d}}{2}\right)$$

$$= -d\,\frac{\partial}{\partial z}\varphi_{\text{Dipol}}\left(\vec{r}\right)$$

Wir geben nur einige Zwischenresultate an:

$$\frac{\partial}{\partial z}\varphi_{\text{Dipol}}\left(\vec{r}\right) = \frac{1}{4\pi\epsilon_0}\left(-2\frac{p\cos\theta}{r^3}\frac{\partial r}{\partial z} - \frac{p\sin\theta}{r^2}\frac{\partial\theta}{\partial z}\right)$$

$$\frac{\partial r}{\partial z} = \cos\theta \quad \frac{\partial\theta}{\partial z} = -\frac{1}{r}\sin\theta$$

Und wir erhalten:

$$\varphi_{\text{Quadrupol}}\left(\vec{r}\right) = \frac{1}{4\pi\epsilon_0}\frac{d^2q}{r^3}\left(3\cos^2\theta - 1\right)$$

Wiederum ist es ein reiner Quadrupol (ohne Monopol-, Dipol- oder andere Momente), dessen Feld mit der dritten Potenz des Abstandes abfällt. Das Feld in der x-z-Ebene und die Äquipotenziallinien sind in der zweiten Abbildung zu sehen. In diesem Fall sind Feld und Potenzial rotationssymmetrisch zur z-Achse.

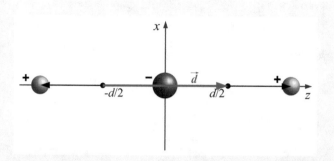

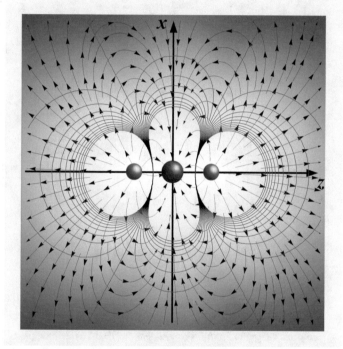

Beispiel 3.5: Quadrupollinse

In der Ionenoptik werden Quadrupolfelder eingesetzt, um Ionenstrahlen zu fokussieren. Dabei wird allerdings nicht das Fernfeld benutzt, auf das wir uns bisher konzentriert haben, sondern das Nahfeld. Die Ionenstrahlen werden durch das Zentrum des Quadrupols geleitet. Der Quadrupol besteht nicht aus Punktladungen, sondern aus Stäben, die sich in Strahlrichtung erstrecken, um so die Wirkung auf die durchfliegenden Ionen zu erhöhen.

Die Orientierung der geladenen Stäbe und das Koordinatensystem sind in der Skizze angegeben. Der Abstand der Stäbe vom

Koordinatenursprung betrage jeweils $d/2$, deren Ladung $+Q$ bzw. $-Q$. Dann ist das Potenzial:

$$\varphi(x, y) = \frac{1}{4\pi\epsilon_0}\left(\frac{Q}{\sqrt{\left(x-\frac{d}{2}\right)^2 + y^2}} + \frac{Q}{\sqrt{\left(x+\frac{d}{2}\right)^2 + y^2}}\right.$$

$$\left. -\frac{Q}{\sqrt{x^2 + \left(y-\frac{d}{2}\right)^2}} - \frac{Q}{\sqrt{x^2 + \left(y+\frac{d}{2}\right)^2}}\right)$$

$$= \frac{1}{4\pi\epsilon_0}\frac{2Q}{d}\left(\frac{1}{\sqrt{1 - \left(\frac{2x}{d} - \frac{4x^2}{d^2} - \frac{4y^2}{d^2}\right)}} + \ldots\right)$$

$$\approx \frac{1}{4\pi\epsilon_0}\frac{2Q}{d}\left(1 + \frac{x}{d} - \frac{2x^2}{d^2} - \frac{2y^2}{d^2} + \frac{3}{8}\frac{x^2}{d^2} + \ldots\right)$$

$$= \frac{1}{4\pi\epsilon_0}\frac{3}{2}\frac{Q}{d^3}\left(x^2 - y^2\right)$$

Dabei haben wir in der dritten Zeile das Potenzial um den Koordinatenursprung entwickelt nach

$$\frac{1}{\sqrt{1 \mp \varepsilon}} = 1 \pm \frac{1}{2}\varepsilon + \frac{3}{8}\varepsilon^2 \pm \ldots$$

und alle Terme einschließlich der quadratischen Terme in x und y berücksichtigt. Wir erhalten ein Potenzial, das vom Koordinatenursprung aus parabolisch ansteigt bzw. abfällt. Der Ursprung selbst ist ein Sattelpunkt des Potenzials. Hier verschwinden die Ableitungen des Potenzials nach den Koordinaten und damit die Feldstärke. Ionen, die sich im Zentrum des Quadrupols befinden, erfahren keine Kraft. Für Ionen abseits des Zentrums steigt die Kraft linear mit dem Abstand vom Mittelpunkt an und damit die Ablenkung, die diese Ionen erfahren. Die Kraft beträgt:

$$F_x = -q\frac{\partial \varphi(x, y)}{\partial x} = -\frac{1}{4\pi\epsilon_0}\frac{3Q}{d^3}x$$

Dies nützt man in elektrostatischen Speicherringen aus, um Ionenstrahlen zu fokussieren. Allerdings sind heutzutage magnetische Speicherringe weit mehr verbreitet, da sich mit magnetischen Linsen höhere Kräfte erzeugen lassen. In elektrostatischen Speicherringen erfahren positive Ionen, die sich in Richtung der positiven oder negativen x-Achse von der Mitte wegbewegt haben, eine Kraft, die sie zur Mitte zurückbewegt. Beachten Sie allerdings, dass die Kraft entlang der y-Achse vom Zentrum weg zeigt. Es ist nicht möglich, einen Quadrupol zu bauen, der in x- und y-Richtung fokussiert.

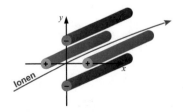

3.4.2 Kraftwirkung

Bringt man einen Quadrupol in ein homogenes elektrisches Feld, so wirken auf ihn weder eine Kraft noch ein Drehmoment. Erst im inhomogenen Feld gibt es eine Nettokraftwirkung. Die Energie des Quadrupols im externen Feld φ_{ext} können wir analog zu der des Dipols bestimmen (Gl. 3.17):

$$W_{\text{Quadrupol}} = \sum_{i=1}^{4} q_i \, \varphi_{\text{ext}}\left(\vec{r}_i\right) \tag{3.27}$$

Wir nehmen wieder den Quadrupol aus ◻ Abb. 3.7 als Beispiel. Es ist:

$$
\begin{aligned}
W_{\text{Quadrupol}} &= q \left(\varphi_{\text{ext}}\left(\frac{d}{2}, \frac{d}{2}\right) - \varphi_{\text{ext}}\left(\frac{d}{2}, -\frac{d}{2}\right) + \varphi_{\text{ext}}\left(-\frac{d}{2}, -\frac{d}{2}\right) \right. \\
&\quad \left. - \varphi_{\text{ext}}\left(-\frac{d}{2}, \frac{d}{2}\right) \right) \\
&= q \left(d \left.\frac{\partial}{\partial y}\varphi_{\text{ext}}\right|_{\substack{x=d/2 \\ y=0}} - d \left.\frac{\partial}{\partial y}\varphi_{\text{ext}}\right|_{\substack{x=-d/2 \\ y=0}} \right) \\
&= q d^2 \left.\frac{\partial^2 \varphi_{\text{ext}}}{\partial x \partial y}\right|_{\substack{x=0 \\ y=0}} = \frac{1}{3} Q_{xy} \left.\frac{\partial^2 \varphi_{\text{ext}}}{\partial x \partial y}\right|_{\substack{x=0 \\ y=0}}
\end{aligned}
\tag{3.28}
$$

Im letzten Schritt haben wir das Quadrupolmoment dieser Anordnung eingesetzt: $Q_{xy} = 3qd^2$. Für andere Quadrupolkonfigurationen erhält man entsprechende Ergebnisse, die wir zusammenfassen zu

$$W_{\text{Quadrupol}} = \frac{1}{6} \sum_{i,j} Q_{ij} \frac{\partial^2 \varphi_{\text{ext}}}{\partial x_i \partial x_j} \tag{3.29}$$

mit den üblichen Bezeichnungen $x_1 = x$, $x_2 = y$ und $x_3 = z$. Kombiniert mit Mono- und Dipolmoment erhalten wir für eine beliebige Ladungskonfiguration am Ort $\vec{r}_0$ in einem externen Feld:

$$
\begin{aligned}
W &= Q \varphi\left(\vec{r}_0\right) + \sum_i p_i \left.\frac{\partial \varphi_{\text{ext}}}{\partial x_i}\right|_{\vec{r}_0} + \frac{1}{6} \sum_{i,j} Q_{ij} \left.\frac{\partial^2 \varphi_{\text{ext}}}{\partial x_i \partial x_j}\right|_{\vec{r}_0} + \dots \\
&= Q \varphi\left(\vec{r}_0\right) + \left.\vec{p} \cdot \vec{\nabla}\varphi\left(\vec{r}\right)\right|_{\vec{r}_0} + \frac{1}{6} \sum_{i,j} Q_{ij} \left.\frac{\partial^2 \varphi_{\text{ext}}}{\partial x_i \partial x_j}\right|_{\vec{r}_0} + \dots
\end{aligned}
\tag{3.30}
$$

Man sagt, dass die elektrische Ladung an das Potenzial koppelt, ein Dipol an den Gradienten des Potenzials (das elektrische Feld) und ein Quadrupol an den Gradienten des Feldes.

3.5   Multipolentwicklung

Wir wollen die Multipolentwicklung noch einmal im Überblick darstellen. Das Ziel ist die Beschreibung des Feldes einer beliebigen Ladungsverteilung in einem größeren Abstand, im sogenannten Fernfeld. Exakt lässt sich das Potenzial durch Superposition aus den Einzelladungen bzw. aus der Ladungsverteilung bestimmen:

$$\varphi\left(\vec{r}\right) = \frac{1}{4\pi\epsilon_0} \sum_i \frac{Q_i}{\left|\vec{r} - \vec{r}_i\right|}$$

bzw.

$$\varphi\left(\vec{r}\right) = \frac{1}{4\pi\epsilon_0} \int\limits_V \frac{\rho\left(\vec{r}'\right)}{\left|\vec{r} - \vec{r}'\right|} dV$$

(3.31)

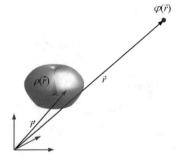

○ **Abb. 3.9** Zur Bestimmung des Potenzials durch Superposition

Die Bezeichnungen sind in ○ Abb. 3.9 dargestellt. Der Vektor $\vec{r}$ gibt den Punkt an, an dem wir das Potenzial bestimmen wollen, die Vektoren $\vec{r}_i$ bzw. $\vec{r}'$ sind die Ortsvektoren der Ladungen bzw. der Ladungsverteilung. Das Potenzial lässt sich im Fernfeld durch eine Serie von Multipolen entwickeln. Unter dem Fernfeld versteht man dabei Entfernungen von der Ladungsverteilung, die so groß sind, dass der Abstand zur Ladungsverteilung sehr viel größer ist als die Abstände innerhalb der Ladungsverteilung. Es wird dann der Faktor $\frac{1}{|\vec{r}-\vec{r}'|}$ entwickelt, für $r \gg r'$. Dabei erhält man unterschiedliche Multipolentwicklungen, je nachdem welches Koordinatensystem man verwendet.

3.5.1   Kartesische Koordinaten

Beginnen wir mit kartesischen Koordinaten. Die Taylorreihe um $r' = 0$ lautet

$$\frac{1}{\left|\vec{r} - \vec{r}'\right|} = \sum_{n=0}^{\infty} \frac{1}{n!} \left(\vec{r}' \cdot \vec{\nabla}_{r'}\right)^n \frac{1}{\left|\vec{r} - \vec{r}'\right|}\bigg|_{r'=0},$$

(3.32)

dabei zeigt der Index r' am Gradientenoperator an, dass die Ableitung ausschließlich nach r' erfolgt. Der erste Term ($n = 0$) ist simpel. Es ergib sich $1/r$. Der zweite Term lautet in Koordinaten ausgeschrieben ($\vec{r} = (x, y, z); \vec{r}' = (x', y', z')$):

$$\begin{pmatrix} x'\frac{\partial}{\partial x'} \frac{1}{\sqrt{(x-x')^2+(y-y')^2+(z-z')^2}}\bigg|_{r'=0} \\ y'\frac{\partial}{\partial y'} \frac{1}{\sqrt{(x-x')^2+(y-y')^2+(z-z')^2}}\bigg|_{r'=0} \\ z'\frac{\partial}{\partial z'} \frac{1}{\sqrt{(x-x')^2+(y-y')^2+(z-z')^2}}\bigg|_{r'=0} \end{pmatrix}$$

(3.33)

Nach Berechnung der Ableitung und Auswertung bei $\vec{r}' = 0$ ergibt sich:

$$\left(\vec{r}' \cdot \vec{\nabla}_{r'}\right) \frac{1}{|\vec{r} - \vec{r}'|}\Bigg|_{r'=0} = \begin{pmatrix} x' \frac{x}{r^3} \\ y' \frac{y}{r^3} \\ z' \frac{z}{r^3} \end{pmatrix} = \vec{r}' \frac{1}{r^3} \vec{r} \qquad (3.34)$$

Die höheren Terme überlassen wir dem Leser zur Übung. Wir setzen das Ergebnis in Gl. 3.31 ein. Die ungestrichenen Terme können wir vor die Integrale ziehen und erhalten[2]:

$$\varphi(\vec{r}) = \frac{1}{4\pi\epsilon_0} \int_V \rho(\vec{r}') \left[\sum_{n=0}^{\infty} \frac{1}{n!} \left(\vec{r}' \cdot \vec{\nabla}_{r'}\right)^n \frac{1}{|\vec{r} - \vec{r}'|}\Bigg|_{r'=0} \right] dV$$

$$= \frac{1}{4\pi\epsilon_0} \sum_{n=0}^{\infty} \left[\int_V \frac{\rho(\vec{r}')}{n!} \left(\vec{r}' \cdot \vec{\nabla}_{r'}\right)^n \frac{1}{|\vec{r} - \vec{r}'|}\Bigg|_{r'=0} dV \right]$$

$$= \frac{1}{4\pi\epsilon_0} \left[\frac{1}{r} \int_V \rho(\vec{r}') \, dV + \frac{\vec{r}}{r^3} \int_V \vec{r}' \rho(\vec{r}') \, dV + \frac{1}{2} \frac{\vec{r}}{r^5} \right.$$

$$\left. \cdot \left(\int_V \left(3\vec{r}' \otimes \vec{r}' - r'^2 \hat{I}_3 \right) \rho(\vec{r}') \, dV \right) \cdot \vec{r} + \mathcal{O}\left(\frac{1}{r^7}\right) \right]$$

$$= \frac{1}{4\pi\epsilon_0} \left[\frac{1}{r} Q + \frac{\vec{r} \cdot \vec{p}}{r^3} + \frac{1}{2} \frac{\vec{r} \cdot \hat{Q} \cdot \vec{r}}{r^5} + \mathcal{O}\left(\frac{1}{r^7}\right) \right]$$

$$(3.35)$$

Nun können wir aus Gl. 3.35 die Koeffizienten der Entwicklung ablesen. Dies sind die Multipolmomente:

Monopol $\qquad Q = \int_V \rho(\vec{r}') \, dV$

Dipol $\qquad \vec{p} = \int_V \vec{r}' \rho(\vec{r}') \, dV$

(3.36)

Quadrupol $\qquad \hat{Q} = \int_V \left(3\vec{r}' \otimes \vec{r}' - r'^2 \hat{I}_3 \right) \rho(\vec{r}') \, dV$

$$\hat{Q}_{ij} = \int_V \left(3 r_i' r_j' - r'^2 \delta_{ij} \right) \rho(\vec{r}') \, dV$$

Das Monopolmoment ist ein Skalar, das Dipolmoment ein Vektor, das Quadrupolmoment ein Tensor zweiter Stufe und so weiter. Beachten Sie bitte, dass die Werte der Multipolmomente mit Ausnahme des Monopolmomentes von der Orientierung des Koordinatensystems und der Wahl des Koordinatenursprungs abhängen.

---

[2] $\vec{r}' \otimes \vec{r}'$ ist eine 3×3-Matrix mit den Elementen $(x'x', x'y', x'z', \ldots)$.

3.5.2 Kugelkoordinaten

In ▶ Beispiel 3.2 hatten wir einen anderen Ansatz für die Näherung des Terms $\frac{1}{|\vec{r}-\vec{r}'|}$ angegeben. Vielleicht ist Ihnen aufgefallen, dass uns dieser Ansatz auf Kugelkoordinaten geführt hat. Wir wollen ihn noch einmal aufgreifen. Wir benutzen wiederum den Kosinussatz, um den Betrag auszudrücken:

$$\frac{1}{|\vec{r}-\vec{r}'|} = \frac{1}{r\sqrt{1+\frac{r'^2}{r^2}-2\frac{\vec{r}\cdot\vec{r}'}{r^2}}} = \frac{1}{r}\frac{1}{\sqrt{1+\Delta^2-2\Delta\cos\theta}}$$

$$= \frac{1}{r}\sum_{l=0}^{\infty} P_l(\cos\theta)\Delta^l \tag{3.37}$$

Dabei sind θ der Winkel von $\vec{r}'$ in Bezug auf $\vec{r}$, $\Delta = r'/r$ und $P_l(\cos\theta)$ die Legendrepolynome. Nun können wir die Additionstheoreme der Kugelflächenfunktionen[3] benutzen, um die Legendrepolynome in die Anteile zu zerlegen, die von $\vec{r}$ bzw. $\vec{r}'$ abhängen:

$$P_l(\cos\theta) = \frac{4\pi}{2l+1}\sum_{m=-l}^{l} Y_{lm}^*(\theta',\phi')Y_{lm}(\theta,\phi) \tag{3.38}$$

Wir setzen dies ins Potenzial ein und erhalten:

$$\varphi(\vec{r}) = \frac{1}{4\pi\epsilon_0}\sum_{l=0}^{\infty}\sum_{m=-l}^{l}\sqrt{\frac{4\pi}{2l+1}}Y_{lm}(\theta,\phi)\frac{1}{r^{l+1}}$$

$$\cdot \int_V \sqrt{\frac{4\pi}{2l+1}}\rho(\vec{r}')r'^l Y_{lm}^*(\theta',\phi')\,dV$$

$$= \frac{1}{4\pi\epsilon_0}\sum_{l=0}^{\infty}\sqrt{\frac{4\pi}{2l+1}}\sum_{m=-l}^{l}Y_{lm}(\theta,\phi)\frac{Q_{l,m}}{r^{l+1}} \tag{3.39}$$

$$\text{mit}\quad Q_{l,m} = \sqrt{\frac{4\pi}{2l+1}}\int_V \rho(\vec{r}')r'^l Y_{lm}^*(\theta',\phi')\,dV$$

$$\text{bzw.}\quad Q_{l,m} = \sqrt{\frac{4\pi}{2l+1}}\sum_i q_i r'^l Y_{lm}^*(\theta',\phi')$$

Dies ist nun die Multipolentwicklung in Kugelkoordinaten. Der Term zu $l = 0$ ist der Monopol, die Terme zu $l = 1$ stellen die Dipole dar, die zu $l = 2$ die Quadrupole und so weiter. Beachten Sie bitte unbedingt, dass dies andere Multipole sind, als wir sie in kartesischen

---

[3] Die Kugelflächenfunktionen sind ein vollständiger, orthonormaler Satz von Eigenfunktionen zum Winkelanteil des Laplace-Operators. Sie finden ausführliche Diskussionen in den Büchern der Quantenmechanik.

Koordinaten erhalten haben. Die Multipole zu den Kugelkoordinaten
(auch sphärische Multipole genannt) sind:

Monopol $\quad Q_{0,0} = \int_V \rho\left(\vec{r}'\right) dV = Q$

Dipol

$$\begin{cases} Q_{1,+1} = -\dfrac{1}{\sqrt{2}} \int_V \rho\left(\vec{r}'\right) r' \sin\theta' e^{-i\phi'} dV \\[2mm] \qquad\ \ = -\dfrac{1}{\sqrt{2}}\left(p_x - i p_y\right) \\[2mm] Q_{1,0} = \int_V \rho\left(\vec{r}'\right) r' \cos\theta' dV = p_z \\[2mm] Q_{1,-1} = \dfrac{1}{\sqrt{2}} \int_V \rho\left(\vec{r}'\right) r' \sin\theta' e^{i\phi'} dV \\[2mm] \qquad\ \ = \dfrac{1}{\sqrt{2}}\left(p_x + i p_y\right) \end{cases}$$

Quadrupol

$$\begin{cases} Q_{2,+2} = \sqrt{\dfrac{3}{8}} \int_V \rho\left(\vec{r}'\right) r'^2 \sin^2\theta' e^{-2i\phi'} dV \\[3mm] Q_{2,+1} = -\sqrt{\dfrac{3}{2}} \int_V \rho\left(\vec{r}'\right) r'^2 \sin\theta' \cos\theta' e^{-i\phi'} dV \\[3mm] Q_{2,0} = \dfrac{1}{2} \int_V \rho\left(\vec{r}'\right) r'^2 \left(3\cos^2\theta' - 1\right) dV \\[3mm] Q_{2,-1} = \sqrt{\dfrac{3}{2}} \int_V \rho\left(\vec{r}'\right) r'^2 \sin\theta' \cos\theta' e^{i\phi'} dV \\[3mm] Q_{2,-2} = \sqrt{\dfrac{3}{8}} \int_V \rho\left(\vec{r}'\right) r'^2 \sin^2\theta' e^{2i\phi'} dV \end{cases}$$

(3.40)

Dies ist eine andere Multipolentwicklung, als wir sie zunächst für
kartesische Koordinaten abgeleitet hatten. Im Prinzip lässt sich zu
jedem Koordinatensystem eine eigene Multipolentwicklung angeben,
aber die beiden hier diskutierten sind die Gebräuchlichsten.

Wir blicken noch einmal auf die Beispiele zum Quadrupolmoment aus ▶ Abschn. 3.4. In ◻ Abb. 3.7 hatten wir einen Dipol mit
vier quadratisch angeordneten Ladungen. Dessen Quadrupolmomente können wir nun mit Gl. 3.40 bestimmen. Wir verwenden die Variante für diskrete Ladungen. Die positive Ladung rechts oben hat die
Koordinaten ($r' = \sqrt{2}d$, $\theta' = \frac{\pi}{4}$, $\phi' = 0$) und entsprechend für die

anderen drei Ladungen. Einsetzen ergibt:

$$Q_{2,2} = 0$$

$$Q_{2,1} = -\sqrt{\frac{3}{2}}\,|q|\,d^2$$

$$Q_{2,0} = 0 \tag{3.41}$$

$$Q_{2,-1} = \sqrt{\frac{3}{2}}\,|q|\,d^2$$

$$Q_{2,-2} = 0$$

Für den Quadrupol aus ▶ Beispiel 3.4 ergibt sich $Q_{2,0} = 2|q|d^2$, alle anderen Quadrupolmomente verschwinden. Man kann diese Quadrupolmomente nun in die Formel für das Potenzial aus Gl. 3.39 einsetzen und so unsere Ergebnisse aus ▶ Abschn. 3.4 verifizieren.

Beispiel 3.6: Quadrupolmoment des Wassermoleküls

Im ▶ Beispiel 3.3 hatten wir das Dipolmoment des Wassermoleküls ermittelt. Wir wollen nun sein Quadrupolmoment bestimmen. Wir beziehen uns wieder auf den Ladungsschwerpunkt und das in ▶ Beispiel 3.3 angegebene Koordinatensystem. Einsetzen der Koordinaten und der Teilladung ergibt:

$$Q_{2,2} = 0{,}251\,(95{,}7\,\text{pm})^2\,e$$

$$Q_{2,1} = 0$$

$$Q_{2,0} = -0{,}205\,(95{,}7\,\text{pm})^2\,e$$

$$Q_{2,-1} = 0$$

$$Q_{2,-2} = 0{,}251\,(95{,}7\,\text{pm})^2\,e$$

Diese Quadrupolmomente erzeugen im Fernfeld ein Potenzial, das mit der dritten Potenz des Abstandes abfällt und das sich aus den Kugelflächenfunktionen $Y_{2,2}$, $Y_{2,0}$ und $Y_{2,-2}$ zusammensetzt. Dieses wird allerdings von einem Dipolfeld überlagert, dessen Potenzial lediglich mit der zweiten Potenz des Abstandes abfällt.

❓ Übungsaufgaben zu ▶ Kap. 3

1. Wie groß ist die Kraft auf ein Wassermolekül in einem homogenen elektrischen Feld der Stärke $100\,\text{V/cm}$? Welches Drehmoment wirkt maximal auf ein Molekül?

2. Wie müsste ein elektrisches Feld aussehen, in dem ein Wassermolekül schwebt?

3. Wie groß ist das Drehmoment auf einen Dipol in einem homogenen elektrischen Feld, wenn der Dipol so orientiert ist, dass er die maximale potenzielle Energie besitzt?

4. Ein Dipol befindet sich zwischen zwei Elektroden (eine Halbkugelschale und eine Punktladung, siehe Skizze). Der Dipol liegt im Mittelpunkt der Halbkugelschale unter einem Winkel von 60° zur Symmetrieachse. Die Halbkugelschale wird auf -500 V aufgeladen, die Punktladung auf $+500$ V. Skizzieren Sie das elektrische Feld und beschreiben Sie die Bewegung des Dipols.

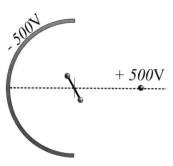

5. Betrachten Sie eine Stange der Länge a, deren Ladungsdichte sich von einem Ende zum anderen gleichmäßig von $-\rho_0$ nach $+\rho_0$ ändert. Wie groß ist ihr Dipolmoment?

6. Betrachten Sie ein regelmäßiges Sechseck mit alternierenden Ladungen auf den Ecken. Besitzt es ein Quadrupolmoment?

Elektrostatische Energie und Kapazität

Stefan Roth und Achim Stahl

© Springer-Verlag GmbH Deutschland, ein Teil von Springer Nature 2018
S. Roth, A. Stahl, *Elektrizität und Magnetismus*, DOI 10.1007/978-3-662-54445-7_4

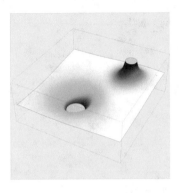

4.1   Die Spannung

In ■ Abb. 4.1 ist noch einmal ein Beispiel eines elektrischen Potenzials zu sehen. Es veranschaulicht das Potenzial zweier entgegengesetzter Punktladungen mit $Q_2 = -\frac{8}{5}Q_1$. Das Bild zeigt das Potenzial in der Ebene mit den Ladungen. Das Potenzial an der Stelle $\vec{r}$ hatten wir definiert (▶ Abschn. 2.4) als die Arbeit, die pro Ladung aufgewandt werden muss, um diese von einem Bezugspunkt an die Stelle $\vec{r}$ zu bringen. Diese Referenz auf einen Bezugspunkt erscheint willkürlich. Man kann sie umgehen, indem man Potenzialdifferenzen betrachtet.

Für das Potenzial an den Orten $\vec{r}_a$ und $\vec{r}_b$ gilt:

$$\varphi\left(\vec{r}_a\right) = \int_{\vec{r}_0}^{\vec{r}_a} \vec{E}\,d\vec{s} - \varphi\left(\vec{r}_0\right)$$

$$\varphi\left(\vec{r}_b\right) = \int_{\vec{r}_0}^{\vec{r}_b} \vec{E}\,d\vec{s} - \varphi\left(\vec{r}_0\right) \tag{4.1}$$

Damit ist die Differenz

$$U_{ba} = \varphi\left(\vec{r}_b\right) - \varphi\left(\vec{r}_a\right) = \int_{\vec{r}_0}^{\vec{r}_b} \vec{E}\,d\vec{s} - \int_{\vec{r}_0}^{\vec{r}_a} \vec{E}\,d\vec{s} = \int_{\vec{r}_a}^{\vec{r}_b} \vec{E}\,d\vec{s} \tag{4.2}$$

unabhängig vom Bezugspunkt $\vec{r}_0$. Diese Potenzialdifferenz nennt man die elektrische Spannung zwischen den Punkten A und B. Die Einheit der Spannung ist das Volt, benannt nach dem italienischen Physiker und Erfinder der ersten Batterie Alessandro Volta (■ Abb. 4.2). Es ist

$$[U] = [\varphi] = 1\,\text{V} = 1\,\frac{\text{J}}{\text{C}}. \tag{4.3}$$

Das Formelzeichen U kommt aus dem Lateinischen. Es steht für „urgere", was etwa antreiben heißt, und erklären soll, dass die Spannung den elektrischen Strom antreibt.

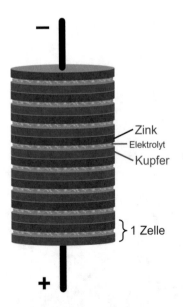

Zink
Elektrolyt
Kupfer

} 1 Zelle

| **Beispiel 4.1: Volta'sche Säule** | |

Die wichtigste Erfindung Voltas nennen wir heute die Volta'sche Säule. Dabei handelt es sich um eine Hintereinanderschaltung galvanischer Zellen, die zu einer entsprechend höheren Potenzialdifferenz führt. In einer Version bestehen die einzelnen Zellen aus einer Zinkplatte und einer Kupferplatte. Dazwischen befindet sich ein Elektrolyt (z. B. Salzwasser). An der Anode (negativer Pol) findet die Oxidation statt. Zinkionen gehen in Lösung: $Zn \rightarrow Zn^{2+} + 2e^-$. Die Elektronen laden die Platte negativ auf. An der Kathode (positiver Pol) findet die Reduktion statt. Gehen wir von oxidierten Kupferplatten aus, so lautet die Reaktion: $Cu^{2+} + 2e^- \rightarrow Cu$.

4.2 Kapazität

4.2.1 Definition

In ▶ Abschn. 2.4 haben wir Potenziale in unterschiedlichsten Konfigurationen bestimmt. Ist Ihnen aufgefallen, dass die Potenziale in allen Fällen proportional zur Ladung sind, die in der jeweiligen Konfiguration gespeichert ist? Man sieht dies direkt an Gln. 2.31 und 2.32. Verdoppelt man die Ladungen, so verdoppelt sich auch das Potenzial. Hat man beispielsweise eine Anordnung von Punktladungen mit

$$\varphi(\vec{r}) = \frac{1}{4\pi\epsilon_0} \sum_i \frac{Q_i}{r_i} \qquad (4.4)$$

und ersetzt alle Ladungen Q_i durch z-fache Ladungen, so erhält man als Potenzial

$$\varphi'(\vec{r}) = \frac{1}{4\pi\epsilon_0} \sum_i \frac{zQ_i}{r_i} = \frac{z}{4\pi\epsilon_0} \sum_i \frac{Q_i}{r_i} = z\varphi(\vec{r}). \qquad (4.5)$$

Es ist also $\varphi \sim Q$. Die Spannung U haben wir als Potenzialdifferenz definiert. Die Proportionalität zur Ladung überträgt sich damit auf die Spannung. Wir können schreiben:

$$U = \frac{1}{C}Q$$

Wir haben eine Proportionalitätskonstante $1/C$ eingeführt mit der Größe C, die man die Kapazität nennt. Wie man auf diesen Namen kommt, wird erst im folgenden Kapitel klar werden. Wichtig ist es, sich bewusst zu machen, dass die Kapazität einer Anordnung von Ladungen allein von deren Geometrie abhängt, was man aus den Formeln für die Potenziale erkennt, nachdem wir ja die Abhängigkeit von den Ladungen explizit ausgeschrieben haben. Das Formelzeichen steht für das englische Wort „capacity". Die Einheit der Kapazität ist ein Farad abgeleitet vom Namen des englischen Physikers Michael Faraday (◻ Abb. 4.3). Aus der Definition sieht man:

$$[C] = 1\,F = 1\,\frac{C}{V}$$

© wikimedia: Luigi Chiesa

Die Kapazitäten typischer Ladungsanordnungen sind klein. Sie liegen meist im Bereich pF bis mF.

Michael Faraday lebte von 1791 bis 1867. Er war ein großer Experimentalphysiker und Chemiker. Er hat viele der bahnbrechenden Experimente der Elektrizitätslehre durchgeführt, auf denen Maxwell sein Gleichungssystem der Elektrodynamik aufbaute. Sie finden eines seiner Experimente in ► Beispiel 4.2 beschrieben.

◘ **Abb. 4.3** Michael Faraday

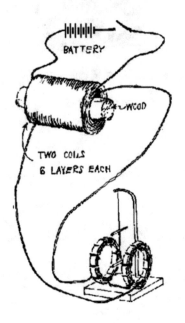

Beispiel 4.2: Faradays Nachweis der Induktion

Auf Michael Faraday gehen viele wichtige Experimente der Elektrizitätslehre zurück. Hier sei als Beispiel seine Beschreibung eines Experimentes angeführt, mit dem er die Induktion in Spulen auch ohne einen Eisenkern nachwies. Der nachfolgende Text stammt aus einem Artikel Faradays in den *Philosophical transactions of the royal society of London*, 1832, Band 1, Seite 125[1].

„Ein Kupferdraht von 203 Fuß Länge wurde, in einem Stück, um eine große Walze von Holz gewickelt, und zwischen seinen Windungen, indeß durch Zwirnsfaden an jeder directen Berührung derselben gehindert, ein zweiter ähnlicher Draht von gleicher Länge. Der eine dieser Schraubendrähte wurde mit dem Galvanometer, der andere mit einer gut geladenen Batterie von hundert Paaren vier quadratzölliger Platten (Kupfer doppelt so groß als Zink) verbunden. Im Moment der Verbindung des Drahts mit der Batterie war eine plötzliche, aber sehr geringe Wirkung auf das Galvanometer sichtbar, und eine ähnliche schwache Wirkung zeigte sich, als diese Verbindung aufgehoben wurde. So lange indeß der elektrische Strom fortfuhr durch den einen Schraubendraht zu gehen, konnte keine Spur von irgend einer Wirkung bemerkt werden, obschon die Batterie sehr kräftig war, wie aus der Erhitzung des ganzen Schraubendrahts und aus den glänzenden Funken bei Entladung mittelst Kohlenspitzen hervorging.“

4.2.2 Beispiele

Betrachten wir einige Beispiele für die Berechnung von Kapazitäten. Wir beginnen mit einer homogen geladenen Hohlkugel. Das Potenzial ist

$$\varphi\left(\vec{r}\right) = \frac{Q}{4\pi\epsilon_0}\frac{1}{r} \tag{4.6}$$

---

[1] Übersetzung aus dem Englischen aus den Annalen der Physik und Chemie, 1832, Band 25.

mit dem Abstand r des Punktes $\vec{r}$ vom Zentrum der Kugel. Wir bestimmen die Spannung auf der Oberfläche der Kugel mit Radius R. Als Referenzpunkt wählen wir das Unendliche, so dass

$$U = \varphi(R) - \varphi(\infty) = \frac{Q}{4\pi\epsilon_0} \frac{1}{R}. \tag{4.7}$$

Die Kapazität der Kugel bezogen auf den Referenzpunkt im Unendlichen ist folglich:

$$\frac{1}{C} = \frac{1}{4\pi\epsilon_0} \frac{1}{R} \implies C = 4\pi\epsilon_0 R \tag{4.8}$$

Die Kapazität steigt mit steigendem Radius der Kugel. Hieraus mag der Name „Kapazität" ein wenig verständlicher werden. Bei vorgegebener Spannung bestimmt die Kapazität die Ladungsmenge, die sich auf der Kugel befindet. Je höher die Kapazität, desto mehr Ladung fasst die Kugeloberfläche. Hier klingt die Bedeutung des alltäglichen Begriffes von Kapazität im Sinne von Fassungsvermögen an. Es ist allerdings zu beachten, dass bei unseren physikalischen Beispielen die Kapazität keine Grenze der Ladung darstellt, die man auf der Anordnung speichern kann. Man kann die gespeicherte Ladungsmenge beliebig erhöhen, indem man die Spannung erhöht. Dem sind lediglich technische Grenzen gesetzt. Wird die Spannung zu hoch, wird sich die Kugel durch Funkenüberschlag entladen.

Als zweites Beispiel betrachten wir einen Plattenkondensator unter Vernachlässigung der Randfelder. Für das elektrische Feld hatten wir gefunden (▶ Beispiel 2.8 bzw. ▶ Beispiel 2.10)

$$E = \frac{\sigma}{\epsilon_0} \tag{4.9}$$

mit der Feldstärke senkrecht zu den Platten der Fläche A und der Flächenladungsdichte $\sigma = Q/A$. Wir wählen eine der Platten als Referenzpunkt. Das zugehörige Potenzial steigt linear mit dem senkrechten Abstand z von dieser Platte an:

$$\varphi(\vec{r}) = \frac{1}{\epsilon_0} \frac{Q}{A} z \tag{4.10}$$

Die Spannung auf der gegenüberliegenden Platte (Plattenabstand d) ist dann:

$$U = \frac{1}{\epsilon_0} \frac{d}{A} Q \tag{4.11}$$

Daraus folgt eine Kapazität des Plattenkondensators von:

$$C = \frac{\epsilon_0 A}{d} \tag{4.12}$$

Sie ist umso größer, je größer die Platten sind und je näher sie zueinander stehen. Mit diesem Verfahren können Sie nun jeder beliebigen Anordnung von Leitern eine Kapazität zuweisen.

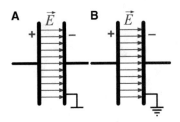

Beispiel 4.3: Erdung

Bei der Bestimmung der Kapazität des Plattenkondensators haben wir eine der Platten als Bezugspunkt gewählt. Man kann diesen auf das Potenzial im Unendlichen festlegen, indem man die Platte erdet, d. h., man verbindet sie mit der Erde. Die Erde hat ein so großes Reservoir an Ladungen, dass sich ihr Potenzial durch Zu- oder Abfluss aus der Schaltung nicht merklich verändert. Eine Möglichkeit eine Erdung herzustellen, ist eine Verbindung über eine Wasserleitung ins Erdreich, sofern es sich um ein Kupferrohr handelt, oder über den Schutzleiter in den Steckdosen, der im Keller mit dem Erdreich verbunden ist.

In elektrischen Schaltungen verwenden wir bestimmte Symbole, um die Bezugspunkte zu kennzeichnen. Die beiden Skizzen zeigen jeweils einen Plattenkondensator, dessen rechte Platte durch das Symbol als Bezugspunkt markiert ist. Man nennt diesen Bezugspunkt in Schaltungen auch den Massepunkt oder einfach die Masse. In der Skizze „B" ist das Symbol für „Erde" zu sehen. Es zeigt an, dass hier die Masse mit einer Erdung zu versehen ist.

Beispiel 4.4: Kapazitive Taster

Mit Kondensatoren kann man Schalter bauen, die keine elektrischen Kontakte benötigen. Abbildung A zeigt einen solchen Taster. Der Kondensator wird aus den beiden goldenen Platten gebildet. Die untere Platte ist auf einer Platine angebracht, die obere Platte ist am beweglichen Teil des Tasters montiert. Die untere Platte ist mit einer Schaltung verbunden, die die Kapazität des Kondensators misst und bei einem Anstieg der Kapazität durch die Annäherung der oberen Platte einen elektronischen Schalter schließt.

Der Taster in Abbildung B funktioniert nach demselben Prinzip, allerdings wird nun nicht die Kapazität gegen eine obere Platte, sondern gegen Erde gemessen. Nähert man sich mit einem Finger dem Taster, so erhöht sich diese Kapazität und der Schalter löst aus. Ein solcher Taster hat keine beweglichen Teile. Er kann hinter einer Glasplatte montiert werden, so dass er einfach zu reinigen und von der Umgebung geschützt ist. Diese Art Schalter werden beispielsweise in Ceran-Kochfeldern eingesetzt.

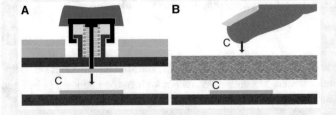

Ein Zylinderkondensator ist aufgebaut aus zwei koaxialen metallischen Zylindern. Der Radius des inneren Zylinders sei R_1, der des äußeren R_2. Die Länge der Zylinder sei l. Die beiden Zylinder tragen entgegengesetzte Ladungen. Wir wollen den Inneren als Bezugsfläche für Potenzial und Spannung wählen. Wir benutzen den Gauß'schen Satz, um das elektrische Feld zu bestimmen. Aus Symmetriegründen muss es radialsymmetrisch zur Zylinderachse sein, wie dies in der Abbildung angedeutet ist. Für den Gauß'schen Satz benutzen wir Zylinder mit Radius r als Integrationsflächen, deren Achsen mit der des Zylinderkondensators zusammenfallen und deren Länge ebenfalls l ist. Zunächst wählen wir einen großen Zylinder, der den gesamten Zylinderkondensator einschließt (Außenraum $r > R_2$). Die eingeschlossene Nettoladung ist dann null. Damit verschwindet auch das elektrische Feld im Außenraum. Dasselbe gilt für den Innenraum ($r < R_1$). Auch hier gibt es kein elektrisches Feld. Interessant ist der Bereich zwischen den Metallzylindern ($R_2 > r > R_1$). Die eingeschlossene Ladung ist Q. Lediglich die Mantelfläche trägt zum Integral bei und wir haben:

$$\oint_{\text{Zylinder}} \vec{E} \cdot d\vec{A} = \int_0^l E_r 2\pi r \, dl' = 2\pi r l E_r = \frac{Q}{\epsilon_0}$$

$$\implies \quad E_r = \frac{1}{2\pi\epsilon_0} \frac{Q}{rl}$$

Das zugehörige Potenzial ist

$$\varphi(r) = \frac{1}{2\pi\epsilon_0} \frac{Q}{l} \ln r$$

und die Spannung auf dem äußeren Zylinder zum inneren Zylinder als Bezugspunkt ist

$$U = \frac{1}{2\pi\epsilon_0} \frac{Q}{l} \ln \frac{R_2}{R_1}.$$

Damit erhalten wir als Kapazität für den Zylinderkondensator:

$$C = 2\pi\epsilon_0 \frac{l}{\ln(R_2/R_1)}$$

Die Abbildung zeigt den Aufbau eines Koaxialkabels, wie es zur breitbandigen Übertragung elektrischer Signale im Frequenzbereich

Seele
Isolation
Außen-
Mantel   leiter

bis GHz benutzt wird. Der Innenleiter, auch Seele genannt, bildet die Mitte des Kabels. Er besteht in der Regel aus einer Litze (ein Geflecht aus dünnen Drähten) und ist von einer Isolation umgeben, die als Dielektrikum wirkt. Diese ist wiederum vom Außenleiter umgeben, der auch als Abschirmung bezeichnet wird. In unserem Beispiel besteht er aus einer Metallfolie und einem Drahtgeflecht. Der Mantel umschließt das Kabel außen als mechanischer Schutz und elektrische Isolation.

Auch ein solches Kabel hat eine Kapazität. Man kann die Kombination aus Innen- und Außenleiter als Zylinderkondensator auffassen. Die Kapazität beträgt

$$C = 2\pi\epsilon_0\epsilon_r \frac{l}{\ln(R_2/R_1)},$$

wobei R_1 und R_2 die Radien von Innen- bzw. Außenleiter sind. Den Faktor ϵ_r werden wir noch im Zusammenhang mit den Dielektrika in ▶ Abschn. 5.4 besprechen. Die Kapazität steigt proportional zur Länge des Kabels an. In Datenblättern findet man daher meist die Kapazität pro Meter als Angabe. Typische Werte sind 50 bis 100 pF/m.

Beispiel 4.7: Kapazität der Lecher-Leitung

Eine Lecher-Leitung besteht aus zwei parallelen Drähten. Wir werden im Kapitel über die Wellenausbreitung (▶ Abschn. 13.1) noch näher auf die Lecher-Leitung eingehen. Hier sei als Beispiel die Kapazität der Leitung diskutiert. Das Potenzial eines einzelnen Drahtes haben Sie als Übungsaufgabe in ▶ Kap. 2 berechnet. Das Ergebnis sollte sein:

$$\varphi(r) = -\frac{1}{2\pi\epsilon_0}\frac{Q}{l}\ln\frac{r}{R}$$

Dabei ist l die Länge des Drahtes, Q die darauf gespeicherte Ladung, R der Radius des Drahtes und r der senkrechte Abstand vom Draht. Wir addieren die Potenziale der beiden Drähte der Lecher-Leitung, die immer entgegengesetzt geladen sind. Nun ist r_+ der senkrechte Abstand vom positiv geladenen Draht und r_- entsprechend der Abstand zum negativen.

$$\varphi(r) = -\frac{1}{2\pi\epsilon_0}\frac{Q}{l}\ln\frac{r_+}{R} + \frac{1}{2\pi\epsilon_0}\frac{Q}{l}\ln\frac{r_-}{R}$$

d

a

Die Spannung zwischen den Drähten ergibt sich als Potenzialdifferenz zwischen Punkten auf der Oberfläche der beiden Drähte. Wir nehmen an, dass der Radius R der Drähte klein ist gegen deren Abstand a. Dann ist für einen Punkt auf der Oberfläche des positiven Drahtes $r_+ = R$ und $r_- \approx a$. Wir erhalten:

$$U = -\frac{1}{2\pi\epsilon_0}\frac{Q}{l}\ln\frac{R}{R} + \frac{1}{2\pi\epsilon_0}\frac{Q}{l}\ln\frac{a}{R} + \frac{1}{2\pi\epsilon_0}\frac{Q}{l}\ln\frac{a}{R}$$

$$- \frac{1}{2\pi\epsilon_0}\frac{Q}{l}\ln\frac{R}{R} = \frac{1}{\pi\epsilon_0}\frac{Q}{l}\ln\frac{2a}{d}$$

In der letzten Beziehung haben wir den Durchmesser d der Drähte eingesetzt. Hieraus ergibt sich die Kapazität pro Längeneinheit zu

$$c = \frac{C}{l} = \frac{\pi\epsilon_0\epsilon_r}{\ln\frac{2a}{d}},$$

wobei wir zusätzlich berücksichtigt haben, dass sich möglicherweise ein Dielektrikum zwischen den Drähten befindet.

4.3   Kondensatorschaltungen

Kondensatoren sind Bauelemente, die elektrische Ladungen bzw. elektrische Energie speichern. Die einfachste Form eines Kondensators besteht aus zwei gegenüberliegenden Metallplatten. Dazwischen befindet sich oft ein Isolator. Er erhöht die maximale Spannung, die man am Kondensator anlegen kann. Außerdem erhöht er die Kapazität, wie wir im Kapitel über Felder in Materie noch sehen werden. Für Anwendungen in der Elektronik ist es eine technologische Herausforderung, in möglichst kleinen Bauelementen große Kapazitäten zu erreichen. ◘ Abb. 4.4 zeigt die Schaltsymbole eines Kondensators. Bei A handelt es sich um einen Kondensator, wie wir ihn kennen gelernt haben. B zeigt einen Elektrolytkondensator, bei dem auf die Polarität zu achten ist. Die mit dem offenen Symbol (Plus-Zeichen) gekennzeichnete Platte ist immer auf positivem Potenzial gegenüber der anderen Platte zu halten. Das dritte Symbol (C) zeigt einen Kondensator, dessen Kapazität eingestellt werden kann.

In der Praxis werden Kondensatoren oft nicht einzeln, sondern in Kombinationen eingesetzt. Für ein Bauelement mit zwei Anschlüssen gibt es zwei Möglichkeiten, zwei Elemente in einer Schaltung zu kombinieren. Diese wollen wir näher untersuchen. Schaltungen mit mehr als zwei Kondensatoren lassen sich schrittweise auf diese zurückführen.

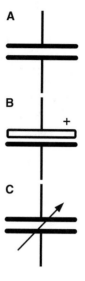

◘ **Abb. 4.4**   Schaltsymbole des Kondensators, **A** einfacher Kondensator, **B** Elektrolytkondensator, **C** Kondensator mit einstellbarer Kapazität

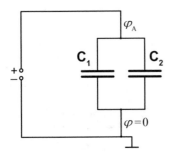

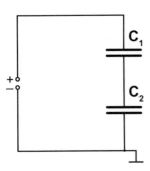

Abb. 4.5 Eine Parallelschaltung zweier Kondensatoren

4.3.1 Parallelschaltung

◘ Abb. 4.5 zeigt eine Parallelschaltung zweier Kondensatoren mit den Kapazitäten C_1 und C_2. Für die beiden Kondensatoren gilt:

$$C_1: \quad Q_1 = C_1 U$$
$$C_2: \quad Q_2 = C_2 U \tag{4.13}$$

Die Spannung an beiden Kondensatoren ist gleich, da sich jeweils die obere Platte auf Potenzial φ_A und die untere auf Potenzial 0 befindet. Von außen sieht man eine Kapazität C_{ges}, für die gilt:

$$Q_{\text{ges}} = C_{\text{ges}} U \tag{4.14}$$

Wegen Ladungserhaltung muss gelten

$$Q_{\text{ges}} = Q_1 + Q_2, \tag{4.15}$$

so dass sich ergibt:

$$Q_{\text{ges}} = Q_1 + Q_2 = C_1 U + C_2 U = (C_1 + C_2)\, U = C_{\text{ges}} U \tag{4.16}$$

Woraus man für die Parallelschaltung abliest:

$$C_{\text{ges}} = C_1 + C_2 \tag{4.17}$$

Sind mehr als zwei Kondensatoren parallel geschaltet, so gilt:

$$C_{\text{ges}} = \sum_i C_i \tag{4.18}$$

Durch die Parallelschaltung addieren sich die Kapazitäten. Man kann folglich durch Parallelschaltung höhere Kapazitäten erreichen.

4.3.2 Reihenschaltung

In ◘ Abb. 4.6 ist die Reihenschaltung zweier Kondensatoren dargestellt, die man auch Serienschaltung nennt. Die untere Platte von C_1 ist ausschließlich mit der oberen Platte von C_2 verbunden. Da sie nicht mit einer Stromquelle verbunden sind, muss die Gesamtladung auf diesen beiden Platten immer null sein. Für die Reihenschaltung gilt:

$$Q_1 = Q_2 = Q_{\text{ges}}$$
$$U_1 + U_2 = U_{\text{ges}} \tag{4.19}$$

Aus der zweiten Relation erhalten wir

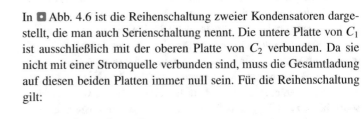

$$U_{\text{ges}} = U_1 + U_2 = \frac{Q}{C_1} + \frac{Q}{C_2} = Q \left(\frac{1}{C_1} + \frac{1}{C_2} \right) = \frac{Q}{C_{\text{ges}}}, \tag{4.20}$$

Abb. 4.6 Reihenschaltung zweier Kondensatoren

woraus wir für die Reihenschaltung ablesen:

$$\frac{1}{C_{\text{ges}}} = \frac{1}{C_1} + \frac{1}{C_2} \quad \text{bzw.} \quad \frac{1}{C_{\text{ges}}} = \sum_i \frac{1}{C_i} \qquad (4.21)$$

Im Falle der Reihenschaltung ist die Gesamtkapazität geringer als die Kapazitäten der einzelnen Kondensatoren. Eine solche Schaltung kann trotzdem von Interesse sein, da sich so beispielsweise die Spannungsfestigkeit der Schaltung erhöhen kann.

Experiment 4.1: Kondensatorschaltungen

Wir benutzen selbstgebaute Kondensatoren, um die Parallel- und Serienschaltung zu demonstrieren. Die einzelnen Kondensatoren haben eine Kapazität von etwa 100 pF. Mit einigen Kabeln kann man sie parallel bzw. in Reihe schalten, wie dies in den Abbildungen zu sehen ist. Die Messung der Kapazität der Schaltungen geschieht mit einem Multimeter. Man erwartet 0,2 nF für die Parallel- und 0,05 nF für die Reihenschaltung, was die Messung in etwa bestätigt.

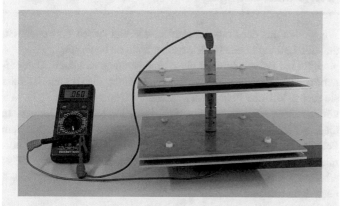

© RWTH Aachen, Sammlung Physik

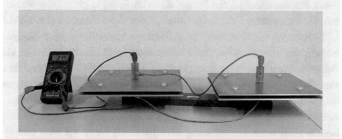

© RWTH Aachen, Sammlung Physik

4.3.3 Kondensatoren als elektronische Bauteile

Abb. 4.7 Zwei Kondensatoren (470 μF) in einem Computernetzteil

Kondensatoren sind wichtige Bauteile in vielen elektrischen Schaltungen. Das Foto in ■ Abb. 4.7 zeigt Kondensatoren in einem Computernetzteil, wo sie unter anderem zum Glätten der Versorgungsspannungen eingesetzt werden.

Im folgenden Kapitel werden wir noch einige Bauformen von Kondensatoren näher beschreiben. Neben der Kapazität werden die Kondensatoren durch die maximale Spannung charakterisiert, die an die Platten angelegt werden darf. Bei höheren Spannungen kann es zu einem Durchschlagen des Kondensators kommen, wobei sich ein Funke zwischen den Platten ausbildet. Ladung wird ausgetauscht und meist wird dabei die Isolation zwischen den Elektroden zerstört. Doch die wichtigste Kenngröße eines Kondensators ist sicherlich seine Kapazität.

4.4   Elektrische Energie

4.4.1 Punktladungen

Wir wollen uns der Frage zuwenden, wie viel Arbeit notwendig ist, um eine Ladung in einem elektrischen Feld zu bewegen.

Für eine Probeladung ist diese Frage einfach zu klären. Unter einer Probeladung verstehen wir ja eine Ladung, die so klein ist, dass sie das elektrische Feld nicht verändert (siehe ▶ Abschn. 2.3). Wir können ihren Einfluss auf das elektrische Feld vernachlässigen. In diesem Fall lässt sich die zu verrichtende Arbeit einfach aus dem Potenzial bestimmen. Das Potenzial ist auf eine Einheitsladung normiert. Multiplizieren wir es mit der Größe der Probeladung q, so erhalten wir direkt die Energie bzw. Arbeit, um die Ladung von A nach B zu bringen:

$$W_{AB} = q\varphi\left(\vec{r}_B\right) - q\varphi\left(\vec{r}_A\right) \tag{4.22}$$

Noch interessanter ist die Frage, wie viel Energie gebraucht wurde, um das elektrische Feld aufzubauen. Auch dazu mussten elektrische Ladungen verschoben werden. Allerdings können wir hier die Näherung der Probeladung nicht mehr anwenden. Betrachten Sie als Beispiel die elektrische Energie einer Konfiguration bestehend aus zwei Punktladungen. Zu Beginn befinden sich die beiden Ladungen im Unendlichen. Dort sind das Potenzial und damit auch die potenzielle elektrische Energie null. Es besteht noch kein elektrisches Feld, da das Feld einer Punktladung verschwindet, wenn sie sich unendlich weit weg befindet. Wir bringen zunächst im feldfreien Raum die Ladung Q_1 an ihre Position $\vec{r}_1$. Dafür ist keine Arbeit notwendig, da das Feld ja noch null ist. Danach bringen wir die zweite Ladung Q_2

an ihren Ort $\vec{r}_2$. Dabei muss gegen das Feld der ersten Ladung Arbeit verrichtet werden, bzw. wird vom Feld der ersten Ladung Arbeit verrichtet. Wir erhalten:

$$W_{12} = Q_2\varphi_1\left(\vec{r}_2\right) = Q_2\frac{1}{4\pi\epsilon_0}\frac{Q_1}{|\vec{r}_2 - \vec{r}_1|} \qquad (4.23)$$

Hier ist $\varphi_1(\vec{r}_2)$ das Potenzial, das von der Ladung Q_1 am Ort $\vec{r}_2$ erzeugt wird. Nun hätten wir auch umgekehrt vorgehen können, indem wir zunächst Q_2 im noch feldfreien Raum an ihren Ort bringen und erst dann Q_1 im Feld von Q_2 an ihren Ort bringen. Dies ergibt

$$W_{12} = Q_1\varphi_2\left(\vec{r}_1\right) = Q_1\frac{1}{4\pi\epsilon_0}\frac{Q_2}{|\vec{r}_1 - \vec{r}_2|}, \qquad (4.24)$$

was das gleiche Ergebnis darstellt. Für die elektrische Energie, die in der Anordnung zweier Punktladungen gespeichert ist, können wir daher auch schreiben:

$$E_{\text{el}} = \frac{1}{2}\sum_{i=1}^{2} Q_i\varphi\left(\vec{r}_i\right) \qquad (4.25)$$

Wir wollen nun eine dritte Punktladung der Größe Q_3 hinzufügen. Um sie aus dem Unendlichen an ihren Platz $\vec{r}_3$ zu bringen, müssen wir Arbeit gegen die Kräfte verrichten, die von Q_1 und Q_2 ausgehen. Wir nennen diese beiden Kräfte $\vec{F}_{31}$ bzw. $\vec{F}_{32}$. Dann ist:

$$
\begin{aligned}
W_3 &= -\int_{\infty}^{\vec{r}_3} \vec{F}_3 d\vec{s} = -\int_{\infty}^{\vec{r}_3} \left(\vec{F}_{31} + \vec{F}_{32}\right) d\vec{s} \\
&= -\int_{\infty}^{\vec{r}_3} \vec{F}_{31} d\vec{s} - \int_{\infty}^{\vec{r}_3} \vec{F}_{32} d\vec{s} = Q_3\varphi_1\left(\vec{r}_3\right) + Q_3\varphi_2\left(\vec{r}_3\right)
\end{aligned}
\qquad (4.26)
$$

Wiederum gilt $Q_3\varphi_1(\vec{r}_3) = Q_1\varphi_3(\vec{r}_1)$ und so weiter. Fügen wir noch die Energie hinzu, die bereits in den Ladungen Q_1 und Q_2 steckt, so haben wir:

$$
\begin{aligned}
E_{\text{el}} = {}&\frac{1}{2}Q_1\varphi_2\left(\vec{r}_1\right) + \frac{1}{2}Q_2\varphi_1\left(\vec{r}_2\right) + \frac{1}{2}Q_3\varphi_1\left(\vec{r}_3\right) \\
&+ \frac{1}{2}Q_1\varphi_3\left(\vec{r}_1\right) + \frac{1}{2}Q_3\varphi_2\left(\vec{r}_3\right) + \frac{1}{2}Q_2\varphi_3\left(\vec{r}_2\right)
\end{aligned}
\qquad (4.27)
$$

Ersetzen wir nun die Potenziale der einzelnen Punktladungen durch das Potenzial, das von allen externen Punktladungen erzeugt wird, d. h. $\varphi(\vec{r}_i) = \sum_{j\neq i}\varphi_j(\vec{r}_i)$. Die Summe erstreckt sich über die Potenziale aller Punktladungen, außer derjenigen, die sich am Ort $\vec{r}_i$ selbst befindet. Wir erhalten dann:

$$E_{el} = \frac{1}{2}Q_1\varphi(\vec{r}_1) + \frac{1}{2}Q_2\varphi(\vec{r}_2) + \frac{1}{2}Q_3\varphi(\vec{r}_3) = \frac{1}{2}\sum_i Q_i\varphi(\vec{r}_i)$$

(4.28)

Wir gelangen zur gleichen Relation wie bei zwei Punktladungen. Sie gilt allgemein für die Anordnungen beliebig vieler Punktladungen. Die Summe geht über die Potenziale an den Orten, an denen sich Ladungen befinden, jeweils multipliziert mit der dort befindlichen Ladung.

Beispiel 4.8: Elektrische Energie eines Kristalls

Die Bindung in Salzen, wie z. B. dem Natriumchlorid (Kochsalz), beruht auf der elektrischen Anziehung zwischen den Ionen. Die Abbildung zeigt den Aufbau des Natriumchloridkristalls. Das Natrium ist jeweils einfach positiv geladen, das Chlor entgegengesetzt. Die Bindungsenergie des Kristalls ist die Energie, die freigesetzt wird, wenn die Ionen aus dem Unendlichen kommend den Kristall formieren. Sie berechnet sich für ein einzelnes Ion nach:

$$E_{el} = \frac{1}{2}\sum_i Q_i\varphi(\vec{r}_i)$$

Allerdings müssen wir noch über alle N Ionen des Kristalls summieren:

$$E_{el} = \frac{1}{2}\sum_{j=1}^{N}\sum_{i\neq j} Q_i\varphi_j(\vec{r}_i) = \frac{1}{2}\frac{1}{4\pi\epsilon_0}\sum_{j=1}^{N}\sum_{i\neq j}\frac{Q_iQ_j}{r_{ij}}$$

Die hohe Symmetrie des Kristallgitters hilft uns bei der Auflösung der Doppelsumme. Zunächst stellen wir fest, dass jedes Natriumion die gleichen Nachbarn hat, egal wo es sich befindet, solange es nicht zu nahe an der Oberfläche sitzt, an der wir die Grenzen des Kristalls berücksichtigen müssten. Jedes Natriumion liefert den gleichen Beitrag. Und auch ein Chlorion hat genau dieselbe Konfiguration an gleich- und entgegengesetzt geladenen Nachbarn. Jedes Chlorion liefert ebenfalls den gleichen Beitrag. Es genügt folglich, den Beitrag eines einzelnen Natriumions (oder eines Chlorions) zu bestimmen und diesen mit der Anzahl N der Ionen im Kristall zu multiplizieren:

$$E_{el} = \frac{1}{2}\frac{N}{4\pi\epsilon_0}\sum_{i\neq j}\frac{Q_iQ_j}{r_{ij}}$$

Wir betrachten nun das Natriumion im Zentrum der Abbildung (das mit der Aufschrift Na$^+$). Es hat sechs entgegengesetzt geladene Nachbarn, die sich im Abstand der Gitterkonstanten a befinden. Dies sind die nächsten Nachbarn. Es folgen zwölf gleichgeladene Nachbarn im Abstand $r_{ij} = \sqrt{2}a$. Dies sind die zwölf anderen Natriumionen, die in der Abbildung zu sehen sind. Dann folgen die Chlorionen auf den Ecken des dargestellten Ausschnitts des Kristalls. Es sind acht im Abstand $\sqrt{3}a$. Die weiteren Nachbarn sind in der Abbildung nicht mehr zu sehen. Es sind sechs Natriumionen im Abstand $\sqrt{4}a$, 24 Chlorionen im Abstand $\sqrt{5}a$ und so weiter. Wir erhalten:

$$E_{el} = -\frac{1}{2}\frac{N e^2}{4\pi\epsilon_0}\left(\frac{6}{a} - \frac{12}{\sqrt{2}a} + \frac{8}{\sqrt{3}a} - \frac{6}{\sqrt{4}a} + \frac{24}{\sqrt{5}a} - \ldots\right)$$
$$= -\frac{1}{2}\alpha\frac{N e^2}{4\pi\epsilon_0 a}$$

Man nennt α die Madelung-Konstante. Sie ist eine einheitenlose Konstante, die angibt, wie viel größer die Bindungsenergie eines Ions im Kristallgitter ist im Vergleich zu einem Na$^+$-Cl$^-$-Paar im selben Abstand a. Für Natriumchlorid ergibt sich $\alpha = 1{,}7476$. Allerdings ist mit der Reihe Vorsicht geboten. Sie konvergiert nur bedingt. Würde man die Summanden so aufaddieren, wie in der obigen Gleichung angedeutet, so oszilliert das Ergebnis zwischen immer größer werdenden positiven und negativen Werten. Das liegt daran, dass die Ausschnitte des Kristalls, die wir bis zu einem festen Glied der Reihe berücksichtigen, elektrisch nicht neutral sind. Bricht man beispielsweise nach dem vierten Summanden ab, hat man als Nachbarn 14 Chlorionen, aber 18 Natriumionen berücksichtigt. Um ein vernünftiges Ergebnis zu erhalten, muss man über Würfel summieren, die elektrisch neutral sind und deren Kantenlänge man dann schrittweise vergrößern kann. Eine nette Übung für die Entwicklung eines Computerprogramms. Versuchen Sie es!

Aus der oben abgeleiteten Formel kommt man auf eine Bindungsenergie von 430 kJ/mol. Der gemessene Wert beträgt 411 kJ/mol (gemeint ist die Reaktionsenthalpie, die den Übergang von gasförmigen Na$^+$ und Cl$^-$-Ionen zum Kristall beschreibt). Eine ordentliche Übereinstimmung!

4.4.2 Kontinuierliche Ladungsverteilungen

Eine entsprechende Relation erhält man auch für kontinuierliche Ladungsverteilungen, indem wir die Summe $\sum Q_i$ durch das Integral

$\int dQ = \int \rho(\vec{r})d^3\vec{r}$ ersetzen:

$$E_{el} = \frac{1}{2} \int \rho(\vec{r}) \, \varphi(\vec{r}) \, d^3\vec{r} \tag{4.29}$$

In ▶ Beispiel 4.9 ist eine einfache Konfiguration ausgeführt. Beachten Sie bitte, dass hier zwei Größen auftauchen, die beide das Symbol E tragen, nämlich die elektrische Feldstärke $\vec{E}$ und die elektrische Energie E_{el}. Zur besseren Unterscheidung haben wir die elektrische Energie mit einem Index versehen.

Beispiel 4.9: Bindungsenergie von HCl

Mit Gl. 4.28 kann man auch die Bindungsenergie einzelner Moleküle bestimmen. Wir versuchen es mit dem Gas der Chlorsäure (HCl). Der Bindungsabstand beträgt $a = 127\,\mathrm{pm}$. Aus der Formel erhalten wir eine Bindungsenergie von

$$E_{el} = -\frac{1}{2}\frac{1}{4\pi\epsilon_0}2N_A\frac{e^2}{a} = 1{,}09\,\mathrm{MJ/mol}$$

während der gemessene Wert bei $432\,\mathrm{kJ/mol}$ liegt. Warum liegen wir viel zu hoch? Der Grund liegt in der Natur der chemischen Bindung des HCl-Moleküls. Wir haben angenommen, dass es aus einem H^+- und einem Cl^--Ion aufgebaut ist. Doch dies ist nicht korrekt. Es handelt sich hier nicht um eine Ionenbindung, sondern eine bipolare Bindung. Die Bindungselektronen sind nur teilweise zum Chlorion hin verschoben. Die Bindungsenergie ist deutlich geringer als im Falle einer Ionenbindung.

Beispiel 4.10: Elektrische Energie einer Kugelschale

Wir wollen als weiteres Beispiel eine homogen geladene Kugelschale betrachten. Wie viel Energie steckt im Feld dieser Ladung?
Das Feld im Außenraum ist identisch zu dem einer Punktladung der gleichen Größe, die im Zentrum der Kugel platziert ist. Im Innenraum herrscht kein Feld. Im Außenraum gilt:

$$\varphi(\vec{r}) = \frac{1}{4\pi\epsilon_0}\frac{Q}{r}$$

Wir laden die Kugelschale von der Ladung null an in infinitesimal kleinen Schritten auf. Für jeden Schritt müssen wir eine Ladung dQ aus dem Unendlichen holen und auf die Oberfläche der Kugelschale bringen. Dazu brauchen wir die Energie

$$dE_{el} = \varphi(r)dQ' = \frac{1}{4\pi\epsilon_0}\frac{Q'}{r}dQ'.$$

Wir integrieren und erhalten:

$$E_{el} = \int\limits_0^Q \frac{1}{4\pi\epsilon_0} \frac{Q'}{r} dQ' = \frac{1}{4\pi\epsilon_0}\left[\frac{1}{2}\frac{Q'^2}{r}\right]_0^Q = \frac{1}{4\pi\epsilon_0}\frac{1}{2}\frac{Q^2}{r}$$

$$= \frac{1}{2}Q\varphi(r)$$

Die elektrische Energie, die in der Kugelschale gespeichert ist, ist wie bei den Punktladungen $\frac{1}{2}Q\varphi(r)$.

Beispiel 4.11: Elektrische Energie einer homogen geladenen Kugel

Als drittes Beispiel betrachten wir eine homogen geladene Kugel mit der Ladung Q und dem Radius R. Wie groß ist die elektrische Energie der Kugel?
Wir benutzen Gl. 4.29. Das elektrische Potenzial der Kugel hatten wir bereits in ▶ Kap. 2 bestimmt (▶ Beispiel 2.20). Die Ladungsdichte ist $\rho_0 = Q/V = 3Q/4\pi R^3$. Wir integrieren lediglich über das Innere der Kugel, da im Außenraum die Ladungsdichte verschwindet. Mit $\varphi(r) = \frac{R^2\rho_0}{2\epsilon_0}(1 - \frac{r^2}{3R^2})$ ergibt sich:

$$E_{el} = \frac{1}{2}\int \rho_0 \frac{R^2\rho_0}{2\epsilon_0}\left(1 - \frac{r^2}{3R^2}\right)d^3\vec{r}$$

$$= \frac{\rho_0^2 R^2}{4\epsilon_0}4\pi\int\limits_0^R\left(1 - \frac{r^2}{3R^2}\right)r^2 dr$$

$$= \frac{\pi\rho_0^2 R^2}{\epsilon_0}\left[\frac{1}{3}r^3 - \frac{1}{5}\frac{r^5}{3R^2}\right]_0^R$$

$$= \frac{\pi\rho_0^2 R^2}{\epsilon_0}\left(\frac{1}{3}R^3 - \frac{1}{15}R^3\right) = \frac{3}{5}\frac{1}{4\pi\epsilon_0}\frac{Q^2}{R}$$

Eine wichtige Anwendung dieses Beispiels findet man in der Kernphysik. Die Protonen und Neutronen im Atomkern werden durch die Kernkräfte zusammengehalten, die keine elektrische Ursache haben. Im Gegenteil, auf Grund der elektrischen Ladung der Protonen $(+e)$ kommt es zu einer Abstoßung der Protonen gegen die Kernkräfte, die den Atomkern zusammenhalten müssen. Die Bindungsenergie durch die Kernkräfte ist negativ. Ihr Betrag muss größer sein als die potenzielle Energie, die in der Abstoßung der Protonen liegt, sonst wäre der Kern nicht stabil. Diese abstoßende Energie haben wir gerade ausgerechnet. Sie ist proportional zum Quadrat der Anzahl Z der Protonen im Kern, da $Q = Ze$, und umgekehrt proportional zum Radius R des Kerns, der sich in der Kernphysik als proportional zur Anzahl A der Protonen und Neutronen im Kern herausstellt. Man nennt diese Energie die Coulombkorrektur zur Bindungsenergie eines Kerns. Sie ist proportional zu Z^2/A.

4.4.3 Feldenergie

Wir wollen versuchen, die elektrische Energie in eine andere Form zu bringen. Dazu drücken wir Gl. 4.29 durch die Feldstärke aus, indem wir die Maxwell-Gleichung $\vec{\nabla} \cdot \vec{E} = \rho/\epsilon_0$ benutzen:

$$E_{\text{el}} = \frac{1}{2} \int \rho(\vec{r}) \, \varphi(\vec{r}) \, d^3\vec{r} = \frac{\epsilon_0}{2} \int \left(\vec{\nabla} \cdot \vec{E}(\vec{r}) \right) \varphi(\vec{r}) \, d^3\vec{r} \quad (4.30)$$

Dies lässt sich durch partielle Integration umwandeln in:

$$E_{\text{el}} = \frac{\epsilon_0}{2} \left[-\int \vec{E}(\vec{r}) \left(\vec{\nabla}\varphi(\vec{r}) \right) d^3\vec{r} + \oint \varphi(\vec{r}) \, \vec{E}(\vec{r}) \cdot d\vec{A} \right] \quad (4.31)$$

Das erste Integral erstreckt sich über ein Volumen, das groß genug gewählt sein muss, dass es alle Ladungen umschließt. Das zweite Integral erstreckt sich dann über die Oberfläche dieses Volumens. Man kann das Volumen so groß wählen, dass die Feldstärke auf der Oberfläche gegen null geht und damit das zweite Integral verschwindet. Im ersten Integral setzen wir $\vec{E}(\vec{r}) = -\vec{\nabla}\varphi(\vec{r})$ und erhalten:

$$E_{\text{el}} = \frac{\epsilon_0}{2} \int E^2 dV \quad (4.32)$$

Die elektrische Energie ist proportional zum Quadrat der Feldstärke. Dieses Ergebnis zeigt, dass die Energie nicht in den Ladungen, sondern im Feld gespeichert ist! Aus der Energie lässt sich schließlich noch die Energiedichte bestimmen:

$$w_{\text{el}} = \frac{\epsilon_0}{2} E^2 \quad (4.33)$$

Ein Gedankenexperiment mag unsere Schlussfolgerung, dass die Energie im Feld gespeichert ist und nicht in den Ladungen, noch unterstreichen. Dazu bestimmen wir zunächst die Energie, die in einem geladenen Plattenkondensator gespeichert ist. Der Plattenkondensator sei auf die Spannung U aufgeladen. In ◻ Abb. 4.8 ist dies unten durch das Symbol einer Spannungsquelle angedeutet. Wie viel Arbeit muss vom Netzgerät aufgewandt werden, um eine kleine (positive) Ladung dq auf die linke Platte zu bringen und dabei die Spannung ein wenig zu erhöhen?

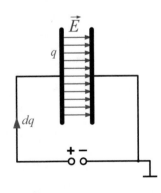

◻ **Abb. 4.8** Beim Aufladen eines Kondensators wird Energie gespeichert

$$dE_{\text{el}} = U dq = \frac{q}{C} dq \quad (4.34)$$

Dabei ist q die Ladung, die sich zu diesem Zeitpunkt bereits auf der Platte befindet. Nun integrieren wir die Energie, die notwendig ist, um den Kondensator auf die Gesamtladung Q zu laden:

$$E_{\text{el}} = \int_0^Q \frac{q}{C} dq = \frac{1}{2} \frac{q^2}{C} \Big|_0^Q = \frac{1}{2} \frac{Q^2}{C} \tag{4.35}$$

$$E_{\text{el}} = \frac{1}{2} \frac{Q^2}{C} = \frac{1}{2} QU = \frac{1}{2} CU^2$$

Diese Energie haben wir dem Plattenkondensator zugeführt. Sie ist nun als potenzielle Energie im Kondensator gespeichert. Doch wo? Man mag naiv annehmen, dass sie in den Kräften zwischen den Ladungen innerhalb einer Platte gespeichert ist. Aber das stimmt nicht. Ein einfaches Gedankenexperiment zeigt dies (◘ Abb. 4.9).

Wir laden einen Plattenkondensator, dessen Plattenabstand d auf nahezu 0 reduziert wurde, mit der Ladung Q auf. Da der Plattenabstand sehr gering ist, ist die Kapazität riesig. Wir benötigen nach Gl. 4.35 kaum Energie, um den Kondensator zu laden. Nun trennen wir die Platten vom Netzgerät und ziehen die Platten anschließend auseinander, bis sie den Abstand d voneinander haben. Wir benötigen hierzu die Kraft $\vec{F}$. Dabei bewegen sich die Ladungen innerhalb einer Platte nicht, so dass dort keine Energie gespeichert werden kann. Trotzdem steigt die Energie, die im Kondensator gespeichert ist, da ja die Kapazität sinkt. Die Energie steckt in der Anziehungskraft zwischen den Platten, gegen die wir Arbeit verrichten. Diese ist direkt mit dem Feld zwischen den Platten verknüpft, das beim Auseinanderziehen entsteht. In diesem ist die Energie gespeichert!

Wir können dies auch hier noch einmal durch die Formeln zeigen, indem wir in Gl. 4.35 die Spannung durch die Feldstärke ersetzen. Für die Feldstärke im Plattenkondensator hatten wir gefunden:

$$E = \frac{U}{d} \implies U = Ed \tag{4.36}$$

Damit erhalten wir als gespeicherte Energie

$$E_{\text{el}} = \frac{1}{2} CU^2 = \frac{1}{2} \frac{\epsilon_0 A}{d} (Ed)^2 = \frac{1}{2} \epsilon_0 AdE^2 = \frac{1}{2} \epsilon_0 VE^2, \tag{4.37}$$

wobei wir das vom Feld erfüllte Volumen V eingeführt haben. Wir bestimmen die Energiedichte w_{el}:

$$w_{\text{el}} = \frac{E_{\text{el}}}{V} = \frac{1}{2} \epsilon_0 E^2 \tag{4.38}$$

Ein Ergebnis, das wir bereits kennen (Gl. 4.33). Wie man sieht, hängen elektrische Energie und Energiedichte nur noch von der Feldstärke, aber nicht mehr von der Geometrie des Kondensators ab, was

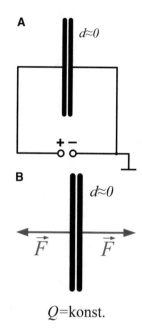

A

$d \approx 0$

B

$d \approx 0$

$\vec{F}$ $\vec{F}$

$Q = \text{konst.}$

◘ **Abb. 4.9** Illustration des Gedankenexperimentes

andeutet, dass die Energie im Feld gespeichert ist. Wie wir bereits gesehen haben, gilt die hier abgeleitete Relation für die Energiedichte des Kondensators für alle Feldanordnungen der Elektrostatik. Die Energiedichte ist proportional zum Quadrat der Feldstärke.

Dies ist ein einfaches Experiment, das demonstriert, dass in einem geladenen Kondensator Energie gespeichert ist. Wir nutzen die gespeicherte Energie, um eine LED zum Leuchten zu bringen. Die Abbildung zeigt das Schaltbild. Im Schaltbild ist links die Spannungsquelle zu sehen, oben ein Schalter, dann das Schaltsymbol des Kondensators, das wir bereits kennen, und rechts daneben das einer LED und eines Spannungsmessgerätes. Die kleinen Punkte auf den Linien zeigen an, dass an diesen Stellen die Leitungen elektrisch miteinander verbunden sind. Man markiert die Verbindungen, da bei Kreuzungen von Leitungen nicht klar ist, ob eine Verbindung hergestellt werden soll oder nicht.

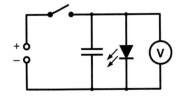

Schließt man den Schalter, so leuchtet die LED. Die Spannungsquelle lädt den Kondensator auf, treibt die LED, und das Spannungsmessgerät zeigt die Spannung an. Öffnet man den Schalter wieder, so leuchtet die LED noch einige Zeit weiter. Die Energie, die hierfür nötig ist, kommt aus dem Kondensator. Das Spannungsmessgerät zeigt an, wie die Spannung zurückgeht, bis die LED erlischt.

Wir verwenden einen Kondensator mit ca. 100 mF. Die Spannung muss für eine rote LED auf knapp 2 V eingestellt sein. Dann leuchtet die LED etwa 10 s nach. Dass dieses Nachleuchten tatsächlich von der Energie im Kondensator herrührt, kann man leicht überprüfen, indem man den Versuch ohne den Kondensator wiederholt. Klemmt man den Kondensator ab, erlischt die LED unmittelbar mit dem Öffnen des Schalters.

Im Helmholtz-Zentrum Dresden-Rossendorf untersuchen Forscher, wie sich Materie und Materialien unter dem Einfluss hoher magnetischer Felder verhalten. Die höchsten magnetischen Felder erreicht man mit Magneten, die nur für wenige Millisekunden gepulst werden können. Die Energie für das Pulsen der Magnete kann man nicht einfach dem Netz entnehmen. Sie wird in einer Kondensatorbank zwischengespeichert. Die Kondensatorbank wird langsam aufgeladen, ohne dabei die Grenzen der Belastung des Netzes zu überschreiten. Die Kondensatorbank liefert dann die Energie für die kurzen Pulse. Sie besteht aus vielen parallel geschalteten Kondensatoren. Eine Energie von 50 MJ speichern die

Kondensatoren. Kurzfristig kann eine Leistung von bis zu 5 GW entnommen werden.

© Helmholtz-Zentrum Dresden-Rossendorf

? **Übungsaufgaben zu** ▸ Kap. 4

1. In einem Geigerzähler ist auf der Achse eines geerdeten Metallzylinders (Radius $R = 2$ cm) ein dünner Draht (Radius $r = 0{,}15$ mm) gespannt, an den eine Spannung $U = 900$ V angelegt ist. Wie groß ist die Feldstärke an der Außenwand und auf der Oberfläche des Drahtes?

2. Drei negative Ladungen der Größe $-Q$ befinden sich an den Ecken eines gleichseitigen Dreiecks mit Seitenlänge a. Bestimmen Sie die elektrische Energie der Anordnung.

3. Bestimmen Sie die Bindungsenergie eines Ions der Ladung Q in einem 1-dimensionalen Kristall mit Gitterabstand a. Tipp: $\sum_{n=1}^{\infty} \frac{(-1)^n}{n^2} = -\frac{\pi^2}{12}$.

4. Sie wollen die Information in einem Datenspeicher erhalten, während das Gerät ausgeschaltet ist. Der Datenspeicher benötigt zum Erhalt der Daten eine Leistung von $0{,}1\,\mu$W, die Sie aus einem Kondensator entnehmen wollen. Der Kondensator mit einer Kapazität vom $4{,}7$ F wird auf 4 V aufgeladen. Ist die Spannung auf 3 V abgesunken, verliert der Speicher seine Information. Wie lange kann die Information gespeichert werden?

5. Wie groß ist die elektrische Energie eines Stückes der Länge l eines unendlich langen geraden Stabes mit Radius R, der eine konstante lineare Ladungsdichte λ trägt?

6. Auf einer Platine befindet sich auf der Oberfläche eine Leiterbahn der Breite $b = 1$ mm. Die Unterseite der Platinen ist vollständig mit Kupfer beschichtet und geerdet. Die Dicke der Platine be-

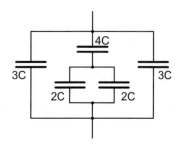

trägt $d = 3\,\text{mm}$. Bestimmen Sie die Kapazität der Leiterbahn pro Längeneinheit gegen Erde. Nähern Sie hierzu die Leiterbahn durch einen Draht mit Durchmesser b. Tipp: Benutzen Sie die Methode der Spiegelladungen zur Bestimmung des Potenzials.

7. Bestimmen Sie die Gesamtkapazität der Kondensatoren in der abgebildeten Schaltung.

8. Ein Kondensator mit eine Kapazität von $C_1 = 150\,\text{nF}$ wird auf eine Spannung $U_0 = 200\,\text{V}$ aufgeladen und dann von der Spannungsquelle getrennt. Danach werden zwei weitere, anfangs ungeladene Kondensatoren parallel zu C_1 angeklemmt. Ihre Kapazitäten sind $C_2 = C_3 = 270\,\text{nF}$. Wie groß ist die Ladung Q_1, die auf C_1 verbleibt, und welche Spannung U_1 liegt an?

9. Sie wollen einen Kondensator der Kapazität 220 nF in eine Schaltung einbringen, in der er einer Spannung von 250 V ausgesetzt wird. Sie verfügen aber nur über 220-nF-Kondensatoren mit einer Spannungsfestigkeit von 100 V. Was tun Sie?

10. Sie wollen einen Zylinderkondensator mit einer Kapazität von 10 pF bauen, indem Sie ein Kunststoffröhrchen innen und außen mit Kupfer beschichten. Die Wandstärke des Röhrchens beträgt 1 mm, der innere Durchmesser 10 mm. Wie lang muss das Röhrchen sein?

Materie in elektrischen Feldern

Stefan Roth und Achim Stahl

© Springer-Verlag GmbH Deutschland, ein Teil von Springer Nature 2018
S. Roth, A. Stahl, *Elektrizität und Magnetismus*, DOI 10.1007/978-3-662-54445-7_5

5.1 Polarisation des Mediums

5.1.1 Dipole im Medium

Wir hatten uns ausführlich mit metallischen Leitern in elektrischen Feldern auseinandergesetzt. Das äußere Feld verschiebt die Ladungen so lange, bis sich Oberflächenladungen ausgebildet haben, die zu einer vollständigen Kompensation des Feldes im Inneren der Leiter führen.

Nun wollen wir uns mit dem Verhalten von Nichtleitern auseinandersetzen, die wir in elektrische Felder einbringen. Wir nehmen an, dass die Nichtleiter keine Nettoladung tragen. Naiv mag man erwarten, dass diese dann auch keinen Einfluss auf das Feld haben, da die Ladungen im Nichtleiter nicht frei beweglich sind. Doch dies stimmt nicht. Auch wenn sich die Ladungen nicht frei bewegen können, können sie sich innerhalb des Bereiches ihres Atoms oder ihres Moleküls verschieben. So können sich elektrische Dipole im Medium ausbilden, die von einem elektrischen Feld begleitet sind, das sich dem äußeren Feld überlagert. In ◻ Abb. 5.1 ist ein solches Medium zu sehen. Die Teilladungen der Dipole sind durch die Farben angedeutet. Die Dipole sind durch das elektrische Feld entlang der Feldlinien ausgerichtet. Das Medium ist polarisiert. An den Rändern des Mediums, in der Abbildung durch die grau unterlegten Flächen angedeutet, entstehen Flächenladungen. Man kann in ◻ Abb. 5.1 deutlich erkennen, dass sich in der linken Fläche mehr negative als positive Teilladungen befinden und entsprechend in der rechten Fläche mehr positive als negative Teilladungen. Die Oberfläche des Mediums, die gegen die Feldrichtung weist, trägt eine negative Ladungsdichte σ_-, während die Oberfläche in Feldrichtung eine positive Ladungsdichte σ_+ trägt. Diese Ladungen bilden nun selbst ein elektrisches Feld aus. Es ist dem äußeren Feld entgegengerichtet und überlagert sich diesem. Es schwächt das äußere Feld.

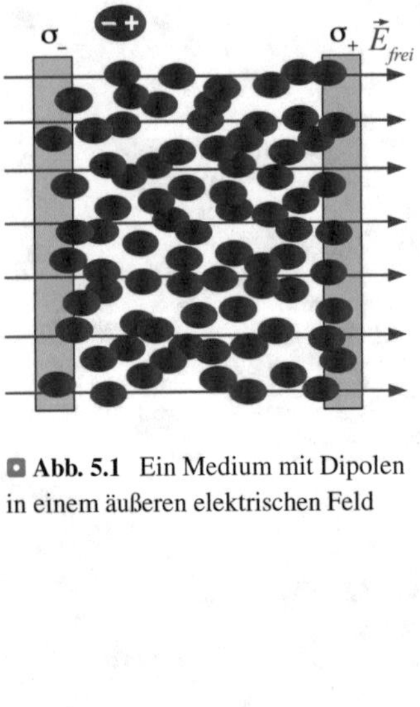

◻ **Abb. 5.1** Ein Medium mit Dipolen in einem äußeren elektrischen Feld

Wir wollen versuchen die Polarisierung des Mediums quantitativ zu erfassen. Dazu greifen wir auf das Dipolmoment $\vec{p} = q\vec{d}$ zurück. Ein einzelner mikroskopischer Dipol trage das Dipolmoment $\vec{p}_i$. Wir mitteln über Raumbereiche, indem wir die darin vorhandenen Dipolmomente addieren und auf das Volumen des Raumbereiches normieren:

$$\vec{P} = \frac{1}{V} \sum_i \vec{p}_i \tag{5.1}$$

Die gemittelte Größe nennt man die Polarisation des Mediums. Die Polarisation lässt sich in Bezug setzen zu den in ◻ Abb. 5.1 angedeuteten Oberflächenladungen. Es sei n die Dichte der Dipole im Medium (Anzahl pro Volumen), dann ist

$$P = \left|\vec{P}\right| = np = nqd, \tag{5.2}$$

wobei wir angenommen haben, dass alle Dipole dasselbe Dipolmoment p tragen und vollständig in Feldrichtung ausgerichtet sind. Wir erweitern auf das Volumen der Grenzschicht $V = Ad$,

$$P = \frac{nqdA}{A} = \frac{nqV}{A} = \frac{Q}{A} = \sigma_{\text{Pol}}, \tag{5.3}$$

d. h., die Polarisation entspricht der Flächenladungsdichte auf den Oberflächen.

5.1.2 Das Feld im Medium

Nun bestimmen wir das daraus resultierende Feld. Dazu benutzen wir die Maxwell-Gleichungen. Betrachten Sie noch einmal ◘ Abb. 5.1. Wir beziehen uns auf das mit σ_+ bezeichnete, grau unterlegte Volumen und integrieren die Feldstärke über dessen Oberfläche, was nach den Maxwell-Gleichungen die eingeschlossene Ladung ergibt:

$$\oint_{\sigma_+} \vec{E}_{\text{Pol}} d\vec{A} = \frac{Q}{\epsilon_0} \tag{5.4}$$

Wie man aus der Skizze sieht, trägt lediglich die linke Fläche mit der Größe A zum Integral bei. Das Feld ist näherungsweise homogen, so dass wir Folgendes erhalten:

$$E_{\text{Pol}}A = \frac{Q}{\epsilon_0} \implies E_{\text{Pol}} = \frac{Q}{A\epsilon_0} = \frac{\sigma_{\text{Pol}}}{\epsilon_0} = \frac{P}{\epsilon_0} \tag{5.5}$$

Beachten Sie allerdings die Richtungen. Wir haben das Dipolmoment als Vektor definiert, der von der negativen zu den positiven Teilladung des Dipols zeigt (► Abschn. 3.3). Das elektrische Feld, das die Dipole erzeugen, weist allerdings von der positiven Ladung zur negativen. Folglich gilt:

$$\vec{P} = -\epsilon_0 \vec{E}_{\text{Pol}} \tag{5.6}$$

Das Feld im Medium ist eine Überlagerung des äußeren Feldes $\vec{E}_{\text{frei}}$, das wir ohne Medium beobachten würden, mit dem Feld $\vec{E}_{\text{Pol}}$, das durch die Dipole im Medium erzeugt wird:

$$\vec{E}_{\text{Med}} = \vec{E}_{\text{frei}} + \vec{E}_{\text{Pol}} = \vec{E}_{\text{frei}} - \frac{\vec{P}}{\epsilon_0} \tag{5.7}$$

Die Polarisation des Mediums hängt von der Stärke des wirkenden Feldes ab. Ohne Feld verschwindet sie. Wirkt ein Feld, so steigt die Polarisation mit dem Feld an. In vielen Fällen kann man diese

◻ **Tabelle 5.1** Relative Dielektrizitätskonstante einiger Stoffe

Medium	ϵ
Vakuum	1
Wasserstoff	1,00025
Luft	1,00058
Teflon	2
Transformatorenöl	2,2
Polyethylen (PE)	2,4
Glas	5
Aluminiumoxid	9
Ethanol	26
Tantalpentoxid	27
Wasser	80
BaTiO$_3$ (Ferroelektrikum)	> 100

Relation als linear betrachten. Wir drücken sie mit einer Proportionalitätskonstanten aus:

$$\vec{E}_{\text{Pol}} = \chi_e \vec{E}_{\text{Med}} \text{ bzw. } \vec{P} = \epsilon_0 \chi_e \vec{E}_{\text{Med}} \tag{5.8}$$

Man nennt die Konstante die dielektrische Suszeptibilität. Mit dieser Konstanten erhalten wir aus Gl. 5.7:

$$\vec{E}_{\text{Med}} = \vec{E}_{\text{frei}} - \chi_e \vec{E}_{\text{Med}} \Longrightarrow \vec{E}_{\text{Med}} = \frac{\vec{E}_{\text{frei}}}{1 + \chi_e} \tag{5.9}$$

Statt der Suszeptibilität benutzt man auch die relative Dielektrizitätskonstante ϵ, auch relative Permittivität genannt. Sie gibt an, um welchen Faktor das Feld durch das Medium geschwächt wird:

$$\vec{E}_{\text{Med}} = \frac{1}{\epsilon} \vec{E}_{\text{frei}} \tag{5.10}$$

Ein Vergleich mit Gl. 5.9 zeigt:

$$\epsilon = 1 + \chi_e \tag{5.11}$$

Suszeptibilität und die relative Dielektrizität sind Materialkonstanten, die die Polarisierbarkeit des Mediums quantifizieren. Sie hängen von der mikroskopischen Struktur des Mediums ab, z. B. von der Kraft, mit der die Elektronen an die Atome gebunden sind und gegen die sie vom äußeren Feld verschoben werden. ◻ Tab. 5.1 gibt die Werte einiger Stoffe an.

5.2 Felder im Medium

5.2.1 Maxwell-Gleichungen

Die elektrischen Felder im Vakuum lassen sich aus den Maxwell-Gleichungen berechnen. Dies gilt auch für elektrische Felder, die sich in einem Medium ausbilden, sofern wir die Ladungen des Mediums explizit berücksichtigen. Da dies aber recht kompliziert sein kann, wollen wir nach einem Weg suchen, wie wir das Feld ohne das Medium darstellen können.

Wir beginnen mit der differenziellen Form der dritten Maxwell-Gleichung

$$\text{div } \vec{E}_{\text{Med}} = \frac{1}{\epsilon_0} \rho = \frac{1}{\epsilon_0} \left(\rho_{\text{frei}} + \rho_{\text{pol}} \right), \tag{5.12}$$

wobei die Ladungsdichte ρ_{frei} auf Ladungen zurückgeht, die als externe Ladungen in die Anordnung eingebracht wurden, und ρ_{pol} die Ladungsdichte bezeichnet, die durch die Polarisation des Mediums entsteht.

Wir bestimmen die Polarisationsladung in einem Volumen V, das von der Fläche A umschlossen wird:

$$\Delta Q_{\text{pol}} = \int_A \sigma_{\text{pol}} dA = \int_A \vec{P} \cdot d\vec{A} \tag{5.13}$$

Andererseits gilt:

$$\Delta Q_{\text{pol}} = - \int_V \rho_{\text{pol}} dV \tag{5.14}$$

Ein Blick auf ◻ Abb. 5.1 erklärt das Minuszeichen. Betrachten Sie die rechte Fläche mit σ_+. In Gl. 5.13 ist das Vorzeichen von ΔQ_{pol} definiert über $\vec{P} \cdot d\vec{A}$. Der Vektor $\vec{P}$ ist parallel zum äußeren Feld $\vec{E}_{\text{frei}}$ und damit antiparallel zu $d\vec{A}$. ΔQ_{pol} ist folglich negativ. Da ρ_{pol} aber positiv ist, muss in Gl. 5.14 das Minuszeichen auftreten.

Nun benutzen wir den Gauß'schen Satz,

$$\int_A \vec{P} \cdot d\vec{A} = \int_V \text{div } \vec{P} dV = - \int_V \rho_{\text{pol}} dV, \tag{5.15}$$

und damit (mit Gl. 5.6)

$$\rho_{\text{pol}} = - \text{div } \vec{P} = \epsilon_0 \text{ div } \vec{E}_{\text{Pol}}. \tag{5.16}$$

Dies können wir nun in unseren Ansatz (Gl. 5.12) eintragen:

$$\text{div } \vec{E}_{\text{Med}} = \frac{1}{\epsilon_0} \left(\rho_{\text{frei}} + \epsilon_o \text{ div } \vec{E}_{\text{Pol}} \right)$$

$$\text{div } \left(\vec{E}_{\text{Med}} - \vec{E}_{\text{Pol}} \right) = \frac{1}{\epsilon_0} \rho_{\text{frei}} \tag{5.17}$$

Nun führen wir eine neue Feldgröße ein:

$$\vec{D} = \epsilon_0 \left(\vec{E}_{\mathrm{Med}} - \vec{E}_{\mathrm{Pol}} \right) = \epsilon_0 \vec{E}_{\mathrm{frei}} \tag{5.18}$$

Die Größe $\vec{D}$ hat verschiedene Namen. Man nennt sie elektrische Flussdichte, elektrische Erregung oder auch dielektrische Verschiebung. Wir werden den Begriff elektrische Erregung verwenden. Er deutet an, dass $\vec{D}$ der Feldstärke $\vec{E}_{\mathrm{frei}}$ entspricht, die die Polarisation im Medium erregt. Bitte beachten Sie, dass die elektrische Erregung im Gegensatz zur elektrischen Feldstärke $\vec{E}$ den Faktor ϵ_0 bereits enthält. Die dritte Maxwell-Gleichung lautet nun:

$$\mathrm{div}\, \vec{D} = \rho_{\mathrm{frei}} \tag{5.19}$$

Gemeinsam mit der ersten Maxwell-Gleichung

$$\mathrm{rot}\, \vec{E}_{\mathrm{Med}} = 0 \tag{5.20}$$

bestimmen sie die elektrischen Felder im Medium (und außerhalb).

5.2.2 Grenzflächen

Besonders interessant ist das Verhalten der Felder an den Grenzflächen des Mediums. Der Einfachheit halber wollen wir annehmen, dass sich im Bereich der Grenzfläche neben den Polarisationsladungen nicht auch noch freie Ladungen befinden. Wir betrachten zunächst den Fall, dass das Feld senkrecht auf die Grenzfläche trifft. Aus Gl. 5.19 mit $\rho_{\mathrm{frei}} = 0$ folgt:

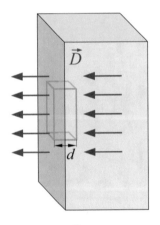

■ **Abb. 5.2** Das $\vec{D}$-Feld an der Grenzfläche

$$\vec{D}_{\mathrm{Med}}^{\perp} = \vec{D}_{\mathrm{frei}}^{\perp} \tag{5.21}$$

Betrachten Sie hierzu ■ Abb. 5.2. Die Integralform von Gl. 5.19 lautet:

$$\oint \vec{D} \cdot d\vec{A} = 0 \tag{5.22}$$

Wir integrieren über die Oberfläche des grünen Quaders in ■ Abb. 5.2. Die Integrale durch die Seitenflächen verschwinden, wenn wir d gegen null gehen lassen. Es bleiben die Integrale über die beiden Stirnflächen, die sich gegenseitig kompensieren müssen, woraus Gl. 5.21 folgt.

In ▶ Abschn. 5.1 hatten wir bereits gesehen, dass für die elektrische Feldstärke gilt:

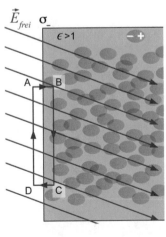

■ **Abb. 5.3** Zur Bestimmung der parallelen Komponente des Feldes an einer Grenzfläche

$$\vec{E}_{\mathrm{Med}}^{\perp} = \frac{1}{\epsilon} \vec{E}_{\mathrm{frei}}^{\perp} \tag{5.23}$$

Zur Untersuchung der Komponente parallel zur Grenzfläche betrachten wir ■ Abb. 5.3. Wir bestimmen das Wegintegral entlang des

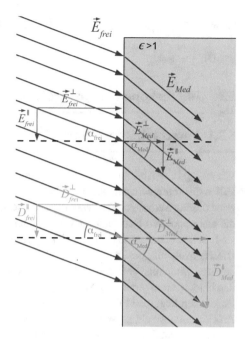

■ Abb. 5.4 Illustration des Brechungsgesetzes des elektrischen Feldes

Rechtecks ABCD in der Skizze. Auf Grund der Wirbelfreiheit des Feldes muss dieses verschwinden:

$$\oint_{ABCD} \vec{E} \cdot d\vec{s} = \int_B^C \vec{E}_{\mathrm{Med}}^{\parallel} ds' + \int_D^A \vec{E}_{\mathrm{frei}}^{\parallel} ds' = \int_B^{C'} \vec{E}_{\mathrm{Med}}^{\parallel} ds - \int_A^D \vec{E}_{\mathrm{frei}}^{\parallel} ds$$

Dabei haben wir die Strecken AB und CD so klein gemacht, dass ihr Beitrag vernachlässigbar wird. Zu den beiden verbleibenden Integralen tragen nur die Feldkomponenten parallel zur Grenzfläche bei. Im letzten Schritt haben wir die Richtung des Weges des zweiten Integrals umgekehrt, so dass beide Integrationen nun dieselbe Richtung haben (von oben nach unten in der Skizze). Wie man sieht muss Folgendes gelten:

$$\vec{E}_{\mathrm{Med}}^{\parallel} = \vec{E}_{\mathrm{frei}}^{\parallel} \tag{5.24}$$

Mit diesen Informationen können wir nun ein Brechungsgesetz des elektrischen Feldes aufstellen. Es gibt an, wie sich die Richtung des elektrischen Feldes beim Eintritt in das Medium verändert. Es ist:

$$\tan \alpha_{\mathrm{Med}} = \frac{\vec{E}_{\mathrm{Med}}^{\parallel}}{\vec{E}_{\mathrm{Med}}^{\perp}} = \epsilon \frac{\vec{E}_{\mathrm{frei}}^{\parallel}}{\vec{E}_{\mathrm{frei}}^{\perp}} = \epsilon \tan \alpha_{\mathrm{frei}} \tag{5.25}$$

Die Winkel sind in ■ Abb. 5.4 definiert. Die Vektoren $\vec{E}$ und $\vec{D}$ sind parallel zueinander[1], so dass wir auch schreiben können:

$$\tan \alpha_{\mathrm{Med}} = \frac{\vec{D}_{\mathrm{Med}}^{\parallel}}{\vec{D}_{\mathrm{Med}}^{\perp}} = \epsilon \frac{\vec{D}_{\mathrm{frei}}^{\parallel}}{\vec{D}_{\mathrm{frei}}^{\perp}} = \epsilon \tan \alpha_{\mathrm{frei}} \tag{5.26}$$

---

[1] Dies trifft für isotrope Medien zu. Im Falle anisotroper Medien weichen die Richtungen von $\vec{E}_{\mathrm{Med}}$ und $\vec{D}_{\mathrm{Med}}$ voneinander ab. Es tritt Doppelbrechung auf.

Da wir bereits wissen, dass $\vec{D}^{\perp}_{\text{Med}} = \vec{D}^{\perp}_{\text{frei}}$ (Gl. 5.21), muss gelten:

$$\vec{D}^{\parallel}_{\text{Med}} = \epsilon \vec{D}^{\parallel}_{\text{frei}} \tag{5.27}$$

5.3   Mikroskopische Beschreibung der Polarisation

5.3.1 Verschiebungspolarisation

A

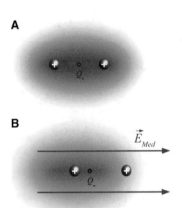

B

$\vec{E}_{Med}$

◘ **Abb. 5.5** Ladungsverteilung der Elektronen in einem Wasserstoffmolekül im feldfreien Raum (**A**) und in einem externen Feld (**B**)

Wir hatten in ▶ Abschn. 5.1 erwähnt, dass die Polarisation in vielen Fällen linear mit dem angelegten elektrischen Feld steigt. Wie kommt es zu diesem Verhalten? Das Verhalten tritt bei allen Nichtleitern auf, die aus unpolaren Bausteinen (Atomen oder Molekülen) aufgebaut sind. Wir wollen als Beispiel molekulares Wasserstoffgas wählen. Die H_2-Moleküle besitzen kein Dipolmoment. Die beiden Elektronen des Moleküls befinden sich bevorzugt in der Mitte zwischen den beiden Atomkernen (◘ Abb. 5.5). Der Ladungsschwerpunkt der Elektronen liegt exakt in der Mitte zwischen den Kernen. Legt man ein elektrisches Feld an, so wirken Kräfte auf die Kerne und die Elektronen, die jeweils in entgegengesetzte Richtungen zeigen. Sie führen dazu, dass sich die Ladungen verschieben und das Molekül ein Dipolmoment entwickelt. Näherungsweise können wir davon ausgehen, dass die Verschiebung proportional zur Kraft ist. Dadurch entsteht ein Dipolmoment, dessen Größe proportional zum elektrischen Feld ist:

$$\vec{p} = \alpha \vec{E}_{\text{Med}} \tag{5.28}$$

Man nennt diesen Vorgang, bei dem durch die Verschiebung der Ladungsschwerpunkte in den Atomen bzw. Molekülen Dipolmomente erzeugt werden, Verschiebungspolarisation. Stoffe, bei denen Verschiebungspolarisation auftritt, nennt man Dielektrika im engeren Sinne[2]. Die Größe α heißt elektrische Polarisierbarkeit. Sie ist eine Eigenschaft der Atome bzw. Moleküle. Da alle Wasserstoffmoleküle das gleiche Dipolmoment ausbilden, ist die Polarisation durch

$$\vec{P} = n\vec{p} = n\alpha \vec{E}_{\text{Med}} \tag{5.29}$$

gegeben. Dabei ist n die Dichte der Moleküle (Gl. 5.2), die man auch durch

$$n = \frac{N_A \rho}{m_{\text{mol}}} \tag{5.30}$$

ausdrücken kann, mit der Avogadro-Konstanten N_A, der (Massen-)Dichte ρ und der Molmasse m_{mol}. Da nach Gl. 5.8 ferner gilt

$$\vec{P} = \epsilon_o \chi_e \vec{E}_{\text{Med}}, \tag{5.31}$$

---

[2] Manchmal wird der Begriff auch für beliebige Medien in elektrischen Feldern benutzt.

kann man den Zusammenhang zwischen der elektrischen Polarisierbarkeit eines einzelnen Moleküls und der makroskopischen Größe der Suszeptibilität herstellten. Es ergibt sich:

$$\alpha = \frac{\epsilon_0}{n}\chi_e = \frac{\epsilon_0}{n}(\epsilon - 1) \tag{5.32}$$

Diese Beziehung ist für Stoffe geringer Dichte, wie z. B. Gase, ganz gut erfüllt. Bei Stoffen mit höherer Dichte müssen wir die Wechselwirkung eines Dipols mit seinen umliegenden Nachbarn berücksichtigen. Dies führt zur Clausius-Mosotti-Beziehung, die dann Gl. 5.32 ersetzt. Sie lautet:

$$\alpha = 3\frac{\epsilon_0}{n}\frac{\epsilon - 1}{\epsilon + 2} \tag{5.33}$$

Stoffe, bei denen die Polarisation vornehmlich durch Verschiebungspolarisation entsteht, nennt man Dielektrika bzw. dielektrische Stoffe.

Beispiel 5.1: Induzierte Dipolmomente in Wasserstoffgas

Wir wollen eine Größenabschätzung wagen, über die Verschiebung der Ladungen in Wasserstoffmolekülen, die wir einem elektrischen Feld aussetzen. Als Beispiel verwenden wir ein recht hohes Feld von $E = 1\,\text{MV/m}$. Eigentlich müssten wir die Feldstärke im Medium berechnen, aber da die Suszeptibilität von Wasserstoffgas sehr nah bei 1 ist, können wir diesen Unterschied vernachlässigen. Wir beginnen mit der Berechnung der Polarisierbarkeit der Wasserstoffmoleküle. Die Dichte des Gases beträgt bei Raumtemperatur und Normaldruck $\rho_{H_2} = 0{,}084\,\text{kg/m}^3$, die Molmasse ist 2 g. Damit ergibt sich aus Gl. 5.30 die Moleküldichte:

$$n = \frac{N_A \rho}{m_{\text{mol}}} = \frac{6{,}02 \cdot 10^{23} \cdot 0{,}084\,\frac{\text{kg}}{\text{m}^3}}{2 \cdot 10^{-3}\,\text{kg}} = 2{,}53 \cdot 10^{25}\,\frac{1}{\text{m}^3}$$

Nun können wir in der Näherung geringer Dicht aus der relativen Dielektrizitätskonstanten $\epsilon_{H_2} = 1{,}00025$ (siehe ◼ Tab. 5.1) die Polarisierbarkeit bestimmen (Gl. 5.32):

$$\alpha_{H_2} = \frac{\epsilon_0}{n}(\epsilon_{H_2} - 1) = \frac{8{,}854 \cdot 10^{-12}\,\frac{\text{As}}{\text{Vm}}}{2{,}53 \cdot 10^{25}\,\frac{1}{\text{m}^3}}(1{,}00025 - 1)$$

$$= 8{,}7 \cdot 10^{-41}\,\frac{\text{C}\,\text{m}^2}{\text{V}}$$

Hieraus lässt sich nun mit Gl. 5.28 das Dipolmoment eines einzelnen Moleküls bestimmen. Es beträgt:

$$p = \alpha_{H_2} E = 8{,}7 \cdot 10^{-41}\,\frac{\text{C}\,\text{m}^2}{\text{V}} \cdot 10^6\,\frac{\text{V}}{\text{m}} = 8{,}7 \cdot 10^{-35}\,\text{C}\,\text{m}$$

Das Molekül besteht aus Elektronen und Kernen, die zusammen jeweils die doppelte Elementarladung tragen, $Q = 3{,}22 \cdot 10^{-19}\,\mathrm{C}$. Die Ladungsschwerpunkte müssen folglich um die Strecke

$$d = \frac{p}{Q} = \frac{8{,}7 \cdot 10^{-35}\,\mathrm{C\,m}}{3{,}22 \cdot 10^{-19}\,\mathrm{C}} = 2{,}7 \cdot 10^{-16}\,\mathrm{m}$$

gegeneinander verschoben werden. Diese Verschiebung muss man mit dem Abstand der beiden Kerne im Wasserstoffmolekül, der so genannten Bindungslänge, vergleichen. Sie beträgt $l = 7{,}4 \cdot 10^{-11}\,\mathrm{m}$. Die Ladungsschwerpunkte werden gerade einmal um einen Bruchteil von $3{,}6 \cdot 10^{-6}$ der Bindungslänge verschoben. Wir sehen, dass die Darstellung in ◘ Abb. 5.5 übertrieben ist. Bei anderen Molekülen kann die Polarisierbarkeit höher sein. Typische Werte gehen bis zum Hundertfachen des Wasserstoffwertes, aber die Verschiebung der Ladungsschwerpunkte ist immer nur ein sehr kleiner Anteil der Bindungslänge.

5.3.2 Orientierungspolarisation

Im vorherigen Kapitel haben wir Atome und Moleküle behandelt, die im feldfreien Raum kein Dipolmoment besitzen. Bei polaren Molekülen, d. h. bei Molekülen mit einem intrinsischen Dipolmoment, kommt ein weiterer Effekt hinzu, wenn diese einem externen elektrischen Feld ausgesetzt werden. Die vorhandenen Dipolmomente sind im feldfreien Raum in alle Richtungen statistisch verteilt. Legt man ein externes Feld an, so wirkt auf die Dipole ein Drehmoment, das sie entlang der Feldlinien ausrichtet. Sie orientieren sich entlang der Feldlinien, daher spricht man von Orientierungspolarisation. Stoffe, die Orientierungspolarisation zeigen, nennt man paraelektrisch. Diese wollen wir in diesem Kapitel etwas näher behandeln.

Als Beispiel wollen wir Wasser betrachten (siehe ▶ Beispiel 3.3). Der Orientierung der Moleküle durch das elektrische Feld steht die Wärmebewegung entgegen, durch die eine gleichmäßige Verteilung bevorzugt wird. Wie immer in solchen Fällen wird der Grad der Ausrichtung durch die Boltzmann'sche Energieverteilung bestimmt. Wir hatten sie in Abschn. 22.8 im ersten Band diskutiert. Die Besetzungsdichte ist

$$f(E) = f_0 e^{-\frac{\Delta E}{kT}}, \tag{5.34}$$

wobei ΔE die potenzielle Energie des Dipols auf Grund der Ausrichtung des Dipols im Feld ist, k ist die Boltzmann-Konstante und T die Temperatur. Die Größe kT stellt eine thermische Referenzenergie dar. Der Wert bei Raumtemperatur beträgt etwa 0,025 eV. Die Energie des Dipols im Feld beträgt (Gl. 3.18):

$$\Delta E = -p E_{\text{med}} \cos \theta \tag{5.35}$$

Der Winkel θ ist der Winkel zwischen dem Dipolmoment und dem Feldvektor. Wählen wir als Richtung des elektrischen Feldes die z-Achse, so wird jedes Molekül mit einem Betrag $p \cdot \cos \theta$ zur Polarisation des Mediums beitragen. Die x- und y-Komponenten werden sich zu null mitteln. Um die Polarisation zu bestimmen, müssen wir die Orientierungswinkel mit ihrer Besetzungwahrscheinlichkeit nach der Boltzmann'schen Verteilung gewichten. Der mittlere Beitrag eines einzelnen Moleküls zur Polarisation in z-Richtung ist dann:

$$\overline{p_z} = p\overline{\cos \theta} = p \int_0^\pi \cos \theta f_0 e^{-\frac{\Delta E}{kT}} \sin \theta d\theta$$

$$= p \frac{\int_0^\pi \cos \theta e^{-\frac{\Delta E}{kT}} \sin \theta d\theta}{\int_0^\pi e^{-\frac{\Delta E}{kT}} \sin \theta d\theta} = p \left(\coth \frac{p E_{\text{med}}}{kT} - \frac{kT}{p E_{\text{med}}} \right)$$

$$\tag{5.36}$$

Der Querstrich über den Größen p_z und $\cos \theta$ deutet an, dass diese über alle Konfigurationen zu mitteln sind. Die makroskopische Polarisation ergibt sich zu:

$$P = n\overline{p_z} = np \left(\coth \frac{p E_{\text{med}}}{kT} - \frac{kT}{p E_{\text{med}}} \right) = npL \left(\frac{p E_{\text{med}}}{kT} \right) \tag{5.37}$$

Die Funktion in der Klammer nennt man die Langevin-Funktion $L(x)$. Sie wurde von dem Physiker Paul Langevin eingeführt. Der Graph ist in ◘ Abb. 5.6 zusehen. Hier ist der positive Ast relevant. Ein Wert von $L(x) = 1$ würde anzeigen, dass alle Dipole vollständig im Feld ausgerichtet sind. Die Funktion hängt vom Verhältnis der Energie des Dipols im elektrischen Feld zur thermischen Energie kT ab. In den meisten praktischen Fällen ist $pE \ll kT$, so dass man die Funktion nähern kann. Für $|x| \ll 1$ gilt $L(x) \approx x/3$ und damit:

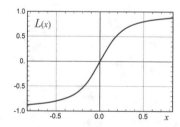

◘ **Abb. 5.6** Die Langevin-Funktion

$$P \approx np \frac{1}{3} \frac{p E_{\text{med}}}{kT} = \frac{1}{3} n \frac{p^2 E_{\text{med}}}{kT} \tag{5.38}$$

Diese Näherung führt wiederum auf eine Polarisation, die linear mit der Feldstärke wächst. Wird die Feldstärke allerdings sehr groß (oder die Temperatur sehr klein), verlassen wir den linearen Bereich. Es tritt eine Sättigung der Polarisation ein, da bereits ein Großteil der Moleküle in Feldrichtung ausgerichtet ist. Beachten Sie, dass die Suszeptibilität in allen Fällen von der Temperatur des Mediums abhängt.

Beispiel 5.2: Orientierung von Wassermolekülen im elektrischen Feld

Als Beispiel wollen wir Wassermoleküle in einem äußeren elektrischen Feld der Stärke $E_{frei} = 100\,kV/m$ betrachten. Das Dipolmoment eines Wassermoleküls hatten wir in ▶ Beispiel 3.3 bestimmt. Es beträgt $p_{H_2O} = 6{,}15 \cdot 10^{-30}\,C\,m$. Um die Energie im Medium zu bestimmen, müssen wir die Suszeptibilität des Mediums Wasser berücksichtigen. Die relative Dielektrizitätskonstante beträgt $\epsilon_{H_2O} = 80$. Damit ergibt sich die Energie des ausgerichteten Dipols zu

$$\Delta E = p_{H_2O} \cdot E_{med} = p_{H_2O} \cdot \frac{E_{frei}}{\epsilon_{H_2O}} = 6{,}15 \cdot 10^{-30}\,C\,m \cdot \frac{10^5\,\frac{V}{m}}{80}.$$

$$= 7{,}7 \cdot 10^{-27}\,J = 4{,}8 \cdot 10^{-8}\,eV$$

Dies müssen wir ins Verhältnis setzen zur thermischen Energie bei Raumtemperatur $kT = 0{,}025\,eV$. Der Ausrichtungsgrad beträgt:

$$\frac{1}{3}\frac{p_{H_2O} E_{med}}{kT} = \frac{1}{3}\frac{4{,}8 \cdot 10^{-8}\,eV}{0{,}025\,eV} = 1{,}9 \cdot 10^{-6}$$

Man kann sich diese Zahl so vorstellen, dass auf jeweils eine Million Moleküle, deren Orientierung zufällig verteilt ist, etwa zwei zusätzliche Moleküle kommen, deren Dipolmoment entlang des Feldes ausgerichtet ist.

Wie wir gesehen haben, tritt Verschiebungspolarisation bei allen Stoffen auf. Bei Stoffen mit paraelektrischen Eigenschaften überlagert sich die Verschiebungspolarisation der Orientierungspolarisation. Wir müssen in den Formeln beide Effekte addieren. Aus Gln. 5.29 und 5.38 wird:

$$P = n\left(\alpha + \frac{1}{3}\frac{p^2}{kT}\right)E_{med} \tag{5.39}$$

Wollen wir zusätzlich die Verstärkung der Verschiebungspolarisation durch die umliegenden Moleküle berücksichtigen, müssen wir von der Clausius-Mosotti-Beziehung (Gl. 5.23) ausgehen. Es ergibt sich:

$$3\frac{\epsilon - 1}{\epsilon + 2}\epsilon_0 = n\left(\alpha + \frac{1}{3}\frac{p^2}{kT}\right) \tag{5.40}$$

Hieraus kann man ϵ bestimmen und dann aus Gl. 5.31 die Polarisation.

Experiment 5.1: Paraelektrische Flüssigkeiten

Über die Messung der Temperaturabhängigkeit der Permittivität einer Substanz kann man deren molekulares bzw. atomares Dipolmoment und deren Polarisierbarkeit bestimmen. Die Abbildung

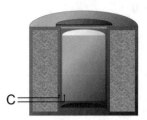

zeigt einen Messaufbau, wie man ihn für flüssige Substanzen benutzen kann. Man bestimmt die Kapazität eines Kondensators, indem man diesen in einen elektrischen Schwingkreis einbaut. Die Resonanzfrequenz des Schwingkreises ist recht gut zu messen. Sie hängt von der Kapazität des Kondensators ab. Solche Schwingkreise werden wir in ▶ Kap. 12 noch diskutieren. Füllt man das Volumen zwischen den Kondensatorplatten mit der Flüssigkeit, so ändert dies die Kapazität (siehe ▶ Abschn. 5.4).

Es handelt sich bei der in der Abbildung skizzierten Apparatur um einen Zylinderkondensator, der aus dem inneren Zylinder und dem umgebenden Gehäuse besteht. Zunächst bestimmt man die Kapazität in Luft, dann wird der Innenraum mit der Flüssigkeit gefüllt und die Änderung der Kapazität bestimmt. Das äußere Gehäuse ist als Thermostat ausgeführt, über den man die Temperatur des Kondensators verändern kann. Zur Auswertung trägt man die Größe $3\frac{\epsilon-1}{\epsilon+2}$ gegen $1/kT$ auf. Der Achsenabschnitt der Messgeraden ergibt $n/\epsilon_0\alpha$ und die Steigung der Geraden ergibt $np^2/3\epsilon_0$, woraus sich die Größen α und p entnehmen lassen.

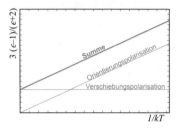

5.3.3 Ferroelektrika

Ferroelektrische Stoffe sind Stoffe mit sehr großen permanenten Dipolmomenten. Es handelt sich fast ausschließlich um Kristalle. Ein Beispiel ist das Seignettesalz, das Kalium-Natrium-Salz der Weinsäure. Die Dipolmomente sind so groß, dass sich im Kristallgitter benachbarte Moleküle gegenseitig ausrichten. So entstehen Domänen, in denen alle Dipolmomente in die gleiche Richtung zeigen. Legt man ein äußeres elektrisches Feld an, so klappen die Domänen in die Feldrichtung um. Es kommt zu einer erheblichen Schwächung des Feldes mit Dielektrizitätskonstanten von bis zu 10^5. Der Mechanismus hat viele Parallelen zum ferromagnetischen Effekt. Da dieser eine viel größere Bedeutung hat, werden wir den Mechanismus dort besprechen (▶ Abschn. 9.4). Der Begriff Ferromagnetikum kommt von Eisen (lateinisch „Ferrum"), dem bekanntesten ferromagnetischen Material. Der Begriff Ferroelektrikum wurde in Analogie des Mechanismus gewählt, obwohl Eisen keinen ferroelektrischen Effekt zeigt.

5.3.4 Influenz

Wir haben nun die grundlegenden Mechanismen besprochen, die Ladungen im Medium verschieben. Vielleicht sind Ihnen diese Mechanismen bekannt vorgekommen? Gehen Sie noch einmal zurück zu ▶ Abschn. 2.2. Dort hatten wir Influenz besprochen. Betrachten

Sie ▶ Experiment 2.5. Wir hatten dort einen Wasserstrahl im elektrischen Feld eines geriebenen Stabes abgelenkt. Wir hatten diese durch eine Orientierung der polaren Wassermoleküle in Feldrichtung erklärt. Ein Prozess, den wir nun Orientierungspolarisation nennen. In ▶ Experiment 2.6 zeigten wir dann die Kräfte auf einen Kunststoffstab im elektrischen Feld, der keine polaren Moleküle enthält. Dort haben wir einen Mechanismus beschrieben, den wir nun Verschiebungspolarisation nennen. Lediglich der Blickwinkel in ▶ Abschn. 2.2 war etwas anders. Bei Influenz interessiert man sich für die Kraftwirkung, die durch den Einfluss des äußeren Feldes entsteht, während bei der Polarisation die Veränderung des elektrischen Feldes selbst im Vordergrund steht.

Experiment 5.2: Dielektrische Flüssigkeit in einem Kondensator

Taucht man einen geladenen Kondensator in eine dielektrische Flüssigkeit ein, so wird die Flüssigkeit in den Kondensator hineingesaugt. In unserem Experiment benutzen wir Platten, die wir in ein Gefäß hängen, das mit Rizinusöl ($\epsilon = 4{,}6$) gefüllt ist. Die mittlere Platte wird auf $-20\,\mathrm{kV}$ Hochspannung aufgeladen. Die beiden äußeren Platten sind geerdet. Schaltet man die Hochspannung ein, so steigt der Flüssigkeitsspiegel im Kondensator um einige Millimeter an.

An der Oberkante der Flüssigkeit entsteht ein inhomogenes Feld. Oberhalb der Flüssigkeit herrscht $\vec{E}_{\mathrm{frei}}$, in der Flüssigkeit $\vec{E}_{\mathrm{Med}}$. Im Übergangsbereich ist das Feld inhomogen. Die Moleküle des Rizinusöls werden polarisiert und durch den Influenzeffekt in den Bereich des stärkeren Feldes hineingezogen.

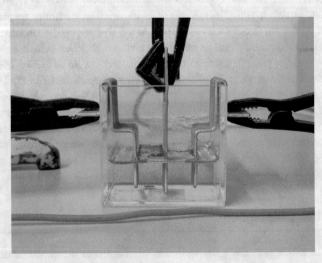

© RWTH Aachen, Sammlung Physik

5.4 Kondensatoren

5.4.1 Kondensatoren mit Dielektrikum

Wir hatten im vorherigen Kapitel Kondensatoren behandelt (▶ Abschn. 4.2), bei denen sich kein Medium (Luft) zwischen den Platten befand. Bei den meisten Kondensatoren befindet sich jedoch zwischen den Platten ein Medium, das Dielektrikum. Zum einen erhöht es die Spannungsfestigkeit des Kondensators, indem es Überschläge zwischen den Platten unterdrückt. Zum anderen erhöht es die Kapazität, wie wir im Folgenden sehen werden.

Betrachten Sie den Kondensator in ◻ Abb. 5.7. Er wurde zunächst ohne Dielektrikum auf die Spannung U_0 aufgeladen und dann vom Netzgerät getrennt, so dass die Ladungen Q_+ und Q_- auf den Platten sich nicht mehr verändern können. Erst dann wurde das Dielektrikum von außen eingeschoben. Das Dielektrikum wird durch den Einfluss des Feldes des Kondensators ($\vec{E}_{frei}$) polarisiert. An den Grenzen zu den Kondensatorplatten entstehen Oberflächenladungen und mit der Polarisation ein Polarisationsfeld $\vec{E}_{Pol}$, das dem äußeren Feld $\vec{E}_{frei}$ entgegengesetzt ist. Das Feld wird geschwächt ($\vec{E}_{Med}$). Damit sinkt auch die Spannung, da sie mit der Feldstärke über den Plattenabstand d verknüpft ist:

$$U = \left| \vec{E} \right| \cdot d \tag{5.41}$$

Die Spannung zwischen den Platten ist ja durch die Arbeit bestimmt, die man benötigt, um eine Probeladung von einer Platte auf die andere zu transportieren und diese ist bei geringerer Feldstärke entsprechend kleiner. Mit dem Einschieben des Dielektrikums bei gleichbleibender Ladung sinkt die Spannung. Daher muss die Kapazität steigen, denn es gilt:

$$C = \frac{Q}{U} \tag{5.42}$$

Im Medium sinkt die Feldstärke um den Faktor ϵ. Füllt das Medium den Kondensator vollständig aus, so steigt die Kapazität entsprechend um den Faktor ϵ. Wir müssen Gl. 4.12 erweitern auf:

$$C = \epsilon \epsilon_0 \frac{A}{d} \tag{5.43}$$

Experiment 5.3: Kondensator mit Dielektrikum

Das im Text beschriebene Einschieben eines Dielektrikums in einen Kondensator kann man leicht vorführen. Die Abbildung

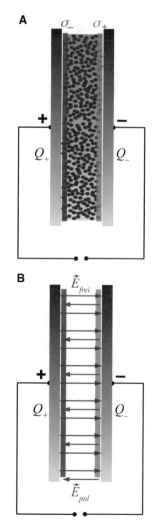

◻ **Abb. 5.7** Kondensator mit Dielektrikum; Ladungsverhältnisse (**A**) und Felder (**B**)

zeigt die Apparatur mit einem runden Plattenkondensator und einer Pertinaxplatte (Verbundfaserwerkstoff), die auf einer Schiene montiert ist und mit der Schiene in den Kondensator eingeschoben werden kann.

Der Kondensator wird mit einem Netzgerät auf $U_0 = 3,5\,\text{kV}$ aufgeladen und dann vom Netzgerät getrennt. Der Kondensator hat eine Kapazität von ca, $C_C = 30\,\text{pF}$. Parallel zum Kondensator ist ein Spannungsmessgerät angeschlossen, das eine Kapazität von ca. $10\,\text{pF}$ besitzt. Die Gesamtkapazität beträgt folglich $C_{\text{ges}} = 40\,\text{pF}$. In der Anordnung ist die Ladung $Q = C_{\text{ges}}U_0 = 0,14\,\mu\text{C}$ gespeichert. Schiebt man das Dielektrikum ein, so sinkt die Spannung am Messgerät auf $1,5\,\text{kV}$ ab. Die Gesamtkapazität ist nun $C = Q/U = 0,14\,\mu\text{C}/1,5\,\text{kV} = 93\,\text{pF}$ und damit nach Abzug des Messgerätes die des Kondensators $C_C = 83\,\text{pF}$. Sie hat sich um einen Faktor 2,8 erhöht. Die Dielektrizitätskonstante von Pertinax ist tatsächlich noch etwas höher (zwischen 4 und 5). Unser Messwert liegt zu tief, da das Dielektrikum den Kondensator nicht vollständig ausfüllt. Zieht man die Pertinaxplatte nach der Messung wieder aus dem Kondensator heraus, so steigt die Spannung wieder (nahezu) auf den ursprünglichen Wert U_0 an.

© RWTH Aachen, Sammlung Physik

Mit dieser Modifikation wollen wir noch einmal die Energiedichte des elektrischen Feldes näher betrachten (Gl. 4.35). Es ist:

$$E_{\text{el}} = \frac{1}{2}CU^2 = \frac{1}{2}\left(\epsilon\epsilon_0\frac{A}{d}\right)(dE)^2 = \frac{1}{2}\epsilon\epsilon_0 E^2 V \qquad (5.44)$$

Damit ergibt sich für die Energiedichte des elektrischen Feldes in einem Medium:

$$w_{el} = \frac{E_{el}}{V} = \frac{1}{2}\epsilon\epsilon_0 E^2 = \frac{1}{2}\epsilon_0 DE \tag{5.45}$$

Diese Modifikation hat einen Einfluss auf die Energie, die in einem Kondensator gespeichert ist (► Experiment 5.2). Ohne Dielektrikum ist in einem Kondensator die Energie $1/2\,C_0 U_0^2$ gespeichert. Schiebt man ein Dielektrikum in einen Kondensator, der vom Netzgerät getrennt ist, ein, so steigt die Kapazität auf $C = \epsilon C_0$ an und die Spannung sinkt auf $U = U_0/\epsilon$ ab. Damit sinkt die gespeicherte Energie um einen Faktor ϵ ab. Wo ist sie hin?

Ist das Dielektrikum nur teilweise in den Kondensator eingeführt, wirkt auf dieses eine Kraft. Es wird in den Kondensator hineingezogen. Diese Kraft verübt am Dielektrikum Arbeit, deshalb sinkt die Energie. In ► Experiment 5.2 wird dem Dielektrikum Lageenergie zugeführt, in ► Experiment 5.3 wird die Energie zur Überwindung der Reibung verbraucht.

Beispiel 5.3: Teilweise gefüllter Kondensator

Manchmal trifft man auf Kondensatoren, die nur teilweise mit Dielektrikum gefüllt sind. Die Abbildung zeigt ein solches Beispiel. Der Kondensator hat den Plattenabstand d, doch auf beiden Seiten befindet sich ein Luftspalt zwischen der Platte und dem Kondensator. Deren Dicken seien Δ_1 und Δ_2. Die Oberflächenladungen auf dem Dielektrikum kann man als Platten betrachten, so dass eine Reihenschaltung dreier Kondensatoren entsteht. Der linke Kondensator hat die Dicke Δ_1 und ist mit Luft gefüllt, der mittlere mit der Dicke $d - \Delta_1 - \Delta_2$ enthält das Dielektrikum mit Dielektrizitätskonstante ϵ und der rechte hat die Dicke Δ_2. Dann ist:

$$\frac{1}{C_{ges}} = \frac{1}{C_l} + \frac{1}{C_m} + \frac{1}{C_r}$$

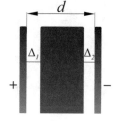

Die Kapazitäten der einzelnen Teilkondensatoren berechnen wir nach Gl. 5.43, wobei wir die unterschiedlichen Dicken und das Dielektrikum im mittleren Kondensator berücksichtigen müssen. A ist die Fläche der Kondensatorplatten, die für alle Teilkondensatoren gleich ist:

$$\frac{1}{C_{ges}} = \frac{\Delta_1}{\epsilon_0 A} + \frac{d - \Delta_1 - \Delta_2}{\epsilon_0 \epsilon A} + \frac{\Delta_2}{\epsilon_0 A}$$

$$= \frac{\Delta_1 + \Delta_2 + 1/\epsilon\,(d - \Delta_1 - \Delta_2)}{\epsilon_0 A}$$

$$C_{ges} = \epsilon_0\epsilon\frac{A}{d}\left(1 + \frac{\Delta_1 + \Delta_2}{d}(\epsilon - 1)\right)^{-1}$$

Diese Formel extrapoliert zwischen einem leeren und einem vollständig mit Dielektrikum gefüllten Kondensator.

Ist allerdings nicht die gesamte Plattenfläche A mit einem Dielektrikum gefüllt, so unterteilt man den Kondensator in einen ungefüllten mit Fläche ΔA und einen gefüllten mit Fläche $A - \Delta A$ und berechnet die Parallelschaltung der beiden Kondensatoren.

5.4.2 Bauformen

Kondensatoren werden als Schaltungselemente in elektronischen Schaltungen eingesetzt. Neben der Kapazität ist die Spannungsfestigkeit, d. h. die maximale Spannung, die an den Kondensator angelegt werden darf, eine wichtige Kenngröße. Eine der technischen Herausforderungen besteht darin, bei einer vorgegebenen Kapazität Kondensatoren möglichst geringer Ausdehnung herzustellen. Die Optimierung basiert auf Gl. 5.43. Man benötigt möglichst große Platten bei möglichst geringem Abstand und ein Dielektrikum mit möglichst hoher Dielektrizitätskonstante. Dicke und Material des Dielektrikums sind ferner für die Spannungsfestigkeit entscheidend. Es gibt unterschiedliche Bauformen, die in den folgenden Beispielen kurz erklärt sind.

Beispiel 5.4: Keramikkondensatoren

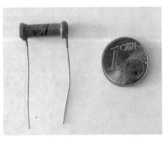

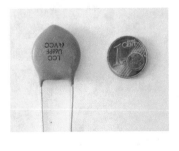

Keramikkondensatoren kamen mit der Entwicklung der Rundfunktechnologie in der ersten Hälfte des 20. Jahrhunderts auf. Beim Scheibenkondensator geht man von einer Keramikscheibe (rund oder rechteckig) aus, auf die beidseitig Silber als Platten aufgedampft wird. Die Platten werden mit einem Draht kontaktiert. Schließlich wird der Kondensator zur Isolation und zum Schutz mit einem Harz oder heute mit einem Kunststoff vergossen (siehe schematische Zeichnung).

Eine andere Bauform geht von einem Keramikröhrchen aus, auf dessen Innen- und Außenseite die Platten aufgedampft werden, so dass ein Zylinderkondensator entsteht. Das Foto zeigt einen solchen Keramikkondensator. Die Aufschrift „2.7" bezeichnet die Kapazität des Kondensators. Sie beträgt 2,7 pF. Das zweite Foto zeigt einen Scheibenkondensator mit einer Kapazität von 68 pF.

Die Kapazitäten liegen im Bereich von 1 bis 1000 pF bei Spannungsfestigkeiten, die durchaus 1000 V erreichen können.

Beispiel 5.5: Folienkondensatoren

Beim Folienkondensator werden die Kondensatorplatten von Metallfolien gebildet, die durch Kunststofffolien als Dielektrikum gegeneinander isoliert sind. Es gibt unterschiedliche Bauformen. Bei der heute gängigsten Variante liegen die Folien in Stapeln übereinander. Die Metallfolien (in der Skizze grün) sind alternierend mit dem einen und anderen Anschluss verbunden. Die Kunststofffolien (in der Skizze blau) liegen dazwischen. Der gesamte Kondensator ist zur Isolation in ein Gehäuse vergossen.

Früher verwendete man ölgetränktes Papier als Dielektrikum. In der Regel waren die Kondensatoren als Wickelkondensatoren ausgeführt, eine Bauform, die man auch heute noch gelegentlich findet. Der Kondensator besteht aus zwei Metallfolien als Platten und einem Papierstreifen als Dielektrikum. Der Kondensator wird dann zu einer Rolle aufgewickelt und in einen Becher gesteckt. Ein zweiter Papierstreifen ist notwendig, um die Platten beim Aufrollen gegeneinander zu isolieren. Das Foto zeigt einen geöffneten Papierkondensator.

Eine Sonderform des Papierkondensators ist der Metallpapier-Kondensator. Auf einen Papierstreifen wird eine dünne Metallschicht (meist Aluminium) aufgedampft. Kommt es beim Metallpapier-Kondensator zu einem Überschlag zwischen den Platten, so verdampft die Metallschicht durch den Lichtbogen. So wird die defekte Stelle isoliert, der Kondensator heilt sich selbst.

Folien- und Papierkondensatoren gibt es im Kapazitätsbereich von pF bis zu etwa $1\,\mu F$ mit unterschiedlichen Spannungsfestigkeiten.

Beispiel 5.6: Elektrolytkondensatoren

Elektrolytkondensatoren (Elko) haben Kapazitäten im Bereich von μF bis zu mF. Der Kondensator wird aus einer Metallfolie und einem Elektrolyten aufgebaut. Beim Aluminium-Elko besteht eine Kondensatorplatte aus einer Aluminiumfolie (Anode). Die Folie wird chemisch geätzt, wodurch sich die Oberfläche der Folie

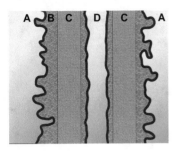

A B C D C A

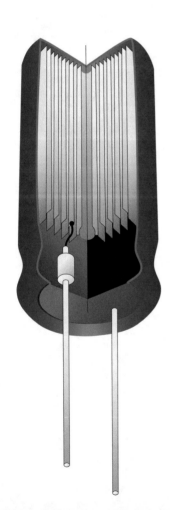

deutlich vergrößert und damit die Kapazität. Dann wird die Oberfläche oxidiert. Die Oxidschicht dient als Isolation und Dielektrikum. Schon sehr dünne Oxidschichten haben eine hohe Spannungsfestigkeit. Sie erlauben einen Plattenabstand im Submillimeterbereich, was die Kapazität weiter erhöht. Die oxidierte Aluminiumfolie wird in eine elektrisch leitende Flüssigkeit getaucht (den Elektrolyten), die die zweite Platte bildet. Der elektrische Kontakt zum Elektrolyten wird über eine weitere Aluminiumfolie (Kathodenfolie) hergestellt, an deren Oberfläche sich ebenfalls eine Oxidschicht ausbildet, die allerdings noch dünner ist, als die auf der Anodenfolie, so dass sie die Kapazität kaum beeinflusst. Die Folien werden aufeinandergelegt. Sie werden von zwischengelegten Papierstreifen auf Abstand gehalten. Dann werden die Folien aufgerollt und in einen Aluminiumbecher gesteckt, kontaktiert und mit einem Gummistopfen verschlossen. Die Kapazität ergibt sich aus:

$$\frac{1}{C} = \frac{1}{C_{\text{Anode}}} + \frac{1}{C_{\text{Kathode}}}$$

Ist die Oxidschicht an der Kathode dünn, so ist C_{Kathode} groß und die Gesamtkapazität wird von der Anode bestimmt. Dabei ist eine dünne Oxidschicht auf der Kathode für die Spannungsfestigkeit kein Problem. Kommt es zu einem Durchbruch, wird lediglich der Elektrolyt direkt mit der Kathodenfläche verbunden, was die Funktion des Kondensators nicht beeinträchtigt. Die Skizzen zeigen den Aufbau eines Aluminium-Elkos. In der einen Skizze ist

- A: Anodenfolie mit vergrößerter Oberfläche und Oxidschicht (violett)
- B: Elektrolyt (blau)
- C: Papierstreifen mit Elektrolyt getränkt
- D: Kathodenfolie

Die zweite Skizze zeigt einen Schnitt durch den Aufbau des Kondensators

- Folienrolle im oberen Bereich
- Aluminiumgehäuse in Blau
- Gummistöpsel in Dunkelgrau

Bei Tantal-Elkos ist die Metallelektrode aus gesinterten Tantalkügelchen aufgebaut, wodurch eine noch größere Oberfläche und damit eine noch höhere Kapazität erreicht werden kann. Beim Aluminium-Elko ist das Dielektrikum Al_2O_3 mit einer Dielektrizitätskonstanten von knapp 10 und einer Spannungsfestigkeit von ca. 700 V/μm, beim Tantal-Elko ist es Ta_2O_5 mit einer Dielektrizitätskonstanten von 26 und einer Spannungsfestigkeit von 620 V/μm. Allen Elektrolytkondensatoren ist gemeinsam, dass auf korrekte Polung zu achten ist. Die Anode muss gegenüber dem Elektrolyten positiv gepolt sein, sonst wird durch eine elektrochemische Reaktion die Oxidschicht an der Anode abgebaut. Kommt es schließlich zu einem Durchbruch, kann ein Strom fließen, der den Elektrolyten erhitzt und zum Verdampfen bringen kann. Es besteht die Gefahr, dass der Kondensator platzt und dabei den meist säurehaltigen Elektrolyten verspritzt.

Wir wollen die Kapazität eines Aluminium-Elkos abschätzen: In einer typischen Baugröße hat die Anodenfolie eine Breite von 5 mm. Sie sei zu einer Rolle mit Radius 2 mm gewickelt, wobei wir annehmen wollen, dass der Kondensator aus 10 Lagen besteht, die alle etwa den gleichen Radius haben. Dies ergibt eine Plattenfläche von 630 mm². Durch das Ätzen kann die Oberfläche um einen Faktor 140 vergrößert werden. Wir haben folglich $A = 8,8 \cdot 10^{-2}$ m². Der Kondensator soll eine Spannungsfestigkeit von 10 V aufweisen, was man bereits mit einer Dicke der Oxidschicht von $d = 0,014\,\mu$m erreicht. Mit einer Dielektrizitätskonstanten von 10 ergibt sich eine Kapazität von etwa 0,5 mF.

Beispiel 5.7: Drehkondensatoren

Drehkondensatoren sind spezielle Kondensatoren, die es erlauben, die Kapazität des Kondensators zu verändern. Sie werden beispielsweise in analogen Radioempfängern zur Sendereinstellung verwendet. Die Kapazität wird über die aktive Fläche verändert. Zur Fläche trägt nur jener Teil einer Platte bei, der einer anderen Platte gegenübersteht. Bei dem im Foto gezeigten Drehkondensator ist eine der Platten an einem Rotor befestigt, während die andere fest montiert ist. Jede der Platten besteht aus mehreren Flächen. Dreht man an der Achse, verändert sich der Überlapp zwischen den Platten. Die Form der Platten ist so optimiert, dass sich ein gleichmäßiger Anstieg ergibt.

5.5   Elektrische Effekte in Kristallen

Wir sind nun mit der Diskussion der Elektrostatik fast am Ende. Zum Schluss wollen wir noch einige elektrostatische Effekte diskutieren, die in Kristallen auftreten und ein große technische Bedeutung haben.

5.5.1   Piezoelektrischer Effekt

Es gibt Kristalle, die unter einem äußeren mechanischen Druck eine Spannung zwischen ihren Oberflächen ausbilden. Man nennt dies den piezoelektrischen Effekt, oder kurz Piezoeffekt, und die Kristalle nennt man Piezokristalle. Beispiele sind Turmalin[3], Quarz oder die heute meist in Piezoelementen verwendeten PZT-Keramiken (Blei-Zirkonat-Titanat).

Die Kristalle verformen sich unter dem äußeren Druck elastisch. Durch eine Stauchung (oder Streckung) entstehen Dipole im Kristall, die zu einer Polarisation des Kristalls führen, die wiederum durch die damit verbundenen Oberflächenladungen eine Spannung erzeugt. Der Effekt tritt nur in Kristallen mit einer so genannten polaren Achse auf, das ist eine Achse entlang derer der Kristall keine Symmetrie aufweist. Rotiert man den Kristall um eine Achse senkrecht zur polaren Achse, so gelingt es nicht, den Kristall in sich selbst zu überführen. Wir wollen versuchen, den Piezoeffekt am Beispiel von Quarz mikroskopisch zu erklären. Quarz (SiO_2) befindet sich bei Raumtemperatur in einer trigonalen Struktur. Die Siliziumatome sitzen im Zentrum eines Tetraeders, an dessen Ecken sich jeweils ein Sauerstoffatom befindet. Die Siliziumatome tragen eine 4-fache positive Teilladung, die Sauerstoffatome eine 2-fach negative. In ◻ Abb. 5.8 sieht man die Projektion der Kristallstruktur in eine Ebene. Die Siliziumatome sind blau, die Sauerstoffatome rot dargestellt. Auf der linken Seite ist der Kristall im Ausgangszustand ohne Einwirkung äußerer Kräfte zu sehen. Unter dem Einfluss eines Drucks, der wie in ◻ Abb. 5.8B von oben und unten wirkt, wird das obere Siliziumatom und das untere Sauerstoffatom zwischen die anderen Atome gedrückt. Das ursprünglich regelmäßige Sechseck der Atome wird deformiert. Dabei verschieben sich die Ladungsschwerpunkte, die von den positiven Siliziumatomen und den negativen Sauerstoffatomen erzeugt werden. Zwischen den Ladungsschwerpunkten ist ein Dipol entstanden.

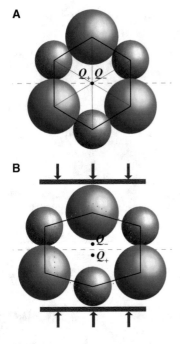

A

B

◻ **Abb. 5.8** Piezoelektrizität an der Strukturzelle eines Quarzkristalls. **A** kräftefrei; **B** Zelle unter äußerem Druck

Experiment 5.4: Piezoelektrizität am Seignettesalz

Den Piezoeffekt kann man direkt mit einem Voltmeter zeigen. Die Abbildung zeigt eine Scheibe des Seignettesalzes eingebaut in

---

[3] An Turmalinkristallen wurde der piezoelektrische Effekt von Jaques und Pierre Curie entdeckt.

ein Kunststoffgehäuse. Die Ober- und Unterseite sind über einen dünnen Draht kontaktiert und mit den Steckbuchsen an den Seiten des Gehäuses verbunden. Über einen Stempel kann man Druck auf den Kristall ausüben. An den Buchsen wird ein empfindliches Voltmeter angeschlossen (Messbereich einige $100\,\mu$V bis 1 mV). Drückt man kräftig auf den Stempel, zeigt sich ein Ausschlag am Voltmeter.

Sofern Sie über einen Seignettekristall (oder einen Quarzkristall) verfügen, lässt sich dieses Experiment auch selbst nachbilden. Statt des Kunststoffgehäuses verwenden Sie zwei Holzplättchen, in die Sie zwei unbeschichtete Reißzwecken drücken. An den Reißzwecken werden die Kabel angelötet (oder fest verdrillt). Sie legen den Kristall zwischen die Reißzwecken und drücken. Das Voltmeter (oder ein Oszillograf) zeigen den Ausschlag. Probieren Sie unterschiedliche Orientierungen des Kristalls aus! Sie werden unterschiedliche Ausschläge beobachten.

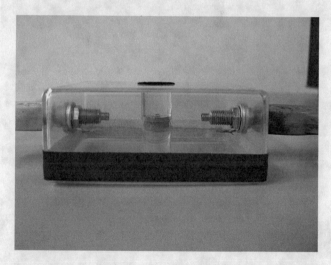

© RWTH Aachen, Sammlung Physik

Experiment 5.5: Piezofeuerzeug

In Piezofeuerzeugen nutzt man die Piezospannung aus, um einen Funken zu erzeugen, mit dem man das Gas entzündet. Im Zündelement können Spannungen bis zu 10 kV erzeugt werden. Beim Niederdrücken des Auslösers, wird eine Feder zunächst gespannt und danach schlagartig wieder entspannt. Die Feder schlägt einen Stößel gegen den Kristall. Über zwei Drähte wird die Spannung an eine Funkenstrecke über dem Gasauslass übertragen. Dort entsteht der Funke, der das Gas entzündet.

Im Experiment zeigen wir den Funken an einem größeren Zündelement. Bei diesem Element befindet sich der Stößel auf der Unterseite. Er wird durch eine Feder nach oben gestoßen. Eine Seite des Piezokristalls ist mit dem Gehäuse verbunden, die andere mit einem Draht. Er ist so gebogen, dass beim Auslösen ein deutlicher Funke zwischen Draht und Gehäuse zu sehen ist.

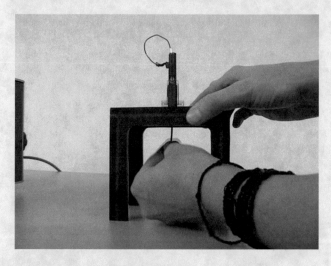

© RWTH Aachen, Sammlung Physik

Beispiel 5.8: Kristallmikrofon

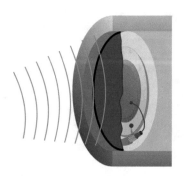

In einem Kristallmikrofon werden die Druckschwankungen einer Schallwelle in elektrische Signale umgewandelt. Der Piezokristall (in der Abbildung orange) ist auf eine Kupferscheibe aufgebracht. Die Frontseite ist zur Kontaktierung mit einer Metallschicht bedampft. Der Kristall wird durch eine dünne Folie geschützt. Mit den Druckschwankungen wird der Kristall gestaucht und gedehnt, was die Spannung erzeugt. Die Empfindlichkeit ist bei hohen Tönen deutlich besser als bei niedrigen, was leider dazu führt, dass die Mikrofone zum Klirren neigen und daher heute nur noch wenig Anwendung finden.

5.5.2 Inverser piezoelektrischer Effekt

Der piezoelektrische Effekt lässt sich umkehren: Legt man an einen Piezokristall mit der entsprechenden Orientierung eine Spannung an, so dehnt oder staucht sich der Kristall proportional zur angelegten Spannung. Man nennt dies den inversen piezoelektrischen Effekt. Über die Spannung lässt sich die Elongation des Kristalls sehr fein regeln (im Bereich von μm und darunter), was vielfältige technische Anwendungen hat.

Beispiel 5.9: Piezohochtöner

Den inversen Piezoeffekt nutzt man beim Piezolautsprecher aus, um ein elektrisches Tonsignal in eine Schallwelle umzuwandeln. Bei tiefen Tönen ist die Wellenlänge des Schalls viel größer als der Kristall, so dass eine Umsetzung nicht gelingt. Aber bei hohen Tönen bis weit in den Ultraschallbereich funktioniert das Prinzip. Solche Lautsprecher werden daher als Hochtöner eingesetzt. Die Skizze zeigt einen Piezolautsprecher. Der Kristall ist in einen Schalltrichter eingesetzt, der den Schall nach vorne bündelt. Oft wird dem Lautsprecher noch ein weiterer Schalltrichter aufgesetzt.

Beispiel 5.10: Quarzuhr

Quarzkristalle (Schwingquarze) kann man durch Anlegen einer Wechselspannung über den inversen Piezoeffekt zu mechanischen Schwingungen anregen. Dabei kann man eine Resonanz beobachten, deren Frequenz von den Dimensionen des Quarzkristalls abhängt. Diese Resonanz ist sehr scharf und sehr stabil. Sie wird als Taktgeber in Quarzuhren ausgenutzt. Die Frequenz der angelegten Wechselspannung wird so geregelt, dass sie die Resonanz des Schwingquarzes trifft, welche typisch bei einigen MHz liegt. Die Resonanzfrequenz wird dann auf einen Sekundentakt heruntergeteilt.

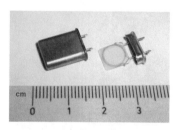

© Ulfbastel at German Wikipedia

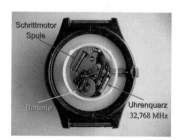

© wikimedia: Garitzko

Beispiel 5.11: Aktuator

Mit Piezokristallen lassen sich Objekte sehr präzise und schnell justieren. Über die Spannung, die am Kristall angelegt wird, kann man seine Ausdehnung regeln. Die Längenänderung ist bei einem einzelnen Piezokristall klein. Um sie zu vergrößern, stapelt man Piezokristalle übereinander. Typischerweise erreicht man relative Längenänderungen von $\Delta L/L = 10^{-3}$, d. h., bei einer Höhe des Stapels von 1 cm lässt sich die Höhe um 10 μm regeln. Dafür muss man Spannungen von typisch 100 V an jeden Kristall

anlegen. Die Skizze zeigt drei solcher Aktuatoren. Die Oberflächen der Kristalle werden alternierend mit positiver und negativer Spannung kontaktiert (in der Skizze blaue Kontaktierung). Die Anschlusspunkte für eine der beiden Spannungen sind in der Skizze zu erkennen. Die Skizze zeigt eine Anordnung, mit der man eine Platte in beliebige Richtungen kippen kann. Solche Anordnungen werden beispielsweise in der Laseroptik verwendet, um Spiegel zu justieren. Der Spiegel wird dann auf der Platte fest montiert. Es gibt vielfältige andere Anwendungen, z. B. in der Form von Piezomotoren oder in Rastertunnelmikroskopen zur Bewegung der Probenspitze.

5.5.3 Elektrostriktion

Bringt man ein Medium in ein elektrisches Feld, so kann man nicht nur bei Piezokristallen eine Deformation des Mediums erkennen. Im Inneren des Mediums entstehen gerichtete Dipole. Diese üben anziehende Kräfte auf ihre Nachbardipole aus, wodurch sich das Medium entlang des elektrischen Feldes zusammenzieht und quer dazu ausdehnt. Diesen Effekt, der im Prinzip in allen Medien auftritt, nennt man die Elektrostriktion. Allerdings ist der Effekt in vielen Materialien so klein, dass er praktisch keine Rolle spielt. Die Längenänderung des Mediums ist in der Regel proportional zum Quadrat der Feldstärke, wodurch er sich vom piezoelektrischen Effekt unterscheidet, der eine lineare Abhängigkeit von der Feldstärke zeigt.

5.5.4 Pyroelektrischer Effekt

Manche Piezokristalle zeigen bei Temperaturänderung eine Spannung. Sie kommt dadurch zu Stande, dass sich die Gitterabstände bei Erwärmung oder Abkühlung ändern, was einer Dehnung oder Stauchung des Kristalls durch einen externen Druck gleich kommt. Man nennt dies den pyroelektrischen Effekt. Messbar sind meist nur die Spannungsschwankungen bei kurzfristigen Temperaturänderungen, da bei langsamen Temperaturänderungen die Oberflächenladungen durch Leckströme aus der Umgebung kompensiert werden. Mit diesem Effekt kann man die Infrarotstrahlung, die beispielsweise von Personen ausgeht, nachweisen und so erkennen, wenn sich eine Person in das Sichtfeld des Sensors hinein- oder herausbewegt. Man nennt die Sensoren „Passive-Infrared Sensors", da sie selbst keine Infrarotstrahlung aussenden. Sie werden zum Beispiel in Bewegungsmeldern verwendet.

Experiment 5.6: Elektrische Aufladung eines Kristalls

Turmalin ist einer der häufig verwendeten pyroelektrischen Kristalle. An diesen Kristallen kann man die elektrische Aufladung eindrücklich nachweisen. Man erhitzt den Kristall und bestäubt ihn mit Schwefelpulver. Das Schwefelpulver ist negativ geladen und wird vornehmlich am positiv geladenen Ende des Kristalls haften.

❓ Übungsaufgaben ▶ Kap. 5

1. Ein elektrisches Feld trifft unter einem Winkel $\alpha_0 = 28°$ auf eine Glasplatte ($\epsilon = 5$). Bestimmen Sie die elektrische Feldstärke und die elektrische Erregung im Innern der Glasplatte in Abhängigkeit der äußeren Feldstärke E_0.

2. a. Ein Kondensator ist aus zwei runden Platten (Durchmesser 20 cm) aufgebaut. Der Zwischenraum zwischen den Platten ist mit einer 5 mm dicken Kunststoffplatte (Polyethylen PE) gefüllt. Bestimmen Sie die Kapazität des Kondensators.

   b. Nehmen Sie nun an, dass auf Grund von Unebenheiten der Kondensatorplatten und des Dielektrikums sich die Kondensatorplatten nur auf einen Abstand von 6 mm nähern lassen, während die mittlere Dicke des Dielektrikums weiterhin 5 mm beträgt. Der restliche Raum zwischen den Platten ist mit Luft gefüllt. Wie groß ist nun die Kapazität des Kondensators?

3. Ein Kondensator mit zwei runden Platten und einer Kapazität von $C_0 = 2500$ pF ist mit einem Netzgerät verbunden, das eine Spannung von $U = 50$ V liefert. Der Plattenabstand beträgt $d = 3$ mm. Zunächst ist der Zwischenraum zwischen den Platten mit Luft gefüllt. Wie viel Ladung fließt vom Netzgerät auf eine der Platten, wenn man eine Glasplatte in den Kondensator einführt, die den Zwischenraum zwischen den Platten vollständig ausfüllt?

4. Nach dem Thomson'schen Atommodell[4] besteht ein Wasserstoffatom aus einer positiven Kugel mit homogener Ladungsdichte, in der sich ein punktförmiges, negatives Elektron frei bewegen kann. Wie groß wäre die Polarisierbarkeit eines Wasserstoffatoms nach diesem Modell?

5. Die Skizze zeigt einen Kondensator mit zylindrischer Anordnung. Die innerste und äußerste Fläche sind geerdet. Auf der mittleren wird die Ladung Q aufgebracht. Wie verändert sich die Kapazität, wenn sie den Raum zwischen den inneren beiden Flächen und/oder den Raum zwischen den äußeren beiden Flächen mit einem Dielektrikum füllen?

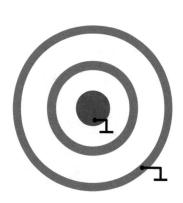

---

[4] Dieses Modell war populär, bevor Ernest Rutherford den Atomkern entdeckte.

II

Magnetostatik

Ströme

Stefan Roth und Achim Stahl

© Springer-Verlag GmbH Deutschland, ein Teil von Springer Nature 2018
S. Roth, A. Stahl, *Elektrizität und Magnetismus*, DOI 10.1007/978-3-662-54445-7_6

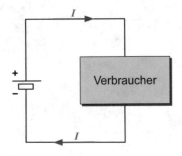

Abb. 6.1 Ein elektrischer Strom versorgt einen Verbraucher

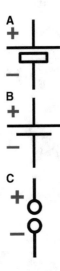

Abb. 6.2 Schaltsymbole von Batterie und Stromquelle. Die ersten beiden Abbildungen zeigen eine Batterie, die letzte eine Stromquelle

6.1   Der elektrische Strom

6.1.1 Definition des Stromes

In der Elektrostatik haben wir positive und negative elektrische Ladungen kennen gelernt. Die Ladungen waren räumlich voneinander getrennt und erzeugten so elektrische Felder. Wir haben die Phänomene untersucht, die von diesen Ladungen ausgehen, wobei wir nur solche Situationen betrachtet haben, in denen die Ladungen ruhten. Nun wollen wir uns den Phänomenen zuwenden, die auftreten, wenn sich die Ladungen bewegen. Stellen wir beispielsweise zwischen positiven und negativen Ladungen eine elektrisch leitende Verbindung her, so werden sich die positiven Ladungen zu den negativen Ladungen hin bewegen oder umgekehrt (oder beides). Es fließt ein elektrischer Strom (▪ Abb. 6.1).

In ▪ Abb. 6.1 haben wir das Schaltsymbol einer Batterie benutzt. In ▪ Abb. 6.2 geben wir noch ein weiteres Schaltsymbol für eine Batterie und ein Symbol für eine allgemeine Stromquelle[1] an.

Der elektrische Strom ist eine physikalische Größe. Er charakterisiert den Ladungsfluss. Der Strom ist ein Maß für die Ladungsmenge, die innerhalb eines bestimmten Zeitintervalls fließt. Da der Stromfluss in der Regel räumlich ausgedehnt sein wird und man ihn nur unter Idealisierungen auf eine Linie reduzieren kann, beziehen wir den Stromfluss auf eine Fläche. Wir definieren den Strom I als die Ladungsmenge ΔQ, die in einem Zeitintervall Δt durch die Bezugsfläche fließt:

$$I = \frac{\Delta Q}{\Delta t} \tag{6.1}$$

Die Einheit des Stromes ist das Ampere. Sie ist benannt nach dem französischen Physiker André-Marie Ampère (siehe ▪ Abb. 6.3). Das Ampere ist Basiseinheit der Elektrizität im SI-System. Alle Einheiten der Elektrizität (und des Magnetismus) lassen sich auf das Ampere zurückführen. Wir können die Definition des Amperes an dieser Stelle noch nicht besprechen, da sie ein Verständnis der Kraftwirkung zwischen Strömen voraussetzt. Wir kommen in ▶ Abschn. 8.2.2 darauf zurück.

Wir haben bereits einige Einheiten kennen gelernt, die auf das Ampere zurückgeführt werden, z. B. das Coulomb. Ein Coulomb ist die Ladungsmenge, die ein Strom von einem Ampere in einer Sekunde transportiert, also:

$$1\,\mathrm{C} = 1\,\mathrm{A} \cdot \mathrm{s} \tag{6.2}$$

---

[1] Statt Stromquelle könnten wir auch den Begriff Spannungsquelle benutzen. Für reale Quellen hat beides seine Berechtigung und beides ist nicht in allen Aspekten korrekt.

Auch die Einheit Volt wird auf das Ampere zurückgeführt (Gl. 4.3):

$$1\,V = 1\,\frac{J}{C} = 1\,\frac{J}{A\,s} \tag{6.3}$$

Die Definition aus Gl. 6.1 können wir nur dann sinnvoll anwenden, wenn sich der Stromfluss zeitlich nicht verändert, da wir in dieser Definition den Stromfluss über ein Zeitintervall Δt mitteln. Bei zeitlich veränderlichen Strömen müssen wir zu infinitesimal kleinen Zeitintervallen übergehen. Dann lautet die Definition des Stromes:

$$I = \frac{dQ}{dt} \tag{6.4}$$

In ◻ Abb. 6.1 haben wir eine Richtung für den Stromfluss eingezeichnet. Dies ist eine Konvention. Nach dieser Konvention fließt der Strom immer von plus nach minus. Dies gilt auch dann noch, wenn der Stromfluss durch Elektronen hervorgerufen wird, die sich wegen ihrer negativen Ladung tatsächlich von minus nach plus bewegen. Manchmal spricht man auch von der technischen Stromrichtung, wenn man sich auf diese Konvention bezieht, und von der physikalischen Stromrichtung, wenn die tatsächliche Richtung der Bewegung der Ladungsträger gemeint ist. Wir werden im Folgenden die technische Stromrichtung verwenden, sofern nicht explizit auf die physikalische Stromrichtung verwiesen wird.

Ist ein Stromfluss über eine Fläche A ausgedehnt, so könnte die lokale Stromstärke an verschiedenen Stellen der Fläche unterschiedlich groß sein. In einem solchen Fall ist es angebracht, eine Stromdichte zu definieren, die die Stärke des Stromes am jeweiligen Punkt charakterisiert. Man bezieht den Stromfluss auf eine Teilfläche ΔA der Fläche A und geht dann zu infinitesimal kleinen Flächen dA über. Die Stromdichte $\vec{j}$ ist definiert als

$$\vec{j}\,(\vec{r}) = \frac{dI}{dA}\hat{e}_j, \tag{6.5}$$

wobei der Einheitsvektor $\hat{e}_j$ in die Richtung des Stromflusses zeigt. Die Stromstärke durch die Gesamtfläche A erhalten wir aus $\vec{j}$ durch Integration zurück. Es ist:

$$I = \int_A \vec{j} \cdot d\vec{A} \tag{6.6}$$

◻ **Abb. 6.3** André-Marie Ampère (1775–1836) © wikimedia: Ambrose Tardieu

Beispiel 6.1: Elektrochemische Messung der Stromstärke

In ▶ Abschn. 1.3 hatten wir die Faraday'schen Gesetze kennengelernt. Aus ihnen kann man eine Messmethode für die Stromstärke ableiten. Das erste Faraday'sche Gesetz besagt ja, dass die bei einer

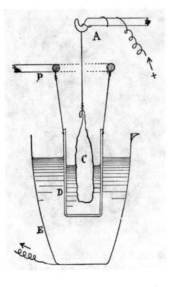

Elektrolyse abgeschiedene Stoffmenge proportional zur geflossenen Ladung ist. Lässt man den Strom für eine feste Zeit fließen und bestimmt die dabei abgeschiedene Stoffmenge, so gibt einem dies die Stromstärke in diesem Zeitintervall. Man kann so die Einheit des Stromes definieren, eine Methode, die tatsächlich lange Zeit benutzt wurde. Heute verwenden wir – wie bereits erwähnt – eine Definition, die auf die Kraftwirkung zwischen Strömen zurückgeht. Die Abbildung zeigt eine Messanordnung. Man nennt sie das Silbervoltameter oder auch Silbercoulombmeter nach Poggendorff. Ein Silbertiegel (E) ist mit einer Silbernitratlösung gefüllt. Als zweite Elektrode (C) hängt ein Silberblech in den Tiegel. Schickt man einen Strom durch die Lösung, scheidet sich an der negativen Elektrode Silber aus der Lösung ab. Der Strom wird so gepolt, dass sich das Silber im Tiegel absetzt. Man lässt den Strom für eine feste Zeit fließen und bestimmt dann mit einer Waage die Gewichtszunahme des Tiegels. Um die positive Elektrode (C), die sich beim Elektrolyseprozess zersetzt, ist ein Schutz (D) angebracht, der verhindert, dass Material von dieser Elektrode in den Tiegel fällt. Das elektrochemische Äquivalent von Silber wurde zu 1,118 mg/C festgelegt, was bedeutet, dass 1 C als die Ladung definiert wurde, die 1,118 mg Silber im Coulombmeter abscheidet. Die Definition des Amperes ergibt sich dann entsprechend mit einer Zeitmessung.

Beispiel 6.2: Stromfluss in einer Vakuumdiode

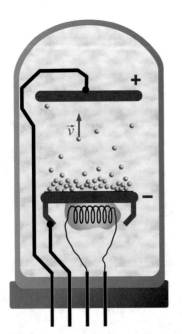

Anschaulich lässt sich der Ladungstransport in einer Vakuumdiode erklären. Eine Diode ist ein elektronisches Bauelement, das den Strom nur in eine Richtung leitet, aber das soll hier nicht unser Thema sein. Die Abbildung zeigt den Aufbau einer solchen Vakuumdiode. Im Inneren des Glaskolbens herrscht – wie der Name sagt – ein Vakuum. Legt man zwischen den beiden Platten eine Spannung an, so wird kein Strom fließen, da im Vakuum keine Ladungsträger vorhanden sind. Erst wenn die Kathode (untere Platte) über die Heizspirale erhitzt wird, treten aus der Platte Elektronen aus und werden zur Anode (obere Platte) beschleunigt, sofern die Platten, wie in der Skizze angegeben, gepolt sind. Erst die thermische Bewegung auf Grund der hohen Temperatur in der Kathode ermöglicht es den Elektronen, das Metall zu verlassen und ins Vakuum zu entweichen, einen Prozess, den man Glühemission nennt. Es ist die anschließende Bewegung der Elektronen von der Kathode zur Anode, die den Strom bewirkt.

Es mag noch interessant sein, den Zusammenhang zwischen der Geschwindigkeit der Elektronen und dem Strom aufzustellen. Wir nehmen ein homogenes elektrisches Feld zwischen den Platten an, wodurch die Elektronen, deren Anfangsgeschwindigkeit nach dem Austritt aus der Kathode zu vernachlässigen ist, horizontal nach oben beschleunigt werden. Wir denken uns eine virtuelle Fläche zwischen den Platten, parallel zu diesen. Wie viele Elektronen werden diese im Zeitintervall Δt durchdringen? Es sind alle, deren Abstand zur virtuellen Fläche kleiner als $v\Delta t$ ist, also alle im Volumen $V = A\Delta s = Av\Delta t$. Dies sind $n_e V = n_e Av\Delta t$, wobei n_e die Dichte der Leitungselektronen (Anzahl pro Volumen) angibt. Von ihnen wird eine Ladung $\Delta Q = en_e Av\Delta t$ transportiert, so dass sich ein Strom $I = \Delta Q/\Delta t = en_e Av$ ergibt. Wollten wir die Stromdichte $\vec{j}$ bestimmen, so müssten wir den Strom auf den Flächenausschnitt ΔA beziehen: $\vec{j} = en_e \Delta A\vec{v}/\Delta A = en_e\vec{v}$. Die Stromdichte ist proportional zur Geschwindigkeit der Elektronen. Da die Stromdichte wegen der Erhaltung der Ladung sich entlang der Flugrichtung der Elektronen nicht verändern kann, folgt hieraus, dass dort, wo die Geschwindigkeit der Elektronen hoch ist, die Dichte entsprechend gering sein muss. Vor der Kathode bildet sich eine Ladungswolke aus. Die Geschwindigkeit ist dort noch sehr gering und die Ladungsträgerdichte hoch, während letztere zur Anode hin immer weiter abnimmt, wie dies in der Abbildung angedeutet ist.

6.1.2 Kontinuitätsgleichung

Zum Abschluss dieser Einführung des Stromes wollen wir noch auf eine wesentliche Eigenschaft der Stromkreise eingehen: Sie müssen geschlossen sein, sonst wird dauerhaft kein Strom fließen. Der Strom fließt von der Stromquelle in die Schaltung und schließlich wieder in die Stromquelle zurück. Wäre dies nicht der Fall, würde Ladung aus der Stromquelle in die Schaltung fließen und sich dort ansammeln und zwar umso mehr, je länger die Stromquelle eingeschaltet bleibt, was nicht sein kann. In ◻ Abb. 6.4 sind einige Beispiele gezeigt. In ◻ Abb. 6.4A ist der Verbraucher korrekt angeschlossen. Der Strom fließt von der Stromquelle in den Verbraucher und von diesem wieder zurück in die Stromquelle. In ◻ Abb. 6.4B ist der Stromkreis nicht geschlossen. Er kann vom Verbraucher nicht in die Stromquelle zurückfließen. Daher wird kein Strom fließen. In ◻ Abb. 6.4C ist der Stromkreis zwar geschlossen, aber er führt nicht durch den Verbraucher. Der Strom wird direkt vom Pluspol der Stromquelle zu deren Minuspol fließen unter Umgehung des Verbrauchers. Dies nennt man einen Kurzschluss. In ◻ Abb. 6.4D ist der Verbraucher schließlich wieder korrekt angeschlossen, allerdings fließt der Strom im Vergleich zu ◻ Abb. 6.4A in umgekehrter Richtung durch den Verbraucher, was nicht bei allen Verbrauchern erlaubt ist.

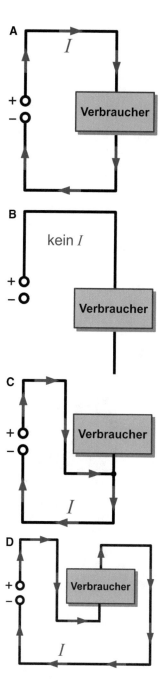

◻ **Abb. 6.4** Beispiele von Schaltungen mit offenen und geschlossenen Stromkreisen

Mit einigen Drähten, einer Batterie und einer Glühbirne als
Verbraucher lassen sich die verschiedenen Schaltungen aus
◘ Abb. 6.4 leicht nachstellen. So kann man sich selbst vergewissern,
dass die Glühbirne nur dann leuchtet, wenn der Strom vom Pluspol
der Batterie durch die Glühbirne zum Minuspol fließen kann. Man
muss darauf achten, dass die Glühbirne an die Batteriespannung
angepasst ist. Die Nennspannung der Glühbirne muss der Spannung
der Batterie entsprechen oder knapp darüber liegen.

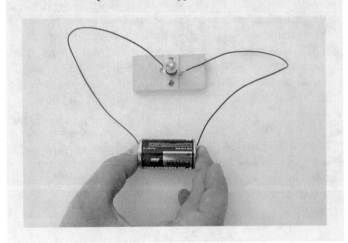

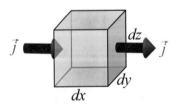

◘ **Abb. 6.5** Zur Kontinuitätsgleichung
der elektrischen Ladung

Die Bedingung „geschlossener Stromkreis" geht auf die Ladungserhaltung zurück. Ist der Stromkreis nicht geschlossen, müsste
die transportierte Ladung am Ende vernichtet werden, oder sie sammelt sich an, was zu einem Gegenpotenzial führen würde, das den
Stromfluss stoppen würde. Man kann den Zusammenhang zwischen
dem Stromfluss und der angesammelten Ladung in einer Kontinuitätsgleichung formulieren, wie wir sie in ähnlicher Form bereits für
strömende Fluide kennen gelernt haben (Abschn. 16.2, Band 1).
Wir betrachten hierzu ein infinitesimal kleines Volumen in einem
Stromfluss und wir wollen zunächst annehmen, dass der Strom in die
x-Richtung fließt (◘ Abb. 6.5). Dann ist der Strom, der links in den
Würfel eindringt:

$$I_1 = I = \vec{j}_1 \, dy \, dz \tag{6.7}$$

Rechts tritt der entsprechende Strom I_2 aus. Da es sich um ein infinitesimales Volumen handelt, können wir ihn in einer Taylorentwicklung bestimmen:

$$I_2 = I + \frac{\partial I}{\partial x} dx = \frac{\partial \vec{j}}{\partial x} dy \, dz \, dx \tag{6.8}$$

Die Differenz beträgt:

$$\Delta I = I_2 - I_1 = \frac{\partial \vec{j}}{\partial x} dy\, dz\, dx \tag{6.9}$$

Durch diesen Stromfluss wird dem Volumen eine Ladung ΔQ zugeführt:

$$\Delta Q = -\Delta I\, dt = -\frac{\partial \vec{j}}{\partial x} dy\, dz\, dx\, dt \tag{6.10}$$

Das Minuszeichen berücksichtigt, dass im Falle $I_2 > I_1$ mehr positive Ladung aus dem Volumen ab- als zufließt und somit ΔQ negativ sein muss, wohingegen ΔI positiv ist. Dies führt zu einer Änderung der Ladungsdichte im Würfel:

$$\Delta \rho = \frac{\Delta Q}{dV} = -\frac{\partial \vec{j}}{\partial x} dt$$

Die Änderungsrate ergibt sich dann zu:

$$\frac{\partial \rho}{\partial t} = -\frac{\partial \vec{j}}{\partial x} \tag{6.11}$$

Entsprechendes gilt für Stromflüsse in die y- und z-Richtungen, so dass wir schließlich erhalten:

$$\frac{\partial}{\partial t} \rho\left(\vec{r}, t\right) = -\frac{\partial}{\partial x} \vec{j}\left(\vec{r}, t\right) - \frac{\partial}{\partial y} \vec{j}\left(\vec{r}, t\right) - \frac{\partial}{\partial z} \vec{j}\left(\vec{r}, t\right)$$
$$= -\operatorname{div} \vec{j}\left(\vec{r}, t\right) \tag{6.12}$$

Dies nennt man die Kontinuitätsgleichung der elektrischen Ladung. Sie muss überall und zu jedem Zeitpunkt erfüllt sein, da sonst die Erhaltung der elektrischen Ladung verletzt wäre. Im Falle stationärer Ströme, die wir hier in der Magnetostatik behandeln, sind die Ströme zeitlich konstant ($\vec{j}(\vec{r}, t) = \vec{j}(\vec{r})$) und damit muss auch die Ladungsdichte an jedem Ort zeitlich konstant sein. Ihre zeitliche Ableitung verschwindet und die Kontinuitätsgleichung vereinfacht sich für die Magnetostatik auf:

$$\operatorname{div} \vec{j}\left(\vec{r}\right) = 0 \tag{6.13}$$

Kommen wir noch einmal auf ◾ Abb. 6.4 zurück. Legen wir einen infinitesimalen Würfel um das Ende der Stromleitung in Schaltung B. Dann wäre dort $\operatorname{div} \vec{j}(\vec{r}) \neq 0$, denn es fließt Strom in den Würfel hinein, aber keiner heraus. Die Ladungsdichte würde nach Gl. 6.12 kontinuierlich ansteigen, was eine unsinnige Vorhersage wäre. Wir können diesem Problem nur entkommen, indem wir akzeptieren, dass in Schaltung B $\vec{j}(\vec{r}) = 0$ gilt. Es kann in einem offenen Stromkreis kein Strom fließen.

Beispiel 6.3: Digitales Voltmeter

An vielen Stellen benutzen wir heutzutage digitale Messgeräte für Ströme und Spannungen. Wir wollen hier ein einfaches Prinzip erklären, wie man eine Spannung mit einem konstanten Strom digital erfassen kann. Die Abbildung zeigt das Prinzip. Zunächst befindet sich der Schalter S in der linken Position. Mit der zu messenden Spannung wird ein Kondensator aufgeladen. Die Ladung auf dem Kondensator folgt nach $Q = CU$ der Spannung. Zu einem bestimmten Zeitpunkt t_0 wird der Schalter in die rechte, in der Abbildung nur angedeutete Position gebracht. Nun passieren zwei Dinge gleichzeitig. Ein konstanter Strom, erzeugt von einer elektronischen Regelschaltung, wird auf den Kondensator geleitet. Die Polarität ist so gewählt, dass der Strom den Kondensator langsam, aber gleichmäßig entlädt. Die Entladezeit ist proportional zur Ladung auf dem Kondensator und damit zur Spannung. Währenddessen vergleicht ein Komparator die Spannung auf dem Kondensator mit dem Nullpotenzial (in der Abbildung auf der unteren Linie). Befindet sich Ladung auf dem Kondensator, schaltet der Komparator durch und startet einen Zähler, der die regelmäßigen Takte eines Taktgebers zählt. Ist der Kondensator vollständig entladen, schaltet der Komparator zurück und der Zähler bleibt auf dem letzten Wert stehen. Dieser Wert ist proportional zur Entladezeit. Multipliziert mit einer geeigneten Kalibrationskonstanten, ergibt er die Spannung.

Man mag den Eindruck haben, dass digitale Messverfahren genauer sind als analoge. Doch an diesem Prinzip sieht man, dass auch digitale Messverfahren Messfehler haben, beispielsweise wenn sich der Entladestrom aufgrund einer Temperaturänderung verändert, oder wenn der Takt des Taktgebers schwankt. Sie sind nicht notwendigerweise genauer als analoge Geräte.

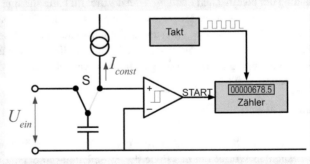

◩ Abb. 6.6 Georg Simon Ohm

6.2   Das Ohm'sche Gesetz

Im Jahre 1826 beobachtete der Physiker Georg Simon Ohm (◩ Abb. 6.6), dass der elektrische Strom in vielen Fällen proportional mit der angelegten Spannung anstieg. Diesen Zusammenhang bezeichnen

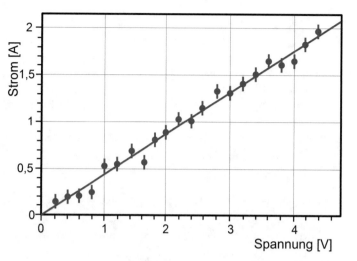

■ **Abb. 6.7** Messreihe von Strom und Spannung an einem Draht. Die Fehlerbalken zeigen die Genauigkeit der Strommessung

wir heute als das Ohm'sche Gesetz:

$$I \propto U \tag{6.14}$$

Die Proportionalitätskonstante nennen wir den elektrischen oder Ohm'schen Widerstand R:

$$U = RI \tag{6.15}$$

> **Ohm'sches Gesetz**
> An einfachen Leitern sind Strom und Spannung zu einander proportional: $U = RI$.

Falls Sie Schwierigkeiten haben sollten, sich das Ohm'sche Gesetz zu merken, denken Sie als Eselsbrücke an den Schweizer Kanton URI.

Die Einheit des Widerstandes lässt sich aus dem Ohm'schen Gesetz ableiten. Sie trägt ebenfalls den Namen Ohms.

$$[R] = 1\,\frac{V}{A} = 1\,\Omega \tag{6.16}$$

Sie wird mit dem griechischen Buchstaben Ω bezeichnet.

In ■ Abb. 6.7 ist eine Messreihe von Strom und Spannung an einem langen Draht zu sehen. Innerhalb der Genauigkeit der Messungen kann man den linearen Zusammenhang zwischen Strom und Spannung deutlich erkennen. Die rote Linie zeigt den Zusammenhang an. Ihre Steigung entspricht dem Kehrwert des Ohm'schen Widerstandes des Drahtes ($I = \frac{1}{R}U$). Man nennt diesen Graphen auch die Strom-Spannungs-Kennlinie des Drahtes.

Experiment 6.2: Ohm'sches Gesetz

Das Ohm'sche Gesetz lässt sich mit einem Messgerät für Strom und Spannung einfach demonstrieren. An einem Widerstand, der aus einem auf eine Hülse gewickelten Draht besteht, kann man die Proportionalität von Strom und Spannung gut erkennen. Über den Schleifer am Widerstand kann man den Strom an unterschiedlichen Stellen in die Drahtwindungen einkoppeln und so den Widerstand variieren. Je nach Widerstand ergeben sich unterschiedlich steile Strom-Spannungs-Kennlinien.

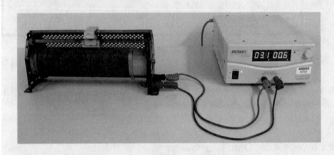

© RWTH Aachen, Sammlungen Physik

Die von Ohm beobachtete Proportionalität ist allerdings nicht allgemein gültig. Nicht alle Leiter zeigen diese Proportionalität. Sehr gut trifft sie auf metallische Leiter zu, sofern man auf eine konstante Temperatur des Drahtes achtet. In ◘ Abb. 6.8 ist ein weiteres Beispiel einer Strom-Spannungs-Kennlinie zu sehen. Es handelt sich

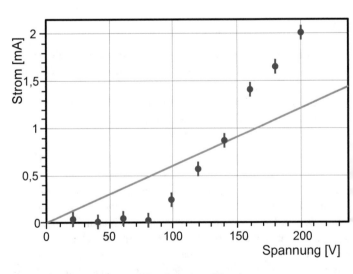

◘ **Abb. 6.8** Strom-Spannungs-Kennlinie einer Glimmlampe

um die Kennlinie einer Glimmlampe. Sie hat eine gänzlich andere Form. Bis ca. 80 V ist kein Stromfluss zu erkennen. Bei höheren Spannungen steigt der Strom steil an. Man kann vielleicht einen exponentiellen Anstieg erahnen. Hier trifft das Ohm'sche Gesetz nicht zu. Der Versuch, die Messpunkte durch eine Gerade zu verbinden (in der Abbildung angedeutet), scheitert kläglich. Das Ohm'sche Gesetz trifft also nicht auf alle Leiter zu. Man unterscheidet Ohm'sche Widerstände, für die die Proportionalität gilt, und nicht Ohm'sche Widerstände.

Widerstände sind wichtige Bauelemente in vielen elektrischen und elektronischen Schaltungen. In ◘ Abb. 6.9 ist ein Beispiel zu sehen. In den Schaltplänen werden Widerstände durch ein Schaltsymbol dargestellt. Das offizielle Schaltsymbol ist in ◘ Abb. 6.10A gezeigt, häufig findet man auch das Symbol in ◘ Abb. 6.10B.

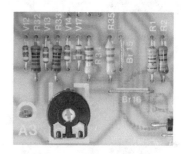

◘ **Abb. 6.9** Eine elektronische Schaltung mit Widerständen

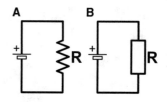

◘ **Abb. 6.10** Schaltsymbole des Widerstandes

Beispiel 6.4: Wasserstromkreise

Aus Wasserstromkreisen kann man ein vollständiges Analogon zu elektrischen Stromkreisen aufbauen, das Ihnen das Verständnis der elektrischen Stromkreise erleichtern mag. In Wasserstromkreisen werden Wassermoleküle transportiert, deren Masse der transportierten elektrischen Ladung der Ladungsträger in den Stromkreisen entspricht. Den Strom im Wasserkreislauf I_w definieren wir folglich als die Masse an Wasser, die in einem Zeitintervall Δt durch eine vorgegebene Fläche fließt:

$$I_W = \frac{\Delta m_{H_2O}}{\Delta t}$$

Fließt das Wasser in einem Rohr, so werden wir natürlicherweise die Querschnittsfläche des Rohres als Referenzfläche wählen. Die elektrische Spannung ist eine Arbeit, die wir pro Probeladung für den Transport verrichten. So wollen wir auch im Falle des Wasserkreislaufes eine Spannung definieren. Wir erzeugen den Druck, der notwendig ist, um das Wasser zum Fließen zu bewegen, indem wir die Rohre aus einem höhergelegenen, offenen Becken speisen. Dann ist es die Lageenergie der Wassermoleküle, mit der die Arbeit verrichtet wird. Diese ist:

$$W_w = m_{H_2O}\, g h = p V = p \rho_{H_2O}\, m_{H_2O}$$

Das Potenzial φ_W ist die Lageenergie pro Molekül (pro Masseneinheit):

$$\varphi_W = \frac{W_w}{m_{H_2O}} = \frac{p \rho_{H_2O}\, m_{H_2O}}{m_{H_2O}} = p \rho_{H_2O},$$

wobei wir die Höhe h des Wasserbeckens in Bezug auf eine bestimmte Referenzlage messen. Auf dieser Höhe ist das Potenzial null. Als Differenz zum Druck in dieser Höhe müssen wir auch den Druck bestimmen. Diese Referenzhöhe entspricht dem Erdpotenzial im elektrischen Fall. Die Spannung U_w im Wasserkreislauf ist dann die Potenzialdifferenz zwischen zwei Punkten im Wasserkreislauf:[2]

$$U_{21} = \varphi_W(2) - \varphi_W(1) = (p_2 - p_1)\,\rho_{H_2O}$$

In Kap. 16 des ersten Bandes hatten wir das Hagen-Poiseuille'sche Gesetz kennen gelernt. Es lautet

$$I_w = \frac{\pi}{8\eta}\,\frac{\Delta p}{L}\,r^4 = \frac{\pi}{8\eta\rho_{H_2O}}\,\frac{r^4}{L}\,U_{21}$$

Es ist r der Radius des Rohres, L seine Länge und η die Viskosität der Flüssigkeit. Wie wir sehen, sind auch im Fall des Wasserkreislaufes durch Röhren Wasserstrom und Wasserspannung zu einander proportional, allerdings nur im Bereich laminarer Strömungen, denn nur für diese gilt das Hagen-Poiseuille'sche Gesetz. Es übernimmt die Rolle des Ohm'schen Gesetzes für die Wasserkreisläufe. Den Wasserwiderstrand R_w eines Rohres können wir ablesen. Es ist:

$$R_w = \frac{\pi}{8\eta\rho_{H_2O}}\,\frac{r^4}{L}$$

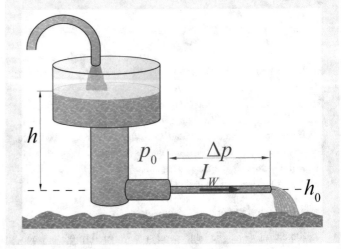

---

[2] In Kap. 16 des ersten Bandes hatten wir die „Spannung" als Δp ohne die Konstante ρ_{H_2O} definiert.

Experiment 6.3: Wasserkreislauf

Aus Schläuchen und Glasröhren gelingt es leicht, einen Wasserkreislauf aufzubauen und das „Ohm'sche Gesetz" für den Wasserkreislauf zu überprüfen. Die Skizze zeigt den Aufbau. Über die Hebebühne kann man die Höhe des Wasserreservoirs und damit die „Spannung" variieren. Der Auffangbehälter am Ausfluss steht auf einer Waage, über die man den „Strom" messen kann.

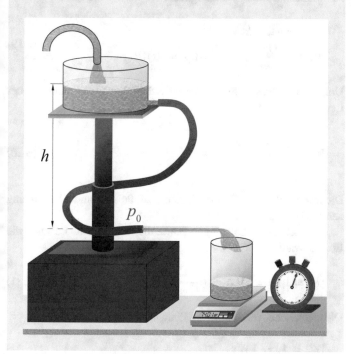

6.3 Arbeit und Leistung

Die elektrische Spannung ist eng mit elektrischer Arbeit verknüpft. Wir haben die Spannung als Differenz elektrischer Potenziale definiert (Gl. 4.2), die Potenziale wiederum sind elektrische Energien, normiert auf die Probeladungen (▶ Abschn. 2.4), demnach wird an einer Ladung, die eine Potenzialdifferenz $\varphi_2 - \varphi_1$ durchläuft, die Arbeit

$$W = q\,(\varphi_2 - \varphi_1) = qU_{21} \tag{6.17}$$

verrichtet. In ☐ Abb. 6.11 ist ein solcher Strom durch einen Leiter dargestellt, der von einer Spannung U_{21} angetrieben wird. Fließt in

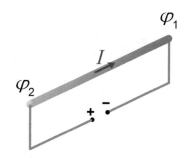

☐ **Abb. 6.11** Ein Strom verrichtet Arbeit

einem Zeitintervall Δt die Ladung ΔQ, so wird eine Leistung

$$P = \frac{W}{\Delta t} = \frac{\Delta Q}{\Delta t} U_{21} = UI \tag{6.18}$$

erbracht. Der Strom leistet Arbeit proportional zur Spannung, die notwendig ist, um den Strom zu treiben.

Sind Strom und/oder Spannung zeitlich variabel, so müssen wir zu infinitesimalen Zeiten übergehen:

$$dW = dQ U(t)$$
$$P(t) = \frac{dW(t)}{dt} = \frac{dQ}{dt} U(t) = I(t)U(t) \tag{6.19}$$

Umgekehrt lässt sich die verrichtete Arbeit durch Integration aus der Leistung bestimmen:

$$W = \int_0^t \frac{dW}{dt'} dt' = UIt \tag{6.20}$$

Die letzte Relation trifft allerdings nur zu, falls Strom und Spannung zeitlich konstant sind.

Die elektrische Leistung trägt wie die mechanische Leistung die Einheit Watt:

$$[P] = 1\,\mathrm{W} = 1\,\mathrm{V\,A} = 1\,\frac{\mathrm{J}}{\mathrm{C}}\frac{\mathrm{C}}{\mathrm{s}} = 1\,\frac{\mathrm{J}}{\mathrm{s}} \tag{6.21}$$

Die elektrische Arbeit trägt die Einheit Joule:

$$[W] = 1\,\mathrm{J} = 1\,\mathrm{W\,s} \tag{6.22}$$

Diese Arbeit wird am Leiter, durch den der Strom fließt, verrichtet. Der Leiter setzt dem Strom einen Widerstand entgegen, den man sich so vorstellen kann, dass die Ladungsträger den Leiter nicht ungehindert durchdringen können. Die Arbeit, die verrichtet werden muss, um die Ladungsträger durch den Leiter zu bringen, wird in diesem in Wärme umgewandelt. Sie geht dem Schaltkreis verloren. Man kann sie aus dem Widerstand des Leiters bestimmen. Dazu benutzen wir das Ohm'sche Gesetz in der Form $U = RI$:

$$P(t) = U(t)I(t) = RI(t)^2 = \frac{U(t)^2}{R} \tag{6.23}$$

Die elektrische Energie ist eine Form von Energie wie alle anderen Energieformen, die Sie bereits in der Mechanik kennen gelernt haben (z. B. Federenergie). Elektrische Energie lässt sich in mechanische

Energie umwandeln (z. B. mit Elektromotoren) und umgekehrt lässt sich mechanische Energie mit Hilfe von Generatoren in elektrische Energie umwandeln. Ein Beispiel zeigt ▶ Experiment 6.5.

Experiment 6.4: Wärmeentwicklung an einem Widerstand

Mit diesem einfachen Experiment kann man die Umwandlung der elektrischen Leistung in Wärme direkt erfahren. Man klemmt einen Widerstand von 10 Ω an eine Batterie und berührt ihn vorsichtig mit den Fingern. Die Erwärmung ist deutlich zu spüren.

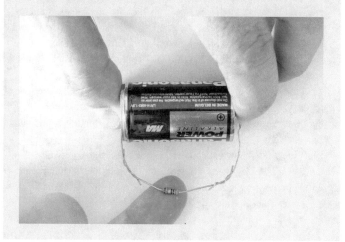

Experiment 6.5: Elektrische Leistung

Mit diesem Experiment demonstrieren wir die Umwandlung mechanischer Energie in elektrische Energie und der letzteren wiederum in Licht. Ein Gewicht hängt an einer Schnur, die auf einer Antriebsscheibe eines Dynamos aufgewickelt ist. Lässt man das Gewicht los, treibt es den Dynamo an, dieser erzeugt einen elektrischen Strom, der die Glühlampe zum Leuchten bringt.

Experiment 6.6: Schmelzen eines Drahtes

Dass die elektrische Leistung zerstörend wirken kann, kann man beobachten, wenn man ein kräftiges Netzgerät mit einem Draht kurzschließt. Erhöht man den Strom, wird der Draht heiß, beginnt zu glühen, schnürt sich schließlich an einer Stelle ein und brennt durch. Das Bild zeigt den Moment des Durchbrennens, aufgezeichnet mit einer Hochgeschwindigkeitskamera.

© RWTH Aachen, Sammlungen Physik

© wikimedia: Stefan Riepl

In modernen Küchen findet man heute oft Ceran®-Kochfelder. Jedes Kochfeld wird durch eine Heizspirale erhitzt, die in der Abbildung zu sehen ist. Die elektrische Leistung des Stromes wird im Leiter unter dem Kochfeld nahezu vollständig[3] in Wärme umgewandelt. Der Heizdraht erhitzt sich bis zur Rotglut und sendet intensive Wärmestrahlung aus. Über der Heizspirale liegt eine Platte aus einer Glaskeramik (Markenname Ceran® der Firma Schott AG, die die Keramik mit den passenden Eigenschaften entwickelt hat), auf der der Topf steht und die die Wärmestrahlung nahezu ungehindert passieren lässt. Die Wärmestrahlung wird vom Topf absorbiert und erhitzt diesen. Wärmeleitung und Konvektion spielen dabei nur eine untergeordnete Rolle. Die Glaskeramik hat eine geringe Wärmeleitfähigkeit, so dass die Bereiche neben dem Kochtopf nur wenig erhitzt werden. Ferner weist die Glaskeramik nahezu keine Wärmeausdehnung auf. Eine Wärmeausdehnung über der Heizspirale würde zu mechanischen Spannungen und zum Springen der Glaskeramik führen.

Einzelne Kochfelder haben eine Leistung von typischerweise 1 bis 2 kW. Bei 2 kW beträgt der Strom bei einer Netzspannung von 230 V immerhin 8,7 A. Daraus bestimmt man einen elektrischen Widerstand der Spirale von 26,5 Ω.

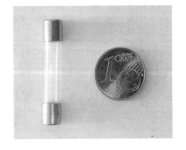

100mA t

In vielen elektrischen und elektronischen Schaltungen findet man Schmelzsicherungen, die die Schaltung (und den Benutzer) vor der Übertragung zu großer Leistungen schützt. In einem luftgefüllten Glasröhrchen verbindet ein dünner Draht die beiden Anschlüsse der Schmelzsicherung. Am Widerstand dieses Drahtes fällt eine Leistung proportional zum Quadrat des Stromes ab ($P = I^2/R$). Übersteigt der Strom für eine gewisse Zeit einen Maximalwert, so schmilzt der Draht und die Verbindung wird unterbrochen. Manchmal sind die Röhrchen mit Sand gefüllt, was den Lichtbogen unterbricht, der beim Abschmelzen des Drahtes entstehen kann. Die beiden Abbildungen zeigen eine Schmelzsicherung und das Schaltsymbol. Neben dem Schaltsymbol wird häufig der maximale Strom angegeben. Es gibt Schmelzsicherungen, die unterschiedlich schnell reagieren. Das „t" steht für träge.

---

[3] Elektrische Energie kann im Prinzip zu 100 % in Wärme umgewandelt werden. Selbst in der Praxis kann ein Wirkungsgrad von 100 % fast erreicht werden. Darin nicht enthalten sind allerdings die Verluste bei der Umwandlung der Primärenergie in elektrische Energie im Kraftwerk.

Die Elektrizitätsunternehmen rechnen die von ihnen zur Verfügung gestellte elektrische Energie mit Ihnen als Kunde ab. Ein Stromzähler misst die verbrauchte Energie in kW h. Eine kW h kostet rund 25 Cent. Sie können dafür ein Gerät mit einer Leistung von 1 kW eine Stunde lang betreiben. 1 kW h ensprechen 3,6 MJ an elektrischer Energie.

6.4 Leitungsvorgänge in Metallen

6.4.1 Elektronendrift

Was passiert im Inneren eines Drahtes, wenn ein Strom durch diesen fließt? Dieser Frage wollen wir uns in diesem Kapitel widmen. In Metallen gibt es Elektronen, die fest an die Atomkerne gebunden sind und mit den Atomkernen die so genannten Atomrümpfe bilden, aber auch solche, die die chemische Bindung zwischen den Atomrümpfen ausmachen und die frei zwischen den Atomen verschiebbar sind. Man nennt sie die Leitungselektronen. Sie sind für den Stromfluss verantwortlich. Legt man eine Spannung an einen Draht an, so entsteht im Draht ein elektrisches Feld. Dieses Feld übt eine Kraft auf die Leitungselektronen aus und bewegt sie. Dadurch wird Ladung transportiert. Ein Strom entsteht.

Hinzu kommt die thermische Bewegung der Elektronen im Draht. Die durch das äußere Feld aufgezwungene Bewegung ist der thermischen Bewegung der Elektronen überlagert. Die thermische Bewegung wird durch die thermische Energie kT bestimmt. Sie beträgt bei Raumtemperatur etwa 25 meV, woraus sich thermische Geschwindigkeiten der Elektronen von der Größenordnung 10^5 m/s ergeben. Wie wir noch sehen werden, sind die Geschwindigkeiten, die durch das äußere elektrische Feld entstehen, sehr viel kleiner. Man kann sich die Bewegung so vorstellen, dass der heftigen ungerichteten thermischen Bewegung eine kleine Drift in Richtung der elektrischen Kraft überlagert ist.

In ◻ Abb. 6.12 ist ein Draht dargestellt, an den eine äußere Spannung angelegt ist. Wir wollen die Stromdichte $\vec{j}$ im Draht bestimmen.

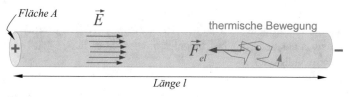

◻ **Abb. 6.12** Zur Bewegung eines Elektrons in einem metallischen Leiter

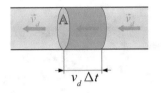

■ **Abb. 6.13** Bestimmung des Driftvolumens

Es genügt hier, den Betrag der Stromdichte zu bestimmen. Die Richtung wird entlang des Drahtes zeigen. Wir beziehen die Stromdichte auf eine Querschnittsfläche A des Drahtes. In ■ Abb. 6.13 ist ein Ausschnitt des Drahtes mit der Fläche A dargestellt. Die Driftgeschwindigkeit der Elektronen wird mit $\vec{v}_d$ angegeben. Dies ist die durch das äußere Feld erzwungene Geschwindigkeit. In einem Zeitintervall Δt werden all die Elektronen durch die Fläche A driften, die sich in dem angedeuteten zylindrischen Volumen der Länge $v_d \Delta t$ befinden. Sie tragen jeweils mit ihrer Ladung e zum Strom bei. Sind dies N_e Elektronen, so ist die transportierte Ladung:

$$\Delta Q = N_e e = n_e V e = n_e v_d \Delta t A e \tag{6.24}$$

Dabei ist n_e wiederum die Dichte der Leitungselektronen im Volumen. Durch die Überlagerung der ungerichteten thermischen Bewegung werden zusätzliche Elektronen die Fläche A im Zeitintervall Δt durchqueren, aber dafür andere aus dem zylindrischen Volumen es nicht in Δt schaffen. Im Mittel ändert sich der von uns berechnete Ladungstransport durch die thermische Bewegung nicht.

Dann ist der Strom durch die Fläche A

$$I = \frac{\Delta Q}{\Delta t} = n_e v_d A e \tag{6.25}$$

und die Stromdichte

$$j = \frac{I}{A} = n_e v_d e. \tag{6.26}$$

Um die Driftgeschwindigkeit zu bestimmen, gehen wir vom elektrischen Feld aus. Das elektrische Potenzial steigt gleichmäßig von einem Ende des Drahtes zum anderen an. Folglich muss die Feldstärke im Draht homogen sein. Es ist $U = \Delta\varphi = \Delta W/e = Fl/e = eEl/e = El$ mit der Länge l des Drahtes. Es ist:

$$\left|\vec{E}\right| = \frac{U}{l} \tag{6.27}$$

Die Beschleunigung, die die Elektronen erfahren, erhalten wir aus Newtons zweitem Axiom:

$$a = \frac{F}{m_e} = \frac{eE}{m_e} \tag{6.28}$$

mit der Elektronenmasse $m_e = 9{,}10938215(45) \cdot 10^{-31}$ kg. Wird ein Elektron aus der Ruhe beschleunigt, so erreicht es in der Zeit t die Geschwindigkeit:

$$v = at = \frac{eE}{m_e} t \tag{6.29}$$

Die Elektronen stoßen ständig auf Atomrümpfe. Dabei werden sie abgebremst, bzw. ihre Geschwindigkeit wird in eine andere Richtung umgelenkt. Nennen wir τ_S die mittlere Zeit zwischen zwei Stößen, so erhalten wir durch Mittelung über die Geschwindigkeit in diesen Zeitintervallen die Driftgeschwindigkeit:

$$v_d = \frac{eE}{m_e}\tau_S \tag{6.30}$$

Möglicherweise hätten Sie hier einen zusätzlichen Faktor $1/2$ erwartet. Eine genaue Berechnung der Mittelung zeigt aber, dass er nicht auftritt[4]. Setzt man Zahlenwerte ein, so stellt man fest, dass die Driftgeschwindigkeiten alle sehr klein sind. Selbst für Metalle liegen sie unter 1 mm/s. Dies können wir nun in Gl. 6.26 einsetzen und erhalten:

$$j = n_e e \frac{eE}{m_e}\tau_S = \frac{n_e e^2 \tau_S}{m_e}E \tag{6.31}$$

Wir führen die elektrische Leitfähigkeit des Metalls ein:

$$\sigma_{\text{el}} = \frac{n_e e^2 \tau_S}{m_e} \tag{6.32}$$

Die elektrische Leitfähigkeit ist eine Materialkonstante. Neben den Eigenschaften des Elektrons gehen die Ladungsträgerdichte des Leiters und die mittlere Zeit zwischen zwei Stößen ein. Die letzte Größe ist stark temperaturabhängig, wodurch die Leitfähigkeit als Ganzes eine starke Temperaturabhängigkeit zeigt. Den Kehrwert der Leitfähigkeit nennt man den spezifischen Widerstand ρ_{el} oder auch die Resistivität. In ◨ Tab. 6.1 sind für einige Materialien der spezifische Widerstand und der zugehörige Temperaturkoeffizient α angegeben. Der Temperaturkoeffizient beschreibt nach $\rho_{\text{el}}(T) = \rho_{\text{el}}(T_0)(1 + \alpha(T - T_0))$ die Temperaturabhängigkeit des spezifischen Widerstandes, der üblicherweise bei Zimmertemperatur ($T_0 = 298$ K) angegeben wird. Mit diesen Größen lässt sich die Stromdichte schreiben als

$$j = \sigma_{\text{el}}E = \frac{1}{\rho_{\text{el}}}E \tag{6.33}$$

Dies ist die mikroskopische Form des Ohm'schen Gesetzes. Tatsächlich ist dies die Darstellung, die Ohm zunächst abgeleitet hatte. Um zur makroskopischen Form in Gl. 6.15 zurückzukommen, gehen wir von der Stromdichte zum Strom über, indem wir mit der Querschnittsfläche A multiplizieren:

$$I = jA = \frac{1}{\rho_{\text{el}}}EA = \frac{1}{\rho_{\text{el}}}\frac{U}{l}A = \frac{A}{\rho_{\text{el}}l}U \tag{6.34}$$

---

[4] Beachten Sie, dass die Driftgeschwindigkeit den sehr viel höheren thermischen Geschwindigkeiten überlagert ist.

◻ **Tabelle 6.1** Spezifischer Widerstand und Temperaturkoeffizient einiger Materialien

	Spezifischer Widerstand ρ_{el} in $\Omega\,\text{mm}^2/\text{m}$	Temperaturkoeffizient α in $1/\text{K}$
Silber	0,016	0,006
Kupfer	0,017	0,007
Aluminium	0,027	0,004
Platin	0,10	0,004
Eisen/Stahl	0,10	0,006
Edelstahl	0,72	$\approx 0,006$
Quecksilber	0,96	0,0009
Graphit	8	$-0,0002$
Silizium	10^3	$-0,1$
Leitungswasser	$\approx 2 \cdot 10^7$	
Porzellan	10^{18}	
Glas	10^{16} bis 10^{20}	

Setzen wir

$$R = \frac{\rho_{\text{el}} l}{A}, \tag{6.35}$$

so erhalten wir wieder die makroskopische Form des Ohm'schen Gesetzes. Wir sehen nun den Zusammenhang zwischen der Materialkonstanten ρ_{el} und dem Widerstand eines Drahtes. Er ist proportional zum spezifischen Widerstand und zur Länge des Drahtes und umgekehrt proportional zu dessen Querschnittsfläche A.

Beispiel 6.8: Übertragungsgeschwindigkeit des Stromes

Stellen Sie sich vor, in Ihrem Büro ist eine 100-W-Deckenlampe über 5 m Kabel mit dem Lichtschalter verbunden. Sie betätigen den Schalter. Wie lange dauert es, bis der dadurch gestartete Stromfluss an der Lampe ankommt? Die Elektronen im Draht bewegen sich mit der Geschwindigkeit v_d, so dass man naiv erwarten könnte, dass die Einschaltverzögerung $\Delta t = s/v_d$ beträgt. Wir wollen diesen Wert zunächst abschätzen. Aus Gl. 6.30 bestimmen wir $\tau_S = \frac{m_e v_d}{eE}$ und aus Gl. 6.32 erhalten wir:

$$\frac{1}{\rho_{\text{el}}} = \frac{n_e e^2 \tau_S}{m_e} = \frac{n_e e v_d}{E} \Rightarrow v_d = \frac{E}{n_e e \rho_{\text{el}}}$$

Die Elektronendichte des einwertigen Kupfers ermitteln wir aus seiner Massendichte $\rho = 8{,}92\,\text{g/cm}^3$ und der Molmasse von $m_{\text{mol}} = 63{,}5\,\text{g}$. Es ist $n_e = N_A/V_{\text{mol}} = N_A\rho/m_{\text{mol}} = 8{,}46 \cdot 10^{28}/\text{m}^3$. Für die Bestimmung der Feldstärke benötigen wir den Spannungsabfall über dem Kabel. Nehmen wir an, es sei ein Kupferkabel mit einem Querschnitt von $1\,\text{mm}^2$ verbaut. Dann ist der Widerstand der 5 m langen Leitung $0{,}085\,\Omega$. Bei einer Leistung der Glühbirne von 100 W und 230 V Netzspannung fließt ein Strom von 0,43 A, was zu einem Spannungsabfall von $\Delta U = RI = 0{,}037\,\text{V}$ führt. Die elektrische Feldstärke ist $0{,}037\,\text{V}/5\,\text{m}$. Mit dem spezifischen Widerstand aus ◨ Tab. 6.1 ergibt sich:

$$v_d = \frac{0{,}037\,\text{V}}{5\,\text{m} \cdot 8{,}46 \cdot 10^{28}/\text{m}^3 \cdot 1{,}609 \cdot 10^{-19}\,\text{C} \cdot 0{,}017 \cdot 10^{-6}\,\Omega\text{m}}$$
$$= 32\,\frac{\mu\text{m}}{\text{s}}$$

Es würde folglich 156.000 Sekunden oder 43 Stunden dauern, bis die Lampe aufleuchtet. Dieses Ergebnis ist offensichtlich falsch. Sie können sich leicht vergewissern, dass kein Rechenfehler vorliegt. Das unsinnige Ergebnis geht auf einen falschen Gedankengang zurück. Wir haben ausgerechnet, wie lange ein Elektron benötigt, um vom Schalter zur Lampe zu driften. Doch die Lampe brennt, lange bevor das erste Elektron vom Schalter ankommt. Schließen wir den Schalter, so breitet sich durch den Draht und zu der Lampe hin das elektrische Feld aus. Wir werden noch sehen, dass dies mit Lichtgeschwindigkeit geschieht. Hat das Feld die Lampe erreicht, setzt es in der Lampe die Elektronen in Bewegung und sie beginnt zu leuchten. Die Energie wird mit Lichtgeschwindigkeit übertragen, während sich die Ladungsträger nur sehr langsam bewegen.

Ein ähnliches Phänomen hatten wir bereits in der Mechanik beim Kugelstoßpendel kennen gelernt (Band 1, Abschn. 8.3.7, Experiment 8.2). Beim Auftreffen der ausgelenkten Kugel (siehe Abbildung) breitet sich der Impuls durch die Kugelreihe mit Schallgeschwindigkeit fort, obwohl sich die Kugeln kaum bewegen.

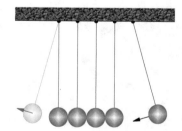

Beispiel 6.9: Temperaturkoeffizient und Strom durch eine Glühbirne

Die Abbildung zeigt die Widerstands-Spannungs-Kennlinie einer Glühbirne eines Autoscheinwerfers. Die nominelle Leistung der Birne beträgt 60 W bei einer Spannung von 12 V. Aus $P = U^2/R$ bestimmt man einen zugehörigen Widerstand von $2{,}4\,\Omega$ bei einem Strom von 5 A. Bei geringerer Betriebsspannung wird die Glühbirne weniger stark erhitzt und folglich ist ihr Widerstand kleiner. Bei Raumtemperatur ($U = 0$ V) liest man aus dem Diagramm einen Widerstand von nur noch 0,15 Ω ab. Schaltet man die Birne ein (12 V), so ist sie anfänglich noch kalt. Es entsteht ein Strom von $I = U/R = 12$ V$/0,15$ Ω $= 80$ A, der mit dem Erwärmen der Glühbirne auf den Betriebswert von 5 A abfallen wird. Schalter, Sicherungen etc. müssen so ausgelegt sein, dass sie den hohen Strompuls beim Kaltstart verkraften können!

Die Temperaturabhängigkeit des Widerstandes kann man parametrisieren. Allerdings genügt die lineare Näherung mit einem Temperaturkoeffizienten α für den großen Temperaturbereich, der hier auftritt, nicht mehr. Eine quadratische Parametrisierung

$$R(T) = R\,(20\,°\mathrm{C}) \left(1 + \alpha\Delta T + \beta\,(\Delta\mathrm{T})^2\right)$$

liefert ein zufriedenstellendes Ergebnis. Es ist $R(20\,°\mathrm{C}) = 0,15$ Ω der Widerstand bei Raumtemperatur, $\alpha = 4,1 \cdot 10^{-3}$/K der lineare Temperaturkoeffizient des Glühdrahtes (Wolfram) und $\beta = 9,6 \cdot 10^{-7}$/K^2 der quadratische Temperaturkoeffizient. ΔT ist die Temperaturerhöhung gegenüber Raumtemperatur. Mit dem Widerstand von 2,4 Ω bei Betriebsspannung berechnet man eine Temperatur des Glühdrahtes von 2377 °C. Sinkt die Betriebsspannung von 12 V auf 11 V, so liest man aus dem Diagramm eine Reduktion des Widerstandes von 2,4 Ω auf 2,3 Ω ab. Die Temperatur des Glühdrahtes ist auf 2155 °C gesunken. Da die abgestrahlte Lichtleistung proportional zur vierten Potenz der Temperatur ist (Band 1, Abschn. 21.4.3), hat sich die Lichtleistung auf 2/3 des nominellen Wertes reduziert.

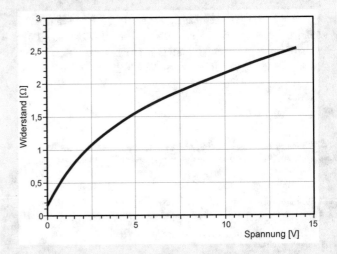

Experiment 6.7: Spezifischer Widerstand von Drähten

Auf einem Brett sind unterschiedliche Drähte montiert, von denen jeweils ein einzelner Draht über ein Netzgerät mit einem Strom von 1 A versorgt wird. Mit dem im Netzgerät integrierten Spannungsmessgerät wird jeweils die Spannung gemessen, die notwendig ist, um den Strom von 1 A bereitzustellen. Die Tabelle gibt die Eigenschaften der Drähte und die Messergebnisse an, an Hand derer man die Beziehung zwischen Widerstand und spezifischem Widerstand (Gl. 6.35) überprüfen kann. Das Bild zeigt den Aufbau, bei dem gerade zwei Konstantandrähte mit einem Durchmesser von 0,7 mm in Reihe geschaltet sind. Insgesamt sieht man eine akzeptable Übereinstimmung mit den Literaturwerten.

Material	Länge in m	Durch- messer in mm	Strom in A	Span- nung in V	ρ_{el} gemessen in $\Omega \frac{mm^2}{m}$	ρ_{el} Literatur in $\Omega \frac{mm^2}{m}$
Konstantan	1	1	1	0,704	0,55	0,5
Konstantan	1	0,7	1	1,335	0,51	0,5
Konstantan	1	0,5	1	2,544	0,50	0,5
Konstantan	1	0,35	1	5,30	0,51	0,5
Konstantan	2	0,7	1	2,670	0,51	0,5
Konstantan	0,5	0,7	1	0,680	0,52	0,5
Messing	1	0,5	1	0,395	0,078	0,07

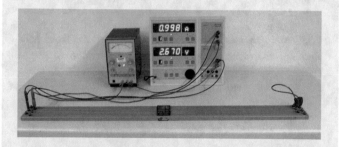

© RWTH Aachen, Sammlung Physik

Experiment 6.8: Spezifischer Widerstand von Drähten 2

Noch einmal schließen wir Drähte an ein Netzgerät. In diesem Experiment klemmen wir einen Kupferdraht und einen Stahldraht gleicher Dicke in Reihe an das Netzgerät, so dass derselbe Strom durch beide Drähte fließt. Wie wir festgestellt haben (Gl. 6.23), ist die Leistung, die in einem Stück des Drahtes in Wärme umgesetzt wird, proportional zum Widerstand des Drahtes: $P = I^2 R$, welcher wiederum proportional zum spezifischen Widerstand des Materials ist (Gl. 6.35). Aus ◘ Tab. 6.1 entnehmen wir, dass der Stahldraht einen sehr viel höheren spezifischen Widerstand hat als der Kupferdraht[5]. Dadurch wird er stärker erwärmt. Bei etwas über 10 A Stromstärke beginnt der Stahldraht zu glühen (im Bild unten), während sich der Kupferdraht kaum merklich erwärmt.

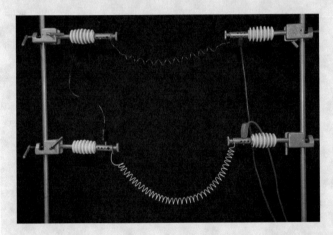

© RWTH Aachen, Sammlung Physik

Experiment 6.9: Temperaturabhängigkeit des Widerstandes

In einem weiteren Experiment demonstrieren wir die Temperatur-abhängigkeit des elektrischen Widerstandes. Wir vergleichen einen einfachen Metalldraht mit einem Siliziumplättchen (Halbleiter). Der Widerstand wird mit einem einfachen Multimeter gemessen. Während der Messung erwärmen wir den Metalldraht mit einer Gasflamme, für das Siliziumplättchen genügt ein Feuerzeug. Man sieht, wie sich der Widerstand rasch ändert: Der Wert für den Metalldraht steigt bei Erwärmung von 2,5 Ω auf 3,5 Ω, der Wert des Siliziumplättchens fällt von rund 600 Ω auf 200 Ω. Im Bänder-modell der Festkörper erklärt man sich das Verhalten des Drahtes dadurch, dass bei höheren Temperaturen die Stöße zwischen den Elektronen im Leitungsband und den Atomrümpfen an Intensität zunehmen, während der Haupteffekt beim Halbleiter daher kommt,

---

[5] Wegen des geringen spezifischen Widerstandes bei noch akzeptablen Materialkosten verwendet man Kupfer häufig für Elektrokabel und Drähte.

dass bei höheren Temperaturen das Leitungsband durch thermische Anregung stärker bevölkert wird.

A

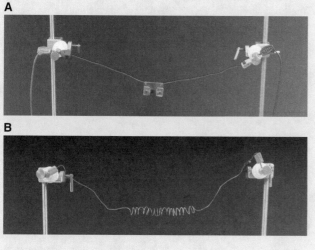

B

© RWTH Aachen, Sammlung Physik

6.4.2 Bauformen der Widerstände

Die Widerstände gehören neben den Kondensatoren zu den häufigsten Bauelementen in elektronischen Schaltungen. Es gibt Widerstände in einem sehr großen Wertebereich von zehntel Ohm bis zu Gigaohm. Neben dem Widerstandswert ist die Leistung, die ein Widerstand aushalten kann, ein wichtiges Merkmal des Bauelementes. Ferner gibt es Widerstände unterschiedlicher Qualitätsstufen. Bei den guten weicht der tatsächliche Widerstand weniger stark vom nominellen Wert ab und in der Regel haben sie auch einen geringeren Temperaturgradienten, d. h., der Wert verändert sich bei Temperaturänderung weniger stark. In den folgenden Beispielen werden einige Bauformen vorgestellt.

Beispiel 6.10: Drahtwiderstände

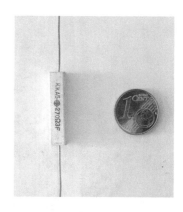

Eine mögliche Realisierung elektrischer Widerstände sind Drahtwiderstände. Auf einem Keramikkörper ist ein dünner Draht aufgewickelt. Der Draht ist mit einem Lack isoliert, so dass kein Strom quer zu den Windungen fließen kann. Nach Gl. 6.35 lässt sich der Widerstandswert über den Durchmesser und die Länge des Drahtes einstellen. Diese Widerstände können hohe Ströme mit Leistungen bis zu 100 W verkraften. Sie werden bei kleinen Widerstandswerten von bis zu 100 Ω eingesetzt. Bei noch größeren Werten werden die Drähte zu lang. Wegen ihres großen Volumens verwendet man sie meist nur dann, wenn tatsächlich hohe Leistungswerte benötigt werden.

Eine häufige Bauform sind die Kohleschichtwiderstände. Auf einem keramischen Röhrchen wird eine dünne Kohleschicht aufgebracht, die den Strom leitet. Über unterschiedliche Dichte und Dicke der Grafitschicht kann der Widerstandswert in weiten Bereichen gewählt werden. Bei Widerständen mit sehr hohen Werten sorgt eine Einkerbung für einen Aufbau des Leiters in Windungen (Wendelung). Der Widerstand ist mit Anschlussdrähten, meist in axialer Form, versehen und zum Schutz in ein Harz eingegossen, auf das die Widerstandswerte und weitere Angaben aufgedruckt sind. Häufig wird ein Code aus Farbringen verwendet, der in der Tabelle kurz erklärt ist. Er gibt den Widerstandswert und die Genauigkeit, mit der er erreicht wird (Toleranz), an. Die maximale Leistung kann man aus der Größe des Widerstandes erkennen. Größere Bauelemente können mehr Wärme abstrahlen und daher höheren Leistungen standhalten. Allerdings ist es schwierig, Kohleschichtwiderstände mit mehr als 5 bis 10 W Leistung herzustellen.

	1. Ziffer	2. Ziffer	Potenz	Toleranz
silber	–	–	10^{-2}	$\pm 10\,\%$
gold	–	–	10^{-1}	$\pm 5\,\%$
schwarz	–	0	1	
braun	1	1	10	$\pm 1\,\%$
rot	2	2	10^2	$\pm 2\,\%$
orange	3	3	10^3	–
gelb	4	4	10^4	–
grün	5	5	10^5	$\pm 0,5\,\%$
blau	6	6	10^6	$\pm 0,25\,\%$
violett	7	7	10^7	$\pm 0,1\,\%$
grau	8	8	10^8	$\pm 0,05\,\%$
weiß	9	9	10^9	–

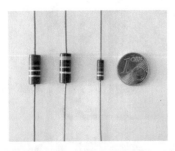

Widerstandscode: Der „Toleranz"-Ring hat einen größeren Abstand zu den anderen Ringen. Er liegt im Foto oben. Die ersten beiden Ringe ergeben eine Zahl zwischen 10 und 99, die multipliziert mit der Potenz den Widerstandswert in Ω ergibt.

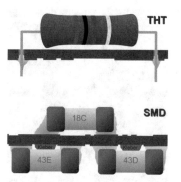

Zunächst wurden elektronische Schaltungen in der so genannten Through Hole Technology aufgebaut, bei der die Widerstände und anderen Bauteile sich auf einer Seite der Platine befinden. Durch Löcher in den Platinen werden die Anschlussdrähte der Bauelemente auf die andere Seite geführt, wo sie mit den Leiterbahnen verlötet werden. In der industriellen Produktion werden die Platinen nach der Bestückung mit der Seite der Leiterbahnen nach unten über ein Bad aus flüssigem Lötzinn gezogen, wobei das Lötzinn die Leiterbahnen und Anschlussdrähte benetzt, während es vom blanken Platinenmaterial abperlt.

In der SMD-Technologie (Surface Mounted Device) werden die Bauelemente auf derselben Seite wie die Leiterbahnen, mit denen sie verbunden werden sollen, angebracht. Die Platine wird mit elektrisch leitender Lotpaste an den entsprechenden Stellen bedruckt, in die die Bauteile mit ihren Kontaktflächen hineingedrückt werden. Nach der Bestückung wird die Platine samt Lotpaste erhitzt, wodurch diese aushärtet. Bei der SMD-Technologie entfällt das Bohren der Platinen. Bauelemente können auf beiden Seiten der Platine angebracht werden und der Platzbedarf der Bauelemente ist geringer, was eine deutliche Miniaturisierung der Schaltungen erlaubt. Heute wird industriell fast nur noch SMD-Technik eingesetzt.

In manchen Fällen werden einstellbare Widerstände benötigt. Sie kennen solche z. B. als Lautstärkeregler an Ihrer Stereoanlage. Die Widerstandsschicht wird so ausgelegt, dass der Strom mit einem Schleifer bereits vor dem Ende abgegriffen werden kann. So kann man die Länge der Widerstandsschicht und damit den Widerstand, durch den der Strom fließt, variieren. In der Regel hat das Bauelement drei Anschlüsse, die beiden Anschlüsse des festen Basiswiderstandes und den Anschluss an den Schleifer. Man nennt diese einstellbaren Widerstände auch Potenziometer. Die Bilder zeigen das Schaltsymbol und eine Ausführung als rundes und als gerades Potenziometer.

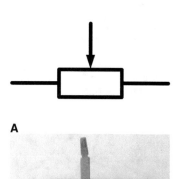

A

B

6.5   Die Kirchhoff'schen Gesetze

Gustav Robert Kirchhoff (Abb. 6.14) stellte zwei Gesetze auf, die zusammen mit dem Ohm'schen Gesetz die Grundlage für die Berechnung von Strömen und Spannungen in Widerstandsnetzwerken

bilden. Wir nennen sie die Kirchhoff'schen Gesetze oder Kirchhoff'schen Regeln. Es sind keine wirklich neuen Naturgesetze. Sie lassen sich auf Gesetze zurückführen, die wir bereits kennen gelernt haben.

Das erste Kirchhoff'sche Gesetz geht aus der Erhaltung der elektrischen Ladung hervor. Man nennt es auch die Knotenregel. Ströme transportieren Ladungen. Treffen in einem Punkt – genannt Knoten – mehrere Ströme aufeinander, so müssen in der Summe alle ankommenden Ladungen auch wieder abtransportiert werden. Bezeichnet man die in den Knoten hineinfließende Ströme als positiv und abfließende als negativ, so muss gelten (◘ Abb. 6.15):

$$\sum_i I_i = 0 \tag{6.36}$$

In Worten ausgedrückt bedeutet dies:

> ### 1. Kirchhoff'sches Gesetz (Knotenregel)
> In einem Knotenpunkt eines elektrischen Netzwerkes ist die Summe der zufließenden Ströme gleich der Summe der abfließenden Ströme.

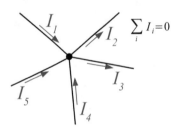

◘ **Abb. 6.15** Ströme an einem Kirchhoff'schen Knoten

Das zweite Kirchhoff'sche Gesetz basiert auf der Energieerhaltung. Treibt eine Spannung einen Strom an, so durchlaufen die Ladungsträger eine Potenzialdifferenz. Dabei wird Arbeit an den Ladungsträgern verrichtet. Ist der Weg, den sie durchlaufen, geschlossen, d. h., kehren sie am Ende des Weges wieder an den Ausgangspunkt zurück, so müssen sich die verrichteten Arbeiten in den einzelnen Schritten zu null addieren. Es liegt ja ein konservatives Feld vor. Dies bedeutet, dass die Summe der Spannungen entlang eines solchen geschlossenen Weges null ergeben muss. Kirchhoff nannte einen solchen geschlossenen Weg eine Masche. Dabei ist es egal, ob die Masche im Uhrzeigersinn oder dagegen umlaufen wird. Wichtig ist aber, darauf zu achten, dass alle Spannungen sich auf denselben Umlaufsinn beziehen. Sinkt das Potenzial in einem Teilschritt entlang des Umlaufes, so wird die Spannung als positiv gewertet, steigt das Potenzial, gilt sie als negativ. In ◘ Abb. 6.16 haben wir den Uhrzeigersinn als Umlaufrichtung gewählt. Die Pfeile an den Bauelementen zeigen jeweils vom höheren Potenzial zum geringeren. Dann sind U_2 bis U_4 als positiv zu nehmen und die anderen beiden als negativ. Es gilt dann:

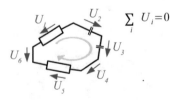

◘ **Abb. 6.16** Spannungen an einer Kirchhoff'schen Masche

$$\sum_i U_i = 0 \tag{6.37}$$

In Worten ausgedrückt lautet die zweite Regel:

> ### 2. Kirchhoff'sches Gesetz (Maschenregel)
> Entlang einer Masche eines elektrischen Netzwerkes addieren sich alle Spannungen zu null.

Ein Beispiel soll die Anwendung der Kirchhoff'schen Regeln veranschaulichen:

Betrachten Sie die Schaltung in ◻ Abb. 6.17. Wir wollen die Spannung am Punkt X bestimmen. Das Referenzpotenzial befindet sich ganz unten. Die blauen Pfeile zeigen jeweils die Stromrichtung und die Spannung an den Widerständen an (von plus nach minus).

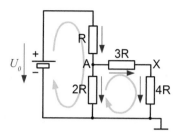

◻ **Abb. 6.17** Ein Widerstandsnetzwerk

1. Schritt Betrachten wir zunächst den Punkt X als Knoten. Wir bezeichnen Strom und Spannung am Widerstand R mit I_1 bzw. U_1, Strom und Spannung an $2R$ mit I_2 bzw. U_2, an $3R$ mit I_3 bzw. U_3 usw. Die Batteriespannung ist U_0. Wir haben zwei Ströme, die den Punkt X erreichen, nämlich I_3 und I_4, wobei I_3 in den Knoten X hineinfließt und I_4 aus dem Knoten abfließt. Somit besagt die Knotenregel:

$$I_3 - I_4 = 0 \quad \Rightarrow \quad I_4 = I_3 \tag{6.38}$$

2. Schritt Nun betrachten wir den Punkt A als Knoten. Unter Berücksichtigung der Stromrichtungen erhalten wir:

$$I_1 - I_2 - I_3 = 0 \quad \Rightarrow \quad I_3 = I_4 = I_1 - I_2 \tag{6.39}$$

3. Schritt Wir fahren mit der Masche fort, die man im linken Teil des Schaltbildes bestehend aus U_0, U_1 und U_2 erkennt. Die Spannungen ersetzen wir nach dem Ohm'schen Gesetz durch $U_i = R_i I_i$. Dann gilt:

$$-U_0 + U_1 + U_2 = 0$$
$$-U_0 + RI_1 + 2RI_2 = 0 \quad \Rightarrow \quad 2RI_2 = U_0 - RI_1$$
$$I_2 = \frac{U_0}{2R} - \frac{1}{2}I_1 \tag{6.40}$$
$$\Rightarrow \quad I_3 = I_1 - I_2 = \frac{3}{2}I_1 - \frac{U_0}{2R}$$

4. Schritt Nun betrachten wir die Masche im rechten Teil der Schaltung mit U_2, U_3 und U_4:

$$-U_2 + U_3 + U_4 = 0$$
$$-2RI_2 + 3RI_3 + 4RI_4 = 0$$
$$-U_0 + RI_1 - \frac{3}{2}U_0 + \frac{9}{2}RI_1 - 2U_0 + 6RI_1 = 0$$
$$-\frac{9}{2}U_0 + \frac{23}{2}RI_1 = 0 \tag{6.41}$$
$$\Rightarrow \quad I_1 = \frac{9}{23}\frac{U_0}{R}$$
$$\Rightarrow \quad I_4 = \frac{3}{2}\frac{9}{23}\frac{U_0}{R} - \frac{U_0}{2R} = \frac{2}{23}\frac{U_0}{R}$$

5. Schritt Damit haben wir den Strom durch $4R$ bestimmt und müssen nur noch mit dem Ohm'schen Gesetz die entsprechende Spannung ausrechnen:

$$U_X = U_4 = 4RI_4 = \frac{8}{23}U_0 \tag{6.42}$$

Dies ist das gesuchte Ergebnis. Die Spannung am Punkt X beträgt 8/23-tel der Batteriespannung.

Mit Überlegungen dieser Art kann man die Ströme und Spannungen in allen Netzwerken bestimmen. Komplizierte Netzwerke zerlegt man schrittweise in überschaubarere Teile. Einige Schaltungen, die dabei immer wieder auftauchen, stellen wir im Folgenden kurz vor.

Experiment 6.10: Widerstandsnetzwerk

Die im Beispiel im Text berechnete Schaltung lässt sich mit einem Stecksystem leicht nachbauen. Man steckt die Schaltung zusammen, schließt das Netzgerät an und klemmt das Voltmeter an den Widerstand mit dem Wert $4\,R$. Es zeigt sich das berechnete Verhältnis von $U_4 \approx 0{,}11U_0$. Unsere Abbildung zeigt ein solches Stecksystem, wenn auch mit einer anderen Schaltung.

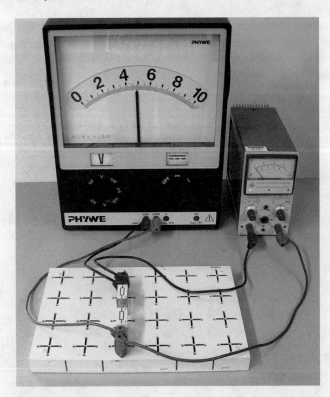

© RWTH Aachen, Sammlung Physik

Sie wollen eine Glühbirne mit einer Batterie betreiben. Die Glühbirne trägt die Herstellerangabe 6 V/1 W. Doch leider haben Sie nur eine 9-V-Batterie zur Verfügung. Um die Glühbirne L vor der zu hohen Batteriespannung zu schützen, bringen Sie zusätzliche Widerstände in die Schaltung ein, wie dies in der Abbildung gezeigt ist. Nun müssen Sie die Werte festlegen.

Aus der Herstellerangabe der Glühbirne lassen sich deren Widerstand und der notwendige Strom bestimmen: $P = UI \Rightarrow I_L = P/U = 1/6\,\text{A}$. Der Spannungsabfall über R_3 und L muss dann sein:

$$U_3 + U_L = I_3 R_3 + 6\,\text{V}$$

Entsprechend muss der Spannungsabfall am ersten Widerstand U_1 folgenden Wert haben:

$$U_1 = R_1 I_1 = 9\,\text{V} - I_3 R_3 - 6\,\text{V} = 3\,\text{V} - \frac{1}{6}\,\text{A}\, R_3$$

Der Strom durch R_1 ergibt sich folglich über $I_1 = U_1/R_1$. Dieser Strom teilt sich auf die beiden unteren Zweige auf, so dass gelten muss:

$$I_1 = I_2 + I_L = \frac{U_2}{R_2} + \frac{1}{6}\,\text{A} = \frac{3\,\text{V} - \frac{1}{6}\,\text{A}\,R_3}{R_2} + \frac{1}{6}\,\text{A}$$
$$= \frac{3\,\text{V}}{R_2} - \frac{1}{6}\,\text{A}\left(1 - \frac{R_3}{R_2}\right)$$

Man sieht an dieser Stelle, dass die Gleichungen, die wir aufgestellt haben, nicht ausreichen, um die Werte der Widerstände R_1, R_2 und R_3 zu bestimmen. Dies ist in der Tat richtig. Man kann den Strom durch R_2 beliebig wählen. Man muss dann R_1 nur so anpassen, dass durch ihn dieser Strom plus 1/6 A für die Glühbirne fließt. Wir wählen für R_2 einen unendlich großen Widerstandswert, d. h., wir lassen den Widerstand weg. Wir haben nun $I_1 = I_3 = I_L = 1/6\,\text{A}$ und es folgt:

$$9\,\text{V} = \frac{1}{6}\,\text{A}\,R_1 + \frac{1}{6}\,\text{A}\,R_3 + 6\,\text{V} \quad \Rightarrow \quad R_1 + R_3 = \frac{3\,\text{V}}{\frac{1}{6}\,\text{A}} = 18\,\Omega$$

Die Dimensionierung von R_1 und R_3 ist damit immer noch nicht eindeutig. Lediglich die Summe ihrer Widerstände ist festgelegt. Wir können die beiden Widerstände zusammenfassen, indem wir $R_3 = 0$ wählen. Dann muss $R_1 = 18\,\Omega$ haben. Damit haben wir die Schaltung erheblich vereinfacht und können die Glühbirne mit einem Vorwiderstand von 18 Ω betreiben.

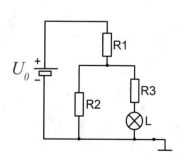

6.5.1 Widerstandsschaltungen

Reihenschaltung

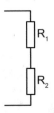

Die ◘ Abb. 6.18 zeigt die Reihen- oder Serienschaltung zweier Widerstände. Man kann die beiden Widerstände durch einen einzigen ersetzen. Man nennt diese Vorgehensweise, ein Ersatzschaltbild der beiden Widerstände zu erstellen. Dazu müssen wir den Wert des Ersatzwiderstandes bestimmen. Er soll so gewählt sein, dass Spannungsabfall und Strom denselben Wert annehmen wie bei den beiden einzelnen Widerständen.

◘ Abb. 6.18 Reihenschaltung zweier Widerstände

Wir erhalten aus der Knotenregel, wenn wir einen Punkt zwischen den beiden Widerständen als Knoten wählen:

$$I_1 = I_2 = I_{\text{ges}} \tag{6.43}$$

Dabei ist I_1 der Strom durch den Widerstand R_1, I_2 der Strom durch R_2 und I_{ges} der Strom, der durch den Ersatz- oder Gesamtwiderstand fließt. Wenn U_{ges} die Spannung über beide Widerstände ist, ergibt die Maschenregel:

$$U_{\text{ges}} = U_1 + U_2 \tag{6.44}$$

Wir benutzen das Ohm'sche Gesetz für die einzelnen Widerstände:

$$U_{\text{ges}} = R_1 I_1 + R_2 I_2 = R_1 I_{\text{ges}} + R_2 I_{\text{ges}} = (R_1 + R_2) I_{\text{ges}} \tag{6.45}$$

Nun sehen wir, dass wir für den Gesamtwiderstand $R_{\text{ges}} = R_1 + R_2$ setzen müssen, so dass wir für das Ersatzschaltbild erhalten:

$$U_{\text{ges}} = R_{\text{ges}} I_{\text{ges}} \tag{6.46}$$

Man kann den gleichen Gedankengang auch mit einer Reihenschaltung von mehr als zwei Widerständen durchführen. Es ergibt sich analog

$$\begin{aligned} I_{\text{ges}} &= I_1 = I_2 = I_3 = \ldots \\ U_{\text{ges}} &= U_1 + U_2 + U_3 + \ldots \end{aligned} \tag{6.47}$$

woraus sich allgemein für die Reihen- oder Serienschaltung einer beliebigen Anzahl von Widerständen ergibt:

$$R_{\text{ges}} = \sum_i R_i \tag{6.48}$$

Der Gesamtwiderstand ist bei einer Reihenschaltung immer die Summe der Einzelwiderstände.

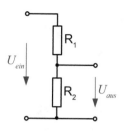

Beispiel 6.15: Spannungsteiler

Die Reihenschaltung wird häufig als Spannungsteiler verwendet. Ein Spannungsteiler erzeugt eine Ausgangsspannung, die in einem festen Verhältnis zur Eingangsspannung steht. Die Ein- und Ausgangsspannung sind in der Abbildung eingetragen. Wir kennen bereits den Stromfluss durch die Schaltung. Er ist:

$$I_{ges} = \frac{U_{ges}}{R_{ein}} = \frac{U_{ein}}{R_1 + R_2}$$

Der Spannungsabfall am Ausgang ist:

$$U_{aus} = U_2 = R_2 I_2 = R_2 I_{ges} = \frac{R_2}{R_1 + R_2} U_{ein}$$

Die Eingangsspannung wird im Verhältnis $\frac{R_2}{R_1 + R_2}$ zur Ausgangsspannung geteilt.

Parallelschaltung

Die zweite wichtige Anordnung von Widerständen ist die Parallelschaltung. Sie ist in ◘ Abb. 6.19 gezeigt. Auch für die Parallelschaltung wollen wir den Ersatzwiderstand bestimmen. Aus den Kirchhoff'schen Regeln folgt:

$$\begin{aligned} I_{ges} &= I_1 + I_2 \\ U_{ges} &= U_1 = U_2 \end{aligned} \tag{6.49}$$

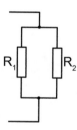

◘ **Abb. 6.19** Parallelschaltung zweier Widerstände

wobei U_{ges} über beiden Widerständen abfällt und I_{ges} der Gesamtstrom durch beide Widerstände ist. Nun benutzen wir wieder das Ohm'sche Gesetz für die einzelnen Widerstände:

$$I_{ges} = I_1 + I_2 = \frac{U_1}{R_1} + \frac{U_2}{R_2} = \left(\frac{1}{R_1} + \frac{1}{R_2} \right) U_{ges} \tag{6.50}$$

Man erkennt folgende Beziehung:

$$\frac{1}{R_{ges}} = \frac{1}{R_1} + \frac{1}{R_2} \tag{6.51}$$

Auch diese Schaltung lässt sich auf mehrere parallel geschaltete Widerstände erweitern. Dann erhalten wir:

$$\frac{1}{R_{ges}} = \sum_i \frac{1}{R_i} \tag{6.52}$$

Der Kehrwert des Gesamtwiderstandes ist bei einer Parallelschaltung immer die Summe der Kehrwerte der Einzelwiderstände. Insgesamt verringert sich der Gesamtwiderstand bei einer Parallelschaltung, während er bei Reihenschaltung steigt.

Die Schaltung aus ◻ Abb. 6.17 hatten wir mit Hilfe der Kirchhoff'schen Regeln berechnet. Sie lässt sich auch als Spannungsteiler verstehen. Betrachten Sie die Abbildung. Vergewissern Sie sich zunächst, dass dies tatsächlich dieselben Schaltungen sind. Wir haben lediglich die Bauelemente etwas anders angeordnet. Die Verbindungen zwischen den Bauelementen sind aber genau dieselben wie in ◻ Abb. 6.17. Können Sie nach der neuen Anordnung die beiden Spannungsteiler erkennen? Der erste Spannungsteiler besteht aus dem Widerstand R auf der einen Seite und der Parallelschaltung von $2R$ und $3R$ plus $4R$ auf der anderen Seite. Er teilt die Eingangsspannung U_0 auf den Wert U_A am Punkt A. Der zweite Spannungsteiler besteht aus $3\,\mathrm{R}$ und $4\,\mathrm{R}$ und teilt die Spannung des Punktes A auf die Spannung U_X am Punkt X. Diese Spannung wollen wir erneut berechnen.

Wir beginnen mit dem zweiten Spannungsteiler:

$$U_X = \frac{4R}{3R + 4R} U_A = \frac{4}{7} U_A$$

Die Spannung U_A wird vom ersten Spannungsteiler erzeugt,

$$U_A = \frac{R_{\mathrm{ges}}}{R + R_{\mathrm{ges}}} U_0,$$

wobei R_{ges} der Ersatzwiderstand für die Widerstände $2R$, $3R$ und $4R$ ist. Die Reihenschaltung von $3R$ und $4R$ hat einen Widerstand von $7R$. Dieser ist parallel zu $2R$ geschaltet. Es ist also:

$$\frac{1}{R_{\mathrm{ges}}} = \frac{1}{2R} + \frac{1}{7R} = \frac{9}{14R} \quad \Rightarrow \quad R_{\mathrm{ges}} = \frac{14}{9} R$$

Damit ist

$$U_A = \frac{\frac{14}{9}R}{R + \frac{14}{9}R} U_0 = \frac{14}{23} U_0$$

und somit

$$U_X = \frac{4}{7} \frac{14}{23} U_0 = \frac{8}{23} U_0,$$

wie wir dies bereits früher berechnet hatten.

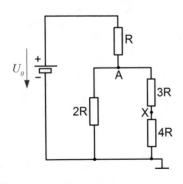

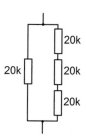

Sie benötigen einen 15 kΩ Widerstand, doch Sie haben nur eine Rolle mit 20-kΩ-Widerständen. Was tun Sie?

Betrachten Sie die Schaltung in der Abbildung. Es ist eine Parallelschaltung aus einem 20-kΩ-Widerstand und drei weiteren 20-kΩ-Widerständen, deren Widerstandswert zusammen 60 kΩ beträgt. Der Gesamtwiderstand aller vier Widerstände ist:

$$\frac{1}{R_{\text{ges}}} = \frac{1}{20\,\text{k}\Omega} + \frac{1}{60\,\text{k}\Omega} = \frac{4}{60\,\text{k}\Omega}$$

$$\Rightarrow \quad R_{\text{ges}} = \frac{60}{4}\,\text{k}\Omega = 15\,\text{k}\Omega$$

Sie können einen 15-kΩ-Widerstand aus den vier abgebildeten 20-kΩ-Widerständen aufbauen.

Es gibt elektrische Einrichtungen, in denen große Mengen Energie gespeichert sind. Ein Beispiel, das wir noch kennen lernen werden, sind Magnetspulen, wie sie z. B. in der Medizin in Kernspintomografen zum Einsatz kommen. Im Falle eines Fehlers muss es möglich sein, diese Energie innerhalb von Bruchteilen einer Sekunde aus der Anlage zu extrahieren und zu „vernichten". In vielen Fällen wird mit der Energie ein Strom durch einen Widerstand getrieben, in dem die Energie in Wärme umgewandelt wird. Zum CMS-Experiment am CERN, an dem einer der Autoren arbeitet, gehört eine supraleitende Spule, in der während des Betriebs 2,7 GJ Energie gespeichert sind. Das Foto zeigt den Widerstand (dump resistor), in dem die Energie im Falle einer Notabschaltung in Wärme umgewandelt wird. Er hat einen Widerstandswert von 30 mΩ. Bei einer Spitzenspannung von 600 V fließt bei der Entladung, die ungefähr eine Minute dauert, ein Strom von bis zu 20 kA durch den luftgekühlten Widerstand.

Der Widerstand ist aus einer Parallel- und Reihenschaltung vieler einzelner Widerstände aufgebaut. Ahnen Sie bereits, warum man nicht einen einzelnen Widerstand verwendet? Aus $P = UI$ bestimmt man eine Spitzenleistung von 12 MW, die am Widerstand in Wärme umgesetzt werden muss. Kein Material kann einer solchen Leistung standhalten. Das Widerstandsmaterial würde trotz der installierten Luftkühlung verdampfen. Man muss die Leistung auf viele Widerstände verteilen. Schaltet man beispielsweise 100 Widerstände von 3 Ω parallel, so erhält man denselben

Widerstandswert, aber die Leistung verteilt sich auf die 100 Zweige. Jeder Widerstand muss „nur" noch 1 % der Gesamtleistung umwandeln. Die Leistung verteilt sich weiter, wenn man jeden einzelnen Zweig aus mehreren in Reihe geschalteten Widerständen aufbaut. Nur so ist es möglich, die gespeicherte Energie im Störfall ohne Schaden abzuleiten.

Wheatstone'sche Brückenschaltung

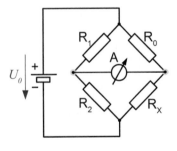

◻ **Abb. 6.20** Wheatstone'sche Brückenschaltung

Eine weitere wichtige Widerstandsschaltung zeigt ◻ Abb. 6.20. Man nennt sie die Wheatstone'sche Brückenschaltung oder einfach Wheatstone-Brücke. Man setzt sie zur Messung von Widerständen ein, zum einen, um die Werte unbekannter Bauteile zu bestimmen, zum anderen in Regelkreisen zur Überwachung eines Widerstandswertes. In der horizontalen Linie vergleicht ein Amperemeter[6] (ein Strommessgerät) die Potenziale zwischen den beiden grün unterlegten Punkten. Sind sie gleich, wird kein Strom fließen. In diesem Fall ist die Brückenschaltung abgeglichen. Sind sie verschieden, zeigt das Amperemeter einen Ausschlag, der angibt, wo das höhere Potenzial liegt.

Solange der Strom I_A durch das Messgerät vernachlässigbar klein ist (und dies ist im abgeglichenen Zustand immer der Fall), lassen sich die Potenziale an den grün unterlegten Punkten einfach berechnen. Sie sind

$$U_L = \frac{R_2}{R_1 + R_2} U_0$$
$$U_R = \frac{R_X}{R_0 + R_X} U_0$$

(6.53)

---

[6] Man kann auch ein Voltmeter einsetzen. Wie wir noch sehen werden, sind beides Idealisierungen. Ein Messgerät, das eher einem idealen Voltmeter ähnelt, hat einen größeren Messbereich, während die Verwendung eines Amperemeters eine höhere Genauigkeit beim Abgleich liefert.

für die Spannungen links und rechts der Brücke in Bezug auf den Minuspol der Stromquelle. Das Messgerät sieht eine Spannung

$$U_A = U_L - U_R = \left(\frac{R_2}{R_1 + R_2} - \frac{R_X}{R_0 + R_X} \right) U_0, \tag{6.54}$$

aus deren Messung man beispielsweise R_X bestimmen kann, sofern man die anderen drei Widerstände kennt.

Experiment 6.11: Widerstandsmessung mit der Wheatstone-Brücke

Zur Widerstandsmessung benutzen wir eine Wheatstone-Brücke, bei der die Widerstände R_1 und R_2 als Schiebewiderstand ausgeführt sind. Er besteht aus einer Widerstandsschicht der Länge l (ca. 1 m). Mit einem Schleifer kann man die Widerstandsstrecke in zwei Teile mit den Längen x und $l - x$ unterteilen, die den Widerständen R_1 und R_2 entsprechen. Es ist:

$$U_L = \frac{R_2}{R_1 + R_2} U_0 = \frac{x}{x + l - x} U_0 = \frac{x}{l} U_0$$

Die Widerstandsmessung wurde auf eine Längenmessung reduziert. In die Schaltung bauen wir nun einen bekannten Widerstand R_0 und einen unbekannten Widerstand R_X ein. Wir gleichen den Schleifer so ab, dass das Amperemeter keinen Stromfluss mehr anzeigt. Dann muss gelten:

$$U_L = U_R \Rightarrow \frac{R_x}{R_0 + R_x} = \frac{x}{l} \Rightarrow R_X = \frac{x}{l - x} R_0$$

Der Widerstand R_0 sollte von ähnlicher Größe wie R_x gewählt werden, so dass der Schleifer nach dem Abgleich im mittleren Bereich des Schiebewiderstandes steht. Nehmen wir an, dass $l = 1\,\text{m}$ ist und wir x mit einer Genauigkeit von 1 mm bestimmen können. Dann führt dies bei $x = 50\,\text{cm}$ zu einem Messfehler von etwa 0,4 %. Bei $x = 1\,\text{cm}$ wäre der Messfehler hingegen 10 %.

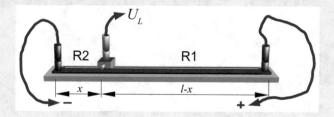

6.6 Leitungsvorgänge in Flüssigkeiten

6.6.1 Elektrolytische Leitfähigkeit

Diesen Abschnitt beginnen wir mit einem Experiment. Betrachten Sie zunächst ► Experiment 6.12. Das Experiment zeigt, dass auch Wasser den elektrischen Strom leiten kann. Wie kann das sein? Was transportiert im Wasser die Ladung? Wasser besteht ja aus elektrisch neutralen Molekülen: H_2O. Das Experiment hat gezeigt, dass die Leitfähigkeit des Wassers mit dem Kochsalz NaCl verknüpft ist, das wir zugegeben haben. Es löst sich im Wasser auf. Dabei löst sich das Gitter auf, in dem die Na^+- und Cl^--Ionen im Festkörper angeordnet waren. Sie dissoziieren in einzelne Ionen, die sich im Wasser frei bewegen können. Sie sind für die Leitfähigkeit verantwortlich. Lösungen, die den elektrischen Strom leiten, nennt man Elektrolyte. An den Elektroden scheidet sich Material ab oder es geht Material von den Elektroden in Lösung. Diesen Prozess nennt man Elektrolyse.

Experiment 6.12: Leitfähigkeit von Wasser

Wir versuchen einen Strom durch ein Wasserbecken zu schicken. Die beiden Graphitelektroden leiten den Strom ins Wasser ein und wieder aus. Eine Glühbirne leuchtet bei Stromfluss auf. Wir füllen zunächst destilliertes Wasser in das Becken und legen eine Spannung von 15 V an. Die Glühbirne bleibt dunkel. Dann geben wir eine Messerspitze Kochsalz in das Wasser und die Glühbirne beginnt zu leuchten.

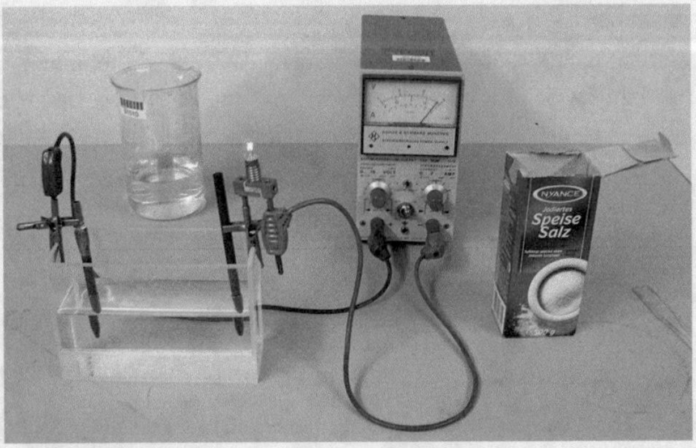

© RWTH Aachen, Sammlung Physik

In ◘ Abb. 6.21 ist die Ionenleitung in Wasser schematisch dargestellt. Im elektrischen Feld driften die positiven Metallionen (hier Na^+) zur Kathode und die negativen Ionen (hier Cl^-) zur Anode.

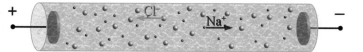

Abb. 6.21 Ionenleitung in einer Kochsalzlösung

Dies bewirkt den Stromfluss. Deshalb leuchtete die Glühbirne im ► Experiment 6.12 erst nach Zugabe des Kochsalzes. Allerdings haben wir bei diesem Experiment ein wenig gemogelt. Die Glühbirne benötigt einen merklichen Stromfluss, sonst leuchtet sie nicht. Hätten wir statt der Glühbirne ein Amperemeter benutzt, um den Stromfluss anzuzeigen, hätten wir festgestellt, dass auch schon vor Zugabe des Kochsalzes ein kleiner Strom fließt, denn in begrenztem Maße trägt auch das Wasser selbst zur Leitung bei. Je nach pH-Wert des Wassers ist ein gewisser Anteil der H_2O-Moleküle in H_3O^+- und OH^--Ionen dissoziiert (■ Abb. 6.22). Vielleicht erinnern Sie sich an die Definition des pH-Wertes in der Chemie. Er ist definiert als

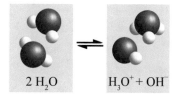

Abb. 6.22 Dissoziation von Wasser

$$pH = -\log_{10} a\left(H_3O^+\right), \qquad (6.55)$$

dabei ist $a(H_3O^+)$ die Aktivität der H_3O^+-Ionen, die in guter Näherung der Konzentration (in mol/l) entspricht. In reinem Wasser ist dieses Verhältnis bei Zimmertemperatur ungefähr 10^{-7}, was einen pH-Wert von 7 ergibt. Die H_3O^+- und OH^--Ionen tragen ebenfalls zum Stromfluss bei, der aber im Experiment wegen der geringen Konzentration dieser Ionen nicht erkennbar war.

Experiment 6.13: Ionenleitung mit $KMnO_4$

Man kann die Ionenleitung in Wasser sichtbar machen, indem man ein Salz verwendet, das das Wasser färbt. Gut geeignet ist Kaliumpermanganat ($KMnO_4$). Es färbt Wasser in einem intensiven Violett. Ferner benutzen wir Kaliumnitrat (KNO_3), was eine klare, farblose Lösung ergibt. Wir füllen etwas KNO_3-Lösung in das abgebildete Gefäß und unterschichten die Flüssigkeit mit $KMnO_4$-Lösung. Geht man vorsichtig vor, entsteht eine scharfe Trennung der Schichten. Man steckt zwei Elektroden in das Gefäß und legt eine Spannung an. Es fließt ein Strom. MnO_4^--Ionen wandern zur Anode, wodurch die Grenzschicht im rechten Schenkel des Gefäßes steigt und im linken sinkt. Die NO_3^--Ionen schließen den Stromkreis. Ihre Bewegung kann man nicht direkt beobachten. Die Grenzschicht bewegt sich mit etwa 1 mm/s bei einer angelegten Spannung von 50 V, was der Driftgeschwindigkeit der Ionen entspricht. Reduziert man die Spannung, so sinkt diese entsprechend.

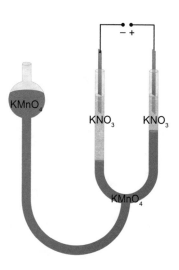

Experiment 6.14: Leitfähigkeit von Glas

Glas ist ein ausgezeichneter Isolator und wird keinen Strom leiten. Doch dies trifft nicht bei allen Temperaturen zu. Wie Sie vielleicht wissen, ist Glas kein kristalliner Festkörper, sondern strenggenommen eine (erstarrte) Flüssigkeit. Bei Raumtemperatur ist die Beweglichkeit der Atome im Glas so gering, dass es weder fließt noch den Strom leitet. Dies ändert sich, wenn man das Glas erhitzt. Wir verbinden in diesem Experiment zwei Elektroden über ein Glasröhrchen und legen eine Wechselspannung von 150 V an die Elektroden. Nichts geschieht. Nun erhitzen wir das Glasröhrchen mit einer Gasflamme. Wenn wir etwa 600 °C erreichen, setzt ein Stromfluss ein. Man kann kleine blaue Funken am Glas erkennen. Jetzt können wir die Gasflamme wegnehmen. Der Strom heizt das Glasröhrchen weiter auf. Binnen einiger Sekunden glüht es auf und wird so heiß, dass es schließlich durchbrennt. Das Foto zeigt den Moment des Durchbrennens, das bereits flüssig gewordene Glas beginnt nach unten zu tropfen.

© Foto: Hendrik Brixius

Wir gehen noch einmal zurück zu ▶ Experiment 6.12 und versuchen den Stromfluss zu quantifizieren. Der Aufbau und die Ergebnisse sind in ▶ Experiment 6.15 beschrieben. Wir finden wie im Falle metallischer Leiter eine Proportionalität von Strom und Spannung. Das Ohm'sche Gesetz gilt auch für die Ionenleitung. Ferner stellen wir eine Proportionalität des Widerstandes $R \sim l/A$ fest, die wir über einen spezifischen Widerstand ρ_{el} bzw. eine Leitfähigkeit σ_{el} ausdrücken können:

$$U = RI, \quad R = \rho_{el}\frac{l}{A} = \frac{1}{\sigma_{el}}\frac{l}{A}, \quad I = \sigma_{el}\frac{UA}{l}. \tag{6.56}$$

Mit diesem Experiment, das dem Aufbau von ▶ Experiment 6.12 ähnelt, erfassen wir den Stromfluss durch eine Kochsalzlösung quantitativ. Mit einem Amperemeter und einem Voltmeter messen wir extern die angelegte Spannung und den Stromfluss. Es zeigt sich eine direkte Proportionalität. Über die Halterung der Elektroden variieren wir den Abstand zwischen ihnen und damit die Strecke l, die der Strom durch die Kochsalzlösung zurücklegen muss. Ferner lässt sich über ein tieferes oder weniger tiefes Eintauchen der Elektroden in die Lösung die aktive Fläche A verändern, durch die der Strom fließt. Wir beobachten, dass der Stromfluss proportional zu A/l ist. Als weiteren Parameter kann man die Salzkonzentration in der Lösung verändern. Hier zeigt sich, dass bei höherer Konzentration ein höherer Strom fließt.

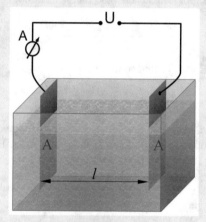

In ▶ Abschn. 6.4 hatten wir den Ladungstransport in Metallen über die Bewegung der Elektronen quantitativ erklärt. Dies wollen wir nun auch für die Ionenleitung versuchen. Wir nehmen der Einfachheit halber an, dass sich in der Lösung nur jeweils eine Sorte positiver und negativer Ladungen befindet, die die Ladungen $+Z_+e$ bzw. $-Z_-e$ tragen. Die Platten erzeugen ein elektrisches Feld, das die Ionen beschleunigt. Wie im Falle der Elektronen im Metall stoßen die Ionen ständig mit anderen Atomen bzw. Molekülen zusammen, hier sind es Moleküle des Lösungsmittels, die den Widerstand gegen die Bewegung der Ionen bilden. Im Wechselspiel von Beschleunigung durch das Feld und Abbremsung durch die Stöße mit den Molekülen stellt sich wiederum eine konstante Driftgeschwindigkeit ein, die wir mir v_+ bzw. v_- bezeichnen. Da die beschleunigende Kraft proportional zum angelegten elektrischen Feld ist, wird auch die Driftgeschwindigkeit proportional zur Feldstärke sein. Wir führen die Beweglichkeit β als Proportionalitätskonstante ein:

$$v = \beta E \tag{6.57}$$

Je größer die Beweglichkeit, desto schneller bewegen sich die Ionen bei einer festen Feldstärke. In einem Zeitintervall Δt wird von den Ionen die Ladung

$$Q = Q_+ + Q_- = n_+ Z_+ e A v_+ + n_- Z_- e A v_- \tag{6.58}$$

transportiert, was auf einen Strom

$$\begin{aligned}
I = \frac{Q}{\Delta t} &= e A \left(n_+ Z_+ v_+ + n_- Z_- v_- \right) \\
&= e A \left(n_+ Z_+ \beta_+ + n_- Z_- \beta_- \right) E
\end{aligned} \tag{6.59}$$

führt. Damit ergibt sich aus Gl. 6.56 für die Leitfähigkeit:

$$\sigma_{\mathrm{el}} = \frac{I l}{U A} = \frac{e \left(n_+ Z_+ \beta_+ + n_- Z_- \beta_- \right) E l}{U} \tag{6.60}$$

Nun ist aber $E = U / l$ und somit:

$$\sigma_{\mathrm{el}} = e \left(n_+ Z_+ \beta_+ + n_- Z_- \beta_- \right) \tag{6.61}$$

Wie wir sehen, hängt die Leitfähigkeit einer Lösung von der Dichte der Ionen (Konzentration), deren Ladung und deren Beweglichkeit ab, wobei der Beitrag der positiven Kationen und negativen Anionen durchaus unterschiedlich sein kann.

Beispiel 6.19: Beweglichkeit der H_3O^+/OH^--Ionen

Reines Wasser hat eine elektrische Leitfähigkeit bei Zimmertemperatur von $\sigma_{\mathrm{el}}(H_2O) = 4{,}8 \cdot 10^{-6}/(\Omega m)$. Aus diesem Wert lässt sich die Beweglichkeit der Ionen bestimmen. Wir nehmen dazu an, dass die H_3O^+- und OH^--Ionen die Beweglichkeit β_{H_2O} zeigen. Sowohl Kation als auch Anion sind einfach geladen ($Z_+ = Z_- = 1$). Die Konzentration beider Ionen muss gleich sein. Wir leiten sie aus dem pH-Wert ab, der bei Raumtemperatur bei pH $= 7$ liegt:

$$\mathrm{pH} = -\log_{10} \frac{n}{N_A} \ \Rightarrow \ n = 10^{-\mathrm{pH}} \cdot N_A = 6 \cdot 10^{16} \, \frac{1}{\mathrm{l}} = 10^{-7} \, \frac{\mathrm{mol}}{\mathrm{l}}$$

Aus Gl. 6.61 erhalten wir

$$\beta = \frac{\sigma_{\mathrm{el}}}{2 e n Z} = 2{,}5 \cdot 10^{-7} \, \frac{\frac{\mathrm{m}}{\mathrm{s}}}{\frac{\mathrm{V}}{\mathrm{m}}},$$

d. h., bei einer Feldstärke von $1\,\text{kV/m}$ erwarten wir eine Driftgeschwindigkeit von $2,5 \cdot 10^{-4}\,\text{m/s}$. Tatsächlich sind die Beweglichkeiten von H_3O^+ und OH^- nicht ganz gleich, die entsprechenden Literaturwerte sind $3,6 \cdot 10^{-7}\,\text{m}^2/\text{V s}$ und $2,0 \cdot 10^{-7}\,\text{m}^2/\text{V s}$.

6.6.2 Elektrophorese

Unter einem Kolloid versteht man eine Suspension kleiner Tröpfchen einer Substanz in einem Lösungsmedium (meist einer Flüssigkeit). Im Gegensatz zu einer Lösung, bei der die Moleküle einzeln von Molekülen des Lösungsmittels umgeben sind, findet man in einem Kolloid Cluster von vielen Molekülen, die quasi im Lösungsmittel schweben. Die Größen der Tröpfchen variieren zwischen $10^{-9}\,\text{m}$ und $10^{-6}\,\text{m}$, während einzelne Moleküle eine Größe von $10^{-10}\,\text{m}$ bis $10^{-9}\,\text{m}$ besitzen. Häufig tragen die Tröpfchen elektrische Ladung an der Oberfläche, die durch Kontakt und Ladungsaustausch mit dem Lösungsmittel oder durch Anlagerung von Ionen aus dem Lösungsmittel entsteht. Sie können in einem Kolloid unter Einfluss eines äußeren Feldes Ladung transportieren. Im Gegensatz zu einer Lösung gibt es in einem Kolloid allerdings nur Ladungsträger eines Vorzeichens. Man spricht beim Ladungstransport durch die Tröpfchen von Elektrophorese.

Beispiel 6.20: Milch

Zu den Kolloiden gehört auch die Milch. Hier sind Fetttröpfchen, die sich nicht in Wasser lösen lassen, in diesem suspendiert. In diesem Fall ist sowohl die suspendierte Substanz, als auch das Lösungsmittel eine Flüssigkeit. Kuhmilch besteht zu ca. 88 % aus dem Lösungsmittel Wasser. Das suspendierte Fett macht gut 4 % der Milch aus. Weitere Inhaltsstoffe (Kohlenhydrate, Eiweiße, Vitamine) sind im Wasser gelöst.

Beispiel 6.21: Kapillarelektrophorese

Unterschiedliche Moleküle haben unterschiedliche Beweglichkeiten in einem Lösungsmittel. Diese Unterschiede kann man ausnutzen, um Moleküle zu identifizieren oder auch zu trennen. Die Abbildung zeigt das Prinzip einer Kapillarelektrophorese, wie sie z. B. zur Analyse von Proteinen benutzt wird. Eine Kapillare (Innendurchmesser typisch 100 μm) wird mit Lösungsmittel gefüllt. Sie verbindet zwei ebenfalls mit dem Lösungsmittel gefüllte Gefäße. Über Elektroden wird an die Gefäße eine Spannung von einigen 10 bis 30 kV angelegt. Die Probe wird in den Anfang der Kapillare eingebracht, z. B. mit Druck hineingedrückt. Dann wartet man einige Minuten, während die Probensubstanzen in der Kapillare unter dem Einfluss des Feldes driften. An einem Detektor (z. B. über Fluoreszenz) misst man die Ankunftszeiten und bestimmt daraus die Beweglichkeit, welche für die einzelnen Substanzen charakteristisch ist.

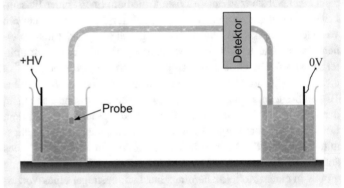

6.6.3 Elektrolytische Polarisation

▢ Abb. 6.23 zeigt eine typische Apparatur zur Elektrolyse. Das Gefäß ist mit verdünnter Schwefelsäure gefüllt (wässrige Lösung von $H_2SO_4 + 2\,H_2O \rightarrow 2\,H_3O^+ + SO_4^{2-}$). Über zwei inerte Elektroden (z. B. Platinelektroden) wird eine Spannung von wenigen Volt

▢ **Abb. 6.23** Apparatur zur Demonstration der elektrolytischen Polarisation

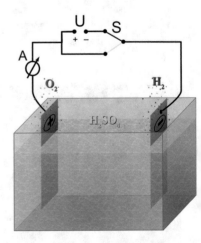

angelegt. Man beobachtet Gasblasen, die an den beiden Elektroden aufsteigen und den Ablauf einer Zersetzung anzeigen. Folgende Reaktionen laufen an Kathode und Anode ab:

$$\begin{aligned} \text{Kathode:} \quad & 2\,H_3O^+ + 2e^- \rightarrow H_2 + 2\,H_2O \\ \text{Anode:} \quad & 2\,SO_4^{2-} \rightarrow 2\,SO_3 + O_2 + 4e^- \end{aligned} \tag{6.62}$$

Das Gas SO_3 wird erneut in Wasser gelöst, so dass wiederum Schwefelsäure entsteht ($SO_3 + H_2O \rightarrow H_2SO_4$). Letztlich wird durch die Reaktion Wasser in Sauerstoff und Wasserstoff zerlegt. Die Gase steigen an den Elektroden auf. Aus der Kathode gehen Elektronen in die Lösung über, die auf der Anode wieder abgeschieden werden. Dies bewirkt den Stromfluss durch den Elektrolyten. Er wird in der Lösung von den H_3O^+- und SO_4^{2-}-Ionen transportiert. Dies ist eine typische Elektrolysereaktion. Schaltet man sie nach einigen Minuten ab, kann man einen interessanten Effekt beobachten. Zum Abschalten wird der Schalter S in ◼ Abb. 6.23 umgelegt. Dadurch wird die Stromquelle von den Elektroden getrennt und der Stromkreis kurzgeschlossen. Nun beobachtet man einen Strom, der rasch auf null abfällt. Das Elektrolysebad ist selbst zur Stromquelle geworden. Noch befinden sich überschüssige Elektronen auf der Kathode und ein Elektronendefizit auf der Anode. Diese gleichen sich durch den Stromfluss aus. Man spricht von elektrolytischer Polarisation.

6.6.4 Volta'sche Spannungsreihe

Bringt man ein Metall in Wasser, wie in ◼ Abb. 6.24 zu sehen, so besteht die Möglichkeit, dass Metallionen im Wasser gelöst werden. Das Metallgitter ist aus positiven Ionen (Atomrümpfen) aufgebaut, die durch die frei beweglichen Leitungselektronen gebunden sind. Löst sich ein Ion aus einer Metallelektrode und geht in Lösung, bleiben die Leitungselektronen auf der Elektrode zurück. Dadurch lädt sich die Elektrode negativ auf. Es entsteht ein elektrisches Feld zwischen der negativen Elektrode und der Lösung, die nun durch die Metallionen eine positive Ladung trägt. Energetisch betrachtet muss Arbeit verrichtet werden, um ein Metallion aus dem Metallverband zu lösen. Ist es in Lösung gegangen, lagern sich H_2O-Moleküle an (Hydratisierung), was Energie freisetzt. Bei unedlen Metallen, wie z. B. Fe oder Zn wird Nettoenergie freigesetzt, die den Lösungsprozess antreibt. Allerdings wächst dann das elektrische Feld immer weiter an. Die Ionen benötigen zusätzliche Energie, um es zu überwinden, was den Lösungsprozess schließlich zum Stillstand bringt. Es stellt sich ein Gleichgewicht mit einer festen Spannung zwischen Elektrode und Lösung ein, bei dem im Mittel gleich viele Ionen in Lösung gehen, wie sich wieder Ionen an der Elektrode anlagern.

Quantifizieren kann man den Prozess durch eine Größe, die man „elektrolytischen Lösungsdruck" oder „elektrolytische Lösungsten-

◼ **Abb. 6.24** Elektrolytische Lösungstension

sion" nennt. Sie ist ein Maß für die Konzentration der Ionen, die sich im Gleichgewicht in der Lösung einstellt, auch wenn diese Konzentrationen bei unedlen Metallen nicht erreicht werden kann.

Experiment 6.16: Verkupfern

In ► Experiment 6.13 haben wir die Ionen in der Lösung sichtbar gemacht, die den Strom transportieren. In diesem Experiment zeigen wir die Ionen, die an der Elektrode ankommen. Wir halten einen Metallstab (Eisen) in eine wässrige Kupfersulfatlösung ($CuSO_4$). Innerhalb einiger Sekunden schlägt sich Kupfer auf dem Stab nieder. Ein externer Strom ist nicht unbedingt notwendig, er würde den Prozess aber noch beschleunigen.

Man kann dies auch so verstehen: Durch den Lösungsdruck gehen Ionen aus dem Eisen in Lösung. Da sich aber gleichzeitig Cu^{2+}-Ionen aus der Lösung auf dem Stab abscheiden, kann sich keine Spannung zwischen Stab und Lösung aufbauen. Der Lösungsprozess wird nicht unterbunden und es können sich makroskopische Stoffmengen abscheiden.

© Foto: Hendrik Brixius

Es wäre interessant, die Spannung, die sich im Gleichgewicht zwischen Elektrode und Lösung einstellt, zu messen. Doch dies ist direkt leider nicht möglich. Wollte man die Spannung messen, müsste man einen elektrischen Kontakt mit der Lösung herstellen. Dazu müsste man eine weitere Metallelektrode in die Lösung eintauchen. An dieser würde sich ebenfalls eine Potenzialdifferenz zur Lösung

◻ Tabelle 6.2 Volta'sche Spannungsreihe

Material	Standardpotenzial in V
Gold (Au $\Leftrightarrow$ Au^{3+})	+1,50
Platin (Pt $\Leftrightarrow$ Pt^{2+})	+1,20
Quecksilber (Hg $\Leftrightarrow$ Hg^{2+})	+0,85
Kupfer (Cu $\Leftrightarrow$ Cu^{2+})	+0,34
Wasserstoff (H$_2$ $\Leftrightarrow$ 2 H$^+$)	0
Eisen (Fe $\Leftrightarrow$ Fe^{3+})	−0,04
Blei (Pb $\Leftrightarrow$ Pb^{2+})	−0,13
Zink (Zn $\Leftrightarrow$ Zn^{2+})	−0,76
Aluminium (Al $\Leftrightarrow$ Al^{3+})	−1,66
Natrium (Na $\Leftrightarrow$ Na$^+$)	−2,71
Lithium (Li $\Leftrightarrow$ Li$^+$)	−3,04

aufbauen. Möchte man beispielsweise die Gleichgewichtsspannung an einer Zinkelektrode (Zn) messen und würde ebenfalls eine Zinkelektrode zum Kontaktieren der Lösung benutzen, würde sich an beiden Elektroden die gleiche Potenzialdifferenz einstellen, und eine Spannungsmessung ergäbe 0 V. Man kann lediglich die Differenz der Spannungen zwischen zwei Elektroden messen. Daher definiert man eine Referenzelektrode, gegen die man die Spannungen aller anderen Metalle im Gleichgewicht bestimmt. Üblicherweise benutzt man Wasserstoff als Referenzelektrode. Da man aber aus Wasserstoff keine Elektrode herstellen kann, geht man den Umweg, dass man eine Platinelektrode (inert) mit Wasserstoffgas umspült. Man nennt dies die Standard-Wasserstoffelektrode. Nun kann man alle anderen Metalle gegen diesen Standard messen. Einige Werte sind in ◻ Tab. 6.2 angeben. Man bezeichnet dies als die Volta'sche Spannungsreihe. Unedle Metalle haben eine hohe Lösungstension. Die Elektrode lädt sich stark negativ auf. Unedle Metalle haben einen großen, negativen Wert in der Spannungsreihe, wo hingegen edle Metalle positive Werte haben. Je größer der Wert in der Spannungsreihe, desto edler ist das Metall.

Experiment 6.17: Spannungsreihe

Wir zeigen, wie man die Werte der Volta'schen Spannungsreihe experimentell bestimmen kann. In einem Gefäß mit verdünnter Schwefelsäure befestigt man eine Graphitelektrode und eine

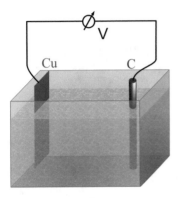

Metallelektrode. Mit einem Voltmeter wird die Spannung ermittelt, die sich zwischen den beiden Elektroden einstellt. Eine Kupferelektrode zeigt gegenüber der Graphitelektrode eine Spannung von $-0,4$ V, während man bei einer Zinkelektrode $-1,5$ V misst. Kupfer steht folglich in der Spannungsreihe um 1,1 V höher als Zink, was man in ◘ Tab. 6.2 bestätigt findet.

6.7 Leitungsvorgänge in Gasen

In Gasen findet man keine freien Ladungsträger[7]. Daher sind Gase Isolatoren. Wir haben dies bei unseren Experimenten immer wieder ausgenutzt. Beispielsweise haben wir in ▶ Experiment 1.3 ein Elektrometer aufgeladen, das von Luft umgeben war. Würde Luft den elektrischen Strom leiten, hätte sich das Elektrometer von selbst entladen müssen. Die Luft oder andere Gase leiten den Strom nur dann, wenn Ladungsträger im Gas erzeugt werden. Da diese nach kurzer Zeit durch Rekombination mit entgegengesetzten Ladungsträgern wieder verschwinden, müssen ständig neue Ladungsträger erzeugt werden, um einen Stromfluss aufrechtzuerhalten. Dabei unterscheidet man die unselbstständige Entladung, bei der Ladungsträger von außen erzeugt werden, und die selbstständige Entladung, bei der ein initialer Stromfluss genügend Ladungsträger erzeugt, um die Leitfähigkeit aufrechtzuerhalten. Statt Entladung könnte man auch allgemeiner von Stromfluss sprechen, aber der Begriff Entladung hat sich durchgesetzt, da viele Experimente mit Entladungen bei hohen Spannungen arbeiten.

6.7.1 Unselbstständige Entladung

Wir beginnen mit der Diskussion der unselbstständigen Entladung. Die uns umgebende Luft besteht aus relativ stabilen, neutralen Molekülen (N_2, O_2, CO_2, Edelgase). Dies macht sie zu einem guten Isolator. Allerdings kann man die Luft durch äußere Einflüsse teilweise ionisieren und so einen Stromfluss (eine Entladung) ermöglichen. Dies kann beispielsweise durch Erhitzen (thermische Ionisation) oder durch ionisierende Strahlung (z. B. Röntgenstrahlung oder kosmische Strahlung) geschehen. Beim Erhitzen wird die thermische Bewegung der Moleküle stark beschleunigt. Die kinetische Energie

---

[7] Vereinzelt treten in Gasen doch freie Ladungsträger auf, allerdings ist ihre Zahl so gering, dass sie meist keinen merklichen Stromfluss erzeugen. Sie entstehen durch thermische Ionisation und natürliche Radioaktivität.

einzelner Moleküle wird schließlich so groß, dass beim Stoß mit anderen Molekülen Elektronen aus den Bindungen herausgeschlagen werden. Zurück bleiben freie Elektronen und Ionen, die dann Ladung durch die Luft transportieren können (siehe ▶ Experiment 6.18).

Experiment 6.18: Entladung durch eine Flamme

Ein Elektrometer wurde mit einem geriebenen Hartgummistab aufgeladen. Die Aufladung ist stabil, wie der Ausschlag des Zeigers zeigt. Nähert man sich dem Elektrometer allerdings mit einer Flamme auf einige Zentimeter, so entlädt sich das Elektrometer. Die Hitze, die von der Flamme ausgeht, ionisiert die Luft, so dass die Ladung vom Elektrometer zur Erde abfließen kann.

© Foto: Hendrik Brixius

Beispiel 6.22: Ionisationsrauchmelder

Ionisationsrauchmelder warnen vor Feuer, indem sie Rauch nachweisen. Sie wurden lange Zeit vor allem in Wohnungen eingesetzt. Da sie eine radioaktive Quelle enthalten, wurden sie zunehmend durch optische Sensoren ersetzt. Die Abbildung zeigt das Prinzip eines Ionisationsrauchmelders. Eine radioaktive Quelle (in der Abbildung gelb), meist ein α-Strahler, ionisiert die Luft. Die Leitfähigkeit wird über einen Gleichstrom zwischen den beiden Elektroden gemessen. Tritt Rauch in das Volumen zwischen den Elektroden ein, bindet dieser die Ionen und reduziert dadurch die Leitfähigkeit. Ein Rückgang des Stromflusses wird registriert und löst den Alarm aus.

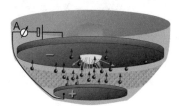

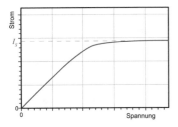

Abb. 6.25
Strom-Spannungs-Kennlinie eines
Kondensators unter Bestrahlung mit
ionisierender Strahlung

Wie bereits erwähnt, kann ein Gas auch durch ionisierende Strahlung leitfähig gemacht werden. Bestrahlt man den Raum zwischen den Platten eines Kondensators mit Röntgenstrahlung, so wird sich der Kondensator entladen. Dabei kann man einen Entladungsstrom messen, der sich bei konstanter Intensität der Röntgenstrahlung als proportional zur Spannung am Kondensator herausstellt. In einem Volumen ΔV werden mit einer Rate r_I Gasmoleküle ionisiert. Dadurch wachsen die Anzahlen n_+ und n_- an Ionen, die im Volumen ΔV zu finden sind, an. Es ist $n_+ = n_- = n$. Andererseits steigt die Rekombinationsrate r_R proportional zum Produkt aus n_+ und n_- an. Folglich ist $r_R \sim n^2$. Es stellt sich ein Gleichgewicht ein, in dem $r_I = r_R \sim n^2$ gilt. Im Gleichgewicht ist $n \sim \sqrt{r_I} = $ konst. Wie wir bereits mehrfach gesehen haben, führt eine konstante Ladungsträgerdichte auf eine Proportionalität von Strom und Spannung (◻ Abb. 6.25). Allerdings kann dieser Strom nicht beliebig weit anwachsen. Erhöht man die Spannung immer weiter, tritt schließlich eine Sättigung des Stromes ein. Bei Erreichen des Sättigungsstromes I_S werden alle freigesetzten Ladungen auf die Platten abgesaugt, bevor eine Rekombination stattfinden kann. Noch mehr Ladungen können bei fester Intensität der Strahlung nicht fließen. Der Entladestrom hängt im Sättigungsbereich allein von der Intensität der Strahlung ab. Dies nutzt man in Ionisationskammern zur Messung der Intensität ionisierender Strahlung aus.

Beispiel 6.23: Ionisationskammer

Eine Ionisationskammer dient zur Messung der Intensität radioaktiver Strahlung, z. B. in Form der Ionendosis. Das ist die pro bestrahlter Masse von der Strahlung freigesetzte Ladung. Die Abbildung zeigt ein Stabdosimeter. In einem gasgefüllten Zylinder ist ein Plattenkondensator aufgebaut. Die beiden Platten sind gerundet, so dass sie sich der Form des Stabes anpassen. An der Unterseite (in der Abbildung nicht sichtbar) befindet sich ein Stecker, über den der Kondensator aufgeladen werden kann. Mittels eines Bändchenelektrometers (hellblaues Bändchen in der Abbildung) und einer Skala kann man die Spannung am Kondensator ablesen. Dazu dienen eine Linse im Deckel des Dosimeters und eine Beleuchtung im Inneren. Wird das Dosimeter bestrahlt, setzt die Strahlung im Gasvolumen Ladungen frei, die sich zu den Kondensatorplatten bewegen und diese entladen. Die Spannung am Kondensator sinkt. Man kann die Skala direkt in Einheiten der Ionendosis kalibrieren.

6.7.2 Selbstständige Entladung

Ein wichtiges Phänomen ist die Ausbildung von Funken in hohen elektrischen Feldern. Bei sehr hohen Spannungen über kurze Distan-

Abb. 6.26 Abrissfunken am Ende einer Stromschiene an einer Londoner U-Bahn. © wikimedia: SPSmiler

zen können die wenigen freien Elektronen, die man immer in einem Gas findet, so stark beschleunigt werden, dass es zur Stoßionisation kommt. Dadurch kann die Zahl der freien Ladungsträger lawinenartig ansteigen. Das Gas wird in diesem Bereich leitend und es kommt zu einem Funkenüberschlag entlang des Feldes (■ Abb. 6.26).

■ Abb. 6.27 zeigt ein Elektron (grün) in einem Gas (gelbe Moleküle) in einem elektrischen Feld. Es stößt wiederholt mit Gasmolekülen zusammen und überträgt dabei (teilweise) seine kinetische Energie auf die Gasmoleküle. Zwischen zwei Stößen legt es im Mittel die Strecke λ zurück. Dies ist die mittlere freie Weglänge λ der Elektronen im Gas. Zwischen den Stößen nimmt das Elektron Energie aus dem Feld auf. Der Energiegewinn ist

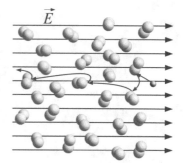

$$\Delta W = \left| \vec{F} \right| \lambda = e \left| \vec{E} \right| \lambda, \tag{6.63}$$

wobei wir angenommen haben, dass es sich in Richtung des Feldes bewegt, was nicht exakt richtig ist. Wächst die kinetische Energie des Elektrons über die Ionisationsenergie der Gasmoleküle an, kann es beim Stoß zur Ionisation kommen. Es wird ein weiteres Elektron freigesetzt, das selbst wieder Energie aufnimmt und weitere Moleküle ionisieren kann. Es kommt zu einem lawinenartigen Anwachsen der Elektronen und Ionen und zu einem starken Stromfluss. Ein Funken entsteht. In Folge der heftigen Bewegung und der Stöße werden viele der Moleküle angeregt, was das Leuchten des Funkens bewirkt.

Abb. 6.27 Beschleunigung eines Elektrons in einem Gas

Funken bilden sich bei extrem hohen Feldstärken aus, die die notwendige Beschleunigung zwischen den Stößen der Elektronen mit den Gasatomen erzeugen. Die Ladungen für den Stromtransport werden durch Stoßionisation der Gasmoleküle erzeugt. Es gibt einen anderen interessanten Parameterbereich, in dem es zu einem selbstständigen Stromfluss kommen kann: Verringert man den Druck im

Gas, so erhöht sich die mittlere freie Weglänge der Elektronen und Ionen im Gas. Auf größeren Strecken können sie entsprechend mehr Energie aufnehmen. Ionen, die sich in der Nähe der Kathode befinden, können vor dem Aufprall auf der Kathode genügend Energie aufnehmen, um beim Aufprall Elektronen aus der Oberfläche der Kathode herauszuschlagen. Unter diesen Bedingungen spricht man von Glimmentladungen. Stabile Entladungen mit begrenztem Strom sind möglich, bei denen die Elektroden nicht wesentlich erhitzt werden. Verständlicherweise sind Glimmentladungen stark vom Gasdruck abhängig. Bei moderater Feldstärke zeigen sich bei Normaldruck keine Entladungen. Reduziert man den Druck, so setzt Glimmentladung ein (im Bereich unter 100 mbar). Intensität und Position der Leuchterscheinungen verändern sich mit dem Druck. Reduziert man den Druck weiter (unter 0,1 mbar) verschwinden die Leuchterscheinungen wieder. Man hat dann einen Druck erreicht, bei dem die mittlere freie Weglänge der Elektronen den Elektrodenabstand erreicht hat. Das Gas ist nun so dünn, dass es zu keiner merklichen Wechselwirkung zwischen Elektronen und Ionen mehr kommt. Es sei noch erwähnt, dass die Leuchterscheinungen, insbesondere deren Farbe, vom verwendeten Gas abhängen.

Die Spannung zwischen den Elektroden erzeugt ein elektrisches Feld, das näherungsweise homogen zwischen den Elektroden ist. Setzt eine Entladung ein, so werden Ladungen im Bereich zwischen den Elektroden freigesetzt, die das Feld substanziell verändern. In einer Entladung werden gleiche Mengen positiver und negativer Ladung freigesetzt. Allerdings ist zu beachten, dass die Beweglichkeit der freigesetzten Elektronen sehr viel höher ist als die der Ionen als Träger der positiven Ladungen. Die Elektronen bewegen sich rasch zur Anode und werden dort neutralisiert, während die Ionen sehr viel länger im Raum zwischen den Elektroden verbleiben und daher einen größeren Einfluss auf das elektrische Feld haben.

Experiment 6.19: Glimmentladung

Die Abbildung zeigt eine Entladung in einer Glimmlampe. Die beiden Drähte, die als Elektroden dienen, haben wir mit einer orangen Linie nachgezeichnet. Die Lampe ist an eine Gleichspannung von ca. 100 V angeschlossen. Eine Leuchterscheinung zeigt sich nur entlang des Kathodendrahtes, der im Bild unten zu sehen ist. (Im Foto ist ein Leuchtfleck hinter der Spitze des Anodendrahtes zu sehen. Dabei handelt es sich um eine optische Reflexion von der Rückseite des Glaskörpers.)
Durch die Stoßionisation werden Gasmoleküle ionisiert, was zu einer positiven Raumladung führt. Die Elektronen werden zur Anode abgesaugt. Die positive Raumladung der Ionen verlängert das Potenzial der Anode in den Raum hinein. Erst

nahe der Kathode, wo die Ionen die kurzen Strecken zur Kathode zurücklegen und neutralisiert werden, fällt das Potenzial rasch auf das Kathodenniveau ab. Nur hier herrscht eine ausreichende Feldstärke, um die Elektronen so stark zu beschleunigen, dass sie Moleküle und Ionen zum Leuchten anregen. Daher ist die Leuchterscheinung auf den Kathodenbereich begrenzt.

Betreibt man die Glimmlampe alternativ mit Wechselspannung (50 Hz), so sieht man beide Elektroden leuchten. Der Wechsel der Kathode zwischen den beiden Drähten ist so rasch, dass das Auge ihn nicht auflösen kann.

© Foto: Hendrik Brixius

Experiment 6.20: Geißlerröhre

Heinrich Geißler, Physiker, Glasbläser und Kleinunternehmer, entwickelte um 1850 die Röhren, die wir heute Geißlerröhren nennen. Die Röhren füllte er mit unterschiedlichen Gasen bei geringem Druck und bot sie Wissenschaftlern zum Studium der Phänomene an. An den beiden Enden der Röhren waren Aluminiumelektroden eingeschweißt. Das Foto zeigt die Leuchterscheinung in einer (modernen) Geißlerröhre. Sie ist an eine Vakuumpumpe angeschlossen und kann über ein Ventil graduell belüftet werden.

Man sieht eine komplexe Leuchterscheinung. Beginnen wir bei der Kathode (unten im Bild). Direkt vor der Kathode ist ein dunkler Bereich deutlich zu erkennen. Dies ist der Aston'sche Dunkelraum, an den sich die Kathodenglimmhaut anschließt, die kräftig leuchtet. Die Glimmhaut grenzt an den Hittorf'schen Dunkelraum, der im Foto nur als radiale Einschnürung des Leuchtenden zu erkennen ist, da er im Foto von den benachbarten Leuchterscheinungen überstrahlt wird. In diesen Bereichen fällt das Potenzial auf die Kathode zu kräftig ab. Es herrscht ein hohes Feld. Man nennt den Bereich daher auch den Kathodenfall. Es folgt das negative Glimmlicht, das über einen größeren Bereich hell leuchtet. Zur Anode hin klingt die Leuchterscheinung langsam ab und geht in den Faraday'schen Dunkelraum über. In der Hälfte vor der Anode sieht man die positive Säule, die aus leuchtenden Schichten besteht. Anzahl, Abstand und Lage der einzelnen Schichten hängen stark von der angelegten Spannung ab. Unmittelbar vor der Anode findet man wieder eine Glimmhaut, die man positives Glimmlicht nennt. Sie ist von der Anode durch den Anodendunkelraum getrennt, den man allerdings im Foto nicht erkennen kann. Im Bereich des positiven Glimmlichtes und des Anodendunkelraums gibt es wiederum einen starken Potenzialabfall, den man den Anodenfall nennt. Wie bereits erwähnt, sind die Leuchterscheinungen stark druckabhängig.

Die verschiedenen Leuchterscheinungen lassen sich in ihrer
Struktur erklären. Beispielsweise wird das negative Glimmlicht
von Elektronen erzeugt, die durch Ionenbeschuss aus der Kathode
ausgelöst wurden. Einmal freigesetzt, müssen sie erst über
eine gewisse Strecke (durch den Hittorf'schen Dunkelraum)
beschleunigt werden, bis sie genügend Energie besitzen, um die
Gasmoleküle anzuregen. Eine detaillierte Erklärung erfordert
allerdings Kenntnisse des Atomaufbaus, so dass wir sie auf später
verschieben müssen.

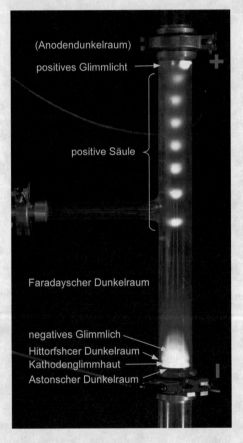

© Foto: Hendrik Brixius

Die Glimmentladung macht man sich in Leuchtstoffröhren zu
Nutze. Die bekannteste ist die Neonröhre, die mit dem Edelgas
Neon gefüllt ist und rot leuchtet. Die beiden Elektroden an den

Enden der Röhre können durchaus einen Abstand von 1 m und mehr besitzen. Man nennt sie fälschlicherweise beide Kathoden, weil die Röhren meist mit Wechselspannung betrieben werden und jede Elektrode in einer Phase als Kathode wirkt. Die Röhre muss nicht notwendigerweise gerade sein. Sie kann selbst in der Form von Buchstaben für die Leuchtreklame geformt sein. Die Röhren sind so eingestellt, dass die positive Säule sich über den größten Bereich der Röhre erstreckt. Sie erzeugt den Großteil des Lichtes. Durch die Zusammensetzung des Gases und durch Beschichtungen an der Innenseite der Röhre kann die Farbe des Lichtes angepasst werden.

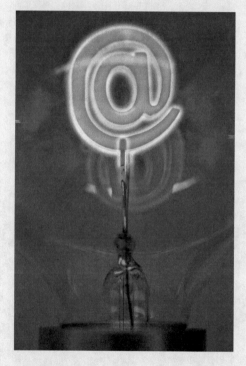

© Foto: Hendrik Brixius

Experiment 6.22: Kathoden- und Kanalstrahlen

Wie bereits beschrieben, verschwinden die Leuchterscheinungen, wenn man den Druck in der Geißlerröhre weit absenkt. Dies wollen wir in diesem Experiment tun, da wir dann ein anderes Phänomen beobachten können. Wir hatten erklärt, dass bei sehr niedrigem Druck die Elektronen und Ionen von einer Elektrode zur anderen beschleunigt werden ohne eine merkliche Wechselwirkung mit den

© RWTH Aachen, Sammlung Physik

nun sehr stark verdünnten Gasmolekülen zwischen den Elektroden. Die Elektroden in unserer Röhre (es handelt sich um dieselbe Röhre wie in ▶ Experiment 6.20) sind durchbohrt. In der Mitte befindet sich ein kleines Loch. Durch dieses Loch treten nun die stark beschleunigten Ladungsträger in den Bereich hinter den Elektroden aus und treffen dort auf die Glaswände. Die leichten Elektroden bilden einen Strahl, der hinter der Anode auf die Wand trifft. Dort ist ein Leuchtschirm auf der Innenseite der Röhre aufgedampft. Man sieht einen grünlichen Leuchtpunkt an der Stelle, an der der Strahl auftrifft. Man nennt diese die Kathodenstrahlen. Mit einem Magneten kann man zeigen, dass es sich dabei tatsächlich um negativ geladene Teilchen (Elektronen) handelt. Der Ionenstrahl hinter der Kathode wurde früher auch Kanalstrahl genannt. Er ist viel breiter. Er bringt das noch verbleibende Gas in der Röhre etwas zum Leuchten und ist vor und hinter der Kathode als diffuser Strahl erkennbar. Auch hier kann man mit einem Magneten die Ladung bestimmen, allerdings ist dies wegen des diffusen Strahles schwieriger zu erkennen, als bei den schärferen Kathodenstrahlen.

Beispiel 6.24: Entdeckung des Elektrons

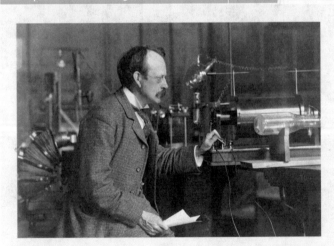

© Emilio Segrè Visual Archives

Julius Plücker und Johann Hittorf perfektionierten die Geißler'schen Gasentladungsröhren und machten Kathodenstrahlen sichtbar. Dem deutschen Physiker Emil Wiechert und dem Briten J. J. Thomson (Foto) gelang es zeitgleich (1897) nachzuweisen, dass die Ladungsträger der Kathodenstrahlen leichter und deutlich kleiner als Atome sein mussten, indem sie die Schwächung der Strahlen in dünnen Metallfolien studierten. Thomson erzielte gar eine allererste Messung der Masse der Teilchen, aus denen die Kathodenstrahlen bestehen. Im Jahr 1903 entwickelte er darauf aufbauend sein Atommodell, bei dem sich Elektronen in einer positiven Kugel bewegen wie Rosinen in einem Kuchen. Er nahm an, dass es sich bei den Kathodenstrahlen um die Elektronen in seinem Modell handelte. Auch wenn sich das Thomson'sche Atommodell später als falsch herausstellte, gilt Thomson als der Entdecker des Elektrons und damit des ersten Elementarteilchens im heutigen Sinne.

6.8 Stromquellen

Die sicherlich wichtigste Stromquelle bei uns ist das elektrische Stromnetz. In den Generatoren der Kraftwerke wird die Primärenergie in elektrische Energie umgewandelt und über ein umfangreiches Netzwerk zu unseren Steckdosen transportiert. Die Generatoren werden wir noch in ▶ Abschn. 11.1.4 besprechen. Darüber hinaus gibt es eine Reihe lokaler Stromquellen, die wir in diesem Abschnitt diskutieren wollen.

6.8.1 Technische Stromquellen

Galvanische Elemente

In galvanischen Elementen erzeugt eine chemische Reaktion elektrische Energie. Zwei Metalle sind an der Reaktion beteiligt, ein edleres Metall A und ein weniger edles Metall B. Eine Elektrode des unedlen Metalls B taucht in eine Lösung von A, die mit einer Elektrode aus A kontaktiert ist. Aus der unedlen Elektrode scheiden sich positive Metallionen ab und gehen in Lösung. Die Elektronen des Leitungsbandes bleiben zurück und laden diese Elektrode negativ auf. An der anderen Elektrode scheiden sich Ionen des Metalls A ab. Die Elektrode wird positiv geladen. Die chemische Reaktion läuft so lange, bis eine charakteristische Spannung auf den Elektroden erreicht ist. Die Potenzialdifferenz zwischen der positiven Elektrode und der Lösung verhindert dann, dass weitere Ionen des Metalls A sich der positiven Elektrode nähern. Ebenso verhindert das negative Potenzial auf der anderen Elektrode, dass weitere Ionen diese verlassen. Die Leerlaufspannung des Elementes ist erreicht. Man kann diese Spannung abgreifen. Entnimmt man dabei Strom aus dem Element, sinkt die Spannung leicht ab. Nun kann die chemische Reaktion wieder anlaufen und die entnommene Ladung nachliefern, bis alles Material verbraucht ist.

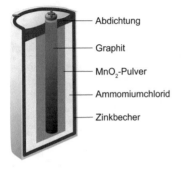

- Abdichtung
- Graphit
- MnO_2-Pulver
- Ammomiumchlorid
- Zinkbecher

Beispiel 6.25: Zink-Kohle-Batterie

Das Zink-Kohle-Element war seit den 1970er Jahren die im Haushalt gebräuchliche Standardbatterie. In den letzten Jahren wurde sie weitgehend durch die leistungsfähigeren Alkalibatterien verdrängt. Ein Zinkbecher bildet die Kathode der Zink-Kohle-Batterie. An der Anode wird Mangan aus Mangandioxidpulver (MnO_2), auch Braunstein genannt, abgeschieden. Das Mangandioxid (Oxidationsstufe Mn^{4+}) wird als Pulver mit Kohlestaub gemischt und gepresst. Im Inneren steckt ein Graphitstab zur Kontaktierung. Eine Metallkappe auf seiner Spitze stellt den Pluspol der Batterie dar. Zwischen Anode und Kathode befindet sich eine Lage groben Papiers, die mit 20-prozentiger Ammoniumchloridlösung als Elektrolyt getränkt ist. Sie stellt den elektrischen Kontakt zwischen Anode und Kathode im Inneren her. Der Zinkbecher ist von einem weiteren Metallbecher umgeben, der zwei Funktionen hat. Zum einen dient er als elektrischer Kontakt an die Kathode und zum anderen schützt er die Batterie vor dem Auslaufen, wenn sie verbraucht ist und der Zinkbecher sich aufgelöst hat. Allerdings ist dieser Schutz nicht vollständig, so dass alte Batterien immer wieder auslaufen und dann die Geräte, in denen sie eingebaut sind, beschädigen können.

Die Leerlaufspannung einer Zink-Kohle-Batterie beträgt ungefähr 1,5 V. Es gibt Batterien, in denen mehrere Zellen hintereinandergeschaltet sind, so dass entsprechend höhere Spannungen erreicht werden. Die 4,5-V-Flachbatterie enthält drei Zellen, die 9-V-Transistor- oder Blockbatterie sechs.

Experiment 6.23: Daniell-Element

Das Daniell-Element ist ein historisches galvanisches Element. Es ist benannt nach dem englischen Physiker und Chemiker John Frederic Daniell, der es 1836 entwickelte. Das galvanische Element ist aus Kupfer als edlem Metall und Zink als unedlem Metall in zwei Halbzellen aufgebaut. Die beiden Halbzellen sind über eine Wand aus Ton voneinander getrennt. In der inneren Halbzelle taucht ein Zinkstab in verdünnte Schwefelsäure (H_2SO_4). Zinkionen (Zn^{2+}) gehen in Lösung und laden den Zinkstab negativ auf. Die äußere Halbzelle ist mit gesättigter Kupfersulfatlösung ($CuSO_4$) gefüllt, in die ein Kupferblech getaucht wird. Hier schlagen sich Cu^{2+}-Ionen aus der Lösung nieder und laden das Blech positiv auf. Der poröse Ton zwischen den beiden Halbzellen verhindert die Durchmischung der beiden Sorten Metallionen, während er SO_4^{2-}-Ionen durchlässt, die die beiden Halbzellen elektrisch miteinander verbinden. Das

Ganze ist in einem Glasgefäß untergebracht. Zwischen den beiden Elektroden baut sich eine Spannung von 1,1 V auf. Mit den historischen Zellen konnte man Ströme bis etwa 100 mA erreichen.

Experiment 6.24: Obstbatterie

Dies ist wieder einmal ein Experiment, das Sie selbst nachmachen können. Es geht darum, eine Batterie aufzubauen. Sie benötigen zwei Metalle, einige Kabel, einen Verbraucher und Obst. Das könnten Äpfel sein, aber auch Zitrusfrüchte eignen sich gut. Als Metalle benutzen wir Kupfer auf der edlen Seite und Zink auf der unedlen. Als Kupferelektrode können Sie eine Cent-Münze verwenden, als Zinkelektrode einen verzinkten Nagel. Sie stecken die beiden Metalle ins Obst. Der Fruchtsaft mit seinen Säuren stellt den Elektrolyten dar. Wie beim Daniell-Element erwarten wir eine Leerlaufspannung von 1,1 V. In unserem Beispiel haben wir drei Zellen hintereinandergeschaltet, so dass wir eine Spannung von rund 3 V erwarten können. Als Verbindung eignen sich Kabel mit Krokodilklemmen. Sofern Sie keine zur Verfügung haben, können Sie auch einfache Kabel mit Büroklammern an den Elektroden befestigen. Als Verbraucher können Sie eine Glühbirne oder einen kleinen Elektromotor oder eben ein Voltmeter anschließen. Viel Spaß beim Experimentieren!

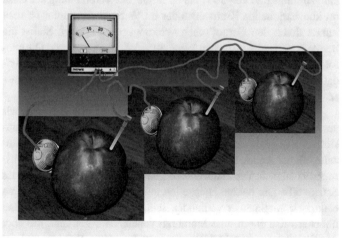

Brennstoffzelle

Gase wie Methan, Ethan oder auch Wasserstoff setzen bei ihrer Verbrennung Energie frei, die wir für unsere Energieversorgung nutzen können. Eine Möglichkeit besteht darin, mit der Verbrennungswärme einen Generator zu betreiben, um Elektrizität zu erzeugen. Die Verbrennung mit Sauerstoff stellt eine Oxidation dar, bei der Ladungen verschoben werden. Der Brennstoff wird oxidiert, wobei er Elektronen abgibt. Diese Elektronen werden vom Sauerstoff aufgenommen, der dadurch reduziert wird. Die Brennstoffzelle stellt eine Möglichkeit dar, die Brennstoffe in einer kontrollierten Reaktion zu oxidieren. Dabei wird der Ladungsfluss so kanalisiert, dass eine Stromquelle entsteht. Der Umweg über die Wärmeerzeugung und den Generator entfällt. Die bei der Oxidation freigesetzte chemische Energie wird direkt in elektrische Energie umgewandelt.

Brennstoffzellen sind interessant als ein Element in einem Konzept zur Speicherung von Energie. Man kann vorhandene Energie (z. B. aus Solarzellen) dazu verwenden, um Wasser in seine Bestandteile Wasserstoff und Sauerstoff zu spalten. Die Sonnenenergie wird in chemische Energie umgewandelt, die man mit den Gasen speichert. Bei Bedarf werden dann die Gase in der Brennstoffzelle wieder zu Wasser verbrannt und die freigesetzte elektrische Energie genutzt. Man könnte Brennstoffzellen auch in Autos benutzen, um aus Treibstoff Strom für einen Elektroantrieb zu generieren. Allerdings ist die Entwicklung der Brennstoffzellen noch nicht so weit fortgeschritten, dass sie in großem Maßstab genutzt werden könnten.

Brennstoffzellen können weitere Vorteile haben. Es gibt keine physikalische Begrenzung des Wirkungsgrades. Im Prinzip könnte eine Brennstoffzelle die chemische Energie zu 100 % in elektrische Energie umwandeln. Tatsächlich erreicht wird von Brennstoffzellen ein Wirkungsgrad von 50 % bis 60 %. Bei der Verbrennung der Gase im konventionellen Kraftwerk oder im Verbrennungsmotor ist man immer durch den Carnot'schen Wirkungsgrad begrenzt. Selbst die besten Kraftwerke erreichen keine 50 % Wirkungsgrad und Ottomotoren gerade mal 15 % bis 20 %. Ferner entstehen bei der kalten Oxidation in der Brennstoffzelle neben dem Verbrennungsprodukt (Wasser oder Kohlendioxid) kaum schädliche Abgase.

Wenden wir uns nun der Wirkungsweise zu (☐ Abb. 6.28), die wir am Beispiel einer Wasserstoffzelle besprechen wollen. Eine Brennstoffzelle ist grundsätzlich in zwei Halbzellen aufgebaut. In der Halbzelle mit der Anode findet die Oxidation des Brennstoffes (hier Wasserstoff) statt, in der Halbzelle mit der Kathode die Reduktion des Sauerstoffs. Die beiden Halbzellen müssen über einen Elektrolyten elektrisch miteinander verbunden sein. Die beiden Halbzellen sind üblicherweise durch eine Membran voneinander getrennt, die aber den Elektrolyten zum Ladungstransport durchlässt. Das Material der Elektroden nimmt nicht direkt an der Reaktion teil. Diese sind mit Katalysatoren beschichtet, die eine möglichst große Oberfläche für die Reaktionen bieten. Häufig wird Platin oder Palladium benutzt. Zu den technischen Herausforderungen gehört es, die Gase so einzuleiten, dass sie die Oberflächen der Elektroden benetzen und dort reagieren. Beispielsweise können kleine Kanäle in die Elektroden eingebracht werden, durch die das Gas ausströmt.

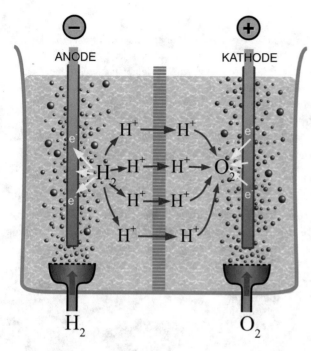

ANODE   KATHODE

H_2

O_2

□ **Abb. 6.28** Aufbau einer Brennstoffzelle

Nun zur Wasserstoffzelle: In die Anodenhalbzelle wird Wasserstoffgas eingeleitet. Es findet folgende Reaktion statt:

$$2H_2 \rightarrow 4\,H^+ + 4e^- \tag{6.64}$$

Die Elektronen laden die Anode negativ auf. Die H^+-Ionen werden im Elektrolyten gelöst, wobei sich Wasser anlagert, was oft als H_3O^+ bezeichnet wird, obwohl sich in der Regel mehr als ein Wassermolekül anlagert. Das H_3O^+ wird vom Elektrolyten durch die Membran in die andere Halbzelle transportiert. Dort wird an der Kathode Sauerstoff eingeleitet. Es kommt zur Reduktion des Sauerstoffs:

$$O_2 + 4\,H^+ + 4e^- \rightarrow 2\,H_2O \tag{6.65}$$

Die Elektronen werden der Elektrode entnommen, so dass diese sich positiv auflädt. Die Leerlaufspannung liegt bei 1,23 V. In der Regel schaltet man viele Zellen hintereinander, so dass man entsprechend höhere Spannungen erreicht.

Experiment 6.25: Brennstoffzelle

Im Experiment ist eine Brennstoffzelle zu sehen, die mit Methanol betrieben wird. Das Methanol wird mit Wasser gemischt und der Anode zugeführt. Eine Polymermembran trennt die beiden Halbzellen. Die porösen, mit einem Katalysator versehenen Elektroden werden direkt auf die Membran aufgebracht, so dass die Brennstoffzelle eine flache Form bekommt. Auf der Kathodenseite könnte Sauerstoff zugeführt werden, doch der Luftsauerstoff, der bereits im Wasser gelöst ist und der von außen nachdiffundiert, genügt für die Demonstration. An der Anode findet die Oxidation statt:

$$CH_3OH + H_2O \rightarrow 6\,H^+ + CO_2 + 6\,e^-$$

An der Kathode hat man die übliche Reduktion von Sauerstoff. Zur Demonstration der Stromerzeugung benutzen wir einen kleinen Elektromotor, der eine bunte Scheibe antreibt, als Verbraucher.

© RWTH Aachen, Sammlung Physik

Solarzelle

Eine weitere, immer wichtiger werdende Stromquelle sind die Solarzellen. Sie wandeln Licht direkt in elektrische Energie um. Man teilt Solarzellen nach der Dicke des eingesetzten Materials in Dick- und Dünnschichtzellen ein. Sie sind aus einem Halbleitermaterial aufgebaut. Neben Silizium kommen Cadmiumtellurid, Galliumarsenid und andere Halbleiter zum Einsatz. Ferner unterscheidet man Solarzellen danach, ob das eingesetzte Material als Einkristall, polykristallin oder amorph vorliegt.

Wir wollen als Beispiel die klassische Dickschicht Solarzelle aus einem Silizium-Einkristall besprechen. Der grobe Aufbau ist in ◘ Abb. 6.29 gezeigt. Ein tieferes Verständnis einer Solarzel-

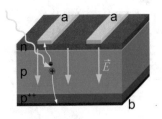

◘ **Abb. 6.29** Aufbau einer Dickschicht-Solarzelle

le verlangt Kenntnisse in der Festkörperphysik, die wir hier nicht voraussetzen können. Wir wollen trotzdem versuchen, die Funktionsweise einigermaßen zu erklären. Wer schon tiefere Kenntnisse der Festkörperphysik hat, mag uns verzeihen, wenn wir hier nur oberflächlich vorgehen. Der Silizium-Einkristall in ◻ Abb. 6.29 ist typischerweise 300 μm dick. Es handelt sich um p-dotiertes Silizium (wir werden weiter unten versuchen zu erklären, was das ist), das an der Oberseite n-dotiert wurde, so dass in der Nähe der Oberseite ein pn-Übergang entstanden ist, in dem sich ein elektrisches Feld ausbildet. An Ober- und Unterseite ist eine elektrische Kontaktierung (in der Abbildung mit a und b bezeichnet) angebracht, über die die Spannung abgegriffen werden kann. Von der Oberseite fällt das Licht auf die Solarzelle. Die Kontaktierung der Oberseite muss dieses möglichst ungehindert auf den Siliziumkristall durchlassen. Wird ein Lichtquant (Photon) im pn-Übergang absorbiert, so wird ein Elektron so weit angeregt, dass es sich im Kristall frei bewegen kann. Die Absorption erfolgt durch den internen Fotoeffekt. Beim Fotoeffekt wird ein Lichtquant von einem Elektron in einem Atom absorbiert. Die Energie des Lichtquants wird dabei auf das Elektron übertragen, welches dadurch aus dem Atom herausgeschlagen wird. Bei der Solarzelle handelt es sich um einen internen Fotoeffekt, bei dem das Elektron den Kristallverband nicht verlässt. Im elektrischen Feld des pn-Überganges driftet nun das angeregte Elektron zur Oberseite, wo es über die Kontaktierung abgegriffen werden kann. Die zurückgebliebene Lücke im Kristallverband driftet durch Verschiebung benachbarter Elektronen zur unteren Kontaktierung. So entsteht eine nutzbare Spannung.

Um die Funktionsweise eine Solarzelle noch etwas besser zu verstehen, müssen wir wenigstens die Grundidee des Bändermodells der Festkörper besprechen. Falls Ihnen dieses Thema zu schwierig erscheint, können Sie auch direkt mit ▸ Abschn. 6.8.2 fortfahren und sollten dann auch ▸ Abschn. 6.8.3 überspringen. Wir gehen zunächst von einzelnen Silizium-Atomen aus. Die Kernladungszahl von Silizium ist $Z = 12$, demzufolge finden sich 12 Elektronen in einem Siliziumatom. Diese Elektronen befinden sich im Atom in einem Zustand (einem Orbital), dem man eine feste Energie zuweisen kann. In ◻ Abb. 6.30 sind diese schematisch gezeigt. Die vertikale Achse gibt die Energie der Zustände an.

Die farbigen Flächen markieren die Niveaus der Zustände. Wegen des so genannten Pauli-Prinzips kann sich in jedem Zustand nur ein Elektron aufhalten. Das tiefste Niveau enthält zwei Zustände und kann daher zwei Elektronen aufnehmen (Spin up und Spin down), das nächst höhere acht Zustände und so weiter. Im Grundzustand des Atoms sind immer die energetisch günstigsten Niveaus bevölkert. Die Besetzung des Grundzustandes ist in der Abbildung angegeben. Durch Anregungsprozesse (Stöße mit anderen Atomen, thermische Anregung, Lichteinstrahlung) können allerdings Elektronen in höhere Niveaus angehoben werden. Die Fermienergie E_F ist definiert als

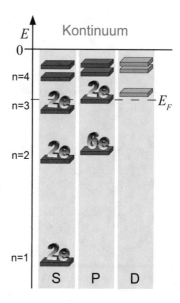

◻ **Abb. 6.30** Energieniveaus eines Siliziumatoms (nicht maßstabsgetreu)

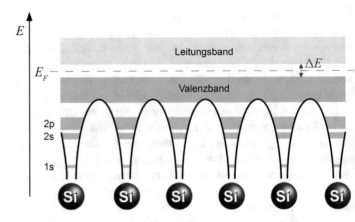

Abb. 6.31 Bändermodell eines Siliziumkristalls

die Energie, bis zu der im Grundzustand die Niveaus besetzt sind. Sie ist ebenfalls im Diagramm eingetragen.

Negative Werte zeigen an, dass ein Elektron im Atomverband gebunden ist. Dies sind die Bindungsenergien der Elektronen. Elektronen mit positiven Energiewerten sind nicht ans Atom gebunden. Sie können sich frei im Raum bewegen. Im positiven Bereich können beliebige Energiewerte vorkommen. Man nennt diesen Bereich daher auch das Kontinuum der Zustände. Bei negativen Werten treten hingegen nur einzelne diskrete Energieniveaus auf. Die einzelnen Energieniveaus kann man durch ihre Hauptquantenzahlen n und den Bahndrehimpuls der Elektronen um den Kern charakterisieren. Der Bahndrehimpuls wird mit den Buchstaben S, P, D usw. angegeben. Die Abbildung zeigt die Lage der Energieniveaus und gibt an, wie viele Elektronen sich im Grundzustand im jeweiligen Niveau befinden. Bei einer Anregung des Atoms werden einzelne Elektronen auf höher gelegene Niveaus angehoben.

Nun ist eine Solarzelle aber nicht aus freien Siliziumatomen aufgebaut, sondern aus einem Siliziumkristall. Wenn die Siliziumatome sich zu einem Kristall verbinden, ändern sich die Energieniveaus, vor allem die der äußeren Elektronen, die ja die Bindung ausmachen. Dies ist in ◻ Abb. 6.31 gezeigt. Dargestellt sind die Energieniveaus einiger Siliziumatome im Kristall. Wie schon beim Atom haben wir die Energieniveaus mit Hauptquantenzahl und Bahndrehimpuls bezeichnet, beispielsweise gehören zum 2s-Niveau die Hauptquantenzahl $n = 2$ und der Bahndrehimpuls null (S). Während wir beim Atom einzelne Niveaus mit scharfen Energien hatten, treten nun Energiebänder auf. Dies sind Bereiche auf der Energieskala, auf der die Energieniveaus so dicht liegen, dass sie ein Kontinuum bilden. Man sieht in der Abbildung mehrere Bänder, die durch Bereiche voneinander getrennt sind, in denen es keine Niveaus gibt. In einem Kristall kann man die Elektronen der einzelnen Atome nicht mehr als unabhängig voneinander behandeln. Man muss ihre Wechselwirkungen untereinander berücksichtigen. So entstehen beispielsweise aus den N 2s-Niveaus, die man in N unabhängigen Atomen findet, insgesamt N Niveaus im Kristallverband, die durch die Wechselwirkungen geringfügig gegeneinander verschoben sind. Diese N Niveaus machen das Band aus. Es ist noch zu beachten, dass sich bei der Bindung die Niveaus auch verschieben können und dass sich dabei Niveaus unterschiedlicher Ausgangszustände überlappen können, wodurch die entsprechenden Bänder verschmelzen.

Die Elektronen der unteren Niveaus sind noch an die Atomkerne gebunden. Um sie vom Atomkern zu entfernen, wird Energie benötigt, die sie nicht haben. Die weißen Flächen mit der schwarzen Begrenzungslinie deuten Bereiche an, in denen sich aus diesen Gründen kein Elektron befinden kann. Erst Elektronen auf den höher gelegenen Niveaus haben genügend Energie, um sich frei zwischen den Atomrümpfen zu bewegen. Beim Siliziumkristall trifft dies auf die 4 Elektronen zu, die den 3s- und 3p-Niveaus des freien Atoms entstammen. Deren Niveaus verschmelzen bei der Bindung zu einem Band, dem so genannten Valenzband. Energetisch davon getrennt ist das Leitungsband, das aus den verbleibenden, im freien Atom unbesetzten, 3p-Niveaus entsteht. Die beiden Bänder sind in ■ Abb. 6.31 dargestellt. Im Grundzustand des Kristalls sind alle Zustände des Valenzbandes besetzt. Auf Grund des Pauli-Prinzips kann das Valenzband keine weiteren Elektronen aufnehmen. Das Leitungsband ist im Grundzustand hingegen leer. Wir haben es daher etwas heller gezeichnet. Der Grundzustand des Kristalls ist streng genommen nur am absoluten Temperaturnullpunkt realisiert. Bei höheren Temperaturen können einzelne Elektronen durch thermische Anregung aus dem Valenzband ins Leitungsband gelangen. Die Energielücke zwischen den beiden Bändern beträgt ungefähr 1,1 eV[8]. Im Vergleich dazu beträgt die thermische Energie kT bei Zimmertemperatur in diesen Einheiten ungefähr 25 meV. Die Fermienergie E_F bezeichnet die Energie, bis zu der im Grundzustand die Niveaus besetzt sind. Im Falle des Siliziumkristalls liegt sie zwischen dem Valenz- und dem Leitungsband. Die Wahrscheinlichkeit für eine thermische Anregung ins Leitungsband ist gegeben durch:

$$f(E) = \frac{1}{1 + e^{\frac{E-E_F}{kt}}} \tag{6.66}$$

Sie ist bei Raumtemperatur sehr gering. Sie beträgt nur etwa $3 \cdot 10^{-10}$. Berücksichtigt man allerdings, dass in einem mol Silizium sich $4 \cdot 6{,}02 \cdot 10^{23}$ Elektronen im Valenzband befinden, kommt trotzdem eine Anregung zustande, die eine merkliche Leitfähigkeit erzeugt.

Als Nächstes müssen wir besprechen, was man unter der Dotierung eines Siliziumkristalls versteht. Bei der Dotierung werden Fremdatome in das Kristallgitter des Siliziums eingebracht, mit Konzentrationen von einem Fremdatom pro 10^4 bis 10^7 Siliziumatomen.

---

[8] Das eV (Elektronenvolt) ist eine Energieeinheit, die wir gerne in der mikroskopischen Physik verwenden. Sie gibt die Energie an, die ein Elektron beim Durchlaufen einer Potenzialdifferenz von 1 V aufnimmt, was im SI-System $1{,}609 \cdot 10^{-19}$ J entspricht.

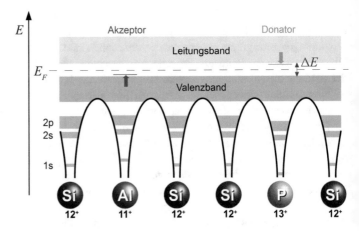

Abb. 6.32 Bändermodell eines Siliziumkristalls mit Dotierung

Man benutzt Elemente, die im Periodensystem dem Silizium benachbart sind und entweder ein Elektron weniger oder eines mehr in der äußeren Schale haben. Ersetzt man beispielsweise in einem Kristall ein Siliziumatom durch ein Aluminiumatom, so fehlt letzterem ein Elektron. Daher bleibt ein Platz im Valenzband frei, in den sich ein anderes Elektron hineinbewegen könnte. Man nennt das Aluminiumatom daher einen Akzeptor und spricht von positiver Dotierung des Siliziumkristalls (p-Dotierung). Wegen der geringeren Kernladungszahl des Aluminiums ($Z = 11$) sind die Niveaus des Aluminiums etwas schwächer gebunden als die des Siliziums. Das freie Akzeptorniveau liegt daher nicht im Valenzband, sondern knapp darüber (ca. 0,01 eV über der Oberkante des Valenzbandes). In ■ Abb. 6.32 ist eines eingezeichnet. Bringt man dagegen Fremdatome aus der fünften Hauptgruppe ein, so nennt man diese Donatoren. In der Abbildung ist Phosphor gezeigt. Das Phosphoratom hat gegenüber dem Silizium ein zusätzliches Elektron, dessen Niveau knapp unterhalb des Leitungsbandes liegt (ca. 0,01 eV). Man spricht nun von n-Dotierung.

Beachten Sie, dass bei Raumtemperatur die thermische Energie größer ist als der Abstand der Akzeptor- und Donatorniveaus von den jeweiligen Bandkanten, so dass Elektronen problemlos aus dem Valenzband in die Akzeptorniveaus bzw. aus dem Donatorniveau ins Leitungsband gelangen können. Das zusätzliche Elektron des Phosphors kann sich daher frei im Leitungsband bewegen. Es transportiert seine Ladung und stellt somit einen Strom dar. Man spricht von Elektronenleitung oder n-Leitung. Auch die Elektronen des Valenzbandes können sich frei bewegen. Allerdings ist es im reinen Silizium vollständig gefüllt. Bewegt sich ein Elektron nach rechts, muss dafür ein anderes sich nach links bewegen, so dass auf diese Art und Weise kein Strom fließen kann. In einem p-dotierten Silizium ist dies jedoch möglich. Ein Elektron aus dem Valenzband springt auf das freie Akzeptorniveau. Dann rückt ein anderes Elektron auf den frei gewor-

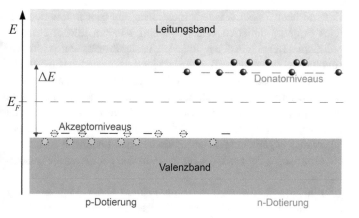

□ Abb. 6.33 Energieniveaus an einem pn-Übergang

denen Platz im Valenzband nach und wieder ein anderes auf dessen frei gewordenen Platz und so weiter. So kann sich die Stelle, an der ein Elektron fehlt, durch den Kristall bewegen. Diesen Vorgang nennt man Löcherleitung oder p-Leitung, da es so aussieht, als würde sich das Loch bewegen.

Nun können wir versuchen, einen pn-Übergang zu verstehen. Ein pn-Übergang entsteht, wenn ein p-dotierter Bereich in einem Siliziumkristall an einen n-dotierten grenzt. In unserer Solarzelle in □ Abb. 6.29 ist ein solcher vertikaler pn-Übergang zwischen dem Inneren des Kristalls, der p-dotiert ist, und der obersten Schicht, die n-dotiert ist, zu sehen. □ Abb. 6.33 zeigt die energetischen Verhältnisse an der Grenzschicht, wobei wir die unteren Niveaus weggelassen haben und nur noch den Bereich um die Bandlücke zeigen. Der rechte Bereich ist n-dotiert (entsprechend dem oberen Bereich in □ Abb. 6.29). Als grüne Kugeln sind die überschüssigen Elektronen des Donators dargestellt. Einige befinden sich auf den Donatorniveaus, andere wurden ins Leitungsband angehoben. Im p-dotierten Bereich und im Valenzband haben wir die Löcher statt der Elektronen eingezeichnet. Auch hier verteilen sie sich durch thermische Anregung zwischen Valenzband und den Akzeptorniveaus.

Wenn Sie noch einmal einen Blick auf □ Abb. 6.33 werfen, sollte Ihnen klar werden, dass der dort gezeigte Zustand nicht stabil ist. Die Abbildung zeigt eine Art Momentaufnahme, die in dem Moment entstehen könnte, in dem man die p- und n-dotierten Bereiche in Kontakt bringt[9]. Die frei beweglichen Elektronen im Leitungsband werden in die ebenfalls beweglichen Löcher fallen. Es wird Energie freigesetzt. Der Kristall geht in einen energetisch günstigeren

---

[9] Allerdings wird ein pn-Übergang so nicht hergestellt. Zunächst wird der undotierte Kristall vollständig p-dotiert, danach wird von oben eine dünne Schicht in n umdotiert durch eine Akzeptorkonzentration, die die ursprüngliche Donatorkonzentration überwiegt.

Zustand über. Dabei wandern Elektronen aus dem n-dotierten Bereich in den p-dotierten, und umgekehrt wandern Löcher aus dem p-dotierten Bereich in den n-dotierten. Ist der Prozess abgeschlossen, sind die frei beweglichen Ladungsträger verschwunden. Eine Sperrschicht ist entstanden. Gleichzeitig haben sich die Grenzschichten des pn-Übergangs elektrisch aufgeladen. Elektronen sind aus dem n-dotierten Bereich herausgewandert und Löcher hinein. Er ist nun positiv geladen. Entsprechend hat sich die p-dotierte Seite des pn-Übergangs negativ aufgeladen. Zwischen den Ladungen bildet sich ein elektrisches Feld aus, das für die Funktion der Solarzelle wesentlich ist.

Eine typische Ladungsverteilung ist in ◨ Abb. 6.34 gezeigt. Wir bezeichnen mit x eine Koordinate senkrecht zur Grenzschicht. Dann lässt sich die Feldstärke aus der Ladungsdichte bestimmen. Es ist:

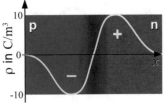

$$\left| \vec{E}(x) \right| = \frac{1}{\epsilon \epsilon_0} \int_{-\infty}^{x} \rho(x')\, dx' \tag{6.67}$$

◨ **Abb. 6.34** Ladungsdichte im Bereich eines pn-Übergangs

Durch nochmalige Integration erhält man das Potenzial im Kristall:

$$\varphi(x) = - \int_{-\infty}^{x} E(x')\, dx' \tag{6.68}$$

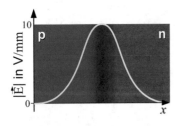

◨ **Abb. 6.35** Feldstärke im Bereich eines pn-Übergangs

Der Verlauf der elektrischen Feldstärke ist in ◨ Abb. 6.35 und der des Potenzials in ◨ Abb. 6.36 gezeigt. Man sieht, dass die Feldstärke im unmittelbaren Bereich des Übergangs maximal wird. Als Referenzpunkt für das Potenzial haben wir die Kontaktierung der p-Seite gewählt. Es zeigt im Bereich des Übergangs eine Stufe mit einer Höhe von rund 1 V.

Bis zu diesem Punkt haben wir noch kein Licht berücksichtigt, das auf die Solarzelle fallen könnte. Sie befand sich quasi im Dunkeln. Nun sind wir endlich so weit, die Prozesse zu betrachten, die bei Einfall von Licht hinzukommen. Wir hatten argumentiert, dass im Bereich des pn-Übergangs keine frei beweglichen Ladungsträger mehr vorhanden sind, und wir hatten gezeigt, dass sich ein elektrisches Feld in diesem Bereich ausbildet. Fällt nun Licht auf den pn-Übergang, so können Lichtquanten von den Elektronen im Kristall absorbiert werden (Photoeffekt). Dabei wird die Energie des Lichtquants auf das Elektron übertragen. Die Energie eines Lichtquants hängt von seiner Farbe ab. Oranges Licht (Wellenlänge 600 nm) hat Lichtquanten mit einer Energie von etwa 2 eV, rotes Licht hat weniger Energie, grünes und blaues mehr. Diese Energie reicht aus, um ein Elektron aus dem Valenzband ins Leitungsband anzuheben, sofern sich das Elektron nicht im untersten Bereich des

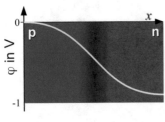

◨ **Abb. 6.36** Potenzial im Bereich eines pn-Übergangs

Valenzbandes befand. Es wird entsprechend seiner Energie angehoben, in der Regel über die untere Kante des Leitungsbandes hinaus. Da es im Leitungsband ausreichend freie Zustände gibt, wird es sich sehr schnell zur unteren Kante des Leitungsbandes bewegen. Die dabei freigesetzte Energie geht in Form von Wärme ans Gitter verloren. Nutzbar sind bei jeder Absorption jeweils nur die ca. 1,1 eV der Bandlücke. Entsprechend wird sich das freigemachte Loch im Valenzband zu seiner Oberkante bewegen. Durch das elektrische Feld werden Elektron und Loch getrennt. Das Elektron wandert in den n-dotierten Bereich und das Loch in den p-dotierten. Rekombination, bei der die Energie des Lichtquants wieder verloren ginge, ist eher selten. An den Kontaktierungen können die Ladungen abgegriffen werden. Ohne Verbraucher sammeln sich die Ladungen an den Kontaktierungen, wodurch ein Gegenfeld entsteht, das den Prozess der Ladungstrennung schließlich zum Stillstand bringt. Nun ist die Leerlaufspannung erreicht. Schließt man hingegen einen Verbraucher an, so liefert die Absorption des Lichtes kontinuierlich Ladungen für den Betrieb des Verbrauchers nach.

Experiment 6.26: Solarzelle

Zur Demonstration benutzen wir ein kommerzielles Solarzellenmodul mit acht Solarzellen, die in Reihe geschaltet sind. Als Verbraucher haben wir einen kleinen Ventilator angeschlossen. Die Solarzelle wird mit einer dimmbaren Lampe beleuchtet. Je nach Intensität des Lichtes läuft der Ventilator schneller oder langsamer.

© RWTH Aachen, Sammlung Physik

6.8.2 Der Innenwiderstand

Wir haben nun einige Beispiele für Stromquellen kennen gelernt. In den Beispielen mit einem offenen Stromkreis haben wir die Leerlaufspannungen diskutiert. Leider ändert sich die Spannung einer Stromquelle, wenn wir einen Verbraucher anschließen. Sie sinkt ab. Jede Stromquelle kann nur eine begrenzte Leistung zur Verfügung stellen, daher muss die Spannung bei großen Verbrauchern (niederohmigen) absinken.

Folgendes Gedankenexperiment mag dies illustrieren. An ein Netzgerät, das eine Gleichspannung von 100 V liefert, sei eine 100-W-Glühbirne angeschlossen. Nach $P = UI$ wird dem Netzgerät ein Strom von 1 A entnommen. Nun schließen Sie eine zweite 100-W-Glühbirne parallel zur ersten an das Netzgerät an. Es fließt ein weiteres Ampere Strom durch die zweite Glühbirne. Nun fügen Sie eine dritte, eine vierte usw. hinzu. Es ist klar, dass das so nicht funktionieren wird. Das Netzgerät kann keine beliebig hohen Leistungen abgeben. Aber was passiert?[10] Schließt man immer mehr Glühbirnen an, wird die Spannung absinken, die das Netzgerät zur Verfügung stellt. Damit wird auch die Leistungsabgabe der einzelnen Glühbirnen geringer.

Man kann diesen Effekt mit einem Ersatzschaltbild beschreiben, in das man einen so genannten Innenwiderstand einfügt. In ◘ Abb. 6.2 hatten wir Ihnen Symbole für Stromquellen vorgestellt. Diese Symbole stellen ideale Quellen dar. Für die idealen Quellen macht auch die Unterscheidung in Strom- und Spannungsquellen Sinn. Eine ideale Stromquelle liefert immer denselben Strom, und zwar unabhängig vom Widerstand des Verbrauchers, wohingegen eine ideale Spannungsquelle immer eine feste Spannung liefert. Nur bei realen Quellen ist die Unterscheidung nicht strikt durchzuhalten, da sich mit einer Veränderung der Belastung der realen Quelle sowohl die Spannung an der Quelle als auch der abgegebene Strom verändern. Wir bleiben bei realen Quellen beim Begriff Stromquelle. In ◘ Abb. 6.37 ist das Ersatzschaltbild einer realen Stromquelle zu sehen, deren Ausgangsspannung mit zunehmender Belastung absinkt und deren Strom mit zunehmender Belastung ansteigt.

Im Innern der realen Stromquelle findet sich eine ideale Spannungsquelle, die immer die Ausgangsspannung U_0 erzeugt. Man nennt U_0 auch die elektromotorische Kraft EMK. Doch dies ist nicht die Klemmspannung U_{Kl}, die man an den Anschlussklemmen der Stromquelle vorfindet. Die Spannung U_0 ist nicht direkt mit U_{Kl} verbunden. Dazwischen liegt der Innenwiderstand R_I. Nur wenn man die Klemmspannung ohne Verbraucher mit einem hochohmigen

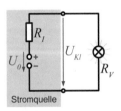

◘ **Abb. 6.37** Ersatzschaltbild einer realen Stromquelle

---

[10] Vorsicht, falls Sie es ausprobieren wollen. Das Netzgerät kann dabei zerstört werden. Benutzen Sie besser eine Batterie. Sie kann zwar heiß werden, sollte aber nicht kaputt gehen.

Messgerät misst, wird man einen Wert bekommen, der U_0 nahezu entspricht.

Die Stromquelle liefert einen Strom, der gegeben ist durch die Serienschaltung des Innenwiderstandes R_I und des Verbrauchers R_V:

$$I = \frac{U_0}{R_I + R_V} \tag{6.69}$$

Mit diesem Strom erhält man eine Klemmspannung:

$$U_{Kl} = R_V I = \frac{R_V}{R_I + R_V} U_0 \tag{6.70}$$

Die Leistung, die der Verbraucher umsetzt, ist folglich:

$$P_V = U_V I = \frac{R_V}{(R_I + R_V)^2} U_0^2 \tag{6.71}$$

Man kann direkt zwei Extremfälle an der Formel ablesen. In unserem Gedankenexperiment hatten wir immer mehr Glühbirnen angeschlossen, was den Verbraucherwiderstand R_V gegen null laufen lässt. In diesem Fall zeigt die Formel, dass die abgegebene Leistung auch gegen null absinkt. Dies ist durchaus verständlich. Wird der Verbraucherwiderstand immer kleiner, so fällt ein immer größerer Teil der EMK am Innenwiderstand R_I ab. Die Klemmspannung nähert sich dem Wert null und damit auch die abgegebene Leistung P_V. Es fließt der Kurzschlussstrom U_0/R_I. Im anderen Extremfall wächst der Verbraucherwiderstand gegen unendlich. Dann nähert sich zwar U_{Kl} der EMK, aber bei steigendem Widerstand geht der Strom gegen null, so dass auch in diesem Fall keine Leistung mehr von der Stromquelle abgegeben wird.

Wenn P_V bei $R_V = 0$ und $R_V = \infty$ verschwindet, muss es dazwischen ein Maximum der Leistungsabgabe geben. Dieses wollen wir mit einer Kurvendiskussion bestimmen. Im Maximum muss die Ableitung der Leistung den Wert null annehmen:

$$\frac{dP_V}{dR_V} = \left(\frac{1}{(R_I + R_V)^2} - 2\frac{R_V}{(R_I + R_V)^3} \right) U_0^2 = 0$$

$$1 - 2\frac{R_V}{R_I + R_V} = 0$$

$$R_V = R_I$$

$$\tag{6.72}$$

Will man die maximale Leistung aus der Stromquelle entnehmen, so muss der Widerstand des Verbrauchers dem Innenwiderstand entsprechen. Man spricht dann von Leistungsanpassung zwischen dem Verbraucher und der Stromquelle.

Das Schaltbild in ▪ Abb. 6.37 nennt man ein Ersatzschaltbild einer realen Stromquelle. Der Innenwiderstand R_I ist eingefügt, um

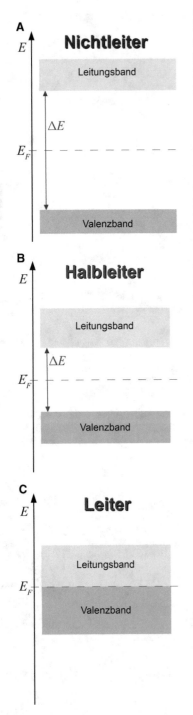

A

Nichtleiter

E

Leitungsband

ΔE

E_F - - - - -

Valenzband

B

Halbleiter

E

Leitungsband

ΔE

E_F - - - - -

Valenzband

C

Leiter

E

Leitungsband

E_F - - - - -

Valenzband

■ **Abb. 6.38** Nichtleiter, Halbleiter und Leiter im Bändermodell

die begrenzte Leistungsabgabe der realen Stromquelle zu beschreiben. Das bedeutet nicht, dass man den Innenwiderstand als Bauteil in einer Stromquelle finden kann. Er beschreibt lediglich näherungsweise das Verhalten der gesamten Stromquelle. Er tritt bei elektronischen Netzgeräten genauso auf wie bei galvanischen Zellen oder Solarzellen.

6.8.3 Kontaktpotenzial

Um das Kontaktpotenzial zu verstehen, müssen wir wieder das Bändermodell zu Rate ziehen, das wir in ▶ Abschn. 6.8.1 eingeführt haben. Wir gehen zunächst kurz auf den Unterschied von Leitern, Halbleitern und Nichtleitern ein. Die Bänderkonfigurationen sind in ■ Abb. 6.38 schematisch dargestellt. Beim Nichtleiter ist das Valenzband vollständig besetzt. Es kann nicht zum Stromfluss beitragen, da für jedes Elektron, das sich in eine bestimmte Richtung bewegt, ein anderes in eine entgegengesetzte Richtung fließen muss. Das Leitungsband ist hingegen leer. Die Fermienergie liegt irgendwo zwischen den Bändern. Der Bandabstand ist groß, so dass auch durch thermische Anregung keine Elektronen ins Leitungsband gelangen können. Ganz ähnlich sieht es bei einem Halbleiter aus. Allerdings ist die Bandlücke nun deutlich kleiner. Sie ist so klein, dass bei Raumtemperatur vereinzelte Elektronen ins Leitungsband angeregt werden können, was zu einer geringen Leitfähigkeit führt. Diese Leitfähigkeit wird durch Zustände in der Bandlücke, die durch Gitterdefekte, Verunreinigungen oder Dotierungen entstehen, weiter erhöht. Bei Metallen liegt die Fermienergie schließlich im Bereich eines Leitungsbandes. Das Leitungsband ist nur teilweise besetzt. Die Elektronen können sich darin frei bewegen und den elektrischen Strom leiten.

Die Struktur der Bänder und das Ferminiveau hängen vom Material ab. Sie sind aus den Bindungszuständen der Atome entstanden und sind für diese charakteristisch. Wir wollen nun untersuchen, was an der Kontaktstelle zwischen zwei unterschiedlichen Metallen mit unterschiedlichen Fermienergien passiert (■ Abb. 6.39). Sind die Ferminiveaus verschieden, so können Elektronen Energie gewinnen, indem sie aus dem Metall mit dem höheren Niveau (Metall B) auf das tiefere Niveau (Metall A) herunterfallen. Dadurch lädt sich Metall B positiv und Metall A negativ auf. Es entsteht eine Potenzialdifferenz, die gerade der Differenz der Fermienergien entspricht:

$$U_{BA} = \varphi_B - \varphi_A \qquad (6.73)$$

Man nennt dies das Kontaktpotenzial zwischen den beiden Leitern.

Das Kontaktpotenzial ist schwierig zu messen. Will man beispielsweise das Kontaktpotenzial zwischen Eisen und Nickel be-

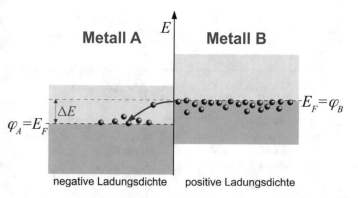

Abb. 6.39 Bänderstruktur an der Kontaktstelle zwischen zwei Metallen

stimmen, so kann man nicht einfach einen Eisen- und Nickeldraht verbinden und an deren Enden die Spannung abgreifen. Man muss beachten, dass man nur in einem geschlossenen Stromkreis messen kann und dass es im geschlossenen Stromkreis weitere Übergänge zwischen verschiedenen Metallen gibt, die ebenfalls Kontaktpotenziale erzeugen (Abb. 6.40). Nehmen wir an, dass das Messgerät mit Kupferleitern aufgebaut ist (in der Abbildung rot), so hätten wir in diesem Fall:

$$U_1 = \varphi_{Ni} - \varphi_{Fe}$$
$$U_2 = \varphi_{Cu} - \varphi_{Ni}, \qquad (6.74)$$
$$U_3 = \varphi_{Fe} - \varphi_{Cu}$$

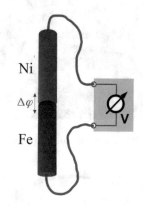

Abb. 6.40 Messaufbau an Drähten unterschiedlichen Materials

wobei U_1 die Kontaktspannung zwischen Nickel und Eisen, U_2 die am oberen Kontakt zwischen Nickel und dem Kupferdraht und U_3 die Kontaktspannung unten am Eisen bezeichnet. Alle Spannungen sind in der Masche im Uhrzeigersinn angegeben. Das Messgerät zeigt die Summe dieser drei Kontaktpotenziale an. Diese ist:

$$U_1 + U_2 + U_3 = 0 \qquad (6.75)$$

In einem Stromkreis addieren sich die Kontaktspannungen zu null, so dass sie keinen direkten Einfluss auf die Schaltungen haben.

Die Kontaktpotenziale sind temperaturabhängig. Bringt man die Kontakte in einem Stromkreis auf unterschiedliche Temperaturen, so entsteht eine messbare Spannung. Man nennt dies den Seebeck-Effekt. Man kann ihn zu einer Temperaturmessung einsetzen. Erwärmt man in Abb. 6.40 lediglich den Eisen-Nickel-Kontakt, so ändert sich U_1 und das Messgerät zeigt eine Spannung an, die proportional zur Temperaturänderung ist. Sie erhält den Namen thermoelektrische Spannung. Temperaturfühler, die auf der thermoelektrischen Spannung beruhen, nennt man Thermoelemente.

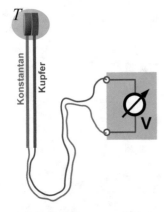

Beispiel 6.26: Thermoelement

Die Skizze zeigt den Aufbau eines Thermoelementes aus Konstantan und Kupfer. Der eine Übergang zwischen Konstantan und Kupfer befindet sich in der Messspitze. Die Konstantanseite der Messspitze ist mit einem Konstantandraht kontaktiert, die Kupferseite mit einem Kupferdraht. In der Steckverbindung am Voltmeter befindet sich der zweite Übergang von Konstantan auf Kupfer. Ändert sich die Temperatur der Messspitze, so zeigt das Voltmeter eine Spannung an, die man in Temperatureinheiten kalibrieren kann.

Experiment 6.27: Temperaturmessung mit dem Thermoelement

Dieses einfache Experiment zeigt die Temperaturmessung mit einem Thermoelement. Man hält es wahlweise in Eiswasser und kochendes Wasser und sieht, wie rasch sich die Temperaturanzeige auf die erwarteten Temperaturen von 0 °C und 100 °C einstellt. Die geringe Wärmekapazität ist einer der Vorteile dieser Thermometer.

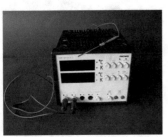

☐ **Abb. 6.41**   Seebeck-Effekt

Betrachten Sie ☐ Abb. 6.41. In einem Stromkreis aus zwei unterschiedlichen Metallen wird die Spannung gemessen. Die beiden Kontakte befinden sich auf unterschiedlichen Temperaturen T_1 und T_2. Das Voltmeter zeigt eine Spannung U_{Sb} an. Man kann sie folgendermaßen berechnen:

$$U_{Sb} = \int_{T_1}^{T_2} (S_B(T) - S_A(T))\, dT \tag{6.76}$$

Die Seebeck-Koeffizienten S_A und S_B sind Materialkonstanten der Materialien A und B. Sie nehmen typische Werte von $10\,\mu\mathrm{V/K}$ für Metalle und $1\,\mathrm{mV/K}$ für Halbleiter an. Die Seebeck-Koeffizienten erweisen sich als temperaturabhängig. Vernachlässigt man diese Temperaturabhängigkeit für nicht zu große Temperaturdifferenzen, so erhält man:

$$U_{Sb} = (S_B - S_A)(T_2 - T_1) \tag{6.77}$$

Experiment 6.28: Seebeck-Effekt

Im Foto sehen Sie den Aufbau eines Eisen-Konstantan-Elementes zur Demonstration des Seebeck-Effektes. Es entspricht der ☐ Abb. 6.41. Die beiden Kontakte zwischen Eisen und Konstantan befinden sich rechts und links am Ende der Bögen. Noch sind sie auf gleicher Temperatur und das Voltmeter zeigt null an. Erwärmt man nun eine Seite mit der Hand, so kann man eine Spannung von rund $100\,\mu V$ ablesen. Mit einem Feuerzeug ist es möglich, Spannungen bis $10\,mV$ zu erreichen.

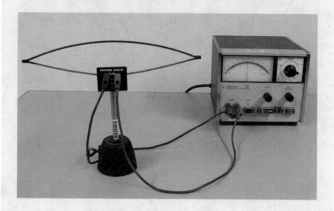

© RWTH Aachen, Sammlung Physik

Man kann den Effekt der thermoelektrischen Spannung auch umkehren. Schickt man einen Strom durch die Materialkombination von einem Metall A in ein Metall B und wieder zurück in Metall A, so erwärmt sich einer der beide Kontakte, während sich der andere abkühlt. Man nennt dies den Peltier-Effekt. Bei Metallen ist er nur sehr schwach ausgebildet. In ◘ Abb. 6.42 ist eine Anordnung zu sehen, bei der der Strom von Kupfer nach Eisen und zurück in Kupfer fließt. Das Ferminiveau in Eisen liegt unter dem in Kupfer. Wo die Elektronen von Kupfer ins Eisen fließen, wird Energie frei. Der Kontakt wärmt sich auf. Am Kontakt, an dem sie ins Kupfer zurückkehren, muss diese Energie wieder aufgebracht werden. Sie wird teilweise dem Gitter entnommen, so dass sich dieser Kontakt abkühlt. Dem Peltier-Effekt ist die Erzeugung von Wärme durch den Ohm'schen Widerstand der Metalle überlagert, so dass er nur schwierig zu beobachten ist.

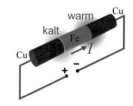

◘ **Abb. 6.42** Peltier-Effekt an Metallkontakten

Experiment 6.29: Peltier-Effekt

Mit einem Eisen-Konstantan-Element lässt sich der Peltier-Effekt demonstrieren. Die beiden Kontaktstellen befinden sich am rechten und linken Ende des etwa $30\,cm$ langen Metallbogens. Die Temperaturen der beiden Kontaktstellen werden mit den Thermoelementen aus ▶ Experiment 6.27 gemessen. Je nach Stromrichtung kühlt sich die linke oder die rechte Seite ab.

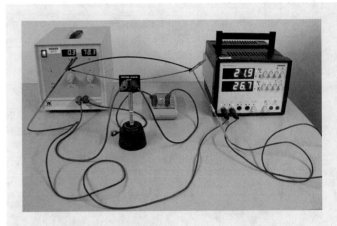

© RWTH Aachen, Sammlung Physik

Man kann den Peltier-Effekt für einfache Kühlungen durch
so genannte Peltier-Elemente einsetzen. Statt Metallen benutzt
man Kontakte zwischen n- und p-dotierten Halbleitern. Der
Potenzialsprung zwischen den Donator- und Akzeptorniveaus, über
die der Strom in den jeweiligen Materialien fließt, ist deutlich
größer als die Unterschiede der Ferminiveaus verschiedener
Metalle. Daher kühlt ein halbleiterbasiertes Peltier-Element besser.
In der Abbildung sind die p- und n-dotierten Siliziumblöcke
als blaue und rote Quader dargestellt. Sie sind zwischen zwei
Keramikplatten eingeklebt. Metallflächen an den Innenseiten der
Keramiken verbinden die Siliziumblöcke in einer Reihenschaltung,
die so angelegt ist, dass sich alle kühlenden Kontakte oben und
alle wärmenden Kontakte unten befinden. Meist klebt man das
Peltier-Element auf einen Kupferblock, der durch die umgebende
Luft oder durch einen Wasseranschluss auf Umgebungstemperatur
gehalten wird. Mit dem Peltier-Element kann man dann die
gegenüberliegende Seite auf Temperaturen bis ca. −20 °C
abkühlen. Allerdings ist die Kühlleistung begrenzt. Man kann nur
kleinere Massen ohne signifikante Wärmeentwicklung kühlen.
Eingesetzt werden Peltier-Elemente beispielsweise für die Kühlung
von Sensoren, um damit ihr elektronisches Rauschen zu verringern.

6.8.4 Thermoelektrischer Generator

Wir hatten mit dem Seebeck-Effekt einen Mechanismus kennen gelernt, der bei Temperaturunterschieden an den Kontaktstellen eine

Thermospannung erzeugt. Doch dies ist nicht der einzige Effekt, der Thermospannungen erzeugen kann. Ein anderer Effekt ist der der Thermodiffusion. Er tritt bereits in einem homogenen Metall auf, sofern ein Temperaturgradient vorliegt. Betrachten wir eine dünne Schicht im metallischen Leiter an der Stelle z_0 (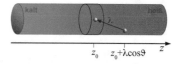 Abb. 6.43). Es herrsche ein Temperaturgradient. Nehmen wir an, links vor der Schicht sei die Temperatur niedriger als rechts dahinter. Dann ist die Geschwindigkeit der Elektronen vor der Schicht auf Grund ihrer thermischen Bewegung geringer als dahinter. Es werden sich mehr Elektronen von rechts nach links bewegen als umgekehrt. Es entsteht ein Diffusionsstrom aus dem heißen Bereich in den kälteren und damit baut sich eine Thermospannung auf, die Thermodiffusionsspannung.

Wir wollen sie näherungsweise berechnen. Die Stromdichte ist gegeben durch

$$\vec{j}_{\text{Diff}} = n e \vec{v}_{\text{Diff}} \tag{6.78}$$

mit der Ladungsträgerdichte n, der Elementarladung e und der Driftgeschwindigkeit der Elektronen im Metall auf Grund der Thermodiffussion $\vec{v}_{\text{Diff}}$. Diese soll nun berechnet werden. Der Betrag der Geschwindigkeit eines Elektrons ist durch die Temperatur am Ort festgelegt und wird durch die ständigen Stöße, die es erfährt, beeinflusst. Erfolgt ein Stoßprozess am Ort $\vec{r}$, so hat das Elektron die Geschwindigkeit $\vec{v}(\vec{r}) = \vec{v}(T(\vec{r})) = \hat{v}v(T(\vec{r}))$, wobei $\hat{v}$ die Richtung der Geschwindigkeit und v ihr Betrag ist. Die Richtung ist immer isotrop. Sie hängt weder vom Ort noch von der Temperatur ab. Betrachten wir nun ein Elektron am Ort z_0, so wäre es Zufall, wenn es gerade in diesem Moment einen Stoß ausführen würde. Im Mittel hat es bereits eine Strecke $\Delta \vec{r} = \hat{v}\lambda$ seit dem letzten Stoß zurückgelegt, wobei λ die mittlere freie Weglänge der Elektronen ist. Es trägt die Geschwindigkeit, die zur Temperatur am Ort $\vec{r} - \Delta \vec{r} = \vec{r} - \hat{v}\lambda$ gehört. Diese müssen wir nun über alle möglichen Richtungen mitteln. Wir wählen ein Koordinatensystem mit der z-Achse in Richtung des Drahtes. Dann hängt die Temperatur nur von der z-Koordinate ab und $\vec{v}_{\text{Diff}}$ zeigt entlang der z-Achse:

$$\vec{v}_{\text{Diff}} = \frac{1}{4\pi} \int \vec{v}\left(T\left(\vec{r} - \hat{v}\lambda\right)\right) d\Omega = \frac{1}{4\pi} \int \hat{v}v\left(T\left(\vec{r} - \hat{v}\lambda\right)\right) d\Omega \tag{6.79}$$

Da die mittlere freie Weglänge λ sehr klein ist gegenüber den Strecken, über die sich die Temperatur merklich verändert, können wir den Integranden durch das lineare Glied der Taylorreihe nähern:

$$v\left(T\left(\vec{r} - \hat{v}\lambda\right)\right) \approx v\left(T\left(\vec{r}\right)\right) + \left(T\left(\vec{r} - \hat{v}\lambda\right) - T\left(\vec{r}\right)\right)\frac{dv}{dT} \tag{6.80}$$

Abb. 6.43 Zur Thermodiffusionsspannung

Um dies nutzen zu können, müssen wir auch noch die Temperatur nach Taylor entwickeln:

$$T\left(\vec{r} - \hat{v}\lambda\right) \approx T\left(\vec{r}\right) - \lambda\hat{v}\cdot\vec{\nabla}T\left(\vec{r}\right) = T\left(\vec{r}\right) - \lambda\cos\theta\frac{dT}{dz}, \quad (6.81)$$

wobei wir im zweiten Schritt ausgenutzt haben, dass es lediglich einen Temperaturgradienten in z-Richtung gibt und daher von $\hat{v}$ auch nur die z-Komponente eingeht. Dies setzen wir in Gl. 6.80 ein:

$$v\left(T\left(\vec{r} - \hat{v}\lambda\right)\right) \approx v\left(T\left(\vec{r}\right)\right) + \left(T\left(\vec{r}\right) - \lambda\cos\theta\frac{dT}{dz} - T\left(\vec{r}\right)\right)\frac{dv}{dT}$$

$$= v\left(T\left(\vec{r}\right)\right) - \lambda\cos\theta\frac{dT}{dz}\frac{dv}{dT}$$

$$(6.82)$$

Nun können wir die Mittelung über die Richtungen der Geschwindigkeit durchführen:

$$\vec{v}_{\text{Diff}} = \frac{1}{4\pi}\int\hat{v}\left(v\left(T\left(\vec{r}\right)\right) - \lambda\cos\theta\frac{dT}{dz}\frac{dv}{dT}\right)d\Omega$$

$$= \frac{1}{4\pi}v\left(T\left(\vec{r}\right)\right)\int\hat{v}d\Omega - \frac{1}{4\pi}\lambda\frac{dT}{dz}\frac{dv}{dT}\int\cos\theta\hat{e}_z\cos\theta\,d\Omega$$

$$(6.83)$$

Das erste Integral ergibt wegen der Isotropie der Geschwindigkeiten null. Beim zweiten Integral haben wir bereits berücksichtigt, dass nur die z-Komponente von $\hat{v}$ einen Beitrag leisten kann. Es ergibt sich $4\pi/3$. Folglich ist

$$\vec{v}_{\text{Diff}} = -\frac{1}{3}\lambda\frac{dT}{dz}\frac{dv}{dT} \quad (6.84)$$

und

$$\vec{j}_{\text{Diff}} = -\frac{1}{3}ne\lambda\frac{dT}{dz}\frac{dv}{dT}. \quad (6.85)$$

Eventuell möchte man noch $\frac{dv}{dT}$ bestimmen. Aus $kT = \frac{1}{2}mv^2$ folgt $\frac{dv}{dT} = \frac{1}{2}/\sqrt{\frac{2kT}{m}}$.

Diese Stromdichte addiert sich zur Stromdichte aus dem Seebeck-Effekt $\vec{j}_{sb}$, die man aus der Seebeck-Spannung bestimmen kann und einer Stromdichte auf Grund eines elektrischen Feldes, das durch eine äußere Spannung entstehen kann. Es ist:

$$\vec{j} = \vec{j}_{sb} + \vec{j}_{\text{Diff}} + \vec{j}_E \quad (6.86)$$

Im Falle eines offenen Stromkreises (Spannungsmessung) erzeugen auch der Seebeck-Effekt und die Thermodiffusion eine Spannung, die wiederum ein gegengerichtetes $\vec{j}_E$ bewirkt. Die Spannung wächst so lange an, bis im Gleichgewicht sich die drei Stromdichten zu null addieren. Bei geschlossenen Stromkreisen ist im Einzelfall zu untersuchen, welcher der drei Stromdichten den Hauptbeitrag liefert. Beim Thermogenerator ist es der Diffusionsstrom.

Experiment 6.30: Thermogenerator

Wir zeigen die Funktionsweise eines thermoelektrischen Generators. Das eigentliche Thermoelement ist ein Peltier-Element, wie es in ▶ Beispiel 6.27 dargestellt ist. Es enthält 142 p- und n-leitende Siliziumblöcke. Im Foto ist es zwischen zwei Wasserbehältern zu sehen, an die es thermisch angekoppelt ist. Das Thermoelement hat eine Fläche von etwa 8 cm × 12 cm. Wir befüllen die eine Seite mit Leitungswasser (ca. 15 °C) und die andere Seite mit kochendem Wasser. Es stellt sich eine Spannung von 1 bis 2 V ein, mit der man einen kleinen Motor oder eine Glühbirne betreiben kann.

Wir hatten im Text bereits erwähnt, dass man den Effekt zur Kühlung umkehren kann. Es ist möglich, damit einen einfachen Energiespeicher aufzubauen. Man schließt ein Netzgerät an den Generator an und schickt einen Strom von bis zu 3 A durch das Thermoelement. Es pumpt Wärme von der kalten auf die warme Seite und speichert damit Energie. Schließt man dann wieder den Motor an, kann man sie mit dem Thermogenerator wieder zurückgewinnen.

© RWTH Aachen, Sammlung Physik

Experiment 6.31: Seebeck-Magnet

Vielleicht haben Sie den Eindruck gewonnen, dass über die Thermospannung nur geringe Ströme erzeugt werden können. Dieses Experiment beweist das Gegenteil. Wir haben eine Stromschleife aus einem Kupferrohr aufgebaut, die am einen Ende durch eine Konstantanbrücke geschlossen ist. Die beiden Enden der Kupferrohre sind verlängert. Das eine kühlen wir in einem Glas Eiswasser, das andere erhitzen wir mit einem Gasbrenner. Zwischen den Kupfer-Konstantan-Kontakten entsteht eine Thermospannung, die über die Kupferschleife kurzgeschlossen wird. Es fließt ein Strom durch das Kupferrohr, der 100 A erreichen kann. Um die Kupferschleife legen wir einen Block aus Weicheisen. Er besteht aus zwei Hälften, die obere liegt auf den Rohren, die untere müssen wir zunächst festhalten (Schraubklemme). Erhitzen wir kräftig, fließt ein Strom, dessen Magnetfeld das Weicheisen magnetisiert. Die Magnetisierung wird so stark, dass wir schließlich die Schraubklemme entfernen können. Das Magnetfeld dieser einzigen Windung besitzt eine solche Stärke, dass es das 5 kg schwere

Gewicht trägt. Nehmen wir dann die Gasflamme weg, so hält das Gewicht noch einige Zeit, während sich das heiße Ende des Kupferrohrs abkühlt, und stürzt dann ab.

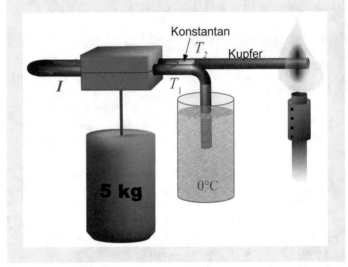

❓ Übungsaufgaben zu ▶ Kap. 6

1. Um die Zugfestigkeit eines Überlandkabels zu erhöhen, werden zu den Kupferdrähten Stahldrähte dazu geflochten. Die Stahldrähte machen insgesamt 25 % des Querschnitts des ganzen Kabels aus. Welcher Anteil des Gesamtstroms fließt dann durch den Stahldraht? Welcher Anteil der elektrischen Leistung wird im Stahldraht verbraucht?

2. Eine Elektrolokomotive wird über eine Oberleitung mit einem aus Kupfer bestehenden Fahrdraht des Querschnitts $100\,\text{mm}^2$ versorgt. Dabei wird alle 20 km die Versorgungspannung von 15 kV eingespeist.

   a. Die Lokomotive zieht bei einer Fahrt von Aachen in Richtung Belgien konstant einen Strom von 280 A aus dem Fahrdraht. Wie groß ist der durch den endlichen Widerstand des Fahrdrahts verursachte Spannungsabfall maximal? Welche elektrische Leistung geht dann im Fahrdraht verloren?

   b. In Belgien beträgt die Netzspannung des Eisenbahnsystems nur 3 kV. Es sei angenommen, dass es sich um eine Mehrsystemlokomotive handelt und diese auch dort eingesetzt werden kann. Wenn sie dort mit der gleichen elektrischen Leistung weiterfahren soll, wie groß muss dann mindestens der Querschnitt des Fahrdrahts sein (Einspeisung wieder alle 20 km)? Welcher Strom fließt dann durch den Fahrdraht und welche elektrische Leistung geht im Fahrdraht verloren?

3. Der Glühdraht einer 60 W/230 V-Glühlampe erreicht eine Betriebstemperatur von 2500 K. Es kann angenommen werden, dass der spezifische Widerstand des Glühdrahts proportional zu seiner

Temperatur zunimmt. Welcher Strom fließt direkt beim Einschalten bzw. nach Erreichen der Betriebstemperatur durch die Glühlampe?

4. Der Glühdraht in Glühbirnen ist meist häufig doppelt gewendelt, so dass er eine erstaunliche Gesamtlänge erreicht. In einer 60 W/230 V-Glühlampe sei ein Wolframdraht der Länge 1 m als Glühdraht verbaut. Wie groß ist sein Durchmesser?

5. Die Schaltung in der Skizze a) nennt man eine Sternschaltung, die in der Skizze b) eine Dreiecksschaltung. Wie müssen die Widerstände R_A, R_B und R_C gewählt werden, damit die beiden Schaltungen äquivalent sind?

6. Berechnen Sie Betrag und Richtung der Ströme I_1, I_2 und I_3 in der in der Skizze dargestellten Schaltung. Vernachlässigen Sie die Innenwiderstände der Spannungsquellen.

7. Ein Erdungsstab sei über eine im Erdreich vergrabene Halbkugel aus Metall geerdet. Wie groß ist sein Erdungswiderstand, wenn die ideal leitende Halbkugel einen Radius von 10 cm hat und das umgebende Erdreich einen spezifischen Widerstand von 100 Ω m besitzt?

8. Durch einen Kupferdraht mit einer Querschnittsfläche von $3\,\mathrm{mm}^2$ fließt ein Gleichstrom von $0,5\,\mathrm{A}$. Mit welcher Driftgeschwindigkeit fließen die Elektronen, wenn man davon ausgehen kann, dass jedes Kupferatom im Durchschnitt ein freies Elektron zum Stromtransport bereitstellt?

   Dichte von Kupfer: $\rho_{Cu} = 8,9\,\frac{\mathrm{g}}{\mathrm{cm}^3}$

   Molare Masse von Kupfer: $M_{Cu} = 63,5\,\frac{\mathrm{g}}{\mathrm{mol}}$

9. Ein Metallkörper mit einer Oberfläche von $50\,\mathrm{cm}^2$ soll $10\,\mu\mathrm{m}$ stark vernickelt werden. Bei der Galvanisierung fließt ein Strom von $0,6\,\mathrm{A}$ durch den Metallkörper. Über welche Zeitdauer muss die Galvanisierung durchgeführt werden?

   Dichte von Nickel: $\rho_{Ni} = 8,9\,\frac{\mathrm{g}}{\mathrm{cm}^3}$

   Molare Masse von Nickel: $M_{Ni} = 58,7\,\frac{\mathrm{g}}{\mathrm{mol}}$

Das magnetische Feld

Stefan Roth und Achim Stahl

© Springer-Verlag GmbH Deutschland, ein Teil von Springer Nature 2018
S. Roth, A. Stahl, *Elektrizität und Magnetismus*, DOI 10.1007/978-3-662-54445-7_7

A   **B**

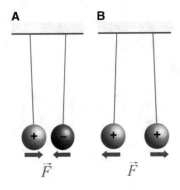

■ **Abb. 7.1** Kräfte zwischen geladenen Kugeln

7.1   Elektromagnetische Kräfte

7.1.1   Elektrische Kräfte

Zu Beginn dieses Bandes haben wir ausführlich die Kräfte zwischen elektrischen Ladungen diskutiert. In ■ Abb. 7.1 ist noch einmal ein einfaches Beispiel zu sehen. Zwei gleichnamig geladene Kugeln stoßen sich ab, während sich zwei entgegengesetzt geladene Kugeln anziehen. Doch dies sind nicht die einzigen Kräfte zwischen elektrischen Ladungen. Schon im 19. Jahrhundert kannte man weitere elektrische Phänomene, die wir Ihnen zunächst vorstellen wollen.

7.1.2   Magnetische Kräfte

Wir beginnen mit den Kräften zwischen Stabmagneten (▶ Experiment 7.1). Wir werden später noch sehen, wie sie mit den elektrischen Kräften zusammenhängen. Man nannte die Kräfte zwischen Permanentmagneten magnetische Kräfte und bezeichnet sie auch heute noch so.

Experiment 7.1: Permanentmagneten

Dies ist ein ganz einfaches Experiment, das Sie sicherlich schon einmal selbst durchgeführt haben. Sie benötigen lediglich zwei Stabmagneten. Vermutlich wissen Sie, dass Stabmagneten zwei unterschiedliche Enden haben, die man üblicherweise als den Süd- und den Nordpol bezeichnet. Oft sind diese auf den Magneten markiert. Nähert man die Enden der Stabmagneten einander, spürt man eine deutliche Kraft. Man beobachtet, dass sich gleichnamige Pole abstoßen und ungleichnamige anziehen.

Hier ist eine Bemerkung über den Begriff „Magnetpol" angebracht. Er geht auf die Kompassnadel zurück, die ja nichts anderes ist, als ein kleiner, drehbar gelagerter Magnet. Die geografischen Pole der Erde sind jene Punkte, an denen die gedachte Erdachse (graue Linie in ■ Abb. 7.2) die Erdkugel durchstößt. Der geografische Nordpol ist der nördlichste Punkt der Erde. Er liegt im Nordpolarmeer. Der Gegenpol, der geografische Südpol, liegt in der Antarktis.

Die Erde ist selbst ein Magnet, der einen magnetischen Süd- und Nordpol besitzt (rote Achse in ■ Abb. 7.2). Es sind Ströme im Innern der Erde, die dieses Magnetfeld erzeugen. Nach ihnen richtet sich eine Kompassnadel aus. Die Magnetpole der Erde fallen nicht exakt mit den geografischen Polen zusammen. Derzeit liegt der arktische Magnetpol etwa 5° vom geografischen Nordpol entfernt. Er

■ **Abb. 7.2** Das Magnetfeld der Erde

A **B**

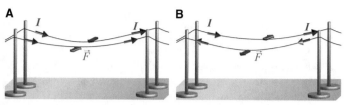

◻ **Abb. 7.3** Galvanische Kräfte

ist nicht ortsfest, sondern wandert in einem Jahr um ca. 40 km. Den Nordpol einer Kompassnadel nennt man den Pol des Magneten, der in die ungefähre Richtung des geografischen Nordpols zeigt. Genau genommen zeigt er auf den arktischen Magnetpol. Damit sollte klar sein, dass der arktische Magnetpol im magnetischen Sinne ein Südpol ist, obwohl er in der Nähe des geografischen Nordpols liegt. Entsprechend liegt der magnetische Nordpol der Erde in der Nähe des geografischen Südpols.

Damit haben wir nun ein Verfahren an der Hand, mit der wir die Pole unserer Magneten identifizieren können. Wir benötigen eine Kompassnadel und markieren den Pol der Nadel, der nach Norden zeigt, d. h., er zeigt auf der Nordhalbkugel um 12:00 mittags von der Sonne weg. Nähern wir uns nun mit der Kompassnadel einem nicht markierten Magneten, so wird sein Nordpol den Nordpol der Kompassnadel abstoßen, während sein Südpol den Nordpol der Kompassnadel anzieht.

7.1.3 Galvanische Kräfte

Doch mit den elektrischen und magnetischen Kräften sind die Phänomene nicht erschöpft. Die Forscher des 19. Jahrhunderts kannten noch eine weitere Kraft (◻ Abb. 7.3). Sie nannten sie die galvanische Kraft. Sie hatten festgestellt, dass es zwischen stromdurchflossenen Drähten eine anziehende Kraftwirkung gab, wenn die Ströme parallel flossen, und eine abstoßende bei antiparallelem Stromfluss (siehe auch ▸ Experiment 7.2). Man nannte sie galvanisch, weil man die Ströme über ihre galvanisierende Wirkung in Elektrolytzellen maß.

Experiment 7.2: Stromwaage

Die Stromwaage wurde von André-Marie Ampère entwickelt. Sie nutzt die galvanischen Kräfte zwischen zwei Strömen, um die Stromstärke zu bestimmen. Das Foto zeigt einen ungefähren Nachbau von Ampères Waage. Der untere Leiter ist auf der Bodenplatte befestigt. Der zweite Leiter ist darüber angeordnet. Wir haben mehrere Leiter mit unterschiedlichen Stromrichtungen zur Auswahl. So kann man beispielsweise zeigen, dass es zwar bei parallelen Strömen eine galvanische Kraft gibt, nicht aber bei Strömen, die senkrecht zueinander fließen. Die galvanischen Kräfte zwischen einzelnen Leitern sind schwach, was das Experimentieren schwierig macht. Bei einem Strom von 10 A durch die beiden Leiter beträgt die Kraft in unserer Apparatur nur etwa 10^{-4} N. Der obere Leiter ist auf zwei Spitzen nahezu reibungsfrei gelagert. Mit einem einstellbaren Gegengewicht wird das Gewicht des oberen Leiters (ohne Stromfluss) ausbalanciert. Mit einem weiteren einstellbaren Gewicht kann man den Schwerpunkt der drehbaren Teile in der Höhe justieren. Er muss knapp unterhalb des Drehpunktes liegen, so dass bereits ein kleines Drehmoment an der Waage einen Ausschlag bewirkt. Ferner muss man darauf achten, dass durch die Ströme in den Zuleitungen keine weiteren sichtbaren Kräfte entstehen. Mit ein wenig Geschick kann man die Kraftwirkung zwischen den beiden Leitern deutlich erkennen. Insbesondere sieht man, dass sie sich bei paralleler Stromrichtung anziehen und bei antiparalleler abstoßen.

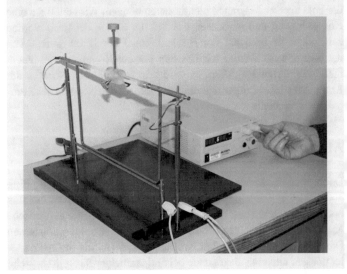

7.1.4 Strom und Magnetismus

In ▸ Abschn. 7.1.1 bis 7.1.3 hatten wir aufgeführt, dass es Kräfte zwischen Ladungen (elektrische Kräfte), zwischen Magneten (magnetische Kräfte) und zwischen Strömen (galvanische Kräfte) gibt. Doch das ist noch nicht alles. Es war ein entscheidender Schritt, als der dänische Physiker und Chemiker Hans Christian Ørsted 1820 zeigte, dass es auch Kräfte zwischen den drei Gruppen gibt. Er zeigte, dass von einem galvanischen Strom magnetische Kräfte ausgehen. In ▣ Abb. 7.4 ist eine historische Darstellung zu sehen, das Experiment ist in ▸ Experiment 7.3 beschrieben.

▣ **Abb. 7.4** Hans Christian Ørsted zeigt Ampère (im Vordergrund) und anderen Kollegen am Institut de France sein Experiment

Experiment 7.3: Der Versuch von Ørsted

Dieses Experiment wurde erstmals 1820 von Ørsted gezeigt. Man bringt eine Kompassnadel in die Nähe eines Drahtes. Schaltet man den Strom ein, so richtet sich die Kompassnadel senkrecht zum Stromfluss aus. Offensichtlich geht vom Strom eine Kraft auf den Magneten aus. Dies war für Ørsted insofern überraschend, als man keine Beeinflussung zwischen den galvanischen Effekten (Stromfluss) und den magnetischen Effekten der Kompassnadel erwartete. Das Ergebnis zeigte jedoch, dass es eine Verbindung zwischen galvanischen und magnetischen Effekten gibt.

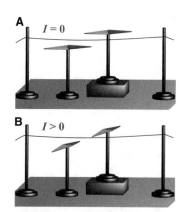

Experiment 7.4: Leiterschaukel

Dieses Experiment zeigt deutlich die Kraftwirkung zwischen einem Strom und einem Magneten. Hier verwenden wir einen Hufeisen-magneten, der ein wesentlich stärkeres Magnetfeld erzeugt als eine Kompassnadel. Der Strom wird in Form einer Leiterschaukel durch den Feldbereich des Magneten geleitet. Je nach Polarität wird der Leiter in den Magneten hineingezogen oder herausgedrängt.

Experiment 7.5: Rollender Stab

Dieses Experiment zeigt denselben Effekt wie ▶ Experiment 7.4 mit einer etwas anderen Technik. Wir benutzen eine Platte mit flachen Permanentmagneten. Der Stromkreis wird von zwei Schienen gebildet, die am Rand der Platte verlaufen. Die beiden Schienen werden über einen Messingstab miteinander verbunden, der ohne weitere Halterung auf den Schienen aufliegt. Legt man einen Strom an (1 bis 2 A), so erfährt der Strom im Messingstab eine Kraft quer zur Stromrichtung. Er beginnt zu rollen. Je nach Polarität des Stromes rollt er in die eine oder andere Richtung.

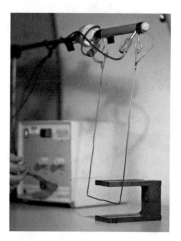

© Foto: Hendrik Brixius

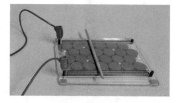

© RWTH Aachen, Sammlung Physik

Experiment 7.6: Barlow'sches Rad

Das letzte Experiment in dieser Serie nennt sich Barlow'sches Rad. Wir schicken einen Strom durch eine runde Kupferscheibe. Der Strom wird dem Rad über die Lagerung der Achse zugeführt und am Rand des Rades wieder abgenommen. Dazu taucht das Rad in ein kleines metallisches Becken, das mit Kochsalzlösung gefüllt ist, die den elektrischen Strom gut leitet. Im Original benutzte Barlow ein sternförmiges Rad mit 16 Zacken, das in ein Quecksilberbad tauchte. Der Strom fließt also von der Mitte des Rades zum unteren

Rand. Dort bringen wir nun ein Magnetfeld an. Barlow benutzte einen Permanentmagneten. Wir setzen einen noch kräftigeren Elektromagneten ein[1]. Schaltet man den Strom ein, so dreht sich das Rad.

© RWTH Aachen, Sammlung Physik

Beispiel 7.1: Das Experiment von Rowland

Zu Maxwells Zeiten war es keineswegs klar, dass die magnetischen Effekte der Ströme durch bewegte Ladungen zustande kommen. Dies demonstriert das Experiment von Henry Rowland, das er 1878 beschrieb. Er benutzte eine Scheibe aus dem Mineral Vulkanit, die er über eine Batterie negativ auflud. Sie war auf einer drehbaren Achse zwischen zwei Glasscheiben gelagert und wurde mit etwa 60 Hz angetrieben. Die Ladungen rotieren mit der Scheibe und stellen so einen elektrischen Strom dar. Rowland wollte zeigen, dass von diesem Strom eine magnetische Wirkung ausgeht. Allerdings betrug die Stärke des Magnetfeldes, das von diesem Strom verursacht wurde, nur etwa ein Hunderttausendstel der Stärke des Erdmagnetfeldes. Dies war die große experimentelle Herausforderung. Rowland benutzte zwei kleine Stabmagneten, die er an einem dünnen Faden an der Decke des Labors aufhängte.

---

[1] Dass man mit Strömen durch Spulen Magnetfelder erzeugen kann, ist erst noch zu zeigen.

Sie wurden von einem Messingrohr vor elektrischen Feldern und Luftströmungen geschützt. Durch ein Loch im Rohr konnte er mit einem Teleskop einen Spiegel beobachten, der ebenfalls am Faden befestigt war. Es gelang ihm schließlich, die magnetische Wirkung des Stromes eindeutig nachzuweisen.

7.1.5 Magnetische und galvanische Kräfte auf Ladungen

Nachdem wir gesehen haben, dass sich galvanische und magnetische Effekte gegenseitig beeinflussen, bleibt nun noch nachzuweisen, dass diese einen Einfluss auf elektrische Ladungen haben. Dies zeigen wir am einfachsten mit dem Elektronenstrahl (▶ Experiment 7.7), da sich dieser leichter ablenken lässt als geladene Konduktorkugeln. Eine genauere Diskussion dieser Kräfte wird in ▶ Kap. 8 folgen.

Experiment 7.7: Elektronen im Magnetfeld

In einem evakuierten Glaskolben befindet sich eine Elektronenkanone, wie wir sie aus ▶ Beispiel 2.12 kennen. Sie erzeugt einen Elektronenstrahl, der im Foto nach links gerichtet ist. Er streift einen Leuchtschirm und wird dadurch sichtbar. Ober- und unterhalb des Leuchtschirms ist je eine Kondensatorplatte angebracht. Man kann sie aufladen und zeigen, dass man den Elektronenstrahl mit elektrischen Kräften ablenken kann. Doch das ist hier nicht das Ziel. Stattdessen bringen wir einen Stabmagneten in die Nähe des Strahls und sehen, dass er auch durch die magnetische Wirkung abgelenkt wird. Die Ablenkung, die im Foto zu sehen ist, wird von dem Stabmagneten, der unterhalb des Glaskolbens steht, erzeugt. Nimmt man den Magneten weg, richtet sich der Strahl gerade aus. Statt mit einem Magneten kann man den Strahl auch mit einer Spule, d. h. mit Strömen ablenken. Das Experiment zeigt, dass elektrische Ladungen durch magnetische und galvanische Kräfte beeinflusst werden.

© RWTH Aachen, Sammlung Physik

7.1.6 Zusammenfassung

Nun haben wir in einer Reihe von Experimenten die Wirkung von elektrischen, magnetischen und galvanischen Kräften beobachten können. Die verschiedenen Experimente sind in ◘ Tab. 7.1 noch einmal aufgeführt.

◻ **Tabelle 7.1** Experimente zu elektrischen, magnetischen und galvanischen Kräften

	Ladungen		Magneten		Ströme	
Ladungen	Kräfte zwischen geladenen Kugeln	◻ Abb. 7.1	Elektronenstrahl	▶ Exp. 7.7	Elektronenstrahl	▶ Exp. 7.7
Magneten	Elektronenstrahl	▶ Exp. 7.7	Stabmagneten	▶ Exp. 7.1	Ørsted	▶ Exp. 7.3 bis 7.6
Ströme	Elektronenstrahl	▶ Exp. 7.7	Ørsted	▶ Exp. 7.3 bis 7.6	Stromwaage	▶ Exp. 7.2

Im Folgenden wollen wir diese Kräfte systematisch untersuchen. Am Ende werden wir lernen, dass sie alle nur verschiedene Formen ein und derselben Kraft sind, die auf den elektrischen Ladungen basiert.

Von den drei eingeführten Begriffen der elektrischen, magnetischen und galvanischen Kraft ist Ihnen vermutlich der letzte weniger geläufig. Dies liegt daran, dass man aus Experimenten, die mit Ørsted begannen, lernte, dass magnetische und galvanische Kräfte dieselbe Ursache haben, nämlich fließende Ladungen. Im Falle der galvanischen Kräfte sind es makroskopische Ströme, z. B. durch elektrische Leiter, im Falle magnetischer Kräfte sind es mikroskopische Ströme, z. B. gebildet von Elektronen, die Kerne umkreisen und dabei einen mikroskopischen Kreisstrom darstellen. Man fasst heute beide als magnetische Kräfte zusammen und wir wollen sie im Folgenden auch gemeinsam behandeln.

7.2 Das magnetische Feld

7.2.1 Vorbemerkung

In ▶ Kap. 2 haben Sie das elektrische Feld kennen gelernt. Wir hatten zunächst die elektrische Kraft untersucht und das Kraftgesetz (Coulomb-Gesetz) aufgestellt. Ausgehend vom Coulomb-Gesetz führten wir dann das elektrische Feld ein. Wir haben das Feld sozusagen aus der Kraft abgeleitet. Für das magnetische Feld wollen wir einen anderen Zugang wählen. Wir wollen die Eigenschaften des magnetischen Feldes direkt aus Beobachtungen ableiten. Es mag Ihnen schlüssiger erscheinen, die Eigenschaften des magnetischen Feldes mathematisch abzuleiten. Beachten Sie aber bitte, dass am Anfang immer Beobachtungen stehen. Der erste Schritt ist immer ein empirischer. Der Unterschied ist nur, dass wir im elektrischen Fall die Kraft als ersten Schritt gewählt haben und hier wollen wir direkt mit dem Feld beginnen.

7.2.2 Die Felder der Magneten

Um Magnetfelder zu untersuchen, brauchen wir zunächst eine Möglichkeit diese zu visualisieren. Wir können hierzu eine Kompassnadel verwenden. Ist sie kardanisch aufgehängt[2], so wird sie sich in Richtung des magnetischen Feldes ausrichten (Magnetoskop). Mit einer solchen Magnetnadel kann man das Feld abtasten. Eine weitere Möglichkeit sind Eisenfeilspäne, mit denen man 2-dimensionale Schnitte der Magnetfelder darstellen kann, ähnlich wie wir dies mit Grieskörnern für das elektrische Feld getan haben (z. B. in ▶ Experiment 2.11). Die Eisenfeilspäne werden magnetisiert und richten sich wie kleine Kompassnadeln im Feld aus. Sie werden in Bereiche höheren Feldes hineingezogen, so dass dort die Dichte der Späne höher sein wird.

Experiment 7.8: Stabmagnet und Magnetoskop

Mit einer kardanisch aufgehängten Kompassnadel (Magnetoskop) kann man das Feld eines Stabmagneten in allen drei Raumdimensionen abtasten. Das Gerät ist im Foto zu sehen. Das rote Ende der Kompassnadel markiert den Nordpol, ebenso am Stabmagneten. Man findet ein Magnetfeld, das vornehmlich auf der Achse des Magneten stark ist. Der Nordpol des Magnetoskops zeigt immer ungefähr auf den Südpol des Stabmagneten. Man sollte sich allerdings nicht zu weit vom Magneten entfernen, da sonst der Einfluss des Magnetfeldes der Erde zu groß wird.

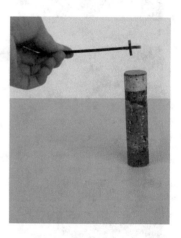

© RWTH Aachen, Sammlung Physik

Experiment 7.9: Stabmagnet und Kompassnadeln

Hier benutzen wir zwei durchsichtige Kunststoffplatten, zwischen denen Kompassnadeln drehbar gelagert sind. Allerdings ist die Lagerung nicht kardanisch. Den Nadeln ist es nur möglich, sich in der Ebene der Platten zu drehen. Man kann nun verschiedene Magnete auf die Platte legen und den Feldverlauf sichtbar machen. Im Foto ist ein Stabmagnet zu sehen. Entlang der Achse des Magneten sieht man eine gerade Feldlinie. Doch es treten an den Enden des Magneten sehr viel mehr Feldlinien aus. Diese sind in unterschiedlich engen Kurven so gebogen, dass sie zum anderen Ende des Magneten zurückführen. Bei den engeren Kurven kann man dies deutlich erkennen, bei den weiteren Kurven verlassen die Linien die Platte, so dass man nur erahnen kann, dass sie wieder eintreten.

© RWTH Aachen, Sammlung Physik

---

[2] Kardanische Aufhängungen haben wir bei den Kreiseln kennen gelernt. Sie sind so konstruiert, dass sich das Objekt in beliebige Richtungen drehen kann.

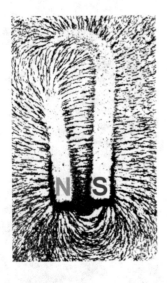

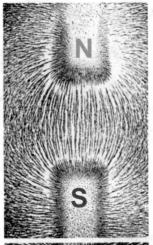

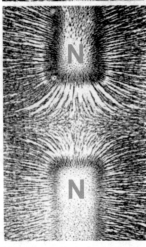

Man legt auf den Magneten eine Plastikplatte oder ein Papier und streut die Eisenfeilspäne auf die Platte. Eventuell muss man ein wenig rütteln, damit sich die Späne ausrichten. Nun ist das Muster der Feldlinien zu erkennen. Die Fotos zeigen einen Stabmagneten, einen Hufeisenmagneten und das Feld zwischen zwei Polen unterschiedlicher Stabmagneten.

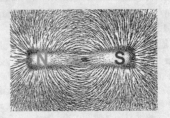

Beachten Sie bitte, dass in den Bildern mit Eisenfeilspänen die Feldlinien im Inneren der Magneten kaum zu erkennen sind. Sie setzen sich aber im Inneren der Magneten fort, was man beispielsweise in ► Experiment 7.9 erkennen kann.

7.2.3 Die Felder der Ströme

Mit den gleichen Methoden, mit denen wir die Magnetfelder der Permanentmagneten sichtbar gemacht haben, können wir auch die Magnetfelder der Ströme darstellen. Einige Beispiele sind in ► Experiment 7.11 gezeigt.

Wir visualisieren die Magnetfelder von Strömen mit Hilfe von Eisenfeilspänen. Die Leiter, durch die wir den Strom schicken, sind um eine waagerechte Plexiglasplatte aufgebaut, auf die wir die Eisenfeilspäne streuen.
Im ersten Beispiel sehen wir das Feld eines geraden Leiters, der von oben nach unten senkrecht durch die Plexiglasplatte verläuft. Wir sehen folglich das Feld in einer Ebene senkrecht zum Leiter. Es zeigen sich konzentrische Kreise um den Leiter.
Im zweiten Beispiel ist eine einfache Leiterschleife zu sehen, die ebenfalls senkrecht zur Plexiglasplatte steht. Verschwommen kann man die Zuleitungen zur Leiterschleife auf der Unterseite der Platte erkennen. Es zeigt sich ein Feld, das in der Mitte der Leiterschleife besonders stark ist. Die Feldlinien sind wiederum geschlossene Linien um die beiden Stellen, an denen die Leiterschleife die

Plexiglasplatte durchdringt, allerdings sind es eher Ellipsen als Kreise. Auf der Symmetrieachse der Leiterschleife gibt es Feldlinien, die nahezu gerade aus der Leiterschleife herauskommen und die sich in größerem Abstand verlieren, so dass man nicht erkennen kann, ob sie zum anderen Ende zurückführen oder nicht. Das dritte Beispiel zeigt eine Spule (Solenoidspule). Im Inneren der Spule sieht man ein starkes, nahezu homogenes Feld. Die Feldlinien verlassen die Spule an beiden Enden, wo sie dann zum jeweiligen anderen Ende laufen. Auch hier kann man erkennen, dass die Feldlinien geschlossen sind. Vergleichen Sie das Feld der Solenoidspule mit dem eines Stabmagneten. Man sieht eine große Ähnlichkeit!

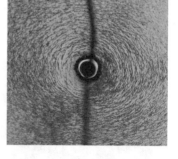

© RWTH Aachen, Sammlung Physik

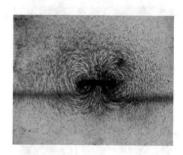

© RWTH Aachen, Sammlung Physik

7.2.4 Charakterisierung

Die Experimente von ▶ Abschn. 7.2.2 und 7.2.3 sollten einen ersten Eindruck von Magnetfeldern geben. Wir wollen nun versuchen, unsere Beobachtungen zu systematisieren.

Als wichtigste Beobachtung halten wir fest, dass die Magnetfeldlinien immer in sich geschlossen sind. Sie haben weder Anfang noch Ende. Man sieht dies sehr schön in den Bildern des Leiters und der Spule aus ▶ Experiment 7.11. Beim Stabmagneten (▶ Experiment 7.10) ist es leider nicht so gut zu erkennen, da die Fortsetzung der Feldlinien im Bereich des Stabmagneten selbst nicht zu erkennen ist. Nirgends in den Bildern zeigen sich Quellen oder Senken der Magnetfeldlinien, das wären Punkte (oder Bereiche), von denen die Feldlinien ausgehen oder an denen sie enden. Man bezeichnet das Magnetfeld daher als quellenfrei.

In der Nähe der Leiter bzw. der Pole der Permanentmagneten sind die Feldlinien dichter. Das Feld muss dort stärker sein. Mit zunehmendem Abstand von den Strömen oder Magnetpolen wird das Feld dann schwächer. Auch im Inneren der Magneten gibt es Feldlinien.

Zum Schluss wollen wir den Feldlinien noch eine Richtung geben. Dies ist eine Konvention. Wir wollen sie so orientieren, dass sie im Außenbereich um einen Magneten immer vom Nord- zum Südpol zeigen. Damit die Feldlinien geschlossen sind, müssen sie dann im Inneren vom Süd- zum Nordpol verlaufen.

Wir führen ein Vektorfeld ein, das das magnetische Feld mathematisch beschreibt. Wir nennen die Feldvektoren die magnetische Feldstärke $\vec{B}$ in Analogie zur elektrischen Feldstärke $\vec{E}$. In manchen (insbesondere älteren) Büchern wird sie auch magnetische Flussdichte oder magnetische Induktion genannt. Der Betrag der magnetischen Feldstärke $\vec{B}$ gibt die Stärke des magnetischen Feldes an. Sie wird in der Einheit Tesla gemessen, nach dem kroatischen Erfinder Nikola

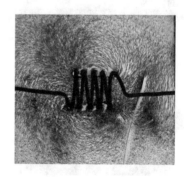

© RWTH Aachen, Sammlung Physik

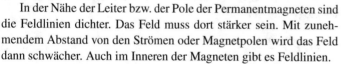

Tesla. Im SI-System gilt:

$$\left[\vec{B}\right] = 1\,\text{T} = 1\,\frac{\text{V s}}{\text{m}^2} \tag{7.1}$$

Ein Feld von einer Stärke 1 T ist schon ein sehr starkes Feld, das man auch im Labor nur mit größerem Aufwand erzeugen kann. Weit verbreitet ist auch noch die Einheit Gauss, für die gilt $1\,\text{G} = 10^{-4}\,\text{T}$.

7.3   Maxwell-Gleichungen

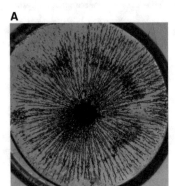

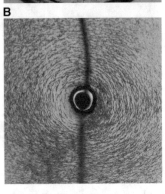

Wir wollen nun versuchen, das magnetische Feld, das wir im vorigen Abschnitt mit Worten beschrieben haben, mit einer mathematischen Beschreibung zu erfassen. Das Verfahren ist ähnlich dem, das wir beim elektrischen Feld benutzten. Aber die Felder unterscheiden sich wesentlich! Vergleichen Sie die beiden Bilder in ■ Abb. 7.5. Die ■ Abb. 7.5 A zeigt das elektrische Feld einer Punktladung, wie wir es mit ▶ Experiment 2.11 erzeugt haben. Die ■ Abb. 7.5 B zeigt ein magnetisches Feld (▶ Experiment 7.10). Es ist das Feld eines stromdurchflossenen Leiters, der in diesem Schnittbild dieselbe Geometrie wie die Punktladung hat. Man sieht ein gänzlich anderes Bild. Während im elektrischen Fall die Feldlinien sternförmig von der Ladung als Quelle ausgehen, sieht man im magnetischen Fall geschlossenen Linien (Kreise). Die Linien des elektrischen Feldes haben ihren Anfang an der Punktladung und erstrecken sich von da ins Unendliche während die magnetischen Feldlinien keinen Anfang und kein Ende haben. In beiden Fällen ist das Feld im Zentrum am stärksten und nimmt nach außen hin schnell ab.

Die Quellen eines Felds sind jene Punkte oder Bereiche, in denen die Feldlinien beginnen. Im elektrischen Fall haben wir die Divergenz des Feldes mit der Quellstärke verknüpft. Die entsprechende Relation lautete (▶ Abschn. 2.6):

$$\text{div}\,\vec{E} = \frac{\rho}{\epsilon_0} \tag{7.2}$$

■ **Abb. 7.5** Vergleich des elektrischen Feldes einer Punktladung (**A**) mit dem magnetischen Feld eines Stromes (**B**) © RWTH Aachen, Sammlung Physik

Da die magnetischen Feldlinien weder Anfang noch Ende haben, muss die Quellstärke verschwinden. Die Divergenz des Feldes ist dementsprechend null:

$$\text{div}\,\vec{B} = 0 \tag{7.3}$$

Diese Relation kann man auch auf anderem Wege ableiten. Betrachten Sie die Skizze in ■ Abb. 7.6. Analog zum elektrischen Fluss führen wir den magnetischen Fluss ein:

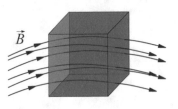

$$\Phi_{\text{m}} = \int\limits_A \vec{B} \cdot d\vec{A} \tag{7.4}$$

■ **Abb. 7.6** Magnetischer Fluss durch einen Würfel

Betrachten Sie den Fluss durch die Oberfläche des dargestellten Würfels. Da die Magnetfeldlinien in sich geschlossen sind, muss jede Feldlinie, die durch die Oberfläche in den Würfel eintritt auch wieder austreten. Da beim Austritt Magnetfeld und Normalenvektor der Fläche die umgekehrte Richtung wie beim Eintritt haben, verschwindet das Integral für beliebige Magnetfelder und beliebige Körper. Also gilt:

$$\Phi_{\mathrm{m}} = \int_A \vec{B} \cdot d\vec{A} = 0 \tag{7.5}$$

Mit dem Gauß'schen Satz können wir dies umwandeln in:

$$\int_A \vec{B} \cdot d\vec{A} = \int_V \operatorname{div} \vec{B} \cdot d\vec{V} = 0, \tag{7.6}$$

wobei das zweite Integral über das Volumen zu nehmen ist, das von der Fläche A eingeschlossen wird. Da wir die Fläche beliebig wählen können, kann diese Relation nur dann erfüllt sein, wenn bereits der Integrand verschwindet:

$$\operatorname{div} \vec{B} = 0 \tag{7.7}$$

In der Elektrostatik hatten wir viel mit dem elektrischen Potenzial gearbeitet. Entsprechend wollen wir nun versuchen, ein magnetisches Potenzial zu definieren. Wir gehen von einem Bezugspunkt A aus und benutzen wie im elektrischen Fall (Gl. 2.29) das Wegintegral des Feldes, um das Potenzial zu definieren:

$$\varphi_m(\vec{r}) = \varphi_m(A) + \int_A^{\vec{r}} \vec{B} \cdot d\vec{s} \tag{7.8}$$

Doch dies klappt leider nicht. Ein Blick auf ◻ Abb. 7.7 zeigt das Problem. Dort ist das Magnetfeld eines stromdurchflossenen Leiters zu sehen. Es sind konzentrische Kreise um den Leiter (▶ Experiment 7.11). Wir haben einen Referenzpunkt A beliebig gewählt und wollen nun das Potenzial im Punkt B bestimmen. Wenn wir $\varphi_m(A) = 0$ setzen, ist dies

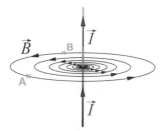

$$\varphi_m(B) = \int_A^B \vec{B} \cdot d\vec{s}. \tag{7.9}$$

◻ **Abb. 7.7** Magnetfeld eines stromdurchflossenen Leiters

Doch dieses Integral liefert keinen eindeutigen Wert. Der Wert hängt davon ab, auf welchem Weg wir von A nach B integrieren. Folgen wir beispielsweise in ◻ Abb. 7.7 der Feldlinie von A aus im Uhrzeigersinn nach B, so sind Feld $\vec{B}$ und Weg $d\vec{s}$ einander entgegengerichtet.

Das Integral ist negativ und demzufolge erhalten wir ein negatives Potenzial in B. Folgen wir hingegen der Feldlinie von A nach B gegen den Uhrzeigersinn, so zeigen Feld $\vec{B}$ und Weg $d\vec{s}$ in dieselbe Richtung und wir erhalten ein positives Potenzial bei B. Oder wir bewegen uns von A radial nach innen zum Mittelpunkt des Drahtes und dann von da radial nach außen zu B, dann stehen Feld und Weg senkrecht aufeinander und das Integral verschwindet. Wir erhalten $\varphi_m(B) = 0$. Der Wert von φ_m ist nicht eindeutig. Diese Definition des Potenzials macht keinen Sinn und es lässt sich auch auf keine andere Weise ein einfaches Potenzial definieren.

Wir hatten bereits in Band 1 (Abschn. 7.3) gesehen, dass man ein Potenzial bzw. eine potenzielle Energie nur definieren kann, wenn das Linienintegral entlang aller geschlossenen Wege verschwindet. Dies ist aber hier nicht der Fall. Integrieren wir in ◼ Abb. 7.7 entlang einer Feldlinie (eines Kreises) gegen den Uhrzeigersinn um den Draht, so zeigen $\vec{B}$ und $d\vec{s}$ immer in dieselbe Richtung. Dann ist:

$$\oint \vec{B} \cdot d\vec{s} = \oint \left|\vec{B}\right| ds = B_0 \oint ds = 2\pi r B_0 \qquad (7.10)$$

Im zweiten Schritt haben wir ausgenutzt, dass die Feldstärke auf der Feldlinie konstant ist und schließlich ihren Wert B_0 vor das Integral gezogen. Wie Sie sehen, ergibt das Ergebnis nicht null. Es liegt daran, dass im magnetischen Fall geschlossene Feldlinien auftreten. Wann immer man entlang einer geschlossenen Feldlinie integriert, bekommt man ein von null verschiedenes Wegintegral.

Betrachten wird das Integral über den geschlossenen Weg noch einmal. Experimentell stellt sich heraus, dass es proportional zum Strom durch den Leiter ist, da mit dem Strom die Feldstärke proportional anwächst. Wir haben also:

$$\oint \vec{B} \cdot d\vec{s} \propto I \qquad (7.11)$$

Als Proportionalitätskonstante führen wir die magnetische Feldkonstante μ_0 ein, die man auch die magnetische Permeabilität des Vakuums nennt:

$$\oint \vec{B} \cdot d\vec{s} = \mu_0 I \qquad (7.12)$$

Ihr Wert ist:

$$\mu_0 = 4\pi \cdot 10^{-7} \, \frac{\text{V s}}{\text{A m}} = 1{,}256637\ldots \cdot 10^{-6} \, \frac{\text{kg m}}{\text{A}^2 \, \text{s}^2} \qquad (7.13)$$

Die Gl. 7.12 ist eine wichtige Gleichung für die Bestimmung von Magnetfeldern. Man nennt sie das Ampère'sche Durchflutungsgesetz. Man beachte, dass die Konstante μ_0 keine Unsicherheit besitzt, weil ihr Zahlenwert nur von der mathematischen Konstanten π abhängt.

Warum der Wert von μ_0 gerade so gewählt ist, wird später klar werden.

Nun können wir den Stokes'schen Satz anwenden, wobei wir den Strom I durch die Stromdichte $\vec{j}$ ausdrücken:

$$I = \int\limits_A \vec{j} \cdot d\vec{A}' \qquad (7.14)$$

Wir erhalten:

$$\oint \vec{B} \cdot d\vec{s} = \int\limits_A \operatorname{rot} \vec{B} \cdot d\vec{A}' = \mu_0 \int\limits_A \vec{j} \cdot d\vec{A}' = \mu_0 I \qquad (7.15)$$

Wobei A eine Fläche ist, die vom Weg $d\vec{s}$ eingeschlossen wird. Dabei muss der Weg $\vec{s}$ in Richtung einer positiven Schraube den Normalenvektor auf die Fläche A umlaufen. Zeigt die Stromdichte in Richtung des Normalenvektors, so können wir die Richtung des Feldes folglich mit der Rechten-Hand-Regel bestimmen (◻ Abb. 7.8). Wiederum können wir anführen, dass wir beliebige Integrationswege wählen können und dass daher diese Bedingung nur erfüllt sein kann, wenn für den Integranden gilt:

$$\operatorname{rot} \vec{B} = \mu_0 \vec{j} \qquad (7.16)$$

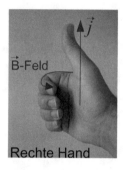

◻ Abb. 7.8 Rechte-Hand-Regel

Anschaulich bedeutet dies, dass die Wirbelkerne des Magnetfeldes, das sind die Stellen, an denen sich die geschlossenen Feldlinien zu einem Punkt zusammenziehen, dort liegen, wo die Ströme fließen, und dass ihre Stärke proportional zur Stromdichte an diesem Ort ist.

Es sei noch darauf hingewiesen, dass das Fehlen eines magnetischen Potenzials keineswegs bedeutet, dass in einem Magnetfeld keine Energie gespeichert ist. Ganz ähnlich wie im elektrischen Fall ist auch im magnetischen Fall im Feld Energie gespeichert. Die Gln. 4.32 und 4.33 gelten analog für die magnetische Feldenergie E_m und die Energiedichte w_m des magnetischen Feldes:

$$
\begin{aligned}
E_m &= \frac{1}{2\mu_0} \int B^2 \, dV \\
w_m &= \frac{1}{2\mu_0} B^2
\end{aligned}
\qquad (7.17)
$$

Wir können diese Ergebnisse in der Aussage zusammenfassen, dass das elektrische Feld ein wirbelfreies Quellenfeld ist, während das magnetische Feld ein quellenfreies Wirbelfeld ist. Mathematisch drückt sich dies in den Maxwell-Gleichungen aus, die unten zusammengefasst aufgeführt sind. Die Wirbelstärke des Magnetfeldes wird dabei durch die zweite Gleichung beschrieben, das Ampère'sche Durchflutungsgesetz.

> **Maxwell-Gleichungen der Elektro- und Magnetostatik**

	Integralform	Differenzialform
1.	$\oint_S \vec{E}\,d\vec{s} = 0$	$\mathrm{rot}\,\vec{E} = 0$
2.	$\oint_S \vec{B}\,d\vec{s} = \mu_0 I$	$\mathrm{rot}\,\vec{B} = \mu_0\vec{j}$
3.	$\oint_A \vec{E}\,d\vec{A} = \dfrac{Q_{\mathrm{ein}}}{\epsilon_0}$	$\mathrm{div}\,\vec{E} = \dfrac{\rho}{\epsilon_0}$
4.	$\oint_A \vec{B}\,d\vec{A} = 0$	$\mathrm{div}\,\vec{B} = 0$

In der Elektrodynamik werden wir diese noch ein weiteres Mal erweitern müssen.

Vereinigte Modelle

Mit Ørsteds Experiment erwachte die Erkenntnis, dass die magnetischen und galvanischen Phänomene die gleiche Ursache haben, nämlich Ströme. Im Falle der magnetischen Effekte sind dies meist mikroskopische Ströme, bei den galvanischen Effekten sind es makroskopische Ströme. Es entstand eine ganz neue Dynamik, aus der heraus sich das Verständnis der magnetischen Effekte, wie man sie nun ausschließlich nannte, erheblich vertiefte. Solche Entwicklungsschritte sind für die Physik durchaus typisch. Studiert man ein unbekanntes Phänomen und findet heraus, dass es dieselben Ursachen hat wie andere bekannte oder ebenfalls neue Phänomene, so ist dies meist ein großer Schritt in Richtung eines besseren Verständnisses.

Einen solchen Schritt haben wir hier beschrieben. Magnetische und galvanische Phänomene werden auf die gleiche Ursache zurückgeführt. Der nächste solche Schritt ließ nicht lange auf sich warten. Er ist mit den Namen Faraday und Maxwell verbunden, die die elektrischen und magnetischen Phänomene auf eine gemeinsame Basis brachten. Beides geht auf die elektrischen Ladungen zurück, im elektrischen Fall ruhen sie, im magnetischen bewegen sie sich. Diesen Schritt werden wir in den folgenden Kapiteln noch beschreiben. Er hat letztlich das tiefe Verständnis der elektromagnetischen Phänomene, wie man sie dann nennen wird, geschaffen und die breite Anwendung in der heutigen Elektrotechnik ermöglicht. Es gibt viele andere Beispiele, wie solche Vereinigungen zu Erkenntnisschritten in der Physik geführt haben, bis hin zu Einsteins Traum, die ganze Physik aus einer Formel, die er die Weltformel nannte, zu erklären. Diesen Schritt haben wir allerdings noch nicht geschafft.

7.4 Das Vektorpotenzial

In ▶ Abschn. 7.3 haben wir gesehen, dass es nicht möglich ist, auf dem üblichen Wege ein skalares Potenzial φ_m zu definieren, aus dem sich das Magnetfeld ergibt. Wir gehen daher einen anderen Weg und definieren ein vektorielles Potenzial $\vec{A}$, aus dem sich das Magnetfeld über die folgende Relation ergibt:

$$\vec{B} = \operatorname{rot} \vec{A} \tag{7.18}$$

Hier sollten Sie sich zwei Fragen stellen. Erstens, ist es möglich ein Vektorfeld $\vec{A}$ zu finden, so dass man über die angegebene Vorschrift Magnetfelder erhält, wie sie in der Natur vorkommen? Dazu müssen wir zunächst Bedingungen an das Vektorfeld $\vec{A}$ stellen und dann zeigen, dass das daraus resultierende Magnetfeld $\vec{B}$ die Maxwell-Gleichungen erfüllt. Die zweite Frage wäre, was wir dadurch gewinnen, dass wir ein Vektorfeld $\vec{B}$ durch ein neues Vektorfeld $\vec{A}$ ersetzen. Auf diese Frage kommen wir am Ende zurück.

Wir beginnen mit der ersten Frage. Wir untersuchen zunächst die vierte Maxwell-Gleichung div $\vec{B} = 0$, indem wir die Divergenz des Magnetfeldes berechnen, das sich aus Gl. 7.18 ergibt:

$$\operatorname{div} \vec{B} = \vec{\nabla} \cdot \vec{B} = \vec{\nabla} \cdot \left(\vec{\nabla} \times \vec{A} \right) \tag{7.19}$$

Nun schreiben wir den letzten Term aus:

$$
\begin{aligned}
\vec{\nabla} \cdot \left(\vec{\nabla} \times \vec{A} \right) &= \vec{\nabla} \cdot \left(\frac{\partial A_z}{\partial y} - \frac{\partial A_y}{\partial z}, \frac{\partial A_x}{\partial z} - \frac{\partial A_z}{\partial x}, \frac{\partial A_y}{\partial x} - \frac{\partial A_x}{\partial y} \right) \\
&= \frac{\partial^2 A_z}{\partial x \partial y} - \frac{\partial^2 A_y}{\partial x \partial z} + \frac{\partial^2 A_x}{\partial y \partial z} - \frac{\partial^2 A_z}{\partial y \partial x} + \frac{\partial^2 A_y}{\partial z \partial x} - \frac{\partial^2 A_x}{\partial z \partial y} \\
&= 0
\end{aligned}
\tag{7.20}
$$

Im letzten Schritt haben wir vorausgesetzt, dass das Vektorpotenzial $\vec{A}$ zweimal stetig differenzierbar ist und wir daher die Reihenfolge der Ableitungen vertauschen dürfen. Wir sehen also, dass die vierte Maxwell-Gleichung für ein Vektorpotenzial $\vec{A}$ automatisch erfüllt ist. Dies ist ein erster Vorteil dieses Ansatzes und der Grund, warum wir so vorgegangen sind.

Als Nächstes stellen wir fest, dass das Vektorpotenzial $\vec{A}$ nicht eindeutig ist. Man kann ein neues Vektorpotenzial $\vec{A}'$ definieren, indem man den Gradienten einer beliebigen zweifach differenzierbaren Funktion f addiert. Dieses Vektorpotenzial $\vec{A}'$ führt auf dasselbe Magnetfeld wie $\vec{A}$. Also

$$\vec{A}' = \vec{A} + \operatorname{grad} f \tag{7.21}$$

mit dem Magnetfeld

$$\vec{B}' = \text{rot } \vec{A}' = \text{rot } \vec{A} + \text{rot grad } f = \text{rot } \vec{A} = \vec{B}. \tag{7.22}$$

Dass tatsächlich rot grad $f = 0$ gilt, sieht man folgendermaßen:

$$\begin{aligned}
\text{rot grad } f &= \vec{\nabla} \times \left(\vec{\nabla} f \right) = \vec{\nabla} \times \left(\frac{\partial f}{\partial x}, \frac{\partial f}{\partial y}, \frac{\partial f}{\partial z} \right) \\
&= \left(\frac{\partial^2 f}{\partial y \partial z} - \frac{\partial^2 f}{\partial z \partial y}, \frac{\partial^2 f}{\partial z \partial x} - \frac{\partial^2 f}{\partial x \partial z}, \frac{\partial^2 f}{\partial x \partial y} - \frac{\partial^2 f}{\partial y \partial x} \right) \\
&= (0, 0, 0)
\end{aligned}$$

$$\tag{7.23}$$

Diese Freiheit kann man ausnutzen, um ein bestimmtes Vektorpotenzial $\vec{A}$ zu wählen, das im jeweiligen Problem mathematisch am einfachsten erscheint. Man nennt dies die Eichung des Vektorfeldes. Wir wollen in der Magnetostatik die Coulomb-Eichung verwenden. Man wählt die Funktion f so, dass die Divergenz des resultierenden Vektorpotenzials verschwindet, also

$$\text{div } \vec{A} = 0. \tag{7.24}$$

Dies ist eine Konvention. In anderen Situationen mögen sich andere Eichungen als geeigneter herausstellen. Wir wollen aber hier bei der Coulomb-Eichung bleiben.

Ist das Vektorpotenzial nun eindeutig definiert? Nein, denn es gibt beliebig viele Vektorpotenziale $\vec{A}$, die alle die Coulomb-Eichung erfüllen und alle zum selben Magnetfeld $\vec{B}$ führen. Es existiert eine weitere Freiheit in der Definition. Wie wir gesehen haben, ändert die Addition eines Gradienten einer Funktion f zum Vektorpotenzial das resultierende Magnetfeld nicht (Gl. 7.21). Allerdings müssen wir die Coulomb-Eichung beachten. Wir können kein beliebiges f mehr wählen. Wir müssen darauf achten, dass die Coulomb-Eichung erfüllt bleibt. Wir können allerdings noch spezielle Funktionen f wählen, wenn wir an diese zusätzlich die Bedingung stellen, dass

$$\Delta f = \text{div grad } f = 0. \tag{7.25}$$

Unter dieser Bedingung gilt:

$$\text{div } \vec{A}' = \text{div } \left(\vec{A} + \text{grad } f \right) = \text{div } \vec{A} + \text{div grad } f = \text{div } \vec{A} \tag{7.26}$$

War die Coulomb-Bedingung für $\vec{A}$ erfüllt, so ist sie nach dieser Umeichung auch noch für $\vec{A}'$ erfüllt. Man kann f benutzen, um den

Nullpunkt des Vektorpotenzials festzulegen. Wir wollen f so wählen, dass das Vektorpotenzial im Unendlichen verschwindet.

Nun wenden wir uns der zweiten Maxwell-Gleichung zu, dem Ampère'schen Durchflutungsgesetz. Wir berechnen die Rotation des Magnetfelds:

$$
\begin{aligned}
\mathrm{rot}\,\vec{B} &= \vec{\nabla} \times \vec{B} = \vec{\nabla} \times \left(\vec{\nabla} \times \vec{A}\right) \\
&= \vec{\nabla} \times \left(\frac{\partial A_z}{\partial y} - \frac{\partial A_y}{\partial z},\, \frac{\partial A_x}{\partial z} - \frac{\partial A_z}{\partial x},\, \frac{\partial A_y}{\partial x} - \frac{\partial A_x}{\partial y}\right) \\
&= \left(\frac{\partial^2 A_y}{\partial y\,\partial x} - \frac{\partial^2 A_x}{\partial y\,\partial y} - \frac{\partial^2 A_x}{\partial z\,\partial z} + \frac{\partial^2 A_z}{\partial z\,\partial x}, \ldots\ldots\right) \\
&= \left(-\frac{\partial^2 A_x}{\partial x\,\partial x} - \frac{\partial^2 A_x}{\partial y\,\partial y} - \frac{\partial^2 A_x}{\partial z\,\partial z} + \frac{\partial^2 A_x}{\partial x\,\partial x} + \frac{\partial^2 A_y}{\partial y\,\partial x}\right. \\
&\qquad \left.+ \frac{\partial^2 A_z}{\partial z\,\partial x}, \ldots\ldots\right) \\
&= \left(-\left(\frac{\partial^2 A_x}{\partial x^2} + \frac{\partial^2 A_x}{\partial y^2} + \frac{\partial^2 A_x}{\partial z^2}\right)\right. \\
&\qquad \left.+ \frac{\partial}{\partial x}\left(\frac{\partial A_x}{\partial x} + \frac{\partial A_y}{\partial y} + \frac{\partial A_z}{\partial z}\right), \ldots\ldots\right) \\
&= -\left(\Delta A_x,\, \Delta A_y,\, \Delta A_z\right) = -\Delta \vec{A}
\end{aligned}
\tag{7.27}
$$

Von der dritten Zeile zur vierten Zeile haben wir die zweite Ableitung von A_x nach x ergänzt und wieder subtrahiert, so dass sich in der vierten Zeile die Divergenz von $\vec{A}$ zeigt, die ja nach der Coulomb-Bedingung verschwindet. Das Ganze vereinfacht sich dann zum Laplace-Operator auf $\vec{A}$.

Aus der Maxwell-Gleichung ergibt sich damit:

$$
\mathrm{rot}\,\vec{B} = -\Delta \vec{A} = \mu_0 \vec{j}
\tag{7.28}
$$

Damit erhalten wir die Bedingungen an das Vektorpotenzial $\vec{A}$, die man auch die Maxwell-Gleichungen für $\vec{A}$ nennen kann:

$$
\begin{aligned}
\Delta \vec{A} &= -\mu_0 \vec{j} \\
\mathrm{div}\,\vec{A} &= 0
\end{aligned}
\tag{7.29}
$$

Was haben wir nun gewonnen? Wir haben eine zweite Möglichkeit erarbeitet, um die Magnetfelder zu bestimmen, entweder direkt aus den Maxwell-Gleichungen für $\vec{B}$ oder indirekt über das Vektorpotenzial $\vec{A}$. Welche Methode einfacher ist, hängt vom Einzelfall ab.

Es sei bereits hier erwähnt, dass sich in der Elektrodynamik (ab ► Kap. 10) meist die Lorentz-Eichung des Vektorpotenzials als einfacher herausstellt. Sie verknüpft elektrische und magnetische Felder in geeigneter Weise. Mit der Lorentz-Eichung lauten unsere Gleichungen:

$$\Delta \vec{A} = -\mu_0 \vec{j}$$
$$\mathrm{div}\, \vec{A} = -\frac{1}{c^2} \frac{\partial}{\partial t} \varphi_{\mathrm{el}} \tag{7.30}$$

Das Vektorpotenzial erscheint hier als mathematische Hilfskonstruktion zur Berechnung der Felder. Erst das Magnetfeld scheint ein reales Objekt zu sein. Dies ist aber nicht so eindeutig, wie es hier den Eindruck erweckt. In der Quantenmechanik werden Sie lernen, dass das Vektorpotenzial nichts anderes als die Wellenfunktion des Lichtfeldes ist und damit eine direkte Bedeutung erhält. Eindrucksvoll demonstriert wird die Bedeutung des Vektorpotenzials im Aharanov-Bohm-Effekt (auch dieser gehört in die Quantenmechanik), wo ein Elektronenstrahl vom Vektorpotenzial beeinflusst wird ($\vec{A} \neq 0$), obwohl in diesem Experiment das Magnetfeld im Bereich des Elektronenstrahls verschwindet (rot $\vec{A} = 0$). Aber hier greifen wir schon weit vor. Für die klassische Physik ist es völlig in Ordnung, wenn Sie in $\vec{A}$ nur eine mathematische Hilfskonstruktion sehen.

7.5 Berechnung von Magnetfeldern

7.5.1 Berechnung aus den Maxwell-Gleichungen

Leider gibt es kein Kochrezept für die Berechnung von Magnetfeldern. Je nach Situation führen unterschiedliche Verfahren zum Erfolg. Einige Beispiele wollen wir Ihnen hier vorstellen.

Als erstes Beispiel berechnen wir das bereits mehrfach diskutierte Feld eines geraden, stromdurchflossenen Leiters (☐ Abb. 7.7). Wie wir bereits wissen, verlaufen die Feldlinien kreisförmig um den Leiter. Die Skizze zeigt eine Ebene, auf der der Leiter senkrecht steht. Wir müssen noch die Stärke des Feldes bestimmen. Dazu benutzen wir das Ampère'sche Durchflutungsgesetz:

$$\oint_S \vec{B} \cdot d\vec{s} = \mu_0 I \tag{7.31}$$

Wir wählen den Integrationspfad entlang einer Feldlinie mit dem Radius r und integrieren in Richtung der Feldlinie. Weg und Feld sind dann immer parallel:

$$\oint_S \vec{B} \cdot d\vec{s} = \oint_S \left| \vec{B} \right| d\mathrm{s} = B(r) \oint_S d\mathrm{s} = B(r) 2\pi r \tag{7.32}$$

Der Betrag des Magnetfeldes ist entlang des Kreises konstant. Er hängt ausschließlich vom Abstand r zum Draht ab. Wir haben ihn daher vor das Integral gezogen. Das Integral ergibt nun die Länge des Integrationsweges, d. h. den Umfang des Kreises. Eingesetzt in Gl. 7.31 ergibt sich:

$$B(r)2\pi r = \mu_0 I \quad \Rightarrow \quad B(r) = \frac{\mu_0 I}{2\pi r} \tag{7.33}$$

Die Stärke des magnetischen Feldes eines stromdurchflossenen Leiters nimmt umgekehrt proportional zum Abstand vom Leiter ab.

Beispiel 7.2: Magnetfeld eines Koaxialkabels

In einem Koaxialkabel fließt im inneren Leiter (der Seele des Kabels) der Strom in eine Richtung. Der Rückfluss des Stromes erfolgt über die äußere Abschirmung. Dazwischen befindet sich ein Dielektrikum, das die Kapazität zwischen Seele und Abschirmung verändert, aber auf das Magnetfeld im Kabel keinen nennenswerten Einfluss hat (siehe ▶ Beispiel 2.19). Wir wollen in der Seele eine homogene Stromdichte $\vec{j}_0$ annehmen. Die Abschirmung nähern wir als unendlich dünne Schicht. Das Magnetfeld wird wie beim stromdurchflossenen Leiter kreisförmige Feldlinien um das Kabel bilden. Wir bestimmen die Feldstärke aus dem Ampère'schen Durchflutungsgesetz, indem wir entlang dieser konzentrischen Kreise integrieren. Wir erhalten:

$$\oint_S \vec{B} \cdot d\vec{s} = 2\pi r B(r) = \mu_0 I_{\text{ein}}$$

Es bleibt die Aufgabe, den eingeschlossenen Stromfluss zu bestimmen. Wir beginnen mit Radien, die kleiner sind als der Radius der Seele $r < R_S$. Bei homogener Stromdichte skaliert der eingeschlossene Strom mit der eingeschlossenen Fläche,

$$I_{\text{ein}} (r < R_S) = \frac{\pi r^2}{\pi R_S^2} I = \left(\frac{r}{R_S} \right)^2 I,$$

und damit ist

$$B(r) = \frac{\mu_0}{2\pi} \frac{I}{R_S^2} r \quad (r < R_S).$$

Für Radien zwischen R_S und dem Radius R des Kabels ist der eingeschlossene Strom konstant. Das Magnetfeld im Dielektrikum ist folglich:

$$B(r) = \frac{\mu_0}{2\pi} I \frac{1}{r} \quad (R_S < r < R)$$

Im Außenbereich des Kabels müssen wir schließlich den Strom durch die Seele und den Strom durch die Abschirmung berücksichtigen, die sich zu null addieren. Damit entsteht im Außenbereich kein Magnetfeld:

$$B(r) = 0 \quad (r > R)$$

Beispiel 7.3: Das Feld einer Solenoidspule

Als weiteres Beispiel wollen wir das Feld einer langgestreckten Spule berechnen. Als langgestreckt bezeichnen wir eine Spule, deren Länge sehr viel größer ist als ihr Durchmesser. Dies vereinfacht die Berechnung, da unter dieser Bedingung Randeffekte des Feldes vernachlässigbar werden. In der zweiten Skizze ist ein Schnitt durch das Feld der Spule entlang ihrer Achse zu sehen. Eine solche Spule nennt man eine Solenoidspule.

Wie man in der Skizze sieht, ist das Feld im Inneren der Spule nahezu homogen. Wir wollen wieder das Ampère'sche Durchflutungsgesetz benutzen, um die magnetische Feldstärke im Inneren der Spule zu bestimmen. Als Integrationsweg wählen wir ein Rechteck, das in der Skizze mit den Eckpunkten A-B-C-D markiert ist. Dabei entspricht die Seitenlänge CD der Länge der Spule:

$$\oint_{\text{Rechteck}} \vec{B} \cdot d\vec{s} = \int_A^B \vec{B} \cdot d\vec{s} + \int_B^C \vec{B} \cdot d\vec{s} + \int_C^D \vec{B} \cdot d\vec{s} + \int_D^A \vec{B} \cdot d\vec{s} = \mu_0 I_{\text{ein}}$$

Auf den Strecken von B nach C und von D nach A steht das Feld nahezu senkrecht auf dem Integrationsweg, so dass wir die Beiträge dieser Strecken vernachlässigen können. Machen wir die Seiten BC und DA nicht zu kurz, dann ist die obere Strecke AB so weit von der Spule entfernt, dass dort kein Feld mehr herrscht. Wir schieben sie quasi ins Unendliche. Es bleibt dann alleine die Integration von C nach D übrig. Dort ist das Feld homogen und parallel zum Weg. Es ist:

$$\oint_{\text{Rechteck}} \vec{B} \cdot d\vec{s} = \int_C^D \vec{B} \cdot d\vec{s} = B_0 \int_C^D ds = B_0 l$$

mit der Feldstärke B_0 im Innern der Spule und der Länge l der Spule. Wenn wir dieses Ergebnis nun in das Ampère'sche

Durchflutungsgesetz einsetzen, müssen wir beachten, dass der Integrationsweg, den Strom nicht nur einmal umschließt. Die Spule habe N Windungen. Dann fließt der Strom I insgesamt N mal durch die von unserem Integrationsweg eingeschlossene Fläche. Wir haben also $I_{\text{ein}} = NI$ und damit

$$\oint_{\text{Rechteck}} \vec{B} \cdot d\vec{s} = B_0 l = \mu_0 NI \Rightarrow B_0 = \mu_0 \frac{N}{l} I.$$

Das Feld im Inneren einer Solenoidspule ist demnach proportional zum Strom durch die Spule und deren Windungszahl, aber umgekehrt proportional zu ihrer Länge.

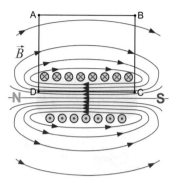

Beispiel 7.4: Das Magnetfeld eines Flächenstromes

Wir wollen das Magnetfeld eines homogenen, unendlich ausgedehnten Flächenstromes bestimmen. Das Koordinatensystem sei so gewählt, dass der Strom in die x-Richtung fließt und der Strom in der x-y-Ebene liegt (siehe Skizze). Zunächst bestimmen wir die Richtung des Feldes im Punkt $\vec{r}$. Stellen Sie sich vor, der flächige Strom ist durch parallele Stromlinien aufgebaut. Das Feld der Stromlinien kennen wir. Es sind konzentrische Kreise. Eine Komponente in x-Richtung kommt nicht vor. Folglich kann auch das Magnetfeld des Flächenstroms über keine x-Komponente verfügen. Betrachten wir einen Punkt oberhalb der Stromebene, wie dies in der Skizze gezeigt ist. Die y-Komponenten aller Stromlinien haben in diesem Punkt eine negative y-Komponente. Diese werden sich folglich aufaddieren und eine nicht verschwindende y-Komponente des Flächenstromes bilden. Die z-Komponenten der einzelnen Stromlinien sind mal positiv und mal negativ. Genauer gesagt, erzeugen Stromlinien links des Punktes $\vec{r}$ positive z-Komponenten und solche rechts des Punktes negative z-Komponenten. Da links und rechts hier symmetrisch sind, werden sich die einzelnen z-Komponenten der Stromlinien gegenseitig wegheben. Es bleibt ein Magnetfeld in die negative y-Richtung $\vec{B} = B_y \hat{e}_y$. Unterhalb der Stromebene zeigt es in die positive y-Richtung. Dieses Magnetfeld wollen wir nun aus dem Ampère'schen Durchflutungsgesetz bestimmen. Der Integrationsweg ist in der Skizze angedeutet. Es ist ein Rechteck in der y-z-Ebene:

$$\oint \vec{B} \cdot d\vec{s} = \mu_0 I_{\text{ein}}$$

Der eingeschlossene Strom ist $I_{\text{ein}} = jld$, wobei l die horizontale Länge des Rechtecks ist und d die Dicke der stromführenden Schicht. Die beiden vertikalen Kanten tragen nicht zum Integral bei. Die beiden horizontalen Kanten ergeben jeweils den Betrag $-lB_y$. Damit ergibt sich:

$$B_y = -\frac{1}{2}\mu_0 jd$$

Das Feld ist homogen, d. h., es hängt nicht von der Höhe über der Ebene ab. Auf der Unterseite zeigt es in die entgegengesetzte Richtung.

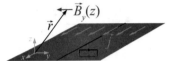

Beispiel 7.5: Der Toroid

Eine weitere wichtige Spulenkonfiguration ist die Toroidspule. Die Skizze veranschaulicht ihren Aufbau. Die stromführenden Windungen sind um einen Torus gewickelt, der meist einen runden Querschnitt hat. Wir haben sie in der Abbildung mit Pfeilen angedeutet. Die Anordnung zeigt eine hohe Symmetrie, die die Berechnung des Feldes sehr vereinfacht. Wir beschreiben die Anordnung mit Zylinderkoordinaten, mit der z-Achse entlang der Achse des Toroiden und dem Ursprung des Koordinatensystems im Zentrum des Toroiden. Unterteilt man den gesamten Strom des Toroiden in kleine Stromelemente, so gehört zu jedem Punkt $\vec{r}_a$ auf der Oberfläche des Toroiden ein Stromelement dI_a. Spiegelt man den Punkt $\vec{r}_a$ am Koordinatenursprung, so kommt man zu einem Punkt $\vec{r}_b$, der ein Stromelement dI_b trägt. Betrachten Sie nun das Magnetfeld $\vec{B}(\vec{r})$ an einem beliebigen Punkt $\vec{r}$ im Raum, so können Sie feststellen, dass die Feldkomponenten, die von den beiden Stromelementen in Richtungen $\hat{e}_\rho$ und $\hat{e}_z$ ausgehen, sich gegenseitig neutralisieren. Das Feld muss folglich überall im Raum in die Richtung $\hat{e}_\phi$ zeigen, d. h., es bildet Kreise um die Achse des Toroiden.

Es steht nun noch die Bestimmung der Feldstärke aus. Dazu benutzen wir wiederum das Ampère'sche Durchflutungsgesetz. Wir wählen einen kreisförmigen Integrationsweg, der zunächst im Innern des Toroiden liegen soll. Er ist in der Skizze durch eine schwarze Linie gezeigt. Wir erhalten:

$$\oint \vec{B}\,d\vec{s} = 2\pi\rho B_\phi = \mu_0 I_{\text{ein}} = \mu_0 NI \Rightarrow B_\phi = \frac{\mu_0 NI}{2\pi\rho}$$

Die Feldstärke im Inneren des Toroiden variiert leicht mit dem senkrechten Abstand ρ zur Toroidachse. Für einen Punkt im Außenraum des Toroiden ist $I_{\text{ein}} = 0$. Das Magnetfeld ist vollständig im Inneren des Toroiden eingeschlossen. Es gibt kein Streumagnetfeld, zumindest nicht, solange die Windungen so dicht liegen, dass man sie als kontinuierliche Stromdichte ansehen kann. Dies ist eine wichtige Besonderheit des Toroiden.

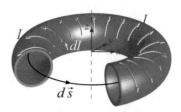

7.5.2 Das Biot-Savart-Gesetz

Wir wollen nun auf ein allgemeines Verfahren eingehen, das es erlaubt, das Magnetfeld beliebiger Anordnungen von Strömen zu berechnen. In der Elektrostatik haben wir das Potenzial beliebiger Ladungsverteilungen durch Superposition der Potenziale einzelner Punktladungen dargestellt (▶ Abschn. 2.4). Mit einem ähnlichen Verfahren können wir auch magnetische Felder bestimmen. Wir unterteilen dazu die Ströme in infinitesimale, gerade Stromelemente (stromdurchflossene Leiterstücke). Das Magnetfeld eines einzelnen solchen Stromelementes können wir angeben. Das resultierende Magnetfeld der gesamten Anordnung ist dann die Summe bzw. das Integral der Felder aller Stromelemente. Dabei müssen wir im Ansatz darauf achten, dass die Ströme nicht unterbrochen sind und die Kontinuitätsgleichung der elektrischen Ladung nicht verletzt wird. Leider ist die Rechnung im magnetischen Fall komplizierter als im elektrostatischen, da wir nun die Richtungen der Ströme berücksichtigen müssen. Aus dieser Überlegung erhalten wir das Biot-Savart-Gesetz. Wir wollen es zunächst über das Vektorpotenzial ableiten. Wir hatten gesehen, dass folgende Beziehung für das Vektorpotenzial gelten muss (Gl. 7.29):

$$\Delta \vec{A} = -\mu_0 \vec{j} \qquad (7.34)$$

Diese Differenzialgleichung erinnert an die Poisson-Gleichung, die wir in der Elektrostatik kennen gelernt haben. Sie lautete (Gl. 2.65):

$$\Delta \varphi = -\frac{\rho}{\epsilon_0} \qquad (7.35)$$

Genauer gesagt stellt jede Komponente von Gl. 7.34 eine Poisson-Gleichung dar, z. B.

$$\Delta A_x = -\mu_0 j_x \qquad (7.36)$$

und entsprechend für die y- und z-Komponenten. Die Poisson-Gleichung kann durch das Poisson-Integral gelöst werden (Gl. 2.45):

$$\varphi(\vec{r}) = \frac{1}{4\pi\epsilon_0} \int \frac{\rho(\vec{r}')}{|\vec{r} - \vec{r}'|} d^3\vec{r}' \tag{7.37}$$

Demzufolge lässt sich Gl. 7.36 auch mit einem Poisson-Integral lösen:

$$A_x(\vec{r}) = \frac{\mu_0}{4\pi} \int \frac{j_x(\vec{r}')}{|\vec{r} - \vec{r}'|} d^3\vec{r}'$$

$$A_y(\vec{r}) = \frac{\mu_0}{4\pi} \int \frac{j_y(\vec{r}')}{|\vec{r} - \vec{r}'|} d^3\vec{r}' \quad \Rightarrow \quad \vec{A}(\vec{r}) = \frac{\mu_0}{4\pi} \int \frac{\vec{j}(\vec{r}')}{|\vec{r} - \vec{r}'|} d^3\vec{r}'$$

$$A_z(\vec{r}) = \frac{\mu_0}{4\pi} \int \frac{j_z(\vec{r}')}{|\vec{r} - \vec{r}'|} d^3\vec{r}' \tag{7.38}$$

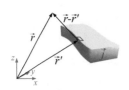

◻ **Abb. 7.9** Zur Bestimmung des Vektorpotenzials über das Poisson-Integral

Dies erlaubt es uns, aus einer vorgegebenen Stromverteilung das Vektorpotenzial auszurechnen und daraus das magnetische Feld zu bestimmen. Die Bezeichnungen sind in ◻ Abb. 7.9 angegeben.

Man kann das Magnetfeld auch direkt ohne den Umweg über das Vektorpotenzial bestimmen. Dazu müssen wir lediglich die Relation $\vec{B} = \operatorname{rot}\vec{A}$ direkt ausführen:

$$\vec{B} = \operatorname{rot}\vec{A}(\vec{r}) = \frac{\mu_0}{4\pi} \int \vec{\nabla} \times \frac{\vec{j}(\vec{r}')}{|\vec{r} - \vec{r}'|} d^3\vec{r}' \tag{7.39}$$

Nun müssen wir die Ableitung des Integranden bilden. Wir schreiben sie aus:

$$\vec{\nabla} \times \frac{\vec{j}(\vec{r}')}{|\vec{r} - \vec{r}'|} = \begin{pmatrix} \frac{\partial}{\partial y}\frac{j_z}{|\vec{r}-\vec{r}'|} - \frac{\partial}{\partial z}\frac{j_y}{|\vec{r}-\vec{r}'|} \\ \frac{\partial}{\partial z}\frac{j_x}{|\vec{r}-\vec{r}'|} - \frac{\partial}{\partial x}\frac{j_z}{|\vec{r}-\vec{r}'|} \\ \frac{\partial}{\partial x}\frac{j_y}{|\vec{r}-\vec{r}'|} - \frac{\partial}{\partial y}\frac{j_x}{|\vec{r}-\vec{r}'|} \end{pmatrix} \tag{7.40}$$

Nun ist z. B.

$$\frac{\partial}{\partial y}\frac{j_z}{|\vec{r} - \vec{r}'|} = \frac{\frac{\partial j_z}{\partial y}|\vec{r} - \vec{r}'| - j_z\frac{\partial}{\partial y}|\vec{r} - \vec{r}'|}{|\vec{r} - \vec{r}'|^2}$$

$$= \frac{1}{|\vec{r} - \vec{r}'|}\frac{\partial j_z}{\partial y} - \frac{j_z}{|\vec{r} - \vec{r}'|^3}(y - y'), \tag{7.41}$$

wobei wir im letzten Schritt

$$|\vec{r} - \vec{r}'| = \sqrt{(x - x')^2 + (y - y')^2 + (z - z')^2} \tag{7.42}$$

zur Berechnung der Ableitung eingesetzt haben. Damit erhält man:

$$
\vec{\nabla} \times \frac{\vec{j}\,(\vec{r}')}{|\vec{r} - \vec{r}'|}
$$

$$
= \begin{pmatrix} \frac{1}{|\vec{r}-\vec{r}'|} \left(\frac{\partial j_z}{\partial y} - \frac{\partial j_y}{\partial z} \right) + \frac{1}{|\vec{r}-\vec{r}'|^3} \left(j_y \left(z - z' \right) - j_z \left(y - y' \right) \right) \\ \frac{1}{|\vec{r}-\vec{r}'|} \left(\frac{\partial j_x}{\partial z} - \frac{\partial j_z}{\partial x} \right) + \frac{1}{|\vec{r}-\vec{r}'|^3} \left(j_z \left(x - x' \right) - j_x \left(z - z' \right) \right) \\ \frac{1}{|\vec{r}-\vec{r}'|} \left(\frac{\partial j_y}{\partial x} - \frac{\partial j_x}{\partial y} \right) + \frac{1}{|\vec{r}-\vec{r}'|^3} \left(j_x \left(y - y' \right) - j_y \left(x - x' \right) \right) \end{pmatrix}
$$

$$
= \frac{1}{|\vec{r} - \vec{r}'|} \left(\vec{\nabla} \times \vec{j} \right) + \frac{1}{|\vec{r} - \vec{r}'|^3} \left(\vec{j} \times \left(\vec{r} - \vec{r}' \right) \right)
$$

$$(7.43)$$

Hier taucht im ersten Summanden die Rotation des Stromes auf. Diese muss aber verschwinden, da zumindest im magnetostatischen Fall ein Strom nicht ohne Antrieb im Kreis fließen kann. Den zweiten Term setzen wir dann in Gl. 7.39 ein und erhalten:

$$
\vec{B} = \frac{\mu_0}{4\pi} \int \frac{\vec{j} \times \left(\vec{r} - \vec{r}' \right)}{|\vec{r} - \vec{r}'|^3} d^3\vec{r}'
$$

$$(7.44)$$

Nun sind wir am Ziel. Kennen wir die Stromverteilung $\vec{j}$, so können wir mit diesem Integral das Magnetfeld berechnen. Dies entspricht unserem Vorgehen in der Elektrostatik, wo wir mit Gl. 2.17 eine Möglichkeit gefunden hatten, das elektrische Feld aus den Ladungen zu integrieren. Für einen häufig auftretenden Spezialfall kann man diese Gleichung vereinfachen. Nehmen wir an, dass der Strom nicht über einen größeren Raumbereich ausgedehnt ist, sondern in einzelnen dünnen Drähten fließt. Dann können wir die Integration über die Querschnittsflächen der Drähte ausführen, wenn wir annehmen, dass der Strom sich über den Querschnitt des Drahtes nicht verändert. Dann ist

$$
\vec{j}\,dV = \vec{j}\,dA\,d\vec{l} = I\,d\vec{l},
$$

$$(7.45)$$

wobei $d\vec{l}$ ein Linienelement entlang des Stromes ist. Damit erhalten wir (■ Abb. 7.10):

$$
\vec{B} = \frac{\mu_0}{4\pi} I \int \frac{d\vec{l} \times \left(\vec{r} - \vec{r}' \right)}{|\vec{r} - \vec{r}'|^3} = -\frac{\mu_0}{4\pi} I \int \frac{\left(\vec{r} - \vec{r}' \right) \times d\vec{l}}{|\vec{r} - \vec{r}'|^3}
$$

$$(7.46)$$

Dies nennt man das Biot-Savart-Gesetz.

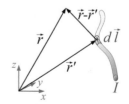

■ **Abb. 7.10** Zum Biot-Savart-Gesetz

Zu Beginn von ▶ Abschn. 7.5.1 hatten wir das Magnetfeld eines stromdurchflossenen Leiters aus den Maxwell-Gleichungen bestimmt. Um die verschiedenen Methoden zu illustrieren, wollen wir diese Situation hier noch einmal ausgehend vom Biot-Savart-Gesetz betrachten. Wir orientieren das Koordinatensystem so, dass der Strom entlang der z-Achse fließt (siehe Skizze). Dann ist $d\vec{l} = \hat{e}_z dl$ und $\vec{r}' = \hat{e}_z z'$. Der Vektor $(\vec{r} - \vec{r}') \times d\vec{l}$ zeigt dann aus der Zeichenebene heraus, d. h., am Ort $\vec{r}$ zeigt er in Richtung von $\hat{e}_\phi$. Es bleibt folgendes Integral zu lösen:

$$\vec{B} = -\frac{\mu_0}{4\pi} I \int \frac{(\vec{r} - \vec{r}') \times d\vec{l}}{|\vec{r} - \vec{r}'|^3} = -\frac{\mu_0}{4\pi} I \hat{e}_\phi \int \frac{\sin\alpha \, |\vec{r} - \vec{r}'|}{|\vec{r} - \vec{r}'|^3} dl$$

$$= -\frac{\mu_0}{4\pi} I \hat{e}_\phi \int\limits_{-\infty}^{\infty} \sin\alpha \frac{1}{(\rho^2 + (z - z')^2)} dz'$$

Wie man in der Skizze sieht, ist $\sin\alpha = \rho/|\vec{r} - \vec{r}'|$ und damit ($z'' = z - z'$):

$$\vec{B} = -\frac{\mu_0}{4\pi} I \hat{e}_\phi \int\limits_{-\infty}^{\infty} \frac{\rho}{\left(\rho^2 + (z - z')^2\right)^{\frac{3}{2}}} dz'$$

$$= \frac{\mu_0}{4\pi} I \hat{e}_\phi \int\limits_{-\infty}^{\infty} \frac{\rho}{(\rho^2 + z''^2)^{\frac{3}{2}}} dz''$$

$$= \frac{\mu_0}{4\pi} I \hat{e}_\phi \left[\frac{\rho z''}{\rho^2 \sqrt{\rho^2 + z''^2}} \right]_{-\infty}^{+\infty} = \frac{\mu_0}{4\pi} I \hat{e}_\phi \frac{1}{\rho} [+1 - (-1)]$$

$$= \frac{\mu_0 I}{2\pi\rho} \hat{e}_\phi$$

Dies entspricht dem Ergebnis aus Gl. 7.33, wenn wir beachten, dass wir den senkrechten Abstand des Punktes, an dem wir das Magnetfeld angeben, vom Draht dort mit r und hier mit ρ bezeichnet haben.

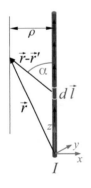

Auch das Magnetfeld einer runden Leiterschleife lässt sich mit dem Biot-Savart-Gesetz bestimmen. Wir beschränken uns auf das Feld entlang der Symmetrieachse der Schleife. Die Richtung des Magnetfeldes ergibt sich für jedes Linienelement aus $-(\vec{r} - \vec{r}') \times d\vec{l}$.

Für ein Linienelement ist dies in der Abbildung gezeigt. Die
Beiträge $d\vec{B}$ liegen auf der Oberfläche eines Kegels. Integrieren wir
entlang der Leiterschleife, so rotiert $d\vec{B}$ um die Kegelspitze. Dabei
werden sich die Beiträge in x- und y-Richtung herausmitteln. Es
bleibt der Beitrag in die z-Richtung, der immer positiv ist. Die
Projektion von $d\vec{B}$ auf die z-Achse ergibt $\cos\alpha |d\vec{B}|$. Den Cosinus
liest man aus der Skizze ab: $\cos\alpha = R/|\vec{r} - \vec{r}'| = R/\sqrt{R^2 + z^2}$.
Die Vektoren $d\vec{l}$ und $(\vec{r} - \vec{r}')$ stehen senkrecht aufeinander, so
dass wir das Kreuzprodukt durch das Produkt der Beträge ersetzen
können. Damit erhalten wir aus dem Biot-Savart-Gesetz:

$$\vec{B} = \frac{\mu_0 I}{4\pi} \hat{e}_z \int \cos\alpha \frac{|\vec{r} - \vec{r}'|}{|\vec{r} - \vec{r}'|^3} dl = \frac{\mu_0 I}{4\pi} \frac{R}{(R^2 + z^2)^{\frac{3}{2}}} \hat{e}_z \int dl$$

$$= \frac{\mu_0 I}{2} \frac{R^2}{(R^2 + z^2)^{\frac{3}{2}}} \hat{e}_z,$$

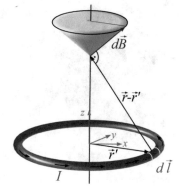

wobei der Integrand konstant ist und wir ihn vor das Integral
gezogen haben. Das Integral ergibt dann den Umfang der
Leiterschleife $2\pi R$. Das Magnetfeld ist entlang der z-Achse
gerichtet. Es hat im Mittelpunkt der Leiterschleife den Wert $\frac{\mu_0 I}{2R}$
und fällt außerhalb der Schleife rasch ab.

Beispiel 7.8: Numerische Berechnung der Leiterschleife

Wollen wir das Magnetfeld der Leiterschleife auch abseits der
Achse berechnen, so wird es schwieriger, ein analytisches Ergebnis
zu erreichen. Stattdessen versuchen wir es numerisch:

$$\vec{B}(\vec{r}) = -\frac{\mu_0}{4\pi} I \int \frac{(\vec{r} - \vec{r}') \times d\vec{l}}{|\vec{r} - \vec{r}'|^3}$$

$$\approx -\frac{\mu_0}{4\pi} I \left(\sum_{i=1}^{N_\phi} \frac{(\vec{r} - \vec{r}_i') \times \hat{e}_i}{|\vec{r} - \vec{r}_i'|^3} \right) \Delta L$$

Wir haben das Integral in eine Summe über N_ϕ kleine Leiter-
elemente umgewandelt. Für $N_\phi \geq 100$ bekommen wir schon
annehmbare Ergebnisse. Der Vektor $\vec{r}$ gibt den Ort an, an dem
wir das Feld bestimmen wollen, der Vektor $\vec{r}_i'$ ist ein Ort auf der
Leiterschleife mit Radius R und der Vektor $\hat{e}_i$ ist der Einheitsvektor
in Richtung des Stromflusses am Ort $\vec{r}_i'$. Die z-Achse stimmt
wieder mit der Achse der Leiterschleife überein. Der Ursprung
des Koordinatensystems liegt im Zentrum der Leiterschleife. Die

A

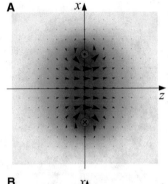

B

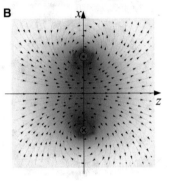

anderen Größen sind:

$$\Delta\phi = \frac{2\pi}{N_\phi}, \quad \Delta L = R\Delta\phi$$

$$\phi_i' = \left(i - \frac{1}{2}\right)\Delta\phi$$

$$\vec{r}_i' = \left(R\cos\phi_i', R\sin\phi_i', 0\right)$$

$$\hat{e}_i = \left(-\sin\phi_i', \cos\phi_i', 0\right)$$

Damit lässt sich die Summe in einem Computerprogramm auswerten. Dieser simple Algorithmus ist weder elegant noch effizient, aber für dieses einfache Beispiel liefert er zufriedenstellende Ergebnisse. In Abbildung A haben wir an einem festen Raster von Raumpunkten die Feldvektoren eingezeichnet. In Abbildung B sind die Feldlinien zu sehen, was schon einen komplexeren Algorithmus fürs Zeichnen erfordert. Dargestellt ist jeweils ein Schnitt durch die x-z-Ebene. Die roten Kreise zeigen den Querschnitt der Leiterschleife. Im Hintergrund ist der Betrag der Feldstärke am jeweiligen Ort in einer Farbe kodiert. Die Bilder entsprechen dem zweiten Beispiel in ▶ Experiment 7.11.

Beispiel 7.9: Unendlich lange Solenoidspule

In ▶ Beispiel 7.3 hatten wir das Magnetfeld einer Solenoidspule untersucht. Uns war es gelungen, das Feld auf der Achse der Spule mit Hilfe der Maxwell-Gleichungen zu berechnen. Wir wollen dieses Beispiel noch einmal aufgreifen und zeigen, dass wir mit dem Biot-Savart-Gesetz zum selben Ergebnis kommen. Um die Rechnung zu vereinfachen, betrachten wir eine Spule mit unendlicher Länge. Sie sei symmetrisch um den Koordinatenursprung gelagert. In der Skizze ist ein Ausschnitt der Spule gezeigt. Statt der einzelnen Windungen der Spule nehmen wir eine kontinuierliche Stromdichte an, die einem Stromfluss auf dem Zylindermantel in positivem Sinne um die z-Achse entspricht. Wir geben zunächst die Vektoren an:

$$\vec{j} = j_0 \begin{pmatrix} -\sin\phi \\ \cos\phi \\ 0 \end{pmatrix}, \quad \vec{r}' = \begin{pmatrix} \rho'\cos\phi \\ \rho'\sin\phi \\ z' \end{pmatrix}, \quad \vec{r} = \begin{pmatrix} 0 \\ 0 \\ z \end{pmatrix}$$

Der Betrag $|\vec{r} - \vec{r}'|$, der im Biot-Savart-Gesetz auftaucht, beträgt $\sqrt{\rho'^2 + (z - z')^2}$. Wir benutzen die Form des Gesetzes Gl. 7.44, die für ausgedehnte Stromverteilungen anwendbar ist, und verwenden Zylinderkoordinaten. Wir nehmen an, dass der Strom radial auf eine sehr dünne Schicht der Dicke $\Delta\rho$ konzentriert ist. Dort hat die Stromdichte den Wert j_0, außerhalb der dünnen Schicht verschwindet sie. Das Integral in radialer Richtung ergibt daher lediglich einen Faktor $\rho\Delta\rho$, und wir ersetzen überall die radiale Position von $\vec{r}'$ mit dem Radius R der Spule:

$$\vec{B} = \frac{\mu_0}{4\pi} \int \frac{\vec{j} \times (\vec{r} - \vec{r}')}{|\vec{r} - \vec{r}'|^3} d^3\vec{r}'$$

$$= \frac{\mu_0 j_0}{4\pi} \Delta\rho \int\limits_{-\infty}^{\infty} \int\limits_{0}^{2\pi} \begin{pmatrix} \cos\phi\,(z - z') \\ \sin\phi\,(z - z') \\ R \end{pmatrix} \frac{1}{\left(R^2 + (z - z')^2\right)^{\frac{3}{2}}} R\,d\phi\,dz'$$

Führen wir nun die Integration über ϕ aus, so erhalten wir für die x- und y-Komponenten null. Die Beiträge zu diesen Komponenten mitteln sich auf Grund der Symmetrie der Spule weg. Es bleibt ein Magnetfeld in z-Richtung. Der Integrand ist unabhängig von ϕ, so dass das Integral einen Faktor 2π ergibt:

$$\vec{B} = \frac{\mu_0 j_0}{2} \Delta\rho R^2 \hat{e}_z \int\limits_{-\infty}^{\infty} \frac{1}{\left(R^2 + (z - z')^2\right)^{\frac{3}{2}}} dz'$$

Es verbleibt ein Integral, das wir bereits aus ▶ Beispiel 7.5 kennen. Wir lösen es entsprechend und erhalten:

$$\vec{B} = \mu_0 j_0 \Delta\rho \hat{e}_z$$

Um dies mit unserem Ergebnis aus ▶ Beispiel 7.3 vergleichen zu können, müssen wir noch die Stromdichte durch den Strom I und die Windungszahl N ausdrücken. Da die Windungszahl für eine unendlich lange Spule unendlich ist, benutzen wir stattdessen die Windungsdichte $n = N/l$, die die Anzahl der Windungen auf einem Stück l der Spule angibt. Auf einem Stück Δz der Spule fließt dann der Strom:

$$I_{\Delta z} = n\Delta z I \Rightarrow j_0 = \frac{I_{\Delta z}}{\Delta A} = \frac{n\Delta z I}{\Delta z \Delta\rho} = \frac{nI}{\Delta\rho} = \frac{NI}{\Delta\rho l}$$

Damit erhalten wir

$$\vec{B} = \mu_0 \frac{N}{l} I \hat{e}_z$$

wie in ▶ Beispiel 7.3. Dieses Ergebnis gilt für eine unendlich lange Spule und für eine endliche Spule, sofern wir, wie in ▶ Beispiel 7.3 angegeben, die Randeffekte vom Ende der Spule vernachlässigen können.

Beispiel 7.10: Endlich lange Solenoidspule

Mit dem gleichen Ansatz wie in ▶ Beispiel 7.9 können wir auch eine endlich lange Spule unter Berücksichtigung der Randeffekte behandeln. Wir wollen uns wieder auf das Magnetfeld auf der Achse der Spule beschränken und nehmen an, dass sich die Spule entlang der z-Achse von $-z_0$ bis $+z_0$ erstreckt, d. h., z_0 entspricht der halben Länge der Spule. Ihr Radius ist R. Dann ist folgendes Integral zu lösen (Bezeichnungen wie in ▶ Beispiel 7.9):

$$\vec{B} = \frac{\mu_0 j_0}{2} \Delta\rho R^2 \hat{e}_z \int\limits_{-z_0}^{z_0} \frac{1}{\left(R^2 + (z-z')^2\right)^{\frac{3}{2}}} dz'$$

Wir substituieren $z'' = z' - z$ und erhalten:

$$\vec{B} = \frac{\mu_0 j_0}{2} \Delta\rho R^2 \hat{e}_z \int\limits_{-z_0-z}^{z_0-z} \frac{1}{\left(R^2 + z''^2\right)^{\frac{3}{2}}} dz''$$

$$= \frac{\mu_0 j_0}{2} \Delta\rho R^2 \hat{e}_z \left[\frac{z''}{R^2 \sqrt{R^2 + z''^2}} \right]_{-z_0-z}^{+z_0-z}$$

$$= \mu_0 \frac{N}{l} I \hat{e}_z \frac{1}{2} \left(\frac{z_0 - z}{\sqrt{R^2 + (z_0 - z)^2}} + \frac{z_0 + z}{\sqrt{R^2 + (z_0 + z)^2}} \right)$$

$$= \mu_0 \frac{N}{l} I \hat{e}_z \frac{1}{2} \left(\frac{1 - \frac{z}{z_0}}{\sqrt{\frac{R^2}{z_0^2} + \left(1 - \frac{z}{z_0}\right)^2}} + \frac{1 + \frac{z}{z_0}}{\sqrt{\frac{R^2}{z_0^2} + \left(1 + \frac{z}{z_0}\right)^2}} \right)$$

In der letzten Zeile haben wir alle Längen auf die Länge z_0 der Spule bezogen. Man sieht, dass wir das Ergebnis der unendlich langen Spule zurückbekommen, falls $R \ll z_0$ gilt. Die Abbildung zeigt den Verlauf der Feldstärke auf der Achse für einige Werte des Verhältnisses R/z_0. Für kleinere Werte nähert sich das Verhalten dem Feldverlauf einer unendlich langen Spule. Für endliche Spulen ist der Maximalwert des Feldes im Zentrum der Spule immer etwas kleiner als $B_0 = \mu_0 N/lI$. Man kann ihn aus der obigen Formel ablesen. Er beträgt:

$$\vec{B}(z = 0) = \mu_0 \frac{N}{l} I \frac{1}{\sqrt{\frac{R^2}{z_0^2} + 1}} \hat{e}_z \approx \mu_0 \frac{N}{l} I \left(1 - \frac{1}{2} \frac{R^2}{z_0^2}\right) \hat{e}_z$$

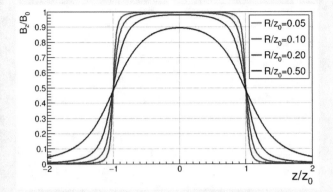

Das Biot-Savart-Gesetz eignet sich sehr gut für numerische
Berechnungen von Magnetfeldern. Diese haben gegenüber
analytischen Rechnungen den Vorteil, dass sich Details der
Anordnungen leichter in die Rechnung einbringen lassen. Als
Beispiel berechnen wir ein letztes Mal das Feld einer Solenoidspule.
Wir beschränken uns wieder auf die Achse der Spule, obwohl in
der numerischen Berechnung die Bestimmung des Feldes abseits
der Achse kein bisschen komplizierter ist. Wir können nun die
Spule durch einzelne Leiterschleifen zusammensetzen und müssen
keine konstante Stromdichte mehr annehmen. Die Anordnung,
die wir numerisch bestimmt haben, ist in der Skizze gezeigt. Wir
haben zehn einzelne Leiterschleifen berechnet. Die Windungen als
Helix darzustellen, wäre auch nicht viel komplizierter geworden
(Versuchen Sie es selbst!). Die wichtigsten Zeilen des Codes sind
unten angedeutet.

```
Vector r(x,y,z);
Vector B(0,0,0);

for ( Int_t k=0; k<NTurn; k++ ) {

  zp = zPos(k);

  for ( Int_t j=0; j<nstep; j++ ) {
    Float phi = twoPi/nstep * (j+0.5);
    Vector rp(R*cos(phi),R*sin(phi),zp);
    Vector dl(twoPi * rz / nstep * (-sin(phi)),
              twoPi * rz / nstep * ( cos(phi)),
              z                               );
    Vector rrp = r - rp;

    Vector dB = -(c/NTurn) * (1. / pow(rrp.Mag(),3)) * rrp.Cross(dl);
    B = B + dB;
  }
}
```

Im Diagramm ist der berechnete Verlauf des Magnetfeldes auf der
Achse für eine Spule mit $R/z_0 = 0{,}2$ dargestellt. Er passt sehr gut

zu ▶ Beispiel 7.9. Im Inneren der Spule sieht man Berge und Täler des Feldes, die vom Abstand zur nächsten Stromschleife abhängen. Hätten wir die Windungen als Helix implementiert, würde sich dieser Effekt nur abseits der Achse zeigen (Warum?).

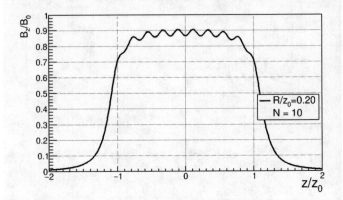

Beispiel 7.12: Helmholtzspulen

Unter Helmholtzspulen versteht man ein Paar Luftspulen, die zwischen sich ein nahezu homogenes Magnetfeld erzeugen. Die Anordnung ist in der Skizze zu sehen. Im Vergleich zu den Solenoidspulen bietet es im Inneren mehr Raum für Experimente oder Apparaturen. Wir haben die z-Achse als Spulenachse gewählt. Der Koordinatenursprung befindet sich in der Mitte zwischen den beiden Spulen, die im Abstand von $\pm d_0/2$ vom Ursprung montiert sind. Der Radius der Spulen ist R.

Wir berechnen das Magnetfeld auf der Achse mit dem Biot-Savart-Gesetz. Der Vektor $\vec{r}$ gibt den Punkt auf der Achse an, an dem wir das Magnetfeld bestimmen wollen, der Vektor $\vec{r}'$ ist der Ortsvektor der Stromelemente, über die wir integrieren. Das Linienelement $d\vec{l}$ zeigt in Richtung des Stromes, der in beiden Spulen in dieselbe Richtung umläuft. Das Magnetfeld auf der Achse zeigt in Richtung der Achse selbst. Aus Symmetriegründen mitteln sich Komponenten des Feldes senkrecht zur Achse weg. Es ist dann

$$\vec{B} = \frac{\mu_0}{4\pi} I \int \frac{d\vec{l} \times (\vec{r} - \vec{r}')}{\left|\vec{r} - \vec{r}'\right|^3} = \frac{\mu_0}{4\pi} I \int \frac{\vec{r}' \times d\vec{l}}{\left|\vec{r} - \vec{r}'\right|^3},$$

wobei wir im zweiten Schritt berücksichtigt haben, dass $\vec{r} \times d\vec{l}$ nur Beiträge senkrecht zur Achse liefert, die sich wegmitteln. Wir integrieren entlang des Stromflusses der beiden Spulen $S_\pm$, die N Windungen haben:

$$\vec{B} = \frac{\mu_0\, N I}{4\pi} \left(\int\limits_{S_-} \frac{\vec{r}'_- \times d\vec{l}}{|\vec{r} - \vec{r}'_-|^3} + \int\limits_{S_+} \frac{\vec{r}'_+ \times d\vec{l}}{|\vec{r} - \vec{r}'_+|^3} \right),$$

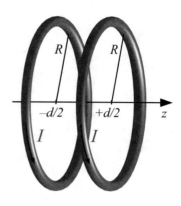

mit den Vektoren

$$\vec{r} = \begin{pmatrix} 0 \\ 0 \\ z \end{pmatrix} \quad \vec{r}'_\pm = \begin{pmatrix} R\cos\phi \\ R\sin\phi \\ \pm d_0/2 \end{pmatrix} \quad d\vec{l} = \begin{pmatrix} -R\sin\phi \\ r\cos\phi \\ 0 \end{pmatrix} d\phi.$$

Einsetzen ergibt

$$\vec{r}'_\pm \times d\vec{l} = R^2\, d\phi\, \hat{e}_z$$
$$|\vec{r} - \vec{r}'_\pm| = \sqrt{R^2 + (z \mp d_0/2)^2}.$$

Dies führt auf:

$$\vec{B} = \frac{\mu_0\, N I}{4\pi}\, \hat{e}_z \left(\int\limits_0^{2\pi} \frac{R^2}{\left(R^2 + \left(z + \frac{d_0}{2}\right)^2\right)^{\frac{3}{2}}}\, d\phi \right.$$

$$\left. + \int\limits_0^{2\pi} \frac{R^2}{\left(R^2 + \left(z - \frac{d_0}{2}\right)^2\right)^{\frac{3}{2}}}\, d\phi \right)$$

Der Integrand ist von ϕ unabhängig, so dass die beiden Integrale jeweils einen Faktor 2π ergeben. Das Magnetfeld auf der Achse ist folglich:

$$\vec{B}(z)$$

$$= \frac{\mu_0\, N I}{2}\, \hat{e}_z \left(\frac{R^2}{\left(R^2 + \left(z + \frac{d_0}{2}\right)^2\right)^{\frac{3}{2}}} + \frac{R^2}{\left(R^2 + \left(z - \frac{d_0}{2}\right)^2\right)^{\frac{3}{2}}} \right)$$

Um die Homogenität des Feldes im Zentrum der Helmholtzspulen zu studieren, entwickeln wir das Feld auf der Achse um den

Ursprung:

$$\vec{B}(z) = \vec{B}(z=0) + \frac{\partial}{\partial z} \vec{B}(z)\bigg|_{z=0} z + \frac{1}{2} \frac{\partial^2}{\partial z^2} \vec{B}(z)\bigg|_{z=0} z^2 + \mathcal{O}\left(z^3\right)$$

Wir definieren eine Größe:

$$a_\pm = \left(1 + \left(\frac{z}{R} \mp \frac{d_0}{2R}\right)^2\right)^{-\frac{3}{2}}$$

Dann lässt sich das Feld schreiben als:

$$\vec{B}(z) = \frac{\mu_0 NI}{R} \frac{1}{2}\bigg((a_+|_{z=0} + a_-|_{z=0})$$
$$+ \left(\frac{\partial}{\partial z} a_+\bigg|_{z=0} + \frac{\partial}{\partial z} a_-\bigg|_{z=0}\right) \frac{z}{R}$$
$$+ \frac{1}{2}\left(\frac{\partial^2}{\partial z^2} a_+\bigg|_{z=0} + \frac{\partial^2}{\partial z^2} a_-\bigg|_{z=0}\right) \frac{z^2}{R^2} \bigg) \hat{e}_z,$$

mit den Werten:

$$a_\pm|_{z=0} = \left(1 + \frac{d_0^2}{4R^2}\right)^{-\frac{3}{2}}$$

$$\frac{\partial}{\partial z} a_\pm\bigg|_{z=0} = \pm 3 \frac{d_0}{2R} \left(1 + \frac{d_0^2}{4R^2}\right)^{-\frac{5}{2}}$$

$$\frac{\partial^2}{\partial z^2} a_\pm\bigg|_{z=0} = -3\left(1 - \frac{d_0}{R}\right)\left(1 + \frac{d_0^2}{4R^2}\right)^{-\frac{5}{2}}$$

Die Feldstärke im Ursprung beträgt:

$$\vec{B}(0) = \frac{\mu_0 NI}{R} \left(1 + \frac{d_0^2}{4R^2}\right)^{-\frac{3}{2}} \hat{e}_z$$

Die beiden Koeffizienten des linearen Terms in z kompensieren sich zu null, so dass das Feld am Ursprung näherungsweise homogen ist. Genauer gesagt steigen Abweichungen vom Wert des Feldes am Ursprung lediglich proportional zu $(z/R)^2$ an. Man kann die Homogenität noch weiter verbessern, indem man $R = d_0$ wählt, d. h., der Abstand der beiden Spulen zueinander muss ihrem Radius entsprechen. In diesem Fall wird auch noch der quadratische Term null und die Inhomogenitäten steigen lediglich mit $(z/R)^3$. Dies ist die übliche Konfiguration der Helmholtzspulen. Für eine relativ große Spule mit $R = 20$ cm erhält man beispielsweise bei 2500 Windungen und einem Strom von 0,8 A ein Feld von etwa 9 mT bei einem nutzbaren Volumen mit einem Radius von rund 10 cm.

❓ Übungsaufgaben zu ▶ Kap. 7

1. Ein Draht der Länge L wird zu einer rechteckigen Leiterschleife mit den Kantenlängen a und b gebogen. Berechnen Sie die magnetische Feldstärke B im Zentrum der Leiterschleife, wenn diese von einem Strom I durchflossen wird. Für welches Verhältnis a/b ist das Magnetfeld minimal und welchen Wert hat es dann?

2. Durch einen flachen Leiterstreifen der Dicke d und der Breite b fließt ein Strom mit der homogenen Stromdichte $\vec{j}$. Berechnen Sie die magnetische Feldstärke B in einem Punkt, der sich in einer Höhe h mittig über dem Leiterstreifen befindet (siehe Skizze).

   Lassen Sie nun die Breite b gegen unendlich gehen und vergleichen Sie mit dem Resultat aus dem ▶ Beispiel 7.4.

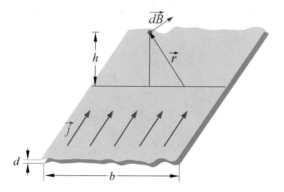

3. Betrachten Sie noch einmal ▶ Beispiel 7.12 Wie sieht das Feld im Zentrum der beiden Spulen aus, wenn Sie eine der beiden Spulen umpolen? Man nennt diese Konfiguration Maxwell-Spulen.

4. Die Hochspannungs-Gleichstrom-Übertragungsleitung (HGÜ) „Baltic Cable" zwischen Schweden und Deutschland besitzt eine Übertragungsleistung von 600 MW bei einer Spannung von 450 kV. Nach Erreichen des Festlandes wird diese als Freileitung ca. 20 m über dem Erdboden geführt. Wie groß ist das durch die HGÜ erzeugte Magnetfeld am Erdboden? Vergleichen Sie mit dem Erdmagnetfeld.

5. Ein unendlich langer gerader Leiter ist an einer Stelle zu einer Leiterschleife vom Radius R geschlungen (siehe Skizze) und wird von einem Strom I durchflossen. Wie groß ist das Magnetfeld im Mittelpunkt der Leiterschleife? Welchen Anteil trägt der gerade Leiter und welchen Anteil trägt die Leiterschleife zum Gesamtfeld bei?

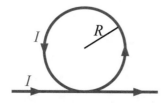

6. Berechnen Sie die magnetische Feldstärke, die das Elektron des Wasserstoffatoms am Ort des Atomkerns erzeugt. Nehmen Sie dabei an, dass es den Kern im Abstand des Bohr'schen Radius r_B mit dem quantisierten Drehimpuls $\hbar$ umkreist.
    Bohr'scher Radius $r_B = 0{,}53 \cdot 10^{-10}$ m
    Planck'sches Wirkungsquantum $\hbar = h/2\pi = 1{,}05 \cdot 10^{-34}$ J s

7. Gegeben sei das Vektorpotenzial

$$\vec{A} = -\frac{\mu_0 I}{4\pi} \ln\left(\frac{x^2 + y^2}{z^2}\right) \hat{e}_z$$

a. Berechnen Sie das Magnetfeld. Welche Leiteranordnung liegt vor?
b. Berechnen Sie die Divergenz von $\vec{A}$.
c. Wie müssen Sie $\vec{A}$ ändern, damit Coulomb-Eichung vorliegt?

Magnetische Kräfte

Stefan Roth und Achim Stahl

© Springer-Verlag GmbH Deutschland, ein Teil von Springer Nature 2018
S. Roth, A. Stahl, *Elektrizität und Magnetismus*, DOI 10.1007/978-3-662-54445-7_8

8.1   Die Lorentzkraft

8.1.1 Das Kraftgesetz

Nachdem wir nun die Ströme und die Magnetfelder diskutiert haben, wollen wir uns den Kräften zuwenden, die sie verursachen. Wir beginnen noch einmal mit einem einfachen Experiment (▶ Experiment 8.1). Es zeigt, dass sich zwei gegenläufige Ströme abstoßen. Man mag geneigt sein, dies durch die elektrostatische Abstoßung der Elektronen, die den Stromfluss bewirken, zu erklären. Doch diese Erklärung ist falsch. Zum einen kann man sich vergewissern, dass die Kabel elektrisch neutral sind, indem man eine geladene Kugel in ihre Nähe bringt. Man kann keinerlei Kraftwirkung auf diese Kugel beobachten. Zum anderen erhält man einen Widerspruch, wenn man die Stromrichtung eines der beiden Kabel umpolt. Eine eventuelle elektrostatische Abstoßung wäre davon unberührt, doch tatsächlich geht die Abstoßung der Kabel in eine Anziehung über.

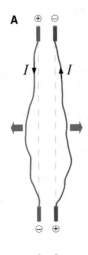

Diese Überlegungen zeigen, dass wir die Kräfte zwischen den Strömen nicht durch Coulomb-Kräfte erklären können, sondern dass eine neue Kraft auftritt. Diese neue Kraft – wir werden sie später die Lorentzkraft nennen – hat offensichtlich etwas mit der Bewegung der Ladungsträger zu tun, denn in dem Moment, in dem wir den Stromfluss stoppen, verschwindet auch die Kraft.

Experiment 8.1: Kraft auf Ströme

Zwei isolierte Elektrokabel hängen locker nebeneinander. Nun schickt man einen gegenläufigen Strom durch die beiden Kabel (1 … 5 A). Die beiden Kabel stoßen sich gegenseitig ab (A). Polt man einen der beiden Ströme um, ziehen sich die Kabel anschließend an (B).

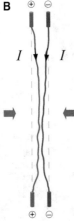

Zur gleichen Schlussfolgerung kommen wir mit zwei ähnlichen Experimenten (◨ Abb. 8.1, siehe auch ▶ Experiment 7.7). Wir nähern uns in einem ersten Experiment mit einem Stabmagneten ruhenden Elektronen in einer Konduktorkugel auf einem Elektroskop und in einem zweiten Experiment bewegten Elektronen in einem Elektronenstrahlrohr. Das Elektroskop zeigt keinerlei Auswirkungen des Magnetfeldes auf die ruhenden Ladungen. Beim Elektronenstrahlrohr sieht man dagegen schon bei größerer Entfernung des Magneten eine deutliche Ablenkung des Strahls. Auch hier kommen wir zu dem Ergebnis, dass die magnetische Kraft von der Geschwindigkeit der Ladungen abhängt. Die Helmholtzspulen (siehe ▶ Experiment 8.2) erzeugen ein nahezu homogenes Magnetfeld im Bereich des Elektronenstrahls. Bei ausgeschaltetem Magnetfeld sieht man einen geraden Elektronenstrahl, der oberhalb der Elektronenkanone auf den Glaskolben trifft. Schaltet man das Magnetfeld ein, so wird der Elektronenstrahl auf eine Kreisbahn gebogen. Wenn alles sauber ausgerichtet ist, durchläuft der Strahl einen vollen Kreis und trifft dann von unten wieder auf die Elektronenkanone, von der er ausging. Variiert man das Magnetfeld, so sieht man, dass der Radius der Kreisbahn umgekehrt proportional zur Feldstärke ist. Schwieriger zu erkennen ist die Abhängigkeit des Radius von der Geschwindigkeit der Elektronen. Man kann die Spannung an der Beschleunigungselektrode variieren, was die Geschwindigkeit direkt beeinflusst, aber leider auch die Fokussierung des Strahls verändert, so dass er bei zu großen Variationen unscharf wird.

Die Richtung der Kraftwirkung lässt sich beispielsweise aus dem Fadenstrahlrohr ableiten (▶ Experiment 8.2). Durch die magnetische Kraft werden die Elektronen auf eine Kreisbahn gezwungen. Dazu ist eine Zentripetalkraft notwendig, die zum Mittelpunkt des Kreises zeigt. Sie steht senkrecht auf dem Kreis, d. h. senkrecht auf der Geschwindigkeit der Elektronen. Wir wissen bereits, dass das Magnetfeld der Helmholtzspulen entlang ihrer Spulenachse zeigt (▶ Beispiel 7.12), woraus wir sehen, dass die magnetische Kraft auch auf dem Feldvektor senkrecht steht. Wir erkennen, dass man die Richtung der magnetischen Kraft über eine Rechte-Hand-Regel bestimmen kann, wie sie in ◘ Abb. 8.2 dargestellt ist.

A

B

◘ **Abb. 8.1** Wirkung eines Stabmagneten auf ruhende (**A**) und bewegte (**B**) Elektronen.
© Fotos: Hendrik Brixius

Rechte Hand

◘ **Abb. 8.2** Mit der Rechte-Hand-Regel bestimmen Sie die Richtung der magnetischen Kraft

Experiment 8.2: Fadenstrahlrohr

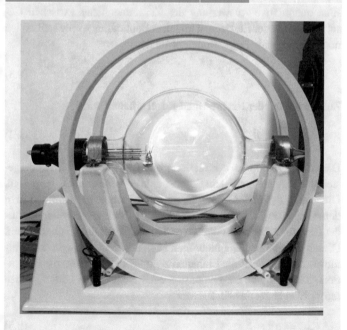

© RWTH Aachen, Sammlung Physik

Das Fadenstrahlrohr ist ein Elektronenstrahlrohr ähnlich dem, das Sie aus ► Experiment 7.7 kennen. Beim Fadenstrahlrohr fällt der Glaskolben etwas größer aus und die Elektronenkanone ist so eingebaut, dass der Elektronenstrahl nach oben emittiert wird. Das Fadenstrahlrohr ist im Inneren eines Helmholtzspulenpaars montiert. Dies stellt den Hauptunterschied zur Apparatur aus ► Experiment 7.7 dar, in dem wir einen Stabmagneten verwendet haben.

Das Experiment mit dem Fadenstrahlrohr (► Experiment 8.2) zeigt nicht nur die Richtung der magnetischen Kraft, sondern auch deren Stärke. Bei konstantem Radius auf der Kreisbahn muss die Zentrifugalkraft durch die Zentripetalkraft kompensiert werden. Setzen wir für die Zentripetalkraft F_{mag}, so erhalten wir:

$$F_{\mathrm{mag}} = m\,\frac{v^2}{r} \tag{8.1}$$

Aus der Beobachtung, dass der Radius der Bahn umgekehrt proportional zur magnetischen Feldstärke ist, folgt also:

$$F_{\mathrm{mag}} \propto B \tag{8.2}$$

Eine quantitative Auswertung des Zusammenhangs zwischen Geschwindigkeit der Elektronen und dem Bahnradius würde schließlich noch die folgende Proportionalität zeigen:

$$F_{\mathrm{mag}} \propto v \tag{8.3}$$

Zusammen mit der Rechte-Hand-Regel erhalten wir:

$$\vec{F}_{\mathrm{mag}} \propto \vec{v} \times \vec{B} \tag{8.4}$$

Dass die Beziehung in der Tat durch ein Kreuzprodukt korrekt dargestellt ist, kann man mit dem Fadenstrahlrohr noch einmal überprüfen. Dreht man das Fadenstrahlrohr um seine Achse, so verringert man den Winkel zwischen $\vec{v}$ und $\vec{B}$. Man beobachtet, dass der Radius der Elektronenbahn zunimmt, was bedeutet, dass die Kraft abnimmt. Diesen Zusammenhang hätte man auch aus dem Kreuzprodukt vermutet. Ein Blick auf die Einheiten zeigt schließlich, dass die Proportionalitätskonstante die Dimension einer elektrischen Ladung haben muss. Also lautet das Kraftgesetz:

$$\vec{F}_{\mathrm{mag}} = q\vec{v} \times \vec{B} \tag{8.5}$$

Nun haben wir das magnetische Kraftgesetz phänomenologisch aus Experimenten begründet. Dabei haben wir keinerlei Bezug auf die elektrischen Kräfte genommen. Wir haben die magnetische Kraft als neue, unabhängige Kraft neben die elektrische Kraft gestellt. Aber ist dies richtig? Sind die beiden nicht über die elektrische Ladung eng miteinander verknüpft? Die elektrische Kraft wirkt auf ruhende Ladungen, die magnetische Kraft zusätzlich auf bewegte. Doch „ruhend" und „bewegt" sind keine absoluten Begriffe. Wie wir bereits zu Beginn von Band 1 gelernt haben (Abschn. 5.2), hängen diese Begriffe vom Bezugssystem ab. Hier liegt auch die Verbindung zwischen elektrischen und magnetischen Kräften. Stellen Sie sich zwei geladene Kugeln in einem festen Abstand von einigen Zentimetern vor. In einem Bezugssystem, in dem die beiden Kugeln ruhen, spüren sie eine gegenseitig elektrische Kraft. Eine magnetische Kraft tritt nicht auf. Begeben wir uns nun in ein Bezugssystem, in dem die beiden Kugeln sich bewegen, so herrscht immer noch eine elektrische Kraft zwischen den beiden Kugeln, doch zusätzlich tritt eine magnetische Kraft auf. Die eine bewegte Kugel stellt einen Strom dar, der zu einem magnetischen Feld führt, während die andere bewegte Kugel in diesem Feld eine magnetische Kraft erfährt. Würden wir diese Überlegung mathematisch ausführen, so könnten wir die magnetische Kraft aus der elektrischen Kraft, d. h. aus dem Coulomb-Gesetz ableiten. Allerdings – und das dürfte Sie überraschen – dürfen wir für die Koordinatentransformation nicht die Galileitransformation verwenden, die wir in Band 1 kennen gelernt haben, sondern wir müssen die Lorentztransformation der Relativitätstheorie benutzen. Da wir uns hier noch auf die klassische Physik beschränken wollen, müssen wir die Diskussion dieses wichtigen Punktes auf den Band über Moderne Physik aufschieben. Wir wollten den Zusammenhang hier aber wenigstens erwähnt haben. Die Lorentztransformation ist nach dem niederländischen Physiker Hendrik Antoon Lorentz benannt, der die mathematischen Grundlagen der speziellen Relativitätstheorie erarbeitet hat. Da die magnetische Kraft eng mit der Lorentztransformation verknüpft ist, nennt man sie auch die Lorentzkraft. Diesen Namen und die Bezeichnung $\vec{F}_L$ wollen wir nun in der Folge verwenden. Das Kraftgesetz lautet dann:

$$\vec{F}_L = q\vec{v} \times \vec{B} \qquad (8.6)$$

Nun ist es uns an dieser Stelle wichtig, auf einen Unterschied zwischen elektrischen und magnetischen Kräften hinzuweisen. In ▶ Abschn. 2.4 haben wir uns mit der Arbeit beschäftigt, die von elektrischen Kräften verrichtet wird, wenn wir die Ladungen bewegen. Wie steht es mit der Arbeit durch magnetische Kräfte? Die Antwort ist einfach: Da die Lorentzkraft immer senkrecht auf der Geschwindigkeit und damit auf der Bewegungsrichtung steht, kann durch die Lorentzkraft keine Arbeit verrichtet werden. Es wird keine Leistung umgesetzt.

$$W = \int \vec{F}_L \cdot d\vec{s} = 0 \qquad (8.7)$$

8.1.2 Fadenstrahlrohr

Wir gehen nun auf das Fadenstrahlrohr, das Sie in ▶ Experiment 8.2 kennen gelernt haben, noch etwas näher ein. Die Elektronenkanone, die den Elektronenstrahl erzeugt und beschleunigt, haben wir in ▶ Beispiel 2.12 vorgestellt. Die Geschwindigkeit der Elektronen nach dem Austritt aus der Anode wird durch die Spannung U_B an der Anode bestimmt, die man die Beschleunigungsspannung nennt. Die Geschwindigkeit der Elektronen kann man aus einer Energiebilanz bestimmen:

$$eU_B = \frac{1}{2} m_e v^2 \quad \Rightarrow \quad v = \sqrt{\frac{2eU_B}{m_e}} \tag{8.8}$$

Dabei ist $e = 1{,}602 \cdot 10^{-19}\,\text{C}$ der Betrag der Ladung der Elektronen und $9{,}109 \cdot 10^{-31}\,\text{kg}$ ihre Masse. Die Beschleunigungsspannung darf bei unserer Apparatur maximal 300 V betragen. Die maximale Geschwindigkeit ist daher gut 3 % der Lichtgeschwindigkeit.

Die Helmholtzspulen erzeugen ein Magnetfeld, das wir als homogen annehmen wollen. In diesem Feld bewegen sich die Elektronen. Die Elektronenstrahlröhre ist so ausgerichtet, dass der Elektronenstrahl senkrecht zum Magnetfeld orientiert ist. Die Kreisbahn entsteht aus dem Gleichgewicht von Lorentzkraft und Zentrifugalkraft (siehe ◻ Abb. 8.3):

$$-e\vec{v} \times \vec{B} = -m_e \frac{v^2}{r} \hat{e}_r \tag{8.9}$$

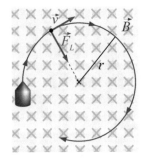

◻ **Abb. 8.3** Lorentzkraft auf einen Elektronenstrahl in einem homogenen Feld

In der beschriebenen Ausrichtung des Strahls genügt es, die Beträge der Kräfte zu betrachten:

$$evB = m_e \frac{v^2}{r}$$
$$eB = \frac{p_e}{r} \Rightarrow r = \frac{p_e}{eB} \tag{8.10}$$

In der zweiten Zeile haben wir den Impuls der Elektronen $p_e = m_e v$ eingeführt, da die Formel in dieser Formulierung auch noch für relativistische Energien zutrifft.

Aus dem Radius kann man nun die Umlaufzeit T_Z und die Umlauffrequenz ω_Z ableiten. Mit dem Umfang U der Kreisbahn gilt:

$$T_Z = \frac{U}{v} = \frac{2\pi r}{v} = \frac{2\pi m}{eB}$$
$$\omega_Z = \frac{2\pi}{T_Z} = \frac{e}{m} B \tag{8.11}$$

Man nennt diese Frequenz mit Bezug auf einen bestimmten Typ eines Teilchenbeschleunigers, das Zyklotron, die Zyklotronfrequenz. Wir werden in ▶ Abschn. 8.4.3 darauf zurückkommen. Die Zyklotronfrequenz ist bei gegebenem Magnetfeld für jede Teilchenart ein fester Wert. Sie hängt vom Verhältnis von Ladung zur Masse des Teilchens ab, der sogenannten spezifischen Ladung, aber nicht vom Impuls des Teilchens. Teilchen mit einem höheren Impuls bewegen sich zwar schneller, aber dafür ist der Radius ihrer Kreisbahn größer, so dass sie bei einem Umlauf eine entsprechend längere Strecke zurücklegen müssen.

Dies trifft allerdings nur so lange zu, wie die Geschwindigkeit noch klein ist gegen die Lichtgeschwindigkeit. Nähert sich die Geschwindigkeit der Lichtgeschwindigkeit, so nimmt mit steigendem Impuls zwar der Radius der Bahn zu, aber die Geschwindigkeit kann nicht mehr ansteigen. Die Umlaufzeit verlängert sich[1].

Wir sind bisher davon ausgegangen, dass der Elektronenstrahl senkrecht zum Magnetfeld ausgerichtet ist. Wir wollen nun diskutieren, was sich ändert, wenn wir diese Bedingung aufgeben. Dieser allgemeine Fall lässt sich mit dem Superpositionsprinzip auf den Spezialfall, den wir bereits diskutiert haben, zurückführen. Wir definieren ein Koordinatensystem, dessen z-Achse in Richtung des Magnetfeldes weist. ◘ Abb. 8.3 zeigt dann die Projektion der Bewegung in eine Ebene senkrecht zum Magnetfeld (die x-y-Ebene). Gl. 8.10 gilt immer noch, sofern wir alle Größen auf die Projektion in diese Ebene beziehen:

$$evB = m_e \frac{v_\perp^2}{\rho}$$
$$eB = \frac{p_\perp}{\rho} \Rightarrow \rho = \frac{p_\perp}{eB} \tag{8.12}$$

Nun ist $v_\perp$ die Projektion der Geschwindigkeit in die Ebene senkrecht zum Magnetfeld, $p_\perp$ die entsprechende Projektion des Impulses und ρ der Radius der Kreisbahn in dieser Ebene.

Für die Geschwindigkeitskomponente $v_\parallel$ gilt, dass diese vom Magnetfeld nicht beeinflusst wird. Sie zeigt in Richtung des Magnetfeldes und daher entsteht aus dieser Komponente keine Lorentzkraft. Diese Geschwindigkeitskomponente ist konstant. Setzt man nun die beiden Geschwindigkeitskomponenten zusammen, so sieht man, dass die Elektronen eine Helix durchlaufen, deren Achse parallel zum Magnetfeld ausgerichtet ist.

8.1.3 Der Hall-Effekt

Die Lorentzkraft wirkt auch auf Ladungen, die sich in einem Leiter bewegen. Ein interessanter Effekt ergibt sich, wenn Strom durch ein Leiterplättchen fließt, das sich in einem Magnetfeld befindet. Man

---

[1] Um die Zyklotronfrequenz bei relativistischen Geschwindigkeiten zu berechnen, müssen Sie in Gl. 8.11 die bewegte Masse des Teilchens einsetzen, nicht seine Ruhemasse.

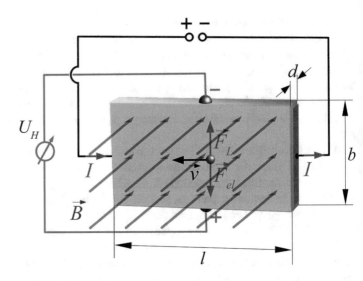

□ **Abb. 8.4** Der Hall-Effekt

beobachtet senkrecht zur Stromrichtung und senkrecht zum Magnetfeld eine Spannung. Diese nennt man die Hall-Spannung nach dem
amerikanischen Physiker Edwin Hall, der den Effekt 1879 im Rahmen seiner Doktorarbeit entdeckte.

□ Abb. 8.4 zeigt den Aufbau zum Nachweis des Hall-Effektes.
Im Zentrum befindet sich das gelb gezeichnete Leiterblättchen, in
dem der Hall-Effekt stattfindet. Oft verwendet man ein Halbleiterplättchen. Der Strom fließt von links nach rechts durch das Plättchen
(technische Stromrichtung) der Länge l. Senkrecht zum Plättchen
wirkt das Magnetfeld $\vec{B}$, das wir hier als homogen annehmen wollen.
Die Dicke des Plättchens in Richtung des Feldes ist d. Mit einem
Spannungsmessgerät lässt sich dann zwischen der Ober- und Unterseite des Plättchens die Hall-Spannung U_H abgreifen. In dieser
Richtung hat das Plättchen die Breite b.

Die Elektronen, die durch das Leiterplättchen fließen, erfahren
eine Lorentzkraft. Sie ist nach oben gerichtet. Beachten Sie bitte,
dass die Elektronen negativ geladen sind und die Rechte-Hand-Regel
daher $-\vec{F}_L$ anzeigt, sofern der Daumen die Richtung der Geschwindigkeit der Elektronen anzeigt[2]. Die Elektronen werden also auf ihrem Weg durch das Leiterplättchen nach oben abgelenkt. Der obere
Rand des Plättchens lädt sich negativ auf. Am unteren Rand erzeugen
die ortsfesten Atomrümpfe eine positive Gegenladung. Dadurch entsteht ein elektrisches Feld, das ebenfalls eine Kraft auf die Elektronen
ausübt. Diese Kraft ist nach unten auf die positive Raumladung hin
gerichtet. Es stellt sich ein Gleichgewicht zwischen Lorentzkraft und

---

[2] Falls Sie das Minus in solchen Fällen stört, könnten Sie sich angewöhnen, mit dem
Daumen immer die technische Stromrichtung anzuzeigen.

elektrischer Kraft ein. Im Gleichgewicht gilt:

$$\begin{aligned} F_L &= F_{el} \\ ev_d B &= eE \end{aligned} \qquad (8.13)$$

Um die Hall-Spannung zu bestimmen, müssen wir die auftretenden Felder noch durch geeignete Größen ersetzen. Wir beginnen mit dem Strom:

$$I = jA = jbd \qquad (8.14)$$

In ▶ Abschn. 6.4 (Gl. 6.26) hatten wir die Stromdichte j auf die Ladungsträgerdichte n_e und die Driftgeschwindigkeit v_d der Elektronen zurückgeführt:

$$j = n_e v_d e \quad \Rightarrow \quad ev_d = \frac{j}{n_e} \qquad (8.15)$$

Für die Lorentzkraft ergibt sich damit:

$$F_L = \frac{I}{bd\,n_e} B \qquad (8.16)$$

Um das elektrische Feld in die Hall-Spannung umzurechnen, betrachten wir das Plättchen als Plattenkondensator mit dem Plattenabstand b, d. h., wir nehmen auch das elektrische Feld im Plättchen als homogen an. Dann gilt

$$E = \frac{U_H}{b} \qquad (8.17)$$

und damit

$$F_{el} = \frac{eU_H}{b}. \qquad (8.18)$$

Setzen wir nun die Beträge der beiden Kräfte gleich, so erhalten wir:

$$\frac{I}{bd\,n_e} B = \frac{eU_H}{b} \Rightarrow U_H = \frac{I}{ed\,n_e} B \qquad (8.19)$$

Die Hall-Spannung ist proportional zur magnetischen Feldstärke im Plättchen, genauer gesagt zu der Komponente des Magnetfeldes, die senkrecht auf dem Plättchen steht. Diesen Effekt kann man ausnutzen, um Magnetfelder zu vermessen.

Experiment 8.3: Hall-Effekt

Den Hall-Effekt kann man mit einem Halbleiterplättchen demonstrieren. Das Plättchen mit seinen Anschlüssen ist in der Abbildung zu sehen. Man schickt einen Strom (ca. 100 mA) durch das Plättchen und misst die Spannung am anderen Anschluss.

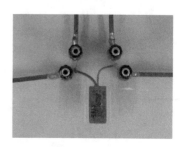

© RWTH Aachen, Sammlung Physik

Zunächst zeigt das Messgerät eine sehr kleine Spannung an, die man, sofern möglich, auf null abgleicht. Dann nähert man sich mit einem Stabmagneten dem Plättchen. Nun ist ein deutlicher Ausschlag von einigen mV zu beobachten. Der Ausschlag hängt von der Orientierung des Magneten und seinem Abstand zum Plättchen (Feldstärke) ab. Dreht man den Magneten um, wechselt die Hall-Spannung die Polarität.

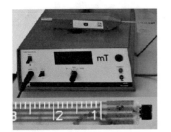

© Fotos: Hendrik Brixius

Beispiel 8.1: Hall-Sonde

Hall-Sonden kann man als Messgeräte für Magnetfelder kaufen. Das Steuergerät erzeugt den Strom, misst die Spannung und rechnet diese in die magnetische Feldstärke um, die es dann anzeigt. Im Gehäuse ist eine Röhre eingebaut (an unserem Gerät rechts oben), die äußere Magnetfelder abschirmt. Steckt man die Sonde hinein, so kann man die Anzeige auf das Nullfeld abgleichen.

8.2 Kraft auf Ströme

8.2.1 Kräfte zwischen zwei Strömen

Wir erinnern noch einmal an die Leiterschaukel aus ► Experiment 7.4. Dort hatten wir gezeigt, dass auf einen stromdurchflossenen Leiter in einem magnetischen Feld eine Kraft wirkt. Diese wollen wir nun quantitativ bestimmen.

Der Aufbau ist in ◘ Abb. 8.5 skizziert. Durch den Leiter mit Querschnitt A fließt ein Strom der Stärke

$$I = jA \qquad (8.20)$$

mit der Stromdichte

$$\vec{j} = e n_e \vec{v}_d. \qquad (8.21)$$

◘ **Abb. 8.5** Die Leiterschaukel

Wir berechnen die Kraft auf ein infinitesimales Stück des Leiters. In diesem Stück des Leiters mit der Länge dl befindet sich die Ladung dq, die wir berechnen können als

$$dq = e n_e A dl. \qquad (8.22)$$

Auf diese Ladung dq wirkt eine Kraft dF:

$$\begin{aligned}
d\vec{F} &= dq \left(\vec{v}_d \times \vec{B} \right) \\
&= e n_e A dl \left(\vec{v}_d \times \vec{B} \right) \\
&= A dl \left(\vec{j} \times \vec{B} \right)
\end{aligned} \qquad (8.23)$$

Dies können wir noch etwas eleganter formulieren, indem wir dem Längenelement dl eine Richtung zuweisen. Der Vektor $d\vec{l}$ soll als Betrag die Länge des Leiterelementes dl tragen und in die Richtung des Stromflusses zeigen. Er ist in ◘ Abb. 8.5 eingezeichnet. Dann können wir das Kraftelement folgendermaßen schreiben:

$$d\vec{F} = A \left|\vec{j}\right| \left(d\vec{l} \times \vec{B}\right) = I \left(d\vec{l} \times \vec{B}\right) \tag{8.24}$$

Hieraus lässt sich nun die Kraft auf unseren Leiter integrieren. Wir erhalten für unseren geraden Leiter unter der Annahme eines homogenen Feldes

$$\vec{F} = I \left(\vec{l} \times \vec{B}\right), \tag{8.25}$$

wobei $\vec{l}$ ebenfalls in Richtung des Stromflusses zeigt und die Länge des Leiterstückes bezeichnet, das sich im Magnetfeld befindet. Ist der Leiter nicht gerade oder das Feld nicht homogen, so muss man auf Gl. 8.24 zurückgreifen und das Integral entsprechend ausführen.

Beachten Sie, dass die Vektoren $\vec{l}$ und $d\vec{l}$ immer die technische Stromrichtung angeben, d. h., die Vektoren zeigen immer vom positiven Potenzial zum negativen. Die Elektronen in metallischen Leitern bewegen sich jedoch entgegengesetzt. Für Elektronen ist $q = -e$ zu setzen, so dass der Stromdichtevektor und die Driftgeschwindigkeit entgegengesetzt sind.

Betrachten wir als Nächstes die Kraft zwischen zwei parallelen, stromdurchflossenen Leitern, wie sie in ◘ Abb. 8.6 zu sehen sind. Der Strom im rechten Leiter fließe aus der Zeichenebene heraus, der im linken in diese hinein. Der Leiter 2 erzeugt am Ort des Leiters 1 ein Magnetfeld, wie es in der Skizze angedeutet ist. In diesem Magnetfeld erfährt der Leiter 1 eine Kraft. Wir wollen diese berechnen.

Die Leiter haben die Länge L, die so groß sein soll, dass Randeffekte an den Enden der Leiter vernachlässigbar werden. Ihr Abstand ist r. Die Leiter werden von einem Strom I in entgegengesetzter Richtungen durchflossen. Die Kraft auf ein infinitesimales Stück des Leiters 1 ist:

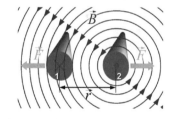

◘ **Abb. 8.6** Kraft zwischen zwei stromdurchflossenen Leitern

$$d\vec{F}_1 = I_1 \left(d\vec{l}_1 \times \vec{B}_2\right) \tag{8.26}$$

Das Magnetfeld eines geraden Leiters hatten wir bereits berechnet (▶ Abschn. 7.5.1). Es ist (z-Achse in die Zeichenebene)

$$\vec{B}_2 = \frac{\mu_0}{2\pi} \frac{I_2}{r} \hat{e}_\phi \tag{8.27}$$

Wie man sieht, steht bei parallelen Leitern das Magnetfeld senkrecht auf dem anderen Leiter, so dass es im Folgenden genügt, die Beträge zu berücksichtigen.

$$dF_1 = I_1 \left(\frac{\mu_0}{2\pi} \frac{I_2}{r} \right) dl_1 = \frac{\mu_0}{2\pi r} I_1 I_2 dl_1$$

$$\left| \vec{F}_1 \right| = \int_L \frac{\mu_0}{2\pi r} I_1 I_2 dl_1 = \frac{\mu_0}{2\pi} \frac{L}{r} I_1 I_2 \tag{8.28}$$

Mit der Rechte-Hand-Regel kann man sich leicht vergewissern, dass die Kraft vom zweiten Leiter weg zeigt, wie dies in der Abbildung angedeutet ist.

Damit haben wir die Kraft auf Leiter 1 bestimmt. Doch was ist mit Leiter 2? Auch er erfährt eine Kraft. Wir hätten genauso gut mit Leiter 1 beginnen können. Hätten wir dessen Feld am Ort des Leiters 2 bestimmt und dann die Lorentzkraft berechnet, die auf Leiter 2 in diesem Feld ausgeübt wird, so hätte sich ergeben:

$$\left| \vec{F}_2 \right| = \frac{\mu_0}{2\pi} \frac{L}{r} I_1 I_2 \tag{8.29}$$

Die Situation ist völlig symmetrisch. Dem Betrage nach sind die beiden Kräfte $\vec{F}_1$ und $\vec{F}_2$ gleich groß, sie zeigen aber in entgegengesetzte Richtungen, wie man dies nach Newtons Reaktionsgesetz auch erwarten muss. Polt man einen der beiden Ströme um, so dass sie in dieselbe Richtung weisen, so kehren sich auch die beiden Kräfte um. Die Ströme ziehen sich dann an. Diese Kräfte lassen sich mit Hilfe einer Stromwaage messen, die wir Ihnen bereits vorgestellt haben (siehe ▶ Experiment 7.2).

Experiment 8.4: Messung der Kraft auf eine Leiterschleife

Mit diesem Experiment kann man die Kraft auf einen stromdurchflossenen Leiter (Gl. 8.25) quantitativ überprüfen. Von zwei Elektromagneten wird ein starkes Magnetfeld erzeugt. Im Feld wird eine Leiterschleife an einem empfindlichen Kraftsensor aufgehängt. Es stehen mehrere Leiterschleifen mit unterschiedlichen Leiterlängen l zur Verfügung. Die Leiterschleife wird senkrecht zum Magnetfeld ausgerichtet. Wir können dann die Relation

$$F = IlB$$

überprüfen, indem wir verschieden lange Leiterschleifen miteinander vergleichen und jeweils den Strom durch die Spule (B) und den Strom durch die Leiterschleife I variieren. Der lineare Zusammenhang lässt sich so eindrucksvoll demonstrieren. Mit einer Hall-Sonde kann man nach Ausbau der Leiterschleife die Stärke des Feldes bestimmen und gegen den Strom kalibrieren. Wir erhalten Kräfte im Bereich von 0,01 mN/mT/A.

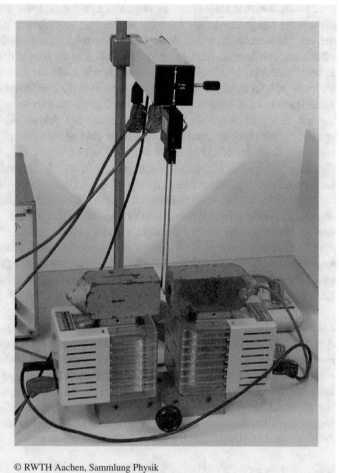

© RWTH Aachen, Sammlung Physik

8.2.2 Die Definition des Ampere

Das Ampere ist die SI-Einheit des elektrischen Stromes und gleichzeitig die Basiseinheit aller elektrischen Größen. Sie werden alle auf das Ampere zurückgeführt. Das Ampere ist über die Kraftwirkung zwischen zwei parallelen, stromdurchflossenen Leitern definiert, wie wir sie im vorherigen Kapitel diskutiert haben. Hier ist die Definition:

> **Definition des Ampere**
> 1 Ampere ist die Stärke des zeitlich konstanten elektrischen Stromes, der im Vakuum zwischen zwei parallelen, unendlich langen, geraden Leitern mit vernachlässigbar kleinem, kreisförmigem Querschnitt und dem Abstand von 1 Meter zwischen diesen Leitern eine Kraft von $2 \cdot 10^{-7}$ Newton pro Meter Leiterlänge hervorrufen würde.

Die Definition enthält einige nicht praktikable Aspekte wie die unendliche Länge der Leiter oder die Bedingung, im Vakuum zu messen. Diese zielen darauf ab, die schwer zu kontrollierenden Randeffekte vernachlässigbar klein zu halten. So muss man sie auch in der Praxis behandeln. Es kommt nicht darauf an, wie lange die Leiter wirklich sind, so lange sie lang genug sind, so dass die Randeffekte keine Rolle spielen. Gleiches gilt für die Bedingung, im Vakuum zu messen. Hier geht es um die Stärke des magnetischen Feldes. Führen wir die Messung in Luft durch, so schirmt die Luft das Feld ein wenig ab. Doch der Effekt ist klein. Das Feld in Luft unterscheidet sich vom Feld im Vakuum nur um einen Faktor 1 bis $4 \cdot 10^{-7}$, je nach Luftfeuchtigkeit. Ist dieser Faktor geringer als die Genauigkeit der Strommessung, die wir erreichen wollen, dürfen wir ebenso in Luft messen. Doch das größte Problem bei der Umsetzung dieser Definition ist die Größe der Kraft. Es erweist sich als äußerst schwierig, eine Kraft dieser geringen Größe präzise zu bestimmen. Man muss versuchen, die Größe der Kraft zu erhöhen. Eine Messung wird wohl eher bei einem Abstand von 1 cm durchgeführt als bei 1 m, was die Kraft bereits um einen Faktor 100 vergrößert.

Mit einer Stromwaage, wie wir sie in ▶ Experiment 7.2 vorgestellt haben, lässt sich im Prinzip ein Strommessgerät kalibrieren. Allerdings ist die Genauigkeit begrenzt. Bessere Ergebnisse erzielt man mit der zweifellos deutlich aufwendigeren Watt-Waage (siehe ▶ Beispiel 8.2). An neuen Verfahren, die deutlich höhere Genauigkeiten versprechen, wird gearbeitet. Man versucht, die elektrischen Einheiten auf Naturkonstanten zurückzuführen, z. B. indem man das Coulomb als Ladung einer bestimmten Menge N an Elektronen definiert ($N = 1/1{,}609\ldots \cdot 10^{-19}$).

Beispiel 8.2: Watt-Waage

Bei der Watt-Waage wird die Lorentzkraft auf einen Strom bestimmt, indem man sie an der Waage gegen die Gewichtskraft einer Testmasse vergleicht. Die lokale Fallbeschleunigung muss vorher genau ermittelt werden. Durch eine Spule erhöht man die aktive Länge des Drahtes und damit die Kraft. Die Orientierung des Magnetfelds verläuft horizontal, wie in der Skizze gezeigt. Dann gilt bei ruhender Spule:

$$I\,l\,B = mg$$

Dabei ist I der Strom durch die Waage, l die Länge des Drahtes in der Spule, B das Magnetfeld, m die Testmasse und g die Fallbeschleunigung. Nun ist es schwierig, B und l für sich genommen genau genug zu bestimmen. Man umgeht dieses Problem durch eine zweite Messung, bei der man den Strom durch ein Spannungsmessgerät ersetzt und die Spule mit konstanter Geschwindigkeit durch das Magnetfeld bewegt. Durch Induktion – ein Phänomen, das wir noch kennen lernen werden – wird in der Spule eine Spannung U erzeugt. Es ist

$$U = Blv.$$

Nun kann man nach Bl auflösen und die Größe oben ersetzen. Man erhält

$$I = \frac{mgv}{U}.$$

Auf diesen Referenzstrom kann man dann andere Messgeräte kalibrieren.

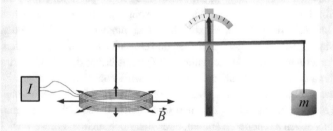

Erinnern Sie sich, dass wir für die magnetische Feldkonstante den numerischen Wert $4\pi \cdot 10^{-7}$ angegeben hatten. Sie ist keine Naturkonstante, deren Wert wir aus der Natur bestimmen müssten. Ihr Wert ist durch die Definition des Ampere festgelegt. Für zwei Leiter der Länge 1 m im Abstand 1 m soll ja eine Kraft von $2 \cdot 10^{-7}$ N wirken. Wir schreiben die Kraft als

$$F = I_1 l B_2 = I_1 l \frac{\mu_0}{2\pi} \frac{I_2}{r}, \tag{8.30}$$

wobei wir im zweiten Schritt die bekannte Feldstärke eines geraden Leiters eingesetzt haben. Dies können wir nun nach der Feldkonstanten auflösen und erhalten:

$$\mu_0 = 2\pi \frac{Fr}{I_1 I_2 l} = 4\pi \cdot 10^{-7} \frac{N}{A^2} = 4\pi \cdot 10^{-7} \frac{Vs}{Am} \tag{8.31}$$

8.3   Multipole

8.3.1 Magnetischer Monopol

In ▶ Kap. 3 haben wir elektrische Ladungsverteilungen in Multipolen entwickelt. Ähnliches kann man auch im magnetischen Fall tun. Der führende Term der elektrischen Multipolentwicklung war die elektrische Ladung selbst. Den entsprechenden Term der magnetischen Multipolentwicklung nennt man den magnetischen Monopol. Es wäre ein isolierter Nord- oder Südpol. Nach allem, was wir wissen, gibt es solche magnetischen Monopole nicht. Sie wären Quellen bzw. Senken des Magnetfeldes und sind daher durch die vierte Maxwell-Gleichung ausgeschlossen (div $\vec{B} = 0$).

Trotzdem gibt es viele Spekulationen über die Existenz magnetischer Monopole. Der Physiker Paul Dirac, den Sie möglicherweise aus der Quantenphysik kennen, hat sich intensiv mit magnetischen Monopolen auseinandergesetzt, die in seinem Modell das Gegenstück zum Elektron, dem elektrischen Monopol sind. Durch die Einführung magnetischer Monopole konnte er die offensichtlichen Unterschiede zwischen elektrischem und magnetischem Feld in den Maxwell-Gleichungen beseitigen und eine neue Symmetrie schaffen. Außerdem glaubte Dirac damit, die Quantisierung der Elementarladung erklären zu können. Auch heute wird noch intensiv, aber bisher erfolglos nach magnetischen Monopolen gesucht. In bestimmten Festkörpern (Spin-Eis) hat man Quasiteilchen beobachtet, die magnetischen Monopolen ähneln, aber sich doch nicht als diese erwiesen haben, so dass wir unabhängig von theoretischen Spekulationen feststellen müssen, dass es keinerlei experimentelle Hinweise auf die Existenz magnetischer Monopole gibt, und wir sie im Weiteren nicht mehr erwähnen werden.

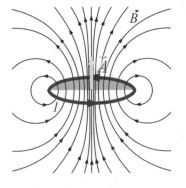

8.3.2 Magnetischer Dipol

Der nächste Term in der Multipolentwicklung ist der Dipol. Die elektrischen Dipole haben wir als positive und negative Ladungen, die um einen Abstand d voneinander separiert sind, kennen gelernt. Der magnetische Dipol ist entsprechend ein Süd- und ein Nordpol, die um eine Strecke voneinander separiert sind. Dies könnte ein kleiner Stabmagnet sein oder eine einfache Leiterschleife, die ein ähnliches Magnetfeld erzeugt.

Das magnetische Feld einer solchen Leiterschleife haben wir bereits in ▶ Beispiel 7.7 und ▶ Beispiel 7.8 berechnet. In ◨ Abb. 8.7 ist noch einmal ein Bild des Feldes zu sehen. Analog zum elektrischen

◨ **Abb. 8.7** Das Feld eines magnetischen Dipols

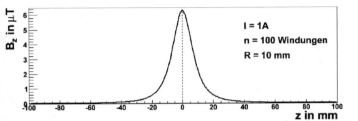

Abb. 8.8 Feldstärke auf der Achse einer Leiterschleife

Fall definieren wir nun ein magnetisches Dipolmoment. Es gibt neben der Stärke des Feldes auch die Orientierung der Leiterschleife an. Dazu nehmen wir Bezug auf die Fläche A, die von der Leiterschleife eingeschlossen wird. Wir wählen die Normale auf die Fläche als Richtung für das Dipolmoment. Sie ist so festzulegen, dass der Strom im positiven Sinne um die Normale umläuft. Das magnetische Dipolmoment ist:

$$\vec{p}_m = I\,\vec{A} \tag{8.32}$$

In ▶ Beispiel 7.7 hatten wir das Feld auf der Achse bestimmt als:

$$\vec{B} = \frac{\mu_0 I}{2} \frac{R^2}{\left(R^2 + z^2\right)^{\frac{3}{2}}} \hat{e}_z \tag{8.33}$$

In ◻ Abb. 8.8 ist es grafisch dargestellt. In größerem Abstand vom Zentrum der Leiterschleife können wir das Ergebnis noch weiter vereinfachen, indem wir im Nenner R^2 gegen z^2 vernachlässigen. Wir erhalten ($A = \pi R^2$):

$$\vec{B} \approx \frac{\mu_0 I}{2} \frac{R^2}{z^3} \hat{e}_z = \frac{\mu_0}{2\pi} \frac{IA}{z^3} \hat{e}_z = \frac{\mu_0}{2\pi} \frac{1}{z^3} \vec{p}_m \tag{8.34}$$

Wie beim elektrischen Dipol fällt das Feld mit der dritten Potenz des Abstandes ab. Allgemein ergibt sich für Entfernungen $|\vec{r}| \gg R$ ($\hat{r} = \vec{r}/|\vec{r}|$):

$$\vec{B}\left(\vec{r}\right) \approx \frac{\mu_0}{4\pi} \frac{1}{|\vec{r}|^3} \left(3\hat{r} \cdot \left(\vec{p}_m \cdot \hat{r}\right) - \vec{p}_m\right) \tag{8.35}$$

Das magnetische Feld tritt in positiver z-Richtung aus der Leiterschleife aus. Dort liegt also der magnetische Nordpol. Der Südpol befindet sich entsprechend in negativer z-Richtung der Leiterschleife. Der Vektor des magnetischen Dipolmomentes zeigt vom Südpol zum Nordpol.

Auf den magnetischen Dipol werden wir in vielen Beispielen zurückkommen. Er hat als niedrigster, nicht verschwindender Term in der Multipolentwicklung eine große Bedeutung. Zudem lässt er sich mit einer Leiterschleife einfach realisieren.

Beispiel 8.3: Das magnetische Moment eines Wasserstoffatoms

Eigentlich ist dies kein Beispiel aus der klassischen Physik. Das Wasserstoffatom müssten wir quantenmechanisch behandeln. Berechnet man so das magnetische Moment, das mit der Bahnbewegung des Elektron um den Kern des Wasserstoffatoms verbunden ist, so stellt sich heraus, dass man dasselbe Ergebnis erhält wie bei einer Rechnung im Rahmen der klassischen Physik. Daher mag es Sinn machen, Ihnen an dieser Stelle schon einmal die klassische Rechnung vorzustellen. Beachten Sie allerdings, dass diese klassische Betrachtung nur begrenzte Gültigkeit hat.

Das Elektron wird durch die elektrische Anziehung des Kerns gegen die Zentrifugalkraft auf einer Bahn um den Kern gehalten, die wir als kreisförmig annehmen wollen. Dann muss gelten:

$$\frac{1}{4\pi\epsilon_0}\frac{e^2}{r^2} = m_e\frac{v^2}{r} = L\frac{v}{r^2}$$

Wir haben den Bahndrehimpuls $L = m_e v r$ eingeführt. Das Dipolmoment wird sich als proportional zum Bahndrehimpuls herausstellen. Im Rahmen der klassischen Physik kann der Bahndrehimpuls beliebige Werte annehmen. Nach den Bohr'schen Postulaten darf dieser allerdings nur Werte annehmen, die ganzzahlige Vielfache der Größe $\hbar = h/2\pi$ sind, mit dem Planck'schen Wirkungsquantum $h = 6{,}626070040 \cdot 10^{-34}$ J s. Um eine Vergleichbarkeit zu erreichen, werden wir auch für die klassische Rechnung den Bahndrehimpuls zu $L = \hbar$ setzen[3].

Die kreisförmige Bewegung des Elektrons um den Kern kann man als Kreisstrom interpretieren, wenn man über hinreichend lange Zeiten mittelt. Dieser Strom beträgt $I = -e/T$ mit der Ladung $-e$ des Elektrons und seiner Umlaufzeit T.

$$\vec{p}_H = I\,\vec{A} = \frac{-e}{T}\vec{A} = \frac{-ev}{2\pi r}\pi r^2\hat{e}_A = -\frac{e}{2}rv\hat{e}_A = -\frac{e}{2m_e}\vec{L}$$

Das Dipolmoment beträgt:

$$\left|\vec{p}_H\right| = \frac{e\hbar}{2m_e} = 9{,}2610^{-24}\,\text{A m}^2 = 9{,}2610^{-24}\,\frac{\text{J}}{\text{T}} = \mu_B.$$

Man nennt diese Größe auch ein Bohr'sches Magneton μ_B. Damit ist es möglich, auch die Energie zu bestimmen, die beim Ausrichten

---

[3] Dies ist allerdings nicht der Grundzustand des Wasserstoffatoms. Dieser hat $L = 0$.

eines Wasserstoffatoms im Magnetfeld freigesetzt wird. Sie ist $\Delta E = 2\vec{p}_H \cdot \vec{B} = 2 \cdot 9{,}2610^{-24}$ J bei einem Feld von 1 T.

In der Quantenphysik werden wir des Öfteren eine Größe benutzen, die man das gyromagnetische Verhältnis γ nennt. Sie gibt das Verhältnis von magnetischem Moment zum Drehimpuls an. Hier ist

$$\gamma = \frac{p_H}{L} = -\frac{e}{2m}.$$

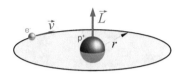

8.3.3 Kräfte auf den Dipol

Homogenes Feld

Bringt man eine Stromschleife in ein magnetisches Feld, so werden auf sie eine Kraft und ein Drehmoment wirken. Wir können sie aus Gl. 8.24 berechnen:

$$\vec{F} = I \oint d\vec{l} \times \vec{B}$$

$$\vec{M} = I \oint \vec{r} \times \left(d\vec{l} \times \vec{B} \right) \tag{8.36}$$

Dabei ist jeweils über die Leiterschleife zu integrieren. Wir wollen dies für eine kreisförmige Leiterschleife, d. h. für einen magnetischen Dipol, tun. Zunächst nehmen wir an, dass das Magnetfeld homogen sei. Dann wird sich aus Symmetriegründen die Gesamtkraft auf die Leiterschleife zu null addieren. Wirkt nämlich auf ein kleines Stück $d\vec{l}$ der Leiterschleife eine Kraft $d\vec{F}$, so hat das auf der Leiterschleife gegenüberliegende Element dieselbe Orientierung zum Magnetfeld, aber der Strom fließt dort in die entgegengesetzte Richtung, was zur Kraft $-d\vec{F}$ führt. Da dies für alle Elemente der Leiterschleife gilt, ergibt sich für die Gesamtkraft der Wert null.

Um das Drehmoment zu bestimmen, wählen wir ein Koordinatensystem mit der z-Achse entlang des Magnetfeldes. Der Koordinatenursprung liege im Zentrum der Leiterschleife, die x-Achse ist so orientiert, dass die Flächennormale auf die Leiterschleife in die x-z-Ebene fällt. Sie schließt mit dem Magnetfeld den Winkel α ein (siehe ◻ Abb. 8.9). Gehen wir zunächst von dem einfachen Fall $\alpha = 0$ aus. In diesem Fall sind die Vektoren:

$$\vec{B} = B_0 \begin{pmatrix} 0 \\ 0 \\ 1 \end{pmatrix} \quad \vec{r} = R \begin{pmatrix} \cos\phi \\ \sin\phi \\ 0 \end{pmatrix} \quad d\vec{l} = \begin{pmatrix} -\sin\phi \\ \cos\phi \\ 0 \end{pmatrix} R d\phi$$

$$\tag{8.37}$$

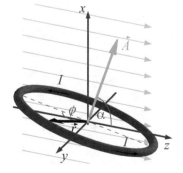

◻ **Abb. 8.9** Drehmoment auf eine Leiterschleife im homogenen Magnetfeld

Den allgemeinen Fall $\alpha \neq 0$ bekommen wir, indem wir die Vektoren $\vec{r}$ und $d\vec{l}$ um den Winkel α um die y-Achse rotieren. Dazu benutzen wir die Rotationsmatrix:

$$
\begin{aligned}
\vec{r} &= R \begin{pmatrix} \cos\alpha & 0 & \sin\alpha \\ 0 & 1 & 0 \\ -\sin\alpha & 0 & \cos\alpha \end{pmatrix} \cdot \begin{pmatrix} \cos\phi \\ \sin\phi \\ 0 \end{pmatrix} \\
&= R \begin{pmatrix} \cos\alpha\cos\phi \\ \sin\phi \\ -\sin\alpha\cos\phi \end{pmatrix} \\
d\vec{l} &= \begin{pmatrix} \cos\alpha & 0 & \sin\alpha \\ 0 & 1 & 0 \\ -\sin\alpha & 0 & \cos\alpha \end{pmatrix} \cdot \begin{pmatrix} -\sin\phi \\ \cos\phi \\ 0 \end{pmatrix} R d\phi \\
&= \begin{pmatrix} -\cos\alpha\sin\phi \\ \cos\phi \\ \sin\alpha\sin\phi \end{pmatrix} R d\phi
\end{aligned}
\tag{8.38}
$$

Führen wir die Kreuzprodukte aus, so erhalten wir:

$$
\vec{M} = I \int_0^{2\pi} \begin{pmatrix} \sin\alpha\cos\alpha\sin\phi\cos\phi \\ \sin\alpha\cos^2\phi \\ -\left(1-\cos^2\alpha\right)\sin\phi\cos\phi \end{pmatrix} B_0 R^2 d\phi
$$

Hier erkennen wir zunächst, dass die Integration über $\sin\phi\cos\phi$ wegen der Periodizität der Kreisfunktionen null ergibt. Lediglich die y-Komponente führt zu einem nicht verschwindenden Resultat. Die Integration von $\cos^2\phi$ über den Vollkreis liefert das Ergebnis π. Somit erhalten wir:

$$
\vec{M} = I B_0 \sin\alpha \pi R^2 \hat{e}_y = \vec{p}_m \times \vec{B}
\tag{8.39}
$$

Das Drehmoment versucht, den Dipol entgegen dem Magnetfeld auszurichten. Dabei wird Energie freigesetzt. Diese lässt sich berechnen als:

$$
\Delta E = -\int_{\frac{\pi}{2}}^{\alpha} \vec{M} d\vec{\alpha}' = -\vec{p}_m \cdot \vec{B}
\tag{8.40}
$$

Dabei haben wir den Nullpunkt der Energieskala bei $\alpha = \pi/2$ festgelegt, so dass der Dipol parallel zum Feld eine Energie $-p_m B_0$ hat und $p_m B_0$ in antiparalleler Lage.

Inhomogenes Feld

Wir hatten gesehen, dass sich die Kräfte auf einen Dipol zu null addieren, sofern das Feld homogen ist. Diese Bedingung lassen wir nun fallen. Wir nehmen an, dass die Leiterschleife klein ist, so dass wir das Feld im Bereich des Dipols durch eine Taylorreihe approximieren können, von der wir nur den führenden Term berücksichtigen. Die Approximation lautet:

$$\vec{B}\left(\vec{r}\right) = \vec{B}_0 + \left(\vec{r} \cdot \vec{\nabla}\right)\vec{B}\left(\vec{r}\right)\Big|_{\vec{r}=0} + \dots \tag{8.41}$$

Wir wissen ja bereits, dass das konstante Feld $\vec{B}_0$ nicht zur Kraft beiträgt. Daher konzentrieren wir uns auf den zweiten Term. Wir legen den Ursprung des Koordinatensystems in den Mittelpunkt des Kreisstroms und orientieren das Koordinatensystem so, dass das Feld wieder in die z-Richtung weist. Um diesen Punkt wollen wir das Feld auch entwickeln. Interessant ist der Fall, in dem ein Feldgradient senkrecht zur Feldrichtung besteht (siehe ◻ Abb. 8.10). Dies tritt beispielsweise zwischen den Polschuhen von Magneten auf. Wir können das Koordinatensystem noch so drehen, dass der Gradient in x-Richtung weist. Dann ist:

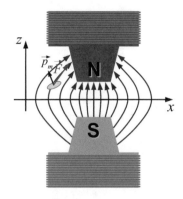

◻ **Abb. 8.10** Ein magnetischer Dipol im inhomogenen Feld

$$\vec{B}\left(\vec{r}\right) = \vec{B}_0 + \cos\alpha\cos\phi R\left.\frac{\partial B_z}{\partial x}\right|_{\vec{r}=0}\hat{e}_z \tag{8.42}$$

Dies setzen wir in Gl. 8.36 ein, mit $d\vec{l}$ aus Gl. 8.38:

$$\vec{F} = I\int\limits_0^{2\pi}\begin{pmatrix}\cos\phi \\ -\cos\alpha\sin\phi \\ 0\end{pmatrix}\cos\alpha\cos\phi R\left.\frac{\partial B_z}{\partial x}\right|_{\vec{r}=0}Rd\phi$$

$$\tag{8.43}$$

$$= I\pi R^2\left.\frac{\partial B_z}{\partial x}\right|_{\vec{r}=0}\begin{pmatrix}\cos\alpha \\ 0 \\ 0\end{pmatrix} = \cos\alpha\left|\vec{p}_m\right|\left.\frac{\partial B_z}{\partial x}\right|_{\vec{r}=0}\hat{e}_x$$

Der Dipol erfährt eine Kraft in Richtung des Feldgradienten, die proportional zum Dipolmoment und zum Gradienten des Feldes ist. Lassen wir einen Feldgradienten in eine beliebige Richtung zu, erhalten wir:

$$\vec{F} = \vec{\nabla}\left(\vec{B} \cdot \vec{p}_m\right) \tag{8.44}$$

8.3.4 Multipolentwicklung

Die Multipolentwicklung ist ein allgemeines Verfahren zur näherungsweisen Beschreibung räumlicher Verteilungen. In ▶ Abschn. 8.3.1 und 8.3.2 haben Sie die ersten beiden Terme einer Multipolentwicklung der Quellverteilung kennen gelernt, die auf den sehr wichtigen magnetischen Dipol führte. Spricht man von einer Multipolentwicklung des Magnetfeldes, so bezieht man sich allerdings meist nicht auf eine Näherung der Quellen, sondern eine näherungsweise Beschreibung des Potenzials im Fernfeld, d. h. weit weg von den Quellen. Auch im elektrischen Falle (▶ Kap. 3, insbesondere ▶ Abschn. 3.5) hatten wir das elektrische Potenzial in einer Multipolreihe entwickelt. In diesem Sinne wollen wir hier noch kurz auf die Multipolentwicklung des magnetischen Vektorpotenzials eingehen.

Wir beschränken uns auf die Entwicklung in Kugelkoordinaten, was auf die Legendre-Polynome $P_n(\cos\theta')$ führt:

$$\vec{A}(\vec{r}) = \frac{\mu_0}{4\pi} \sum_{n=1}^{\infty} \frac{1}{|\vec{r}|^{n+1}} \oint |\vec{r}'|^n \, P_n(\cos\theta') \, d\vec{l} \tag{8.45}$$

Dabei ist entlang aller Stromlinien zu integrieren. Der Winkel zwischen $\vec{r}$ und $\vec{r}'$ ist θ'. Dies lässt sich noch in eine übersichtlichere Form bringen. Die Rechnung überlassen wir Ihnen:

$$\vec{A}(\vec{r}) = \frac{\mu_0}{4\pi} \left[\frac{\hat{p}_m \times \hat{r}}{|\vec{r}|^2} + \frac{\hat{r} \times Q_m \times \hat{r}}{|\vec{r}|^2} + \cdots \right],$$

mit den Multipolen:

$$\vec{p}_m = I \int_A d\vec{A} = \begin{pmatrix} p_x \\ p_y \\ p_z \end{pmatrix}$$

$$Q_m = \begin{pmatrix} Q_{11} & Q_{21} & Q_{31} \\ Q_{21} & Q_{22} & Q_{32} \\ Q_{31} & Q_{32} & Q_{33} \end{pmatrix} \tag{8.46}$$

Wie wir gesehen haben, kann man mit einer einfachen Leiterschleife ein magnetisches Dipolmoment erzeugen. Ein Quadrupolmoment bekommt man beispielsweise mit einer Maxwell-Spule.

8.4 Anwendungen und Beispiele

Die magnetischen Kräfte treten in vielfacher Form sowohl in der Natur als auch in technischen Anwendungen auf. In diesem Abschnitt stellen wir Ihnen einige vor.

8.4.1 Strom- und Spannungsmessung

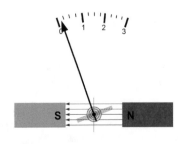

◻ **Abb. 8.11** Drehspulinstrument

Eine wichtige Anwendung sind die Drehspulinstrumente, die zur Messung von Strömen und Spannungen eingesetzt werden. ◻ Abb. 8.11 zeigt den prinzipiellen Aufbau eines solchen Instruments. In einem Magnetfeld ist eine Leiterschleife leicht drehbar montiert. Durch sie wird der zu messende Strom geschickt. Es entsteht ein magnetisches Dipolmoment und damit nach Gl. 8.39 ein Drehmoment $\vec{M}_D$ im Magnetfeld. Das Dipolmoment ist proportional zum Strom und damit trifft dies auch für das Drehmoment zu. Um das Drehmoment zu verstärken, besteht die Leiterschleife in der Regel aus vielen Windungen. Sie wird über eine Spiralfeder befestigt, die sie in eine Ruhelage zieht. In der Ruhelage (kein Strom, Zeiger zeigt auf 0) ist die Spiralfeder entspannt. Fließt ein Strom, so dreht das Drehmoment den Zeiger. Dann übt die Spiralfeder ebenfalls ein Drehmoment $\vec{M}_F$ auf den Zeiger aus, das mit dem Ausschlag α linear ansteigt:

$$\vec{M}_F = -k\alpha \tag{8.47}$$

Dieses Drehmoment wirkt dem Drehmoment des Dipols entgegen. Es stellt sich ein Gleichgewicht ein. Nach geeigneter Kalibrierung kann man die Stromstärke an der Skala ablesen:

$$\vec{M}_D + \vec{M}_F = 0$$
$$\left| \vec{p}_m \times \vec{B} \right| - k\alpha \approx p_m B - k\alpha = 0 \tag{8.48}$$
$$\alpha \approx \frac{p_m B}{k} = \frac{N \pi R^2 B}{k} I$$

Experiment 8.5: Drehspulinstrument

Mit einem offen gebauten Drehspulinstrument lässt sich die Funktionsweise demonstrieren. Die Fotos zeigen das Gerät und einige Details des Instrumentes.

© RWTH Aachen, Sammlung Physik

Nun haben wir erklärt, wie man einen Strom durch ein Messgerät messen kann (siehe auch ▶ Beispiel 6.3). Wir haben gezeigt, dass der Ausschlag eines Drehspulinstrumentes proportional zum Strom ist, der durch das Instrument fließt. In der Regel ist die Ausgangssituation aber eine andere. Es liegt eine Schaltung vor und in dieser soll ein Strom bestimmt werden. Betrachten Sie zunächst ◘ Abb. 8.12 A. Wie groß ist der Strom durch die Glühbirne L? Um den Strom zu messen, wird ein Strommessgerät in die Schaltung eingebracht. Man schaltet es mit der Lampe L und dem Vorwiderstand R in Reihe. Es ist in der Schaltung in ◘ Abb. 8.12 B durch das Symbol eines Zeigerinstrumentes und die Angabe „A" für Ampere(Strom)-Messung dargestellt. Nun fließt derselbe Strom durch das Messgerät wie durch die Lampe. Allerdings ist dies nicht der Strom I_0, der in der ursprünglichen Anordnung A floss. Bei gleichbleibender Betriebsspannung

© RWTH Aachen, Sammlung Physik

A

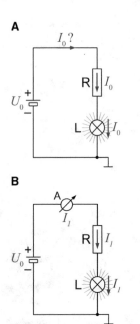

B

◻ Abb. 8.12 Strommessung in einer Schaltung

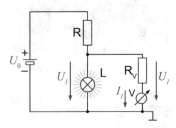

◻ Abb. 8.13 Messung einer Spannung in einer Schaltung

U_o haben wir

$$
\begin{aligned}
I_0 &= \frac{U_0}{R_{\text{ges}}} = \frac{U_0}{R + R_L} \\
I_1 &= \frac{U_0}{R_{\text{ges}}} = \frac{U_0}{R + R_L + R_A}
\end{aligned}
\tag{8.49}
$$

mit dem Vorwiderstand R und dem Widerstand der Lampe R_L. In Schaltung B müssen wir auch noch den Widerstand des Messgerätes R_A berücksichtigen. Im Drehspulinstrument muss der Strom ja durch eine Spule fließen. Diese besitzt einen Widerstand und damit weist auch das Messgerät einen Widerstand auf. Ein solcher Widerstand tritt bei allen Messgeräten auf. Man nennt ihn den Innenwiderstand des Messgerätes. Wie man sieht, ist I_1 kleiner als I_0. Das Messgerät misst nicht den Strom I_0, an dem wir eigentlich interessiert sind. Es hat sich ein Messfehler eingeschlichen. Um diesen klein zu halten, muss gelten:

$$
R_A \ll R + R_L
\tag{8.50}
$$

Strommessgeräte müssen einen möglichst kleinen Innenwiderstand haben.

Ähnlich gehen wir bei einer Spannungsmessung vor. Wir wollen die Spannung bestimmen, die in ◻ Abb. 8.13 an der Glühlampe abfällt. Dazu schalten wir das Drehspulinstrument und einen zusätzlichen Vorwiderstand parallel zur Glühbirne. Der Strom I_1 ist tatsächlich proportional zur gesuchten Spannung U_1, denn nach dem Ohm'schen Gesetz gilt:

$$
I_1 = \frac{U_1}{R_V + R_I}
\tag{8.51}
$$

Allerdings hat sich die Spannung U_1 durch das Anschließen des Messgeräts verändert. Sie ist etwas abgesunken. Hier begehen wir einen Messfehler, der umso kleiner ist, je größer der Gesamtwiderstand $(R_V + R_I)$ des Messgeräts ausfällt. Der Innenwiderstand eines Spannungsmessgeräts sollte daher so hoch wie möglich sein.

Wir fassen dies noch einmal zusammen: Zur Strommessung muss das Messgerät in Reihe mit dem zu messenden Strom geschaltet werden. Der Innenwiderstand des Messgeräts sollte möglichst klein sein. Zur Spannungsmessung schalten wir das Messgerät dagegen parallel zum Verbraucher. Das Messgerät sollte nun einen möglichst hohen Innenwiderstand besitzen.

Beispiel 8.4: Shunt-Widerstand

Der Strom, den ein Drehspulinstrument misst, fließt intern durch die Spule. Diese hat einen Widerstand, der zum Innenwiderstand des Messgerätes beiträgt. Ein typisches Drehspulinstrument weist einen Spulenwiderstand von 1 kΩ auf und erreicht bereits bei einem Strom von 100 μA den Vollausschlag. Um es an den zu messenden Strom anzupassen, werden zusätzliche Widerstände benötigt. Als Beispiel wollen wir zeigen, wie man ein solches Messgerät zur Messung eines Stromes von 100 mA einsetzen kann.

Die Abbildung gibt die Schaltung wieder. Man benutzt einen sogenannten Shunt-Widerstand (engl. Ableitung), der parallel zum Messgerät geschaltet wird. Der Strom teilt sich auf die beiden parallelen Zweige auf. Bei einem Gesamtstrom von 100 mA sollen lediglich 100 μA durch die Spule des Messgerätes fließen, was bedeutet, dass der Strom im Verhältnis 1:1000 geteilt werden muss. Der Shunt-Widerstand muss ein Tausendstel des Spulenwiderstandes betragen, also 1 Ω. Der Innenwiderstand des Messgeräts setzt sich aus der Parallelschaltung des Shunts mit dem Spulenwiderstand zusammen und nimmt ebenfalls etwa 1 Ω an, ein Wert der tatsächlich so klein ausfällt, dass sein Einfluss auf die zu untersuchenden Schaltungen in vielen Fällen vernachlässigbar ist. Der Vorwiderstand, den wir in ◘ Abb. 8.13 bei der Spannungs-messung eingezeichnet haben, erfüllt einen ähnlichen Zweck wie der Shunt bei der Strommessung. Er passt den Messbereich des Instruments auf die zu messende Spannung an und erhöht dabei den Innenwiderstand des Messgeräts.

8.4.2 Magnetische Flaschen

Wir wollen uns nun mit der Bewegung geladener Teilchen in magnetischen Feldern beschäftigen. Bei den Teilchen könnte es sich beispielsweise um Elektronen oder Protonen handeln, aber auch um geladene Staubpartikel. ◘ Abb. 8.14 zeigt die Bewegung eines Protons in einem magnetischen Feld. Um die Bewegung des Protons zu beschreiben, zerlegen wir seine Geschwindigkeit v in eine Komponente $v_\perp$ senkrecht zum Feld und eine Komponente $v_\parallel$ parallel zum Feld. Die senkrechte Komponente führt zu einer Lorentzkraft, die das Proton auf eine Kreisbahn um die Feldlinie zwingt (siehe Gl. 8.12). Wir wollen annehmen, dass der Impuls des Protons gering ist, so dass sich die Kreisbahn nur über einen kleinen Raumbereich ausdehnt, in dem wir annehmen können, dass die Feldstärke homogen ist. Auf Grund der Eigenschaften der Lorentzkraft (Vektorprodukt mit $\vec{B}$), kann es keine Kraftkomponente in Richtung der Feldlinien geben. Dies bedeutet, dass die Geschwindigkeitskomponente $v_\parallel$ nicht beeinflusst wird. Das Proton beschreibt die in ◘ Abb. 8.14 dargestellt Spiralbahn um die Feldlinie. Ist die Richtung des Feldes konstant oder

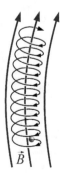

◘ **Abb. 8.14** Bewegung eines Protons in einem Magnetfeld

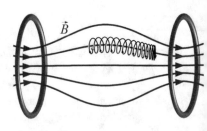

Abb. 8.15 Bewegung eines Protons in einer magnetischen Flasche

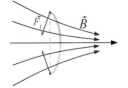

Abb. 8.16 Bewegung eines Teilchens auf der Achse einer magnetischen Flasche

ändert sich diese nur allmählich, so wird die Spiralbahn der Feldlinie folgen. Auch dieses deutet die Abbildung an. Erst bei abrupten Änderungen der Feldrichtung wird es zu Abweichungen kommen.

Eine besondere Bewegung ergibt sich in einem Magnetfeld, wie es in ■ Abb. 8.15 dargestellt ist. Man nennt diese Anordnung eine magnetische Flasche, da sie in der Lage ist, geladene Teilchen in dem Feld einzuschließen. Das Feld ist im Zentrum annähernd homogen, in Richtung der beiden Enden steigt die Feldstärke aber an, die Feldlinien rücken näher zusammen. Wir wollen als Beispiel wieder ein Proton betrachten. Es kreist um die Feldlinien in einer Ebene senkrecht zum Feld. Je nach der anfänglichen Geschwindigkeit überlagert sich der Kreisbewegung noch eine Bewegung entlang der Feldlinien. Nähert sich das Proton den Bereichen, in denen sich das Feld verdichtet, kommt ein weiterer Effekt hinzu, der sich am einfachsten für ein Teilchen erklären lässt, das um die Symmetrieachse kreist. Abseits der Symmetrieachse, dort wo sich das Proton auf seiner Kreisbahn bewegt, verläuft das Feld nicht mehr exakt parallel zur Achse (■ Abb. 8.16). Die Lorentzkraft zeigt nicht mehr genau ins Zentrum der Kreisbahn. Es entsteht eine Komponente der Lorentzkraft parallel zur Achse. Sie bremst die horizontale Bewegung des Protons ab und treibt es zurück in den Bereich geringeren Feldes. Daraus resultiert eine Bewegung, bei der das Proton mit der Zyklotronfrequenz in der Ebene senkrecht zur Achse kreist und sich gleichzeitig langsam zwischen den Bereichen höheren Feldes an den Enden hin- und her bewegt. Es ist gefangen. Da sich die Feldstärke entlang der Achse verändert, ändern sich auch der Radius der Kreisbewegung und die Zyklotronfrequenz, ein Effekt, den wir in ■ Abb. 8.15 unterschlagen haben.

Beispiel 8.5: Fokussierung von Elektronen im Längsfeld

In Kathodenstrahlröhren, wie sie z. B. früher in Fernsehern als Bildröhren benutzt wurden, werden magnetische Felder benutzt, um die Elektronen vom Loch in der Beschleunigungsanode auf den Leuchtschirm zu fokussieren. Das magnetische Feld ist entlang der Achse der Röhre gerichtet. Die Elektronen, die aus dem Loch in der Anode austreten, haben nicht alle dieselbe Richtung. Die Elektronen besitzen eine kleine Geschwindigkeitskomponente senkrecht zur Achse. Durch das Magnetfeld führen sie in der Ebene senkrecht zur Achse eine Kreisbewegung aus. Stellt man die Stärke des Magnetfeldes so ein, dass die Elektronen beim Durchlauf durch die Röhre genau einen Umlauf auf der Kreisbahn ausführen, so treffen alle Elektronen genau auf der Achse auf den Schirm. Der Strahl ist fokussiert.

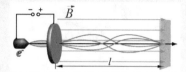

Beispiel 8.6: Van-Allen-Gürtel

Wie wir wissen, ist unsere Erde von einem Magnetfeld umgeben. Geladene Teilchen, die einen Teil der kosmischen Strahlung im Universum ausmachen, können in diesem Magnetfeld eingefangen werden. Das Bild zeigt den Einschluss eines solchen Teilchens. Es gibt zwei Bereiche, in denen Teilchen gefangen sind. Man nennt sie den Van-Allen-Gürtel der Erde. In einem inneren Bereich in einer Höhe von 700 km bis 6000 km sind Protonen eingeschlossen. Dieser Bereich ist auf niedrige Breitengrade nahe dem Äquator konzentriert. Im äußeren Bereich in einer Höhe von 15.000 km bis 25.000 km findet man vor allem gefangene Elektronen. Dieser Bereich erstreckt sich bis zu den Polen.

Die Teilchen kreisen um die Magnetfeldlinien. Nähern sie sich den Polen der Erde, so steigt die Feldstärke an und die Teilchen werden zurückgedrängt in den Bereich, aus dem sie kamen. Sie sammeln sich in diesen Gebieten an. Der Fluss gespeicherter Teilchen kann bis zu $10^6/(\text{cm}^2 s)$ erreichen. Die damit verbundene Strahlenbelastung nimmt für Astronauten durchaus kritische Werte an. Sie kann trotz des Schutzes durch die Raumkapsel in den ungünstigsten Bereichen noch bis zu 200 mSv/h betragen. Im Vergleich dazu ist die Jahresdosis beruflich strahlenexponierter Personen in Deutschland auf 20 mSv begrenzt. Raumflüge müssen daher so geplant werden, dass der Van-Allen-Gürtel möglichst rasch durchquert wird.

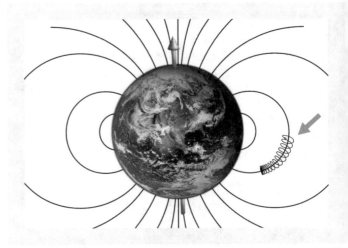

Das Polarlicht, auch Aurora Borealis genannt, hängt eng mit dem Van-Allen-Gürtel (▶ Beispiel 8.6) zusammen. Im magnetischen Feld der Erde werden Elektronen und Protonen wie in einer magnetischen Flasche eingefangen. Steigt die Ladungsdichte in den Speicherbereichen zu weit an, werden die Teilchen an den polnahen Enden nicht mehr sauber reflektiert. Ein Teil der zahlenmäßig überwiegenden Elektronen wird aus dem Speicherbereich herausgedrängt und trifft auf die Atmosphäre der Erde. Dort erfolgt eine Abbremsung der Elektronen, wobei sie Stickstoff- und Sauerstoffatome anregen. Dies hat ein Leuchten der Atmosphäre in den Spektralfarben der beiden Atome zur Folge, was bei Dunkelheit (Polarnacht) als Polarlicht zu sehen ist. Das Foto zeigt ein Polarlicht über dem Lyngenfjord an der Nordspitze Norwegens.

© Wikimedia: Soerfm

Seit Jahrzehnten wird daran geforscht, auf kontrollierte Art und Weise Energie durch die Fusion von Wasserstoff in Helium bereitzustellen. Dazu muss ein Wasserstoffplasma mit Temperaturen im Bereich von $150 \cdot 10^6$ K erzeugt und erhalten werden. Dieses Plasma kann aus offensichtlichen Gründen nicht von materiellen Wänden eingeschlossen werden, stattdessen schließt man es in magnetischen Feldern ein. Eine gängige Feldkonfiguration ist die des Tokamak (aus dem Russischen „*toroidalnaya kamera sz magnitnimi katuschkami*", zu Deutsch „*toroidale Kammer mit Magnetspulen*"). Das Foto (Fisheye-View) gibt das Innere der Kammer wieder.

© Wikimedia: Mike Garrett

8.4.3 Teilchenbeschleuniger

Teilchenbeschleuniger stellen wichtige Instrumente der Forschung und der Technik dar. Sie werden zur Erforschung des Mikrokosmos genauso eingesetzt wie zur Untersuchung moderner Materialien, zur Bearbeitung von Werkstoffen oder zur Behandlung von Krebspatienten. Die Teilchen werden mit elektrischen Feldern beschleunigt und meist mit Feldern geführt. In den folgenden Beispielen stellen wir die beiden wichtigsten Beschleunigertypen vor, das Zyklotron und das Synchrotron.

Beispiel 8.9: Das Zyklotron

Beim Zyklotron handelt es sich um einen kompakten Beschleuniger, der vor allem zur Beschleunigung von Protonen und Ionen eingesetzt wird. Es gelingt, Protonen mit einem Zyklotron auf Energien von bis zu 500 MeV zu beschleunigen. Der Name des Beschleunigers nimmt Bezug auf die Kreisbahn, die die Teilchen im Magnetfeld durchlaufen.

Der eigentliche Beschleuniger ist zwischen den Polschuhen eines großen Elektromagneten untergebracht, der ein annähernd homogenes Magnetfeld erzeugt, das senkrecht zur Bahnebene steht. Im Inneren befindet sich eine Vakuumkammer, in der die Teilchen von elektrischen Feldern abgeschirmt werden. In der Mitte der Kammer ist ein Spalt, über den ein elektrisches Feld angelegt wird. Die Teilchen werden im Spalt durch das Feld beschleunigt. Anschließend fliegen sie im Magnetfeld auf einer halbkreisförmigen Bahn und bewegen sich dabei zurück zum Spalt. Dazu benötigen Sie eine halbe Periodendauer der Zyklotronfrequenz (siehe Gl. 8.11). In dieser Zeit wird das elektrische Feld im Spalt umgepolt, so dass die Teilchen beim erneuten Durchflug durch den Spalt wiederum ein beschleunigendes Feld erfahren. Das Feld am Spalt muss mit einer Wechselspannung, deren Frequenz der Zyklotronfrequenz entspricht, angetrieben werden.

Die Teilchen starten von einer Protonen- oder Ionenquelle im Zentrum des Zyklotrons, aus der in dem Moment, in dem das Feld maximal beschleunigen kann, ein Teilchenpaket extrahiert wird. Bei jedem Durchflug durch den Spalt erhöht sich die Energie der Teilchen im Paket um den Wert $\Delta E = q|\vec{E}|$, wenn wir die Krümmung der Bahn im Spalt vernachlässigen ($\vec{E}$ ist die Feldstärke im Spalt). Bezeichnen wir mit n die Anzahl der Umläufe, wobei ein Teilchen bei einem Umlauf den Spalt zweimal durchquert, so ist:

$$E = 2n\,\Delta E$$
$$p = 2\sqrt{mE} = 2\sqrt{mn\Delta E}$$
$$r = \frac{2\sqrt{m\Delta E}}{eB}\sqrt{n}$$

Der Radius der Bahn steigt mit der Wurzel aus der Anzahl der Umläufe an. Erreicht der Teilchenstrahl den Rand des Magnetfeldes, so wird er z. B. mit einer elektrischen Platte extrahiert und steht dann für die Nutzung zur Verfügung.

Die beiden Skizzen erklären das Funktionsprinzip des Zyklotrons, das Foto zeigt das Zyklotron JULIC an der Beschleunigeranlage COSY am Forschungszentrum Jülich.

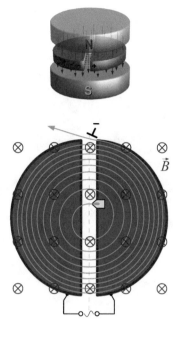

© Institut für Kernphysik, Forschungszentrum Jülich

Beispiel 8.10: Synchrotron

Will man Teilchen zu noch höheren Energien beschleunigen, so stößt man mit dem Zyklotron an technische Grenzen. Der Radius der Kreisbahn steigt an, was immer größere Magneten erfordern würde. Man trennt daher im Synchrotron die Beschleunigungsstrecke und das Magnetfeld für die Umlenkung der Teilchen in die Kreisbahn räumlich voneinander. Die Teilchen laufen nun nicht mehr in einer Vakuumkammer um, sondern in einem evakuierten Strahlrohr, das die Sollbahn der Teilchen, den sogenannten Orbit, umschließt. Nur im Bereich des Orbits muss ein Magnetfeld erzeugt werden, wozu spezielle, längliche Magneten eingesetzt werden. Mindestens an einer Stelle im Beschleunigerring befindet sich eine gerade Strecke, in der die Teilchen mit elektrischen Feldern beschleunigt werden.

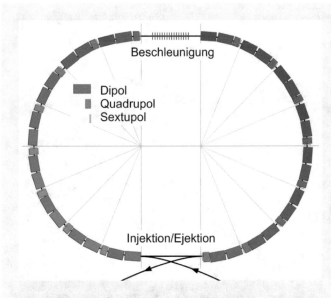

Der Orbit hat nun einen festen, baulich vorgegebenen Radius. Um die Teilchenstrahlen auf diesem Radius zu halten, startet man mit einem niedrigen Magnetfeld und erhöht dieses synchron mit dem Impulsgewinn der Teilchen bei der Beschleunigung $B = \frac{p}{er}$. Dies erklärt den Namen Synchrotron. Da die Teilchen bei jedem Umlauf die Beschleunigungsstrecke erneut durchlaufen, kann man ihnen im Prinzip beliebig viel Energie zuführen. Die erreichbare Energie des Beschleunigers wird aber durch das maximal erreichbare Magnetfeld begrenzt. Ist dieses erreicht, würde eine weitere Beschleunigung dazu führen, dass die Teilchen „aus der Kurve fliegen". Will man noch höhere Energien erzielen, muss man entweder leistungsfähigere Magneten entwickeln oder den Radius des Beschleunigers vergrößern.

© CERN

Die höchsten Energien erreicht derzeit der Large Hadron Collider (LHC) am europäischen Forschungszentrum für Teilchenphysik CERN in Genf. Er beschleunigt Protonen in einem Ring mit 26,7 km Umfang auf Energien von 6,5 TeV. Die Umlenkung auf die Kreisbahn bewirken 1232 supraleitende Magneten mit Magnetfeldern von 8,3 T. Das Foto zeigt einige der Magneten im Beschleunigertunnel unter der Erde, bevor sie elektrisch miteinander verbunden wurden.

Beispiel 8.11: Strahloptik

In einem Beschleunigerring, in dem alle Teilchen den Sollimpuls tragen, genügen zwei Typen von Magneten, um den Teilchenstrahl im Ring zu halten. Zum einen benötigt man Dipolmagneten[4], die ein homogenes Magnetfeld senkrecht zur Bahnebene erzeugen, um die Teilchen auf die Kreisbahn zu bringen, zum anderen sind Quadrupolmagneten erforderlich, um die Teilchen zusammenzuhalten, d. h., den Strahl zu fokussieren. Eine beispielhafte Anordnung der Magneten im Ring hatten wir bereits in ▶ Beispiel 8.9 gezeigt. Die Hauptkomponente des Quadrupolfeldes ist zirkular um den Orbit gerichtet. Die Feldstärke beträgt auf dem Orbit null und steigt dann linear nach außen an. Leider ist es nicht möglich, Magneten zu bauen, deren Feld in allen radialen Richtungen eine Fokussierung erzeugt. Der Quadrupol wirkt immer in einer Ebene fokussierend und in der dazu senkrechten Ebene defokussierend, so dass man alternierend Magneten einbauen muss, die um 90° gegeneinander gedreht sind. Der Quadrupol in unserer Skizze würde bei einem Strahl mit positiv geladenen Teilchen, der in die Zeichenebene hineingeht, Teilchen, die in der Vertikalen von der Sollbahn abweichen, so ablenken, dass sie sich dem Orbit wieder nähern, während er Teilchen mit horizontalem Abstand zum Orbit noch weiter von diesem ablenken würde.

Da nicht alle Teilchen in einem Beschleuniger exakt den gleichen Impuls tragen, müssen noch Magneten mit höheren Multipolen eingebaut werden, die auch diese Teilchen im Ring halten können. In unseren Skizzen haben wir daher noch den Sextupolmagneten als Beispiel mit aufgeführt. Die Dipolmagneten werden den größten Teil des Ringes ausfüllen. Die benötigten Quadrupolkomponenten

---

[4] Bitte beachten Sie, dass die Begriffe Dipol, Quadrupol usw., wie sie in der Strahloptik benutzt werden, nicht direkt die Multipole bezeichnen, wie wir sie in ▶ Abschn. 8.3 eingeführt haben.

sind deutlich schwächer und können mit kürzeren Magneten erzeugt werden. Von den höheren Momenten sind nur noch kleinere Beiträge erforderlich. Die Skizzen zeigen die Feldanordnungen. Die grauen Linien deuten die Spulen an, die roten und grünen Flächen die Polschuhe aus magnetischem Eisen. Das Foto gibt eine Kombination aus einem gelben Dipolmagneten, einem Sextupol-magneten in Grün und dahinter einem roten Quadrupolmagneten wieder.

© Wikimedia: John O'Neill

8.4.4 Massenspektrometrie

Man kann die chemische Zusammensetzung von Gasen untersuchen indem man die Massen der Atome des Gases bestimmt. Dafür be nutzt man einen Massenspektrografen. Dies ist nur ein Beispiel au dem Einsatzbereich dieser Geräte. Sie haben breite Anwendungen i der chemischen und medizinischen Analytik, aber auch in der physi kalischen Forschung, z. B. in der Kernphysik.

Die Probe wird – soweit es sich nicht bereits um ein Gas han delt – verdampft, in einer Ionenquelle ionisiert und die Ionen werde dann auf einige keV kinetischer Energie beschleunigt. Mit Blende wird ein dünner Strahl ausgeblendet und dem Gerät zugeführt, das di Ionen nach ihrem Verhältnis q/m zwischen Ladung und Masse ana lysiert. Als Geräteausführung gibt es die Massenfilter, die nur Ione mit einem bestimmten q/m durchlassen, die Massenspektrometer die bestimmen, wie viele Ionen eines q/m-Wertes in der Probe vor handen sind und ein entsprechendes Spektrum erstellen, indem de selektierte q/m-Wert durchgefahren wird, sowie Massenspektrogra fen, die das gesamte q/m-Spektrum simultan quantitativ erfassen Manche Geräte können eine relative Auflösung für q/m erzielen, di durchaus 10^{-6} erreichen kann, so dass selbst Massendefekte durc die chemische oder nukleare Bindung, wie sie die Relativitätstheorie vorsieht, nachweisbar werden.

Im Folgenden stellen wir einige Beispiele vor:

Beispiel 8.12: Wienfilter

Ein Wienfilter besteht aus einem elektrischen und einem magnetischen Feld, die senkrecht zueinander und senkrecht zur Achse des Filters stehen. In einer Ionenquelle wird die Probe verdampft und positiv ionisiert. Man legt die Ionenquelle auf positive Hochspannung U_B (einige kV). Durch ein Loch in der Probenkammer werden Ionen auf die davorstehende, geerdete Beschleunigungselektrode hin beschleunigt. Der erzeugte Ionenstrahl tritt durch ein Loch in der Beschleunigungselektrode aus. Mit einer Blende wird er vertikal begrenzt, bevor er in den Bereich der Felder eintritt. Dort wirken auf die Ionen die elektrische und die Lorentzkraft:

$$F_{el} = -qE$$
$$F_L = qvB$$

Lediglich die Ionen, für die sich die beiden Kräfte gegenseitig kompensieren, können das Feld durch den Austrittsspalt wieder verlassen. Für sie muss gelten:

$$F_{el} = F_L \quad \Rightarrow \quad v = \frac{E}{B}$$

Es handelt sich hier um einen Geschwindigkeitsfilter. Nur Ionen mit dieser festen Geschwindigkeit erreichen den Detektor auf der rechten Seite. Nun hängt aber die Geschwindigkeit der Ionen bei einer festen Energiezufuhr durch die Beschleunigung von deren Masse ab, denn es ist

$$v = \sqrt{\frac{2E}{m}} = \sqrt{2\frac{q}{m}U_B}.$$

Somit kann man den Filter auch benutzen, um einen bestimmten Wert von q/m herauszufiltern.

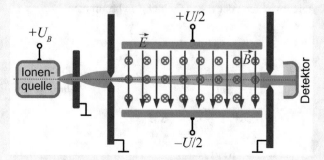

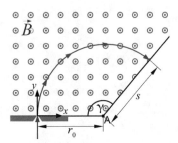

Abb. 8.17 Eine Teilchenbahn in einem magnetischen Sektorfeld

Wir wollen unsere Diskussion der Massenspektrografen mit einer einfachen Feldanordnung beginnen, dem sogenannten Sektorfeld. Hierbei handelt es sich um ein homogenes Magnetfeld, das räumlich begrenzt ist. Es füllt einen Kreissektor mit Öffnungswinkel γ aus. ◻ Abb. 8.17 zeigt eine Darstellung. Ein Ionenstrahl tritt durch einen Spalt in das Sektorfeld ein und durchläuft darin eine Kreisbahn mit dem Radius

$$r_0 = \frac{q}{m_0} v_0 B. \tag{8.52}$$

Dabei ist v_0 die Sollgeschwindigkeit der Ionen, B die Stärke des Feldes und m_0 die Masse der Ionen, die wir nachweisen wollen. Wir wählen ein ebenes Koordinatensystem mit dem Ursprung im Spalt. Die x-Achse zeige horizontal nach rechts und die y-Achse nach oben. Dann lässt sich die Bahnkurve der Ionen im Sektorfeld beschreiben durch:

$$\vec{r}(t) = \begin{pmatrix} r\,(1 - \cos t) \\ r \sin t \end{pmatrix} \tag{8.53}$$

Den Bahnparameter haben wir t genannt. Bei $t = 0$ treten die Ionen in das Sektorfeld ein und bei $t = \gamma$ wieder aus. Der Vektor $\vec{s}$ weise vom Scheitelpunkt A des Winkels γ zum Austrittspunkt der Ionen. Seine Länge s zeigt den q/m-Wert der Ionen an. Das Magnetfeld wird so justiert, dass der Scheitelpunkt A mit dem Mittelpunkt der Sollbahn übereinstimmt, d. h., A ist vom Spalt die Strecke r_0 entfernt. Dann gilt

$$\vec{s} = \vec{r}\,(\gamma) - r_0 \hat{e}_x \tag{8.54}$$

und

$$\begin{aligned}
s = |\vec{s}| &= \sqrt{\left(r\,(1 - \cos\gamma) - r_0\right)^2 + r^2 \sin^2\gamma} \\
&= \sqrt{r^2 + (r - r_0)^2 - 2r\,(r - r_0)\cos\gamma}.
\end{aligned} \tag{8.55}$$

Um die Auflösung des Sektorfeldes zu ermitteln, berechnen wir, wie weit der Austrittspunkt eines Ions der Masse m von dem eines Ions mit der nominellen Masse m_0 entfernt liegt. Da wir an kleinen Massenunterschieden interessiert sind, genügt es, diese Größe in einer Taylorentwicklung der ersten Ordnung zu bestimmen:

$$\begin{aligned}
\Delta s = s\,(m, v_0) - s\,(m_0, v_0) &= \left. \frac{\partial s}{\partial m} \right|_{m_0, v_0} \Delta m \\
&= \frac{1}{2}\frac{1}{s}\left(2r\frac{\partial r}{\partial m} + 2\,(r - r_0)\frac{\partial r}{\partial m} - 2r\cos\gamma\frac{\partial r}{\partial m}\right)\Bigg|_{m_0, v_0} \Delta m \\
&= (1 - \cos\gamma)\left.\frac{\partial r}{\partial m}\right|_{m_0, v_0} \Delta m \\
&= -(1 - \cos\gamma)\, r_0 \frac{\Delta m}{m_0}
\end{aligned}$$

$$\tag{8.56}$$

Wir sehen, dass wir die maximale Separierung zwischen Ionen unterschiedlicher Masse für den Winkel $\gamma = 180°$ erhalten. Sie beträgt für das 180°-Feld gerade zweimal die Änderung des Bahnradius, ein Ergebnis das wir für diesen Spezialfall vielleicht auch ohne die Rechnung hätten ableiten können.

In unserer Rechnung hatten wir angenommen, dass alle Ionen exakt mit der Sollgeschwindigkeit v_0 fliegen. Diese Annahme ist nicht realistisch. Wir geben sie daher auf und erhalten:

$$
\begin{aligned}
\Delta s = s\,(m, v) - s\,(m_0, v_0) &= \left.\frac{\partial s}{\partial m}\right|_{m_0, v_0} \Delta m + \left.\frac{\partial s}{\partial v}\right|_{m_0, v_0} \Delta v \\
&= (1 - \cos\gamma)\,\left.\frac{\partial r}{\partial m}\right|_{m_0, v_0} \Delta m + (1 - \cos\gamma)\,\left.\frac{\partial r}{\partial v}\right|_{m_0, v_0} \Delta v \quad (8.57) \\
&= -(1 - \cos\gamma)\,r_0\,\frac{\Delta m}{m_0} + (1 - \cos\gamma)\,r_0\,\frac{\Delta v}{v_0}
\end{aligned}
$$

Die beiden Koeffizienten sind dem Betrage nach gleich. Für das 180°-Sektorfeld betragen sie $\pm 2r_0$. Dies bedeutet, dass wir zwei Ionenarten nur dann von einander trennen können, wenn ihr relativer Massenunterschied $\frac{\Delta m}{m_0}$ geringer ist als die Geschwindigkeitsunschärfe $\frac{\Delta v}{v_0}$ des Strahls. Wir werden in den folgenden Beispielen noch darauf eingehen.

Nun müssen wir noch darauf hinweisen, dass wir bis jetzt eine weitere Unsicherheit der Messung außer Acht gelassen haben. Die Spalte, mit denen wir die Richtung der eintretenden Ionen einschränken, müssen eine endlich große Öffnung haben, sonst geht die Intensität gegen null. Dies bedeutet, dass wir auch Ionen betrachten müssen, deren Eintrittswinkel um bis zu einen Winkel $\pm\alpha$ vom senkrechten Eintritt in das Feld abweicht. Die Situation ist in ◻ Abb. 8.18 für ein 180°-Sektorfeld skizziert, auf das wir uns im Weiteren beschränken wollen.

Die Bahn der Ionen lässt sich beschreiben durch:

$$
\vec{r}(t) = \begin{pmatrix} r\cos\alpha - r\cos(t - \alpha) \\ r\sin\alpha + r\sin(t - \alpha) \end{pmatrix} \quad (8.58)
$$

Die Ionen treten bei $t = 0$ in das Sektorfeld ein und bei $t = \pi + 2\alpha$ wieder aus. Die Strecke s berechnet sich zu:

$$
s = r\cos\alpha - r\cos(\pi + \alpha) - r_0 \quad (8.59)
$$

Die Abweichung des Austrittspunktes bei schiefem Eintritt wollen wir wieder nach Taylor entwickeln:

$$
\begin{aligned}
\Delta s = s\,(m_0, v_0, \alpha) - s\,(m_0, v_0, 0) &= \left.\frac{\partial s}{\partial \alpha}\right|_{m_0, v_0, \alpha} \Delta\alpha \\
&= -2r\sin\alpha|_{m_0, v_0, 0}\,\Delta\alpha = 0
\end{aligned} \quad (8.60)
$$

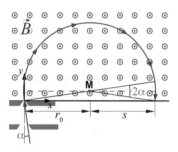

◻ **Abb. 8.18** Ionenbahn in einem 180°-Sektorfeld bei schiefem Eintritt

Der Koeffizient verschwindet. In erster Ordnung treten alle Ionen unabhängig von ihrem Einschusswinkel am selben Ort aus. Man nennt eine solche Feldanordnung daher auch richtungsfokussierend. Dies ist übrigens eine Eigenschaft des 180°-Sektorfeldes. Nur bei diesem Sektorwinkel tritt Richtungsfokussierung auf und sie tritt auch nur in der Ebene senkrecht zum Magnetfeld auf (in der Zeichenebene). Wir können davon ausgehen, dass die zweite Ordnung gegenüber dem Einfluss der Geschwindigkeitsunschärfe vernachlässigbar ist, so dass wir unsere ursprüngliche Aussage, dass die Auflösung des 180°-Sektorfeldes durch die Geschwindigkeitsunschärfe des Ionenstrahls begrenzt ist, bestätigt finden.

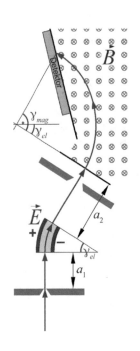

Beispiel 8.13: Massenspektrograf nach Bainbridge

Wie wir gesehen haben, ist die Auflösung des 180°-Sektorfeldes durch die Geschwindigkeitsunschärfe des Strahls begrenzt. Daher kann man die Auflösung verbessern, indem man einen Geschwindigkeitsfilter vorschaltet. Der Aufbau ist in der Skizze zu sehen. Diesen Aufbau wählte Kenneth Bainbridge, um bereits 1933 den Massendefekt nach Einsteins berühmter Formel $E = mc^2$ experimentell nachzuweisen.

Beispiel 8.14: Mattauch'scher Massenspektrograf

Bei geeigneter Kombination elektrischer und magnetischer Sektorfelder ist es möglich, einen doppelt fokussierenden Massenspektrografen zu bauen. Ein solches Gerät ist der Massenspektrograf von Mattauch. Die Skizze zeigt den Aufbau. Der Winkel des elektrischen Sektorfeldes, der durch einen Ausschnitt aus einem Zylinderkondensator gebildet wird, beträgt $\frac{\pi}{4}\sqrt{2} \approx 31,82°$, der des magnetischen Sektorfeldes beträgt 90°. Die Länge der beiden Strecken a_1 und a_2, in denen die Ionen kräftefrei driften, und die Radien der Bahnen in den Sektorfeldern, die durch die Feldstärken variiert werden können, müssen aufeinander abgestimmt sein. So erreicht man, dass die Ankunftsposition auf dem Detektor in erster Ordnung weder von der Geschwindigkeit noch vom Eintrittswinkel abhängt. Man nennt den Aufbau daher doppelfokussierend.

8.4.5 Elektromotoren

Elektromotoren werden durch magnetische Kräfte angetrieben. Sie bestehen aus einem unbeweglichen äußeren Teil, dem Stator, und einem drehbar gelagerten inneren Teil, dem Rotor, der mit der Antriebsachse des Motors verbunden ist. Im Stator und im Rotor sind

Magneten eingebaut, deren gegenseitige Anziehungskräfte den Motor antreiben. Es können sowohl Elektromagneten als auch Permanentmagneten zum Einsatz kommen, aber da bei der Drehung des Motors die Magnetfelder umgepolt werden müssen, muss entweder Stator oder Rotor aus Elektromagneten aufgebaut sein. In den folgenden Beispielen stellen wir einige Elektromotoren vor.

Beispiel 8.15: Gleichstrommotor

Wie der Name sagt, wird ein Gleichstrommotor mit Gleichstrom betrieben. Unsere Skizze zeigt einen Gleichstrommotor mit sechs Rotorwindungen und einem Stator aus einem Permanentmagneten. Die Wicklungen des Rotors werden über den Kommutator mit Strom versorgt. Federn drücken zwei Bürsten auf die Kontaktflächen des rotierenden Kommutators und stellen den Kontakt her. Die Kontakte des Kommutators sind so aufgebaut, dass sie während der Drehung jeweils zwei gegenüberliegende Spulen derart mit der Spannungsversorgung verbinden, dass diese Spulen im Magnetfeld des Stators ein Drehmoment in Drehrichtung des Motors erfahren. In der Skizze ist dies für ein Beispiel gezeigt. Die Polung der Gleichspannung bestimmt dabei die Drehrichtung des Motors. Die Bürsten sind aus einem Material gefertigt, welches gut elektrisch leitet, sich im Betrieb ein wenig abreibt und sich somit selbst schmiert. Meistens enthält das Material Graphit und Kupferstaub.

Das Foto zeigt einen Rotor mit 12 Windungen und den davorliegenden Kommutator. Zu den Vorteilen der Gleichstrommaschinen gehören gutes Anlaufverhalten und gute Regelbarkeit.

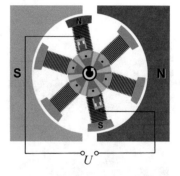

© Wikimedia: Sebastian Stabinger Paethon

Experiment 8.6: Gleichstrommotoren

Mit diesem Experiment wollen wir den Betrieb zweier Gleichstrommotoren zeigen. Es handelt sich um Demonstrationsmodelle, die offen aufgebaut sind, so dass man die einzelnen Komponenten der Motoren erkennen kann. Der Stator besteht jeweils aus zwei Stabmagneten, auf die ein blauer Polschuh aufgeschraubt ist, der für den Rotor kreisförmig ausgeschnitten ist. Die beiden Magneten sind oben und unten am Motor angebracht. Der Rotor ist aus zwei bzw. drei Elektromagneten aufgebaut. Man kann die kupferfarbenen Windungen der Spulen und den hellblauen Polschuh erkennen. Auf der Achse vor den Spulen sitzt der Kommutator. Die Halterungen der beiden Bürsten mit dem elektrischen Anschluss sind oben und unten deutlich sichtbar.

Die Bilder zeigen Motoren mit zwei und drei Spulen auf dem Rotor. Beide Motoren laufen nach Anlegen der Spannung sehr gut,

© RWTH Aachen, Sammlung Physik

allerdings muss der Motor mit zwei Spulen angedreht werden. In der Stellung des Rotors, die auf dem Foto zu sehen ist, entsteht beim Einschalten kein Drehmoment. Der Rotor ist ja bereits in der günstigsten Stellung ausgerichtet. Die Trägheit des Rotors ist wesentlich für den Lauf des Motors. Hat der Rotor die horizontale Lage der Spulen überschritten, wirkt ein Drehmoment, das vornehmlich durch die anziehende Kraft zwischen den Rotorspulen und dem benachbarten Pol des Stators entsteht. Es treibt den Motor an, bis der Rotor die vertikale Stellung erreicht hat. Dann müssen die Spulen umgepolt werden, so dass aus der anziehenden Kraft ein abstoßende wird, die den Rotor weitertreibt. Um Kurzschlüsse zu vermeiden, müssen beim Umpolen zuerst die Spulen von der Spannungsversorgung getrennt werden und können erst in umgekehrter Polung neu verbunden werden, nachdem sich der Rotor einige Grad weitergedreht hat. Aus dieser Zwischenposition heraus kann der Motor nicht anlaufen. Auch spürt man beim Betrieb, dass dieser Motor unruhig läuft. Vor allem bei niedrigen Drehzahlen (geringe Betriebsspannung) ruckelt der Motor, da sich das Drehmoment über einen Umlauf stark ändert. Diesen Effekt kann man abschwächen, indem man mehrere Spulen auf dem Rotor unterbringt. Schon der zweite Motor mit drei Spulen läuft deutlich ruhiger.

© RWTH Aachen, Sammlung Physik

Beispiel 8.16: Wechselstrommotoren

Man kann Elektromotoren auch mit Wechselstrom betreiben. Die Skizze zeigt einen einfachen Wechselstrommotor mit nur einer Spule. Mit nur einer Spule muss er, wie der entsprechende Gleichstrommotor zum Starten angedreht werden. Durch die Wechselspannung wird der Rotor automatisch im Takt der Spannungsversorgung umgepolt. Der Kommutator hat nur noch die Aufgabe, den Strom auf die rotierenden Spulen zu übertragen. Er ist nicht segmentiert. Die Rotationsgeschwindigkeit des Motors ist durch die Frequenz der antreibenden Spannung fest vorgegeben, während sie sich beim Gleichstrommotor durch ein Gleichgewicht zwischen dem antreibenden Drehmoment und dem entgegengerichteten Drehmoment, das durch die Belastung des Motors entsteht, einstellt. Beim Gleichstrommotor ist die Drehfrequenz von der Belastung abhängig, beim Wechselstrommotor ist sie konstant, solange die Belastung einen kritischen Wert nicht überschreitet, bei dem der Motor stehen bliebe.

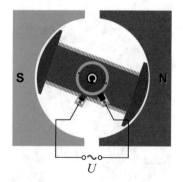

Noch einfacher kann man einen Elektromotor aufbauen, wenn 3-Phasen-Wechselspannung zur Verfügung steht, sogenannter Drehstrom. Die drei Phasen durchlaufen die Sinuskurve jeweils um 120° gegeneinander phasenversetzt. Benutzt man drei Spulen als Stator, die – wie in der zweiten Skizze zu sehen – mit den drei Phasen angesteuert werden, so erhält man ein Magnetfeld, das sich mit der Frequenz der Wechselspannung um die Motorachse dreht. Als Rotor genügt ein Stabmagnet, so dass keine Bürsten benötigt werden. Er wird dem rotierenden Magnetfeld folgen.

❓ Übungsaufgaben zu ▶ Kap. 8

1. Ein Elektronstrahl tritt in ein Gebiet ein, in dem ein homogenes elektrisches Feld der Stärke $E = 3 \cdot 10^4 \frac{V}{m}$ und ein homogenes magnetisches Feld der Stärke $B = 0,5\,\text{T}$ einander überlagert sind. Wie müssen elektrisches und magnetisches Feld relativ zueinander und relativ zum Elektronenstrahl gerichtet sein und welche Geschwindigkeit müssen die Elektronen besitzen, damit der Elektronenstrahl nicht abgelenkt wird?

2. Ein Proton fliegt senkrecht zu einem Magnetfeld der Stärke 0,1 T auf einer Kreisbahn mit dem Radius 20 cm. Wie schnell fliegt das Proton?

3. Ein Silberplättchen der Dicke 10 μm sowie ein Germaniumplättchen der Dicke 1 mm werden in einem Magnetfeld von 0,1 T als Hall-Sonde benutzt. Beim Silberplättchen misst man mit einem Sondenstrom von 10 A eine Hall-Spannung von 9 μV, beim Germaniumplättchen mit einem Sondenstrom von 10 mA eine Hall-Spannung von 14 mV. Bestimmen Sie das Verhältnis der Ladungsträgerdichten von Silber und Germanium.

4. Eine quadratische Leiterschleife und ein unendlich langer Draht sind wie in der Skizze gezeigt angeordnet und werden beide vom Strom I durchflossen. Wie groß ist die Kraft auf die Leiterschleife?

5. Ein wie in der Skizze geformter Drahtbügel ist um die eingezeichnete horizontale Achse frei drehbar gelagert. Er ist aus einem Draht der Querschnittsfläche A und der Dichte ρ geformt und wird vom Strom I durchflossen. Durch ein senkrecht nach oben gerichtetes Magnetfeld $\vec{B}$ wird der Bügel aus der Ruhelage ausgelenkt. Wie groß ist der Auslenkwinkel θ?

6. Berechnen Sie das magnetische Dipolmoment einer Kugel mit dem Radius R, die auf ihrer Oberfläche homogen mit der Gesamtladung Q aufgeladen ist und mit der Winkelgeschwindigkeit ω um eine Achse durch ihren Mittelpunkt rotiert.

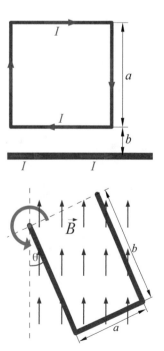

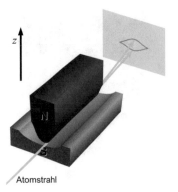

Atomstrahl

7. Im Stern-Gerlach-Experiment werden Silberatome auf Grund ihres magnetischen Dipolmoments in einem inhomogenen Magnetfeld abgelenkt (siehe Skizze). Der dargestellte Magnet erzeugt auf seiner Länge von 100 mm einen Magnetfeldgradienten von 300 T/m in z-Richtung. Die Silberatome (Masse $1{,}8 \cdot 10^{-25}$ kg) treten mit einer Geschwindigkeit von 400 m/s in den Magneten ein und werden auf einem Schirm 200 mm hinter dem Ende des Magneten um 2,4 mm von der Geraden versetzt nachgewiesen. Wie groß ist das magnetische Dipolmoment eines Silberatoms, wenn dieses in z-Richtung orientiert ist?

Magnetische Felder in Materie

Stefan Roth und Achim Stahl

© Springer-Verlag GmbH Deutschland, ein Teil von Springer Nature 2018
S. Roth, A. Stahl, *Elektrizität und Magnetismus*, DOI 10.1007/978-3-662-54445-7_9

Bringt man Materie in ein magnetisches Feld, so kann man sich die Frage stellen, ob diese das Magnetfeld beeinflusst. Die Antwort lautet wie im elektrischen Falle auch: „Ja". Das magnetische Feld wird durch die Materie verändert und umgekehrt wird das magnetische Feld die Materie beeinflussen. Diese Prozesse und die damit verbundenen Phänomene sind das Thema dieses Kapitels.

9.1   Magnetismus der Materie

9.1.1   Atomare Magneten

Die Materie ist aus Atomen aufgebaut. In jedem Atom befinden sich Elektronen, mit denen magnetische (Dipol-)Momente verbunden sind. Auf diese wirkt das äußere Magnetfeld. Es ändert deren Orientierung. Gleichzeitig überlagert sich das Feld dieser atomaren Dipole dem äußeren Feld, was wiederum das magnetische Feld verändert.

Ein Beispiel eines atomaren Dipolmomentes zeigten wir bereit in ▶ Beispiel 8.3. Dort berechneten wir das magnetische Moment $\vec{p}_M$ eines Elektrons, das mit einem Bahndrehimpuls L um den Atomkern kreist. Wir kamen zu dem Ergebnis:

$$\vec{p}_M = \gamma_L \vec{L} \tag{9.1}$$

Für ein einzelnes Elektron ergab sich aus der Interpretation des Umlaufes als Kreisstrom das gyromagnetische Verhältnis

$$\gamma_L = -\frac{e}{2m_e} \tag{9.2}$$

mit der Elementarladung e und der Elektronenmasse m_e. Für ein Elektron, das mit einem Bahndrehimpuls der Größe $L = \hbar$ auf einer Kreisbahn läuft, führt dies auf ein magnetisches Moment von der Größe eines Bohr'schen Magnetons:

$$|\vec{p}_M| = \mu_B \tag{9.3}$$

Bahndrehimpuls

Wasserstoff ist das einfachste Atom. Es besteht nur aus einem Proton im Kern und einem einzelnen kreisenden Elektron. Alle anderen Atome verfügen über mehr als ein Elektron. Ein klassisches Bild eines komplizierteren Atoms ist in ◩ Abb. 9.1 zu sehen. Wir müssen die magnetischen Momente der Kreisströme aller Elektronen addieren. Dabei ist deren Richtung zu beachten. Wir müssen sie vektoriell addieren. In unserem klassischen Bild können die Drehimpulse beliebige Werte und Richtungen annehmen, doch in der Natur kommen nur diskrete Werte vor (Quantisierung). Wollen wir die Komponente des Bahndrehimpulses in eine bestimmte Richtung bestimmen, so

◩ **Abb. 9.1** Klassisches Bild eines Atoms mit Protonen (*blau*) und Neutronen (*weiß*) im Atomkern und kreisenden Elektronen (*rot*)

treten nur Komponenten auf, die ganzzahligen Vielfachen des reduzierten Planck'schen Wirkungsquantums $\hbar$ entsprechen. In der physikalischen Chemie und in der Atomphysik bezeichnet man die entsprechenden Zustände (Orbitale) mit den Buchstaben s ($L_z = 0$), p ($L_z = -\hbar, 0, \hbar$), d ($L_z = -2\hbar, -\hbar, 0, \hbar, 2\hbar$) usw., wobei L_z für die Projektion des Bahndrehimpulses auf eine bestimmte Richtung (z-Achse) steht. Welche Zustände in einem Atom tatsächlich besetzt sind, werden Sie in der Atomphysik lernen. Meist treten positive und negative Werte paarweise auf, so dass das resultierende magnetische Moment, sofern es überhaupt von null verschieden ist, von wenigen Elektronen bestimmt wird.

Der Kern

Elektronen sind nicht die einzigen geladenen Objekte in einem Atom. Die Protonen im Atomkern tragen ebenfalls eine elektrische Ladung. Versucht man auch den Atomkern in einem klassischen Bild darzustellen, so kreisen die Protonen gleichermaßen um den Mittelpunkt des Atoms bzw. des Atomkerns. Auch hier stößt man auf Bahndrehimpulse, die ganzzahlige Vielfache von $\hbar$ sind. Wegen der bedeutend größeren Masse der Protonen ist deren Geschwindigkeit verglichen mit der Geschwindigkeit der Elektronen bei gleichem Drehimpuls allerdings sehr viel kleiner ($L = mvr$). Die Protonen rotieren langsamer, was einem geringeren Kreisstrom und damit einem geringeren magnetischen Moment entspricht. Das gyromagnetische Verhältnis der Bahnbewegung für Protonen beträgt:

$$\gamma_{L,p} = \frac{e}{2m_p} \tag{9.4}$$

Da das Proton etwa 2000-mal schwerer ist als das Elektron, sind die mit dem Proton verbundenen magnetischen Momente entsprechend 2000-mal kleiner als die des Elektrons. Sie fallen so klein aus, dass wir sie für unsere weiteren Überlegungen vernachlässigen können.

Spin

Es gibt aber trotzdem noch einen weiteren Beitrag zum magnetischen Moment der Atome, den wir berücksichtigen müssen. Die Elektronen kreisen nicht nur um den Atomkern, sondern sie drehen sich auch um ihre eigene Achse. Damit ist ein Eigendrehimpuls, genannt Spin (Band 1, Abschn. 13.1), verbunden, den wir mit $\vec{S}$ bezeichnen wollen. Alle Elektronen haben den gleichen Spin. Seine Projektion auf eine feste Richtung beträgt immer $\pm\frac{1}{2}\hbar$. Stellt man sich ein Elektron in einem klassischen Bild wie eine Kugel vor, auf deren Oberfläche seine Ladung verteilt ist, so sieht man, dass auch diese Eigendrehung einen Kreisstrom darstellt, für die man ein magnetisches Moment berechnen kann. Die Rechnung führt wiederum auf eine Gleichung analog zu Gl. 9.1:

$$\vec{p}_M = \gamma_S \vec{S} \tag{9.5}$$

Allerdings scheitert die klassische Betrachtungsweise an der Bestimmung von γ_S. Eine quantenmechanische Ableitung ergibt

$$\gamma_S = -\frac{e}{m_e}, \tag{9.6}$$

also einen Wert doppelt so groß wie der Wert für den Bahndrehimpuls. Die magnetischen Momente auf Grund des Spins müssen wir zu denen des Bahndrehimpulses vektoriell addieren. Wiederum gilt, dass die Elektronen in den Atomen meist paarweise in Zuständen gebunden sind, in denen sich ihre magnetischen Momente kompensieren, so dass auch dieser Beitrag nur von wenigen einzelnen Elektronen erzeugt wird.

Zusammenfassung

Die Elektronen in den Atomen besitzen magnetische Dipolmomente, die von ihrem Bahndrehimpuls und ihrem Spin verursacht werden. Das magnetische Moment eines Atoms setzt sich im Wesentlichen aus diesen beiden zusammen. Dabei kompensieren sich viele Beiträge, so dass ein Betrag von nur wenigen Vielfachen des Bohr'schen Magnetons übrig bleibt. Die Orientierung der verschiedenen magnetischen Momente zueinander wird durch die Wechselwirkung der Elektronen untereinander und mit dem Kern bestimmt. In der Regel fallen diese Kräfte stärker ins Gewicht als die Beeinflussung durch ein äußeres Magnetfeld, so dass wir einem Atom ein festes Dipolmoment zuweisen können, dessen genauer Wert durch die Elektronenkonfiguration des Atoms festgelegt ist und der sich durch äußere Kräfte kaum verändert. Meist beeinflussen äußere Felder nur die Orientierung des atomaren magnetischen Momentes zum äußeren Feld.

9.1.2 Die Magnetisierung der Materie

Wir wollen nun versuchen, den Einfluss der atomaren Dipole auf das Magnetfeld quantitativ zu erfassen. Dazu benutzen wir die gleiche Vorgehensweise wie auch beim elektrischen Fall, den wir in ▶ Abschn. 5.1 diskutiert haben.

Der Einfluss eines einzelnen atomaren Dipols ist gering. Eine signifikante Veränderung entsteht erst durch die Überlagerung der vielen Dipole in der Materie. Wir führen daher eine Mittelung über alle Dipole im Volumen V aus. Wir definieren die Magnetisierung der Materie durch:

$$\vec{M} = \frac{1}{V} \sum_i \vec{p}_{m,i} \tag{9.7}$$

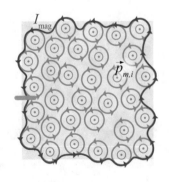

▪ **Abb. 9.2** Magnetisierung in einem Quadrat der Fläche A

Die Magnetisierung entsteht durch die Überlagerung der Kreisströme der Dipole. ▪ Abb. 9.2 zeigt den Versuch, dies zu skizzieren. Zur

Vereinfachung haben wir angenommen, dass alle Dipole die gleiche Stärke haben und vollständig ausgerichtet sind. Die Richtung haben wir senkrecht zur Zeichenebene gewählt. Das lässt sich am einfachsten zeichnen. Nun addieren wir die Ströme (schwach rot in der Skizze). Dabei fällt auf, dass sich im Innern der grau unterlegten Fläche A zu jedem Strom ein benachbarter Strom finden lässt, der in die entgegengesetzte Richtung zeigt. Ihre Magnetfelder kompensieren sich gegenseitig. Lediglich am Rand der Fläche A fehlen die entgegengesetzten Nachbarströme. Die Addition aller Ströme führt daher auf den rot dargestellten Oberflächenstrom I_{mag}. Was in der Skizze mit 32 Dipolen auf einen Strom führt, der der Oberfläche nur ungefähr folgt, wird sich vollkommen an die Oberfläche anpassen, wenn wir zu einer realistischen Anzahl von Atomen in einem Materiestück übergehen. Auch die Kompensation im Inneren wird dann perfekt. Wir können die Magnetisierung folglich darstellen als das Dipolmoment des Oberflächenstromes:

$$\vec{M} = \frac{I_{\text{mag}}\vec{A}}{V} \tag{9.8}$$

Wir führen die Dicke d der magnetisierten Schicht ein und erhalten:

$$\left|\vec{M}\right| = \frac{I_{\text{mag}}A}{Ad} = \frac{I_{\text{mag}}}{d} \tag{9.9}$$

Die Magnetisierung ist durch die Liniendichte des Stromes an der Oberfläche gegeben. Mit dem Ampère'schen Durchflutungsgesetz können wir nun das Magnetfeld bestimmen, das durch die Magnetisierung erzeugt wird. Das Magnetfeld wird im Inneren der Fläche A näherungsweise homogen sein, während es im Außenraum verschwindet.

$$\oint \vec{B}_{\text{mag}} \cdot d\vec{s} = \mu_0 I_{\text{mag}} \tag{9.10}$$

Der Integrationsweg ist in ◼ Abb. 9.2 durch eine kurze grüne Linie angedeutet. Er umschließt den Oberflächenstrom. Er führt zunächst außerhalb der Fläche A senkrecht zur Zeichenebene in die Tiefe und zwar parallel zur Oberfläche der Schicht um die Strecke d. Hier ist das Magnetfeld null. Dann verläuft er weiter ein kleines Stück senkrecht nach innen, bis wir uns innerhalb des Oberflächenstromes befinden. Auf diesem Stück stehen $d\vec{s}$ und $\vec{B}_{\text{mag}}$ senkrecht aufeinander, so dass es nicht zum Integral beiträgt. Das dritte Stück des Integrationsweges führt nun innerhalb des Oberflächenstromes im Bereich homogenen Magnetfelds um die Strecke d nach vorne. Dieses Stück liefert den eigentlichen Beitrag zum Integral. Mit dem in ◼ Abb. 9.2 sichtbaren Stück, auf dem wiederum $d\vec{s}$ und $\vec{B}_{\text{mag}}$ senkrecht aufeinander stehen, schließen wir den Integrationsweg. Es ergibt sich folglich

$$\oint \vec{B}_{\text{mag}} \cdot d\vec{s} = \left|\vec{B}_{\text{mag}}\right| d \tag{9.11}$$

und damit

$$\left|\vec{B}_{\text{mag}}\right| = \mu_0 \frac{I_{\text{mag}}}{d} = \mu_0 \left|\vec{M}\right|. \tag{9.12}$$

Die Richtung des Feldes bestimmt man mit der Rechte-Hand-Regel. Man erhält:

$$\vec{B}_{\text{mag}} = \mu_0 \vec{M} \tag{9.13}$$

An dieser Stelle möchten wir Sie auf einen Unterschied zum elektrischen Fall hinweisen. Dort hatten wir $\vec{E}_{\text{Pol}} = -\frac{1}{\epsilon_0}\vec{P}$ erhalten (Gl. 5.6). Das Vorzeichen unterscheidet sich. Im elektrischen Fall werden die Dipole so im Feld ausgerichtet, dass sie dem äußeren Feld entgegenstehen und dieses schwächen (▶ Abschn. 3.3). Im magnetischen Fall verstärken die Dipole das äußere Feld (▶ Abschn. 8.3.3). Das Feld im Medium setzt sich zusammen aus dem äußeren Feld $\vec{B}_{\text{frei}}$ und dem Feld $\vec{B}_{\text{mag}}$, das durch die Magnetisierung erzeugt wird. Wir haben

$$\vec{B}_{\text{Med}} = \vec{B}_{\text{frei}} + \vec{B}_{\text{mag}} = \vec{B}_{\text{frei}} + \mu_0 \vec{M}. \tag{9.14}$$

Das Feld $\vec{B}_{\text{mag}}$ ist sowohl zu $\vec{B}_{\text{frei}}$ als auch zu $\vec{B}_{\text{Med}}$ proportional. Diese Proportionalität drücken wir durch die magnetische Suszeptibilität χ_m aus. Sie ist definiert durch:

$$\vec{B}_{\text{mag}} = \chi_m \vec{B}_{\text{frei}} \tag{9.15}$$

Hierin besteht ein weiterer Unterschied zum elektrischen Fall. Wir verwenden an dieser Stelle eine andere Konvention, denn im elektrischen Fall hatten wir $\vec{E}_{\text{Pol}} = \chi_e \vec{E}_{\text{Med}}$ definiert und nicht $\vec{E}_{\text{Pol}} = \chi_e \vec{E}_{\text{frei}}$.

Nun wollen wir noch die Feldstärken mit und ohne Medium zueinander in Relation setzen. Dazu benutzen wir wie im elektrischen Fall eine relative Feldkonstante, die man die Permeabilitätszahl oder relative Permeabilität nennt. Sie gibt den Faktor an, um den das Feld ansteigt, wenn man – ausgehend vom Feld im Vakuum – das Medium hinzufügt:

$$\vec{B}_{\text{Med}} = \mu \vec{B}_{\text{frei}} \tag{9.16}$$

Ein Vergleich von Gln. 9.15 und 9.16 zeigt:

$$\mu \vec{B}_{\text{frei}} = \vec{B}_{\text{Med}} = \vec{B}_{\text{frei}} + \vec{B}_{\text{mag}} = \vec{B}_{\text{frei}} + \chi_m \vec{B}_{\text{frei}}$$
$$\mu = 1 + \chi_m \tag{9.17}$$

Damit haben wir alle Formeln angegeben, die wir für die Beschreibung des B-Feldes in Gegenwart eines Mediums benötigen. In ◻ Tab. 9.1 fassen wir die Gleichungen noch einmal zusammen und zeigen sie im direkten Vergleich mit dem elektrischen Feld.

▣ **Tabelle 9.1** Feldgleichungen mit Medium

Elektrische Felder		Magnetische Felder	
Polarisation	$\vec{P} = \dfrac{1}{V} \sum_i \vec{p}_i$	Magnetisierung	$\vec{M} = \dfrac{1}{V} \sum_i \vec{p}_{M,i}$
	$|\vec{P}| = \sigma_{\text{Pol}}$		$|\vec{M}| = \dfrac{I_{\text{mag}}}{d}$
Feld durch Polarisation	$\vec{E}_{\text{Pol}} = -\dfrac{1}{\epsilon_0} \vec{P}$	Feld durch Magnetisierung	$\vec{B}_{\text{mag}} = \mu_0 \vec{M}$
Suszeptibilität	$\vec{E}_{\text{Pol}} = \chi_e \vec{E}_{\text{Med}}$	Suszeptibilität	$\vec{B}_{\text{mag}} = \chi_m \vec{B}_{\text{frei}}$
Feldstärke	$\vec{E}_{\text{Med}} = \vec{E}_{\text{frei}} + \vec{E}_{\text{Pol}}$	Feldstärke	$\vec{B}_{\text{Med}} = \vec{B}_{\text{frei}} + \vec{B}_{\text{mag}}$
Relative Dielektrizität	$\vec{E}_{\text{Med}} = \dfrac{1}{\epsilon} \vec{E}_{\text{frei}}$	Relative Permeabiliät	$\vec{B}_{\text{Med}} = \mu \vec{B}_{\text{frei}}$
Umrechnung	$\epsilon = 1 + \chi_e$	Umrechnung	$\mu = 1 + \chi_m$

9.1.3 Maxwell-Gleichungen mit Medium

Ähnlich wie im elektrischen Fall können wir eine neue Feldgröße einführen, die das äußere Feld beschreibt:

$$\vec{H} = \frac{1}{\mu_0} \vec{B}_{\text{frei}} \tag{9.18}$$

Aus Gl. 9.15 folgt dann:

$$\vec{M} = \chi_m \vec{H} \tag{9.19}$$

Dies führt auf

$$\vec{B}_{\text{Med}} = \vec{B}_{\text{frei}} + \vec{B}_{\text{mag}} = \mu_0 \left(\vec{H} + \vec{M} \right). \tag{9.20}$$

Die Verwendung der Größen $\vec{B}$ und $\vec{H}$ erlaubt eine kompaktere Formulierung der Maxwell-Gleichungen. Wir wollen den Index „Med", den wir für die Diskussion der Felder mit und ohne Medium eingeführt hatten, wieder fallen lassen. Mit $\vec{B}$ (bzw. $\vec{E}$) beziehen wir uns auf das Feld, das man am jeweiligen Ort messen würde. Es bezeichnet die Überlagerung aus dem äußeren Feld und dem Feld, das durch die Reaktion des Mediums erzeugt wird. Der Vorteil der Formulierung der Maxwell-Gleichungen in den Größen $\vec{B}$, $\vec{E}$ und $\vec{H}$, $\vec{D}$ liegt darin, dass wir über die Ströme bzw. Ladungen, die durch die äußeren Felder im Medium hervorgerufen werden, nicht explizit Bescheid wissen müssen. Es genügt, die Ladungen und Ströme zu kennen, die die äußeren Felder erzeugen, denn es ist:

$$\begin{aligned} \text{rot } \vec{B}_{\text{frei}} &= \mu_0 \vec{j}_{\text{frei}} \\ \Rightarrow \text{rot } \vec{H} &= \vec{j}_{\text{frei}} \end{aligned} \tag{9.21}$$

Man nennt die Größe $\vec{H}$ die magnetische Erregung, um anzudeuten, dass sie den Anteil des Feldes bezeichnet, der die Magnetisierung erregt. In älteren Texten wird $\vec{H}$ aber auch die magnetische Feldstärke genannt, einen Begriff, den wir bereits für $\vec{B}$ benutzen. Wir werden bei der Bezeichnung „Feldstärke" für $\vec{B}$ bleiben. Das $\vec{H}$-Feld werden wir nur an wenigen Stellen überhaupt verwenden und es dann magnetische Erregung nennen.

Damit lauten die Maxwell-Gleichungen

		Integralform	Differenzialform
	1.	$\oint_S \vec{E}\,d\vec{s} = 0$	$\mathrm{rot}\,\vec{E} = 0$
	2.	$\oint_S \vec{H}\,d\vec{s} = I_{\mathrm{frei}}$	$\mathrm{rot}\,\vec{H} = \vec{j}_{\mathrm{frei}}$
	3.	$\oint_A \vec{D}\,d\vec{A} = Q_{\mathrm{frei}}$	$\mathrm{div}\,\vec{D} = \rho_{\mathrm{frei}}$
	4.	$\oint_A \vec{B}\,d\vec{A} = 0$	$\mathrm{div}\,\vec{B} = 0$

In dieser Form kann man sie auch in Gegenwart eines Mediums benutzen. Zur Auswertung benötigen Sie zusätzlich:

$$\vec{B} = \mu\mu_0\,\vec{H}$$
$$\vec{E} = \frac{1}{\epsilon\epsilon_0}\vec{D}$$

(9.22)

Weder im Vakuum noch im Medium findet man magnetische Monopole, daher gilt $\mathrm{div}\,\vec{B} = 0$. Ausgedrückt durch die magnetische Erregung gilt dann

$$\mathrm{div}\,\vec{B} = \mathrm{div}\,(\mu\mu_0 H)$$
$$= \mu\mu_0\,\mathrm{div}\,\vec{H} + \mu_0\vec{H}\,\mathrm{grad}\,\mu = 0$$

(9.23)

In der zweiten Zeile haben wir die Produktregel angewandt. Dabei müssen wir μ_0 nicht ableiten. In homogenen Medien ist μ ebenfalls eine Konstante ($\mathrm{grad}\,\mu = 0$) und es folgt

$$\mathrm{div}\,\vec{H} = 0,$$

(9.24)

aber in inhomogenen Medien ist $\mathrm{grad}\,\mu \neq 0$ und dann ist auch $\mathrm{div}\,\vec{H} \neq 0$.

Ganz ähnlich wie wir das Verhalten der elektrischen Felder $\vec{E}$ und $\vec{D}$ an Grenzflächen eines Mediums untersucht haben, kann man auch das Verhalten von $\vec{B}$ und $\vec{H}$ studieren. Wir wollen die Ableitung nicht wiederholen und geben direkt das Ergebnis an:

$$\vec{H}^{\parallel}_{\mathrm{frei}} = \vec{H}^{\parallel}_{\mathrm{Med}} \Rightarrow \vec{B}^{\parallel}_{\mathrm{frei}} = \frac{1}{\mu}\vec{B}^{\parallel}_{\mathrm{Med}}$$
$$\vec{B}^{\perp}_{\mathrm{frei}} = \vec{B}^{\perp}_{\mathrm{Med}} \Rightarrow \vec{H}^{\perp}_{\mathrm{frei}} = \mu\vec{H}^{\perp}_{\mathrm{Med}}$$

(9.25)

In den nun folgenden Abschnitten benutzen wir diesen Formalismus, um die Effekte in unterschiedlichen Medien zu besprechen. Wir haben diese Medien unterteilt in verschiedene Klassen, die auf Grund ihrer atomaren Struktur über unterschiedliche Dipolmomente verfügen und daher in verschiedener Weise auf äußere Felder reagieren. In diamagnetischen Stoffen sind keine permanenten Dipolmomente vorhanden. Dipolmomente werden erst durch ein äußeres Feld erzeugt. Paramagnetische Stoffe verfügen über permanente Dipolmomente, deren gegenseitige Wechselwirkung weitgehend vernachlässigt werden können. Ferromagnetische Stoffe weisen besondere Kristallstrukturen auf, in denen es zu einer Beeinflussung benachbarter Dipolmomente kommt, die zu ganz neuen Phänomenen führt.

9.2 Diamagnetismus

In diamagnetischen Substanzen gibt es keine permanenten Dipole. Trotzdem ist eine Wechselwirkung mit einem äußeren Magnetfeld möglich. Ein äußeres Magnetfeld kann Dipole im Medium induzieren. Den Mechanismus der Induktion werden wir erst im folgenden Kapitel kennen lernen. Hier genügt es zu wissen, dass die induzierten Dipole dem äußeren Feld entgegengesetzt sind. Sie werden das äußere Feld schwächen. Die Stärke der induzierten Dipole und damit die Magnetisierung sind in einem weiten Bereich proportional zum äußeren Feld. Diese Proportionalität hatten wir bereits mit Gl. 9.15 festgestellt. Wir dividieren die Gleichung durch μ_0 und erhalten:

$$\vec{M} = \chi_m \vec{H} \tag{9.26}$$

Da die Magnetisierung das äußere Feld schwächt, muss χ_m negativ sein. Typische Beträge der Suszeptibilität liegen im Bereich 10^{-6} bis 10^{-5}. In ◧ Tab. 9.2 sind die Werte für einige Stoffe angegeben.

Wie wir gesehen haben, wirken auf Dipole in einem Magnetfeld Kräfte. In ▶ Abschn. 8.3.3 hatten wir für die Kraft auf einen Dipol in einem inhomogenen Magnetfeld folgende Gleichung berechnet:

$$\vec{F} = \vec{\nabla} \left(\vec{B} \cdot \vec{p}_m \right) \tag{9.27}$$

Nun ist die Magnetisierung im Medium gegeben durch $\vec{M} = \frac{1}{V} \sum_i \vec{p}_{m,i}$, woraus wir das Dipolmoment einer Probe mit Volumen V bestimmen können:

$$\vec{p}_m = \sum_i \vec{p}_{M,i} = V \vec{M} = V \chi \vec{H} = \frac{V \chi}{\mu_0} \vec{B} \tag{9.28}$$

Damit ergibt sich für die Kraft:

$$\vec{F} = \vec{\nabla} \left(\vec{B} \cdot \frac{V \chi}{\mu_0} \vec{B} \right) = \frac{V \chi}{\mu_0} \vec{\nabla} \left(\vec{B} \cdot \vec{B} \right) = \frac{V \chi}{\mu_0} \vec{\nabla} \left| \vec{B} \right|^2 \tag{9.29}$$

■ Tabelle 9.2 Magnetische Suszeptibilität einiger Substanzen

	χ	
Wismut	$-1{,}7 \cdot 10^{-4}$	diamagnetisch
Pyrolytischer Graphit (senkrecht)	$-4{,}5 \cdot 10^{-4}$	diamagnetisch
Pyrolytischer Graphit (parallel)	$-8{,}5 \cdot 10^{-5}$	diamagnetisch
Gold	$-3{,}4 \cdot 10^{-5}$	diamagnetisch
Diamant	$-2{,}0 \cdot 10^{-5}$	diamagnetisch
Blei	$-1{,}6 \cdot 10^{-5}$	diamagnetisch
Kupfer	$-9{,}6 \cdot 10^{-6}$	diamagnetisch
Wasser	$-9{,}1 \cdot 10^{-6}$	diamagnetisch
Wasserstoff (H_2)	$-2 \cdot 10^{-9}$	diamagnetisch
Sauerstoff	$2{,}1 \cdot 10^{-6}$	paramagnetisch
Aluminium	$2{,}3 \cdot 10^{-5}$	paramagnetisch
Wolfram	$6{,}8 \cdot 10^{-5}$	paramagnetisch
Chrom	$3{,}1 \cdot 10^{-4}$	antiferromagnetisch
Kobalt	$80 \ldots 200$	ferromagnetisch
Magnetit	580	ferrimagnetisch
Eisen	$500 \ldots 10.000$	ferromagnetisch
Mu-Metall (Fe/Ni)	10^5	ferromagnetisch

Beachten Sie, dass $\chi < 0$ gilt. Die Kraft zeigt in die Richtung des negativen Feldgradienten. Eine Materialprobe wird also aus dem Bereich eines hohen Feldes herausgedrängt.

Beispiel 9.1: Kraft im Feld eines Drahtes

Wir betrachten die Kraftwirkung auf eine Kugel aus Kupfer im magnetischen Feld eines stromdurchflossenen Drahtes. Die Kugel sei an einem $l = 1\,\mathrm{m}$ langen Faden befestigt, so dass sie horizontal neben dem Draht hängt. Der Abstand zum Draht betrage $d = 5\,\mathrm{mm}$. In der Horizontalen hat das Magnetfeld ausschließlich eine Komponente in x-Richtung. Am Ort der Kugel ist es:

$$\vec{B} = \frac{\mu_0 I}{2\pi} \frac{1}{d} \hat{e}_x$$

Bei einem Strom von $I = 10\,\mathrm{A}$ entsteht ein Feld mit einer Stärke von $B_x = 0{,}4\,\mathrm{mT}$. Der Gradient zeigt in z-Richtung. Er beträgt

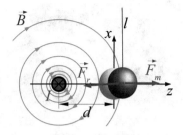

80 mT/m. Wir berechnen die Kraft aus Gl. 9.29:

$$\vec{F} = \frac{V\chi}{\mu_0}\vec{\nabla}\left(\frac{\mu_0^2 I^2}{4\pi^2}\frac{1}{z^2}\right)\Bigg|_{z=d} = -\frac{V\chi\mu_0 I^2}{2\pi^2 d^3}$$

Die Kugel wird durch diese Kraft aus dem Ursprung des Koordinatensystems ausgelenkt. Andererseits erfährt sie durch die Auslenkung eine Rückstellkraft der Größe $\vec{F}_r = -\sin\phi F_G \hat{e}_z$. Es stellt sich ein Kräftegleichgewicht ein, aus dem wir die Auslenkung z bestimmen können ($\sin\phi \approx z/l$, $\rho_{Cu} = 8{,}92\,\text{g/cm}^2$)

$$-\frac{V\chi\mu_0 I^2}{2\pi^2 d^3} - \frac{z}{l}\rho_{Cu} V g = 0$$

$$\Rightarrow z = -\frac{\chi\mu_0 I^2 l}{2\pi^2 d^3 \rho_{Cu} g} = 3{,}7 \cdot 10^{-9}\,\text{m}$$

Wie man sieht, ist die Auslenkung unmessbar klein. Die diamagnetischen Kräfte erweisen sich als sehr schwach.

Beispiel 9.2: Messung der Suszeptibilität

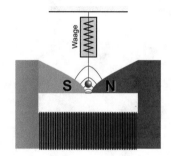

Man kann die diamagnetische Kraft auf eine Probe mit einer Waage messen und daraus die Suszeptibilität des Probenmaterials bestimmen. Allerdings reicht hierfür das Feld eines stromdurchflossenen Leiters nicht aus. Mit kräftigen Elektromagneten ist es möglich, in kleineren Volumina durchaus Felder bis zu 1 T und Gradienten von 100 T/m zu erzeugen. Die Abbildung zeigt eine Anordnung, die von Faraday vorgeschlagen wurde. Mit einer empfindlichen Waage, die in der Skizze als Federwaage angedeutet ist, kann man die Abnahme des Gewichts beim Einschalten des Magneten bestimmen. Sie ist proportional zur Suszeptibilität der Probe.

Experiment 9.1: Diamagnetische Flüssigkeit

Der diamagnetische Effekt ist auch bei Flüssigkeiten nachweisbar. Wiederum benötigen wir ein Magnetfeld mit einer starken Inhomogenität, wie sie z. B. der in der Skizze gezeigte Magnet direkt oberhalb des Spaltes besitzt. Wir stellen eine Uhrschale auf den Spalt und geben einige Tropfen Wasser in die Schale. Es bildet sich ein Tropfen in der Mitte. Schalten wir den Magneten ein, so wird das Wasser aus dem Spalt verdrängt. Der Tropfen wird in die Breite gedrückt. Reines Wasser verhält sich diamagnetisch. Ein umgekehrter Effekt ergibt sich, wenn man bestimmte Salze im Wasser löst, z. B. $FeCl_2$, $FeCl_3$ oder $NiCl_2$. Diese Stoffe sind

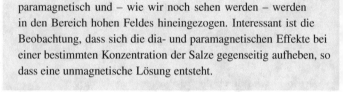

paramagnetisch und – wie wir noch sehen werden – werden in den Bereich hohen Feldes hineingezogen. Interessant ist die Beobachtung, dass sich die dia- und paramagnetischen Effekte bei einer bestimmten Konzentration der Salze gegenseitig aufheben, so dass eine unmagnetische Lösung entsteht.

© RWTH Aachen, Sammlung Physik

Experiment 9.2: Schwebendes Graphitplättchen

Der diamagnetische Effekt vermag es, ein Graphitplättchen zum Schweben zu bringen. Wir benutzen ein Plättchen aus pyrolytisch abgeschiedenem Graphit, das senkrecht zu den Graphitebenen einen starken diamagnetischen Effekt zeigt ($\chi = -4,5 \cdot 10^{-4}$). Das Magnetfeld erzeugen wir mit Neodym-Permanentmagneten, die wir mit alternierender Polarität zu einem Quadrat anordnen. Über den Magneten erhalten wir so ein stark inhomogenes Feld. Legen wir das Plättchen auf, so wird es aus dem Bereich hoher Feldstärke herausgedrängt, was in dieser Anordnung eine Kraft nach oben erzeugt. Es wird angehoben und schwebt. Man spricht von diamagnetischer Levitation. Da das Feld über der Mitte des Quadrates etwas schwächer ausfällt als direkt über den Polen der Magneten, schwebt das Plättchen stabil.

Bevor wir im nächsten Kapitel paramagnetische Substanzen besprechen, sei noch darauf hingewiesen, dass alle Substanzen diamagnetische Effekte zeigen, wenn auch in unterschiedlicher Stärke. Bei Substanzen, die permanente Dipole enthalten, werden die diamagnetischen Effekte allerdings von den stärkeren para- und möglicherweise ferromagnetischen Effekten überlagert, so dass man die diamagnetischen Effekte nicht beobachten kann. Nur bei den rein diamagnetischen Substanzen kann man die diamagnetischen Effekte tatsächlich wahrnehmen.

9.3   Paramagnetismus

Paramagnetische Substanzen besitzen einen Aufbau aus Atomen mit permanenten magnetischen Dipolmomenten. Ohne ein äußeres Magnetfeld sind diese nicht ausgerichtet. Die Orientierung ihrer Dipolmomente ist statistisch über alle Raumrichtungen verteilt, so dass ihre vektorielle Summe null ergibt. Bringt man ein paramagnetisches Medium in ein äußeres Magnetfeld, so wirkt ein Drehmoment (Gl. 8.39) auf die Dipole, das diese in Feldrichtung ausrichtet. Die thermische Bewegung der Atome wirkt der Ausrichtung entgegen. Ein Vergleich der Energien zeigt, dass wir bei Raumtemperatur nur eine geringe Ausrichtung der Dipole erreichen. Die thermische

Energie beträgt $kT = 4{,}0 \cdot 10^{-21}$ J bei 20 °C, während wir beispielsweise für ein Wasserstoffatom (▶ Beispiel 8.3) ein Dipolmoment von
$9{,}26 \cdot 10^{-24}$ J/T berechnet hatten. Selbst für sehr starke Magnetfelder
im Bereich einiger Tesla gilt $\Delta E / kT = \vec{p}_m \cdot \vec{B} / kT \ll 1$. Die
Besetzungswahrscheinlichkeit wird durch die Boltzmann-Verteilung
angegeben. Wir können sie nähern durch

$$ce^{-\frac{\Delta E}{kT}} \approx c\left(1 - \frac{\Delta E}{kT}\right), \tag{9.30}$$

wobei c die Normierungskonstante ist, die durch die Bedingung

$$\int ce^{-\frac{\Delta E}{kT}} \approx \int c\left(1 - \frac{\Delta E}{kT}\right) = 1 \tag{9.31}$$

festgelegt wird. Mit der Boltzmann-Verteilung sind wir in der Lage,
das mittlere Dipolmoment eines Atoms zu bestimmen. Es ist

$$\overline{\vec{p}_m} = \frac{\iint ce^{-\frac{\Delta E}{kT}} \vec{p}_m d\phi \, d\cos\theta}{\iint ce^{-\frac{\Delta E}{kT}} d\phi \, d\cos\theta} \approx \frac{\iint \left(1 - \frac{\Delta E}{kT}\right) \vec{p}_m d\phi \, d\cos\theta}{\iint \left(1 - \frac{\Delta E}{kT}\right) d\phi \, d\cos\theta}, \tag{9.32}$$

wobei über alle Raumrichtungen zu integrieren ist. Wir orientieren
das Koordinatensystem mit der z-Achse entlang des Magnetfeldes
und setzen $\Delta E = |\vec{p}_m||\vec{B}|\cos\theta$ ein. Ferner können wir $\vec{p}_m = |\vec{p}_m|\cos\theta \hat{e}_z$ ansetzen, da sich die Dipole entlang des Magnetfeldes
ausrichten werden. Wir erhalten:

$$\overline{\vec{p}_m} = \frac{\iint \left(1 - \frac{|\vec{p}_m||\vec{B}|\cos\theta}{kT}\right) |\vec{p}_m|\cos\theta \hat{e}_z d\phi \, d\cos\theta}{\iint \left(1 - \frac{|\vec{p}_m||\vec{B}|\cos\theta}{kT}\right) d\phi \, d\cos\theta} \tag{9.33}$$

Es treten drei Integrale auf, die sich alle drei relativ einfach lösen
lassen:

$$\int_{-1}^{1} \int_{0}^{2\pi} d\phi \, d\cos\theta = 4\pi$$

$$\int_{-1}^{1} \int_{0}^{2\pi} \cos\theta d\phi \, d\cos\theta = 0 \tag{9.34}$$

$$\int_{-1}^{1} \int_{0}^{2\pi} \cos^2\theta d\phi \, d\cos\theta = \frac{4\pi}{3}$$

Damit erhalten wir:

$$\overline{\vec{p}_m} = \frac{\frac{4\pi}{3} \frac{|\vec{p}_m|^2 |\vec{B}|}{kT}\hat{e}_z}{4\pi} = \frac{1}{3} \frac{|\vec{p}_m|^2 |\vec{B}|}{kT}\hat{e}_z \tag{9.35}$$

Bezeichnen wir nun mit n_p die Dichte der Dipole, d. h. die Anzahl der Dipole in einem Volumen V, so ergibt sich für die Magnetisierung

$$\vec{M} = \frac{1}{V} \sum_i \vec{p}_{m,i} = n\overline{\vec{p}_m} = \frac{1}{3} \frac{n\left|\vec{p}_m\right|^2 \left|\vec{B}\right|}{kT} \hat{e}_z \tag{9.36}$$

und damit für die Suszeptibilität

$$\chi = \frac{\mu_0 \left|\vec{M}\right|}{\left|\vec{B}\right|} = \frac{1}{3} \frac{n\mu_0 \left|\vec{p}_m\right|^2}{kT}. \tag{9.37}$$

Wie wir sehen, fällt die Suszeptibilität auf Grund der Störung der Ausrichtung der Dipole durch die thermische Bewegung mit $1/T$ ab. Man nennt diesen Zusammenhang das Curie'sche Gesetz. Die Dipole werden durch das äußere Feld so ausgerichtet, dass sie das äußere Feld verstärken. Daher nimmt die Suszeptibilität positive Werte an. Typische Werte liegen im Bereich 10^{-6} bis 10^{-4} (siehe ◘ Tab. 9.2). Der Einfluss eines paramagnetischen Mediums auf das äußere Feld fällt gering aus.

Wie bei diamagnetischen Medien gibt es eine Kraftwirkung eines inhomogenen Feldes auf die Dipole des Mediums. Da diese aber nun in Richtung des Feldes ausgerichtet sind, dreht sich die Kraftwirkung um. Ein paramagnetisches Medium wird in den Bereich höheren Feldes hineingezogen.

© RWTH Aachen, Sammlung Physik

Experiment 9.3: Flüssige Luft im Magnetfeld

Flüssiger Sauerstoff zeigt einen starken Paramagnetismus. Die Suszeptibilität beträgt $\chi = 5{,}67 \cdot 10^{-3}$. Man kann den Effekt sichtbar machen, indem man flüssigen Sauerstoff (oder flüssige Luft) in einem starken Elektromagneten zum Schweben bringt. Man schaltet das Magnetfeld ein und lässt vorsichtig einige Tropfen aus geringer Höhe zwischen die Polschuhe des Magneten fallen. Die Luft spürt eine Kraft, die sie im Bereich hoher Feldstärke hält. Die Tropfen bleiben hängen und schwebt zwischen den Polschuhen, wie dies im Foto zu sehen ist.

Experiment 9.4: Metallstäbe im Magnetfeld

Hängt man ein Metallstäbchen zwischen die Pole eines Elektromagneten, so wird es sich im Feld ausrichten. Ein paramagnetisches Stäbchen wird in das Feld hineingezogen und richtet sich daher längs des Feldes aus, wie dies im ersten Foto zu sehen ist. Ein diamagnetisches Stäbchen wird dagegen aus dem Feld verdrängt.

Es richtet sich quer zum Feld aus, wie dies durch das zweite Foto veranschaulicht wird. Wir verwenden Wolfram ($\chi = 68 \cdot 10^{-6}$) als paramagnetische Substanz und Wismuth ($\chi = -166 \cdot 10^{-6}$) als Diamagneten.

Man kann auch ein ferromagnetisches Stäbchen zwischen die Polschuhe hängen. Es richtet sich bereits aus, bevor der Magnet eingeschaltet wird.

9.4 Ferromagnetismus

9.4.1 Atomare Wechselwirkung

© RWTH Aachen, Sammlung Physik

Alle ferromagnetischen Substanzen sind paramagnetisch, d.h., die Atome bzw. Ionen, aus denen sie aufgebaut sind, verfügen über permanente magnetische Dipolmomente. Allerdings kommt es bei Ferromagneten zu einer Wechselwirkung zwischen benachbarten Dipolen, die bei reinen Paramagneten so nicht auftritt.

Man mag vermuten, dass es sich dabei um die magnetische Wechselwirkung zwischen benachbarten Dipolen handelt, aber dies erweist sich als falsch. In der Tat existiert eine magnetische Wechselwirkung zwischen benachbarten Dipolen. Ein Dipol wird im magnetischen Feld eines benachbarten Dipols sowohl ein Drehmoment als auch eine Kraft erfahren. Doch dieses Drehmoment ist viel zu klein, um die gegenseitige Ausrichtung der Dipolmomente, die man bei Ferromagneten beobachtet, zu erklären. In ▶ Abschn. 8.3.3 hatten wir die potenzielle Energie berechnet, die die Ausrichtung magnetischer Dipole in einem äußeren Magnetfeld bestimmt ($\Delta E = -\vec{p}_m \cdot \vec{B}$). Setzen wir statt des äußeren Magnetfeldes das Feld eines benachbarten Dipols ein, so kommen wir zur potenziellen Energie der magnetischen Wechselwirkung benachbarter Dipole. Sie lautet:

$$\Delta E_{pp} = \frac{\mu_0}{4\pi} \frac{1}{r^3} \left(\vec{p}_1 \cdot \vec{p}_2 - 3 \left(\vec{p}_1 \cdot \hat{r} \right) \left(\vec{p}_2 \cdot \hat{r} \right) \right) \qquad (9.38)$$

Legen wir als Dipolmoment je ein Bohr'sches Magneton zugrunde, so ergibt sich selbst bei einem sehr kleinen Gitterabstand von $2 \cdot 10^{-10}$ m nur eine Energie von der Größenordnung 10^{-24} J. Sie ist viel geringer als die thermischen Energien (bei Raumtemperatur $kT = 4{,}0 \cdot 10^{-21}$ J). Wir haben diese Wechselwirkung daher im Abschnitt über die Paramagneten zu Recht vernachlässigt und es ist vertretbar, sie auch hier zu vernachlässigen. Beachten Sie ferner, dass sich als energetisch günstigste Konfiguration diejenige herausstellt, in der benachbarte Dipole in entgegengesetzte Richtungen zeigen. Bei Ferromagneten sind benachbarte Dipole jedoch in die gleiche Richtung ausgerichtet.

Verantwortlich für die magnetischen Eigenschaften der Ferromagnetika sind die magnetischen Momente, die vom Spin ungepaarter Elektronen herrühren. Die Wechselwirkung, die zu einer Ausrichtung benachbarter Dipole in Ferromagneten führt, hat eine rein quantenmechanische Ursache, die kein klassisches Analogon besitzt. Man nennt sie eine Austauschwechselwirkung. Sie geht auf das Pauli-Prinzip zurück, nach dem ununterscheidbare Teilchen, zu denen auch die Elektronen gehören, sich nicht im selben Zustand befinden können. Daraus ergeben sich zwei wesentliche Auswirkungen auf die Ausrichtung der Spins benachbarter Atome.

- Sind die Spins der Elektronen gleich ausgerichtet, müssen sie unterschiedliche Ortszustände besetzen. Es können sich nicht alle im energetisch günstigsten Zustand befinden, was im Ergebnis einen Anstieg der potenziellen Energie zur Folge hat.
- Befinden sich die Elektronen im symmetrischen Zustand gleich ausgerichteter Spins, muss die Ortswellenfunktion antisymmetrisch sein. Dies führt im Mittel zu einem größeren Abstand der Elektronen, was die Abstoßung durch die Coulomb-Kräfte reduziert und die potenzielle Energie absenkt.

Die beiden Effekte sind gegenläufig. Ihre Stärke hängt von der Kristallstruktur, insbesondere vom Abstand der Atome im Gitter ab. Nur in den wenigen Fällen, in denen der zweite Effekt den ersten überwiegt, tritt Ferromagnetismus auf. Dies ist zum Beispiel beim Eisen der Fall, von dem der Name Ferromagnetismus abgeleitet ist.

9.4.2 Magnetisierung

Durch die Austauschwechselwirkung zwischen den Spins der Elektronen in einem Ferromagneten entsteht bereits ohne ein äußeres Magnetfeld eine langreichweitige Ordnung. Trotzdem tritt ohne ein äußeres Magnetfeld noch keine Magnetisierung auf. Stellen Sie sich das folgendermaßen vor: Die Ordnung der Spins im Ferromagneten wurde zerstört, z. B. indem man ihn kräftig erhitzt hat. Nun kühlt er sich wieder ab und es stellt sich eine neue Ordnung ein. Es gibt im Kristallgitter winzige Bereiche, in denen einige Spins zufällig in eine ähnliche Richtung zeigen. Diese werden dann benachbarte Spins in die gleiche Richtung ausrichten und diese dadurch in einen energetisch günstigeren Zustand bringen. Dadurch wächst um die zufällige Keimzelle ein Bereich ausgerichteter Spins an. Man nennt diesen Bereich eine Domäne oder Weiss'schen Bezirk. Doch dieser Prozess startet nicht nur an einem einzigen Punkt im Festkörper. Er beginnt an vielen Punkten gleichzeitig. Um jede dieser Keimzellen wächst eine Domäne, bis schließlich benachbarte Domänen aneinander stoßen und den Wachstumsprozess beenden. Die Grenzen zwischen den Weiss'schen Bezirken bezeichnet man als Bloch-Wände. Nun besteht der ganze Festkörper aus vielen kleinen Weiss'schen Bezirken. Die typische Größe dieser Bezirke variiert im Bereich von Nanometern bis zu einigen Mikrometern. In ◘ Abb. 9.3 sind die Weiss'schen Bezirke an der Oberfläche eines Neodymmagneten sichtbar gemacht (siehe ▶ Experiment 9.5). Man erkennt einzelne Kristallkörner mit typischen Größen von 10 μm. In den Körnern sieht man hellere und dunklere Flächen. Dies sind die Weiss'schen Bezirke. Je nach Orientierung der Magnetisierung erscheinen sie heller oder dunkler. In den meisten Körnern liegen die Bezirke parallel zur Oberfläche, so dass längliche Strukturen wahrnehmbar sind. Lediglich in dem markierten Korn steht die Magnetisierung nahezu senkrecht auf der Oberfläche, so dass man die feineren Querschnitte der Bezirke als Strukturen registriert.

Da die magnetischen Domänen aus zufällig ausgerichteten Keimzellen entstanden sind, sind auch die Vorzugsrichtungen der einzelnen Domänen zufällig gegeneinander verteilt. Ihre Magnetisierungen heben sich gegenseitig auf. Legt man allerdings ein Magnetfeld von außen an, so wachsen die Domänen, deren Magnetisierung in Richtung des äußeren Feldes zeigt, während die anderen Domänen schrumpfen. Es kann auch zum Umklappen von Magnetisierungen in die Richtung des äußeren Feldes kommen. So entsteht eine Nettomagnetisierung in Richtung des äußeren Feldes. Die Magnetisierung überlagert sich wie beim Paramagnetismus dem äußeren Feld und verstärkt dieses. Die magnetische Suszeptibilität ist positiv. Allerdings nimmt sie bei den Ferromagnetika erheblich größere Werte an. Wie in ◘ Tab. 9.2 zu sehen ist, können sie Werte von 10^5 erreichen. Das Feld, das durch die Magnetisierung entsteht, verstärkt das äußere Feld um diesen Faktor.

Mit der starken Magnetisierung der Ferromagnetika geht eine ebenso starke Kraftwirkung einher. Bringt man ein Ferromagnetikum in das Feld eines Magneten, wird es von diesem angezogen, und zwar unabhängig davon, ob man sich dem Süd- oder dem Nordpol nähert. Wer schon einmal ein Stück Eisen auf einen Magneten gelegt hat, kennt die Wirkung. Es ist sehr schwer, das Eisenstück wieder vom Magneten zu entfernen.

◘ Abb. 9.3 Weiss'sche Bezirke unter dem Kerr-Mikroskop © Wikimedia: Gorchy

---

Experiment 9.5: Weiss'sche Bezirke und Bloch-Wände

Bei der Transmission von polarisiertem Licht durch eine magnetisierte Probe und bei Reflexion des Lichtes an der Probenoberfläche wird die Polarisationsrichtung des Lichtes gedreht. Man nennt dies bei Reflexion den magneto-optischen Kerr-Effekt und bei Transmission den Faraday-Effekt. Die Richtung, in die die Polarisationsebene gedreht wird, hängt von der Richtung der Magnetisierung ab. Man kann die Effekte ausnutzen, um die Weiss'schen Bezirke eines Ferromagneten unter dem Mikroskop sichtbar zu machen. Wir durchstrahlen die Probe von unten. Die

© RWTH Aachen, Sammlung Physik

© RWTH Aachen, Sammlung Physik

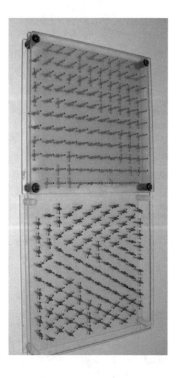

dünne Probe liegt zwischen zwei Polarisationsfolien. Je nach Drehung der Polarisation in der Probe wird mehr oder weniger Licht durchgelassen. Dadurch entsteht ein magnetisierungsabhängiger Kontrast, der mit dem Mikroskop vergrößert und mit einer eingebauten Kamera projiziert werden kann. Nähert man sich der Probe mit einem kleinen Stabmagneten, kann man beobachten, wie die Bloch-Wände sich verschieben und sich die Magnetisierungen nach dem Stabmagneten ausrichten. Das eine Foto zeigt den Aufbau und das andere eine Aufnahme mit dem Mikroskop.

Experiment 9.6: Modellversuch zum Ferromagnetismus

Es gelingt, die Wechselwirkung der magnetischen Momente der Spins in einem Ferromagneten mit einem einfachen Modell nachzustellen, das auf der magnetischen Wechselwirkung benachbarter Dipol beruht. Auf einer Kunststoffplatte sind kleine Kompassnadeln auf einem regelmäßigen Gitter drehbar angeordnet. Die magnetischen Momente der Kompassnadeln beeinflussen sich gegenseitig. Man kann im Bild deutlich Bereiche gleicher Ausrichtung der Nadeln erkennen, die den Weiss'schen Bezirken entsprechen.

Experiment 9.7: Barkhausen-Effekt

Es gibt eine Methode, um das Umklappen Weiss'scher Bezirke „hörbar" zu machen. Das Foto zeigt den Aufbau. In einer Luftspule steckt ein Bündel Eisendrähte. Bewegt man einen Stabmagneten entlang der Drähte, klappen einzelne Weiss'sche Bezirke um. Dies führt zu einer sprunghaften Änderung des magnetischen Flusses durch die Spule. In der Spule wird eine Spannung induziert. Über einen Verstärker geben wir sie auf einen Lautsprecher. Man hört ein deutliches Knistern aus dem Lautsprecher, das vom Umklappen der Weiss'schen Bezirke erzeugt wird. Die sprunghaften Änderungen der Magnetisierung nennt man den Barkhausen-Effekt.

© RWTH Aachen, Sammlung Physik

Da der ferromagnetische Effekt sehr viel größer ist als der para- und diamagnetische, ist es nicht so schwierig, die Kraftwirkung durch den ferromagnetischen Effekt zu demonstrieren. Wir benutzen einen Weicheisenstab und eine Magnetspule. Der Eisenstab ist an zwei Fäden in Art einer Schaukel aufgehängt. Schaltet man den Magneten ein, wird der Stab deutlich sichtbar in die Spule hineingezogen. Man kann die Spule umpolen. Dadurch dreht sich nicht nur das Magnetfeld der Spule um, sondern auch die Magnetisierung im Stab. Er wird in beiden Polaritäten angezogen.

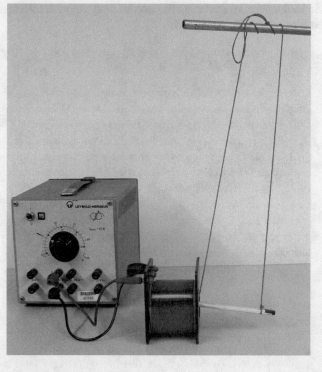

© RWTH Aachen, Sammlung Physik

9.4.3 Sättigung und Hysterese

Im vorherigen Abschnitt haben wir beschrieben, wie beim Anlegen eines äußeren Feldes die Domänen, die in Feldrichtung magnetisiert sind, wachsen. Offensichtlich gibt es eine Grenze dieses Wachstums, die dann erreicht ist, wenn die ausgerichteten Domänen das ganze Medium erfasst haben. Dann kann die Magnetisierung nicht weiter wachsen. Es tritt eine Sättigung ein. In ◘ Abb. 9.4 ist der Verlauf

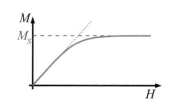

◘ **Abb. 9.4** Magnetisierung eines Ferromagneten bis zur Sättigung

der Magnetisierung als Funktion der magnetischen Erregung dargestellt. Bei schwachem Feld folgt die Magnetisierung der Erregung
linear, doch bei starkem Feld tritt Sättigung ein. Die Magnetisierung
nähert sich asymptotisch einem festen Wert, den man die Sättigungsmagnetisierung M_S nennt. Den linearen Zusammenhang zwischen
Magnetisierung und magnetischer Erregung hatten wir mit der Suszeptibilität als Proportionalitätskonstanten ausgedrückt (Gl. 9.19). Im
Bereich der Sättigung müssen wir die Definition der Suszeptibilität
anpassen auf:

$$\chi_m(H) = \frac{\partial M}{\partial H} \tag{9.39}$$

Die Sättigungsmagnetisierung ist material- und temperaturabhängig.
Sie liegt im Bereich von 0,5 T bis 2 T.

Beispiel 9.3: Sättigungsmagnetisierung von Eisen

Eisen ist der am häufigsten benutzte Ferromagnet. Seine Sätti-
gungsmagnetisierung lässt sich einfach abschätzen. Die Abbildung
zeigt die Elektronenkonfiguration von Eisen (Kernladungszahl
$Z = 26$, Atommasse $A = 56$). Jedes Elektron ist durch einen
Pfeil, der die Orientierung seines Spins anzeigt, dargestellt. In
der 3 d-Schale findet man zwei Elektronen mit ungepaartem Spin.
Diese sind für das ferromagnetische Verhalten verantwortlich.
Sie tragen ein magnetisches Moment von je einem Bohr'schen
Magneton μ_B. In der Sättigung liegt eine vollständige Ausrichtung
der Spins in Richtung des äußeren Feldes vor. In einem Mol Eisen
befinden sich N_A Atome, deren Dipolmoment sich in Sättigung zu
$\vec{p}_S$ addieren. Es ist:

$$|\vec{p}_S| = 2 N_A \mu_B$$

Das Volumen eines Mols Eisens ergibt sich aus seiner Dichte
$\rho_{Fe} = 7,9 \cdot 10^3$ kg/m³ und der molaren Masse $m_{mol} = 55,8$ g zu
$V_{mol} = m_{mol}/\rho_{Fe}$. Die Sättigungsmagnetisierung beträgt folglich:

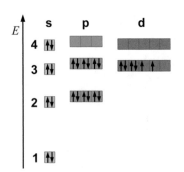

$$M_S = \frac{|\vec{p}_S|}{V} = \frac{2 N_A \mu_B \rho_{Fe}}{m_{mol}} = 1,58 \cdot 10^6 \, \frac{A}{m}$$

Dadurch entsteht in der Sättigung ein Feld der Stärke $B_{S,mag} =
\mu_0 M_S = 1,99$ T. Der gemessene Wert fällt mit 2,16 T geringfügig
größer aus. Beachten Sie, dass einige mT äußeres Feld genügen,
um die Sättigung in Eisen zu erreichen. Das Eisen verstärkt das
äußere Magnetfeld erheblich.

Treibt man einen Ferromagneten in die Sättigung und fährt danach das äußere Feld wieder auf null zurück, so kann man einen über-

raschenden Effekt beobachten: Das Magnetfeld verschwindet nicht vollständig. Offensichtlich geht die Magnetisierung nicht ganz auf null zurück. Es verbleibt ein inneres Feld. Die Weiss'schen Bezirke, die dem Feld entgegenwirken, sind nicht wieder auf dieselbe Größe angewachsen wie die, die in Feldrichtung zeigen.

Der Effekt ist in ◻ Abb. 9.5 dargestellt. In dieser ist die magnetische Feldstärke im Medium (äußeres plus inneres Feld) gegen die magnetische Erregung (nur äußeres Feld) aufgetragen. Liegt ein Material vor, das noch nie magnetisiert wurde, so befindet man sich im Ursprung des Koordinatensystems. Bei der ersten vollständigen Magnetisierung folgt das Material zunächst der dünnen Linie in die Sättigung. Reduziert man dann die magnetische Erregung – also das äußere Feld – wieder, so folgt das Magnetfeld der linken der beiden dicken Kurven. Hat die Erregung den Wert null erreicht, so ist die Feldstärke noch nicht auf null zurückgegangen. Sie besitzt noch einen endlichen Wert B_R. Diesen nennt man die Remanenzfeldstärke. Den Effekt, dass nach Abschalten des äußeren Feldes ein magnetisches Feld zurückbleibt, bezeichnet man als Remanenz.

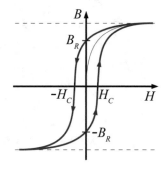

◻ **Abb. 9.5** Hysteresekurve

Um die Feldstärke auf null zurückzubringen, muss man ein äußeres Feld in entgegengesetzter Richtung anlegen. Die notwendige Erregung nennt man die magnetische Koerzitiverregung. Man kann das äußere Feld von positiver Sättigung über null zu negativer Sättigung und wieder zurück durchfahren. Dabei durchläuft das Medium die in ◻ Abb. 9.5 dargestellt Kurve in der durch die Pfeile angedeuteten Richtung. Diese Kurve erhält den Namen Hysterese. Die Magnetisierung des Mediums hängt nicht nur vom aktuellen äußeren Feld ab, sondern auch von dessen Vorgeschichte.

Vielleicht kennen Sie den Effekt sogar aus dem Alltag. Büroklammern sind meist aus ferromagnetischem Eisen. Manchmal werden sie auf dem Schreibtisch an Magneten gesammelt. Dabei magnetisieren sie sich. Die Büroklammern beginnen, aneinander zu haften, auch dann noch, wenn man den Magneten entfernt. Dies ist die Remanenz.

Wir zeigen die Hysterese mit einem Eisenjoch eines Elektromagneten. Der Magnet ist aus zwei Spulen aufgebaut. Sie erzeugen das äußere magnetische Feld. Die magnetische Erregung $\vec{H}$ ist proportional zum Strom durch die beiden Spulen und kann über diesen aufgezeichnet werden. Die Eisenkerne der beiden Spulen sind unten und oben über weitere ferromagnetische Eisenstücke zu einem Joch geschlossen. Die Magnetisierung im Eisen messen wir mit einer Hall-Sonde. Sie ist auf einem Kunststofflineal angebracht, das wir zwischen den rechten Eisenkern und den oberen Teil des Eisenjochs schieben, so dass die Sonde vollständig vom Feld im Eisenjoch durchdrungen wird.

Die magnetische Erregung wird mehrfach von negativer Sättigung zur positiven Sättigung und wieder zurück durchfahren und dabei wird das Signal der Hall-Sonde aufgezeichnet. Die Erregung wird von Hand eingestellt, so dass die Änderungen nur langsam erfolgen. Wir benutzen ein Oszilloskop im x-y-Betrieb, um die Hysteresekurve darzustellen (siehe Foto). Die Spannung über der Spule, die proportional zum Spulenstrom und damit zur Erregung H ist, ist an der x-Ablenkung angeschlossen, das Signal der Hall-Sonde, das proportional zur Feldstärke ist, steuert die y-Ablenkung.

© RWTH Aachen, Sammlung Physik

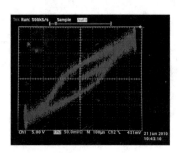

© Foto Hendrik Brixius

9.4.4 Entmagnetisierung

Ferromagnetismus entsteht durch die Ausrichtung der Dipole in einem äußeren Feld. Dies entspricht einem Zustand mit hoher Ordnung, dem die thermische Bewegung entgegenwirkt. Bei niedrigen Temperaturen überwiegt die Austauschwechselwirkung und es kommt zur Ausbildung der Weiss'schen Bezirke. Bei höheren Temperaturen wird die thermische Bewegung immer stärker. Bei einer bestimmten materialabhängigen Temperatur, die man die Curie-Temperatur T_C nennt, wird die thermische Bewegung so stark, dass sich die Weiss'schen Bezirke auflösen. Bei dieser Temperatur geht der Ferromagnet in einen Paramagneten über. Der Übergang erfolgt sprunghaft. Es handelt sich um einen Phasenübergang. Unterhalb

◻ **Tabelle 9.3** Curie-Temperatur einiger Stoffe

	T_C
Kobalt	1394 K
Eisen	1041 K
Nickel	633 K

der Curie-Temperatur befindet sich das Material in seiner ferromagnetischen Phase, oberhalb der Curie-Temperatur verhält es sich paramagnetisch. In ◻ Tab. 9.3 sind die Sprungtemperaturen einiger Ferromagnetika angegeben.

Ferromagnetisches Material, das einmal magnetisiert wurde, behält einen Teil dieser Magnetisierung bei (Remanenz). In manchen Situationen ist diese Remanenz störend. Es gibt unterschiedliche Verfahren, um sie zu zerstören. Eine Möglichkeit besteht darin, das Material über die Curie-Temperatur hinaus zu erhitzen. Beim Phasenübergang lösen sich die Weiss'schen Bezirke auf und die Remanenz geht verloren. Wenn das Material anschließend wieder abkühlt, werden sich neue Weiss'sche Bezirke ausbilden, aber eine Vorzugsrichtung, die für eine Magnetisierung Voraussetzung wäre, wird nicht neu entstehen.

Eine andere Möglichkeit, die Remanenz abzubauen, besteht darin, das Material einem magnetischen Wechselfeld auszusetzen. Bei einer sehr niedrigen Frequenz wird die Magnetisierung dem Wechselfeld folgen. Allerdings braucht das Umbauen der Weiss'schen Bezirke seine Zeit, so dass die Magnetisierung höheren Frequenzen nicht folgen kann. Sie wird abgebaut. Selbst mechanische Erschütterungen können die Remanenz zerstören. Bearbeitet man einen magnetisierten Nagel mit einem Hammer, geht die Remanenz verloren.

Experiment 9.10: Curie-Temperatur

Mit diesem einfachen Experiment lässt sich der Phasenübergang vom Ferromagneten zum Paramagneten anschaulich demonstrieren. Ein Eisennagel (Ferromagnet) wird von einem Stabmagneten angezogen. Er hängt an einem dünnen Draht an einem Stativ (der Draht ist im Foto leider kaum zu erkennen) und wird vom Magneten in einer deutlich aus der Ruhelage ausgelenkten Position gehalten. Nun erhitzen wir den Nagel mit einer Gasflamme. Überschreitet er die Curie-Temperatur, so geht der ferromagnetische Effekt verloren. Die paramagnetische Ausrichtung der Dipole genügt aber nicht, um den Nagel zu halten. Er schwingt in die Ruhelage zurück.

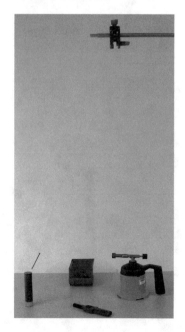

© RWTH Aachen, Sammlung Physik

© RWTH Aachen, Sammlung Physik

Experiment 9.11: Entmagnetisierung

Wir magnetisieren einen Schraubenzieher, indem wir mit einem Permanentmagneten mehrfach am Schraubenzieher entlangstreichen. Eine Büroklammer haftet nun am Schraubenzieher. Wir halten ihn in das Innere einer Luftspule, an die wir eine Wechselspannung (50 Hz) angelegt haben. Der Test mit der Büroklammer zeigt, dass der Schraubenzieher durch das magnetische Wechselfeld entmagnetisiert wird. Die Büroklammer haftet nicht mehr am Schraubenzieher.

9.4.5 Permanentmagneten

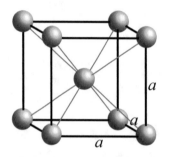

◘ **Abb. 9.6** Kristallgitter des Eisens

Wir sind bisher davon ausgegangen, dass alle Raumrichtungen in Bezug auf die Magnetisierung gleichwertig sind. Dies ist streng genommen nicht richtig. Die Elektronen sind ja in ein Kristallgitter eingebunden, das Vorzugsrichtungen aufweist. ◘ Abb. 9.6 stellt das Kristallgitter von Eisen dar. Man nennt diesen Typ kubisch-raumzentriert. Die Gitterkonstante a beträgt 287 pm. Man stellt fest, dass eine Magnetisierung entlang der Kanten der Gitterzellen leichter erfolgt als entlang der Flächendiagonalen. Es ist Energie notwendig, um die Magnetisierung aus der einfachen Richtung entlang der Würfelkanten in die Richtung der Raumdiagonalen zu drehen. Die Magnetisierung wird entlang der günstigen Richtung festgehalten. Allerdings fällt der Effekt bei Eisen nicht sehr groß aus. Daher eignet sich Eisen nicht als Permanentmagnet. Die Materialien, aus denen man Permanentmagneten herstellen kann, besitzen große magnetische Anisotropien. Man magnetisiert sie in der energetisch günstigsten Richtung bis zu Sättigung. Nimmt man dann das äußere Feld weg, bleibt das Remanenzfeld zurück. Dies kennzeichnet den Permanentmagneten.

Beispiel 9.4: Kompassnadel

Die Kompassnadel besteht aus einem Dauermagneten, dessen permanente Dipolmomente sich im Magnetfeld der Erde ausrichten. Sie drehen sich, so dass ihr Südpol zum magnetischen Nordpol der Erde zeigt. Aber warum dreht sich dadurch die Kompassnadel? Wäre es nicht denkbar, dass sich die Elektronenspins innerhalb des Atomgitters nach dem äußeren Feld ausrichten, ohne dass sich das Gitter bewegt? Es ist die magnetische Anisotropie des Kristallgitters, die das verhindert. Die Spins sind in der energetisch günstigsten Richtung ausgerichtet. Eine Drehung innerhalb des Atomgitters würde Energie benötigen. Stattdessen dreht sich die gesamte Nadel mit den Spins.

9.4.6 Magnetostriktion

Zwischen den magnetischen Dipolmomenten in einem Ferromagneten wirken Kräfte, die zu einer elastischen Deformation des Festkörpers führen können. Richtet man beispielsweise die Magnetisierung eines Eisenstabes längs seiner Achse aus, so verkürzt er sich leicht. Man nennt diesen Effekt Magnetostriktion. Er tritt beispielsweise in den Eisenkernen großer Transformatoren auf. Sie verkürzen und verlängern sich im Takt der Wechselspannung, was das charakteristische Brummen der Transformatoren erzeugt. In elektrischen Schaltungen ist die Magnetostriktion meist unerwünscht. Die mechanischen Bewegungen können auf die Dauer die Schaltung beschädigen, z. B. indem Lötverbindungen durch die Vibration brechen. Es gibt aber auch praktische Anwendungen, wie z. B. magnetoelastische Sensoren, bei denen man den umgekehrten Effekt nutzt: Ein mechanischer Druck auf den Sensor erzeugt eine Magnetisierung, eine Messung dieser ermöglicht den Rückschluss auf den auf den Sensor wirkenden Druck.

Beispiel 9.5: Warensicherungsetiketten

In Kaufhäusern werden Waren mit speziellen Etiketten gegen Diebstahl gesichert. Sogenannte akustomagnetische Etiketten (AM-Etiketten) können dieses bewerkstelligen. Im Inneren befinden sich amorphe Metallstreifen, deren Kristalle durch ein magnetisches Wechselfeld über Magnetostriktion zu Resonanzschwingungen angeregt werden. Es erfolgt die Einstrahlung eines kurzen Anregungspulses. Befindet sich ein solcher Metallstreifen in der Nähe, schwingt er nach, wobei die schwingenden Dipole selbst elektromagnetische Wellen aussenden. Weist der Empfänger solche Wellen nach, löst er den Diebstahlalarm aus.

© Wikimedia: Anton~commonswiki

9.4.7 Ferrimagnetismus

In komplizierteren Kristallen kann man neben dem Ferromagnetismus auch den Ferrimagnetismus beobachten. Er tritt z. B. bei Magnetit (Fe_3O_4) auf. Der Mechanismus ist derselbe wie beim Ferromagnetismus. Durch die Austauschwechselwirkung entsteht eine langreichweitige Ordnung, die zu Weiss'schen Bezirken führt. Allerdings sind beim Magnetit und den anderen Ferrimagnetika zwei Kristallgitter ineinander geschachtelt. Das Magnetit enthält sowohl Fe^{2+} als auch Fe^{3+}-Ionen, die jeweils ihr eigenes Gitter bilden. Die Wechselwirkung zwischen den magnetischen Momenten beider Ionensorten gestaltet sich derart, dass sich die Momente antiparallel ausrichten. Ihre Beträge erweisen sich als ungleich groß und es liegen doppelt so viele Fe^{3+} wie Fe^{2+} vor. Die Sauerstoffionen besitzen kein permanentes magnetisches Moment. Insgesamt kommt es zu einer teilweisen Kompensation der Magnetisierung. Die Suszeptibilität ist deutlich geringer als bei Ferromagnetika, aber man kann alle für Ferromagnetika typischen Effekte beobachten, wie z. B. Sättigung, Hysterese oder der Phasenübergang beim Erhitzen.

Die Ferrimagnetika sind keramische Substanzen mit geringer elektrischer Leitfähigkeit. Sie werden gerne in Hochfrequenzspulen eingesetzt, da sie Verluste durch Wirbelströme effizient unterdrücken.

Ganz ähnliche wie Ferrimagnetika sind auch die Antiferromagnetika aufgebaut. Allerdings bildet sich bei ihnen die Kompensation zwischen den entgegengesetzt ausgerichteten Komponenten der magnetischen Momente vollständig aus. Sie haben eine Suszeptibilität von null. Sie reagieren nicht auf ein äußeres Magnetfeld. Ein Beispiel einer antiferromagnetischen Substanz ist Manganoxid (MnO) bei niedrigen Temperaturen. Die Sprungtemperatur beträgt lediglich 120 K. Darüber wird Manganoxid paramagnetisch.

9.4.8 Elektromagneten

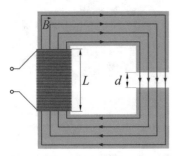

◘ Abb. 9.7 Ein einfacher Elektromagnet

Mit Spulen und Eisenkernen kann man Elektromagneten bauen, deren Felder man an die jeweiligen Bedürfnisse anpassen muss. Die Eisenkerne führen das Feld und bringen es in die gewünschte Form. In der Regel ist man nicht an einem bestimmten Feldverlauf im Eisenkern interessiert, sondern man bringt einen Luftspalt an, in den das Feld austritt. In diesem Luftspalt soll dann das Feld genutzt werden. Wir wollen einige einfache Beispiele besprechen. In ◘ Abb. 9.7 ist ein Beispiel zu sehen. Wir haben einen ungefähren Feldverlauf eingezeichnet. Inhomogenitäten, die bei einer solchen Anordnung durchaus auftreten würden, haben wir vernachlässigt. Die Feldstärke berechnen wir nach dem Ampère'schen Durchflutungsgesetz, indem wir entlang einer der angedeuteten Feldlinien integrieren:

$$\oint \vec{H} \cdot d\vec{s} = H_{Fe} l_{Fe} + H_0 d = I_{ein} = N I_0 \tag{9.40}$$

Dabei ist H_{Fe} die Erregung im Eisenkern, l_{Fe} die Länge der Feldlinie innerhalb des Eisenkerns, H_0 die Erregung im Luftspalt, d die Dicke des Luftspalts, I_0 der Spulenstrom und N die Anzahl der Windungen der Spule. Nun haben wir gesehen, dass an der Grenze des Eisenkerns zum Luftspalt die senkrechte Komponente der Feldstärke konstant ist (Gl. 9.25). Dies ist in unserem Fall die einzige Komponente, die auftritt. Also gilt

$$B_{Fe} = B_0$$
$$\mu_{Fe}\mu_0 \, H_{Fe} = \mu_0 \, H_0$$
$$H_{Fe} = \frac{1}{\mu_{Fe}} H_0 \tag{9.41}$$

und wir erhalten

$$\frac{l_{Fe}}{\mu_{Fe}} H_0 + dH_0 = NI_0 \Rightarrow H_0 = \frac{NI_0}{\frac{l_{Fe}}{\mu_{Fe}} + d} \tag{9.42}$$

und

$$B_0 = \frac{\mu_0 NI_0}{\frac{l_{Fe}}{\mu_{Fe}} + d} \approx \frac{\mu_0 NI_0}{d}. \tag{9.43}$$

Nehmen wir für das Eisen einen Wert von $\mu_{Fe} = 4000$ an, so sieht man, dass der Term $\frac{l_{Fe}}{\mu_{Fe}}$ bei nicht zu kleinen Luftspalten nur wenig zum Nenner beiträgt. Die Feldstärke wird umso höher, je kürzer man den Luftspalt macht. Würde man das Eisenjoch wegnehmen, läge eine sogenannte Luftspule vor, also eine nur von Luft gefüllt Magnetspule. In ihrem Inneren würde sie ein Feld der Stärke $\mu_0 NI_0/L$ erzeugen, wobei nun im Nenner die Länge L der Spule steht (siehe ▶ Beispiel 7.3). Dieses Feld ist viel geringer als das Feld im Luftspalt des Eisenjochs. Man kann mit Eisenspulen viel höhere Magnetfelder erzeugen als mit Luftspulen, solange man durch die Sättigung des Eisens keine Begrenzung erfährt.

Beispiel 9.6: Eisenmagnet mit Luftspalt

Ist Ihnen aufgefallen, dass das Magnetfeld im Spalt in ◼ Abb. 9.7 nicht homogenen ist? Bewegt man sich radial durch den Spalt, d. h. entlang der z-Achse in der Abbildung, so verändert sich l_{Fe} und damit B_0. Wegen des Faktors μ_{Fe} ist der Einfluss allerdings nicht allzu groß. Man kann ihn kompensieren, indem man die Spaltbreite entsprechend anpasst, wie dies in der Skizze angedeutet ist.:
Wir bezeichnen mit a die mittlere Kantenlänge des Jochs, dessen Querschnitt wir der Einfachheit halber als quadratisch annehmen. Die z-Achse markiert die Position im Spalt. Ihr Nullpunkt liegt in der Mitte des Spalts. Die Feldlinie, die durch die Mitte des Spalts geht, hat die Länge $4a$. Allgemein ergibt sich für die Länge im Eisen l_{Fe}:

$$l_{Fe} = 8\left(\frac{a}{2} + z\right) - d(z)$$

Wir wollen $d(z)$ so anpassen, dass die Feldstärke B_0 im Spalt konstant wird:

$$B_0 = \frac{\mu_0 NI_0}{\frac{1}{\mu_{Fe}}\left(8\left(\frac{a}{2} + z\right) - d(z)\right) + d(z)} = \text{const}$$

$$\Rightarrow \left(1 - \frac{1}{\mu_{Fe}}\right) d(z) = \frac{\mu_0 NI_0}{B_0} - \frac{1}{\mu_{Fe}}(4a + 8z)$$

$$d(z) \approx \left(1 + \frac{1}{\mu_{Fe}}\right) \frac{\mu_0 NI_0}{B_0} - \frac{1}{\mu_{Fe}}(4a + 8z)$$

Der Spalt muss nach außen enger werden. Die Spaltbreite muss proportional zu z abnehmen. Allerdings ist anzumerken, dass

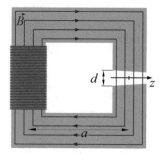

wir hier eine Reihe von Näherungen gemacht haben, die im Einzelfall einen größeren Einfluss auf die Homogenität des Feldes im Spalt haben können als der hier betrachtete Einfluss von l_{Fe}. Zu betrachten wäre beispielsweise die Sättigung des Eisens, die bei einem realen Magneten ortsabhängig ist, die Form der Feldlinien, die keineswegs quadratisch mit scharfen Ecken sein kann, oder Feldverluste am Rand des Eisenjochs. Außerdem tritt das Magnetfeld nun nicht mehr senkrecht aus dem Eisenjoch in den Spalt ein, so dass sich unsere Annahme $B_{Fe} = B_0$ nicht mehr exakt auf die Feldkomponente bezieht, die uns interessiert. Das Beispiel zeigt aber, wie man durch Veränderung der Spaltbreite die Homogenität des Feldes im Spalt verbessern kann.

Experiment 9.12: Magnetische Abschirmung

Ferromagnetische Substanzen führen das Magnetfeld. Dies kann man ausnutzen, um Bereiche vor äußeren Magnetfeldern abzuschirmen. Eine möglichst hohe Suszeptibilität ist wünschenswert. Häufig wird sogenanntes Mu-Metall (Permalloy) eingesetzt, eine Fe-Ni-Legierung mit einer Suszeptibilität, die durchaus einen Wert von 100.000 erreichen kann.

Wir demonstrieren die Abschirmung mit einer Kompassnadel. Wir stülpen einen Mu-Metall-Zylinder über die Kompassnadel. Der Einfluss eines Stabmagneten auf die Kompassnadel wird sichtbar reduziert. Als Gegenprobe kann man einen Aluminiumzylinder verwenden. Mit dem Aluminiumzylinder zeigt sich keine Abschwächung des Einflusses des Stabmagneten.

❓ Übungsaufgaben zu ▶ Kap. 9

1. Eine schmale Solenoidspule der Länge 30 cm besteht aus 1000 Windungen, die von einem Strom von 0,1 A durchflossen werden. In der Spule befindet sich ein Eisenkern mit $\mu_r = 500$. Wie groß ist die magnetische Feldstärke B im Eisen (und damit auch direkt an der Stirnseite des Eisenkerns)? Welcher Strom würde benötigt, um diese Feldstärke ohne Eisenkern zu erreichen?

2. Welche Amperewindungszahl NI wird benötigt, um im Luftspalt des abgebildeten Magneten eine Feldstärke von $B = 0,8\,\text{T}$ zu erzeugen? Vernachlässigen Sie das Streufeld. Berechnen Sie auch H im Luftspalt sowie B und H im Eisen.

3. Die von einer Hysteresekurve eingeschlossene Fläche hat die Einheit einer Energiedichte. Sie gibt die Energie an, die bei einem Umlauf der Hysterese in Form von Wärmeenergie verloren geht. Schätzen Sie den Verlust an elektrischer Leistung ab, der in einem Transformator durch die Ummagnetisierung des 20 cm³ großen Eisenkerns mit der Netzfrequenz von 50 Hz verursacht wird. Die von der Hysterese eingeschlossene Fläche sei 670 $\frac{A}{m}$T.

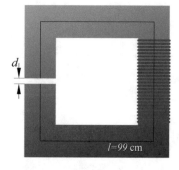

Elektrodynamik

Nachdem wir in den Teilen und 5.5.4 die Elektrostatik (ruhende Ladungen) und die Magnetostatik (stationäre Ströme) besprochen haben, wenden wir uns nun den dynamischen Effekten zu. Eigentlich müsste dieses Kapitel Elektromagnetodynamik heißen, denn wir werden die elektrischen und magnetischen Effekte gemeinsam besprechen, aber dieser Name ist zu kompliziert. In der Dynamik sind elektrische und magnetische Effekte so eng miteinander verknüpft, dass eine Trennung keinen Sinn macht. Denken Sie beispielsweise an bewegte Ladungen, dann sehen Sie, dass diese einen Strom darstellen und damit magnetische Effekte automatisch ins Spiel kommen.

Elektromagnetische Induktion

Stefan Roth und Achim Stahl

© Springer-Verlag GmbH Deutschland, ein Teil von Springer Nature 2018
S. Roth, A. Stahl, *Elektrizität und Magnetismus*, DOI 10.1007/978-3-662-54445-7_10

10.1   Das Induktionsgesetz

10.1.1   Induktion und Lorentzkraft

Wir beginnen unsere Diskussion der Induktion mit einigen Experimenten, die das grundlegende Phänomen zeigen.

Experiment 10.1: Induktion durch einen Stabmagneten

Wir schließen an eine Spule mit einigen hundert Windungen ein Spannungsmessgerät an. Dann bewegen wir einen Stabmagneten durch die Spule. Das Voltmeter (Messbereich 10 mV) zeigt einen deutlichen Ausschlag. Man kann mit dem Magneten spielen, um herauszufinden, wovon der Ausschlag abhängt. Hält man den Stabmagneten ruhig in die Spule, beobachtet man keinen Ausschlag. Erst die Bewegung des Magneten führt einen Ausschlag herbei. Man erkennt deutlich, dass das Messgerät umso kräftiger ausschlägt, je schneller man den Magneten bewegt.

Auch der zweite Aufbau funktioniert nach diesem Prinzip, nur ist die Apparatur so weit optimiert, dass man ausreichend elektrische Leistung erzeugen kann, um eine Glühbirne zum Leuchten zu bringen. Wir verwenden eine Spule mit höherer Windungszahl (10.000), an der wir die Glühbirne anschließen. Die Spule umschließt eine Plexiglasführung. Der Stabmagnet liegt im Inneren der Führung. Er ist mit einem Stab und einem Griff versehen, so dass man ihn zügig hin- und her bewegen kann. Bei einigen kräftigen Bewegungen beginnt die Glühbirne zu glimmen. Nach demselben Prinzip funktioniert auch eine Everlight Taschenlampe. Man muss diese einige Male schütteln. Dann kann man die Lampe einschalten. Beim Schütteln bewegt man im Inneren des Griffs der Taschenlampe einen Magneten durch eine Spule. Dabei wird Spannung erzeugt, die einen Kondensator auflädt und schließlich die Lampe zum Leuchten bringt.

Experiment 10.2: Induktion durch Verändern einer Leiterschleife

Dieses Experiment zeigt eine weitere Form der Induktion. Mit einem Helmholtzspulenpaar erzeugen wir ein homogenes Magnetfeld. In dieses Magnetfeld bringen wir eine Leiterschleife, so dass das Feld senkrecht auf der Leiterschleife steht. Die Leiterschleife ist aus zwei fest montierten Kupferstäben, wie sie in der Skizze zu sehen sind, und einem verschiebbaren Bügel aufgebaut. Man verbindet die Leiterschleife mit einem empfindlichen Voltmeter. Verschieben wir den Bügel auf der Schleife und ändern dadurch die von der Leiterschleife eingeschlossene Fläche, so zeigt das Voltmeter eine Spannung an. Sie beträgt allerdings nur wenige Mikrovolt, so dass wir auf Störspannungen achten müssen. In einem zweiten Schritt drehen wir die Leiterschleife, so dass das Magnetfeld nun parallel zur Leiterschleife verläuft, und wiederholen das Experiment. Wir beobachten nur noch einen kleineren Ausschlag, den wir mit Aufladungen erklären können.

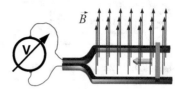

Experiment 10.3: Induktion mit rotierender Leiterschleife

Wir stellen noch eine dritte Form der Induktion vor. Wieder betrachten wir eine Leiterschleife in einem annähernd homogenen Magnetfeld. Als Leiterschleife verwenden wir eine Spule mit einigen hundert Windungen. Das Magnetfeld wird von drei Hufeisenmagneten erzeugt, die wir nebeneinander angebracht haben, wie dies im Foto zu sehen ist. Die Leiterschleife ist mit einem Motor verbunden, der sie im Magnetfeld dreht. Über Schleifkontakte lässt sich die Spannung abgreifen. Wir verwenden einen Oszillografen zur Darstellung der induzierten Spannung. Starten wir den Motor, sieht man auf dem Oszillografen eine Wechselspannung mit nahezu sinusförmigem Verlauf. Sie hat dieselbe Frequenz wie der Motor. Erhöht man die Drehzahl des Motors, so beobachten wir nicht nur ein Ansteigen der Frequenz der induzierten Spannung, sondern auch eine Zunahme ihrer Amplitude.

© RWTH Aachen, Sammlung Physik

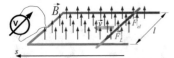

◻ Abb. 10.1 Zur Induktion an einer Leiterschleife

Wir wollen uns ▶ Experiment 10.2 etwas genauer anschauen. Wir führen die kupferne Brücke mit der Geschwindigkeit $\vec{v}$ durch das homogene Magnetfeld (◻ Abb. 10.1). Mit der Brücke werden auch die Atome im Material bewegt. Hier betrachten wir die negativen Elektronen und die positiven Atomrümpfe. Durch die Bewegung im Magnetfeld erfahren beide eine Lorentzkraft. Die Lorentzkraft auf die Elektronen wirkt nach vorne, wie dies in der Abbildung angedeutet ist, die Lorentzkraft auf die Atomrümpfe nach hinten. Die Atomrümpfe sind im Gitter des Festkörpers fest verankert. Der Festkörper nimmt die Kraft auf die Atomrümpfe auf. Sie werden sich nicht bewegen. Anders verhält es sich bei den Elektronen. Durch die Lorentzkraft bewegen sie sich nach vorne. Am vorderen Ende der Leiterbrücke entsteht so ein negativer Ladungsüberschuss und am hinteren Ende, wo die Elektronen abgezogen wurden, ein positiver. Dabei wird eine Spannung zwischen den Enden der Brücke erzeugt, die wir als Induktionsspannung abgreifen können.

Die Verschiebung der Elektronen in der Brücke erzeugt ein elektrisches Feld zwischen dem positiven Ladungsüberschuss am hinteren Ende und dem negativen vorne. Die Feldstärke ist proportional zum Ladungsüberschuss. Aus diesem Feld entsteht eine zusätzliche elektrische Kraft auf die Elektronen, die der Lorentzkraft entgegenwirkt. Der Ladungsüberschuss wird durch die Verschiebung der Elektronen so lange anwachsen, bis die elektrische Kraft die gleiche Stärke wie die Lorentzkraft erreicht hat und sich ein Gleichgewicht einstellt. Im Gleichgewicht gilt:

$$F_{\text{el}} = eE = evB = F_L \tag{10.1}$$

Es genügt hier die Beträge zu betrachten, da wir annehmen können, dass sowohl $\vec{v}$ als auch $\vec{B}$ senkrecht aufeinander und senkrecht auf der Achse der Leiterbrücke stehen und daher die Lorentzkraft der elektrischen Kraft exakt entgegengerichtet ist. Daraus ergibt sich die induzierte Spannung zu:

$$
\begin{aligned}
|U_{\text{ind}}| &= lE = lvB = l\frac{ds}{dt}B = \frac{d(ls)}{dt}B \\
&= \frac{dA}{dt}B = \frac{d}{dt}(AB) = \frac{d\Phi_m}{dt}
\end{aligned}
\tag{10.2}
$$

In Analogie zum elektrischen Fall (▶ Abschn. 2.5) haben wir einen magnetischen Fluss $\Phi_m = AB$ eingeführt, wobei A die Fläche darstellt, die von der Leiterschleife umschlossen wird, und B die Stärke des Felds auf dieser Fläche. Allerdings bezieht sich Gl. 10.2 auf einen Spezialfall. Das magnetische Feld ist homogen und steht senkrecht auf der Fläche A. Dies können wir für gewöhnlich nicht voraussetzen. Im allgemeinen Fall müssen wir wie beim elektrischen Fluss vorgehen und definieren:

$$\Phi_m = \int_A \vec{B} \cdot d\vec{A}, \tag{10.3}$$

wobei die Vektoren $d\vec{A}$ bzw. $\vec{A}$ senkrecht auf der Fläche stehen.

Diese Überlegung zeigt, dass die Induktion kein gänzlich neues Phänomen ist. Wir haben es ja gerade geschafft, eines der Experimente durch die uns bereits bekannte Lorentzkraft zu erklären.

Lassen Sie uns als weiteres Beispiel ▶ Experiment 10.1 genauer untersuchen. Hier hatten wir Induktion beobachtet, indem wir einen Stabmagneten auf eine Leiterschleife zubewegten. Es reicht aus, eine einzelne Leiterschleife zu betrachten, zusätzliche Windungen vervielfachen lediglich den Effekt. Wiederum treten Lorentzkräfte auf die Elektronen in der Leiterschleife auf. Dabei macht es keinen wesentlichen Unterschied[1], ob wir die Leiterschleife als ruhend betrachten und den Stabmagneten darauf zubewegen oder ob wir den Stabmagneten als ruhend ansehen und die Leiterschleife bewegen. Wir nehmen die zweite Sichtweise ein. Der Stabmagnet sei so orientiert, dass seine Achse mit der Achse der Leiterschleife zusammenfalle.

Beginnen wir mit einer Vereinfachung: Wir nehmen an, das Feld sei homogen (◘ Abb. 10.2A). Dann bewegen sich die Elektronen in der Leiterschleife durch das homogene Feld. Doch eine Lorentzkraft wirkt nicht, denn die Geschwindigkeit der Elektronen ist parallel zum Magnetfeld. In der Tat ist in diesem Fall die Induktionsspannung null. Man sieht dies auch in Gl. 10.2. Zwar ist der magnetische Fluss durch die Leiterschleife von null verschieden, doch ist er zeitlich konstant, so dass die Ableitung verschwindet.

Lassen wir nun die Annahme eines homogenen Feldes fallen. Für unser Experiment mit dem Stabmagneten war sie ohnehin nicht gerechtfertigt. Wir orientieren die z-Achse so, dass sie entlang der Achse des Magneten und damit der Hauptkomponente des Feldes zeigt. Wir verwenden Zylinderkoordinaten und setzen $B_z = f(z)B_0$, wobei $f(z)$ eine glatte, streng monoton fallende Funktion ist, die die Inhomogenität des Feldes beschreibt. Aber auch diese Feldkomponente ist parallel zur Geschwindigkeit und erzeugt damit keine Lorentzkraft. Jedoch kann im Fall eines inhomogenen Feldes die Komponente B_z nicht die einzige Feldkomponente sein, denn es muss div $\vec{B} = 0$ gelten. Wir schreiben die Divergenz des Feldes in Zylinderkoordinaten aus:

$$\text{div } \vec{B} = \frac{1}{\rho} \frac{\partial (\rho B_\rho)}{\partial \rho} + \frac{1}{\rho} \frac{\partial B_\varphi}{\partial \varphi} + \frac{\partial B_z}{\partial z} = 0 \qquad (10.4)$$

Aus Symmetriegründen muss B_φ verschwinden, so dass folgt:

$$\frac{\partial (\rho B_\rho)}{\partial \rho} = -\rho \frac{\partial f(z)}{\partial z} B_0 \Rightarrow B_\rho = -\frac{B_0}{\rho} \int \rho \frac{\partial f(z)}{\partial z} d\rho \qquad (10.5)$$

Wie man sieht, führt die Inhomogenität der Axialkomponente B_z des Feldes zwangsläufig auf eine nicht verschwindende Radialkomponente B_ρ. Diese Radialkomponente erzeugt eine Lorentzkraft auf die Elektronen in der Leiterschleife in der in ◘ Abb. 10.2B angegebenen

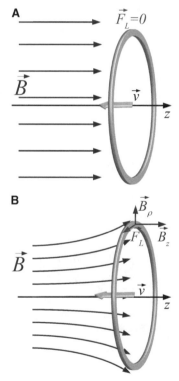

◘ **Abb. 10.2** Bewegung einer Leiterschleife in einem Magnetfeld

---

[1] Zumindest nicht, solange die Geschwindigkeit klein bleibt.

Richtung. Ist die Leiterschleife geschlossen, wird ein Strom fließen. Ist sie an einer Stelle unterbrochen, so werden sich an dieser Stelle Ladungen sammeln. Es entsteht eine Spannung, die wir mit einem hochohmigen Messgerät als Induktionsspannung abgreifen können. Diese Spannung ist proportional zur Lorentzkraft und damit proportional zu vB_ρ, denn es gilt wieder:

$$F_{el} = eE = e\frac{|U_{ind}|}{2\pi\rho} = evB_\rho \Rightarrow |U_{ind}| = 2\pi\rho vB_\rho \qquad (10.6)$$

Dasselbe Ergebnis erhalten wir auch aus Gl. 10.2. Mit $\vec{B} \cdot \vec{A} = B_z A$ ergibt sich:

$$\begin{aligned} |U_{ind}| &= \frac{d}{dt}\int\int B_0 f(z)\rho d\rho d\phi = 2\pi B_0 \int \frac{df(z(t))}{dt}\rho d\rho \\ &= 2\pi B_0 \int \frac{\partial f(z)}{\partial z}\frac{dz}{dt}\rho d\rho = 2\pi B_0(-v)\int \frac{\partial f(z)}{\partial z}\rho d\rho \\ &= 2\pi\rho vB_\rho \end{aligned} \qquad (10.7)$$

Wir gelangen zu demselben Ergebnis wie in Gl. 10.6. Beachten Sie bitte, dass dz/dt in unserem Beispiel negativ ist, der Betrag v der Geschwindigkeit aber positiv. Auf die Vorzeichen kommen wir gleich noch zurück.

10.1.2   Die Lenz'sche Regel

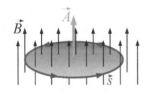

◘ **Abb. 10.3** Zur Richtung der Induktionsspannung

Wir wollen uns nun mit der Richtung beschäftigen, in die der Induktionsstrom fließt bzw. in die die Induktionsspannung zeigt. Dazu müssen wir erst einmal herausarbeiten, wie wir die Richtung sinnvoll angeben können. In ◘ Abb. 10.3 ist eine Fläche mit ihrer Flächennormalen $\vec{A}$ dargestellt. Wir haben den Vektor $\vec{A}$ nach oben zeigend gezeichnet. Weisen Flächennormale $\vec{A}$ und Magnetfeld $\vec{B}$ in dieselbe Richtung, erhalten wir einen positiven magnetischen Fluss (Gl. 10.3). Stellen Sie sich vor, diese Fläche wäre durch eine Leiterschleife begrenzt (blauer Rand), in der ein Induktionsstrom erzeugt wird, z. B. durch eine Änderung der Stärke des Magnetfeldes. Dann können wir bezogen auf $\vec{A}$ eine Richtung definieren, indem wir vorgeben, dass der Weg $\vec{s}$ in einer Rechtsschraube um $\vec{A}$ durchlaufen wird. Diese Richtung ist in ◘ Abb. 10.3 durch blaue Pfeile angedeutet. $U_{ind} = +d\Phi_m/dt$ würde dann bedeuten, dass der Induktionsstrom in Richtung von $\vec{s}$ fließt, sofern die zeitliche Ableitung des Flusses positiv ist, d. h. der magnetische Fluss ansteigt. Entsprechend würde der Strom im Falle von $U_{ind} = -d\Phi_m/dt$ bei ansteigendem Fluss entgegen der Richtung von $\vec{s}$ fließen. Tatsächlich trifft die zweite Annahme zu, wie wir weiter unten noch sehen werden.

Es sei hier noch darauf hingewiesen, dass die Richtung des Induktionsstromes nicht von der Wahl der Flächennormalen abhängt. Wir hätten in ▪ Abb. 10.3 den Vektor $\vec{A}$ genauso gut nach unten einzeichnen können. Dann hätte sich die Richtung von $\vec{s}$ ebenfalls umgedreht. Aber wir hätten auch einen negativen magnetischen Fluss erhalten ($\vec{A} \cdot \vec{B} < 0$), so dass sich am Ende dieselbe Richtung für den Induktionsstrom ergibt, wie dies auch sein muss.

Zunächst kommen wir noch einmal auf die Lorentzkraft zurück, um die Richtung der Induktionsspannung bzw. des Induktionsstromes in einem Beispiel zu bestimmen. Betrachten Sie bitte erneut ▪ Abb. 10.2B. Die Induktionsschleife umschließt eine Fläche $\vec{A}$ (in der Abbildung nicht gezeichnet), deren Flächennormale wir in Richtung der z-Achse wählen. Dann ist der magnetische Fluss durch die Fläche positiv. Bewegen wir den Ring wie angedeutet nach links, so steigt der Fluss an, das bedeutet $d\Phi_m/dt > 0$. Nehmen wir nun für das Induktionsgesetz

$$U_{\text{ind}} = -\frac{d\Phi_m}{dt} \tag{10.8}$$

an, so muss der Strom (technische Stromrichtung) in einer Linksschraube um den Normalenvektor fließen. An dem Punkt oben am Ring, an dem wir die Lorentzkraft eingezeichnet haben, fließt der Strom dann nach hinten, was wiederum bedeutet, dass sich die Elektronen (negative Ladung) nach vorne bewegen müssen. Wir erhalten aus Gl. 10.8 mit dem Minuszeichen eine Stromrichtung, die konsistent mit der Herleitung über die Lorentzkraft ist.

Dass in Gl. 10.8 tatsächlich ein Minuszeichen auftauchen muss, zeigt ein Gedankenexperiment. Es ist in ▪ Abb. 10.4 skizziert: Wir erzeugen ein zeitlich veränderliches Magnetfeld, indem wir den Strom durch eine Solenoidspule langsam hochfahren. Hinter der Spule sitzt eine weitere Leiterschleife, in der wir die Induktionsspannung bzw. den Induktionsstrom nachweisen. Die Spannungsquelle, die den Strom für die Solenoidspule liefert, verrichtet Arbeit und baut damit das magnetische Feld $\vec{B}$ in der Spule auf, und zwar unabhängig davon, ob die gezeigte Induktionsschleife geschlossen ist oder nicht. Ist sie offen, kann man mit einem hochohmigen Voltmeter die Induktionsspannung nachweisen. Da nahezu kein Strom fließt, wird in der Induktionsschleife auch keine Arbeit verrichtet. Dies ändert sich, wenn man statt des hochohmigen Messgerätes einen Verbraucher anschließt. Nun wird durch die Induktionsschleife Energie verbraucht. Es fließt ein Induktionsstrom durch die Schleife, der ebenfalls ein Magnetfeld erzeugt ($\vec{B}_{\text{ind}}$). Dieses überlagert sich dem Magnetfeld $\vec{B}$ des Solenoiden. Das induzierte Magnetfeld $\vec{B}_{\text{ind}}$ muss so orientiert sein, dass es das ursprüngliche Magnetfeld schwächt. Wäre dies nicht der Fall, würde durch die Induktion Energie im Verbraucher verbraucht, während das Magnetfeld verstärkt und zusätzliche Feldenergie erzeugt würde. Dies würde dem Energiesatz widersprechen.

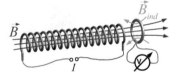

▪ **Abb. 10.4** Ein Gedankenexperiment zur Lenz'schen Regel

Das Minuszeichen im Induktionsgesetz stellt die korrekte Orien
tierung des induzierten Magnetfeldes sicher. Man drückt es in der
Lenz'schen Regel aus.

❯ Lenz'sche Regel

Der Induktionsstrom ist immer so gerichtet, dass er der Flussände
rung entgegenwirkt.

Experiment 10.4: Lenz'sche Regel an einem Aluminiumring

Mit ein wenig Geschick kann man die Lenz'sche Regel mit diesem
einfachen Experiment überzeugend darstellen. Ein Aluminiumring
ist an ca. 1 m langen Fäden bifilar aufgehängt. Nähert man sich
langsam mit einem Stabmagneten, so sieht man keinen Einfluss
auf den Ring. Der Ring ist aus nicht-magnetischem Material.
Nähert man sich dagegen rasch, so wird der Ring abgestoßen. Im
Aluminiumring wird ein Kreisstrom induziert. Sein Magnetfeld
muss nach der Lenz'schen Regel der Zunahme des Feldes im Ring
durch den Stabmagneten entgegengerichtet sein, d. h., der Südpol
des Induktionsfeldes ist dem Südpol des Stabmagneten zugewandt.
Dadurch wird der Ring abgestoßen.
Ist der Stabmagnet erst einmal im Ring und zieht man ihn
ruckartig heraus, so beobachtet man den umgekehrten Effekt.
Der Ring folgt dem Stabmagneten. Nun führt die Bewegung
des Stabmagneten zu einer Reduktion der Feldstärke im Ring.
Der Induktionsstrom versucht dies nach der Lenz'schen Regel
zu mindern. Das Induktionsfeld muss in dieselbe Richtung wie
das Feld des Stabmagneten zeigen. Es wird vom Stabmagneten
angezogen, so dass der Ring dem Stabmagneten folgt.

Experiment 10.5: Thomson'scher Ringversuch

Ein spektakuläres Experiment zur Lenz'schen Regel[2]! Auf einem
U-förmigen Eisenjoch sitzt auf einem kürzeren Schenkel eine
kräftige Spule und auf dem längeren Schenkel liegt locker ein
Aluminiumring. Über einen Schalter verbinden wir die Spule mit
der Netzspannung. Der Ring wird aus dem Joch herauskatapultiert
und schlägt gegen die Decke über der Bühne des Hörsaals.
Was ist passiert? Mit dem Einschalten der Spule entsteht im
Eisenjoch ein magnetischer Fluss, der sehr schnell ansteigt. Dieser
induziert im Aluminiumring einen Strom. Nach der Lenz'schen
Regel ist dieser von einem Magnetfeld begleitet, das dem

---

[2] Das Experiment ist übrigens nach dem britisch-amerikanischen Elektroingenieu
Elihu Thomson benannt, der nichts mit William Thomson dem späteren Lord Kelvi
zu tun hat.

ansteigenden Feld im Joch entgegengerichtet ist. Dadurch wird der Ring abgestoßen und nach oben katapultiert. Mit einem zweiten Ring lässt sich diese Erklärung überprüfen. Der zweite Ring ist wie der erste aus Aluminium und hat dieselbe Form, allerdings ist der Ring an einer Stelle längs aufgeschnitten, so dass zwar eine Spannung induziert wird, aber kein Strom im Ring fließen kann. Wiederholt man das Experiment mit diesem Ring, passiert nichts. Ohne den Strom gibt es kein gegenwirkendes Magnetfeld und damit auch keine abstoßende Kraft.

Interessant ist an diesem Experiment darüber hinaus, dass es mit Wechselstrom aus der Steckdose betrieben werden kann. Diese wechselt die Polarität mit einer Frequenz von 50 Hz. Man kann sich vergewissern (Übungsaufgabe), dass die Beschleunigung des Rings eine Zeit in Anspruch nimmt, in der sich die Polarität des Spulenstromes mindestens einmal ändert. Die Lenz'sche Regel gilt aber unabhängig von der Polarität des antreibenden Feldes. Das Induktionsfeld ist dem antreibenden Feld immer entgegengerichtet.

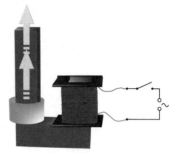

10.1.3 Das Faraday'sche Induktionsgesetz

Nun haben wir eine Reihe von Experimenten vorgestellt, die alle den gleichen Effekt zeigen: Ein sich änderndes Magnetfeld erzeugt in einer Leiterschleife eine Spannung. Bei einer geschlossenen Leiterschleife entsteht daraus ein Strom. Dabei ist es unerheblich, ob sich die Stärke des Magnetfeldes ändert, indem man beispielsweise den Stabmagneten entfernt, oder indem man die Leiterschleife entfernt oder gegen das Magnetfeld kippt. In all diesen Fällen haben wir Induktion beobachtet. Wesentlich ist der magnetische Fluss durch die Leiterschleife, den wir folgendermaßen definiert haben:

$$\Phi_m = \int\limits_A \vec{B} \cdot d\vec{A} \tag{10.9}$$

Ändert sich der magnetische Fluss durch eine Fläche A, wird auf deren Rand ∂A eine Spannung induziert. Das Faraday'sche Induktionsgesetz beschreibt die induzierte Spannung U_{ind}. Es lautet:

$$U_{\text{ind}} = -\frac{d\Phi_m}{dt} \tag{10.10}$$

Wir haben versucht, die Induktion auf die Lorentzkraft zurückzuführen. Dies erweckt den Eindruck, dass die Induktion in den Gesetzen der Elektro- und Magnetostatik, wie wir sie in ▶ Abschn. 7.3 oder 9.1.3 kennen gelernt haben, bereits enthalten ist. Doch ganz so einfach ist es nicht.

Betrachten Sie noch einmal ► Experiment 10.4. Wir nähern uns dem Aluminiumring mit einem Magneten. Im Ring wird ein Strom induziert, der im Ring im Kreis fließt. Der Ring besitzt einen Ohm'schen Widerstand, der durch den Strom überwunden wird. Was treibt den Strom an? Offensichtlich entsteht durch die Induktion ein elektrisches Feld, das den Strom antreibt. Damit die Elektronen im Ring im Kreis fließen, muss das elektrische Feld ebenso kreisförmig sein. Integrieren wir das elektrische Feld entlang des Rings, so erhalten wir die induzierte Spannung U_{ind}. Es ist:

$$\oint \vec{E} \cdot d\vec{s} = U_{\text{ind}} \neq 0 \tag{10.11}$$

Dies stellt keinen direkten Widerspruch zur Elektrostatik dar, wo wir die Maxwell-Gleichung $\oint \vec{E} \cdot d\vec{s} = 0$ betrachtet hatten, denn in der Statik gilt $\Phi_m = \text{const}$ und damit $U_{\text{ind}} = 0$. Wir müssen diese Maxwell-Gleichung um den dynamischen Term des Faraday'schen Induktionsgesetzes erweitern. Sie lautet nun:

$$\oint_{\partial A} \vec{E} \cdot d\vec{s} = -\frac{d}{dt} \int_A \vec{B} \cdot d\vec{A} \tag{10.12}$$

Das rechte Integral kann sich über eine beliebige Fläche erstrecken, der Integrationsweg des linken Integrals muss dann dem Rand dieser Fläche entsprechen. Wir können die Gleichung auch in eine differenzielle Form bringen, indem wir den Satz von Stokes anwenden:

$$\oint_{\partial A} \vec{E} \cdot d\vec{s} = \int_A \text{rot}\,\vec{E} \cdot d\vec{A} = -\frac{d}{dt} \int_A \vec{B} \cdot d\vec{A} = -\frac{d}{dt} \Phi_m \tag{10.13}$$

Da wir die Fläche A beliebig wählen können, kann die rechte Gleichheit nur erfüllt sein, wenn bereits die Integranden übereinstimmen. Folglich muss gelten

$$\text{rot}\,\vec{E} = -\frac{\partial \vec{B}\,(\vec{r},t)}{\partial t} \tag{10.14}$$

In dieser Gleichung haben wir zur Erinnerung die räumliche und zeitliche Abhängigkeit der Feldstärke explizit ausgeschrieben. Wir müssen in der Gleichung die partielle Ableitung nach der Zeit bilden. Die Integralform gibt ebenfalls eine Ableitung nach der Zeit vor. Da wir $\vec{B}$ zunächst über die Fläche A integrieren, hängt der magnetische Fluss Φ_m nur noch von der Zeit als einziger Variable ab. In diesem Fall benutzen wir üblicherweise das Symbol d/dt für die Ableitung.

Das Induktionsgesetz bringt in dieser differenziellen Form zum Ausdruck, dass sich um ein zeitlich veränderliches Magnetfeld Wirbel des elektrischen Feldes bilden. Diese Erkenntnis ist neu. Denn im Falle von zeitlich konstanten Feldern in der Elektrostatik hatten wir gesehen, dass das elektrische Feld wirbelfrei ist.

Experiment 10.6: Induktion von Spule zu Spule

Mit diesem Experiment können wir noch einmal die Zusammenhänge des Faraday'schen Induktionsgesetzes veranschaulichen. Mit einer Luftspule, die wir mit einer sinusförmigen Spannung ($f \approx 100\,\text{Hz}$) betreiben, erzeugen wir einen zeitlich veränderlichen Magnetfluss. Mit einer zweiten kleinen Spule können wir nun die Induktion nachweisen. An die kleine Spule ist eine Leuchtdiode als Verbraucher angeschlossen, die leuchtet, sobald genügend Spannung induziert wird. Die kleine Spule ist frei beweglich. Wir können die Orientierung der Spule und die Position verändern und auf diese Weise zeigen, dass die induzierte Spannung von der Änderung des Flusses durch ihren Querschnitt abhängt.

© RWTH Aachen, Sammlung Physik

Beispiel 10.1: Erdschleifen

Induktion kann auch zu unerwünschten Effekten führen, z. B. durch so genannte Erdschleifen. In der Abbildung ist ein Beispiel aus dem Audiobereich zu sehen. Ein Mikrofon mit einem eingebauten Vorverstärker ist über ein Kabel mit einem Hauptverstärker verbunden, der den aufgefangenen Ton über Lautsprecher wiedergibt. Die elektrischen Signale werden über ein Signalkabel und eine dazugehörige Masse übertragen. Ein Netzgerät versorgt die Verstärker mit Spannung. Dabei kann es sich um ein separates Gerät handeln, oder das Netzgerät ist im Hauptverstärker eingebaut. Der Minuspol der Versorgungsspannung ist ebenfalls geerdet. So entsteht eine geschlossene Schleife aus Massenleitungen. Im Bild besteht die Schleife aus der geerdeten Verbindung vom Netzgerät zum Vorverstärker, weiter über die Masseleitung des Signales zum Hauptverstärker und von dort aus über die Spannungsversorgung zurück zum Netzgerät.

Tritt im Raum ein zeitlich veränderliches Magnetfeld auf, so induziert dieses einen Strom in der Erdschleife, der sich dem Signal überlagert und dieses stört. Eine häufige Quelle solcher Störfelder stellen Transformatoren in den Netzteilen dar, die Streufelder mit der Netzfrequenz von 50 Hz erzeugen. Weitere Verursacher

von Störfeldern sind Maschinen, die mit Netzspannung betrieben
werden. Darüber hinaus kommen viele andere Quellen in Betracht.
Um den Einfluss der Störfelder zu minimieren, kann man zunächst
versuchen, die Kabel möglichst parallel zu verlegen, so dass die
Fläche der Erdschleife reduziert wird. Als bessere Vorgehensweise
erweist es sich, die Erdung sternförmig aufzubauen. Dazu definiert
man einen Punkt, an dem alle Masseleitungen miteinander
verbunden werden und lässt sie von diesem sternförmig ausgehen.
Die zweite Abbildung zeigt dieselbe Mikrofonanlage nun mit einer
sternförmigen Erdung in der Nähe des Hauptverstärkers. Es sind
nun keine Erdschleifen mehr vorhanden.

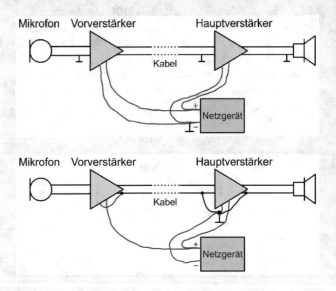

10.1.4 Wirbelströme

Bisher haben wir Induktion in Leiterschleifen betrachtet oder in
Spulen, die wir als Kombination vieler Leiterschleifen behandelt
haben. Doch Induktion benötigt nicht unbedingt eine Leiterschleife.
Bilden sich in einem elektrischen Leiter geschlossene Linien des
elektrischen Feldes aus, entsteht entlang dieser Linien ein Strom.
Ersetzen wir beispielsweise in ▶ Experiment 10.1 die Spule durch
eine Metallplatte, so wird der Strom in der Platte im Kreis fließen.
Man spricht auch von Wirbelströmen im Material. Es stellt sich
als schwierig heraus, den Induktionsstrom zu messen, weil wir ihn
kaum noch kontaktieren können. Die magnetische Wirkung, die wir
mit der Lenz'schen Regel beschrieben haben, bleibt allerdings erhalten und sie ermöglicht in manchen Fällen eine Beobachtung der
Kreisströme.

Experiment 10.7: Magnet in einem Kupferrohr

Wir wenden uns einem einfachen, aber überraschenden Experiment mit einem Kupferrohr zu: Zu Beginn halten wir das Kupferrohr vertikal und lassen zunächst einen Stahlzylinder hineinfallen. Wie erwartet, fällt er durchs Rohr und schlägt mit einem „Plong" auf dem Boden auf. Nun zeigen wir mit einem kleinen Magneten, dass Kupfer nicht magnetisch ist, und lassen dann den Magneten in das Rohr fallen… Nichts passiert… Wir warten noch ein wenig… Immer noch geschieht nichts. Aus den Gesichtern der Studierenden kann man die Vermutung ablesen, dass wohl etwas schief gegangen sein muss. Dann ertönt schließlich doch noch ein „Plong". Der Magnet braucht eine viel längere Zeit, um durch das Rohr zu fallen, als der Stahlzylinder.

Die Skizze veranschaulicht einen Schnitt durch das Rohr. Betrachten Sie beispielsweise die rot angedeutete Schleife unterhalb des Magneten. Der Magnet nähert sich, dadurch steigt der magnetische Fluss durch die Schleife. Ein Strom wird im Rohr induziert, dessen Magnetfeld dem Anstieg des Flusses entgegenwirkt. Dies ist in der Skizze ebenfalls angedeutet. Das Magnetfeld bremst den Fall des Magneten. So entstehen jeweils vor dem Magneten Wirbelströme, die den Magneten nach oben drücken, während sich oberhalb des Magneten umgekehrte Wirbelströme bilden, die den Magneten nach oben ziehen. Zusammen bremsen sie den Fall des Magneten, so dass er nur noch langsam durch das Rohr rutscht.

Experiment 10.8: Induktion durch fallenden Magneten

Mit diesem Experiment können wir den Mechanismus, der zum Abbremsen des Magneten in ▶ Experiment 10.7 führt, explizit zeigen. Wir benutzen nun ein durchsichtiges Kunststoffrohr. Im Abstand von jeweils 18 cm sind sechs Induktionsspulen um das Kunststoffrohr gewickelt. Die Spulen sind in Reihe geschaltet, so dass wir am Ausgang die Summe der Induktion in den einzelnen Spulen abgreifen können. Dieses Signal geben wir auf einen Oszillografen. Lassen wir einen Stabmagneten durch das Rohr fallen, sehen wir das charakteristische Induktionssignal. Es ist bipolar. Beim Annähern des Stabmagneten an eine der Spulen steigt der Fluss. Es entsteht ein kurzes, steil ansteigendes Signal. Hat der Magnet die Spule erreicht, flacht das Signal ab, geht zurück auf null und polt sich dann um, wenn der Stabmagnet die Spule wieder verlässt. Man kann auf dem Oszillografen die Abfolge der Signale der sechs Spulen sehen. Die Geschwindigkeit des

© RWTH Aachen, Sammlung Physik

Stabmagneten nimmt beim Fallen zu, so dass sich die Abstände zwischen den Signalen verringern. Aber auch die einzelnen Signale werden kürzer. Da die Geschwindigkeit steigt, ändert sich der Fluss schneller und dies hat zur Folge, dass die induzierten Spannungspulse größer werden.

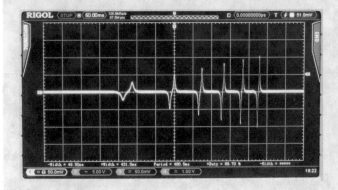

© RWTH Aachen, Sammlung Physik

Experiment 10.9: Waltenhofen-Pendel

Eine Aluminiumscheibe an einem Pendel schwingt durch einen Elektromagneten. Zunächst ist der Magnet ausgeschaltet. Das Pendel schwingt. Schaltet man den Magneten ein, sieht man eine starke Dämpfung. Das Pendel kommt nach wenigen Schwingungen zum Stillstand. Ursache sind die Wirbelströme, die beim Eintauchen in das Magnetfeld und beim Herausschwingen in der Scheibe induziert werden.

Beispiel 10.2: Wirbelstrombremse

Der ICE3 bremst mit einer Wirbelstrombremse. Auf dem Foto sind die Elektromagneten zu sehen. Die Wirbelströme werden in der Schiene induziert. Die Wirbelstrombremse arbeitet verschleißfrei. Die Bremskraft ist von Witterungsbedingungen unabhängig und beruht nicht auf der Reibung zwischen den Rädern und der Schiene. Allerdings ist die Bremskraft geschwindigkeitsabhängig. Ein zweites Bremssystem ist für geringe Geschwindigkeiten notwendig und um den Zug zum Stehen zu bringen.

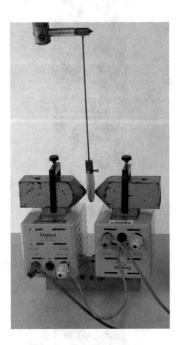

© RWTH Aachen, Sammlung Physik

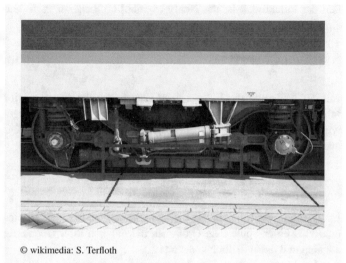

© wikimedia: S. Terfloth

10.2 Selbstinduktion

Induktion benötigt nicht unbedingt ein externes Messgerät oder einen Verbraucher. In allen bisherigen Beispielen betrachteten wir eine Induktionsschleife oder eine Induktionsspule, die von der Spule, die den Fluss erzeugt, getrennt war. Doch Induktion tritt auch in den Leitern selbst auf, die das Magnetfeld erzeugen. Dies wollen wir in diesem Abschnitt besprechen.

10.2.1 Einschaltvorgang

Wir diskutieren ein einfaches Beispiel. An eine Spule wird eine Spannung angelegt, so dass ein Strom durch die Spule fließt (siehe ◘ Abb. 10.5). Zum Zeitpunkt $t = 0$ schließen wir den Schalter und der Strom beginnt zu fließen. Mit dem Strom baut sich ein magnetisches Feld auf, welches mit einem ansteigenden magnetischen Fluss durch die Spule einhergeht. Als Fläche für die Berechnung des Flusses bietet sich die Querschnittsfläche A der Spule an. Das Magnetfeld B der Spule ist proportional zum Strom I durch die Spule und damit ist auch der Fluss Φ_m proportional zum Strom:

$$\Phi_m = LI \tag{10.15}$$

Wir haben eine Proportionalitätskonstante L eingeführt. Sie heißt Selbstinduktivität oder auch einfach Induktivität der Spule. Die Ein-

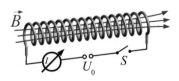

◘ **Abb. 10.5** Selbstinduktion an einer Spule

heit der Induktivität ist das Henry (Symbol H), benannt nach dem amerikanischen Physiker Joseph Henry:

$$[L] = 1\,\frac{\mathrm{Vs}}{\mathrm{A}} = 1\,\mathrm{H} \tag{10.16}$$

Mit der Änderung des Flusses beim Einschalten des Stromes wird in der Spule eine Spannung induziert. Nach der Lenz'schen Regel wirkt sie dem ansteigenden Fluss entgegen. Wir nennen sie daher auch Gegenspannung. Ihr Wert beträgt:

$$U_{\mathrm{ind}} = -\frac{d\Phi_m}{dt} = -L\frac{dI}{dt} \tag{10.17}$$

Im zweiten Schritt haben wir die Tatsache ausgenutzt, dass die Induktivität einer Spule eine Größe ist, die nur von ihrer Geometrie abhängt und daher zeitlich konstant ist.

Wir berechnen den Einschaltvorgang an einer Spule (◘ Abb. 10.6). Dabei müssen wir neben ihrer Induktivität auch den Ohm'schen Widerstand R der Windungen berücksichtigen. Nach der Maschenregel addieren sich zu jedem Zeitpunkt die Spannung an der Spule U_L und am Ohm'schen Widerstand U_R zur angelegten Spannung U_0. Die Gegenspannung entspricht dem entgegengesetzten Wert von U_L ($U_L = -U_{\mathrm{ind}}$). Damit gilt:

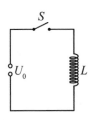

◘ **Abb. 10.6** Schaltbild mit Spule

$$U_0 = U_R + U_L = U_R - U_{\mathrm{ind}} = RI + L\frac{dI}{dt}$$
$$\frac{dI}{dt} = -\frac{R}{L}I + \frac{U_0}{L} \tag{10.18}$$

Wir erhalten eine Differenzialgleichung für den Strom, die sich einfach lösen lässt. Als Lösungsansatz wählen wir eine Exponentialfunktion, deren freie Parameter noch zu bestimmen sind:

$$I(t) = Ae^{-\kappa t} + B$$
$$\frac{dI(t)}{dt} = -\kappa Ae^{-\kappa t} \tag{10.19}$$

Einsetzen in die Differenzialgleichung ergibt:

$$-\kappa Ae^{-\kappa t} = -\frac{R}{L}Ae^{-\kappa t} - \frac{R}{L}B + \frac{U_0}{L} \tag{10.20}$$

Dies muss für beliebige Zeiten erfüllt sein, woraus folgt:

$$\kappa = \frac{R}{L}$$
A beliebig $\tag{10.21}$
$$B = \frac{U_0}{R}$$

Einsetzen in Gl. 10.19 ergibt:

$$I(t) = Ae^{-\frac{R}{L}t} + \frac{U_0}{R} \qquad (10.22)$$

Im Moment des Einschaltens ($t = 0$), muss der Strom bei null beginnen. Aus dieser Randbedingung können wir die Konstante A bestimmen:

$$I(0) = A + \frac{U_0}{R} \Rightarrow A = -\frac{U_0}{R} \qquad (10.23)$$

Damit ist der Strom:

$$I(t) = \frac{U_0}{R} \left(1 - e^{-\frac{R}{L}t}\right) \qquad (10.24)$$

Er steigt unmittelbar nach dem Einschalten steil an und nähert sich dann asymptotisch dem Wert U_0/R, den er auch ohne die Selbstinduktion erreichen würde.

Experiment 10.10: Stromverzögerung an einer Spule

Dieses Experiment veranschaulicht die Verzögerung des Stromes beim Einschalten. Die Abbildung zeigt den Schaltplan. Die Spule besitzt eine Induktivität $L \approx 600\,\mathrm{H}$ und einen Ohm'schen Widerstand von ungefähr $300\,\Omega$. Für den rein Ohm'schen Widerstand wählen wir ebenfalls $R = 300\,\Omega$. Schließen wir den Schalter, leuchtet die linke Glühbirne sofort auf, während die rechte erst nach einigen Sekunden aufleuchtet.
Entsprechend sieht man beim Ausschalten, dass die Lampen noch einige Sekunden nachleuchten. Die Spule liefert den Strom für beide Lampen.

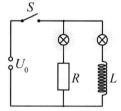

Wir wollen den Einschaltvorgang noch einmal vor dem Hintergrund der Energieerhaltung betrachten. Lange nach dem Einschalten des Stromes fließt ein stationärer Strom. Das Netzgerät liefert Energie, die am Ohm'schen Wiederstand der Spule in Wärme umgewandelt wird. In der Spule befindet sich ein magnetisches Feld, in dem Energie gespeichert ist. Da sich der Strom nicht mehr ändert, ist diese Feldenergie konstant und hat keinen Einfluss auf das Verhalten der Schaltung.

Vor dem Einschalten des Stromes ist kein Feld in der Spule und die Feldenergie beträgt null. Woher kommt die Energie, die zum Aufbau des magnetischen Feldes benötigt wird? Sie kann nur aus dem Netzgerät stammen. Unmittelbar nach dem Einschalten der Spannung liegt zwar die volle Spannung an, doch es fließt noch kaum Strom. Über die Gegenspannung wird dem Netzgerät Energie entzogen und damit das Magnetfeld aufgebaut. Man kann also die Selbstinduktion auch so begründen, dass beim Einschalten ein Magnetfeld aufgebaut werden muss und die dafür benötigte Energie dem Netzgerät entzogen werden muss. Dies verursacht einen verzögerten Anstieg des Stromes.

10.2.2 Ausschaltvorgang

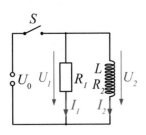

Um den Ausschaltvorgang zu betrachten, wird die Schaltung noch ein wenig erweitert (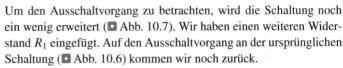 Abb. 10.7). Wir haben einen weiteren Widerstand R_1 eingefügt. Auf den Ausschaltvorgang an der ursprünglichen Schaltung (□ Abb. 10.6) kommen wir noch zurück.

Parallel zur Spule mit dem Ohm'schen Widerstand R_2 und der Selbstinduktivität L liegt ein zweiter Widerstand R_1. Die Schaltung gibt die Richtungen der Spannungen und Ströme an, die wir als positiv werten wollen. Der Schalter ist zunächst geschlossen. Es fließt sowohl durch R_1 als auch durch die Spule ein Strom, der durch die äußere Spannung U_0 und den Widerstand R_1 bzw. R_2 vorgegeben ist. Zum Zeitpunkt $t = 0$ wird der Schalter geöffnet. Wir wenden dann die Maschenregel auf den rechten Teil der Schaltung an:

□ **Abb. 10.7** Schaltbild zum Ausschaltvorgang

$$I_1 = -I_2$$
$$0 = U_2 - U_1 = R_2 I_2 - U_{\text{ind}} - R_1 I_1$$
$$= R_2 I_2 + L \frac{d I_2}{dt} + R_1 I_2 \tag{10.25}$$

Wie schon beim Einschaltvorgang ziehen wir von der Spannung, die durch den Stromfluss am Ohm'schen Widerstand der Spule erzeugt wird ($R_2 I_2$), die induzierte Gegenspannung ab. Allerdings ist nun die zeitliche Ableitung des Stromes negativ, so dass die Gegenspannung tatsächlich den Stromfluss verstärkt und nicht wie beim Einschaltvorgang verzögert. Wir erhalten die folgende Differenzialgleichung:

$$\frac{d}{dt} I_2(t) = -\frac{R_1 + R_2}{L} I_2(t) \tag{10.26}$$

mit der Lösung

$$I_2(t) = A e^{-\frac{R_1 + R_2}{L} t}. \tag{10.27}$$

Der Strom klingt exponentiell ab. Die Konstante A gibt den Anfangsstrom zum Zeitpunkt $t = 0$ an, zu dem der Schalter geöffnet wird. Wir bestimmen sie aus der Randbedingung, dass der Strom I_2 beim Öffnen des Schalters keinen Sprung machen soll. Bei geschlossenem Schalter war der Strom durch U_0/R_2 gegeben. Diesen Wert fordern wir nun auch für $t = 0$:

$$I_2(t = 0) = A = \frac{U_0}{R_2} \tag{10.28}$$

und damit

$$I_2(t) = \frac{U_0}{R_2} e^{-\frac{R_1 + R_2}{L} t}. \tag{10.29}$$

Experiment 10.11: Ein- und Ausschaltvorgang an einer Spule

Mit einem Oszillografen kann man den zeitlichen Verlauf des
Stromes und der Gegenspannung sichtbar machen. Das Schaltbild
zeigt einen Widerstand, der mit der Spule in Reihe geschaltet ist.
Er wird vom selben Strom wie die Spule durchflossen. Daher muss
der Spannungsabfall am Widerstand proportional zum Strom durch
die Spule sein. Wir verwenden eine Spule mit 1000 Windungen um
einen Eisenkern und einem Widerstand von 1 kΩ. Die Werte sind so
gewählt, dass der Spannungsabfall am Ohm'schen Widerstand der
Spule gering ist, so dass U_2 im Wesentlichen die Gegenspannung
anzeigt. Wir legen an die Schaltung eine Spannung mit einem
rechteckförmigen Verlauf an, was einem periodischen An- und
Ausschalten entspricht. Etwa alle 4 ms schaltet die Spannung um
(120 Hz). Die beiden Spannungen geben wir auf zwei Kanäle eines
Oszillografen. Auf dem Bild sind der Stromverlauf in Weiß und der
Verlauf der Spannung an der Spule in Türkis zu sehen. Man erkennt
die exponentiellen Verläufe, wie wir sie berechnet haben.

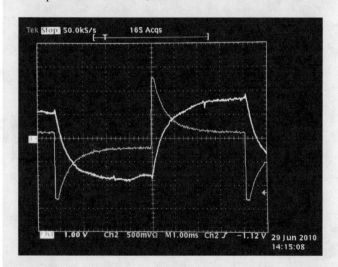

© RWTH Aachen, Sammlung Physik

10.2.3 Überschläge

Wir kommen zu der Frage zurück, wozu der zusätzliche Widerstand R_1 in ◨ Abb. 10.7 in den Schaltkreis eingesetzt wurde.
Während des Einschaltvorganges wird Energie im Feld der Spule gespeichert. Öffnet man den Schalter, so verschafft der Widerstand R_1
die Möglichkeit, dass der Strom aus der Spule weiterfließen und das
Magnetfeld abgebaut werden kann. Ohne den Widerstand R_1 könnte

nach Öffnen des Schalters kein Strom mehr fließen. Die abrupte Unterbrechung des Stromes führt zu einer sehr hohen zeitlichen Ableitung des Stromes. Es können sehr hohe induzierte Spannungen auftreten. Im Magnetfeld ist immer noch Energie gespeichert und diese wird mit dem Öffnen des Schalters freigesetzt. Die Spannung wird so weit ansteigen, bis der Strom einen Weg findet, diese Energie abzubauen. Es wird ein Funke entstehen, über den sich die Energie in der Spule entlädt. Dies kann zur Zerstörung der Spule oder des Schalters führen, hat aber auch technische Anwendungen, wie die folgenden Beispiele und Experimente zeigen.

Beispiel 10.3: Starter einer Leuchtstoffröhre

Viele Leuchtstoffröhren brauchen eine hohe Spannung, um die Entladung zu starten. Diese wird in einem kleinen Bauelement erzeugt, dem so genannten Starter. Das Prinzipschaltbild ist unten gezeigt. Möchte man die Entladung der Leuchtstoffröhre in Gang setzen, wird zunächst die Spannung mit der Spule verbunden. Es fließt ein Strom durch die Spule und über den geschlossenen Schalter zurück. Das Magnetfeld in der Spule baut sich auf. Die Gasentladung ist noch nicht gezündet, so dass durch die Röhre kein Strom fließen kann. Dann öffnet sich der Schalter. Der Strom wird unterbrochen. In der Spule entsteht durch die Selbstinduktion eine hohe Spannung, die schließlich die Gasentladung in der Röhre zündet. Nun kann der Strom durch die Röhre weiterfließen.
Der Schaltvorgang kann ganz unterschiedlich realisiert werden. In älteren Startern findet man Bimetallschalter, die sich durch den Stromfluss erwärmen, so dass sie öffnen. Auch elektromagnetische Relais können zum Einsatz kommen. In modernen Röhren werden meist elektronische Schalter, z. B. Thyristoren, verwendet.

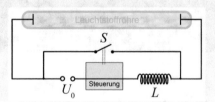

Beispiel 10.4: Die Zündspule eines Pkw

Zum Entzünden des Benzin-Luft-Gemisches im Zylinder eines Ottomotors wird ein Zündfunke benötigt, der von der Zündkerze erzeugt wird. Wird an die Zündkerze eine hohe Spannung (10 ... 30 kV) angelegt, springt der Zündfunke zwischen den beiden Elektroden über und entzündet das Gemisch.

Mit der Zündspule wird die Hochspannung aus der 12-V-Batterie des Autos erzeugt. Die Skizze zeigt eine Schaltung. Beim Öffnen des Schalters S wird durch die Spule L_1 eine hohe Gegenspannung induziert, die einen Strom in den Kondensator C treibt. Die beiden Spulen L_1 und L_2 bilden einen Transformator, über den die Spannung in den rechten Stromkreis transformiert wird, wo sie sich über die Funkenstrecke in der Zündkerze entlädt.

© wikimedia: Schumi4ever

Experiment 10.12: Funkeninduktor

Dieses Experiment arbeitet nach demselben Prinzip wie die Zündspule (▶ Beispiel 10.4). Die beiden Spulen sind auf einen gemeinsamen Eisenkern gewickelt. Die Primärspule besitzt 250 Windungen, die Sekundärspule 26.000. An die Primärspule wird eine Gleichspannung von 8 V angelegt. Der Stromfluss in der Primärspule öffnet einen Unterbrecherkontakt, was einen Spannungspuls auslöst. Über die Spulen transformiert erzeugt dieser den Funken. Die Funkenstrecke besteht aus einer feinen Spitze gegenüber einer Platte. Die Platte ist so über den Spulen angebracht, dass man den Funken gut sehen kann. Man kann mit 8 V Eingangsspannung Funken bis zu 10 cm Länge erzeugen.

© RWTH Aachen, Sammlung Physik

10.2.4 Selbstinduktivität

Wir hatten mit Gl. 10.15 die Selbstinduktivität einer Spule eingeführt. Sie hängt von der Geometrie der Spule ab. Dies wollen wir an einigen

Beispielen genauer betrachten. Das wichtigste Beispiel ist die Solenoidspule. Ihr Magnetfeld hatten wir in ▶ Beispiel 7.3 behandelt. Im Inneren einer Spule mit Länge l, Querschnittsfläche A und N Windungen ergab sich

$$B_0 = \mu_0 n I \tag{10.30}$$

mit der Windungsdichte $n = N/l$. Das Feld ist homogen und entlang der Spulenachse gerichtet. Der magnetische Fluss durch die Spule beträgt folglich:

$$\Phi_m = \int\limits_A \vec{B} \cdot d\vec{A} = BA = \mu_0 n A I \tag{10.31}$$

In jeder Windung der Spule wird bei einer Flussänderung eine Gegenspannung induziert, die sich zwischen den Enden der Spule aufaddiert zu:

$$\begin{aligned} U_{\text{ind}} &= -N\frac{d\Phi_m}{dt} = -\mu_0 N n A \frac{dI}{dt} \\ &= -\mu_0 n^2 l A \frac{dI}{dt} = -\mu_0 n^2 V \frac{dI}{dt} \end{aligned} \tag{10.32}$$

Vergleichen wir dies mit Gl. 10.17, so erkennen wir:

$$L = \mu_0 n^2 V \tag{10.33}$$

Die Induktivität einer Solenoidspule ist proportional zum Quadrat der Windungsdichte und zum Volumen der Spule.

Beispiel 10.5: Die Induktivität eines Koaxialkabels

Es mag überraschen, dass ein Koaxialkabel eine Selbstinduktivität besitzen soll, schließlich hat es keine Windungen. Doch überall, wo es zum Aufbau eines Magnetfelds kommt, wird dafür Energie benötigt. Diese wird über die Gegenspannung dem Strom entzogen, wodurch eine Selbstinduktivität entsteht. In ▶ Beispiel 7.2 hatten wir das Magnetfeld eines Koaxialkabels bestimmt zu:

$$B(r) = \frac{\mu_0}{2\pi}\frac{I}{R_S^2}r \quad (r < R_S)$$

$$B(r) = \frac{\mu_0}{2\pi}I\frac{1}{r} \quad (R_S < r < R)$$

$$B(r) = 0 \quad (r > R)$$

Wie waren von einer homogenen Stromdichte in der Seele (Radius R_S) und einem unendlich dünnen Außenleiter mit

Radius R ausgegangen. Wir bestimmen den Fluss durch die in der Skizze angedeutete gelbe umrandete Fläche. Dies wird uns die Gegenspannung entlang der Leiter liefern. Die Flächennormale dieser Fläche zeigt beim angedeuteten Umlaufsinn ihres Randes in die Zeichenebene hinein, in dieselbe Richtung wie das Magnetfeld. Wir erhalten daher:

$$\Phi_m = l \int_0^{R_S} \frac{\mu_0}{2\pi} \frac{I}{R_S^2} r\, dr + l \int_{R_S}^{R} \frac{\mu_0}{2\pi} I \frac{1}{r}\, dr$$

$$= \frac{\mu_0}{2\pi} l I \left(\left[\frac{1}{2} \frac{r^2}{R_S^2} \right]_0^{R_S} + [\ln r]_{R_S}^{R} \right)$$

$$= \frac{\mu_0}{2\pi} l I \left(\frac{1}{2} + \ln \frac{R}{R_S} \right)$$

Die Induktivität pro Kabellänge beträgt somit

$$\frac{L}{l} = \frac{\mu_o}{2\pi} \left(\frac{1}{2} + \ln \frac{R}{R_S} \right),$$

wobei der erste Summand, der auf die Induktivität der Seele zurückzuführen ist, meist vernachlässigt werden kann. Der Radius des Kabels ermöglicht es, das Verhältnis von Induktivität zu Kapazität des Kabels einzustellen. Mit kleinerem Radius sinkt die Induktivität, wohingegen die Kapazität steigt (▶ Beispiel 4.6). Wie wir noch sehen werden, bestimmen diese beiden Größen die Impedanz des Kabels.

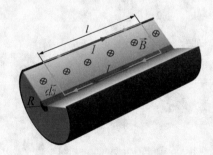

Beispiel 10.6: Die Induktivität der Lecher-Leitung

In ▶ Beispiel 4.7 hatten wir die Lecher-Leitung als zwei parallele Drähte kennen gelernt und ihre Kapazität untersucht. Nun wollen wir noch die Induktivität der Leitung ermitteln. Wir gehen wie in ▶ Beispiel 10.5 vor. Doch zunächst müssen wir das Magnetfeld bestimmen. Dabei gehen wir von den Feldern der einzelnen Leiter aus und addieren sie. Wir nehmen an, dass der Strom auf der Oberfläche des jeweiligen Leiters fließt, so dass dieser kein Feld in seinem Inneren erzeugt. Allerdings dringt das Feld des anderen Leiters in sein Inneres ein. Wir wählen die x-Achse entlang der Verbindungslinie der beiden Leiter mit dem Ursprung in der Mitte zwischen den Leitern und die z-Achse entlang der Leiter. Die beiden Leiter befinden sich bei $x = \pm a/2$. Der Durchmesser eines Leiters ist d. Wir bezeichnen mit B_+ die Feldstärke des einen Leiters bei $x = +a/2$ und entsprechend mit B_- die Feldstärke des anderen Leiters. Das Feld zeigt in der x-z-Ebene – nur da müssen wir es kennen – nach oben, d. h. in y-Richtung. Dann ist das Feld zwischen den Leitern nach Gl. 7.33:

$$B_+ = \frac{\mu_0}{2\pi} I \frac{1}{\frac{a}{2} - x} \quad x < \frac{a}{2} - \frac{d}{2}$$

$$B_- = \frac{\mu_0}{2\pi} I \frac{1}{\frac{a}{2} + x} \quad x > \frac{d}{2} - \frac{a}{2}$$

Daraus ergibt sich der Fluss zu:

$$\Phi_m = l \left(\int_{-\frac{a}{2}}^{\frac{a}{2}-\frac{d}{2}} B_+ dx + \int_{-\frac{a}{2}+\frac{d}{2}}^{\frac{a}{2}} B_- dx \right)$$

$$= 2l \int_{-\frac{a}{2}}^{\frac{a}{2}-\frac{d}{2}} B_+ dx = \frac{\mu_0 l}{\pi} I \int_{-\frac{a}{2}}^{\frac{a}{2}-\frac{d}{2}} \frac{1}{\frac{a}{2} - x} dx$$

$$\frac{\mu_0 l}{\pi} I \left(-\ln(a - 2x) \right)\Big|_{-\frac{a}{2}}^{\frac{a}{2}-\frac{d}{2}}$$

$$= \frac{\mu_0 l}{\pi} I \left(\ln(a + a) - \ln(a - a + d) \right) = \frac{\mu_0 l}{\pi} I \ln \frac{2a}{d}$$

Die Selbstinduktivität beträgt pro Längeneinheit l

$$\frac{L}{l} = \frac{\mu_0 \mu_r}{\pi} \ln \frac{2a}{d},$$

wobei wir noch den Faktor μ_r eingefügt haben, der auftritt, sofern die Leiter in ein Medium eingebettet sind.

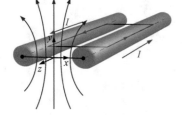

10.3   Feldenergie

Wir wenden uns noch einmal den Schaltvorgängen an einer Spule zu (■ Abb. 10.7). Beim Einschalten baut sich das Magnetfeld auf und speichert Energie. Wenn nach dem Ausschalten der Strom weiterfließt, obwohl keine externe Spannung mehr anliegt, wird diese Energie wieder verbraucht. Aus der Arbeit, die der Strom nach dem Ausschalten noch verrichtet, lässt sich die gespeicherte Energie bestimmen. Der Strom fließt in Serie durch die beiden Widerstände R_1 und R_2 und erbringt die Leistung $P = I^2 R$. Daraus ergibt sich die verrichtete Arbeit zu

$$W_m = \int_0^\infty I^2(t) R \, dt \qquad (10.34)$$

mit dem Widerstand $R = R_1 + R_2$:

$$W_m = \int_0^\infty I_0^2 e^{-\frac{2R}{L}t} R \, dt = -I_0^2 \frac{L}{2R} e^{-\frac{2R}{L}t} R \bigg|_0^\infty = \frac{1}{2} I_0^2 L \quad (10.35)$$

Wir nehmen an, dass es sich um eine Solenoidspule mit der Selbstinduktivität $L = \mu_0 n^2 A / l$ und dem Magnetfeld $B = \mu_0 \frac{n}{l} I_0$ handelt. Die Energiedichte ist dann:

$$w_m = \frac{W_m}{V} = \frac{1}{2} I_0^2 \mu_0 \frac{n^2}{l^2} = \frac{1}{2\mu_0} B^2 \qquad (10.36)$$

Damit haben wir für eine Solenoidspule die gespeicherte Energie W_m und die Energiedichte des Magnetfelds w_m berechnet. Obwohl die Ergebnisse für ein spezielles Beispiel bestimmt wurden, sind sie allgemeingültig.

Wir fassen die Ergebnisse für das elektrische und das magnetische Feld zusammen. Die Energiedichten der Felder betragen:

$$w_{el} = \frac{1}{2} \epsilon_0 E^2 \qquad (10.37)$$

$$w_m = \frac{1}{2\mu_0} B^2$$

In einem Kondensator bzw. in einer Spule sind die folgenden Energien gespeichert:

$$W_{el} = \frac{1}{2} C U^2 \qquad (10.38)$$

$$W_m = \frac{1}{2} L I^2$$

Unter Benutzung der Relation $\epsilon_0 \mu_0 = 1/c^2$ lässt sich ein Ausdruck für die gesamte Energiedichte des elektromagnetischen Feldes angeben:

> Die Energiedichte des elektromagnetischen Feldes beträgt $w = \frac{1}{2} \epsilon_0 \left(E^2 + c^2 B^2 \right)$.

Viele der Teilchendetektoren, mit denen die Autoren ihre Forschung betreiben, enthalten großvolumige Magnetspulen. Im CMS-Detektor am europäischen Forschungszentrum CERN in Genf kommt eine große supraleitende Solenoidspule zum Einsatz. Die beiden Fotos zeigen den Kryostaten, der der thermischen Isolation der Spule dient, beim Transport und nach dem Einbau in den Detektor. Im Kryostaten befindet sich eine 4-lagige Spule aus massiven Aluminiumwindungen, deren Kern aus einem Niob-Titan Drahtgeflecht besteht. Wird die Spule auf 4 K abgekühlt, verlieren die Niob-Titanfäden ihren elektrischen Widerstand. Sie werden supraleitend. Ein Strom von 15.000 A erzeugt ein homogenes Magnetfeld von 3,8 T Stärke im Innern der Spule. Die Feldlinien, die die Spule an beiden Enden verlassen, werden durch ein massives Eisenjoch zurückgeführt, um das Streufeld außerhalb des Detektors in Grenzen zu halten. Die Spule ist 12,5 m lang und besitzt einen Innendurchmesser von 6 m. Die gespeicherte Energie im Inneren der Spule beträgt:

$$W_m = \frac{1}{2\mu_0} B^2 V \approx 2\,\text{GJ}$$

Rechnet man das Feld im Eisen noch hinzu, sind es etwa 4 GJ. Diese Energie würde ausreichen, um 4 t Aluminium von Raumtemperatur auf den Schmelzpunkt zu erwärmen und zu schmelzen.

© CERN

© CERN

Als problematisch an supraleitenden Spulen erweist sich die Gefahr eines so genannten „Quenches". So kann zum Beispiel ein Wärmeeintrag von außen an einer Stelle innerhalb der Spule zu einer lokalen Erwärmung führen, durch die der Leiter aus der supraleitenden in die normalleitende Phase wechselt. Nun wird aber die Spule wegen ihrer Induktivität den Strom weitertreiben. An der nun normalleitenden Stelle entsteht dann ein großer Ohm'scher Verlust, der die Stelle weiter aufheizt. Der normalleitende Bereich vergrößert sich, was zu einer noch größeren Verlustwärme führt und so weiter. Ein „Quench Protection System" ist nötig, um in einem solchen Fall die in der Spule gespeicherte Energie über einen externen Verbraucher abzuführen (▶ Beispiel 6.18).

10.4 Maxwell-Gleichungen

10.4.1 Maxwell'scher Verschiebungsstrom

Maxwells große Leistung lag darin, die Erkenntnisse, die seine Kollegen – allen voran Michael Faraday – über Elektrizität und Magnetismus gesammelt hatten, auf eine systematische Grundlage zu stellen. Er entwickelte ein System von Gleichungen, mit denen man die Phänomene mit einem einheitlichen Ansatz beschreiben konnte. Wir nennen sie heute die Maxwell-Gleichungen. Wir haben die

Gleichungen kennen gelernt, mit denen man die statischen elektrischen und magnetischen Felder beschreiben kann. Ferner haben wir das Faraday'sche Induktionsgesetz besprochen, das einen wesentlichen Schritt hin zur Beschreibung zeitlich veränderlicher, d. h. dynamischer Felder darstellt. Doch Maxwell erkannte, dass für ein konsistentes Bild noch ein Term fehlte, den er aus vorwiegend theoretischen Argumenten ableitete. Man nennt ihn den Maxwell'schen Verschiebungsstrom.

Wir wenden uns noch einmal dem Ampère'schen Durchflutungsgesetz zu (Gl. 7.12):

$$\oint \vec{B} \cdot d\vec{s} = \mu_0 I \tag{10.39}$$

Dabei ist das Integral der linken Seite über einen geschlossenen Weg ∂A zu nehmen. Dieser Weg begrenzt eine Fläche A. Auf der rechten Seite steht dann der Strom I, der durch diese Fläche A hindurchfließt. Die Fläche A kann dabei frei gewählt werden, solange ihr Rand ∂A mit dem Integrationsweg der linken Seite zusammenfällt. Betrachten Sie nun das Beispiel in ◻ Abb. 10.8. Ein Kondensator wird an eine Spannungsquelle angeschlossen. Zum Zeitpunkt $t = 0$ schalten wir die Spannung ein. Es fließt ein Strom. Links von der ersten Kondensatorplatte haben wir für die Auswertung des Ampère'schen Durchflutungsgesetzes einen ringförmigen Integrationsweg um die Zuleitung zum Kondensator gewählt. Der Integrationsweg umschließt in ◻ Abb. 10.8A eine Kreisscheibe, durch die der Strom I fließt. Es gilt Gl. 10.39. In ◻ Abb. 10.8B wählen wir denselben Integrationsweg für die linke Seite von Gl. 10.39, doch wir schließen diesen Integrationsweg mit einer anderen Fläche. Wir wählen die Oberfläche eines einseitig offenen Zylinders. An den Integrationsweg schließt sich zunächst rechts der Mantel des Zylinders an. Der Mantel wird dann weiter rechts durch eine Kreisscheibe geschlossen, die zwischen den beiden Kondensatorplatten liegt.

Beide Flächen werden vom selben Integrationsweg ∂A begrenzt und erfüllen somit die Vorgaben. Die erste wird vom Strom I durchdrungen, aber der Strom endet auf der Kondensatorplatte, so dass durch die zweite Fläche kein Strom fließt. Das Ampère'sche Gesetz auf den Fall A in ◻ Abb. 10.8 angewandt führt zum korrekten Magnetfeld, im Fall B hingegen ergibt sich null. Dies ist ein offensichtlicher Widerspruch. Maxwell hat ihn entdeckt und erkannt, dass das Ampère'sche Gesetz in der Form, in der wir es bisher verwendet haben, noch nicht vollständig ist. Es muss um einen weiteren Term ergänzt werden.

Es bereitet wenig Schwierigkeiten, die korrekte Ergänzung zu erraten. Im Fall B fließt zwar kein Strom durch die Bodenfläche des Zylinders, aber sie wird von einem elektrischen Fluss durchdrungen. Dieser rührt vom elektrischen Feld her, das sich zwischen den Platten des Kondensators ausbildet. Der Fluss liefert einen zusätzlichen Beitrag zum Ampère'schen Durchflutungsgesetz. Er entspricht der

A

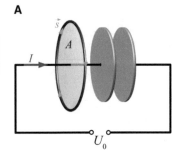

B

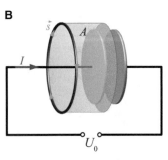

◻ **Abb. 10.8** Der Maxwell'sche Verschiebungsstrom an einem Kondensator

zeitlichen Ableitung des elektrischen Flusses, denn nur, wenn sich der Fluss ändert, fließt in den Zuleitungen ein Strom und wird somit ein magnetisches Feld erzeugt.

Man kann die genaue Form der Ergänzung aus dem Feld des Kondensators berechnen. Der Strom in der Zuleitung entspricht der Ladungsänderung auf den Platten:

$$I_V = \frac{dQ}{dt} \tag{10.40}$$

Das elektrische Feld im Kondensator beträgt

$$E = \frac{Q}{\epsilon_0 A} \Rightarrow Q = \epsilon_0 EA \tag{10.41}$$

und damit

$$I_V = \frac{d}{dt}\epsilon_0 EA = \epsilon_0 \frac{d}{dt}(EA) = \epsilon_0 \frac{d}{dt}\int\limits_A \vec{E} \cdot d\vec{A}$$
$$= \epsilon_0 \frac{d\Phi_{\text{el}}}{dt}. \tag{10.42}$$

Man nennt diesen Term den Maxwell'schen Verschiebungsstrom, obwohl es kein Strom im eigentlichen Sinne ist. Wir müssen ihn zum echten Strom addieren. Die vollständige Form des Ampère'schen Durchflutungsgesetzes lautet somit:

$$\oint \vec{B} \cdot d\vec{s} = \mu_0 (I + I_V) = \mu_0 I + \mu_0 \epsilon_0 \frac{d}{dt}\int\limits_A \vec{E} \cdot d\vec{A} \tag{10.43}$$

Wir leiten noch die differenzielle Form her. Dazu drücken wir den Strom durch die Stromdichte aus:

$$\oint \vec{B} \cdot d\vec{s} = \mu_0 \int\limits_A \vec{j} \cdot d\vec{A} + \mu_0 \epsilon_0 \frac{d}{dt}\int\limits_A \vec{E} \cdot d\vec{A} \tag{10.44}$$

Nun wenden wir auf das Linienintegral über das Magnetfeld den Satz von Stokes an. Es ergibt sich:

$$\int\limits_A \text{rot}\, \vec{B} \cdot d\vec{A} = \mu_0 \int\limits_A \vec{j} \cdot d\vec{A} + \mu_0 \epsilon_0 \frac{d}{dt}\int\limits_A \vec{E} \cdot d\vec{A} \tag{10.45}$$

Da dies wiederum für beliebige Flächen gelten soll, müssen bereits die Integranden übereinstimmen:

$$\text{rot}\, \vec{B}\,(\vec{r}, t) = \mu_0 \vec{j} + \mu_0 \epsilon_0 \frac{\partial}{\partial t}\vec{E}\,(\vec{r}, t) \tag{10.46}$$

10.4.2 Die Maxwell-Gleichungen – finale Form

Wir notieren zum dritten Mal die Maxwell-Gleichungen. Dies wird die letzte und dann allgemeingültige Form sein. Hinzugekommen zu den Gleichungen der Elektro- und Magnetostatik sind das Faraday'sche Induktionsgesetz und der Maxwell'sche Verschiebungsstrom, die jeweils elektrische mit magnetischen Feldern koppeln.

> Maxwell-Gleichungen der Elektrodynamik

	Integralform	Differenzialform
1.	$\oint_S \vec{E}\, d\vec{s} = -\dfrac{d}{dt} \displaystyle\int_A \vec{B} \cdot d\vec{A}$	$\operatorname{rot} \vec{E} = -\dfrac{\partial \vec{B}}{\partial t}$
2.	$\oint_S \vec{B}\, d\vec{s} = \mu_0 I + \mu_0 \epsilon_0 \dfrac{d}{dt} \displaystyle\int_A \vec{E} \cdot d\vec{A}$	$\operatorname{rot} \vec{B} = \mu_0 \vec{j} + \mu_0 \epsilon_0 \dfrac{\partial \vec{E}}{\partial t}$
3.	$\oint_A \vec{E} \cdot d\vec{A} = \dfrac{Q_{\text{ein}}}{\epsilon_0}$	$\operatorname{div} \vec{E} = \dfrac{\rho}{\epsilon_0}$
4.	$\oint_A \vec{B} \cdot d\vec{A} = 0$	$\operatorname{div} \vec{B} = 0$

Mit den Maxwell-Gleichungen lassen sich alle Phänomene der Elektrodynamik beschreiben. Bei ihnen handelt es sich mathematisch gesehen um ein System von vier inhomogenen, gekoppelten, linearen Differenzialgleichungen erster Ordnung. Die Kopplung der Gleichungen untereinander entsteht durch die dynamischen Terme in den ersten beiden Gleichungen. Man kann die Kopplung aufheben, indem man zu den Potenzialen übergeht. Man erhält dann aber Differenzialgleichungen zweiter Ordnung. Wir führen sie hier der Vollständigkeit halber an:

$$
\vec{E} = -\vec{\nabla}\varphi_{\text{el}} - \frac{\partial \vec{A}}{\partial t} \qquad \Delta\varphi_{\text{el}} - \frac{1}{c^2}\frac{\partial^2 \varphi_{\text{el}}}{\partial t^2} = -\frac{\rho}{\epsilon_0}
$$
$$
\vec{B} = \vec{\nabla} \times \vec{A} \qquad \Delta\vec{A} - \frac{1}{c^2}\frac{\partial^2 \vec{A}}{\partial t^2} = -\mu_0 \vec{j}
$$

$$(10.47)$$

Wie auch schon in der Elektro- und Magnetostatik könnten wir nun noch die Polarisation und die Magnetisierung eines eventuellen Mediums berücksichtigen. Die Überlegungen sind völlig analog zum statischen Fall, so dass wir hier lediglich das Ergebnis angeben wollen:

Maxwell-Gleichungen der Elektrodynamik in Materie

	Integralform	Differenzialform
1.	$\oint\limits_{S} \vec{E}\, d\vec{s} = -\dfrac{d}{dt} \int\limits_{A} \vec{B} \cdot d\vec{A}$	$\mathrm{rot}\,\vec{E} = -\dfrac{\partial \vec{B}}{\partial t}$
2.	$\oint\limits_{S} \vec{H}\, d\vec{s} = I + \dfrac{d}{dt} \int\limits_{A} \vec{D} \cdot d\vec{A}$	$\mathrm{rot}\,\vec{H} = \vec{j} + \dfrac{\partial \vec{D}}{\partial t}$
3.	$\oint\limits_{A} \vec{D} \cdot d\vec{A} = Q_{\mathrm{ein}}$	$\mathrm{div}\,\vec{D} = \rho$
4.	$\oint\limits_{A} \vec{B} \cdot d\vec{A} = 0$	$\mathrm{div}\,\vec{B} = 0$

❓ Übungsaufgaben zu ▶ Kap. 10

1. Eine kreisförmige metallische Scheibe mit Radius $R = 10\,\mathrm{cm}$ rotiert um eine Drehachse, die durch ihren Mittelpunkt und senkrecht zur Scheibenfläche verläuft. Die Scheibe befindet sich dabei in einem homogenen Magnetfeld der Stärke $B = 1\,\mathrm{T}$, das parallel zur Drehachse ausgerichtet ist. Mit wie viel Umdrehungen pro Sekunde muss die Scheibe rotieren, damit zwischen ihrem Mittelpunkt und ihrem Rand eine elektrische Spannung von $10\,\mathrm{V}$ entsteht?

2. Zwei ringförmige Leiterschleifen liegen konzentrisch in einer Ebene (Skizze). In der inneren Leiterschleife fließt der Kreisstrom I_i. Wie groß ist der magnetische Fluss Φ_a durch die äußere Leiterschleife, falls gilt $R_i \ll R_a$?

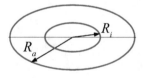

3. Betrachten Sie noch einmal ▶ Experiment 10.5. Nehmen Sie an, der Ring wird auf einer Strecke $s_a = 20\,\mathrm{cm}$ beschleunigt und fliegt dann bis in eine Höhe von $s_0 = 10\,\mathrm{m}$. Wie lange dauert der Beschleunigungsprozess? Vergleichen Sie mit der Periodendauer der Netzfrequenz.

4. Eine halbkreisförmige Leiterschleife mit einem Radius $b = 10\,\mathrm{cm}$ und einem elektrischen Widerstand $R = 10\,\Omega$ ist in einem Drehpunkt gelagert, der sich auf dem Rand eines homogenen Magnetfelds der Stärke $1\,\mathrm{T}$ befindet (Skizze). Mit welcher Frequenz f muss die Leiterschleife rotieren, damit im Draht eine Wärmeleistung von $0{,}1\,\mathrm{W}$ erzeugt wird?

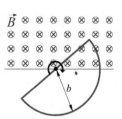

5. Eine Kompassnadel ist horizontal drehbar gelagert und richtet sich daher entlang der horizontalen Komponente des Erdmagnetfelds aus. Mit welcher Frequenz dreht sich eine Schleife aus $1\,\mathrm{mm}$ starkem Kupferdraht um die vertikale Achse, wenn die in

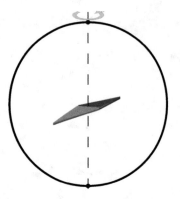

der Mitte liegende Kompassnadel dadurch um 2° abgelenkt wird (Skizze)?

6. Ein Elektromagnet mit einem effektiven Spulenquerschnitt von $100\,\text{cm}^2$ und einer Länge von 10 cm besitzt 1000 Windungen eines 1 mm starken Kupferdrahts. Die relative Permeabilität des Eisenkerns liege bei $\mu = 1000$. Berechnen Sie die Zeitkonstante, mit der beim Einschalten des Magneten der Aufbau des Magnetfelds verzögert wird.

7. Der Eisenkern eines Transformators ist aus voneinander isolierten Blechen der Dicke d aufgebaut. Schätzen Sie die durch Wirbelströme erzeugte Leistungsdichte im Eisenkern ab. Das mittlere Magnetfeld B, die Kreisfrequenz ω des Wechselstroms sowie die elektrische Leitfähigkeit σ des Eisens seien gegeben.

10

Wechselstromkreise

Stefan Roth und Achim Stahl

© Springer-Verlag GmbH Deutschland, ein Teil von Springer Nature 2018
S. Roth, A. Stahl, *Elektrizität und Magnetismus*, DOI 10.1007/978-3-662-54445-7_11

11.1   Wechselstrom

11.1.1   Begriffsbestimmung

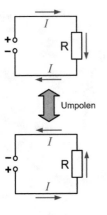

○ **Abb. 11.1** Umpolen der Spannung an einer einfachen Schaltung

Polt man die Spannung an einem Stromkreis periodisch um, so spricht man von Wechselspannung. Entsprechend ändert sich auch die Richtung des Stromes, der durch die Schaltung fließt, so dass eine Wechselspannung auch immer von einem Wechselstrom begleitet ist. Mit dem Verhalten von Schaltkreisen, an denen Wechselspannung angelegt wird, wollen wir uns in diesem Kapitel beschäftigen.

○ Abb. 11.1 zeigt als einfaches Beispiel einen Schaltkreis, der nur aus der Spannungsquelle und einem Widerstand besteht. Mit dem Umpolen der Spannung ändert sich die Fließrichtung des Stromes.

Technisch erfolgt das Umpolen meist nicht in einem Schaltvorgang, sondern kontinuierlich in Form einer sinusförmigen Wechselspannung. Dann ändert auch der Strom seinen Verlauf sinusförmig. In ○ Abb. 11.2 ist beispielhaft der Verlauf einer sinusförmigen Wechselspannung und eines entsprechenden Stromes gezeigt.

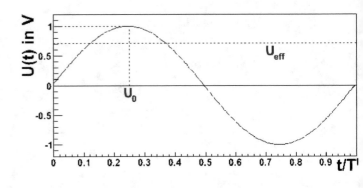

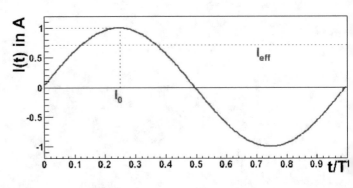

○ **Abb. 11.2** Sinusförmiger Spannungs- und Stromverlauf

Den zeitlichen Verlauf der Wechselspannung und des Wechselstromes kann man beschreiben durch:

$$U(t) = U_0 \sin 2\pi \frac{t}{T}$$
$$I(t) = I_0 \sin 2\pi \frac{t}{T}$$

(11.1)

Die Größen U_0 und I_0 geben die Maximalwerte an, die Spannung und Strom erreichen können. Man nennt sie die Spitzenwerte von Spannung und Strom. In ◼ Abb. 11.2 haben wir $U_0 = 1\,\text{V}$ und $I_0 = 1\,\text{A}$ gewählt. Die Größe T ist die Periodendauer der Wechselspannung bzw. des Wechselstromes.

11.1.2 Leistung

Kann die Schaltung durch einen Ohm'schen Widerstand R beschrieben werden, wie dies in unserem Beispiel in ◼ Abb. 11.1 der Fall ist, so gilt für die Spitzenwerte entsprechend:

$$U_0 = R I_0$$

(11.2)

Verändern Strom und Spannung im Laufe der Zeit ihren Wert, so ändert sich damit auch die Leistung, die in der Schaltung umgesetzt wird. Sie beträgt:

$$P(t) = U(t)I(t) = \frac{U_0^2}{R} \sin^2 2\pi \frac{t}{T} = I_0^2 R \sin^2 2\pi \frac{t}{T}$$

(11.3)

Bei der Leistung ist allerdings oft der genaue zeitliche Verlauf der Leistungsabgabe weniger von Interesse als die mittlere Leistung $\overline{P}$, die umgesetzt wird. Man erhält sie durch Mittelung der zeitabhängigen Leistung $P(t)$ über eine Periode der Wechselspannung:

$$\overline{P} = \overline{P(t)} = \frac{1}{T} \int_0^T \frac{U_0^2}{R} \sin^2 2\pi \frac{t}{T} dt$$

(11.4)

Das Integral schlägt man in einem Tabellenwerk nach:

$$\overline{P} = \frac{1}{T} \frac{U_0^2}{R} \left(\frac{1}{2}t - \frac{1}{4} \frac{1}{2\pi \frac{t}{T}} \sin 4\pi \frac{t}{T} \right)\Big|_0^T$$
$$= \frac{1}{T} \frac{U_0^2}{R} \left(\frac{1}{2} T \right) = \frac{1}{2} \frac{U_0^2}{R} = \frac{1}{2} U_0 I_0$$

(11.5)

11.1.3 Effektivwerte

Indem man so genannte Effektivwerte für Strom und Spannung definiert, kann man die mittlere Leistung eines Wechselstroms zur Leistung eines Gleichstroms in Beziehung setzen.

Man definiert den Effektivwert U_{eff} einer Wechselspannung als den Wert einer Gleichspannung, die man an die Schaltungen anlegen muss, damit ein Strom I_{eff} erzeugt wird, der dieselbe Leistung wie der Wechselstrom umsetzt. Man nennt U_{eff} den Effektivwert der Wechselspannung und I_{eff} den Effektivwert des entsprechenden Wechselstroms.

Im Falle einer sinusförmigen Wechselspannung ist

$$U_{\text{eff}} = \frac{1}{\sqrt{2}}U_0, \tag{11.6}$$

denn dann fließt ein Strom

$$I_{\text{eff}} = \frac{U_{\text{eff}}}{R} = \frac{1}{\sqrt{2}}\frac{U_0}{R} = \frac{1}{\sqrt{2}}I_0, \tag{11.7}$$

der die folgende Leistung umsetzt:

$$\overline{P} = U_{\text{eff}}I_{\text{eff}} = \frac{1}{\sqrt{2}}U_0\frac{1}{\sqrt{2}}I_0 = \frac{1}{2}U_0I_0 \tag{11.8}$$

Dies entspricht gerade der Leistung, die wir im vorherigen Abschnitt (Gl. 11.5) für eine sinusförmige Wechselspannung bestimmt hatten. Die Effektivwerte für Strom und Spannung hatten wir in ■ Abb. 11.2 bereits eingetragen.

Beispiel 11.1: Netzspannung in Deutschland

Im allgemeinen Sprachgebrauch spricht man in Deutschland von der 220-V-Netzspannung. Dabei handelt es sich um den Effektivwert der Wechselspannung, die aus unseren Steckdosen kommt. Der genaue Wert wurde im Zuge einer europäischen Vereinheitlichung geringfügig angepasst. Die vorgegebenen Werte und Toleranzen sind in der Tabelle angegeben. Die Frequenz der Wechselspannung beträgt 50 Hz[1], d. h., die Periodendauer beläuft sich auf 20 ms.

	Effektivwert	Spitzenwert
Bis 1987	$220\,\text{V}_{\text{eff}} \pm 10\,\%$	311 V
Bis 2008	$230\,\text{V}_{\text{eff}} + 6\,\%/-10\,\%$	325 V
Heute	$230\,\text{V}_{\text{eff}} \pm 10\,\%$	325 V

---

[1] Die Züge der Deutschen Bahn fahren mit $16\frac{2}{3}$ Hz.

Unsere Kraftwerke erzeugen nicht eine, sondern drei Wechselspannungen, die gegeneinander um jeweils 120° phasenverschoben sind. Dies hat technische Gründe in den Generatoren. Man nennt die drei Wechselspannungen auch die drei Phasen unserer Netzspannung. Der Aufbau ist in der Skizze gezeigt. Bei einem 230-V-Verbraucher ist jeweils einer der Pole der drei Phasen mit dem so genannten Nullleiter verbunden. Dieser sollte beim Verbraucher geerdet sein, so dass er immer auf Potenzial null liegt. Auf den Hochspannungsleitungen unseres Netzes werden lediglich die drei Phasen übertragen, nicht aber der Nullleiter.

Ist der Nullleiter nicht geerdet, kann es bei ungleicher Belastung der drei Phasen zu gefährlichen Verschiebungen des Potenzials des Nullleiters kommen. Ist beispielsweise an Phase 2 ein großer Verbraucher angeschlossen, so kann sich der Potenzialabfall über diesem Verbraucher verringern, so dass sich das Potenzial des Nullleiters in Richtung des Potenzials der zweiten Phase verschiebt. Dadurch steigt die Spannung an den Verbrauchern der Phasen 1 und 3.

In der Regel werden alle drei Phasen in einem Haushalt gleichmäßig auf die Verbraucher verteilt, um eine möglichst gleichmäßige Belastung der drei Phasen zu erreichen. Ein einzelner Stromkreis in einem Haushalt ist jeweils an eine der drei Phasen angeschlossen. Teilweise werden auch einzelne große Verbraucher, wie z. B. Elektroherde, an alle drei Phasen angeschlossen (unterschiedliche Heizplatten an unterschiedlichen Phasen). Man erkennt dies an den 5-poligen Zuleitungen, die neben den drei Phasen und dem Nullleiter noch den grün-gelben Schutzleiter umfassen. Umgangssprachlich wird der 3-Phasen-Anschluss auch Drehstrom genannt und mit 380 V beziffert. Heute müsste es 400 V heißen. Das ist der Effektivwert der Spannung zwischen zwei Phasen, wenn eine einzelne Phase 230 V_{eff} gegenüber dem Nullleiter hat.

Die Spannung zwischen zwei Phasen beträgt beispielsweise für die Phasen 1 und 2 ($\sin(\alpha \pm \beta) = \sin\alpha\cos\beta \pm \cos\alpha\sin\beta$):

$$U_{12} = U_0 \sin\left(2\pi\frac{t}{T}\right) - U_0 \sin\left(2\pi\frac{t}{T} - \frac{2\pi}{3}\right)$$

$$= U_0 \left[\sin 2\pi\frac{t}{T} - \sin 2\pi\frac{t}{T}\cos\frac{2\pi}{3} + \cos 2\pi\frac{t}{T}\sin\frac{2\pi}{3}\right]$$

$$= U_0 \left[\sin 2\pi\frac{t}{T} + \frac{1}{2}\sin 2\pi\frac{t}{T} + \frac{\sqrt{3}}{2}\cos 2\pi\frac{t}{T}\right]$$

$$= \sqrt{3}U_0 \left[\frac{\sqrt{3}}{2}\sin 2\pi\frac{t}{T} + \frac{1}{2}\cos 2\pi\frac{t}{T}\right]$$

$$= \sqrt{3}U_0\left[\cos\frac{\pi}{6}\sin 2\pi\frac{t}{T} + \sin\frac{\pi}{6}\cos 2\pi\frac{t}{T}\right]$$

$$= \sqrt{3}U_0\sin\left(2\pi\frac{t}{T} + \frac{\pi}{6}\right)$$

Dies ist eine Wechselspannung, die in der Phase U_1 um 30° vorauseilt und deren Amplitude um einen Faktor $\sqrt{3}$ höher ist als die Amplitude einer einzelnen Phase.

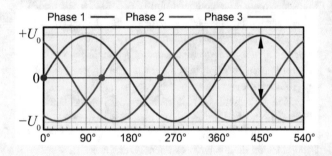

11.1.4 Generatoren

Generatoren werden eingesetzt, um die Wechselspannung unseres Netzes zu erzeugen. Die Generatoren können auf unterschiedlichste Art und Weise angetrieben werden, z. B. durch Wasserdampf, der durch die Verbrennung von Öl oder Kohle oder in einem Kernreaktor erhitzt wurde. Oder sie werden von einem Windrad angetrieben oder durch die Wasserturbine eines Stausees. Wir wollen hier kurz auf die Funktionsweise eines Generators eingehen.

Wir können beispielsweise den Drehstrommotor, den Sie bereits aus ▶ Beispiel 8.16 kennen, als Generator betreiben. Wir haben ihn noch einmal abgebildet (🗖 Abb. 11.3). Im Inneren des Generators auf der Antriebsachse sitzt der Rotor, der Teil der Maschine, der sich im Betrieb dreht. Auf diesem ist ein Magnet montiert, der ein rotierendes Magnetfeld erzeugt. Hier ist er als Permanentmagnet skizziert. Um den Rotor herum ist der Stator aufgebaut, der ruhende Teil des Generators. Er besteht aus drei Spulen, in denen das rotierende Magnetfeld jeweils eine Wechselspannung induziert. Durch die sternförmige Anordnung der drei Spulen entstehen drei Phasen der Spannung, die jeweils gegeneinander um 120° phasenverschoben sind. In diesem Beispiel eines Generators befindet sich der Rotor im Stator. Man spricht daher auch von einem Innenrotor. Alternativ kann der innere Teil des Generators fest montiert sein (Stator) und die Spulen drehen sich dann um den Stator. In diesem Fall spricht man von einem Außenrotor.

🗖 **Abb. 11.3** Prinzip eines Generators für 3-Phasen-Wechselspannung

Experiment 11.1: Drehstromgenerator

Das Bild zeigt einen Modellgenerator. Es handelt sich um einen Innenrotor. Auf der Achse ist eine Spule angebracht, die das Magnetfeld des Rotors erzeugt. Mit einem Elektromagneten kann man höhere Felder erzeugen als mit einem Permanentmagneten. Allerdings benötigt man eine Gleichspannung für den Betrieb des Magneten. Zumindest zum Anlaufen des Generators muss diese aus einer externen Spannungsquelle stammen. Läuft der Generator erst einmal, kann sie aus der erzeugten Wechselspannung gewonnen werden.

Der Stator besteht aus drei Polschuhen, die das rotierende Feld in die drei Induktionsspulen leiten. Sie sind unter den Polschuhen zu erkennen. An jeder der drei Spulen kann eine Wechselspannung abgegriffen werden.

Aus einem Generator und einem Motor kann man ein Mini-stromnetz aufbauen. Wir treiben den Generator (dieser hat die Induktionsspulen auf dem Rotor) mit Muskelkraft über eine Kurbel an. Den erzeugten Strom leiten wir über zwei Kabel an einen Motor als Verbraucher weiter. Der Motor dreht sich. Zusätzlich zeigt eine Glühbirne den Verbrauch an.

© RWTH Aachen, Sammlung Physik

© Foto: Hendrik Brixius

Beispiel 11.3: Dampfturbine

In vielen Kraftwerken wird aus der Primärenergie Wärme erzeugt. Dies geschieht beispielsweise in einem Kohlekraftwerk durch die Verbrennung der Kohle. Mit der Hitze wird Wasserdampf unter hohem Druck erzeugt. Er wird auf die Turbinenschaufeln geleitet und versetzt diese in Rotation. Mit einer Turbine können bis zu $1,5\,\mathrm{GW}$ elektrischer Energie erzeugt werden. Die Turbinen können bis zu 60 m lang sein und mehrere hundert Tonnen wiegen. Das Bild zeigt eine solche Turbine während der Montage. Ihr Lauf muss innerhalb geringer Toleranzen mit der Netzfrequenz synchronisiert werden, damit die elektrische Leistung direkt ins

Netz eingespeist werden kann. Bei der Rotation der Turbine treten enorme Fliehkräfte an den Schaufeln auf.

© Siemens Pressebild

Beispiel 11.4: Campinggenerator

Ein Wechselstromgenerator muss nicht notwendigerweise die Dimensionen der Turbine aus ▶ Beispiel 11.3 annehmen. Das Bild zeigt einen mobilen Generator, wie man ihn beispielsweise beim Campen einsetzen kann. Auf der linken Seite sieht man einen kleinen 1-Zylinder-Ottomotor, der den Generator treibt. Der Generator wurde in dem zylinderförmigen Gehäuse hinter dem Rad eingebaut. Oben erkennt man den Treibstofftank und hinten sind die Regelung und die Anschlüsse sichtbar.

© en-wikimedia: Gbleem

Auch der Dynamo am Fahrrad, der den Strom zum Betrieb der Lichter liefert, ist ein Generator. Er wird bei Bedarf an den Reifen des Fahrrads angelegt und dadurch angetrieben.

11.2 Diodenschaltungen

11.2.1 Halbleiterdiode

Eine moderne elektronische Schaltung verwendet nicht nur Widerstände, Kondensatoren und Spulen. Wesentliche Aufgaben werden von Halbleiterbauelementen auf Siliziumbasis übernommen. Ein erstes Siliziumbauelement haben wir in ▸ Abschn. 6.8.1 kennen gelernt: die Solarzelle. Eine ausführliche Diskussion der Halbleiterbauelemente würde den Rahmen dieses Bandes bei Weitem sprengen. Man findet sie in den Büchern der Elektronik oder der Festkörperphysik. Aber wir wollen dem Leser wenigstens einen allerersten Eindruck über die Funktionsweise einer Diode (in diesem Abschnitt) und eines Transistors (▸ Abschn. 11.8.1) an die Hand geben.

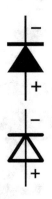

Abb. 11.4 Schaltsymbole einer Diode

Die Diode ist ein Bauelement, das den Strom nur in einer Richtung (Polarität) passieren lässt. Das Schaltsymbol einer Diode ist in ◘ Abb. 11.4 gezeigt. Die Pfeilrichtung des Symbols von „+" (Anode) nach „−" (Kathode) gibt die Richtung an, in der die Diode den Strom passieren lässt. In der umgekehrten Richtung sperrt sie den Stromfluss.

Detaillierter ist das Verhalten einer Diode anhand ihrer Kennlinie zu sehen. Beispielhaft haben wir in ◘ Abb. 11.5 die Kennlinie einer Diode dargestellt. Auf der x-Achse ist die Spannung über der Diode aufgetragen, auf der y-Achse der dadurch bewirkte Strom. Bitte beachten Sie die unterschiedlichen Skalen für die Spannung im positiven und negativen Bereich. Im Durchlassbereich befindet sich die Anode auf positivem Potenzial gegenüber der Kathode. Bei kleinen Spannungen fließt nur ein vernachlässigbar kleiner Strom. Nähert sich die Spannung 0,5 V, so beginnt die Diode zu leiten. Ab etwa 0,7 V stellt sich ein linearer Zusammenhang zwischen Strom und Spannung ein:

$$I_D = k(U_D - 0{,}7\,\text{V}) \tag{11.9}$$

Die Diode leitet. Polt man die Diode um, so fließt nur ein sehr geringer Strom. Man nennt ihn den Sperrstrom. Typische Werte für den Sperrstrom liegen im Bereich von µA. Erreicht man die Durchbruchspannung, so steigt der Sperrstrom exponentiell an. Die meisten Dioden werden beim Erreichen des Durchbruchs zerstört. Der Wert der Durchbruchspannung hängt vom Typ der Diode ab und kann zwischen 10 V und 1000 V liegen.

Um die Funktionsweise einer Diode zu verstehen, greifen wir auf die Diskussion der Solarzelle zurück. Wie die Solarzelle ist die Diode aus einem p-n-Übergang aufgebaut. Im Grunde genommen

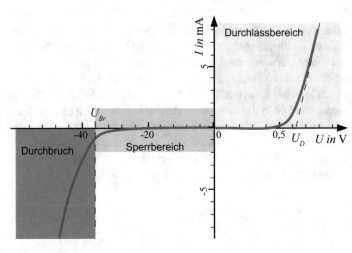

Abb. 11.5 Kennlinie einer Diode

ist die Solarzelle eine Diode in ungewöhnlicher Bauform (flächig mit durchsichtiger Kontaktierung). Wie wir gesehen haben, neutralisieren sich am Kontakt zwischen p-Dotierung und n-Dotierung die Ladungsträger (Elektronen und Löcher) gegenseitig. Es entsteht eine Verarmungszone, deren Leitfähigkeit so gering ist, dass kein signifikanter Strom fließen kann.

Diese Sperrschicht kommt dadurch zustande, dass auf Grund von Diffusion Elektronen aus dem n-dotierten Bereich in den p-dotierten Bereich übergehen, wo sie dann die Löcher füllen, und umgekehrt durch die Diffusion der Löcher in den n-Bereich (■ Abb. 6.33). Dabei bildet sich eine Raumladung aus (■ Abb. 6.34), die einen Potenzialunterschied (■ Abb. 6.36) zwischen den p- und n-dotierten Bereichen zur Folge hat. Die damit verbundene Feldstärke (■ Abb. 6.35) stoppt die Diffusion der Ladungsträger. Dabei findet man im n-dotierten Bereich ein positives Potenzial gegenüber dem p-dotierten Bereich. Erhöht man diesen Potenzialunterschied, indem man von außen eine zusätzliche Spannung anlegt, so verstärkt man den Effekt. Die Diffusion wird weiter unterbunden, die Dicke der Sperrschicht wächst an. Nun ist die Diode in Sperrrichtung gepolt. Setzt man dagegen den Potenzialunterschied durch eine äußere Spannung herab, so reduziert man die Sperrschicht. Durch das negative Potenzial im n-dotierten Bereich werden Elektronen in die Verarmungszone gedrückt und auf der p-Seite werden Löcher hineingedrückt. Bei einer externen Spannung von etwa 0,6 V ist der Potenzialunterschied zwischen den beiden Seiten aufgehoben und die Verarmungszone wird abgebaut. Nun kann ein Strom fließen. In Durchlassrichtung muss folglich eine positive Spannung an der Anode, d. h. an die p-dotierte Seite, angelegt werden.

11.2.2 Gleichrichter

Ein wichtiger Einsatzbereich für Dioden ist die Gleichrichtung von Wechselspannungen. Die meisten elektronischen Geräte benötigen für den Betrieb eine Gleichspannung. Da aus unseren Steckdosen Wechselspannung kommt, muss diese in den Geräten in eine Gleichspannung umgewandelt werden.

Eine einfache Möglichkeit zeigt ■ Abb. 11.6. Man nennt sie die Einweggleichrichtung. Links wird eine Wechselspannung angelegt. Die Diode lässt allerdings nur die positive Halbwelle der Wechselspannung an den Verbraucher R durch. In ■ Abb. 11.7 ist der Spannungsverlauf am Eingang (violett) und am Ausgang (hellblau) zu sehen. Während der negativen Halbwellen der Eingangsspannung wird der Verbraucher nicht versorgt. Dies ist sicherlich der größte Nachteil dieser einfachen Schaltung. In der positiven Halbwelle ist die Spannung am Verbraucher gegenüber der Eingangsspannung um rund 0,7 V reduziert. Diese Spannung fällt an der Diode ab, um diese durchzuschalten.

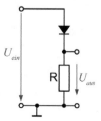

■ Abb. 11.6 Einweggleichrichtung einer Wechselspannung

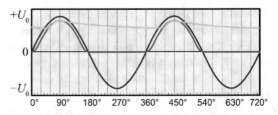

□ **Abb. 11.7** Spannungsverlauf an einem Einweggleichrichter (*violett*: Eingangsspannung, *hellblau*: Ausgangsspannung, *grün*: Ausgangsspannung mit Pufferkondensator)

Der Verbraucher wird also mit positiven Spannungspulsen versorgt. Für manche Anwendungen ist dies durchaus akzeptabel. Eine Glühbirne als Verbraucher wird gleichmäßig leuchten, falls die mittlere Leistung im richtigen Bereich liegt. Für andere Verbraucher ist die pulsierende Spannung ungeeignet. Schaltet man parallel zum Verbraucher einen Kondensator, so kann man die Spannungspulse glätten. Der resultierende Verlauf der Spannung ist in □ Abb. 11.7 als grüne Linie zu sehen. Je größer der Kondensator, desto glatter wird der Spannungsverlauf.

Mit einem Brückengleichrichter kann man beide Halbwellen der Eingangsspannung ausnutzen. Allerdings benötigt er vier Dioden. Die Schaltung ist in □ Abb. 11.8 gezeigt. In jeder Halbwelle sind jeweils zwei der vier Dioden in Durchlassrichtung gepolt und versorgen den Verbraucher R mit Strom. In der positiven Halbwelle fließt der Strom vom Eingang (obere Klemme) über die Diode rechts oben durch den Verbraucher und die Diode links unten zurück ins Netzgerät. In der negativen Halbwelle leiten dann die beiden anderen Dioden den Strom. In □ Abb. 11.9 wird der Spannungsverlauf gezeigt. Die maximale Spannung liegt nun $2 \times 0{,}7\,\text{V}$ unter der Spitzenspannung des Eingangs, da ja jetzt die Durchlassspannung jeweils an zwei Dioden abfällt. Auch bei dieser Gleichrichterschaltung kann die Ausgangsspannung durch einen Kondensator parallel zur Last geglättet werden.

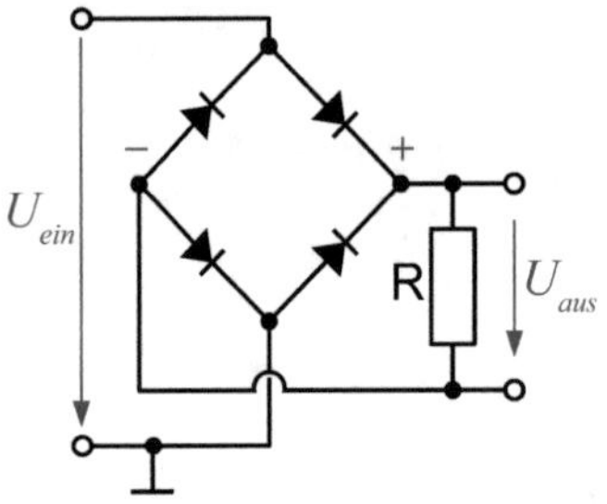

□ **Abb. 11.8** Schaltbild eines Brückengleichrichters

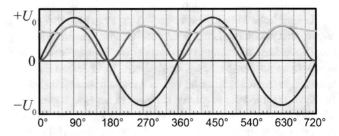

□ **Abb. 11.9** Spannungsverlauf an einem Brückengleichrichter (*violett*: Eingangsspannung, *hellblau*: Ausgangsspannung, *grün*: Ausgangsspannung mit Pufferkondensator)

11.2.3 Hochspannungskaskaden

Mit Dioden kann man nicht nur Wechselspannungen gleichrichten. Sie haben vielfältige andere Anwendungsbereiche. Wir wollen eine weitere Anwendung besprechen, nämlich die Erzeugung von Hochspannungen am Beispiel einer Kaskadenschaltung. Wir beginnen mit einem Gleichrichter, den man auch die Villard-Schaltung nennt (Abb. 11.10). Im Grunde genommen entspricht sie dem Einweggleichrichter, den wir bereits aus Abb. 11.6 kennen. Die Last wäre parallel zum Kondensator C anzuschließen. Nach dem Einschalten der Wechselspannung lädt er sich auf die Spannung U_0 auf, die Amplitude der angelegten Wechselspannung. Streng genommen müssten wir 0,7 V abziehen, aber bei der Erzeugung von Hochspannungen gehen wir meist von höheren Eingangsspannungen aus (10 V bis einige 100 V). Gegenüber diesen Spannungen sind die 0,7 V vernachlässigbar. Doch wir interessieren uns nun nicht für die Spannung am Kondensator, sondern für die Spannung über der Diode. Man kann sie mit der Maschenregel bestimmen. Es ergibt sich:

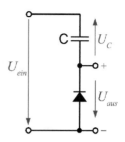

Abb. 11.10 Gleichrichterschaltung nach Villard

$$U_{\mathrm{aus}} = U_{\mathrm{ein}} + U_C = U_{\mathrm{ein}} + U_0 \tag{11.10}$$

An der Diode fällt eine Wechselspannung ab, die gegenüber der Eingangsspannung um den Wert U_0 nach oben verschoben ist, d. h., der Ausgang oszilliert zwischen 0 V und $2U_0$. Man nennt dies auch eine Klemmschaltung. Das Niveau, um das die Wechselspannung oszilliert, wird auf einen anderen Pegel „geklemmt".

Nun verbinden wir die Villard-Schaltung mit einem Einweggleichrichter, wie wir ihn aus Abb. 11.6 kennen. Die Schaltung wird in Abb. 11.11 gezeigt. Wir haben die Bauteile ein wenig anders gezeichnet, der Schaltplan hat aber genau dieselben Verbindungen zwischen den Bauteilen wie bei den getrennten Schaltungen. Man nennt dies die Greinacher-Schaltung. Mit dem linken Kondensator und der linken Diode wird eine Wechselspannung zwischen 0 V und $2U_0$ erzeugt, die dann von der rechten Diode und dem Kondensator gleichgerichtet wird. Am Ausgang kann man eine Gleichspannung der Größe $2U_0$ abgreifen.

Das Prinzip der Spannungsverdopplung mit der Greinacher-Schaltung lässt sich kaskadieren. Dies veranschaulicht Abb. 11.12 in zwei Stufen. Die Schaltung heißt Cockcroft-Walton-Kaskade. Betrachten Sie zunächst die erste Stufe. Hier liegt eine Spannungs-

Abb. 11.11 Spannungsverdopplung nach Greinacher

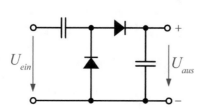

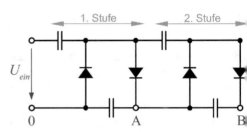

■ **Abb. 11.12** Hochspannungskaskade nach Cockcroft-Walton

verdopplung mit der Greinacher-Schaltung vor. Zwischen den Punkten „0" und „A" lässt sich die Gleichspannung der Größe $2U$ abgreifen. Doch wir betrachten stattdessen die Spannung über der zweiten Diode von links. Über ihr fällt eine Wechselspannung der Amplitude U_0 ab, die wir als Eingangsspannung für die zweite Stufe nutzen. Die zweite Stufe ist identisch zur ersten aufgebaut, so dass auch zwischen den Punkten „A" und „B" eine Gleichspannung der Größe $2U_0$ entsteht. Diese Spannung addiert sich zur Spannung der ersten Stufe, so dass zwischen den Punkten „0" und „B" eine Spannung $4U_0$ anliegt.

Die Schaltung lässt sich beliebig kaskadieren. Mit jeder Stufe erhöht sich die Spannung am Ausgang um $2U_0$. Dabei übersteigt die Spannung innerhalb einer Stufe nirgendwo $2U_0$, eine moderate Anforderung an die Isolation der Schaltung. Letztlich ist die Ausgangsspannung nur durch die Feldstärke am Ausgang begrenzt. Steigt die Spannung zu weit an, kommt es zu Überschlägen vom Hochspannungsterminal in die Umgebung.

Beispiel 11.6: Cockcroft-Walton-Beschleuniger

In den 1960er und 1970er Jahren benutzte man statische Spannungen zur Beschleunigung von Teilchen. Je höher die Spannung, desto höher die Energie, die der Teilchenstrahl erreichte. Im Bild sieht man einen solchen Beschleuniger im Hintergrund. Im Vordergrund steht eine Cockcroft-Walton-Kaskade, die die Hochspannung erzeugt. Die Kondensatoren und Dioden sind zur Isolation in Keramikröhren eingebaut, die mit Transformatorenöl gefüllt sind. Auf der Außenseite haben sie die typische Form von Hochspannungsisolatoren. Dies unterdrückt Überschläge entlang der Bauelemente. Der Spannungseingang ist unten. In den schwarzen vertikalen Röhren befinden sich die Kondensatoren, in den gläsernen diagonalen Röhren die Dioden. Obenauf sitzt das Hochspannungsterminal als metallener Käfig, von dem ein Metallrohr die Hochspannung nach hinten zum Hochspannungsterminal des Beschleunigers führt. Alle Metallflächen sind abgerundet, um Spitzen im elektrischen Feld zu vermeiden. Auch die Wände sind mit geglätteten Metallplatten verkleidet. Im Betrieb darf der Raum nicht betreten werden.

© CERN

11.3 Zeigerdiagramme

In komplizierteren Schaltungen kann das Rechnen mit Sinus- und Kosinusfunktionen und deren Additionstheoremen leicht umständlich werden. Es empfiehlt sich dann, die komplexe Darstellung zu benutzen. Man schreibt die Sinus- und Kosinusfunktion als Realteil einer komplexen Exponentialfunktion, z. B.:

$$
\begin{aligned}
U_0 \cos \omega t &= \Re \left(U_0 e^{i\omega t} \right) \\
U_0 \sin \omega t &= \Re \left(U_0 e^{i\left(\omega t - \frac{\pi}{2}\right)} \right)
\end{aligned}
\tag{11.11}
$$

Zur Verkürzung der Schreibweise benutzen wir ferner die Kreisfrequenz $\omega = 2\pi f = 2\pi / T$. Üblicherweise schreibt man die Bildung

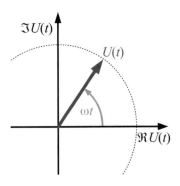

Abb. 11.13 Das Zeigerdiagramm einer sinusförmigen Wechselspannung

des Realteils nicht aus. Für die sinusförmige Spannung aus Gl. 11.1 gibt man einfach an

$$U(t) = U_0 e^{i\left(\omega t - \frac{\pi}{2}\right)} \tag{11.12}$$

Aber die Spannung ist eine physikalische Größe. Man kann sie messen, was auf einen Messwert ohne Imaginärteil führt. Die komplexe Darstellung ist nur ein mathematisches Hilfsmittel. Stellt man elektrische Größen durch komplexe Funktionen dar, so ist dies immer so zu verstehen, dass man am Ende den Realteil der komplexen Funktion bilden muss. Dies gilt nicht nur für die Spannung, sondern gleichermaßen für den Strom, die Leistung oder ähnliche Größen.

Die komplexe Darstellung lässt sich in Zeigerdiagrammen veranschaulichen, die auch einen guten Überblick über die Phasenverhältnisse in komplizierteren Schaltungen liefern. ◨ Abb. 11.13 zeigt zum Einstieg das Zeigerdiagramm einer sinusförmigen Wechselspannung. Den Pfeil, der den aktuellen Spannungswert angibt, nennt man den Zeiger.

Hier sei noch eine kurze Bemerkung zur Notation angebracht: In vielen Büchern der Elektronik wird die Konvention gebraucht, zeitlich konstante Ströme und Spannungen mit Großbuchstaben U, I zu bezeichnen und zeitlich veränderliche Ströme und Spannungen mit u und i. Um in dieser Notation Verwechslungen mit der komplexen Einheit i zu vermeiden, wird diese mit j abgekürzt, z. B. $i = Ie^{j\omega t}$. Wir verwenden diese Konvention hier nicht.

> **Beispiel 11.7: Zeigerdiagramm an einem Ohm'schen Widerstand**
>
> Als weiteres Beispiel zeigen wir das Zeigerdiagramm eines Ohm'schen Widerstandes. Strom und Spannung stehen an einem Ohm'schen Widerstand immer in einem festen Verhältnis. Bei Wechselspannung bedeutet dies, dass sie derselben Phase folgen. Wir haben daher die Zeiger für Spannung und Strom als parallele Zeiger in das Diagramm eingetragen. Die Länge der Zeiger hängt von der Wahl der Einheiten ab, die wir in unserem Zeigerdiagramm freigelassen haben. Wir hätten den Zeiger für den Strom genauso gut gleichlang oder länger als den Zeiger der Spannung zeichnen können.

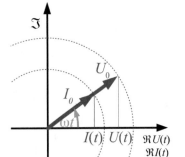

> **Beispiel 11.8: Zeigerdiagramm des Drehstroms**
>
> Die Skizze zeigt das Zeigerdiagramm der 3-Phasen-Wechselspannung. Die Länge der drei Zeiger entspricht $\sqrt{2} \cdot 230\,\text{V} \approx 325\,\text{V}$. Ebenfalls eingetragen ist die Spannung $U_{12} = U_1(t) - U_2(t)$, deren Betrag und Phase wir in ▶ Beispiel 11.2 berechnet hatten. Diese Ergebnisse können Sie am Zeigerdiagramm einfach ablesen.

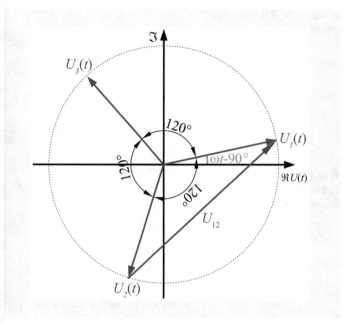

11.4 Komplexe Widerstände

In den vorangegangenen Abschnitten haben wir das Zeigerdiagramm und die Darstellung des Spannungs- und Stromverlaufes durch komplexe Funktionen am Beispiel eines Ohm'schen Widerstandes eingeführt. Dies ist ein einfaches Beispiel. Strom und Spannung sind an einem Ohm'schen Widerstand miteinander in Phase. Interessanter ist das Verhalten von Strom und Spannung an Kondensatoren und Spulen.

11.4.1 Kondensator

Beginnen wir mit dem Kondensator. Wie wir wissen, bestimmt die Ladung auf den Platten die Spannung am Kondensator nach:

$$U = \frac{Q}{C} \tag{11.13}$$

Wir differenzieren die Relation nach der Zeit:

$$\frac{dU}{dt} = \frac{1}{C}\frac{dQ}{dt} = \frac{I}{C} \tag{11.14}$$

Wir wählen für die Spannung $U(t) = U_0 \cos \omega t$ und erhalten für den Strom:

$$I(t) = C\frac{dU(t)}{dt} = -\omega C U_0 \sin \omega t = I_0 \cos\left(\omega t + \frac{\pi}{2}\right) \tag{11.15}$$

$U \overset{\circ}{\underset{\circ}{\sim}}$ C

Abb. 11.15 Wechselstromschaltung mit Kondensator

Abb. 11.14 Zeigerdiagramm von Strom und Spannung an einem Kondensator

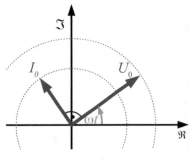

Abb. 11.16 Zeitlicher Verlauf von Strom und Spannung an einem Kondensator

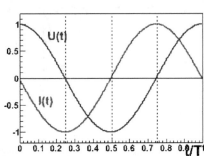

Der Strom zeigt ebenfalls einen sinusförmigen Verlauf mit dem Spitzenwert $I_0 = \omega C U_0$. Der Strom ist allerdings nicht mit der Spannung in Phase. Er eilt der Spannung um eine Viertelperiode voraus. Dies ist auch anschaulich verständlich. Beginnen wir mit einem ungeladenen Kondensator. An ihm liegt keine Spannung an. Damit eine Spannung aufgebaut wird, muss der Kondensator geladen werden. Dazu muss ein Strom fließen. Erst nach dem Stromfluss zeigt sich eine Spannung am Kondensator.

In Abb. 11.14 ist das Zeigerdiagramm für die einfache Schaltung aus Abb. 11.15 zu sehen und in Abb. 11.16 der zeitliche Verlauf von Strom und Spannung. Man erkennt beispielsweise, dass der Strom immer eine Viertelperiode vor der Spannung sein Maximum erreicht.

11.4.2 Spule

Abb. 11.17 Schaltsymbole einer Spule

Abb. 11.18 Wechselstromschaltung mit Spule

Betrachten wir nun eine Spule in einem Wechselstromkreis. Abb. 11.17 zeigt zwei Schaltsymbole für Spulen. Das Schaltbild einer Spule in einem Wechselstromkreis ist in Abb. 11.18 wiedergegeben. Wir bezeichnen mit U_0 die angelegte Wechselspannung und mit U_L die Spannung, die über der Spule abfällt. In der Abbildung haben wir auch die Richtungen der beiden Spannungen festgelegt. Nach der Maschenregel muss gelten:

$$U - U_L = 0 \tag{11.16}$$

Der Strom fließt in Richtung der Spannung in der Spule, die Gegenspannung zeigt in die entgegengesetzte Richtung. Also muss $U_{ind} =$

$-U_L$ gelten. Damit erhalten wir:

$$-U_{\mathrm{ind}} = L\frac{dI(t)}{dt} = U(t)$$

Wieder wählen wir für die Spannung $U(t) = U_0 \cos \omega t$ und bekommen:

$$\frac{dI(t)}{dt} = \frac{1}{L}U(t) = \frac{U_0}{L}\cos \omega t \qquad (11.17)$$

Durch Integration erhalten wir hieraus den Strom:

$$I(t) = \frac{U_0}{L}\int \cos \omega t\, dt = \frac{U_0}{\omega L}\sin \omega t$$
$$= \frac{U_0}{\omega L}\cos\left(\omega t - \frac{\pi}{2}\right) \qquad (11.18)$$

Wie zuvor zeigt das Ergebnis einen sinusförmigen Verlauf des Stromes. Der Spitzenwert ist $I_0 = U_0/\omega L$ und wiederum sind Strom und Spannung nicht in Phase. An der Spule sind die Verhältnisse allerdings genau umgekehrt als am Kondensator. Der Strom läuft der Spannung um eine Viertelperiode hinterher.

Auch dies kann man anschaulich erklären. Bei der Diskussion des Einschaltvorganges an einer Spule hatten wir bereits gesehen, dass die Gegeninduktion das Ansteigen des Stromes verzögert, nachdem man eine Spannung an die Spule angelegt hat.

In ◻ Abb. 11.19 ist das Zeigerdiagramm abgebildet und ◻ Abb. 11.20 gibt den zeitlichen Verlauf von Strom und Spannung an der Spule wieder.

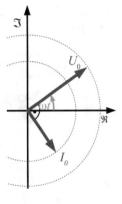

◻ **Abb. 11.19** Zeigerdiagramm von Strom und Spannung an einer Spule

11.4.3 Impedanz

Es liegt nahe, auch beim Wechselstrom einen Widerstand $R = U/I$ zu definieren, wie wir dies bei den Gleichstromkreisen getan haben. Doch setzen wir $U(t) = U_0 \cos \omega t$ und $I(t)$ aus Gl. 11.15 (Kondensator) oder Gl. 11.18 (Spule) ein, so erhalten wir einen Widerstand,

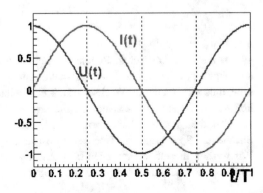

◻ **Abb. 11.20** Zeitlicher Verlauf von Strom und Spannung an einer Spule

der sich zeitlich verändert. Teilweise wird der Wert sogar negativ. Außerdem geht die wichtige Information über die Phasenbeziehung zwischen Strom und Spannung in dieser Definition verloren bzw. ist nur schwer zu extrahieren. Wir wollen daher einen anderen Ansatz ausprobieren. Wir definieren die folgende Größe:

$$Z = \frac{U(t)}{I(t)}, \tag{11.19}$$

wobei wir Strom und Spannung als komplexe Funktionen einsetzen. Die Größe Z ist dann auch eine komplexe Größe. Man nennt sie die Impedanz.

Für den Kondensator erhalten wir dann

$$\left.\begin{array}{l} U(t) = U_0 e^{i\omega t} \\ I(t) = \omega C U_0 e^{i\left(\omega t + \frac{\pi}{2}\right)} \end{array}\right\} \Rightarrow Z_C = \frac{1}{\omega C} \frac{1}{e^{i\frac{\pi}{2}}} = \frac{1}{i\omega C} \tag{11.20}$$

und für die Spule

$$\left.\begin{array}{l} U(t) = U_0 e^{i\omega t} \\ I(t) = \frac{U_0}{\omega L} e^{i\left(\omega t - \frac{\pi}{2}\right)} \end{array}\right\} \Rightarrow Z_L = \omega L \frac{1}{e^{-i\frac{\pi}{2}}} = i\omega L. \tag{11.21}$$

Wie wir sehen, führt dies für die Impedanz tatsächlich zu komplexen Werten, die zudem von der Frequenz der Wechselspannung abhängen. Dies ist in der Tat das, was wir erwarten sollten. Betrachten wir beispielsweise die Spule. Erhöhen wir die Frequenz der Wechselspannung bei konstanter Amplitude, so ändert sich der Fluss in der Spule schneller. Dadurch steigt die Gegenspannung, die den Widerstand bewirkt. Geht umgekehrt die Frequenz der Wechselspannung gegen null, so geht auch die Impedanz der Spule gegen null, denn die Gegenspannung verschwindet und wir hatten eine Spule ohne Ohm'schen Widerstand angenommen. Ähnliches gilt für den Kondensator. Für den Ohm'schen Widerstand bleibt noch nachzutragen, dass es hier keine Phasenverschiebung gibt und wir somit

$$Z_R = R \tag{11.22}$$

erhalten.

Da die Kirchhoff'schen Regeln auf fundamentale Naturgesetze zurückgehen, nämlich die Ladungserhaltung und die Energieerhaltung, müssen sie auch für Wechselstromkreise gelten. Mit den Kirchhoff'schen Regeln und der Neuformulierung des Ohm'schen Gesetzes über die Impedanz haben wir nun alle Mittel in der Hand, um Ströme und Spannungen in Wechselstromschaltungen zu berechnen. Wir werden dieselben Methoden benutzen, die wir bereits bei den Gleichstromschaltungen kennen gelernt haben.

Die Abbildung zeigt eine Wechselstromschaltung mit zwei Widerständen und einem Kondensator. Wir wollen den Spannungsabfall am Widerstand R_1 berechnen. Die Versorgungsspannung sei $U(t) = U_0 \cos \omega t$. Wir müssen den Gesamtwiderstand der Schaltung bestimmen, um so den Gesamtstrom zu erhalten. Im unteren Teil sehen wir eine Parallelschaltung von C und R_2. Ihre Impedanz ist:

$$\frac{1}{Z_U} = \frac{1}{\frac{1}{i\omega C}} + \frac{1}{R_2} = \frac{i\omega C R_2 + 1}{R_2}$$

$$Z_U = \frac{R_2}{i\omega C R_2 + 1}$$

Der Gesamtwiderstand der Schaltung entsteht dann aus der Reihenschaltung dieses Teils mit R_1:

$$Z_0 = Z_U + R_1 = \frac{R_2}{i\omega C R_2 + 1} + R_1 = \frac{i\omega C R_1 R_2 + R_1 + R_2}{i\omega C R_2 + 1}$$

Damit ist der Gesamtstrom, der durch R_1 fließt, $I(t) = 1/Z_0 \cdot U(t)$, und damit ergibt sich:

$$U_1(t) = R_1 I(t) = \frac{i\omega C R_2 + 1}{i\omega C R_1 R_2 + R_1 + R_2} U_0 \cos \omega t$$

$$= \frac{(i\omega C R_2 + 1)(R_1 + R_2 - i\omega C R_1 R_2)}{(R_1 + R_2)^2 + \omega^2 C^2 R_1^2 R_2^2} U_0 \cos \omega t$$

$$= U_0 \left(\frac{R_1 + R_2 + \omega^2 C^2 R_1 R_2^2}{(R_1 + R_2)^2 - \omega^2 C^2 R_1^2 R_2^2} \right.$$

$$\left. + i\, \frac{\omega C R_2^2}{(R_1 + R_2)^2 - \omega^2 C^2 R_1^2 R_2^2} \right) \cos \omega t$$

Nennen wir die Zahl in der Klammer c, dann gibt der Betrag von c den Anteil von U_0 an, der am Widerstand R_1 abfällt, und die Phase von c beschreibt den Phasenwinkel zwischen $U(t)$ und $U_1(t)$.

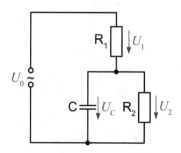

11.5 Frequenzfilter

Wie wir bereits im ersten Band gesehen haben (Abschn. 18.3), kann man ein Signal mit einem beliebigen Amplitudenverlauf durch eine Überlagerung von sinus- und kosinusförmigen Signalen darstellen. Man nennt dies eine Fourier-Zerlegung. Dies wenden wir auf den Signalverlauf einer elektrischen Wechselspannung an. Mit komplexen Widerständen haben wir nun die Möglichkeit, dieses Frequenzspektrum zu verändern und damit auch die Form des Signals zu beeinflussen. Tatsächlich geschieht dies in jeder elektrischen Schaltung, in der Impedanzen mit nicht verschwindendem Imaginärteil auftreten. Wir wollen daher untersuchen, welche Auswirkungen solche Schaltungen auf den Frequenzverlauf haben. Man nennt sie auch Frequenzfilter.

11.5.1   Hochpass

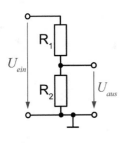

Abb. 11.21   Ein Spannungsteiler

Wir beginnen mit einem einfachen Spannungsteiler aus zwei Ohm'-schen Widerständen (◻ Abb. 11.21). Das wesentliche Charakteris-tikum eines Spannungsteilers ist das Verhältnis von Ausgangsspan-nung zu Eingangsspannung. Da hier $Z = R$ gilt, erhalten wir für den Spannungsteiler:

$$U_{\text{aus}} = \frac{R_2}{R_1 + R_2} U_{\text{ein}} \tag{11.23}$$

Das Verhältnis der Ausgangsspannung zur Eingangsspannung heißt auch Übertragungsfaktor k:

$$k = \frac{U_{\text{aus}}}{U_{\text{ein}}} \tag{11.24}$$

In unserem Beispiel ergibt sich folglich:

$$k = \frac{R_2}{R_1 + R_2} \tag{11.25}$$

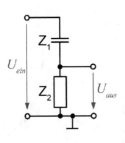

Abb. 11.22   Ein Hochpass erster Ordnung

Ersetzen wir den ersten Widerstand in ◻ Abb. 11.21 durch einen Kondensator, so entsteht eine frequenzabhängige Spannungsteilung, die man einen Hochpass nennt (siehe ◻ Abb. 11.22). Da wir diesel-ben Regeln wie für Gleichspannungen anwenden können, müssen wir die Rechnung, die auf Gl. 11.25 führte, nicht noch einmal wiederho-len. Wir müssen lediglich in Gl. 11.25 die Ohm'schen Widerstands-werte durch Impedanzen ersetzen:

$$k = \frac{Z_2}{Z_1 + Z_2} \tag{11.26}$$

Nun können wir $Z_1 = 1/i\omega C$ und $Z_2 = R$ einsetzen und erhalten:

$$\begin{aligned} k &= \frac{R}{R + \frac{1}{i\omega C}} = \frac{R}{R - \frac{i}{\omega C}} \frac{R + \frac{i}{\omega C}}{R + \frac{i}{\omega C}} = \frac{R^2 + i\frac{R}{\omega C}}{R^2 + \frac{1}{\omega^2 C^2}} \\ &= \frac{\omega^2 C^2 R^2}{\omega^2 C^2 R^2 + 1} + i \frac{\omega C R}{\omega^2 C^2 R^2 + 1} \end{aligned} \tag{11.27}$$

Das Übertragungsverhältnis k ist eine komplexe Zahl. Ihr Betrag gibt das Verhältnis zwischen den Beträgen der Eingangs- und Ausgangs-spannung an. Ihre Phase entspricht der Phasenverschiebung zwischen

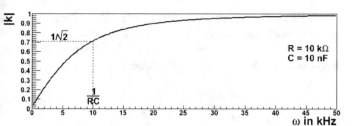

Abb. 11.23 Frequenzverlauf des Betrags des Übertragungsverhältnisses für einen Hochpass erster Ordnung

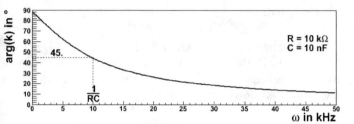

Abb. 11.24 Frequenzverlauf der Phase des Übertragungsverhältnisses für einen Hochpass erster Ordnung

den beiden Spannungen. Es ergibt sich

$$|k|^2 = \frac{\omega^4 C^4 R^4 + \omega^2 C^2 R^2}{(\omega^2 C^2 R^2 + 1)^2} = \frac{\omega^2 C^2 R^2}{\omega^2 C^2 R^2 + 1} = \frac{1}{1 + \frac{\omega_0^2}{\omega^2}} \quad (11.28)$$

Mit $\omega_0 = 1/RC$ und

$$\tan \phi_k = \frac{\Im k}{\Re k} = \frac{\frac{\omega C R}{\omega^2 C^2 R^2 + 1}}{\frac{\omega^2 C^2 R^2}{\omega^2 C^2 R^2 + 1}} = \frac{1}{\omega C R} = \frac{\omega_0}{\omega}. \quad (11.29)$$

Die Abbildungen zeigen den Frequenzverlauf des Betrags (■ Abb. 11.23) und der Phase (■ Abb. 11.24) des Übertragungsverhältnisses. Bei hohen Frequenzen nähert sich das Übertragungsverhältnis der Eins, das bedeutet, dass diese Frequenzen den Hochpass ohne Abschwächung passieren. Daher kommt der Name Hochpass. Man kann dies direkt in der Schaltung erkennen. Bei hohen Frequenzen geht die Impedanz des Kondensators gegen null. Eingang und Ausgang der Schaltung sind dann unmittelbar miteinander verbunden.

Umgekehrt stellt der Kondensator für niedrige Frequenzen, also insbesondere Gleichspannungen, eine Sperre dar. Diese werden nicht übertragen, d. h., k geht gegen null. Außerdem zeigt sich bei niedrigen Frequenzen eine Phasenverschiebung zwischen Eingangs- und Ausgangsspannung. Die Ausgangsspannung hinkt der Eingangsspannung um eine Viertelperiode hinterher, während sie bei hohen Frequenzen der Eingangsspannung exakt folgt.

Zwischen diesen Extremfällen definieren wir eine Grenzfrequenz ω_0, die das Frequenzverhalten des Hochpasses charakterisiert. Die Grenzfrequenz ω_0 ist die Frequenz, bei der der Betrag $|k|$ des Übertragungsverhältnisses auf $1/\sqrt{2}$ abgefallen ist.

$$
|k|^2 = \frac{\omega_0^2 C^2 R^2}{\omega_0^2 C^2 R^2 + 1} = \frac{1}{2}
$$
$$
2\omega_0^2 C^2 R^2 = \omega_0^2 C^2 R^2 + 1
$$
$$
\omega_0^2 C^2 R^2 = 1
$$
$$
\text{Hochpass: } \omega_0 = \frac{1}{RC}
$$

(11.30)

Diese Grenzfrequenz ist in ◻ Abb. 11.23 bereits eingetragen. Aus Gl. 11.29 oder ◻ Abb. 11.24 können wir nun die Phasenverschiebung an der Grenzfrequenz ablesen. Sie beträgt gerade 45°. Schließlich fassen wir noch einmal zusammen:

$$
|k| = \frac{\omega}{\sqrt{\omega_0^2 + \omega^2}}
$$
$$
\tan\phi_k = \frac{\omega_0}{\omega}
$$

(11.31)

11.5.2 Tiefpass

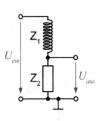

◻ **Abb. 11.25** Ein Tiefpass erster Ordnung

Ersetzt man im Hochpass (◻ Abb. 11.22) den Kondensator durch eine Spule, so entsteht ein Tiefpass. Die Schaltung ist in ◻ Abb. 11.25 zu sehen. Aus Gl. 11.26 folgt das Übertragungsverhältnis mit $Z_1 = i\omega L$ und $Z_2 = R$:

$$
k = \frac{R}{R + i\omega L} = \frac{R^2}{R^2 + \omega^2 L^2} - i\frac{\omega L R}{R^2 + \omega^2 L^2}
$$

(11.32)

und daraus

$$
|k|^2 = \frac{R^2}{R^2 + \omega^2 L^2} = \frac{1}{1 + \frac{\omega^2}{\omega_0^2}}
$$
$$
\tan\phi_k = -\frac{\omega L}{R} = -\frac{\omega}{\omega_0}.
$$

(11.33)

Man sieht nun das umgekehrte Verhalten als beim Hochpass. Bei niedrigen Frequenzen, insbesondere bei Gleichspannung, geht die Impedanz der Spule gegen null. Eingang und Ausgang sind dann miteinander verbunden. Das Übertragungsverhältnis wird 1. Bei hohen Frequenzen steigt die Impedanz der Spule immer weiter an und trennt den Ausgang vom Eingang. Das Übertragungsverhältnis geht gegen null. Außerdem tritt eine Phasenverschiebung auf. Bei hohen

Frequenzen hinkt die Ausgangsspannung der Eingangsspannung um eine Viertelperiode hinterher.

Auch hier kann man eine Grenzfrequenz ω_0 definieren, bei der die Ausgangsspannung um einen Faktor $1/\sqrt{2}$ gegenüber der Eingangsspannung gedämpft wird. Sie liegt beim Tiefpass bei dem Wert:

$$\text{Tiefpass:} \quad \omega_0 = \frac{R}{L} \tag{11.34}$$

Auch diese Ergebnisse fassen wir noch einmal zusammen:

$$|k| = \frac{\omega_0}{\sqrt{\omega_0^2 + \omega^2}}$$

$$\tan\phi_k = -\frac{\omega}{\omega_0} \tag{11.35}$$

Wegen ihres großen Volumens versucht man in elektronischen Schaltungen meist auf Spulen zu verzichten. Die Abbildung zeigt eine Möglichkeit, einen Tiefpass ohne Spule aufzubauen. Das Übertragungsverhältnis ist:

$$k = \frac{\frac{1}{i\omega C}}{\frac{1}{i\omega C} + R} = \frac{1 - i\omega CR}{1 + \omega^2 C^2 R^2}$$

$$|k| = \frac{1}{\sqrt{1 + \omega^2 C^2 R^2}}$$

$$\tan\phi_k = -\omega CR$$

Das Verhalten entspricht dem des Tiefpasses mit einer Spule (Gl. 11.33).

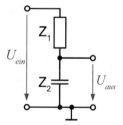

Wie bereits zu Beginn des Kapitels erwähnt, kann man beliebige Signalverläufe durch eine Überlagerung von sinus- und kosinusförmigen Signalen darstellen. Man spricht von einer Fourier-Darstellung. Ist das Signal periodisch, so genügt eine Reihe von sinus- und kosinusförmigen Signalen, um das Signal beliebig genau zu approximieren. Man nennt sie die Fourier-Reihe. Wir wollen als Beispiel ein Rechtecksignal betrachten. Ein Rechtecksignal mit der Amplitude U_0 und der Periodendauer T kann man durch folgende Funktion beschreiben:

$$U(t) = \begin{cases} +U_0 & t < T/2 \\ -U_0 & t > T/2 \end{cases} \tag{11.36}$$

Eine Fourier-Analyse zeigt, dass man das Signal durch folgende Reihe approximieren kann:

$$U(t) = \frac{4U_0}{\pi} \sum_{k=0}^{\infty} \frac{\sin((2k-1)\,\omega t)}{2k-1},$$

mit der Frequenz $f = 1/T = \omega/2\pi$ der Rechteckspannung. Wie man sieht, steigt mit jedem Term in der Reihe die Frequenz des Terms an. In der ersten Abbildung ist die Darstellung des Rechtecksignals durch die Reihe zu sehen. Wir haben eine Frequenz von 50 MHz gewählt. Die einzelnen Terme wurden numerisch ausgewertet und aufsummiert. Die Summation wurde jeweils beim Term k_{max} abgebrochen. Die Abbildung verdeutlicht, dass die Fourier-Reihe die Rechteckfunktion mit steigendem k_{max} immer besser approximiert.

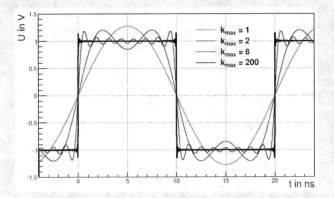

Schickt man nun ein solches Signal durch einen Tiefpass, so werden die einzelnen Frequenzkomponenten der Reihe unterschiedlich stark abgeschwächt. Addiert man die Terme der Reihe nach der Abschwächung wieder auf, so erhält man durch die Abschwächung ein verzerrtes Signal. Dabei ist sowohl zu berücksichtigen, dass sich die Amplitude der einzelnen Frequenzkomponenten reduziert, als auch, dass sich die Phasen der Komponenten gegeneinander verschieben. Die Reihe nach dem Tiefpass lautet:

$$U(t) = \frac{4U_0}{\pi} \sum_{k=0}^{\infty} |k\,((2k-1)\,\omega)| \\ \cdot \frac{\sin((2k-1)\,\omega t + \phi_k\,((2k-1)\,\omega))}{2k-1}$$

Wir haben sie wieder numerisch ausgewertet. In der Abbildung sieht man das Ergebnis für drei verschiedene Tiefpässe mit unterschiedlichem $f_0 = \omega_0/2\pi$. Je mehr sich die Grenzfrequenz des Tiefpasses der Frequenz des Signals nähert, desto mehr wird das Rechtecksignal verzerrt. Es wird abgerundet.

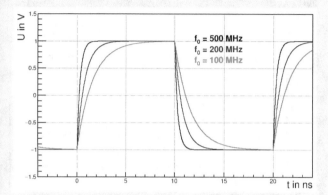

Beachten Sie bitte, dass diese Verzerrung des Signals nicht nur beim gezielten Einsatz von Frequenzfiltern auftritt. Schickt man ein Rechtecksignal beispielsweise durch ein Koaxialkabel, so tritt ebenfalls eine solche Verzerrung auf. Das Koaxialkabel hat einen Widerstand und eine Kapazität zwischen Seele und Abschirmung, die zusammen einen Tiefpass bilden. Dieser verzerrt hochfrequente Signale beim Durchgang durch das Kabel.

Beispiel 11.12: Rauschunterdrückung mit einem Tiefpass

Bei der Übertragung elektrischer Signale stellt das Rauschen manchmal ein Problem dar. Unter Rauschen versteht man zufällige Fluktuationen der Signalamplitude. In der Abbildung haben wir das Signal eines Fotosensors (Photomultiplier Tube), das mit einem Oszillografen aufgenommen wurde, als grüne Linie dargestellt. Man kann das „Zappeln" der Linie deutlich erkennen. Beachten Sie bitte die Zeitskala. Der Puls ist nur etwa 20 ns lang.

Mit einem Tiefpassfilter ist es möglich, dieses Rauschen weitgehend zu beseitigen. Wir benutzen ein RC-Glied, wie Sie es in ▶ Beispiel 11.10 kennen gelernt haben, mit einem Widerstand von $100\,\Omega$ und einer Kapazität von $27\,pF$ (Grenzfrequenz $f_0 \approx 430\,MHz$). Als blaue Linie sehen Sie das Signal nach dem Durchgang durch den Tiefpass. Der Signalverlauf ist nun viel glatter, aber der Tiefpass hat auch die Flanken des Signals verbreitert und das Signal leicht verschoben.

Zur Berechnung haben wir das gemessene Eingangssignal durch eine Computersimulation der Schaltung geschickt. Dazu benutzten wir eine Version des Programmes SPICE (Simulation Program with Integrated Circuit Emphasis). Solche Programme sind heute weit verbreitet. Sie werden eingesetzt, um elektronische Schaltungen zu testen und zu optimieren, bevor man die Schaltung auf eine Platine aufbaut. Man kann damit weit komplexere Schaltungen als unser RC-Glied simulieren.

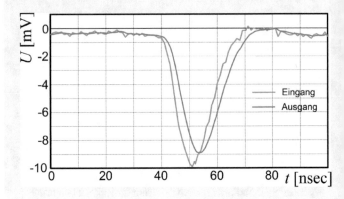

11.5.3 Bandpass und Bandsperre

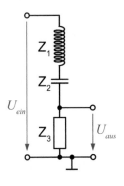

◻ **Abb. 11.26** Schaltbild eines Bandpasses erster Ordnung

Der Bandpass lässt nur Frequenzen in einem bestimmten Frequenzintervall durch. Oberhalb und unterhalb der Grenzen dieses Intervalls fällt das Übertragungsverhältnis ab. Ein Bandpass braucht notwendigerweise zwei frequenzabhängige Bauelemente. In der Schaltung in ◻ Abb. 11.26 werden ein Kondensator und eine Spule eingesetzt, die in Reihe geschaltet sind. Es gibt aber noch andere Möglichkeiten.

Die Berechnung des Übertragungsverhältnisses können Sie sicherlich selbst ausführen. Das Ergebnis ist:

$$|k| = \frac{R}{\sqrt{R^2 + \left(\omega L - \frac{1}{\omega C}\right)^2}}$$

$$\tan \phi_k = \frac{\frac{1}{\omega C} - \omega L}{R} \tag{11.37}$$

Betrag und Phase des Übertragungsverhältnisses sind in ◻ Abb. 11.27 und 11.28 dargestellt. Wir erkennen, dass diese Schaltung in der Tat nur Frequenzen in einem bestimmten Bereich überträgt. In der Beschaltung mit den in der Abbildung angegebenen Werten erreicht der Betrag des Übertragungsverhältnisses bei 10 kHz den Wert 1. Oberhalb und unterhalb dieser Frequenz fällt die Ausgangsspannung schnell ab. Bei dieser Frequenz gibt es keine Phasenverschiebung zwischen Eingangs- und Ausgangsspannung, allerdings verändert sich die Phase im Bereich des Durchgangsbandes sehr schnell. Den Wert, bei dem die maximale Übertragung erreicht wird, können wir aus Gl. 11.37 bestimmen, indem wir das Maximum von $|k|$

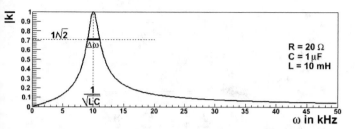

Abb. 11.27 Betrag des Übertragungsverhältnisses eines Bandpasses

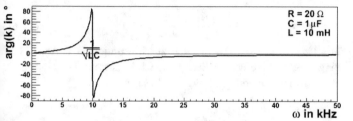

Abb. 11.28 Phase des Übertragungsverhältnisses eines Bandpasses

suchen:

$$\frac{d}{d\omega}|k|\bigg|_{\omega=\omega_0} = -\frac{R}{2}\left(R^2 + \left(\omega_0 L - \frac{1}{\omega_0 C}\right)^2\right)^{-\frac{3}{2}}$$

$$\cdot 2\left(\omega_0 L - \frac{1}{\omega_0 C}\right)\cdot\left(L + \frac{1}{\omega_0^2 C}\right) = 0$$

$$\left(\omega_0 L - \frac{1}{\omega_0 C}\right)\cdot\left(L + \frac{1}{\omega_0^2 C}\right) = 0 \quad (11.38)$$

$$\omega_0^4 L^2 - \frac{1}{C^2} = 0$$

$$\omega_0 = \frac{1}{\sqrt{LC}}$$

Wie man aus ▪ Abb. 11.27 sieht, hat $|k|$ nur ein Extremum, so dass wir uns die Überprüfung, ob es sich bei unserem Ergebnis tatsächlich um das Maximum handelt, sparen können. Einsetzen des Ergebnisses in Gl. 11.37 ergibt:

$$|k(\omega_0)| = 1 \quad (11.39)$$

Nun lässt sich noch die Breite des Übertragungsbandes bestimmen, indem wir die Frequenzen berechnen, bei denen $|k|$ auf $1/\sqrt{2}$ abfällt:

$$|k(\omega_\pm)| = \frac{R}{\sqrt{R^2 + \left(\omega_\pm L - \frac{1}{\omega_\pm C}\right)^2}} = \frac{1}{\sqrt{2}}$$

$$R^2 = \frac{1}{2}\left(R^2 + \left(\omega_\pm L - \frac{1}{\omega_\pm C}\right)^2\right) \quad (11.40)$$

$$R = \omega_\pm L - \frac{1}{\omega_\pm C}$$

$$\omega_\pm^2 L - R\omega_\pm - \frac{1}{C} = 0$$

$$\omega_\pm = \frac{R \pm \sqrt{R^2 + 4L/C}}{2L}$$

$$= \frac{R}{2L} \pm \frac{1}{2}\sqrt{\frac{R^2}{L^2} + \frac{4L}{C}}$$

Für die Breite des Frequenzbandes erhalten wir damit:

$$\Delta\omega = \omega_+ - \omega_- = \sqrt{\frac{R^2}{L^2} + \frac{4}{LC}} \tag{11.41}$$

Die Größen ω_0 und $\Delta\omega$ wurden zur Illustration in ◼ Abb. 11.27 eingetragen. Eine solche Schaltung wird also nur Frequenzen im Bereich dieses Frequenzbandes durchlassen.

Beispiel 11.13: Equalizer

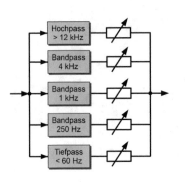

In der HiFi-Technologie werden Equalizer eingesetzt, um das Klangbild den Wünschen und den lokalen Gegebenheiten anzupassen. Mehrere Hoch-, Band- und Tiefpässe zerlegen das Tonsignal in Frequenzbereiche, deren Lautstärke dann einzeln geregelt werden kann. Danach werden die Signale wieder addiert.

© wikimedia: mytdx 4

Beispiel 11.14: Lautsprecherweiche

HiFi-Boxen verfügen in der Regel über mehrere Lautsprechersysteme, die unterschiedliche Bereiche des Frequenzspektrums abstrahlen sollen. Eine Lautsprecherweiche aufgebaut aus Tief-, Band- und Hochpässen sorgt dafür, dass jeder Lautsprecher nur mit den Signalen versorgt wird, die in seinem Frequenzbereich liegen.

Experiment 11.2: Tief-, Band-, Hochpass

Die Funktionsweise der einzelnen Filter kann man eindrucksvoll demonstrieren, indem man die elektrischen Signale in Lautsprechern in akustische Signale umwandelt. Die Skizze zeigt den Schaltplan. An den Eingang (links unten) sind ein Tiefpass (links), ein Bandpass (Mitte) und ein Hochpass (rechts) parallel angeschlossen. An den Eingang wird eine sinusförmige Wechselspannung angelegt, deren Frequenz wir im Hörbereich durchstimmen können. Die Grenzfrequenzen der drei Filter sind so aufeinander abgestimmt, dass sich die Frequenzbereiche aneinander anschließen. Die drei Lautsprecher wandeln die elektrischen Signale in Schallwellen um. Sie sind an langen Kabeln angeschlossen, so dass wir sie räumlich trennen können. Der linke Lautsprecher steht 10 m links der Schaltung, der mittlere bei der Schaltung und der rechte 10 m rechts der Schaltung. Wir stimmen das Eingangssignal von tiefen zu hohen Frequenzen durch. Zunächst hören wir den Ton von links, da nur der Tiefpass das Signal passieren lässt, dann aus der Mitte und schließlich von rechts.

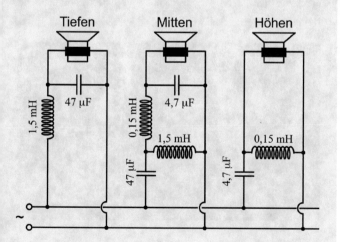

Experiment 11.3: Differenziation und Integration elektrischer Signale

Mit Frequenzfiltern kann man elektrische Signale integrieren und differenzieren. Dies zeigen wir mit der Schaltung aus

► Experiment 11.2. Parallel zu den Lautsprechern des Hoch- und Tiefpasses klemmen wir einen Oszillografen an. Da Differenziation und Integration die Form von Sinussignalen nicht verändern, verwenden wir nun ein Rechtecksignal am Eingang. Die Abbildung zeigt die Signale auf dem Oszillografen. In Gelb ist das Eingangssignal zu sehen, das durch die Rückwirkung der Schaltung ein wenig verzerrt wurde, aber der rechteckförmige Verlauf ist klar zu erkennen. Die Frequenz des Signals beträgt etwa 1 kHz. In Pink ist das Signal des Tiefpasses zu erkennen. Es hat einen dreieckförmigen Verlauf und zeigt das Integral über das Rechtecksignal. In der ersten Hälfte der Periode ist die Eingangsspannung konstant positiv. Daher nimmt das Integral linear zu. In der zweiten Hälfte wechselt das Eingangssignal die Polarität, so dass das Integral wieder linear abnimmt, bis der Vorgang mit der nächsten Periode wieder von vorn beginnt. Die Integration erfolgt durch den 47 μF Kondensator, der parallel zum Ausgang liegt. Er integriert den Strom und erzeugt eine Spannung, die proportional zu diesem Integral ist.

Das grüne Signal auf dem Oszillografen ist das Ausgangssignal des Hochpasses. Es zeigt die Ableitung des Eingangssignals nach der Zeit. Bei einem Rechtecksignal sind dies Deltafunktionen am Anfang und in der Mitte der Periode, wo die Spannung ihr Vorzeichen wechselt. Die Spannungsspitzen sind klar zu erkennen, auch wenn sie in einem realen Experiment keine ideale Deltafunktion darstellen können. Die Differenziation geschieht durch die Spule, deren Gegenspannung proportional zur zeitlichen Ableitung des Stroms ist.

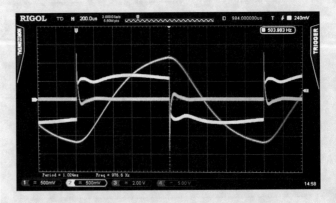

© RWTH Aachen, Sammlung Physik

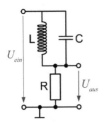

◘ Abb. 11.29 Schaltbild einer Bandsperre

Ähnlich wie ein Bandpass nur ein begrenztes Frequenzband überträgt, kann man auch einen Frequenzfilter bauen, der ein solches Frequenzband aus dem Signal herausfiltert und nur den Rest überträgt. Man spricht dann von einem Sperrfilter oder einer Bandsperre. In ◘ Abb. 11.29 ist eine mögliche Realisierung zu sehen.

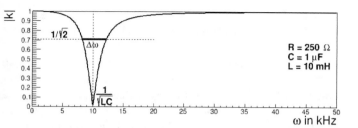

Abb. 11.30 Frequenzgang einer Bandsperre

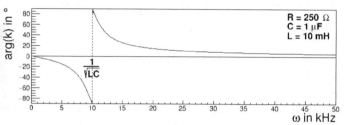

Abb. 11.31 Phasenverschiebung an einer Bandsperre

■ Abb. 11.30 zeigt den Betrag des Übertragungsverhältnisses $|k|$ und ■ Abb. 11.31 die Phasenverschiebung ϕ_k an dieser Bandsperre. Das Übertragungsverhältnis ist nahe bei 1 und bricht dann im Bereich der Sperrfrequenz $\omega_0 = 1/\sqrt{LC}$ auf null ein. In der Nähe der Sperrfrequenz steigt ferner die Phasenverschiebung stark an. Wenn man sich von niedrigen Frequenzen der Sperrfrequenz nähert, geht sie gegen $-90°$, von oben kommend geht sie gegen $+90°$. An der Sperrfrequenz selbst ist die Phasenverschiebung nicht definiert, da ja $|k| = 0$ gilt.

11.5.4 Frequenzfilter höherer Ordnung

Wir wollen noch einen weiteren Tiefpass berechnen. Er ist in ■ Abb. 11.32 wiedergegeben. Im Gegensatz zur Schaltung aus ■ Abb. 11.25 hat diese Schaltung zwei frequenzabhängige Bauteile. Sowohl die Spule als auch der Kondensator verändern ihre Impedanz mit der Frequenz. Eine Berechnung dieses Filters ergibt:

$$|k| = \frac{1}{1 - \omega^2 LC}$$

$$\tan \phi_k = 0 \qquad (11.42)$$

$$\omega_0 = \frac{1}{\sqrt{LC}}$$

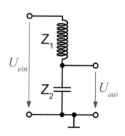

Abb. 11.32 Ein Tiefpass zweiter Ordnung

Die Phasenverschiebungen von Spule und Kondensator kompensieren sich gegenseitig, so dass k reell bleibt. Beachten Sie, dass hier ein Resonanzphänomen auftritt. An der Grenzfrequenz divergiert k. Eine weitere Diskussion würde an dieser Stelle nur Sinn machen, wenn wir zur Spule einen Widerstand in Reihe schalten, der die Resonanz dämpft.

Den wichtigsten Unterschied zur einfachen Schaltung in ◘ Abb. 11.25 stellt allerdings der Gradient dar, mit der das Übertragungsverhältnis oberhalb der Grenzfrequenz abfällt. Man nennt dies die Flankensteilheit des Filters SR (englisch „slew rate"). Üblicherweise gibt man an, um welches Verhältnis sich $|k|$ über eine Oktave (Faktor 2 in der Frequenz) reduziert. Wir untersuchen zunächst noch einmal den einfachen Filter. Aus Gl. 11.31 bestimmen wir:

$$SR = |k\,(2\omega_0)| - |k(\omega_0)| = \frac{1}{\sqrt{5}} - \frac{1}{\sqrt{2}} \approx -0{,}26 \qquad (11.43)$$

Üblicherweise gibt man die Flankensteilheit in dB/Oktave an. In unserem Fall wären dies $10\log(-0{,}26) \approx -6\,\text{dB/Oktave}$. Diese Flankensteilheit ist typisch für einfache Filter, die nur ein einziges frequenzselektives Bauelement enthalten. Man nennt solche Schaltungen Filter erster Ordnung. Man kann die Flankensteilheit erhöhen, indem man zwei Filter hintereinanderschaltet. Das Ausgangssignal des ersten Filters hat die Größe $k_1 U_{\text{ein}}$ und dient als Eingangssignal des zweiten Filters. Dessen Ausgangssignal hat dann die Größe $k_1 k_2 U_{\text{ein}}$, wobei k_1 und k_2 die Übertragungsverhältnisse der beiden Filter angeben. Insgesamt haben wir also

$$k = k_1 k_2, \qquad (11.44)$$

was in unserem Beispiel auf eine Flankensteilheit von $10\log(-0{,}26^2) \approx -12\,\text{dB/Oktave}$ führt. Man nennt diese Hintereinanderschaltung einen Filter zweiter Ordnung. Auch der Filter in ◘ Abb. 11.32 stellt ein Beispiel eines Filters zweiter Ordnung dar. Es gibt viele andere Möglichkeiten, Filter zweiter oder noch höherer Ordnung zu bauen. Filter dritter Ordnung fallen mit $18\,\text{dB/Oktave}$ ab, Filter vierter Ordnung mit $24\,\text{dB/Oktave}$ und so weiter. In ◘ Abb. 11.33 ist das Über-

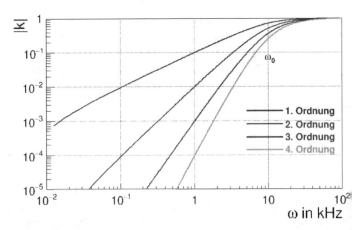

◘ **Abb. 11.33** Übertragungskennlinien von Tiefpassfiltern in erster (*blau*) bis vierter Ordnung (*grün*)

tragungsverhältnis des Filters aus ◻ Abb. 11.25 zu sehen sowie die Kurven für Filter höherer Ordnung, die durch Hintereinanderschaltung mehrerer solcher Filter entstehen. Die Grenzfrequenz des Filters erster Ordnung beträgt 10 kHz. Durch die Hintereinanderschaltung verschiebt sich die Grenzfrequenz leicht, so dass man die Werte des Filters gegebenenfalls anpassen muss. Die Verschiebung ist in der Abbildung zu erkennen.

11.6 Blindleistung

11.6.1 Einführung

Wir wollen die umgesetzte Leistung an einem komplexen Widerstand untersuchen. Betrachten Sie hierzu das einfache Schaltbild in ◻ Abb. 11.34. Zur Erinnerung: Im Falle von Gleichspannung ergab sich:

$$P = UI \tag{11.45}$$

Spannungs- und Stromverlauf an der Impedanz sind:

$$\begin{aligned} U(t) &= U_0 \cos \omega t \\ I(t) &= I_0 \cos (\omega t - \phi) \end{aligned} \tag{11.46}$$

Beachten Sie die Phasenverschiebung zwischen Strom und Spannung, die durch den Phasenwinkel ϕ gegeben ist, den wir beim Strom eingetragen haben.

Wir sind an der mittleren Leistung interessiert. Diese ergibt sich als Mittelwert der instantanen Leistung über eine Periode:

$$\overline{P} = \frac{1}{T} \int_0^T U(t) I(t) dt \tag{11.47}$$

Setzen wir Gl. 11.46 ein, führt dies auf:

◻ **Abb. 11.34** Leistungsabgabe an einen komplexen Widerstand

$$\begin{aligned} \overline{P} &= \frac{1}{T} U_0 I_0 \int_0^T \cos \omega t \cos (\omega t - \phi) \, dt \\ &= \frac{1}{T} U_0 I_0 \left[\int_0^T \cos \omega t \cos \omega t \cos \phi \, dt + \int_0^T \cos \omega t \sin \omega t \sin \phi \, dt \right] \\ &= \frac{1}{T} U_0 I_0 \left[\cos \phi \left(\frac{1}{2} t + \frac{1}{4\omega} \sin 2\omega t \right) \Big|_0^T \right. \\ &\qquad \left. + \sin \phi \left(\frac{1}{2\omega} \sin^2 \omega t \right) \Big|_0^T \right] \\ &= \frac{1}{T} U_0 I_0 \left[\cos \phi \frac{1}{2} T + 0 \right] = \frac{U_0 I_0}{2} \cos \phi, \end{aligned} \tag{11.48}$$

wobei wir ein Additionstheorem der Kosinusfunktion ($\cos(\alpha - \beta) = \cos\alpha\cos\beta + \sin\alpha\sin\beta$) verwendet haben.

Die Leistung, die die Spannungsquelle an den komplexen Widerstand abgibt, hängt von der Phasenverschiebung zwischen Strom und Spannung ab. Im Falle eines rein Ohm'schen Widerstandes als Impedanz ist der Phasenwinkel null und es ergibt sich die Leistung:

$$\overline{P} = \frac{U_0 I_0}{2} = U_{\text{eff}} I_{\text{eff}} \tag{11.49}$$

Bei jeder anderen Phasenverschiebung wird eine geringere Leistung umgesetzt. Im Falle von $\phi = \pm 90°$ ist diese sogar null. Dieser Fall tritt auf, wenn es sich bei der Impedanz um eine reine Induktivität oder eine reine Kapazität handelt. Wir hatten die Impedanz definiert als (Gl. 11.19):

$$Z = \frac{U(t)}{I(t)} = \frac{U_0 \cos\omega t}{I_0 \cos(\omega t - \phi)} = \frac{U_0}{I_0} e^{i\phi} \tag{11.50}$$

Den Realteil der Impedanz nennt man den Wirkwiderstand. Er ist für den Leistungsumsatz verantwortlich. Den Imaginärteil der Impedanz nennt man dagegen Blindwiderstand oder Reaktanz.

$$\text{Wirkwiderstand } \Re Z = \frac{U_0}{I_0} \cos\phi$$
$$\text{Blindwiderstand } \Im Z = \frac{U_0}{I_0} \sin\phi \tag{11.51}$$

Damit können wir die umgesetzte Leistung schreiben als

$$\overline{P} = \frac{1}{2} I_0^2 \Re Z = \frac{1}{2} \frac{U_0^2}{\Re Z}, \tag{11.52}$$

was die Behauptung belegt, dass der Wirkwiderstand für den Leistungsumsatz verantwortlich ist.

11.6.2 Leistungsanpassung

Schließt man ein Gerät mit sehr geringer Wirkleistung, z. B. eine Spule mit nahezu verschwindendem Ohm'schen Widerstand ($R \ll \omega L$) an einen Stromkreis an, können Probleme auftauchen. Es wird kaum Leistung umgesetzt, aber unter Umständen fließt trotzdem ein sehr hoher Strom. Da die Sicherungen (Sicherungsautomat im Haus oder elektronische Sicherungen in Netzgeräten) den Stromfluss begrenzen, könnte es sein, dass diese auslösen.

Wollen wir für eine optimale Leistungsübertragung aus der Spannungsquelle auf eine komplexe Last sorgen, so müssen wir eine Leistungsanpassung vornehmen, indem wir einen weiteren komplexen

Widerstand in Reihe schalten (◘ Abb. 11.35). Die Last haben wir Z_L genannt, der Anpassungswiderstand ist Z_A.

An der Last wird die Leistung

$$\overline{P} = \frac{1}{2} I_0^2 \Re Z_L \tag{11.53}$$

umgesetzt. Der Strom I_0 wird durch die Reihenschaltung der beiden Impedanzen bestimmt:

$$I(t) = \frac{U(t)}{Z_A + Z_L} \Rightarrow I_0 = \frac{U_0}{|Z_A + Z_L|} \tag{11.54}$$

Damit ergibt sich:

$$\begin{aligned}
\overline{P} &= \frac{1}{2} \frac{U_0^2}{|Z_A + Z_L|^2} \Re Z_2 \\
&= \frac{1}{2} \frac{U_0^2}{(\Re Z_A + \Re Z_L)^2 + (\Im Z_A + \Im Z_L)^2} \Re Z_L
\end{aligned} \tag{11.55}$$

Man sieht sofort, dass dieser Ausdruck maximal wird, falls $\Im Z_A = -\Im Z_L$. Man muss der komplexen Last einen Widerstand vorschalten, der die entgegengesetzte Phasenverschiebung bewirkt und damit die Phasenverschiebung an der Last kompensiert. In unserem Beispiel einer induktiven Last muss man einen Kondensator vorschalten mit $1/\omega C = \omega L$. Ferner sollte der Wirkwiderstand der Anpassung verschwinden ($\Re Z_A = 0$), so dass an Z_A keine Leistung umgesetzt wird. Im Falle einer idealen Anpassung beträgt die umgesetzte Leistung dann:

$$\overline{P} = \frac{1}{2} \frac{U_0^2}{\Re Z_L} \tag{11.56}$$

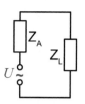

◘ **Abb. 11.35** Eine komplexe Last Z_L mit Leistungsanpassung

11.7 Der Transformator

11.7.1 Funktionsprinzip

Transformatoren spielen eine wichtige Rolle in der Elektrotechnik. Ihre Funktion basiert auf der Induktion zwischen gekoppelten Spulen. ◘ Abb. 11.36 zeigt den Aufbau eines Transformators. Auf der linken Seite sehen wir die Primärspule, an die eine Wechselspannung angelegt wird:

$$U_1(t) = U_{\text{ein}} \cos \omega t \tag{11.57}$$

Der Strom durch die Spule bewirkt einen magnetischen Fluss, der zu einer Gegenspannung U_{ind} führt. Diese beträgt

$$U_{\text{ind}} = -N_1 \frac{d\phi_1}{dt} \tag{11.58}$$

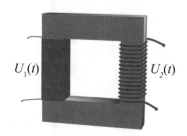

◘ **Abb. 11.36** Aufbau eines Transformators

mit der Anzahl N_1 der Windungen der Primärspule und dem Fluss ϕ_1 durch die Primärspule. Diese ist der Eingangsspannung entgegengerichtet:

$$U_{\text{ind}}(t) = -U_1(t) \tag{11.59}$$

Damit erhalten wir für den Fluss:

$$\frac{d\phi_1}{dt} = -\frac{U_{\text{ind}}}{N_1} = \frac{U_1}{N_1} \tag{11.60}$$

Die Primärspule ist auf einen Eisenkern gewickelt, auf dem sich auch die Sekundärspule befindet. Der Eisenkern verbindet die beiden Spulen und führt den Magnetfluss ϕ_1 durch die Sekundärspule. Die Abbildung zeigt eine Möglichkeit für die Form des Eisenkerns. Es gibt aber auch andere Möglichkeiten. Bei einem idealen Transformator wird der Fluss ϕ_1 vollständig durch die Sekundärspule geführt, so dass gilt:

$$\frac{d\phi_2}{dt} = \frac{d\phi_1}{dt} \tag{11.61}$$

Diese Flussänderung induziert nun eine Spannung in der Sekundärspule. Sie hat die Größe

$$U_2(t) = -N_2 \frac{d\phi_2}{dt} = -N_2 \frac{d\phi_1}{dt} = -\frac{N_2}{N_1} U_1(t) \tag{11.62}$$

oder

$$\frac{U_1}{U_2} = -\frac{N_1}{N_2}. \tag{11.63}$$

Die Spannung in der Sekundärwindung wird durch das Verhältnis der Windungen aus der Primärspannung übersetzt. Je höher die Anzahl der Windungen der Sekundärspule, desto höher ist die Ausgangsspannung. Die Gleichung zeigt eine Phasenverschiebung um 180° an (Minuszeichen), so dass die Sekundärspannung gegenphasig zur Primärspannung verläuft. Dabei ist allerdings auf die Orientierung der Spulen zu achten, die in Bezug auf den Magnetfluss gleich gewickelt sein müssen.

Da im idealen Transformator keine reellen Widerstände auftreten, kann auch intern keine Leistung verbraucht werden. Die Leistung, die von der Eingangsspannung in den Transformator eingespeist wird, steht auch am Ausgang wieder zur Verfügung. Dies bedeutet:

$$U_1 I_1 = U_2 I_2 \Rightarrow \quad \frac{I_2}{I_1} = \frac{U_1}{U_2} = -\frac{N_1}{N_2} \tag{11.64}$$

Die Ströme übersetzen sich umgekehrt wie die Spannungen. Bei hoher Windungszahl erhält man einen niedrigen Strom und umgekehrt.

Allerdings ist dieses Bild eines idealen Transformators nicht ganz konsistent. Wenn im Sekundärkreis ein Strom fließt, wird dieser einen Fluss induzieren, der auf den Primärkreis zurückwirkt. Ein Effekt, den wir vernachlässigt haben. Im nächsten Abschnitt werden wir uns dem Transformator genauer widmen. Hier soll zunächst die Feststellung genügen, dass das Verhältnis von Primär- zu Sekundärspannung in etwa gleich dem Verhältnis der Windungszahlen ist.

Experiment 11.4: Gegenseitige Induktion

Mit diesem Experiment demonstrieren wir die gegenseitige Induktion zwischen zwei Spulen. Zunächst verwenden wir zwei Luftspulen, die in der Abbildung nebeneinander zu sehen sind (im Vordergrund). Die linke Spule ist an einen Funktionsgenerator angeschlossen, der eine sinusförmige Eingangsspannung mit einer Frequenz von rund 100 Hz liefert. Das Eingangssignal wird auf dem Oszillografen dargestellt (gelb). Die zweite Spule wird neben die erste gestellt, so dass der Fluss der ersten Spule sie zumindest teilweise durchdringt. Die Spannung an der zweiten Spule wird ebenfalls auf dem Oszillografen dargestellt (blau). Man sieht ein ebenfalls sinusförmiges Ausgangssignal mit einer geringeren Amplitude. Man kann nun den Nachweis dafür erbringen, dass dieses Signal tatsächlich durch die gegenseitige Induktion erzeugt wird, denn trennt man die Spulen räumlich voneinander, verschwindet das Signal. Die Primärspule hat 500 Windungen. Als Sekundärspule stehen uns drei Spulen mit 250, 500 und 1000 Windungen zur Verfügung, so dass man zeigen kann, dass die Ausgangsspannung proportional zur Windungszahl der Sekundärspule ist.

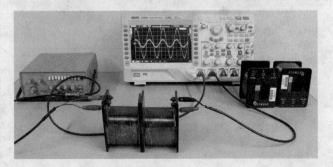

© RWTH Aachen, Sammlung Physik

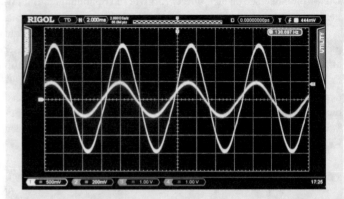

© RWTH Aachen, Sammlung Physik

Der direkte Nachweis von $U_2 = N_2/N_1 U_1$ gelingt wegen der schlechten Kopplung der beiden Spulen so noch nicht. Dazu müssen wir die Kopplung verbessern, indem wir einen Eisenkern einbringen. Die letzte Abbildung zeigt die Spulen nun aufgebaut auf einem ringförmigen Eisenkern. Mit diesem Aufbau ist es möglich, das Übertragungsverhältnis der Spannungen auch quantitativ zu überprüfen.

© RWTH Aachen, Sammlung Physik

Beispiel 11.15: Netzgerät für Elektronik

Zum Betrieb eines elektronischen Geräts benötigen Sie eine Gleichspannung von 6 V, die Sie alternativ aus einer Batterie oder dem Stromnetz entnehmen wollen. Die Abbildung zeigt das Schaltbild des Netzteils. Der Transformator soll die Netzspannung auf eine Wechselspannung mit einem Spitzenwert von 9 V übersetzen. Dafür ist ein Windungsverhältnis erforderlich von

$$\frac{N_2}{N_1} = \frac{9\,\text{V}}{\sqrt{2} \cdot 230\,\text{V}} \approx \frac{1}{37}. \tag{11.65}$$

Als Windungszahl für die Primärwindung genügen einige hundert Windungen. Die Stärke der Drähte wird durch die Leistung bestimmt, die für die Elektronik benötigt wird. Üblicherweise ist auf den Transformatoren eine maximale Leistung angegeben, an der wir uns orientieren können. Die Dioden müssen entsprechend für diese Leistung ausgelegt sein. Ferner ist die Spannungsfestigkeit der Kondensatoren zu beachten. Der Spannungsregler ist ein integrierter Schaltkreis, der die Ausgangsspannung auf 6 V einstellt, unabhängig von der Belastung.

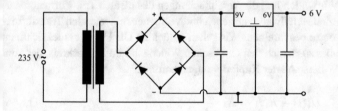

Beispiel 11.16: Zeilentrafo

Mit Transformatoren kann man nicht nur eine Spannung verringern, man kann auch höhere Spannungen erzeugen. Dazu muss $N_2 > N_1$ sein. Zum Beispiel wurden in Fernsehgeräten mit Bildröhren hohe Spannungen benötigt, um den Elektronenstrahl über den Bildschirm zu führen. Die Abbildung zeigt einen so genannten Zeilentransformator, der diese Spannungen erzeugte (Baujahr ca. 1970; 1. Primärspule, 2. Sekundärspule, 3. Hochleistungsröhre, 4. Hochspannungsgleichrichterröhre, 5. Zuleitung zur Anode, 6. Leitung zur Bildröhre).

© Plenz at German Wikipedia

© wikimedia: wdwd

Unser elektrisches Netz ist geerdet. Vom Kraftwerk werden die drei Phasen übertragen. Der Rückfluss des Stroms erfolgt durch die Erde. Berührt man eine der Phasen, bekommt man einen elektrischen Schlag, der durchaus gefährlich sein kann. Strom fließt von der Phase durch unseren Körper ins Erdreich. Wie gefährlich der Schlag ist, hängt von mehreren Faktoren ab, z. B. von der Leitfähigkeit des Körpers und von der Erdung.

Durch einen Trenntransformator kann man die Sicherheit beim Experimentieren etwas erhöhen. Dabei handelt es sich um einen Transformator mit gleicher Windungszahl auf der Primär- und Sekundärseite. Es besteht keine elektrisch leitende Verbindung zwischen Primär- und Sekundärkreis (galvanische Trennung). Der Sekundärkreis ist nicht geerdet. Berührt man nur eine Phase auf der Sekundärseite des Transformators, so ist dies unkritisch. Erst bei Kontakt zu beiden Polen wird es gefährlich.

11.7.2   Transformatorgleichungen

Wir wollen nun die Vereinfachungen des idealen Transformators zumindest teilweise aufgeben und versuchen, einen realen Transformator zu beschreiben. Wir gehen zurück zu Gl. 11.60, berücksichtigen aber zusätzlich den Ohm'schen Widerstand im Primärkreis, der vom Widerstand der Kupferleitungen herrührt:

$$U_1(t) - R_1 I_1 = N_1 \frac{d\phi_1}{dt} \tag{11.66}$$

Entsprechend erhalten wir für den Sekundärkreis:

$$U_2(t) - R_2 I_2 = N_2 \frac{d\phi_2}{dt} \tag{11.67}$$

Aus $U_L = -U_{\text{ind}} = L dI/dt = N d\phi/dt$ folgt $N\phi = LI$. Da die beiden Spulen über den Eisenkern gekoppelt sind, erzeugen beide Ströme einen Magnetfluss in beiden Spulen. Diese Flüsse überlagern sich in den Spulen und tragen beide zur Spannung bei, die in jeder Spule induziert wird. Nennen wir ϕ_{ij} den Fluss, der vom Strom j in der Spule i induziert wird, so haben wir:

$$\begin{aligned} N_1\phi_1 = N_1 (\phi_{11} + \phi_{12}) = L_{11} I_1 + L_{12} I_2 \\ N_2\phi_2 = N_2 (\phi_{21} + \phi_{22}) = L_{21} I_1 + L_{22} I_2 \end{aligned} \tag{11.68}$$

Dabei ist ϕ_1 der Gesamtfluss in der Primärspule und entsprechend ϕ_2 in der Sekundärspule. Die beiden Größen L_{11} und L_{22} sind die Selbstinduktivitäten der beiden Spulen. L_{12} und L_{21} nennt man die Gegeninduktivitäten. Dies setzen wir nun in Gln. 11.66 und 11.67 ein und erhalten die so genannten Transformatorgleichungen:

$$U_1(t) - R_1 I_1(t) = L_{11}\frac{dI_1(t)}{dt} + L_{12}\frac{dI_2(t)}{dt}$$
$$U_2(t) - R_2 I_2(t) = L_{21}\frac{dI_1(t)}{dt} + L_{22}\frac{dI_2(t)}{dt} \tag{11.69}$$

Setzen wir einen kosinusförmigen Verlauf der Eingangsspannung an, so können wir die Transformatorgleichungen durch die Spitzenwerte ausdrücken:

$$U_1 - R_1 I_1 = i\omega L_{11}I_1 + i\omega L_{12}I_2$$
$$U_2 + R_2 I_2 = -i\omega L_{21}I_1 - i\omega L_{22}I_2 \tag{11.70}$$

Wir haben die komplexe Darstellung gewählt. Die Faktoren i berücksichtigen die Phasenverschiebung zwischen den Strömen und den Spannungen. Außerdem erfasst das Minuszeichen in der zweiten Gleichung die Phasendrehung zwischen Ein- und Ausgang.

Wir wollen für die weitere Diskussion die Ohm'schen Widerstände der Spulen R_1 und R_2 vernachlässigen und drücken die Ausgangsspannung durch die Ausgangsimpedanz aus ($U_2 = Z_2 I_2$) und lösen Gl. 11.70 nach den Strömen auf. Wir erhalten:

$$I_1 = \frac{i\omega L_{22} + Z_2}{i\omega L_1 Z_2 + \omega^2 \left(L_{12}^2 - L_{11}L_{22}\right)}U_1$$
$$I_2 = -\frac{i\omega L_{12}}{i\omega L_1 Z_2 + \omega^2 \left(L_{12}^2 - L_{11}L_{22}\right)}U_1 \tag{11.71}$$

Hieraus können wir nun die Übersetzungsverhältnisse des Transformators bestimmen:

$$\frac{I_2}{I_1} = -\frac{i\omega L_{12}}{i\omega L_2 + Z_2}$$
$$\frac{U_2}{U_1} = -\frac{i\omega L_{12}Z_2}{i\omega L_1 Z + \omega^2 \left(L_{12}^2 - L_1 L_2\right)} \tag{11.72}$$

Für das Spannungsverhältnis haben wir wieder $U_2 = Z_2 I_2$ benutzt. Wir können diese Gleichungen etwas umschreiben, indem wir den Kopplungsgrad k einführen:

$$k = \frac{L_{12}}{\sqrt{L_1 L_2}} \tag{11.73}$$

Er kann Werte zwischen 0 und 1 annehmen. Sind die beiden Spulen vollständig gekoppelt, erhalten wir $k = 1$. Bei $k = 0$ tritt gar keine Kopplung zwischen den Spulen auf. Das Spannungsverhältnis nimmt dann folgende Form an:

$$\frac{U_2}{U_1} = -\frac{iL_{12}}{iL_1 + \omega \left(k^2 - 1\right)\frac{L_1 L_2}{Z_2}} \tag{11.74}$$

Strom- und Spannungsverhältnisse sind komplexe Größen, die die Phasenverschiebung zwischen Ein- und Ausgang enthalten. Wir bestimmen zur weiteren Diskussion noch deren Beträge:

$$\left|\frac{I_2}{I_1}\right| = \frac{\omega L_{12}}{\sqrt{Z_2^2 + \omega^2 L_2^2}}$$

$$\left|\frac{U_2}{U_1}\right| = \frac{L_{12}}{\sqrt{L_1^2 + \omega^2 \frac{L_1^2 L_2^2}{|Z_2|^2}(1 - k^2)}}$$

(11.75)

11.7.3 Belasteter Transformator

Nachdem wir nun die theoretische Beschreibung des Transformators entwickelt haben, können wir sie auf Beispiele anwenden. Wir wollen uns auf den wichtigsten Fall konzentrieren, die Belastung des Transformators mit einer rein Ohm'schen Last, d. h. $Z_2 = R$.

Betrachten wir zunächst den Fall vollständiger Kopplung $k = 1$, d. h. $L_{12} = \sqrt{L_1 L_2}$. Das Spannungsverhältnis vereinfacht sich zu

$$\left|\frac{U_2}{U_1}\right| = \frac{L_{12}}{L_1} = \sqrt{\frac{L_2}{L_1}} = \frac{N_2}{N_1},$$

(11.76)

da für die Selbstinduktivität der Spulen $L \sim N^2$ gilt (Gl. 10.33). Dies ist das Ergebnis, das wir bereits bei der Behandlung des idealen, unbelasteten Transformators erhalten hatten (Gl. 11.63). Solange die Kopplung vollständig ist, liefert der Transformator die Ausgangsspannung $U_2 = N_1/N_2 U_1$ unabhängig von der Belastung. Diese Aussage trifft auch dann noch zu, wenn wir den Transformator mit einer komplexen Impedanz belasten.

Ist die Kopplung allerdings nicht vollständig, so sinkt die Ausgangsspannung des Transformators mit zunehmender Belastung ab. Man erkennt dies in Gl. 11.75. Der zweite Term unter der Wurzel verschwindet nun nicht mehr. Er wird umso größer, je kleiner $|Z_2|^2$ ist.

Ferner liest man aus Gl. 11.75 ab, dass sich das Stromverhältnis dem Wert N_1/N_2 nähert, sofern der Ausgangswiderstand gegen null geht. Dies ist der Wert, den wir beim idealen Transformator gefunden hatten. Mit steigendem Ausgangswiderstand sinkt der Strom allerdings ab und wird bei einem offenen Ausgang schließlich zu null.

11.7.4 Anwendungen

Experiment 11.5: Punktschweißen

Beim Widerstandsschweißen macht man sich die Erwärmung der Metallteile durch einen elektrischen Strom zu Nutze. Sie erhitzen sich durch den Stromfluss so stark, dass sie schließlich punktuell schmelzen und sich miteinander verbinden.

Die Skizze zeigt eine Form des Widerstandsschweißens, das Punkt-schweißen, das z. B. in der Automobilindustrie in der Produktion der Karosserien eingesetzt wird. Mit den beiden Elektroden werden die zu verschweißenden Bleche aufeinandergedrückt. Es folgt ein kurzer Stromstoß (10 … 50 ms). Am Ohm'schen Widerstand der Bleche wird elektrische Energie in Wärme umgesetzt, die die Bleche punktuell aufschmilzt. Bei vielen Geräten entnimmt man den hohen Strom einem Transformator, der auf der Sekundärseite nur über wenige Windungen verfügt.

In unserem Experiment haben wir auf die Bleche verzichtet. Wir verschweißen direkt die beiden Elektroden, zwei Nägel. Sie werden an der Sekundärwicklung mit einem kleinen Abstand zwischen ihren Spitzen montiert. Drückt man dann an den Griffen die Spitzen der Nägel zusammen, wird der Sekundärkreis kurzgeschlossen. Es entsteht ein kurzer Lichtbogen und die Nägel sind verschweißt.

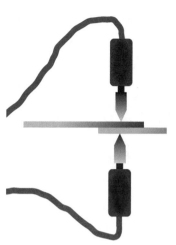

© RWTH Aachen, Sammlung Physik

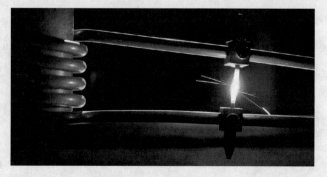

© Foto: Hendrik Brixius

Experiment 11.6: Hörnerblitz

In diesem Experiment wird mit einer Hochspannung eine Entladung in der Luft gezündet. Wir benutzen zwei Elektroden, die wie die Hörner eines Steinbocks geformt sind, daher der Name. Sie sind in den Bildern klar zu erkennen (Momentaufnahmen aus einem Video). Der Transformator weist ein Windungsverhältnis von 500 : 23.000 auf und kann Spannungen von bis zu 10 kV erzeugen. Die Elektroden sind direkt auf die Anschlüsse der Sekundärspule aufgesteckt. An der engsten Stelle beträgt ihr Abstand nur wenige Millimeter. Dort ist die Feldstärke am höchsten. Hier zündet die Entladung. Sie ionisiert und erwärmt die Luft sehr stark. Dadurch steigt die heiße Luft auf und trägt den Entladungsschlauch mit sich. Oben wird dann der Abstand zu groß, so dass die Entladung erlischt und unten von Neuem beginnt. Bei guter Einstellung der Elektroden sieht man in kurzen Abständen immer neue Entladungen an den Hörnern aufsteigen.

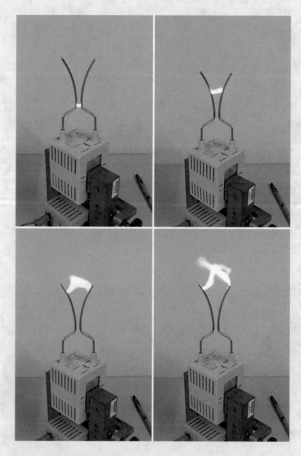

© RWTH Aachen, Sammlung Physik

Experiment 11.7: Teslatransformator

Der Teslatransformator, benannt nach seinem Erfinder Nikola Tesla, ist eine Anordnung zur Erzeugung sehr hoher Spannungen. Nikola Teslas ursprüngliches Ziel war es, Energie drahtlos zu übertragen, was tatsächlich mit dem Teslatransformator möglich ist. Allerdings ist die Effizienz so gering, dass diese Technik keine praktische Bedeutung hat.

Die Skizze zeigt das Schaltbild eines Tesla-Impulstransformators. Es beginnt links mit einem Hochspannungstransformator, wie wir ihn bereits aus ▶ Experiment 11.6 kennen. Er erzeugt eine Spannung von 10 kV mit der Netzfrequenz von 50 Hz. Auf der Sekundärseite ist ein weiterer Transformator mit einem Kondensator in Reihe geschaltet. Außerdem ist eine Funkenstrecke eingebaut. Überschreitet die Spannung im Sekundärkreis einen gewissen Schwellwert, so bilden sich in der Funkenstrecke Entladungen aus, die den Kreis kurzschließen. Nun entsteht aus dem Kondensator und der Spule des zweiten Transformators ein hochfrequenter Schwingkreis, dessen Spannung über den zweiten Transformator noch einmal erhöht wird. Die Spule der Tertiärseite ist an einem Ende geerdet. Am anderen Ende befindet sich das Hochspannungsterminal. Die Spannung auf der Tertiärseite wird durch Entladungen des Hochspannungsterminals begrenzt. Ohne Entladungen könnte die Tertiärseite Spannungen im Bereich von MV erreichen.

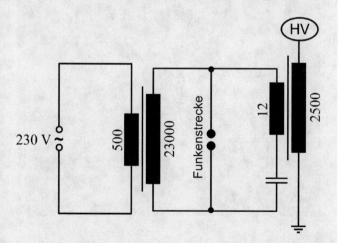

Die Bilder zeigen den zweiten Transformator und die Funkenstrecke. Beim Transformator sieht man im unteren Bereich die Primärspule mit den aus dicken Drähten ausgeführten 12 Windungen. Die Sekundärspule ist auf einem länglichen Zylinder gewickelt. Sie steht in der Primärspule. Am oberen Ende erkennt man das Hochspannungsterminal. Die Funkenstrecke besteht aus sechs Me-

© RWTH Aachen, Sammlung Physik

© RWTH Aachen, Sammlung Physik

tallscheiben, die gegeneinander isoliert sind. An deren Außenseite springen die Funken über, wenn die Spannung zu groß wird. Schaltet man den Teslatransformator ein, beobachtet man, wie deutlich erkennbar Funken vom Hochspannungsterminal ausgehen, die die Entladungen anzeigen. Bringt man eine Neonröhre in einen Abstand von wenigen Metern vom Teslatransformator, zündet sie und leuchtet. Dies belegt Teslas Prinzip der drahtlosen Energieübertragung. Im letzten Bild sieht man einen noch erheblich größeren Teslatransformator, der entsprechend noch eindrucksvollere Funken ausbildet.

© RWTH Aachen, Sammlung Physik

Beispiel 11.18: Überlandleitungen

Die elektrische Leistung wird vom Kraftwerk zum Verbraucher über Hochspannungsleitungen übertragen. Obwohl es sich um gute elektrische Leiter handelt, besitzen sie einen nicht verschwindenden

Ohm'schen Widerstand. Die Kabel bestehen in der Regel aus einem Stahlkern, der die Zugfestigkeit des Kabels sicherstellt. Dieser ist mit Aluminiumdrähten ummantelt, die einen deutlich geringeren elektrischen Widerstand als Stahl aufweisen.

Wir betrachten eine 380-kV-Leitung, die in Europa für die Übertragung elektrischer Leistungen über große Strecken eingesetzt wird. Um eine Leistung P zu übertragen, muss ein Strom $I = P/U$ fließen. Dabei vernachlässigen wir die Kapazität und Induktivität der Leitungen, die zu einer Phasenverschiebung zwischen Strom und Spannung führen und bewirken, dass bei vorgegebener Leistung noch höhere Ströme fließen müssen. Solche Phasenverschiebungen treten tatsächlich auf, der Verlust durch den Ohm'schen Widerstand ist aber dominant. Dieser Verlust im Kabel P_V beträgt

$$P_V = I^2 R_V,$$

wobei R_V den Ohm'schen Widerstand des Kabels bezeichnet, den man üblicherweise für 100 km Leitung angibt. Setzt man den Verlust in Bezug auf die übertragene Leistung, ergibt sich:

$$\frac{P_V}{P} = \frac{I^2 R_V}{UI} = \frac{R_V}{U^2} P$$

Kraftwerk · Überlandleitung · Verbraucher

Der relative Verlust verläuft proportional zur übertragenen Leistung und umgekehrt proportional zum Quadrat der Spannung. Bei einer typischen 380-kV-Überlandleitung, die auf Leistungen von 1,1 GW ausgelegt ist, erhält man einen Verlust von etwa 1 % auf 100 km. Würde man dieselbe Leistung bei 110 kV übertragen, wäre der Verlust immerhin 12 %[1] auf 100 km. Eine Übertragung solcher Leistungen bei noch geringeren Spannungen ist nicht mehr sinnvoll. Da der Verbraucher aber 230 V aus der Steckdose erwartet, muss die elektrische Leistung dann mit großen Transformatoren in mehreren Stufen auf die Verbraucherspannung heruntertransformiert werden. Das Foto zeigt Transformatoren in einem Umspannwerk, die eine 110-kV-Leitung auf Mittelspannungen zwischen 10 kV und 30 kV

---

[1] Dabei ist nicht berücksichtigt, dass nun nur noch 88 % der Leistung ankommen und man den Strom erhöhen muss, um dies wieder auf 100 % zu bringen, was zu weiteren Verlusten führt.

transformieren, die anschließend in das regionale Netz eingespeist werden. Direkt vor Ort wird diese Spannung dann auf 230 V transformiert und meist mit Erdkabeln an die Haushalte verteilt. Insgesamt gehen im deutschen Stromnetz knapp 6 % der elektrischen Leistung bei der Übertragung verloren. Zu den bereits erwähnten Ohm'schen und induktiven Verlusten kommen die Verluste durch Koronaentladungen zwischen den Kabeln unterschiedlicher Phase und Verluste in den Transformatoren hinzu. Üblicherweise trägt eine Überlandleitung für jede Phase zwei Kabel, die jeweils nur mit knapp der Hälfte der maximal erlaubten Leistung betrieben werden. Dies reduziert die Verluste um einen Faktor 2 und erlaubt es, beim Ausfall eines Kabels die gesamte Leistung auf das andere Kabel zu transferieren[2]. Aus unserer Formel wird ersichtlich, wie man die Verluste weiter reduzieren könnte, doch dem sind leider Grenzen gesetzt. Man könnte die Spannung weiter erhöhen, doch bei 380-kV-Leitungen ist die Durchbruchfeldstärke der Luft nahezu erreicht. Eine weitere Erhöhung der Spannung würde zu einem drastischen Anstieg der Koronaentladungen führen. Denkbar wäre es, den Ohm'schen Widerstand des Kabels zu verringern, indem man den Querschnitt des Kabels vergrößert, doch dies hätte ein höheres Gewicht des Kabels zur Folge. Damit würden mehr Masten benötigt und die Kosten der Kabel stiegen an.

© wikimedia: Arnold Paul

11.8 Verstärker

Bisher haben wir ausschließlich passive Schaltungen betrachtet. Das sind elektronische Schaltungen, die ein Eingangssignal verändern, indem sie es abschwächen. Die Leistung des Signals wird verringert oder maximal konstant gehalten. Um die Leistung eines Signals zu verstärken, muss Energie aus einer externen Spannungsquelle zugeführt werden, was in den Schaltungen, die wir diskutiert haben, nicht der Fall war.

Aktive Verstärker sind in elektronischen Schaltungen weit verbreitet. Kaum eine elektronische Schaltung kommt ohne Verstärker aus. Wir können hier diese wichtigen Elemente nicht ausführlich besprechen, dies bleibt den Büchern der Elektronik vorbehalten, aber wir wollen Ihnen wenigstens einen allerersten Eindruck vermitteln, wie Verstärker funktionieren. Dazu müssen wir den Transistor als verstärkendes Halbleiterbauelement vorstellen. Daran wollen wir die Diskussion einer einfachen Verstärkerschaltung anschließen.

---

[2] Der angegebene Verlust von 1 % auf 100 km bezieht sich bereits auf die Nutzung zweier Kabel pro Phase.

11.8.1 Der Transistor

Der Transistor ist wie die Diode ein Halbleiterbauelement, das meist aus Silizium aufgebaut ist. Es gibt verschiedene Arten von Transistoren. Wir wollen hier lediglich den bipolaren Transistor betrachten. Historisch gesehen war dies der erste Transistor, der heute aber nur noch wenig eingesetzt wird.

Wie die Diode ist ein solcher Transistor aus p-n-Übergängen aufgebaut. Allerdings besteht der Transistor aus drei Zonen mit der Folge p-n-p oder n-p-n. Man kann ihn als Hintereinanderschaltung zweier Dioden verstehen. Legt man von außen eine Spannung an die äußeren beiden Zonen an, so wird immer einer der beiden p-n-Übergänge in Sperrrichtung gepolt sein. Die Verarmungszone in einer der beiden p-n-Übergänge wird abgebaut, während die andere vergrößert wird. Der Transistor sperrt. Man nennt die beiden äußeren Anschlüsse Kollektor (C) und Emitter (E). Der Transistor besitzt darüber hinaus einen dritten Anschluss, die Basis (B). Er ist mit der mittleren Zone verbunden. ◘ Abb. 11.37 zeigt ein Schaltbild eines npn-Transistors mit den drei Anschlüssen.

Wir beziehen uns im Folgenden auf einen npn-Transistor. Legen wir eine positive Spannung am Kollektor gegenüber dem Emitter an, so ist der p-n-Übergang zwischen Kollektor und Basis gesperrt und der zwischen Basis und Emitter geöffnet. Es fließt kein Strom. Legt man zusätzlich die Basis auf positive Spannung gegenüber dem Emitter, so fließt ein Strom von der Basis zum Emitter, da dieser p-n-Übergang in Durchlassrichtung gepolt ist. Dadurch gelangen freie Ladungsträger in die Basis. Nun ist die Basis nicht als großer Block aufgebaut, sondern als dünne Schicht zwischen den beiden n-Zonen, deren Dicke geringer ist als die Diffusionslänge der Ladungsträger. Wegen der räumlichen Nähe erreichen die Ladungsträger in der Basis auch den gesperrten p-n-Übergang zum Kollektor und heben dort die Ladungsträgerverarmung auf. Nun kann ein Strom vom Kollektor zur Emitter fließen. Mit einem kleinen Basisstrom I_B ist es möglich, den Kollektorstrom I_C zu steuern. Er folgt dem Basisstrom und kann erheblich größer sein als der Basisstrom. Die so genannte Stromverstärkung bei kurzgeschlossenem Ausgang liegt typischerweise in der Gegend von 100.

In ◘ Abb. 11.38 ist eine mikroskopische Aufnahme eines Transistors zu sehen. Die npn-Zonen sind im Siliziumkristall als übereinanderliegende Schichten ausgebildet (siehe ◘ Abb. 11.39). Der Kollektor befindet sich unten und ist mit dem Gehäuse verbunden. Darüber liegen die Basis und dann der Emitter. Im Bild sind die Metalllagen zu erkennen, mit denen die Basis und der Emitter kontaktiert sind, sowie die Anschlussdrähte (bondwires) zu den externen Anschlüssen.

◘ **Abb. 11.37** Schaltbild eines npn-Transistors

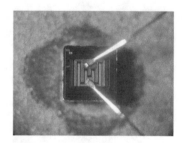

◘ **Abb. 11.38** Mikroskopische Aufnahme eines Transistors

◘ **Abb. 11.39** Schematischer Aufbau eines Transistors (*dunkelrot*: Silizium, n-dotiert, *blau*: Silizium p-dotiert, *grau*: isolierendes Siliziumoxid, *gelb*: Metalllagen zur Kontaktierung)

11.8.2 Kennlinien

Die Funktionsweise eines Transistors kann man wie die einer Diode durch Kennlinien darstellen. Allerdings sind für den Transistor mehrere Kennlinien notwendig, um das Bauteil mit seinen drei Anschlüssen zu charakterisieren. Ein Beispiel ist in ◘ Abb. 11.40 wiedergegeben.

Beginnen wir mit dem Kennlinienfeld rechts oben, den so genannten Ausgangskennlinien. Dargestellt ist in diesem Feld der Kennlinien das Verhalten des Kollektorstromes I_C – das ist der Strom, der in den Kollektoranschluss hineinfließt – als Funktion der Spannung zwischen Kollektor und Emitter U_{CE}. Sie sehen mehrere Kennlinien, die sich jeweils auf unterschiedliche Werte des Basisstroms beziehen. Alle Kurven weisen das gleiche Verhalten auf. Zu Beginn steigt der Kollektorstrom mit U_{CE} steil an. Bei 3 V bis 4 V hat man den Arbeitsbereich erreicht. Nun steigt der Kollektorstrom linear mit U_{CE} an. Allerdings hängt der Kollektorstrom stark vom Basisstrom ab. Für unterschiedliche Werte des Stroms in die Basis I_B (I_B ist als Parameter an den Kurven angegeben) bekommt man deutlich unterschiedliche Kollektorströme. Dies ist im Feld links oben noch einmal explizit dargestellt (Stromsteuerkennlinie). Diese Kennlinie zeigt den Kollektorstrom I_C als Funktion des Basisstroms I_B. Man sieht einen nahezu linearen Zusammenhang. Die Steigung dieser Kurve nennt man die Stromverstärkung. Bitte be-

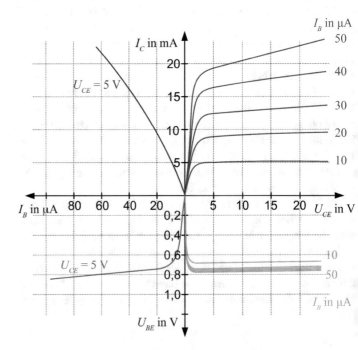

◘ **Abb. 11.40**   Kennlinien eines Transistors

achten Sie die unterschiedlichen Einheiten an den Achsen von I_B und I_C. Für einen Basisstrom von $20\,\mu A$ erhält man bereits einen Kollektorstrom von $10\,mA$, die Stromverstärkung hat einen Wert von ungefähr 500. Im Feld links unten findet man die Eingangskennlinie. Sie gibt den Zusammenhang zwischen Strom und Spannung an der Basis wieder. Die Basis-Emitter-Strecke ist eine in Durchlassrichtung geschaltete Diode und daher ähnelt diese Kennlinie auch der Kennlinie einer Diode, wie wir sie in ◻ Abb. 11.5 gesehen haben, nur dass die Achsen nun anders liegen. Das letzte Kennlinienfeld rechts unten zeigt die Rückwirkungskennlinien, die angeben, wie sich U_{CE} und U_{BE} gegenseitig beeinflussen. Im Arbeitsbereich oberhalb $U_{CE} \approx 4\,V$ sind die Kurven nahezu flach, was bedeutet, dass es nur wenig Rückwirkung gibt.

Beispiel 11.19: Vakuumtriode

Vor der Erfindung des Transistors hat man Vakuumröhren als Verstärker benutzt. Die Abbildung zeigt den Aufbau einer Vakuumtriode, die am ehesten dem Transistor entspricht. Sie besteht aus einem evakuierten Glaskolben (in der Abbildung nicht gezeigt) und Elektroden, zwischen denen die Ströme aus freien Elektronen fließen.

Die gezeigte Röhre besitzt zwei zylinderförmige Elektroden. Die Kathode liegt innen, die Anode außen. Die Kathode wird von innen durch einen Heizdraht erhitzt, so dass aus ihrer Oberfläche Elektronen ins Vakuum austreten können. Trägt die Anode eine positive Spannung gegenüber der Kathode, fließt ein Strom. In umgekehrter Richtung sperrt die Anoden-Kathodenstrecke, da aus der kalten Anode keinen Elektronen austreten. Unmittelbar um die Kathode ist eine dritte zylinderförmige Elektrode angebracht, das Gitter. Sie ist als dünnes Metallgitter ausgeführt. Ist sie mit einem leicht negativen Potenzial gegenüber der Kathode belegt, kann auch dann noch kein Strom fließen, wenn die Anode positiv ist. Doch erhöht man dann das Potenzial des Gitters nur ein wenig, steigt der Stromfluss schnell an. Mit kleinen Variationen der Gitterspannung ist es möglich, den Anodenstrom zu steuern. Dabei wird ein Großteil der Elektronen das Gitter passieren und zur Anode gelangen. Der Anodenstrom kann viel größer werden als der Gitterstrom, der ihn steuert.

11.8.3 Verstärkerschaltung

Es gibt viele Möglichkeiten, ein elektrisches Signal elektronisch zu verstärken. Wir wollen zur Illustration ein Beispiel diskutieren, eine Verstärkerschaltung mit einem bipolaren Transistor. Die Schaltung ist

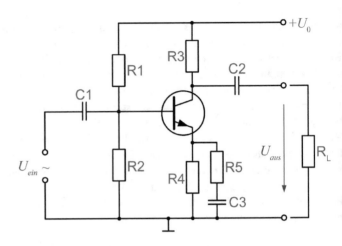

Abb. 11.41 Schaltplan einer Emitterschaltung

in ▢ Abb. 11.41 wiedergegeben. Im Fachjargon nennt man sie eine Emitterschaltung. Sie wird beispielsweise zur Verstärkung von Tonsignalen im HiFi-Bereich eingesetzt.

Links wird das Eingangssignal angelegt, rechts kann über einen Lastwiderstand R_L das verstärkte Signal abgegriffen werden. Am oberen Anschluss wird die Schaltung mit einer Gleichspannung U_0 versorgt, deren Minuspol mit der Masse der Schaltung verbunden wird.

Um einen brauchbaren Arbeitspunkt zu erreichen, muss die Basis-Emitter-Spannung eingestellt werden. Der Eingangskondensator C1 trennt das Gleichspannungspotenzial des Eingangssignals ab und erlaubt es, das Potenzial an der Basis mit dem Spannungsteiler bestehend aus R1 und R2 festzulegen. Die Widerstände müssen so dimensioniert werden, dass das Potenzial ohne Eingangssignal 0,7 V über dem Potenzial des Emitters liegt. Auch am Ausgang befindet sich ein Kondensator (C2), der das Potenzial des Ausgangs vom Potenzial in der Schaltung entkoppelt. Die Widerstände R3 und R4 legen den Kollektorstrom im Arbeitspunkt fest. Ihr Verhältnis bestimmt die Verstärkung der Schaltung. Parallel zu R4 ist ein Hochpass geschaltet (R5 und C3), der für Wechselspannungssignale die Funktion von R4 übernimmt und die Verstärkung im gewünschten Frequenzbereich erhöht.

11.9   Vierpoltheorie

Zum Schluss dieses Kapitels wollen wir noch andeuten, wie man das Verhalten unterschiedlicher Schaltungen systematisch beschreiben kann. Sehr viele Schaltungen sind durch einen Eingang und einen Ausgang gekennzeichnet. Am Eingang legt man ein elektrisches Signal an und greift dann am Ausgang das prozessierte Signal ab. Man

◻ Abb. 11.42
Schematische
Darstellung eines
Vierpols

kann auf diese Art und Weise einen Transformator behandeln oder
die Verstärkerschaltung aus ▶ Abschn. 11.8.3, aber auch Frequenzfilter, wie wir sie in ▶ Abschn. 11.5 kennen gelernt haben, kann man
in diese Form bringen. Ein- und Ausgang werden durch die Spannung charakterisiert, die zwischen den beiden Polen, die man auch
Klemmen nennt, anliegt, und durch die Ströme, die in die Klemmen
fließen. Ein solcher Vierpol ist in ◻ Abb. 11.42 skizziert. Meist kann
man direkte Ströme zwischen Ein- und Ausgang vernachlässigen, so
dass die Ströme an den beiden Klemmen des Ein- bzw. Ausgangs
entgegengesetzt gleich groß sein müssen.

Man kann das Verhalten eines Vierpols ohne direkte Referenz
auf seine Schaltung durch die vier Größen I_{ein}, I_{aus}, U_{ein} und U_{aus}
charakterisieren. Gibt man zwei dieser Größen vor, so können die
anderen beiden Größen berechnet werden. Dies ist das Ziel der Vier-
poltheorie. Da die funktionalen Zusammenhänge meist recht kompliziert sind, nähert man sie. Wir entwickeln den Zusammenhang in
einer Taylorreihe am Arbeitspunkt und nehmen nur den ersten Term
mit, so dass eine lineare Näherung entsteht. Aus den vier Größen
wählt man zwei Größen als freie Variablen aus und berechnet dann
die anderen beiden. Welche man auswählt, ist eine Konvention. Es
kommen tatsächlich alle möglichen Kombinationen in der Praxis vor.
Wir wollen den Eingangsstrom I_{ein} und die Ausgangsspannung U_{aus}
als Variablen aussuchen, was auf die so genannte Hybridform führt.
Den linearen Zusammenhang zu den anderen beiden Größen kann
man dann durch eine Matrix ausdrücken:

$$\begin{pmatrix} U_{ein} \\ I_{aus} \end{pmatrix} = \begin{pmatrix} h_{11} & h_{12} \\ h_{21} & h_{22} \end{pmatrix} \begin{pmatrix} I_{ein} \\ U_{aus} \end{pmatrix} \qquad (11.77)$$

Man bezeichnet die Matrix üblicherweise mit H und nennt die Parameter Hybridparameter oder einfach h-Parameter. Die vier Parameter

sind:

$$h_{11} = \frac{\partial U_{\text{ein}}}{\partial I_{\text{ein}}} \quad \text{Eingangswiderstand}$$

$$h_{12} = \frac{\partial U_{\text{ein}}}{\partial U_{\text{aus}}} \quad \text{Spannungsrückwirkung}$$

$$(11.78)$$

$$h_{21} = \frac{\partial I_{\text{aus}}}{\partial I_{\text{ein}}} \quad \text{Stromverstärkung}$$

$$h_{22} = \frac{\partial I_{\text{aus}}}{\partial U_{\text{aus}}} \quad \text{Ausgangsleitwert}$$

Wir haben in der Gleichung noch die Namen der einzelnen Parameter angegeben. Der Leitwert ist der Kehrwert eines Widerstandes.

Mit dieser Theorie können Sie nun einfache Schaltungselemente mathematisch beschreiben und kompliziertere Schaltungen durch die Kombination von Vierpolen aufbauen.

Beispiel 11.20: Tiefpass als Vierpol

Wir betrachten den Tiefpass aus ▶ Beispiel 11.10 als Vierpol. Wir hatten bereits gesehen, dass Folgendes gilt:

$$U_{\text{aus}} = k U_{\text{ein}} = \frac{\frac{1}{i\omega C}}{\frac{1}{i\omega C} + R} U_{\text{ein}} = \frac{1}{1 + i\omega RC} U_{\text{ein}}$$

und damit

$$U_{\text{ein}} = (1 + i\omega RC) \, U_{\text{aus}}.$$

Den Eingangsstrom bestimmen wir über die Eingangsimpedanz $Z_{\text{ein}} = Z_R + Z_C$:

$$U_{\text{ein}} = \left(R + \frac{1}{i\omega C} \right) I_{\text{ein}}$$

$$I_{\text{ein}} = \frac{U_{\text{ein}}}{R + \frac{1}{i\omega C}} = i\omega C \, \frac{U_{\text{ein}}}{1 + i\omega RC} = i\omega C U_{\text{aus}}$$

Den Ausgangsstrom ermitteln wir entsprechend über die Ausgangsimpedanz $Z_{\text{aus}} = Z_C$:

$$I_{\text{aus}} = \frac{U_{\text{aus}}}{Z_{\text{aus}}} = \frac{U_{\text{aus}}}{\frac{1}{i\omega C}} = i\omega C U_{\text{aus}} = I_{\text{ein}}$$

Nun können wir die Matrixelemente berechnen. Als Arbeitspunkt, um den wir das Verhalten der Schaltung entwickeln, wählen wir $I_{\text{ein}} = 0$ und $U_{\text{aus}} = 0$. Allerdings zeigt sich, dass für die passiven Filter die lineare Näherung bereits das exakte Verhalten der Schaltungen beschreibt und die Vierpolparameter daher nicht von der Wahl des Arbeitspunktes abhängen.

$$h_{11} = \frac{\partial U_{\text{ein}}}{\partial I_{\text{ein}}} = R + \frac{1}{i\omega C}$$

$$h_{12} = \frac{\partial U_{\text{ein}}}{\partial U_{\text{aus}}} = 1 + i\omega RC$$

$$h_{21} = \frac{\partial I_{\text{aus}}}{\partial I_{\text{ein}}} = 1$$

$$h_{22} = \frac{\partial I_{\text{aus}}}{\partial U_{\text{aus}}} = i\omega C$$

Damit können wir das Verhalten der Schaltung eindeutig angeben.

Beispiel 11.21: Kettenschaltung zweier Vierpole

Als Beispiel für die Kombination zweier Vierpole wollen wir die Kettenschaltung diskutieren. Sie ist in der Abbildung gezeigt. Der Eingangsstrom des zweiten Vierpols ist der Ausgangsstrom des ersten und ebenso ist die Eingangsspannung des zweiten mit der Ausgangsspannung des ersten identisch. Am einfachsten lässt sich die Kettenschaltung mit den a-Parametern berechnen, die Ausgangsstrom und Ausgangsspannung als freie Parameter benutzen:

$$\begin{pmatrix} U_{\text{ein}} \\ I_{\text{ein}} \end{pmatrix} = \begin{pmatrix} a_{11} & a_{12} \\ a_{21} & a_{22} \end{pmatrix} \begin{pmatrix} U_{\text{aus}} \\ I_{\text{aus}} \end{pmatrix} = A \begin{pmatrix} U_{\text{aus}} \\ I_{\text{aus}} \end{pmatrix}$$

Man nennt die Matrix A auch die Kettenmatrix. Angewandt auf die Kettenschaltung zweier Vierpole ergibt sich:

$$\begin{pmatrix} U_{\text{ein}} \\ I_{\text{ein}} \end{pmatrix} = A_1 A_2 \begin{pmatrix} U_{\text{aus}} \\ I_{\text{aus}} \end{pmatrix}$$

Man muss die beiden Kettenmatrizen miteinander multiplizieren. Dabei kommt es auf die Reihenfolge der Matrizen an, was auch anschaulich klar ist, da sich die Rückwirkung der Ausgangssignale auf den Eingang ändert, wenn man die Reihenfolge der Vierpole umdreht.

Nun steht noch aus, die Umrechnung der h-Parameter auf die a-Parameter anzugeben, was wir ohne Rechnung tun:

$$a_{11} = \frac{h_{12}h_{21} - h_{11}h_{22}}{h_{21}}$$

$$a_{12} = \frac{h_{11}}{h_{21}}$$

$$a_{21} = -\frac{h_{22}}{h_{21}}$$

$$a_{22} = \frac{1}{h_{21}}$$

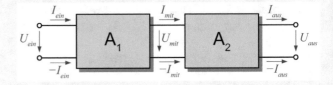

❓ Übungsaufgaben zu ▶ Kap. 11

1. Ein Widerstand mit $R = 10\,\Omega$, eine Spule mit $L = 2\,\text{mH}$ und ein Kondensator mit $C = 50\,\mu\text{F}$ sind in Reihe geschaltet und an eine Wechselspannung mit $U_{\text{eff}} = 5\,\text{V}$ bei $f = 1\,\text{kHz}$ angeschlossen. Berechnen Sie den Strom, der durch die Schaltung fließt, sowie die Phasenverschiebung zwischen Strom und Spannung. Berechnen Sie die Spannungen, die an jedem der drei Wechselstromwiderstände abfallen, und stellen Sie diese in einem Zeigerdiagramm dar.

2. Eine 58-W-Leuchtstoffröhre benötigt einen Betriebsstrom von 1 A. Wie groß muss die Induktivität der Vorschaltdrossel gewählt werden, um sie ans Haushaltsnetz (230 V, 50 Hz) anschließen zu können?

3. Betrachten Sie noch einmal ▶ Beispiel 11.9. Bestimmen Sie die Grenzfrequenz ω_0. Drücken Sie $|k|$ und $\tan\phi_k$ durch ω_0 aus und zeigen Sie, dass sich Gl. 11.35 ergibt.

4. Berechnen Sie das Übertragungsverhältnis ($|k|$ und $\tan\phi_k$) der Bandsperre aus ◘ Abb. 11.29. Bestimmen Sie ω_0 und vergleichen Sie sie mit den ◘ Abb. 11.30 und 11.31.

5. Für eine Spule der Induktivität 3,5 H soll eine Leistungsanpassung bei 50 Hz vorgenommen werden. Welche Kapazität muss ein Kondensator besitzen, den man hierfür mit der Spule in Reihe schaltet?

6. Ein Transformator besitzt im Sekundärstromkreis eine rein induktive Last von $L = 0{,}2L_2$. Der Kopplungsgrad betrage $k = 0{,}8$. Wie groß ist das Spannungsverhältnis zwischen Sekundär- und Primärstromkreis im Vergleich zum unbelasteten Fall?

Elektromagnetische Schwingungen

Stefan Roth und Achim Stahl

© Springer-Verlag GmbH Deutschland, ein Teil von Springer Nature 2018
S. Roth, A. Stahl, *Elektrizität und Magnetismus*, DOI 10.1007/978-3-662-54445-7_12

12.1 Einfache Schwingungen

12.1.1 Einstieg

In ▶ Abschn. 11.5.3 hatten wir Bandfilter diskutiert, die sowohl einen Kondensator als auch eine Spule als frequenzabhängiges Bauteil enthalten (z. B. ◻ Abb. 11.26). Vielleicht ist Ihnen aufgefallen, dass der Verlauf der Übertragungskurve dem einer Resonanzkurve entspricht. Zum Einstieg in dieses Kapitel über elektromagnetische Schwingungen wollen wir diese Analogie noch etwas deutlicher herausarbeiten.

Wir interessieren uns für den Verlauf von Strom und Spannung in der Schaltung in ◻ Abb. 12.1. Die Reihenfolge, in der die drei Bauteile in den Stromkreis eingebaut werden, ist dabei ohne Relevanz. Die Spule sei eine reine Induktivität. Ein eventueller Widerstand der Windung ist im Ohm'schen Widerstand R berücksichtigt.

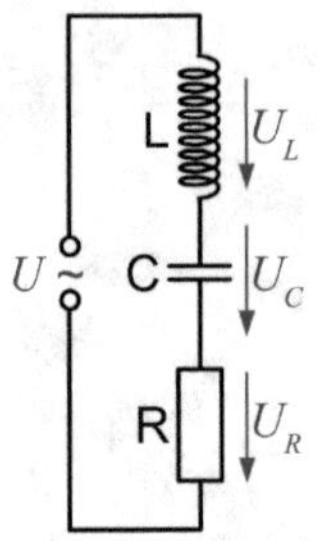

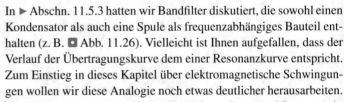

◻ **Abb. 12.1** Schaltbild eines LC-Kreises

Wir wenden die Maschenregel an:

$$\begin{aligned} U(t) &= U_L(t) + U_C(t) + U_R(t) \\ U(t) &= -U_{\text{ind}}(t) + U_C(t) + U_R(t) \\ U(t) &= L\frac{dI(t)}{dt} + \frac{1}{C}Q(t) + RI(t) \end{aligned} \tag{12.1}$$

Erneutes Differenzieren ergibt eine inhomogene Differenzialgleichung zweiter Ordnung für den Strom ($I(t) = dQ(t)/dt$):

$$\frac{dU(t)}{dt} = L\frac{d^2I(t)}{dt^2} + R\frac{dI(t)}{dt} + \frac{1}{C}I(t) \tag{12.2}$$

Für den Spannungsverlauf, mit der die Schaltung angeregt wird, verwenden wir die übliche Form:

$$U(t) = U_0 \cos \omega t \tag{12.3}$$

Nach Einsetzen und Division durch L ergibt sich die finale Form:

$$\frac{d^2I(t)}{dt^2} + \frac{R}{L}\frac{dI(t)}{dt} + \frac{1}{LC}I(t) = \frac{U_0\omega}{L}\cos \omega t \tag{12.4}$$

Diese Differenzialgleichung dürfte Ihnen bekannt vorkommen. Es ist die Differenzialgleichung einer erzwungenen Schwingung mit Dämpfung, wie wir sie in der Mechanik kennen gelernt haben (siehe Band 1, Kap. 17). Dort hatten wir für eine erzwungene Schwingung mit Dämpfung die folgende Differenzialgleichung erhalten:

(Gl. 17.48):

$$\frac{d^2x(t)}{dt^2} + \frac{c}{m}\frac{dx(t)}{dt} + \frac{k}{m}x(t) = \frac{F_0}{m}\cos\omega t$$
$$\frac{d^2x(t)}{dt^2} + 2\gamma\frac{dx(t)}{dt} + \omega_0^2 x(t) = K\cos\omega t \tag{12.5}$$

Wir müssen lediglich $2\gamma = c/m = R/L$ als Dämpfung identifizieren und $\omega_0^2 = k/m = 1/LC$ als Frequenz der freien Schwingung. Wie man sieht, entspricht die Induktivität im elektrischen Schwingkreis der Masse im mechanischen System. Die Kapazität hat die Aufgabe der Rückstellkraft übernommen ($k \sim 1/C$) und der Ohm'sche Widerstand bewirkt die Dämpfung des Systems. Zumindest Letzteres ist anschaulich klar, denn der Widerstand ist das Bauteil, an dem elektrische Energie verbraucht wird. Sie wird in Wärme umgewandelt, wie dies bei der Dämpfung allgemein der Fall ist. Die Wechselspannung aus der Spannungsquelle erzeugt die Anregung, die zur erzwungenen Schwingung führt. Man nennt diesen Schaltkreis daher auch einen Schwingkreis. Wie in der Mechanik schwingt der Kreis mit der Frequenz ω der Anregung, d. h., der Strom ändert sich periodisch mit dieser Frequenz.

Es gibt nur einen kleinen Unterschied zwischen mechanischer und elektrischer Schwingung: Während man sich in der Mechanik in der Regel für die Auslenkung $x(t)$ interessiert, werden die Ergebnisse in der Elektrodynamik in der Regel durch den Strom $I(t)$ ausgedrückt, was der Geschwindigkeit in der Mechanik entspricht. Um die Analogie vollständig zu machen, müssten wir von folgender Differenzialgleichung ausgehen:

$$U(t) = L\frac{dI(t)}{dt} + \frac{1}{C}Q(t) + RI(t)$$
$$\frac{U_0}{L}\cos\omega t = \frac{d^2Q(t)}{dt^2} + \frac{R}{L}\frac{dQ(t)}{dt} + \frac{1}{LC}Q(t) \tag{12.6}$$

Zur Bestimmung der Lösung der Differenzialgleichung gehen wir zu einem komplexen Ansatz über, der uns einen einfacheren Zugang zur Phasenbeziehungen erlaubt. Wir setzen:

$$U(t) = U_0 e^{i\omega t} \tag{12.7}$$

Einmaliges Ableiten nach der Zeit liefert nun:

$$\frac{d^2I(t)}{dt^2} + \frac{R}{L}\frac{dI(t)}{dt} + \frac{1}{LC}I(t) = i\frac{U_0\omega}{L}e^{i\omega t} \tag{12.8}$$

Wir lösen die Differenzialgleichung mit dem Ansatz:

$$I(t) = I_0 e^{i(\omega t - \phi)}$$
$$\frac{dI(t)}{dt} = i\omega I_0 e^{i(\omega t - \phi)} \tag{12.9}$$
$$\frac{d^2 I(t)}{dt^2} = -\omega^2 I_0 e^{i(\omega t - \phi)}$$

Einsetzen in die Differenzialgleichung (Gl. 12.8) ergibt:

$$-\omega^2 I_0 e^{i(\omega t - \phi)} + i\frac{R}{L}\omega I_0 e^{i(\omega t - \phi)} + \frac{1}{LC} I_0 e^{i(\omega t - \phi)} = i\frac{U_0 \omega}{L} e^{i\omega t}$$
$$iI_0 + \frac{R}{L}\omega I_0 - i\frac{1}{LC} I_0 = \frac{U_0 \omega}{L} e^{i\phi}$$
$$i\omega L I_0 + R I_0 - i\frac{1}{\omega C} I_0 = U_0 e^{i\phi}$$
$$\left(i\omega L + \frac{1}{i\omega C} + R \right) I_0 = U_0 e^{i\phi}$$
$$Z_L + Z_C + Z_R = \frac{U_0}{I_0} e^{i\phi} = \frac{U(t)}{I(t)} \tag{12.10}$$

Damit ist unser Ansatz bestätigt. Er hat uns auf die bereits bekannte Relation für die Impedanz einer Reihenschaltung geführt. Wir können folglich schreiben:

$$I(t) = \frac{U(t)}{Z_{\text{ges}}} \tag{12.11}$$

Der Strom oszilliert mit der anregenden Frequenz von $U(t)$. Wie in der Mechanik tritt eine Resonanzüberhöhung auf, nämlich bei der Frequenz, an der Z_{ges} sein Minimum erreicht.

Experiment 12.1: Elektrische Resonanz

Das Verhalten des LC-Kreises aus ◼ Abb. 12.1 lässt sich mit diesem Experiment demonstrieren. Wir benutzen einen Kondensator mit einer Kapazität von $1\,\mu\text{F}$, eine Spule mit einer Induktivität von $4{,}7\,\text{mH}$ und als Widerstand eine Glühbirne (ca. $100\,\Omega$). Dies führt auf eine Resonanzfrequenz von etwa $2{,}3\,\text{kHz}$. Mit einem Signalgenerator legt man links eine sinusförmige Wechselspannung an, deren Frequenz man durchstimmen kann. Nähert man sich der Resonanzfrequenz, steigt der Strom an und die Glühbirne beginnt zu leuchten. Parallel dazu kann man den Spannungsabfall über L und C sowie den Strom auf einem Oszillografen darstellen. Der Strom ist proportional zum Spannungsabfall über dem Widerstand, da dort Strom und Spannung in Phase sind. In der Resonanz geht der Spannungsabfall über L und C gegen null.

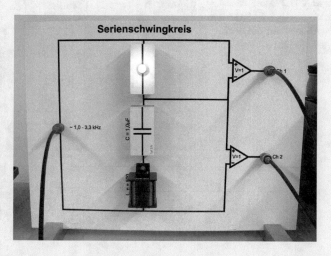

Serienschwingkreis

© RWTH Aachen, Sammlung Physik

12.1.2 Freie Schwingungen

Wir untersuchen nun die elektromagnetischen Schwingungen systematischer. Wir beginnen mit freien Schwingungen, d. h. mit Schaltungen ohne kontinuierliche Anregung von außen. Die Schwingungen werden einmal von außen angestoßen und dann sich selbst überlassen.

Schwingkreis

Der einfachste Schwingkreis ist aus einem Kondensator und einer Spule aufgebaut, die einen geschlossenen Kreis bilden. Der Kondensator wird zunächst geladen und zum Zeitpunkt $t = 0$ verbindet man ihn dann mit der Spule. Es entsteht ein periodischer Austausch von Ladungen zwischen den Platten des Kondensators, der einen ebenso periodischen Strom durch die Spule bewirkt. Der Schwingkreis ist in ☐ Abb. 12.2 dargestellt.

Beginnen wir zum Zeitpunkt $t = 0$ (☐ Abb. 12.2A). Der Kondensator ist geladen, die beiden Platten sind über die Spule miteinander verbunden. (Positive) Ladung fließt von der oberen Platte über die Spule zur unteren. Die Platten entladen sich, in der Spule baut sich ein Magnetfeld auf. Die Selbstinduktion der Spule begrenzt den Anstieg des Stromes, was zu einer verzögerten Entladung des Kondensators führt.

Nach einer Viertelperiode (☐ Abb. 12.2B) ist der Kondensator entladen und das Magnetfeld in der Spule bis zum Maximalwert aufgebaut. Die Lenz'sche Regel verhindert, dass der Strom nun abrupt abbricht. Sie treibt den Strom weiter, bis das Magnetfeld abgebaut ist. Dabei wird der Kondensator in umgekehrter Polarität geladen.

○ **Abb. 12.2** Momentaufnahmen eines Schwingkreises im Abstand von jeweils einer Viertelperiode

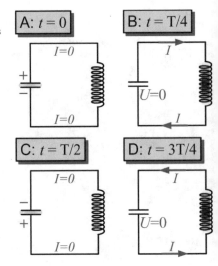

Nach einer halben Periode (○ Abb. 12.2C) ist das Magnetfeld abgebaut und der Kondensator vollständig umgeladen. Er entlädt sich nun wieder, wobei der Strom jetzt in umgekehrter Richtung durch die Spule fließt und ein Magnetfeld in die entgegengesetzte Richtung aufbaut.

Nach einer dreiviertel Periode (○ Abb. 12.2D) ist der Kondensator wieder entladen und das Magnetfeld in der Spule aufgebaut. Die Lenz'sche Regel treibt den Strom weiter und lädt den Kondensator erneut mit der Polarität auf, die wir zu Beginn als Ausgangspunkt genommen hatten. Jetzt beginnt der ganze Vorgang von Neuem.

Man kann den Schwingkreis auch unter energetischen Gesichtspunkten betrachten. Zum Zeitpunkt $t = 0$ haben wir den Kondensator aufgeladen und damit Energie in seinem elektrischen Feld gespeichert. Während der Schwingung wird dieses abgebaut. Aus der Spannung am Kondensator entsteht ein Strom. Dieser transferiert die Energie in die Spule, wo sie im magnetischen Feld gespeichert ist. Es entsteht ein periodischer Wechsel zwischen der elektrischen Energie im Kondensator und der magnetischen Energie in der Spule, ähnlich wie wir das in der Mechanik als Wechsel zwischen kinetischer und potenzieller Energie gesehen hatten.

Wir wollen den Schwingungsvorgang mathematisch erfassen und beginnen mit der Anwendung der Maschenregel auf den Kreis:

$$U_C + U_L = 0$$
$$U_C - U_{\mathrm{ind}} = 0$$
$$\frac{Q}{C} + L\frac{dI}{dt} = 0$$

(12.12)

Nun können wir den Strom I durch die Ladung Q ausdrücken und erhalten die Differenzialgleichung:

$$\frac{d^2 Q(t)}{dt^2} + \frac{1}{LC} Q(t) = 0 \qquad (12.13)$$

Dies ist die Differenzialgleichung einer freien Schwingung, die wir mit dem Ansatz

$$Q(t) = Q_0 \cos \omega_0 t$$
$$\frac{d^2 Q(t)}{dt^2} = -Q_0 \omega_0^2 \cos \omega_0 t \qquad (12.14)$$

lösen. Eingesetzt in Gl. 12.13 ergibt sich

$$-Q_0 \omega_0^2 \cos \omega_0 t + \frac{1}{LC} Q_0 \cos \omega_0 t = 0$$
$$-\omega_0^2 + \frac{1}{LC} = 0 \qquad (12.15)$$
$$\omega_0 = \frac{1}{\sqrt{LC}}$$

bei beliebiger Amplitude Q_0. Man nennt das Ergebnis die Thomson-Formel nach dem britischen Physiker William Thomson.

$$\omega_0 = \frac{1}{\sqrt{LC}} \text{ bzw. } f_0 = \frac{1}{2\pi} \frac{1}{\sqrt{LC}} \qquad (12.16)$$

Die Schwingung folgt einer Kosinusfunktion. Sie ist harmonisch. Dieser kosinusförmige Verlauf passt zu unseren Anfangsbedingungen mit maximaler Ladung auf dem Kondensator zum Zeitpunkt $t = 0$. Für andere Anfangsbedingungen müssen wir unseren Ansatz um eine Startphase erweitern:

$$Q(t) = Q_0 \cos(\omega_0 t + \phi) \qquad (12.17)$$

Der Strom ergibt sich hieraus zu:

$$I(t) = \frac{dQ(t)}{dt} = -Q_0 \omega_0 \sin(\omega t + \phi)$$
$$= Q_0 \omega_0 \cos\left(\omega_0 t - \frac{\pi}{2} + \phi\right) \qquad (12.18)$$

Der Strom läuft also der Ladung, und damit der Spannung am Kondensator, um $\frac{\pi}{2}$ hinterher.

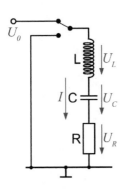

◻ Abb. 12.3 Schwingkreis mit Dämpfung

Gedämpfte Schwingkreise

Im vorherigen Abschnitt haben wir die Dämpfung des Schwingkreises vernachlässigt. Wir nahmen an, dass in der Schaltung kein Ohm'scher Widerstand auftritt. Dies ist nicht realistisch. Zumindest die Spule hat einen Widerstand, den man kaum vernachlässigen kann. Daher erweitern wir die Schaltung mit einem Ohm'schen Widerstand (◻ Abb. 12.3). In ihm ist der Widerstand der Spule und aller anderen Leitungen zusammengefasst, so dass die Spule L weiterhin eine reine Induktivität darstellt.

Der Schalter befindet sich zunächst in der gezeigten Position. Der Kondensator wird über Spule und Widerstand auf die Spannung U_0 aufgeladen. Zum Zeitpunkt $t = 0$ wird der Schalter umgelegt. Der Schwingkreis beginnt zu oszillieren.

Aus der Maschenregel folgt wieder die Differenzialgleichung der Schwingung:

$$U_L + U_C + U_R = 0$$

$$\frac{d^2 Q(t)}{dt^2} + \frac{R}{L}\frac{dQ(t)}{dt} + \frac{1}{LC}Q(t) = 0$$

$$\frac{d^2 Q(t)}{dt^2} + 2\gamma\frac{dQ(t)}{dt} + \frac{1}{\omega_0^2}Q(t) = 0 \qquad (12.19)$$

Meist differenziert man die Differenzialgleichung ein weiteres Mal und erreicht so eine Darstellung über den Strom:

$$\frac{d^2 I(t)}{dt^2} + 2\gamma\frac{dI(t)}{dt} + \frac{1}{\omega_0^2}I(t) = 0 \qquad (12.20)$$

Wie in der Mechanik (Band 1, Abschn. 17.2) lösen wir die Differenzialgleichung mit dem Ansatz:

$$I(t) = ae^{\lambda t}, \qquad (12.21)$$

was auf eine Fallunterscheidung mit den folgenden drei Fällen führt:
- starke Dämpfung: $\gamma > \omega_0$ bzw. $\frac{R}{2L} > \frac{1}{\sqrt{LC}}$
  Die Lösung ist $I(t) = I_0 e^{-\gamma t}\cosh\alpha t$ mit $\alpha^2 = \gamma^2 - \omega_0^2$
- aperiodischer Grenzfall: $\gamma = \omega_0$ bzw. $\frac{R}{2L} = \frac{1}{\sqrt{LC}}$
  Die Lösung ist $I(t) = I_0\left(1 + \gamma t\right)e^{-\gamma t}$
- schwache Dämpfung: $\gamma < \omega_0$ bzw. $\frac{R}{2L} < \frac{1}{\sqrt{LC}}$
  Die Lösung ist $I(t) = I_0 e^{-\gamma t}\cos\left(\omega t + \phi\right)$ mit $\omega^2 = \omega_0^2 - \gamma^2$

Der letzte Fall stellt eine harmonische Schwingung dar, deren Amplitude exponentiell abfällt. Die Zeitkonstante der Dämpfung beträgt $\gamma = R/2L$. Die Frequenz ω der Schwingung ist gegenüber der Frequenz ω_0 der ungedämpften Schwingung leicht verschoben.

Experiment 12.2: Schwingkreis mit Amperemeter

Über Kondensator und Spule ist es möglich, die Frequenz eines Schwingkreises einzustellen. Wir wählen große Werte, was eine langsame Schwingung bewirkt, so dass wir die Oszillation des Stromes direkt mit einem Amperemeter beobachten können. Die Spule hat eine Induktivität von 630 H, der Kondensator eine Kapazität von 40 μF. Dies führt auf eine Frequenz von

$$f = \frac{1}{2\pi} \frac{1}{\sqrt{630\,\text{H} \cdot 40 \cdot 10^{-6}\,\text{F}}} = 1\,\text{Hz}$$

Im Sockel des Kondensators wird der Schalter integriert, den wir zum Aufladen benötigen. Schaltet man den Schwingkreis ein, sieht man einen periodischen Ausschlag des Amperemeters, dessen Amplitude durch den Ohm'schen Widerstand der Spule rasch abklingt. Nach einigen Schwingungen ist die Amplitude so weit abgeklungen, dass keine Oszillation mehr zu sehen ist.

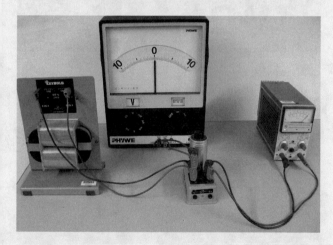

© RWTH Aachen, Sammlung Physik

Experiment 12.3: Gedämpfte Schwingungen

Mit diesem Experiment zeigen wir gedämpfte Schwingungen auf dem Oszillografen. Der Schwingkreis besteht aus dem Kondensator (10 μF), der Spule (360 mH) und einem Widerstand (1 kΩ). Der Widerstand ist regelbar, so dass die Dämpfung eingestellt werden kann.

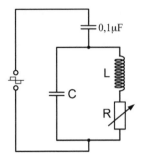

Der Schwingkreis wird über eine langsame Rechteckspannung (60 Hz) angeregt, die an den oberen Kondensator (0,1 µF) angelegt wird. Mit jeder Flanke der Rechteckspannung überträgt dieser Kondensator Ladung auf den Schwingkreis und lädt den dortigen Kondensator auf. Danach entlädt Letzterer sich über L und R in einer gedämpften Schwingung. Der Oszillograf zeigt die Spannung über der Spule. In der ersten Aufnahme wird der Fall der schwachen Dämpfung gezeigt, in der zweiten Aufnahme die starke Dämpfung.

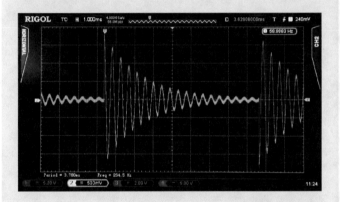

© RWTH Aachen, Sammlung Physik

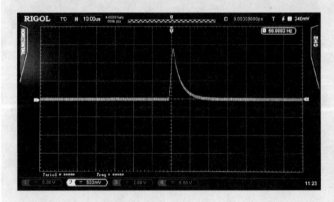

© RWTH Aachen, Sammlung Physik

12.1.3   Erzwungene Schwingungen

Regt man einen Schwingkreis von außen mit einer festen Frequenz an, so kann man erzwungene Schwingungen beobachten. Allerdings gibt es mehrere Möglichkeiten, die Bauteile anzuordnen, was auf unterschiedliche Schwingkreise führt. Die bekanntesten sind der Serien- und der Parallelschwingkreis. Sie sind in ◘ Abb. 12.4 wiedergegeben.

Die Rechnung haben wir bereits in ▶ Abschn. 12.1.1 vorgestellt. Nachdem der Einschwingvorgang abgeklungen ist, stellt sich eine stationäre Schwingung ein, die gekennzeichnet ist durch:

$$U(t) = U_0 e^{i\omega t}$$
$$I(t) = \frac{U(t)}{Z_{ges}}$$
(12.22)

Die Schaltung schwingt mit der Frequenz ω der anregenden Spannung. Die Impedanz unterscheidet die beiden Schwingkreise. Wir haben:

$$\text{Serienschwingkreis: } Z_{ges} = i\omega L + \frac{1}{i\omega C} + R$$
$$\text{Parallelschwingkreis: } Z_{ges} = \left(i\omega C + \frac{1}{i\omega L} + \frac{1}{R}\right)^{-1}$$
(12.23)

In beiden Schwingkreisen beobachtet man eine Resonanz. Der Strom, der aus der anregenden Quelle fließt, hat die Amplitude:

$$I_0 = \frac{U_0}{|Z_{ges}|}$$
(12.24)

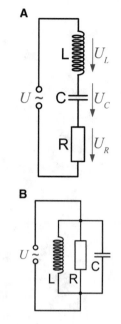

◘ **Abb. 12.4** Serienschwingkreis (**A**) und Parallelschwingkreis (**B**)

Wir bestimmen das Maximum für den Serienschwingkreis:

$$\frac{dI_0}{d\omega} = \frac{d}{d\omega}\left(\frac{U_0}{\sqrt{R^2 + \left(\omega L - \frac{1}{\omega C}\right)^2}}\right)$$
$$= \frac{U_0}{\omega}\frac{\left(\omega L + \frac{1}{\omega C}\right)\left(\omega L - \frac{1}{\omega C}\right)}{\sqrt{R^2 + \left(\omega L - \frac{1}{\omega C}\right)^2}} = 0,$$
(12.25)

was noch einmal auf die Thomson-Formel (Gl. 12.16) führt. Der Strom erreicht sein Maximum bei $\omega_0 = \frac{1}{\sqrt{LC}}$ und nimmt dort den Wert $I_0 = U_0/R$ an. Bei gleicher Phase ist der Spannungsabfall am Kondensator dem an der Spule gerade entgegengesetzt. In der Resonanz ergeben sich die Werte:

$$U_C(\omega_0) = \frac{I(\omega_0)}{\omega_0 C} = \frac{U_0}{R}\sqrt{\frac{L}{C}}$$
$$U_L(\omega_0) = \omega_0 L I(\omega_0) = \frac{U_0}{R}\sqrt{\frac{L}{C}}$$
(12.26)

Diese Spannungen können U_0 durchaus deutlich übersteigen. Betrachten wir noch die Leistung, die dabei umgesetzt wird. Wegen der Phasenverschiebungen kann nur am Ohm'schen Widerstand Leistung verbraucht werden. Diese hat den Wert:

$$P_{\text{wirk}} = I_{\text{eff}} U_{\text{eff}} \cos \phi = \frac{1}{2} I_0 U_0 \cos \phi \tag{12.27}$$

Dabei ist ϕ der Phasenwinkel zwischen Strom und Spannung am Widerstand. Dieser beträgt $\cos \phi = R / |Z_{\text{ges}}|$. Mit Gl. 12.24 ergibt sich:

$$P_{\text{wirk}} = \frac{1}{2} \frac{U_0^2}{|Z_{\text{ges}}|^2} R \tag{12.28}$$

Die Wirkleistung besitzt bei der Resonanzfrequenz ebenfalls ein Maximum.

Anders beim Parallelschwingkreis: Die Resonanz liegt wie beim Serienschwingkreis bei der Frequenz $\omega_0 = \frac{1}{\sqrt{LC}}$. Allerdings weist der Strom und mit ihm die Wirkleistung in der Resonanz ein Minimum auf. Stattdessen fließt ein großer Strom im Schwingkreis vom Kondensator über die Spule und zurück. Sie betragen:

$$I_C(\omega_0) = I_L(\omega_0) = U_0 \sqrt{\frac{C}{L}} \tag{12.29}$$

Dieser Strom kann erheblich größer werden als der Strom durch den Widerstand. Man spricht daher auch von einer Spannungsresonanz im Serienschwingkreis und einer Stromresonanz im Parallelschwingkreis.

Es sei noch auf einen Unterschied zur Resonanz in der Mechanik hingewiesen. Dort (Band 1, Gl. 17.60) hatten wir berechnet, dass die Resonanzfrequenz durch die Dämpfung gegenüber ω_0 verschoben wird, während wir im elektrischen Fall gesehen haben, dass sie immer bei ω_0 liegt. Dies ist lediglich ein Unterschied in der Betrachtungsweise. In der Mechanik haben wir die Resonanz über die maximale Auslenkung definiert, was im elektrischen Fall der maximalen Ladung Q entspräche. Im elektrischen Fall haben wir die Resonanz jedoch über den maximalen Strom gesucht. Wegen $I = dQ/dt$ liegt die Resonanz in der Ladung aber bei einer geringeren Frequenz als die Resonanz im Strom. Der Unterschied zur Mechanik beruht also nur auf der Definition der Resonanzbedingung.

Experiment 12.4: Resonanz mit Lautsprecher

Die Resonanz im Serienschwingkreis kann man sehr schön mit einem Lautsprecher demonstrieren. Die Abbildung zeigt das Schaltbild. Mit der angegebenen Spule und einem Kondensator von $10\,\mu\text{F}$ kommt man auf eine Resonanzfrequenz von ungefähr $150\,\text{Hz}$. Fährt man die Frequenz des Tonsignals bei konstanter Spannung durch, so erreicht der Ton bei der Resonanzfrequenz die größte Lautstärke.

Wir haben den Kondensator durch eine Parallelschaltung dreier Kondensatoren mit den Werten 2,2 µF, 3,3 µF und 4,7 µF realisiert. Durch Abklemmen einzelner Kondensatoren reduzieren wir die Kapazität und suchen die neue Resonanzfrequenz durch erneutes Durchstimmen. Sie liegt nun höher.

Wir benutzen eine Spule mit einem losen Eisenkern. Zieht man ihn heraus, so reduziert sich die Impedanz entsprechend. Stellen wir nun eine feste Frequenz von einigen hundert Hertz ein, so können wir durch Herausziehen des Kerns den Schwingkreis auf dieser Frequenz auf Resonanz abgleichen.

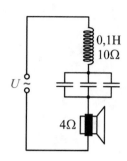

12.2 Gekoppelte Schwingungen

Auch im elektrischen Fall ist es möglich, verschiedene schwingungs-fähige Systeme miteinander zu koppeln. ◘ Abb. 12.5 zeigt ein Bei-piel. Die Linie zwischen den Spulen symbolisiert, dass die Spulen auf denselben Eisenkern gewickelt sind. Dadurch entsteht die Kopp-lung. Eine Schwingung im linken Kreis erzeugt einen magnetischen Fluss, der durch das gemeinsame Eisenjoch auch die rechte Spule durchdringt und in dieser einen Strom induziert und umgekehrt.

Wir stellen die Differenzialgleichung des Systems auf. Dazu be-trachten wir die Spannungen in den Maschen rechts bzw. links. Dabei müssen wir die Kopplung berücksichtigen. L_{12} sei die Induktivität, mit der ein Strom im rechten Kreis eine Spannung in der linken Spu-le induziert. L_{21} bezeichnet die umgekehrte Induktion. Die übrigen Bezeichnungen sind in ◘ Abb. 12.5 erklärt. Dann muss gelten:

◘ **Abb. 12.5** Schwingkreise mit gekoppelten Spulen

$$L_1 \frac{dI_1}{dt} + R_1 I_1 + \frac{Q_1}{C_1} + L_{12}\frac{dI_2}{dt} = 0$$
$$L_2 \frac{dI_2}{dt} + R_2 I_2 + \frac{Q_2}{C_2} + L_{21}\frac{dI_1}{dt} = 0$$

(12.30)

Wir differenzieren einmal und erhalten die gekoppelten Differenzial-gleichungen:

$$L_1 \frac{d^2 I_1}{dt^2} + R_1 \frac{dI_1}{dt} + \frac{I_1}{C_1} = -L_{12}\frac{d^2 I_2}{dt^2}$$
$$L_2 \frac{d^2 I_2}{dt^2} + R_2 \frac{dI_2}{dt} + \frac{I_2}{C_2} = -L_{21}\frac{d^2 I_1}{dt^2}$$

(12.31)

Wir versuchen einen Lösungsansatz der Gestalt:

$$I_1(t) = \widehat{I_1} e^{i\omega t}$$
$$I_2(t) = \widehat{I_2} e^{i\omega t}$$

(12.32)

Dies setzen wir in die Differenzialgleichung ein und erhalten:

$$\begin{cases} -L_1\omega^2 \hat{I}_1 e^{i\omega t} + iR_1\omega \hat{I}_1 e^{i\omega t} + \dfrac{1}{C_1}\hat{I}_1 e^{i\omega t} = L_{12}\omega^2 \hat{I}_2 e^{i\omega t} \\[2mm] -L_2\omega^2 \hat{I}_2 e^{i\omega t} + iR_2\omega \hat{I}_2 e^{i\omega t} + \dfrac{1}{C_2}\hat{I}_2 e^{i\omega t} = L_{21}\omega^2 \hat{I}_1 e^{i\omega t} \end{cases}$$

$$\begin{cases} \left(-L_1\omega^2 + iR_1\omega + \dfrac{1}{C_1}\right)\hat{I}_1 - L_{12}\omega^2 \hat{I}_2 = 0 \\[2mm] -L_{21}\omega^2 \hat{I}_1 + \left(-L_2\omega^2 + iR_2\omega + \dfrac{1}{C_2}\right)\hat{I}_2 = 0 \end{cases}$$

$$\begin{pmatrix} -L_1\omega^2 + iR_1\omega + \dfrac{1}{C_1} & -L_{12}\omega^2 \\[2mm] -L_{21}\omega^2 & -L_2\omega^2 + iR_2\omega + \dfrac{1}{C_2} \end{pmatrix} \cdot \begin{pmatrix} \hat{I}_1 \\ \hat{I}_2 \end{pmatrix} = \begin{pmatrix} 0 \\ 0 \end{pmatrix}$$

$$\begin{pmatrix} R_1 + i\left(L_1\omega - \dfrac{1}{\omega C_1}\right) & iL_{12}\omega \\[2mm] iL_{21}\omega & R_2 + i\left(L_2\omega - \dfrac{1}{\omega C_2}\right) \end{pmatrix} \cdot \begin{pmatrix} \hat{I}_1 \\ \hat{I}_2 \end{pmatrix} = \begin{pmatrix} 0 \\ 0 \end{pmatrix}$$

$$(12.33)$$

Im letzten Schritt haben wir die Gleichung so umgeschrieben, dass die Einträge der Matrix Impedanzen darstellen. Auf der Diagonalen der Matrix stehen die Impedanzen der beiden einzelnen Schwingkreise. Dieses Gleichungssystem hat eine triviale Lösung, wenn beide Ströme verschwinden ($\hat{I}_1 = \hat{I}_2 = 0$). Für eine nicht-triviale Lösung muss die Determinante der Matrix null ergeben:

$$\left(R_1 + i\left(\omega L_1 - \frac{1}{\omega C_1}\right)\right)\left(R_2 + i\left(\omega L_2 - \frac{1}{\omega C_2}\right)\right)$$
$$+ \omega^2 L_{12}L_{21} = 0 \qquad (12.34)$$

Die allgemeine Lösung dieser quadratischen Gleichung ist unübersichtlich. Wir wollen uns auf einen Spezialfall konzentrieren, der schon die wesentlichen Zusammenhänge aufzeigt. Wir vernachlässigen die Dämpfung und nehmen die beiden Schwingkreise als symmetrisch an:

$$\begin{aligned} R_1 &= R_2 = 0 \\ C_1 &= C_2 = C \\ L_1 &= L_2 = L \\ L_{12} &= L_{21} \end{aligned} \qquad (12.35)$$

Damit vereinfacht sich die Bedingung für die Lösung auf

$$-\left(\omega L - \frac{1}{\omega C}\right)^2 + \omega^2 L_{12}^2 = 0 \qquad (12.36)$$

Abb. 12.6 Zwei gekoppelte Schwingkreise mit externer
Anregung

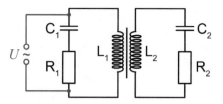

mit den beiden Lösungen

$$\omega_{1,2} = \sqrt{\frac{1}{(L \pm L_{12})\,C}} = \frac{\omega_0}{\sqrt{1 \pm k}}, \tag{12.37}$$

wobei wir für den rechten Teil der Formel den Kopplungsgrad k eingeführt haben,

$$k = \frac{L_{12}}{L}, \tag{12.38}$$

und $\omega_0 = 1/\sqrt{LC}$ die Eigenfrequenz eines einzelnen Kreises bezeichnet. Wir erhalten für den gekoppelten Schwingkreis zwei Eigenfrequenzen. Für $k \to 0$ entkoppeln die beiden Kreise. Es schwingt
dann jeder für sich mit $\omega = \omega_0$. Umgekehrt entsteht für $k \to 1$ ein
vollständig gekoppeltes System. Eine der beiden Eigenfrequenzen
wird ins Unendliche geschoben und verschwindet damit. Es bleibt
eine einzige Eigenfrequenz bei $\omega = \omega_0/\sqrt{2}$ übrig. Dies ist auch anschaulich klar. Neben der vollständig gekoppelten Spule im Zentrum
hat man jetzt links und rechts eine Kapazität C, die man zu einer gemeinsamen Kapazität der Größe $2C$ addieren kann. Es entsteht ein
einfacher Schwingkreis mit der Eigenfrequenz $1/\sqrt{2LC} = \omega_0/\sqrt{2}$.
Bei allen Zwischenwerten beobachtet man die beiden Eigenfrequenzen aus Gl. 12.37.

Interessant ist die Frage, wie die Schwingkreise reagieren, wenn
sie von außen angeregt werden. In ■ Abb. 12.6 ist noch einmal der
Schwingkreis aus ■ Abb. 12.5 zu sehen, nun versehen mit einer
externen Anregung des linken Kreises durch eine externe Wechselspannung $U(t)$. Der linke Kreis wird eine erzwungene Schwingung
ausführen. Wie wird dieses Schwingung auf den rechten Kreis übertragen?

Um diese Frage zu beantworten, müssen wir zunächst Gl. 12.35
um die Anregung erweitern (Maschenregel). Die Differenzialgleichung lautet dann:

$$\begin{pmatrix} R_1 + i\left(L_1\omega - \dfrac{1}{\omega C_1}\right) & iL_{12}\omega \\[2mm] iL_{21}\omega & R_2 + i\left(L_2\omega - \dfrac{1}{\omega C_2}\right) \end{pmatrix} \cdot \begin{pmatrix} \widehat{I}_1 \\[1mm] \widehat{I}_2 \end{pmatrix} = \begin{pmatrix} U(t) \\[1mm] 0 \end{pmatrix}$$

$$\tag{12.39}$$

Das System der gekoppelten Differenzialgleichungen ist nun inhomogen. Die allgemeine Lösung solcher Differenzialgleichungen ist die Summe aus der allgemeinen Lösung der homogenen Differenzialgleichung und einer speziellen Lösung der inhomogenen Differenzialgleichung. Der erste Teil ist die freie, gedämpfte Schwingung, die wir bereits bestimmt haben. Ihre Amplitude klingt mit der Zeit ab. Sie beschreibt den Einschwingvorgang nach Anlegen der Anregung. Wartet man den Einschwingvorgang ab, so ist die Amplitude dieses Teils der Lösung auf null abgeklungen. Der zweite Teil der Lösung, die spezielle Lösung der inhomogenen Differenzialgleichung, dominiert nun. Man nennt dies auch die stationäre Lösung, da sich die Amplitude dieses Teils der Lösung zeitlich nicht verändert. Wir wollen nun annehmen, dass der Einschwingvorgang abgeklungen ist. Wir bestimmen die stationäre Lösung.

Wir nutzen aus, dass die zweite Differenzialgleichung immer noch homogen ist und bestimmen aus ihr (zweite Zeile in Gl. 12.39) den Strom $\widehat{I}_1$,

$$
\begin{aligned}
& iL_{21}\omega\widehat{I}_1 + \left(R_2 + i\left(L_2\omega - \frac{1}{\omega C_2}\right)\right)\widehat{I}_2 = 0 \\
& \Rightarrow \widehat{I}_1 = -\frac{R_2 + i\left(L_2\omega - \frac{1}{\omega C_2}\right)}{iL_{21}\omega}\widehat{I}_2,
\end{aligned}
\tag{12.40}
$$

und setzen dies in die erste Differenzialgleichung ein,

$$
\begin{aligned}
& -\left(R_1 + i\left(L_1\omega - \frac{1}{\omega C_1}\right)\right) \cdot \frac{R_2 + i\left(L_2\omega - \frac{1}{\omega C_2}\right)}{iL_{21}\omega}\widehat{I}_2 \\
& + iL_{12}\omega\widehat{I}_2 = U(t),
\end{aligned}
\tag{12.41}
$$

und bestimmen daraus $\widehat{I}_2$, welches wir als Spannungsabfall U_2 an R_2 messen können:

$$
\begin{aligned}
& -\left(R_1 + i\left(L_1\omega - \frac{1}{\omega C_1}\right)\right)\left(R_2 + i\left(L_2\omega - \frac{1}{\omega C_2}\right)\right) \\
& - L_{12}L_{21}\omega^2 = iL_{21}\omega\frac{U(t)}{\widehat{I}_2} \\
& -\left(R_1 + i\left(L_1\omega - \frac{1}{\omega C_1}\right)\right)\left(R_2 + i\left(L_2\omega - \frac{1}{\omega C_2}\right)\right) \\
& - L_{12}L_{21}\omega^2 = iR_2L_{21}\omega\frac{U(t)}{U_2}
\end{aligned}
\tag{12.42}
$$

Um die Formeln etwas zu verkürzen, wollen wir uns an dieser Stelle wieder auf einen symmetrischen Schwingkreis beschränken, also:

$$
\begin{aligned}
C_1 &= C_2 = C \\
L_1 &= L_2 = L \\
L_{12} &= L_{21}
\end{aligned}
\tag{12.43}
$$

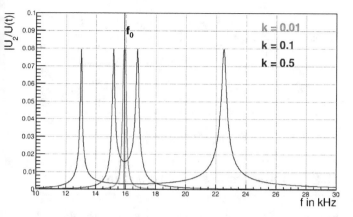

◻ Abb. 12.7 Übertragungsverhältnis in einem gekoppelten Schwingkreis ($L =$ 10 mH, $C = 10$ nF, $R = 10\,\Omega$)

Ferner führen wir die Abkürzung $X = \omega L - \frac{1}{\omega C}$ ein, was dem Imaginärteil der Impedanz eines der beiden Schwingkreise entspricht. Damit vereinfacht sich Gl. 12.42 auf:

$$-(R + iX)^2 - L_{12}^2 \omega^2 = iRL_{12}\omega \frac{U(t)}{U_2}$$

$$i\left(R^2 - X^2 + \omega^2 L_{12}^2\right) - 2RX = RL_{12}\omega \frac{U(t)}{U_2}$$

$$\frac{U_2}{U(t)} = \frac{RL_{12}\omega}{i\left(R^2 - X^2 + \omega^2 L_{12}^2\right) - 2RX}$$

$$\left|\frac{U_2}{U(t)}\right| = \frac{RL_{12}\omega}{\sqrt{\left(R^2 - X^2 + \omega^2 L_{12}^2\right)^2 + 4R^2 X^2}}$$

$$(12.44)$$

Dieses Verhältnis ist in ◻ Abb. 12.7 dargestellt. Man sieht, dass es in der Nähe der beiden Resonanzfrequenzen, die wir in Gl. 12.37 bestimmt hatten, zu einer signifikanten Übertragung von Leistung aus dem linken Schwingkreis in den rechten Schwingkreis kommt.

Wir hatten als Beispiel zwei Schwingkreise behandelt, die über eine gemeinsame Spule gekoppelt waren. Dies ist bei Weitem nicht die einzige Möglichkeit, die Schwingkreise zu koppeln. In ◻ Abb. 12.8 wird eine andere Möglichkeit gezeigt. In diesem Beispiel koppelt der Kondensator C_{12} die beiden Schwingungen. Sowohl der Strom I_1 des linken Kreises als auch I_2 des rechten Kreises ändern die Ladung, die C_{12} trägt. So entsteht die Kopplung.

Es ist durchaus möglich, mehr als zwei Schwingkreise miteinander zu koppeln. ◻ Abb. 12.9 zeigt ein Beispiel mit vier gekoppelten Schwingkreisen. Eine solche Schaltung besitzt dann vier Eigenfrequenzen.

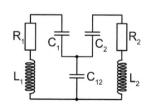

◻ Abb. 12.8 Zwei Schwingkreise, teilweise gekoppelt über eine Kapazität C_{12}

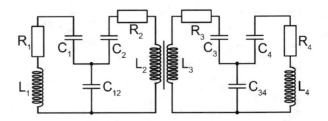

□ **Abb. 12.9** Vier gekoppelte Schwingkreise

12.3   Ungedämpfte Schwingungen

Eine reale freie Schwingung erfährt Energieverluste. In der Mechanik geschieht dies durch Reibung, in der Elektrizität durch Ohm'sche Widerstände, an denen die Energie in Wärme umgesetzt wird. Dabei muss es sich nicht um konkrete Bauelemente in der Schaltung handeln. Auch wenn solche nicht vorhanden sind, treten Ohm'sche Verluste auf, z. B. in den Zuleitungen zu Kondensatoren und Spulen, auf den Platten der Kondensatoren oder in den Windungen der Spulen. Diese Verluste führen dazu, dass die Amplitude der Schwingung allmählich abnimmt. Eine ungedämpfte Schwingung kann man in der Praxis nur dadurch erreichen, dass man die Verluste durch Energiezufuhr wieder ausgleicht. Solche Schaltungen wollen wir in diesem Abschnitt diskutieren.

Experiment 12.5: Manuelle Rückkopplung

Mit diesem Experiment können wir ein einfaches Verfahren zur Erzeugung einer ungedämpften Schwingung zeigen. Wir benutzen einen RLC-Schwingkreis, wie er in der Abbildung zu sehen ist. Die Werte sind so eingestellt, dass sich eine Schwingungsfrequenz von etwa 1 Hz ergibt (siehe ▶ Experiment 12.2). Eine Glühbirne entnimmt dem Schwingkreis Energie und führt zu einer Dämpfung.

In einem ersten Versuchsteil befassen wir uns mit der freien, gedämpften Schwingung. Wir schließen den Schalter für einige Sekunden und laden den Kondensator über den Widerstand R_1 auf. Dann öffnen wir den Schalter und beobachten die Schwingung. Die Glühbirne leuchtet periodisch auf, allerdings wird das Leuchten mit jedem Male geringer und ist nach wenigen Perioden nicht mehr zu erkennen. Die Schwingung ist stark gedämpft.

Im zweiten Versuchsteil versuchen wir, das Leuchten zu erhalten, indem wir im Takt mit der Schwingung den Schalter kurzschließen. Dabei ist auf den richtigen Moment zu achten. Wir bringen zusätzlich ein Demo-Multimeter in die Schaltung ein. Der Zeiger

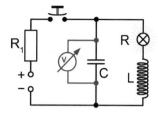

zeigt die Spannung am Kondensator an. Wir versuchen, den Schalter immer dann für kurze Zeit zu schließen, wenn das Multimeter die maximale positive Spannung anzeigt. Mit ein wenig Übung gelingt es, die Schwingung auf konstanter Amplitude zu halten, was man am gleichmäßigen Aufleuchten der Glühbirne erkennen kann. Immer wenn wir den Schalter schließen, fließt zusätzliche Ladung aus der Spannungsquelle auf den Kondensator, wodurch wir die Verluste ausgleichen.

Ein einfaches Beispiel einer ungedämpften Schwingung veranschaulicht ▸ Experiment 12.5. In diesem Beispiel wird durch eine Energiezufuhr, die synchron mit der Schwingung erfolgt, die Dämpfung überwunden. Es ist eine stationäre Schwingung entstanden, deren Frequenz durch die Eigenfrequenz des Schwingkreises vorgegeben wird. Dies muss von den erzwungenen Schwingungen unterschieden werden, die ja nach Abklingen des Einschwingvorgangs auch in eine stationäre Schwingung übergehen. Bei der erzwungenen Schwingung wird die Frequenz durch die Anregung von außen vorgegeben. Dagegen wird bei den Beispielen, die wir in diesem Abschnitt diskutieren wollen, die Frequenz durch den Schwingkreis selbst bestimmt.

Die in ▸ Experiment 12.5 gezeigte Methode des Energieausgleichs hat offensichtliche Nachteile. Sie erfordert einen Experimentator, der in das Geschehen eingreift, ist ungenau und funktioniert nur bei niedrigen Frequenzen. Für den Einsatz in der Technik wird eine automatische Regelung benötigt. Diese gelingt, indem man einen Teil des Ausgangssignals der Schwingung einsetzt, um die Energiezufuhr zu steuern. ◘ Abb. 12.10 zeigt ein einfaches Beispiel. Der Kern der Schaltung besteht aus einem Schwingkreis aufgebaut aus L_1, C_1 und R_1. Die Bauteile L_1 und C_1 bestimmen die Frequenz des Schwingkreises. An Stelle von R_1 kann ein Verbraucher, z. B. ein Lautsprecher, angeschlossen werden. R_1 legt zusammen mit den Verlusten in der Spule und dem Kondensator die Dämpfung des Schwingkreises fest. Nun greift ein Verstärker die Spannung über dem Kondensator ab. Wir wollen annehmen, dass der Verstärker über einen hochohmigen Eingang verfügt, so dass keine nennenswerten zusätzlichen Verluste im Schwingkreis entstehen. Der Verstärker setzt die Spannung des Kondensators in einen Strom um, den er in die Spule L_2 einspeist. Die beiden Spulen sind gekoppelt, so dass dieser Strom eine zusätzliche Spannung in L_1 induziert. Passt die Polarität, so wird auf diese Weise die Spulenspannung erhöht und die Verluste werden damit ausgeglichen.

Wir wollen die Schaltung mathematisch erfassen. Die Differenzialgleichung für den Schwingkreis ohne die Rückführung des Spulensignals (ohne die blau gezeichneten Elemente in ◘ Abb. 12.10) lautet

Abb. 12.10 LCR-Schwingkreis mit aktiver Rückkopplung

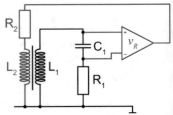

(Gln. 12.19, 12.20):

$$\frac{d^2 I_1(t)}{dt^2} + \frac{R_1}{L_1}\frac{d I_1(t)}{dt} + \frac{1}{L_1 C_1} I_1(t) = 0 \tag{12.45}$$

Dabei gibt I_1 den Strom im Schwingkreis an. Durch die Kopplung der beiden Spulen erzeugt der Strom I_2, der die Spule L_2 durchfließt, eine zusätzliche Spannung in L_1. Die Querinduktion sei mit L_{21} bezeichnet. Die Polarität dieser Spannung kann durch Umdrehen der Anschlüsse von L_2 umgekehrt werden, so dass wir beide Vorzeichen berücksichtigen:

$$\frac{d^2 I_1(t)}{dt^2} + \frac{R_1}{L_1}\frac{d I_1(t)}{dt} \pm \frac{L_{12}}{L_1}\frac{d I_2(t)}{dt} + \frac{1}{L_1 C_1} I_1(t) = 0 \tag{12.46}$$

Nun ist die Ausgangsspannung U_2 des Verstärkers gegeben durch seine Verstärkung v_R:

$$U_2(t) = v_R \cdot U_{C1} = v_R \frac{i}{\omega C_1} I_1(t) \tag{12.47}$$

Dadurch entsteht ein Strom:

$$I_2(t) = \frac{U_2(t)}{Z_2} = v_R \frac{i}{\omega C_1} \frac{1}{i\omega L_2 + R_2} I_1(t) = k_R I_1(t) \tag{12.48}$$

Dies setzen wir in Gl. 12.46 ein:

$$\frac{d^2 I_1(t)}{dt^2} + \left(\frac{R_1}{L_1} \pm k_R \frac{L_{12}}{L_1}\right)\frac{d I_1(t)}{dt} + \frac{1}{L_1 C_1} I_1(t) = 0 \tag{12.49}$$

Die Lösung dieser Differenzialgleichung ist eine gedämpfte Schwingung mit der Dämpfungskonstante

$$\gamma = \frac{1}{2}\left(\frac{R_1}{L_1} \pm k_R \frac{L_{12}}{L_1}\right). \tag{12.50}$$

Es ist offensichtlich, dass bei einer geeigneten Wahl der Polarität der Spule L_2 ($\pm$ in Gl. 12.50) und mit einer abgestimmten Dimensionierung der Rückkopplung (Verstärkungsfaktor v_R sowie R_2 und L_2) die Dämpfung zu null gemacht werden kann. Dann entsteht eine ungedämpfte Schwingung.

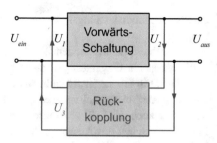

Abb. 12.11 Schematische Darstellung der Rückkopplung durch Vierpole

Die Rückführung eines Anteils des Ausgangssignals in ihren Eingang nennt man eine Rückkopplung. Das Beispiel in ◻ Abb. 12.10 zeigt eine solche Rückkopplung. Man kann eine Rückkopplung allgemein durch Vierpole darstellen (◻ Abb. 12.11).

Wir wollen hier nur eine vereinfachte Darstellung durch die Spannungen vorstellen. Nennen wir U_1 die Spannung am Eingang des oberen Vierpols und U_2 die Spannung an dessen Ausgang. Dann können wir schreiben:

$$U_2(t) = k_V U_1(t) \tag{12.51}$$

Nehmen wir wiederum an, dass die Rückkopplung durch den unteren Vierpol in ◻ Abb. 12.11 nur einen vernachlässigbaren Anteil des Ausgangssignals aufnimmt, dann ist $U_2 \approx U_{\mathrm{aus}}$. Der Rückkopplungszweig erzeugt die Spannung U_3, die in den Eingang des oberen Vierpols zurückgeführt wird ($U_1 = U_{\mathrm{ein}} + U_3$). Wir beschreiben die Rückkopplung durch:

$$U_3(t) = k_R U_2(t)$$

Dies ergibt:

$$\begin{aligned} U_{\mathrm{aus}}(t) &= k_V \left(U_{\mathrm{ein}}(t) + U_3(t) \right) \\ &= k_V \left(U_{\mathrm{ein}}(t) + k_R U_{\mathrm{aus}}(t) \right) \\ U_{\mathrm{aus}}(t) &= \frac{k_V}{1 - k_V k_R} U_{\mathrm{ein}}(t) \end{aligned} \tag{12.52}$$

Die Übertragungsverhältnisse k_V und k_R können komplexe Anteile enthalten. Für die Diskussion wollen wir aber annehmen, dass sie reell sind und k_V positiv ist. Ist k_R negativ, so ist das rückgekoppelte Signal gegenphasig zum Eingangssignal und die Gesamtverstärkung der Schaltung wird durch die Rückkopplung reduziert. Man spricht von einer Gegenkopplung. Solche Gegenkopplungen werden in fast allen elektronischen Schaltungen eingesetzt, z. B. zur Stabilisierung von Verstärkern.

Ist k_R dagegen positiv, so addiert sich das rückgekoppelte Signal konstruktiv zum Eingangssignal. Das Ausgangssignal wird erhöht. Man spricht von einer Mitkopplung. Aus Gl. 12.52 ist ferner zu ersehen, dass die Schaltung instabil wird, falls sich $k_V k_R$ dem Wert eins nähert. Die Gesamtverstärkung strebt dann gegen unendlich, so dass bereits ein minimales Eingangssignal ein großes Ausgangssignal erzeugt.

Überschreitet $k_V k_R$ gar den Wert eins, entstehen Ausgangssignale ohne dass ein Eingangssignal anliegt. Wir setzen daher das Eingangssignal in Gl. 12.52 auf null. Man würde dann erwarten, dass auch das Ausgangssignal verschwindet. Dies ist bei einem idealen Verstärker auch der Fall, aber unser Verstärker verstärkt selbst das kleinste Rauschen des Ausgangs. Solches Rauschen wird über die Rückkopplung an den Eingang zurückgeführt und erscheint erneut am Ausgang mit einer Amplitude, die größer als seine ursprüngliche Amplitude ist ($k_V k_R > 1$). Dieser Prozess wiederholt sich fortlaufend, so dass aus dem Rauschen ein deutlich messbares Signal entsteht. Es wächst immer weiter an, bis der Verstärker schließlich an seine Grenzen stößt. Man spricht von Selbsterregung.

Beispiel 12.1: Frequenzgenerator

Mit einer Verstärkerschaltung in Selbsterregung kann man einen Frequenzgenerator bauen, indem man einen Bandpass als Rückkopplung wählt. Die Rückkopplung muss als Mitkopplung ausgeführt sein und so eingestellt werden, dass lediglich für ein enges Intervall um die Durchlassfrequenz ω_0 des Bandpasses die Bedingung $k_V k_R > 1$ erfüllt ist. Dies gelingt besonders gut mit einem möglichst schmalbandigen Bandpass. Selbsterregung tritt dann für die Frequenzen ein, für die die Ungleichung $k_V k_R > 1$ erfüllt ist. Je enger dieses Frequenzband ausfällt, desto genauer entspricht die Ausgangsspannung einem sinusförmigen Verlauf. Ferner muss die Amplitude der Ausgangsspannung kontrolliert werden, z. B. durch einen nichtlinearen Verstärker, dessen Verstärkung mit steigender Amplitude zurückgeht, so dass sich die Ausgangsamplitude auf den Wert einpendelt, bei dem $k_V k_R = 1$ gilt.

Ist der Bandpass durchstimmbar, so ermöglicht dies, die Frequenz der Ausgangsspannung einzustellen. Solche Schaltungen bilden die Basis der Frequenzgeneratoren, die wir in vielen unserer Experimente benutzen.

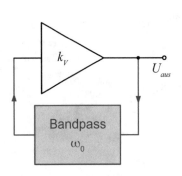

Beispiel 12.2: Meißner-Oszillator

Die erste selbsterregende Oszillatorschaltung wurde 1913 von dem österreichischen Physiker Alexander Meißner patentiert. Sie gilt als Grundstein der Rundfunktechnik. Die Abbildung zeigt das Schaltbild aus der Patentschrift. Der rechte Teil der Schaltung, bestehend aus den Bauteilen 9 und 10 (Spulen) und dem regelbaren Kondensator 8, stellt den Schwingkreis dar.

Die Spule 9 ist an die Spule 6 gekoppelt, auf die ein Teil des Signals übertragen wird. Dieser Teil wird in einer Verstärkerröhre (Vakuumtriode, siehe ▶ Beispiel 11.19) verstärkt. Die Röhre trägt die Ziffer 1. An das Gitter (bezeichnet mit 5) legt man das Steuersignal an und an der Anode (bezeichnet mit 4) wird das verstärkte Signal abgegriffen. Mit diesem Strom wird der Kondensator im Takt der Schwingung zusätzlich geladen, was die üblichen Verluste ausgleicht, so dass eine stabile Schwingung entsteht.

Im unteren Teil ist die Auskopplung des Signals zu erkennen. An der Buchse 11 kann man es vom Kondensator abgreifen. Bei 12 handelt es sich um einen Widerstand. Der Kondensator 13 überbrückt die Buchse, wenn kein Verbraucher angeschlossen ist. Die Batterie (2) liefert die Versorgungsspannung für die Verstärkung und die Heizung der Kathode (3).

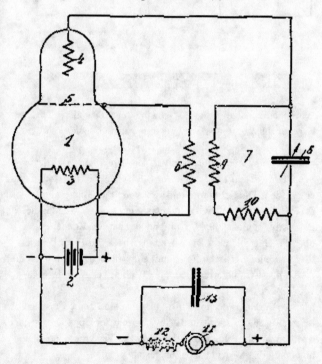

Heutzutage versuchen wir Transistorschaltungen zu benutzen. Das Schaltbild zeigt einen Meißner-Oszillator basierend auf der Verstärkerschaltung aus ◘ Abb. 11.41. Der Widerstand R3 wurde durch einen LC-Schwingkreis ersetzt (orange dargestellt). Über die Kopplung an die Spule L1 wird ein Teil der Spulenspannung an den Eingang der Verstärkerschaltung übertragen, so dass eine Mitkopplung entsteht. Ferner wurde aus ◘ Abb. 11.41 die frequenzabhängige Gegenkopplung entfernt.

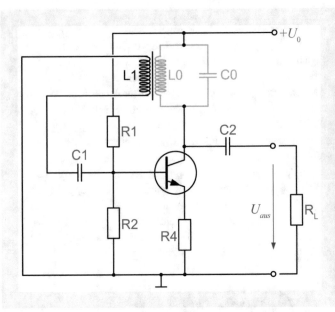

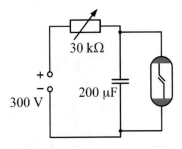

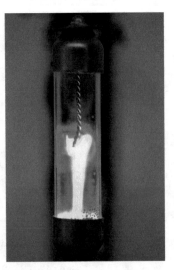

© Foto: Hendrik Brixius

Experiment 12.6: Kippschaltung mit Glimmlampe

Wir haben nun viel über LC-Schwingkreise diskutiert. Dieses Experiment zeigt einen Schwingkreis gänzlich anderer Art. Er erzeugt ebenfalls eine ungedämpfte Schwingung, allerdings keine harmonische (sinusförmige). Die Abbildung gibt das Schaltbild wieder. Über einen Vorwiderstand wird der Kondensator aufgeladen. Parallel zum Kondensator ist die Glimmlampe angeschlossen. Erreicht die Spannung etwa 150 V, zündet diese und wird dadurch leitend. Nun entlädt sich der Kondensator über die Glimmlampe. Die Spannung sinkt. Bei Erreichen der Löschspannung erlischt die Glimmlampe und der Stromfluss durch die Lampe wird unterbrochen. Nun beginnt der Aufladevorgang von Neuem.

Man nennt dies eine Kippschwingung, da die Lampe zwischen den beiden Zuständen „Aus" und „An" hin- und her kippt. Die Frequenz der Schwingung kann durch die Höhe der Versorgungsspannung und durch den Vorwiderstand eingestellt werden.

❓ Übungsaufgaben zu ▶ Kap. 12

1. Zeigen Sie, dass der Ansatz $Q(t) = Q_0 \cos(\omega_0 t + \phi)$ ebenfalls eine Lösung zu Gl. 12.13 darstellt.

2. In einem Schwingkreis mit einem Ohm'schen Widerstand von 2 Ω fällt die Schwingungsamplitude nach 2 ms auf die Hälfte ab. Wie groß wurde die Kapazität im Schwingkreis gewählt, wenn dieser bei einer Frequenz von 2 kHz schwingt?

3. Ein Funkempfänger besitzt in dem für den Empfang der Radiowellen vorgesehenen Schwingkreis eine Induktivität von 100 μH. Welchen regelbaren Bereich muss der Drehkondensator im Schwingkreis besitzen, um Mittelwellensender im Wellenlängenbereich zwischen 100 m und 1000 m empfangen zu können?

4. Eine Schaltung enthält einen Kondensator der Kapazität 10 pF. Dieser wird über einen Schaltkreis entladen, der eine Induktivität von 10 nH besitzt. Wie groß muss der Ohm'sche Widerstand dieses Schaltkreises mindestens sein, damit es nicht zu einer Schwingung kommt, sondern die Ladung des Kondensators asymptotisch gegen null geht?

5. Stellen Sie die Differenzialgleichungen zu dem in ◘ Abb. 12.8 gekoppelten System auf und leiten Sie daraus die beiden Resonanzfrequenzen für den ungedämpften, symmetrischen Fall her.

6. Berechnen Sie die Periodendauer der Kippschwingung in ► Experiment 12.6.

Elektromagnetische Wellen

Stefan Roth und Achim Stahl

13.1   Lecher-Leitung

13.1.1   Konzept

Im Jahre 1886 hatte Heinrich Hertz eine Art von elektromagnetischen Wellen entdeckt, die wir heute als Mikrowellen bezeichnen. Kurz darauf beschäftigte sich der österreichische Physiker Ernst Lecher mit der Ausbreitung der Hertz'schen Wellen. Es gelang ihm, die Ausbreitungsgeschwindigkeit der Wellen zu messen. Er fand einen Wert, der mit der Ausbreitungsgeschwindigkeit des Lichtes übereinstimmte, woraus er korrekterweise schloss, dass es sich auch bei Licht um elektromagnetische Wellen handeln muss.

Eine Skizze einer historischen Messapparatur ist in ◘ Abb. 13.1 zu sehen. Ernst Lecher machte sich die Relation

$$c = \lambda f \tag{13.1}$$

zu Nutze, die für alle Wellen gilt. Die Geschwindigkeit der Welle ist mit c angegeben, ihre Wellenlänge mit λ, und f steht für die Frequenz der Welle. Er verwendete einen Hertz'schen Schwingkreis, der Schwingungen von einigen hundert MHz erzeugte. Die Frequenz seines Generators war ihm bekannt. Lecher koppelte die Schwingungen auf zwei parallele Drähte ein, die in ◘ Abb. 13.1 links im Vordergrund zu sehen sind. Wir nennen diese Anordnung zweier paralleler Drähte oder Stäbe zum Transport elektromagnetischer Wellen heute eine Lecher-Leitung. Auf den Drähten bilden sich Wellen aus, die an den Enden reflektiert werden. Es entstehen stehende Wellen, sofern die Länge der Drähte auf die Wellenlänge abgeglichen ist. An den Schwingungsbäuchen der stehenden Welle zeigt sich eine Spannung zwischen gegenüberliegenden Punkten auf den Drähten. Diese Spannung wies Lecher mit Geißler-Röhren nach, die er zwischen die

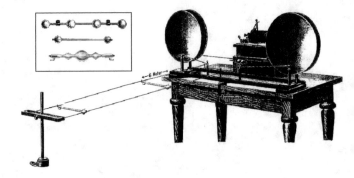

◘ **Abb. 13.1** Zeichnung einer Lecher-Leitung von 1902 aus einem Katalog wissenschaftlicher Instrumente. Lechers Apparatur von 1888 muss ähnlich ausgesehen haben

Drähte hängte. An den Schwingungsbäuchen leuchten sie, an den Schwingungsknoten herrscht dagegen keine Spannung und es ist kein Leuchten zu erkennen. So konnte Lecher die Wellenlänge ausmessen und mittels Gl. 13.1 die Ausbreitungsgeschwindigkeit bestimmen.

Experiment 13.1: Lecher-Leitung

Der Nachbau der Lecher-Leitung ist relativ einfach. Er besteht aus zwei parallelen Leitern. In unserem Experiment benutzen wir dünne Metallrohre, die sich teleskopisch verlängern und verkürzen lassen. Zum Einkoppeln benötigt man allerdings einen Hochfrequenzgenerator. Unser Generator erzeugt eine Schwingung mit einer Frequenz von 440 MHz. Es gibt unterschiedliche Möglichkeiten, die Schwingung einzukoppeln. Wir benutzen eine induktive Einkopplung. Ein Leiter aus dem Generator, der den Strom des Schwingkreises trägt, wird nach außen geführt (in der Skizze mit a bezeichnet). Die beiden Leiter der Lecher-Leitung sind an einem Ende miteinander verbunden (in der Skizze mit b bezeichnet). Die beiden Leiter a und b liegen parallel zueinander, berühren sich aber nicht. Sie wirken wie ein Transformator mit nur einer Primär- und einer Sekundärwindung. Induktiv wird ein Teil des Stromes vom Generatorkreis (a) auf die Lecher-Leitung (b) übertragen. Der Strom auf dem Leiterstück b setzt sich dann in die Lecher-Leitung hinein fort, wobei der Strom auf den beiden Leitern jeweils in entgegengesetzte Richtungen fließt.

Am Ende der Lecher-Leitung wird der Strom reflektiert. Die Ladung kommt an und kann nicht weiterfließen. Es baut sich eine Ladung auf, die zu einer Spannung führt, die den Strom wieder zurücktreibt, so dass er sich mit dem ankommenden Strom überlagert. Durch diese Reflexion entsteht eine stehende Welle auf der Leitung, sofern die Länge der Leitung auf die Wellenlänge der Schwingung abgeglichen ist. Diesen Abgleich müssen wir zu Beginn des Experimentes durchführen.

Mit der im Foto gezeigten Glühbirne lässt sich die Schwingung auf der Lecher-Leitung nachweisen. Den Strom auf der Lecher-Leitung koppeln wir induktiv in eine Drahtschleife (Draht mit gelb-grüner Isolation im Foto), in die eine Glühbirne eingebracht ist. Halten wir den Draht direkt über die Lecher-Leitung, leuchtet sie an den Strombäuchen der stehenden Welle.

Am offenen Ende der Lecher-Leitung bildet sich ein Knoten in der stehenden Welle des Stromes aus, da dort kein Strom fließen kann. Durch die Reflexion des Stromes entsteht an derselben Stelle ein Spannungsbauch. Alternativ ist es möglich, dieses Ende der Lecher-Leitung mit einem Drahtbügel kurzzuschließen (Foto). Dadurch kann es am Ende der Leitung keine Spannung zwischen den beiden Leitern mehr geben (Spannungsknoten). Es stellt sich nun ein Strombauch am Ende ein.

Mit der Glühbirne kann man die Stromverteilung entlang der Lecher-Leitung abtasten. Das periodische Auf und Ab des Stromes durch die stehende Welle ist deutlich zu erkennen. Neben der Glühbirne benutzen wir eine Glimmlampe, die man mit elektrischem Kontakt auf beiden Seiten zwischen die beiden Leiter hält. Glimmlampen benötigen eine Mindestspannung, um zu zünden, so dass man mit der Glimmlampe die Spannungsverteilung entlang der Lecher-Leitung sichtbar machen kann. Man erkennt eine Phasenverschiebung von 90° zwischen Strom und Spannung. Dort, wo die Glühbirne maximalen Strom anzeigt, bleibt die Glimmlampe dunkel und entsprechend umgekehrt.

Man kann nun die Position der Stromknoten oder der Spannungsknoten ausmessen. Ihr Abstand beträgt jeweils eine halbe Wellenlänge. Wir finden eine Wellenlänge von etwa 70 cm. Dies ergibt eine Ausbreitungsgeschwindigkeit von

$$c = \lambda f \approx 3{,}1 \cdot 10^8 \, \frac{\text{m}}{\text{s}},$$

was im Rahmen unserer Messgenauigkeit mit der Lichtgeschwindigkeit übereinstimmt.

© RWTH Aachen, Sammlung Physik

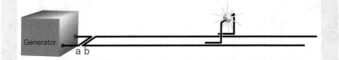

13.1.2 Ersatzschaltbild

Um die Funktionsweise der Lecher-Leitung zu erklären, müssen wir versuchen, sie mathematisch zu erfassen. Beachten Sie bitte, dass bei den hohen Frequenzen bereits kleine Induktivitäten und Kapazitäten eine Rolle spielen können. Nach der Thomson-Formel genügen Kapazitäten in der Größenordnung von pF und Induktivitäten von μH, um mit Schwingungen im Bereich von einigen Hundert MHz in Resonanz zu gelangen.

Wir erstellen zunächst ein Ersatzschaltbild der Lecher-Leitung. Wir haben Ersatzschaltbilder bereits in früheren Kapiteln benutzt, z. B. bei der Beschreibung einer Spannungsquelle durch den Innenwiderstand in ▶ Abschn. 6.8.2. Für die Lecher-Leitung benötigen wir nun ein Ersatzschaltbild, das ein kurzes Stück der Leitung wiedergibt. Wir werden die Lecher-Leitung in ihrer Länge durch eine Aneinanderreihung solcher Ersatzschaltungen beschreiben. ◻ Abb. 13.2 zeigt ein solches Ersatzschaltbild.

Die Lecher-Leitung enthält zwar keine Spulen, aber auch ein Strom durch einen einzelnen Draht baut ein Magnetfeld auf und

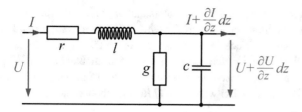

Abb. 13.2 Ersatzschaltbild der Lecher-Leitung

weist daher eine Selbstinduktivität auf. Diese Induktivität hatten wir in ▶ Beispiel 10.6 berechnet. Das Ergebnis lautete

$$l = \frac{L}{z} = \frac{\mu_0 \mu_r}{\pi} \ln \frac{2a}{d}, \tag{13.2}$$

wobei wir hier mit l die Induktivität für ein Stück der Länge z der Lecher-Leitung bezeichnen. a gibt den Abstand der beiden Leiter und d deren Durchmesser an. Diese Induktivität müssen wir hier berücksichtigen. Sie findet sich entsprechend im Ersatzschaltbild in ■ Abb. 13.2 wieder.

Die beiden parallelen Leiter wirken zudem wie ein Kondensator mit länglichen Platten. Die Kapazität zwischen zwei parallelen Drähten berechneten wir bereits in ▶ Beispiel 4.7 mit dem Ergebnis

$$c = \frac{C}{z} = \frac{\pi \epsilon_0 \epsilon_r}{\ln \frac{2a}{d}}, \tag{13.3}$$

wobei c die Kapazität pro Leitungslänge z angibt und a und d wie oben den Abstand der Leiter und deren Radius bezeichnen. Die Kapazität geht als Kondensator der Größe c in das Ersatzschaltbild ein.

Zudem treten Ohm'sche Verluste durch die Ströme auf. Wir berücksichtigen diese durch einen Widerstand längs der Leitung. Wie schon bei der Induktivität und der Kapazität geben wir den Widerstand pro Längenstück z der Leitung an, also $R = r \cdot z$. Ohm'sche Verluste spielen selbstverständlich in beiden Leitern der Lecher-Leitung eine Rolle. Trotzdem genügt es, im Ersatzschaltbild den Widerstand in einer der beiden Leitungen (der oberen) aufzunehmen, wenn wir den Wert des Widerstandes entsprechend anpassen. Dies wollen wir tun, da es die Rechnungen vereinfachen wird. Dieselbe Vorgehensweise haben wir bei der Induktivität angewandt, die ebenfalls auf beiden Leitern auftritt.

Zuletzt beachten wir noch, dass sich zwischen den Drähten Luft befindet, die die Drähte voneinander isoliert, aber doch keinen perfekten Isolator darstellt. Befinden sich gegenüberliegende Punkte auf den beiden Leitern auf unterschiedlichen Potenzialen, kann es zu einem Kriechstrom durch die Luft kommen, den wir durch einen Widerstand zwischen den beiden Leitern im Ersatzschaltbild erfassen (g). Durch ihn kann dieser Kriechstrom fließen. Beachten Sie bitte, dass der Längswiderstand mit zunehmender Länge der Lecher-

Leitung zunimmt, der Querwiderstand aber abnimmt. Je länger das Leitungsstück ist, desto größer wird bei sonst unveränderten Bedingungen der Kriechstrom zwischen den Leitern, was bedeutet, dass der Widerstand, durch den der Kriechstrom fließt, abnimmt. Wir beschreiben den Querwiderstand daher statt mit seinem Widerstandswert mit seinem Leitwert $G = 1/R$. Wir erhalten dann:

$$G = g \cdot z \tag{13.4}$$

Den Widerstand in ◘ Abb. 13.2 haben wir entsprechend mit g bezeichnet.

Nähern wir uns asymptotisch einer idealen Lecher-Leitung, so muss der Widerstandwert r gegen null gehen, so dass die Ohm'schen Verluste verschwinden. Ebenso muss der Leitwert des Querwiderstandes gegen null gehen, womit sein Widerstandswert gegen unendlich geht und die Kriechströme verschwinden.

13.1.3 Die Telegrafengleichungen

Nun wenden wir uns der Berechnung der Verhältnisse an einem Stück der Lecher-Leitung zu, das wir als infinitesimal kurz annehmen wollen. Die Bezeichnungen der Bauteile sind im Ersatzschaltbild in ◘ Abb. 13.2 angegeben. Wir betrachten zunächst die Spannung an diesem Stück der Lecher-Leitung. Am linken Eingang der Schaltung benennen wir die Spannung mit U. Wir entwickeln die Spannung entlang der Leitung in einer Taylorreihe. Da wir das Stück der Leitung als infinitesimal kurz annehmen wollen, genügt es, die Taylorreihe bis zur ersten Ordnung zu entwickeln. Nach einem Stück dz der Leitung haben wir folglich eine Spannung von

$$U + \frac{\partial U}{\partial z} dz. \tag{13.5}$$

Diese Spannungsänderung wird durch den Spannungsabfall am Widerstand r und die Gegenspannung der Induktivität l bewirkt.

$$\begin{aligned} \frac{\partial U}{\partial z} dz &= -rI\,dz - l\frac{\partial I}{\partial t} dz \\ \frac{\partial U}{\partial z} &= -rI - l\frac{\partial I}{\partial t} \end{aligned} \tag{13.6}$$

Die Strombilanz entlang dieses infinitesimalen Stückes der Lecher-Leitung bezieht sich auf den Strom I, der links in die Schaltung ein- und rechts wieder austritt, den wir aber auf die Ströme durch die Querverbindungen über g und c korrigieren müssen. Es tritt rechts der Strom

$$I + \frac{\partial I}{\partial z} dz \tag{13.7}$$

aus. Für die Korrektur gilt demnach:

$$\frac{\partial I}{\partial z} dz = -\frac{U}{g} dz - c \frac{\partial U}{\partial t} dz$$

$$\frac{\partial I}{\partial z} = -\frac{U}{g} - c \frac{\partial U}{\partial t}$$

(13.8)

Der erste Term der Summe wird durch den Querwiderstand erzeugt. Der zweite rührt von der Kapazität zwischen den Leitungen her. Aus $Q = CU$ ergibt sich:

$$I_C = \frac{dQ}{dt} = C \frac{dU}{dt}$$

(13.9)

Wir haben also die folgenden beiden Beziehungen gefunden:

$$\frac{\partial U}{\partial z} = -rI - l \frac{\partial I}{\partial t}$$

$$\frac{\partial I}{\partial z} = -\frac{U}{g} - c \frac{\partial U}{\partial t},$$

(13.10)

die wir beide noch einmal nach der Zeit und einmal nach der Ausbreitung differenzieren:

$$\frac{\partial^2 U}{\partial z^2} = -r \frac{\partial I}{\partial z} - l \frac{\partial^2 I}{\partial z \partial t} \qquad \frac{\partial^2 I}{\partial z^2} = -\frac{1}{g} \frac{\partial U}{\partial z} - c \frac{\partial^2 U}{\partial z \partial t}$$

$$\frac{\partial^2 U}{\partial t \partial z} = -r \frac{\partial I}{\partial t} - l \frac{\partial^2 I}{\partial t^2} \qquad \frac{\partial^2 I}{\partial t \partial z} = -\frac{1}{g} \frac{\partial U}{\partial t} - c \frac{\partial^2 U}{\partial t^2}$$

(13.11)

Im nächsten Schritt setzen wir die gemischten Ableitungen der zweiten Zeile in die erste Zeile ein und ersetzen ferner die ersten Ableitungen aus Gl. 13.10. Wir erhalten:

$$\frac{\partial^2 U}{\partial z^2} = -r \left(-\frac{U}{g} - c \frac{\partial U}{\partial t} \right) - l \left(-\frac{1}{g} \frac{\partial U}{\partial t} - c \frac{\partial^2 U}{\partial t^2} \right)$$

$$\frac{\partial^2 I}{\partial z^2} = -\frac{1}{g} \left(-rI - l \frac{\partial I}{\partial t} \right) - c \left(-r \frac{\partial I}{\partial t} - l \frac{\partial^2 I}{\partial t^2} \right)$$

(13.12)

Damit ist es uns gelungen, die Differenzialgleichungen zu entkoppeln. In der ersten Differenzialgleichung tritt nur noch die Spannung auf, während die zweite allein durch den Strom bestimmt ist. Wir können die Darstellung noch etwas verbessern:

$$\frac{\partial^2 U(z,t)}{\partial z^2} = \frac{r}{g} U(z,t) + \left(rc + \frac{l}{g} \right) \frac{\partial U(z,t)}{\partial t} + lc \frac{\partial^2 U(z,t)}{\partial t^2}$$

$$\frac{\partial^2 I(z,t)}{\partial z^2} = \frac{r}{g} I(z,t) + \left(rc + \frac{l}{g} \right) \frac{\partial I(z,t)}{\partial t} + lc \frac{\partial^2 I(z,t)}{\partial t^2}$$

(13.13)

Dies sind Differenzialgleichungen zweiter Ordnung in Raum und Zeit. Sie beschreiben die Ausbreitung des elektrischen Signals auf der Lecher-Leitung. Man nennt sie die Telegrafengleichungen.

13.1.4 Die Wellengleichung

Nun versuchen wir zunächst, die Telegrafengleichungen in einer Näherung zu lösen. Auf die exakte Lösung kommen wir später (▶ Abschn. 13.1.5) zurück. Wir wollen annehmen, dass wir die Verluste auf der Lecher-Leitung vernachlässigen können. Wie oben angedeutet, bedeutet dies, dass wir den Längswiderstand r gegen null gehen lassen und den Querwiderstand g entfernen, d.h. gegen unendlich laufen lassen. Die Telegrafengleichungen (Gl. 13.13) vereinfachen sich dann zu:

$$
\frac{\partial^2 U(z,t)}{\partial z^2} = lc\,\frac{\partial^2 U(z,t)}{\partial t^2}
$$
$$
\frac{\partial^2 I(z,t)}{\partial z^2} = lc\,\frac{\partial^2 I(z,t)}{\partial t^2}
$$

(13.14)

Man nennt sie die homogenen Wellengleichungen. Das Koordinatensystem hatten wir so gewählt, dass die z-Achse entlang der Leiter zeigt. Daher taucht in Gl. 13.14 nur die z-Koordinate auf. Für eine beliebige Ausbreitungsrichtung mit beliebiger Orientierung des Koordinatensystems ergibt sich:

$$
\Delta U\,(\vec{r},t) = \frac{\partial^2 U\,(\vec{r},t)}{\partial x^2} + \frac{\partial^2 U\,(\vec{r},t)}{\partial y^2} + \frac{\partial^2 U\,(\vec{r},t)}{\partial z^2}
$$
$$
= lc\,\frac{\partial^2 U\,(\vec{r},t)}{\partial t^2}
$$
$$
\Delta I\,(\vec{r},t) = \frac{\partial^2 I\,(\vec{r},t)}{\partial x^2} + \frac{\partial^2 I\,(\vec{r},t)}{\partial y^2} + \frac{\partial^2 I\,(\vec{r},t)}{\partial z^2}
$$
$$
= lc\,\frac{\partial^2 I\,(\vec{r},t)}{\partial t^2}
$$

(13.15)

Zur Vereinfachung wählen wir im Weiteren wieder die z-Achse als Ausbreitungsrichtung und fahren mit Gl. 13.14 fort.

Die Wellengleichung beschreibt also die Ausbreitung des eingekoppelten Signals auf der Lecher-Leitung. Die Lösung ist eine Welle. Wir versuchen es mit dem Ansatz:

$$
U(z,t) = U_0 e^{i(\omega t \mp kz - \phi)} \quad \text{bzw.} \quad I(z,t) = I_0 e^{i(\omega t \mp kz - \phi)} \quad (13.16)
$$

Wir erhalten

$$
\frac{\partial^2 U(z,t)}{\partial z^2} = -U_0 k^2 e^{i(\omega t \mp kz - \phi)}
$$
$$
\frac{\partial^2 U(z,t)}{\partial t^2} = -U_0 \omega^2 e^{i(\omega t \mp kz - \phi)},
$$

(13.17)

was wir in die Wellengleichung einsetzen. Dies ergibt:

$$-U_0 k^2 e^{i(\omega t \mp kz - \phi)} = -lc U_0 \omega^2 e^{i(\omega t \mp kz - \phi)}$$
$$k^2 = lc\omega^2$$
$$v_{Ph} = \frac{\omega}{k} = \frac{1}{\sqrt{lc}}$$

(13.18)

Wie wir sehen, wird die Wellengleichung in der Tat durch die Welle aus Gl. 13.16 gelöst. v_{Ph} gibt die Phasengeschwindigkeit dieser Welle an. Wir können den Wert der Lichtgeschwindigkeit bestimmen, indem wir Gln. 13.2 und 13.3 einsetzen. Dies führt zu dem Ergebnis:

$$v_{Ph} = \frac{1}{\sqrt{lc}} = \frac{1}{\sqrt{\frac{\mu_0 \mu_r}{\pi} \ln \frac{2a}{d} \frac{\pi \epsilon_0 \epsilon_r}{\ln \frac{2a}{d}}}}$$
$$= \frac{1}{\sqrt{\epsilon_r \mu_r \epsilon_0 \mu_0}} = \frac{1}{\sqrt{\epsilon_r \mu_r}} c_0$$

(13.19)

Die Geschwindigkeit ist von der Geometrie der Lecher-Leitung unabhängig. Alle geometrischen Faktoren kürzen sich heraus. Befindet sich die Lecher-Leitung im Vakuum ($\epsilon_r = \mu_r = 1$), so erhalten wir als Ausbreitungsgeschwindigkeit der Welle auf der Lecher-Leitung die Vakuumlichtgeschwindigkeit c_0, was sich leicht durch Einsetzen der Konstanten überprüfen lässt.

$$c_0 = \frac{1}{\sqrt{\epsilon_0 \mu_o}}$$

(13.20)

Ein Medium zwischen den Leitern oder um sie herum reduziert die Geschwindigkeit der Welle um den Faktor ϵ_r und μ_r. In Luft ist der Effekt so gering, dass er Ernst Lecher nicht aufgefallen war.

Die Lösung der Wellengleichung mit dem negativen Vorzeichen im Exponenten beschreibt eine Welle, die sich in positiver Richtung entlang der z-Achse ausbreitet. Die Lösung mit positivem Vorzeichen gehört entsprechend zu einer Welle, die sich entgegen der Richtung der z-Achse ausbreitet.

Mit diesem Ergebnis lässt sich die Wellengleichung Gl. 13.15, von der wir ausgegangen sind, noch allgemeiner darstellen. Wir können schreiben:

$$\left(\frac{\partial^2}{\partial x^2} + \frac{\partial^2}{\partial y^2} + \frac{\partial^2}{\partial z^2} - \frac{1}{v_{ph}^2} \frac{\partial^2}{\partial t^2} \right) U(\vec{r}, t) = 0$$

(13.21)

Auf diese Form werden wir noch mehrfach stoßen.

Mit der nun vorgestellten Rechnung haben wir die Ausbreitung der Welle auf einer unendlich langen Lecher-Leitung beschrieben.

◻ Abb. 13.3 Lecher-Leitung mit angeschlossenem Verbraucher

Die Welle transportiert Energie von der Einspeisung, die wir bei $z = 0$ annehmen wollen, über die Leitung. Nun müssen wir uns Gedanken machen, was am Ende der Leitung geschieht. Wir wollen annehmen, dass dort ein Verbraucher an die beiden Leiter angeschlossen ist, den wir durch eine Impedanz Z_V charakterisieren (◻ Abb. 13.3). Wir betrachten die Lecher-Leitung als Stromquelle, die Leistung auf den Verbraucher überträgt. Dabei tritt der Leitungswiderstand Z_L der Lecher-Leitung als Innenwiderstand der Stromquelle in Erscheinung. Es ist

$$Z_L = \frac{U}{I} = \frac{\frac{\partial U}{\partial z}}{\frac{\partial I}{\partial z}} = \frac{-rI - l\frac{\partial I}{\partial t}}{-\frac{U}{g} - c\frac{\partial U}{\partial t}} = \frac{-(r + il\omega)\,I}{-\left(\frac{1}{g} + ic\omega\right)U}$$

$$= \frac{r + il\omega}{\frac{1}{g} + ic\omega} \cdot \frac{1}{Z_L}$$

$$\Rightarrow Z_L = \sqrt{\frac{r + il\omega}{\frac{1}{g} + ic\omega}} \approx \sqrt{\frac{l}{c}}, \tag{13.22}$$

wobei wir im letzten Schritt wieder die Verluste auf der Leitung vernachlässigt haben. Setzen wir Gln. 13.2 und 13.3 ein, so erhalten wir:

$$Z_L = \sqrt{\frac{\frac{\mu_0\mu_r}{\pi}\ln\frac{2a}{d}}{\frac{\pi\epsilon_0\epsilon_r}{\ln\frac{2a}{d}}}} = \sqrt{\frac{\mu_0\mu_r}{\epsilon_0\epsilon_r}}\,\frac{\ln\frac{2a}{d}}{\pi} \approx 377\,\Omega\,\sqrt{\frac{\mu_r}{\epsilon_r}}\,\frac{\ln\frac{2a}{d}}{\pi} \tag{13.23}$$

Den Vorfaktor $\sqrt{\mu_0/\epsilon_0} \approx 377\,\Omega$ nennt man auch den Wellenwiderstand des Vakuums.

Eine vollständige Übertragung der Leistung aus der Lecher-Leitung auf den Verbraucher tritt bei Leistungsanpassung ein, d. h. bei $Z_V = Z_L$. In diesem Fall zeigt sich keine Phasenverschiebung zwischen Strom und Spannung am Verbraucher. Es liegt ein reiner Wirkwiderstand vor. Ist die Leistungsanpassung nicht gegeben ($Z_V \neq Z_L$), ändert sich die Situation. Nun wird nur ein Teil der Leistung im Verbraucher umgesetzt. Die restliche Leistung wird am Ende der Leitung zurückreflektiert. In den beiden Extremfällen $Z_V = 0$ und $Z_V = \infty$ wird gar die gesamte Leistung reflektiert. Im Falle des Kurzschlusses am Ende der Leitung ($Z_V = 0$) tritt dort ein Spannungsknoten auf ($U(Z_V) = 0$), beim offenen Ende ($Z_V = \infty$) ein Stromknoten ($I(Z_V) = 0$).

Wird die Welle am Ende der Leitung ganz oder teilweise reflektiert, überlagert sich die Reflexion mit der einlaufenden Welle. Es bildet sich eine stehende Welle aus. Stehende Wellen hatten wir bereits in Band 1 diskutiert (Abschn. 17.4). Dort finden Sie noch viele Details, wie z. B. die Abb. 17.19 und 17.20 zur Reflexion einer Welle am losen und festen Ende. Die folgende Rechnung bezieht sich auf die Entstehung der stehenden Welle. Die einlaufende Welle sei durch

$$U_{\text{ein}}(z,t) = U_0 e^{i(\omega t - kz)} \tag{13.24}$$

beschrieben. Wir nehmen an, dass die Welle vollständig reflektiert wird und dass kein Phasensprung bei der Reflexion auftritt (Reflexion am losen Ende). Dann ist die rücklaufende Welle gegeben durch:

$$U_{\text{rück}}(z,t) = U_0 e^{i(\omega t + kz)} \tag{13.25}$$

Durch die Überlagerung entsteht die folgende Auslenkung:

$$
\begin{aligned}
U_{\text{ges}}(z,t) &= U_{\text{ein}}(z,t) + U_{\text{rück}}(z,t) \\
&= U_0 e^{i(\omega t - kz)} + U_0 e^{i(\omega t + kz)} \\
&= U_0 e^{i\omega t} \left(e^{ikz} + e^{-ikz} \right) \\
&= 2U_0 \cos kz\, e^{i\omega t}
\end{aligned} \tag{13.26}
$$

$$\Re\left(U_{\text{ges}}(z,t)\right) = 2U_0 \cos kz \cos \omega t$$

Dies beschreibt eine stehende Welle und diese würden wir beobachten, wenn die Welle am Ende einer nahezu unendlich langen Lecher-Leitung reflektiert würde. Im Normalfall ist die Leitung aber nicht unendlich lang. Dies führt dazu, dass die Welle nach der Reflexion auf das andere Ende (Einkopplung) trifft und dort erneut reflektiert wird. Sie läuft nun wieder vorwärts, trifft auf das nächste Ende und wird erneut reflektiert und dies wiederholt sich fortlaufend. Nun werden unendlich viele Wellen überlagert, deren Amplituden sich durch die unterschiedlichen Phasen der Wellen in den meisten Fällen zu null mitteln. Nur unter bestimmten Bedingungen kommt es zu einer konstruktiven Überlagerung. Wie die Bedingungen genau aussehen, hängt von den Phasensprüngen bei der Reflexion ab. In unserem Beispiel (► Experiment 13.1) liegt ein Spannungsknoten an der Einkopplung vor, was einem festen Ende mit einem Phasensprung um π entspricht. Ist dann das andere Ende offen (loses Ende, kein Phasensprung), so erhalten wir stehende Wellen, wie sie in ◻ Abb. 13.4 dargestellt sind.

Die Bedingung für eine konstruktive Überlagerung der unterschiedlichen Wellen lautet in diesem Fall

$$l = \frac{2n - 1}{4}\lambda, \tag{13.27}$$

wobei n eine natürliche Zahl ist. Sie gibt die Anzahl der Schwingungsbäuche der stehenden Welle an.

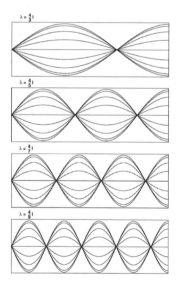

◻ **Abb. 13.4** Momentaufnahmen stehender Wellen auf einer Lecher-Leitung mit festem Ende *links* und losem Ende *rechts*

> **Experiment 13.2: Stehende Wellen auf der Lecher-Leitung**
>
> Mit der Lecher-Leitung aus ▶ Experiment 13.1 lässt sich die Bedingung für die Ausbildung stehender Wellen demonstrieren. Die beiden Leiter sind aus Teleskopstäben aufgebaut, so dass sich deren Länge leicht verändern lässt. Wir suchen mit der Glimmlampe einen Spannungsbauch und verändern dann die Länge der Lecher-Leitung. Anschließend suchen wir erneut nach dem Spannungsbauch. Es zeigt sich schnell, dass sich nur bei bestimmten Längen überhaupt Spannungsbäuche finden lassen. Diese erfüllen die Relation Gl. 13.27, wobei die Wellenlänge λ durch Gl. 13.1 gegeben ist mit einer Frequenz von 440 MHz. Bei den meisten Längeneinstellungen kann man gar keine Position ermitteln, an der die Glimmlampe leuchtet.

13.1.5 Wellenausbreitung mit Absorption

In ▶ Abschn. 13.1.4 hatten wir die Dämpfung des elektrischen Signals auf der Lecher-Leitung durch den Ohm'schen Widerstand (r in ▢ Abb. 13.2) und die Verluste durch Leckströme (g in ▢ Abb. 13.2) vernachlässigt. Wir wollen nun zumindest für den Fall einer unendlich langen Lecher-Leitung zeigen, wie man diese Verluste berücksichtigen kann. Dabei beschränken wir uns auf eine schwache Dämpfung der Welle, d. h.:

$$r, \quad \frac{1}{g} \ll \omega l, \quad \frac{1}{\omega c} \tag{13.28}$$

Dann können wir in der Telegrafengleichung Gl. 13.13 den Term $\frac{r}{g}U(z,t)$ vernachlässigen, da dieser quadratisch in den kleinen Widerständen ist. Wir benutzen wieder den Ansatz Gl. 13.16, ersetzen allerdings k durch $\bar{k}$. Diesen Ansatz setzen wir in die Telegrafengleichung ein und dividieren durch $U_0 e^{i\left(\omega t - \bar{k}z\right)}$. Wir erhalten:

$$-\bar{k}^2 = i \left(rc + \frac{l}{g} \right) \omega - lc\omega^2$$

$$\bar{k}^2 = lc\omega^2 \left[1 - i \frac{rc + \frac{l}{g}}{lc} \omega \right] \tag{13.29}$$

$$\bar{k} = \sqrt{lc}\,\omega \sqrt{1 - i \frac{rc + \frac{l}{g}}{lc} \omega} \approx \sqrt{lc}\,\omega - i \frac{1}{2} \frac{rc + \frac{l}{g}}{\sqrt{lc}} \omega^2$$

Setzen wir

$$k = \Re\bar{k} = \sqrt{lc}\,\omega$$

$$\frac{1}{s} = -\Im\bar{k} = \frac{1}{2} \frac{rc + \frac{l}{g}}{\sqrt{lc}} \omega^2, \tag{13.30}$$

so bekommen wir als Lösung

$$U(z,t) = U_0 \mathrm{e}^{-\frac{z}{s}} e^{i(\omega t - kz)}. \qquad (13.31)$$

Dies ist wieder eine Welle mit der Frequenz ω und der Wellenzahl k, aber ihre Amplitude nimmt exponentiell ab, wobei s die Strecke angibt, auf der die Amplitude der Welle auf einen Anteil $1/e$ der ursprünglichen Amplitude absinkt. Die Welle ist gedämpft. Außerdem zeigt sie Dispersion, was man erkennt, wenn man aus Gl. 13.29 $\omega(\overline{k})$ bestimmt.

13.1.6 Anwendungen

Die Lecher-Leitung mit ihren beiden starren Leitern hat nur wenig praktische Bedeutung. Aber ausgehend von der Lecher-Leitung kann man die Übertragung von Wellen über Kabel mit demselben Ansatz behandeln. Bei niedrigen Frequenzen, wie sie beispielsweise im akustischen Bereich auftreten, können die Welleneffekte bei der Übertragung der Signale über Kabel meist vernachlässigt werden und das Kabel darf als direkte elektrische Verbindung ohne weitere interne Details behandelt werden. Aber bei hohen Frequenzen, wie sie beispielsweise bei der Übertragung digitaler Signale auftreten, gibt es viele Beispiele, bei denen das Kabel als Wellenleiter betrachtet werden muss. Man spricht dann allgemein von Doppelleitungen.

Beachten Sie bitte, dass die Geometrie der Lecher-Leitung nicht in das Ersatzschaltbild eingegangen ist. Wir haben lediglich benutzt, dass die Leitungen eine Induktivität darstellen und es eine Kapazität zwischen den Leitungen gibt, nicht aber deren konkrete Werte. Daher gilt die Telegrafengleichung Gl. 13.13 für alle Doppelleitungen.

Beispiel 13.1: Twisted-Pair-Kabel

Für die Übertragung digitaler Signale im Fast-Ethernet-Standard werden häufig so genannte Twisted-Pair-Kabel eingesetzt. Es lassen sich auf diesen Kabeln bis zu 1 GBit/s übertragen. Es wird jeweils ein Paar für die Kommunikation in eine Richtung eingesetzt.
Ein Paar kann man näherungsweise als Lecher-Leitung beschreiben. Das Verdrillen der beiden Leiter hat auf die elektrische Übertragung nur einen geringen Einfluss. Es reduziert die induktive Einkopplung von Störsignalen von außen und stellt einen einigermaßen konstanten Abstand zwischen den beiden Leitern sicher, so dass keine größeren Variationen in der Kapazität zwischen den Leitern auftreten.

Der Durchmesser eines Leiters liegt zwischen 0,4 mm und 0,6 mm. Der Abstand zwischen den Leitern ist etwa doppelt so groß. Typische Werte für ein Twisted-Pair sind in der Tabelle angegeben.

Wellenwiderstand	$100\,\Omega$
Kapazität	$1,2\,\mathrm{pF/m}$
Widerstand des Leiters	$80\,\Omega/\mathrm{km}$
Querwiderstand	$150\,\mathrm{M}\Omega/\mathrm{km}$
Spannungsfestigkeit	$60\,\mathrm{V}$
Ausbreitungszeit	$5\,\mathrm{ns/m}$
Frequenzbereich	$1\,\mathrm{MHz}$–$1\,\mathrm{GHz}$

© wikimedia: Baran Ivo

Beispiel 13.2: Koaxialkabel

Koaxialkabel werden zur Übertragung hochfrequenter analoger und digitaler Signale eingesetzt, z. B. für Antennensignale im Fernsehbereich, im Laborbereich mit Lemo®- oder BNC®-Steckern oder früher als Thickwire Ethernet (10Base5) für die Übertragung digitaler Signale. Das Kabel besteht aus einer Seele, die von einem Dielektrikum und der Abschirmung umgeben ist. Es zählt damit auch zu den Doppelleitungen.

Auch das Koaxialkabel lässt sich mit der Telegrafengleichung beschreiben. Bei der Ableitung der Telegrafengleichung hatten wir keinen Bezug zur speziellen Form des Kabels hergestellt. Wir hatten lediglich angenommen, dass es eine Kapazität zwischen den beiden Leitern gibt und eine Induktivität längs der Leiter sowie eventuell Ohm'sche Verluste. Dies trifft sicherlich auch auf das Koaxialkabel zu. Die Kapazität hatten wir in ▶ Beispiel 4.6 und die Induktivität in ▶ Beispiel 10.5 berechnet. Die Ergebnisse sind (R: Radius der Abschirmung, R_S: Radius der Seele):

$$l \approx \frac{\mu_o \mu_r}{2\pi} \ln \frac{R}{R_S}$$
$$c = 2\pi \epsilon_0 \epsilon_r \frac{1}{\ln (R/R_S)},$$

woraus sich Phasengeschwindigkeit und Wellenwiderstand ergeben:

$$v_{Ph} = \frac{1}{\sqrt{lc}} = \frac{c}{\sqrt{\mu_r \epsilon_r}}$$
$$Z_L = \sqrt{\frac{l}{c}} = \frac{1}{2\pi} \sqrt{\frac{\mu_0 \mu_r}{\epsilon_o \epsilon_r}} \ln \frac{R}{R_S}$$

Ein typisches BNC-Kabel mit Teflon als Dielektrikum ($\epsilon_r = 2,1$, $\mu_r \approx 1$) weist eine Seele mit einem Radius von $R_S = 1,2\,\text{mm}$ und eine Abschirmung von $R = 4\,\text{mm}$ auf, was zu folgenden Werten führt:

$$l = 240\,\frac{\text{nH}}{\text{m}} \quad c = 97\,\frac{\text{pF}}{\text{m}}$$

Daraus erhalten wir:

$$v_{Ph} = 2 \cdot 10^8\,\frac{\text{m}}{\text{s}}$$
$$Z_L = 50\,\Omega$$

© wikimedia: FDominec

Experiment 13.3: Koaxialkabel

Dieses einfache Experiment zeigt die Ausbreitung eines Signals auf einem Koaxialkabel und dessen Reflexion am Ende des Kabels. Mit einem Pulsgenerator erzeugen wir einen kurzen Spannungspuls (Länge ca. 10 ns) und speisen ihn in ein etwa 10 m langes Koaxialkabel (BNC-Kabel) ein. Das Kabel besitzt einen Wellenwiderstand von 50 Ω. Ein Oszillograf (hohe Eingangsimpedanz) wird kurz hinter dem Signalgenerator über ein T-Stück in das Kabel eingeklemmt. Auf den Bildern des Oszillografen ist bei ca. 20 ns der durchlaufende Puls zu erkennen. Er zeigt eine Amplitude von etwa +2,5 V. Nach ca. 50 ns erreicht er das Ende des Kabels. Je nach Beschaltung des Kabelendes wird er dort reflektiert oder absorbiert. Die verschiedenen Bilder des Oszillografen veranschaulichen die entsprechenden Ergebnisse. Bei der Aufnahme des ersten Bildes war das Ende des Kabels kurzgeschlossen, was auf dem Bild durch die Angabe „0 Ω" markiert ist. Die weiteren Bilder geben die Situation mit einem Ohm'schen Abschlusswiderstand von 25 Ω, 50 Ω, 100 Ω und einem offenen Ende wieder.

Der Kurzschluss am Kabelende stellt ein festes Ende dar. Der Puls wird invertiert reflektiert. Man kann ihn ca. 95 ns nach dem auslaufenden Puls deutlich erkennen. Die Amplitude ist durch die Dämpfung auf dem Kabel auf etwa −1,5 V abgesunken. Ferner sind durch die Dispersion die Ecken des Rechteckpulses ein wenig verlaufen. Erhöhen wir den Abschlusswiderstand, indem wir statt des Kurzschlusses einen Widerstand mit 25 Ω aufstecken, so reduziert sich die Amplitude des reflektierten Pulses auf etwa −0,5 V. Die restliche Amplitude wird im Abschlusswiderstand absorbiert. Bei einem Abschlusswiderstand von 50 Ω stellt sich Leistungsanpassung ein. Wellenwiderstand und Abschlusswiderstand stimmen überein. Der Puls wird vollständig im Abschlusswiderstand absorbiert. Auf dem Bild des Oszillografen ist kein reflektierter Puls zu erkennen. Im nächsten

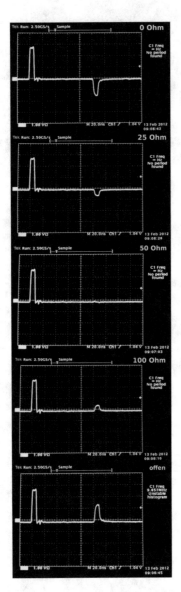

© RWTH Aachen, Sammlung Physik

Bild, bei einem Abschlusswiderstand von 100 Ω, haben wir bereits den Bereich des losen Endes erreicht. Der Puls wird in seiner ursprünglichen Polarität teilweise reflektiert. Am offenen Ende wird er schließlich vollständig reflektiert und ist wieder – abgesehen von der Dämpfung – mit der vollen Amplitude 95 ns nach dem auslaufenden Puls zu sehen.

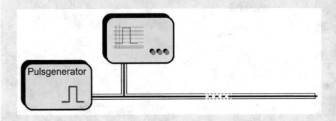

13.2   Vakuumwellen

13.2.1   Die Wellengleichung

Wir haben nun elektromagnetische Wellen auf elektrischen Leitern ausführlich diskutiert. Doch elektromagnetische Wellen benötigen nicht notwendigerweise elektrische Leiter zur Ausbreitung. Sie können sich auch in einem Medium ohne elektrische Leiter und selbst im Vakuum frei von irgendwelchen Trägern ausbreiten, sonst würde das Licht der Sonne uns nie erreichen.

Um die Ausbreitung elektromagnetischer Wellen im Vakuum zu erklären, gehen wir auf die Maxwell-Gleichungen zurück (▶ Abschn. 10.4.2). Wir hatten:

$$\operatorname{rot} \vec{E} = -\frac{\partial \vec{B}}{\partial t}$$
$$\operatorname{rot} \vec{B} = \mu_0 \vec{j} + \mu_0 \epsilon_0 \frac{\partial \vec{E}}{\partial t}$$

(13.32)

Im Vakuum kann kein Strom fließen, so dass sich die Gleichungen reduzieren auf:

$$\operatorname{rot} \vec{E} = -\frac{\partial \vec{B}}{\partial t}$$
$$\operatorname{rot} \vec{B} = \mu_0 \epsilon_0 \frac{\partial \vec{E}}{\partial t} .$$

(13.33)

Wir berechnen die Rotation der ersten Gleichung:

$$\vec{\nabla} \times \vec{\nabla} \times \vec{E} = -\vec{\nabla} \times \frac{\partial \vec{B}}{\partial t} = -\frac{\partial}{\partial t}\left(\vec{\nabla} \times \vec{B}\right)$$
$$= -\frac{\partial}{\partial t}\left(\mu_0 \epsilon_0 \frac{\partial \vec{E}}{\partial t}\right) = -\mu_0 \epsilon_0 \frac{\partial^2 \vec{E}}{\partial t^2}$$

(13.34)

Nun müssen wir untersuchen, was die doppelte Rotation auf der linen Seite der Gleichung ergibt. Dazu schreiben wir sie aus:

$$\vec{\nabla} \times \vec{E} = \begin{pmatrix} \dfrac{\partial E_z}{\partial y} - \dfrac{\partial E_y}{\partial z} \\[2mm] \dfrac{\partial E_x}{\partial z} - \dfrac{\partial E_z}{\partial x} \\[2mm] \dfrac{\partial E_y}{\partial x} - \dfrac{\partial E_x}{\partial y} \end{pmatrix} \tag{13.35}$$

und

$$\vec{\nabla} \times \vec{\nabla} \times \vec{E}$$

$$= \begin{pmatrix} \dfrac{\partial^2 E_y}{\partial y \partial x} - \dfrac{\partial^2 E_x}{\partial y^2} - \dfrac{\partial^2 E_x}{\partial z^2} + \dfrac{\partial^2 E_z}{\partial z \partial x} \\[2mm] \dfrac{\partial^2 E_z}{\partial z \partial y} - \dfrac{\partial^2 E_y}{\partial z^2} - \dfrac{\partial^2 E_y}{\partial x^2} + \dfrac{\partial^2 E_x}{\partial x \partial y} \\[2mm] \dfrac{\partial^2 E_x}{\partial x \partial z} - \dfrac{\partial^2 E_z}{\partial x^2} - \dfrac{\partial^2 E_z}{\partial y^2} + \dfrac{\partial^2 E_y}{\partial y \partial z} \end{pmatrix}$$

$$= \begin{pmatrix} \dfrac{\partial^2 E_x}{\partial x^2} + \dfrac{\partial^2 E_y}{\partial y \partial x} + \dfrac{\partial^2 E_z}{\partial z \partial x} - \dfrac{\partial^2 E_x}{\partial x^2} - \dfrac{\partial^2 E_x}{\partial y^2} - \dfrac{\partial^2 E_x}{\partial z^2} \\[2mm] \dfrac{\partial^2 E_x}{\partial x \partial y} + \dfrac{\partial^2 E_y}{\partial y^2} + \dfrac{\partial^2 E_z}{\partial z \partial y} - \dfrac{\partial^2 E_y}{\partial x^2} - \dfrac{\partial^2 E_y}{\partial y^2} - \dfrac{\partial^2 E_y}{\partial z^2} \\[2mm] \dfrac{\partial^2 E_x}{\partial x \partial z} + \dfrac{\partial^2 E_y}{\partial y \partial z} + \dfrac{\partial^2 E_z}{\partial z^2} - \dfrac{\partial^2 E_z}{\partial x^2} - \dfrac{\partial^2 E_z}{\partial y^2} - \dfrac{\partial^2 E_z}{\partial z^2} \end{pmatrix}$$

$$= \begin{pmatrix} \dfrac{\partial}{\partial x}\left(\dfrac{\partial E_x}{\partial x} + \dfrac{\partial E_y}{\partial y} + \dfrac{\partial E_z}{\partial z} \right) - \left(\dfrac{\partial^2 E_x}{\partial x^2} + \dfrac{\partial^2 E_x}{\partial y^2} + \dfrac{\partial^2 E_x}{\partial z^2} \right) \\[2mm] \dfrac{\partial}{\partial y}\left(\dfrac{\partial E_x}{\partial x} + \dfrac{\partial E_y}{\partial y} + \dfrac{\partial E_z}{\partial z} \right) - \left(\dfrac{\partial^2 E_y}{\partial x^2} + \dfrac{\partial^2 E_y}{\partial y^2} + \dfrac{\partial^2 E_y}{\partial z^2} \right) \\[2mm] \dfrac{\partial}{\partial z}\left(\dfrac{\partial E_x}{\partial x} + \dfrac{\partial E_y}{\partial y} + \dfrac{\partial E_z}{\partial z} \right) - \left(\dfrac{\partial^2 E_z}{\partial x^2} + \dfrac{\partial^2 E_z}{\partial y^2} + \dfrac{\partial^2 E_z}{\partial z^2} \right) \end{pmatrix}$$

$$= \begin{pmatrix} \dfrac{\partial}{\partial x}\left(\vec{\nabla} \cdot \vec{E} \right) - \left(\dfrac{\partial^2}{\partial x^2} + \dfrac{\partial^2}{\partial y^2} + \dfrac{\partial^2}{\partial z^2} \right) E_x \\[2mm] \dfrac{\partial}{\partial y}\left(\vec{\nabla} \cdot \vec{E} \right) - \left(\dfrac{\partial^2}{\partial x^2} + \dfrac{\partial^2}{\partial y^2} + \dfrac{\partial^2}{\partial z^2} \right) E_y \\[2mm] \dfrac{\partial}{\partial z}\left(\vec{\nabla} \cdot \vec{E} \right) - \left(\dfrac{\partial^2}{\partial x^2} + \dfrac{\partial^2}{\partial y^2} + \dfrac{\partial^2}{\partial z^2} \right) E_z \end{pmatrix}$$

$$= \vec{\nabla} \cdot \left(\vec{\nabla} \cdot \vec{E} \right) - \Delta \vec{E}$$

$$\tag{13.36}$$

Damit lautet unsere Differenzialgleichung:

$$\vec{\nabla} \times \vec{\nabla} \times \vec{E} = \vec{\nabla} \cdot \left(\vec{\nabla} \cdot \vec{E} \right) - \Delta \vec{E} = -\mu_0 \epsilon_0 \frac{\partial^2 \vec{E}}{\partial t^2} \tag{13.37}$$

Nach der dritten Maxwell-Gleichung gilt aber

$$\vec{\nabla} \cdot \vec{E} = \frac{\rho}{\epsilon_0},$$ (13.38

was wiederum null ergeben muss, da es im Vakuum auch keine vo
null verschiedene Ladungsdichte geben kann. Unsere Differenzial
gleichung reduziert sich damit auf

$$\Delta \vec{E} = \mu_0 \epsilon_0 \frac{\partial^2 \vec{E}}{\partial t^2}$$ (13.39

oder ausgeschrieben:

$$\frac{\partial^2 E_x}{\partial x^2} + \frac{\partial^2 E_x}{\partial y^2} + \frac{\partial^2 E_x}{\partial z^2} = \mu_0 \epsilon_0 \frac{\partial^2 E_x}{\partial t^2}$$

$$\frac{\partial^2 E_y}{\partial x^2} + \frac{\partial^2 E_y}{\partial y^2} + \frac{\partial^2 E_y}{\partial z^2} = \mu_0 \epsilon_0 \frac{\partial^2 E_y}{\partial t^2}$$ (13.40

$$\frac{\partial^2 E_z}{\partial x^2} + \frac{\partial^2 E_z}{\partial y^2} + \frac{\partial^2 E_z}{\partial z^2} = \mu_0 \epsilon_0 \frac{\partial^2 E_z}{\partial t^2}$$

Dies ist die Wellengleichung, wie wir sie in ▶ Abschn. 13.1.
(Gl. 13.21) kennen gelernt haben. Allerdings haben wir sie hie
direkt aus den Maxwell-Gleichungen abgeleitet, ohne Bezug au
irgendwelche Leiter zu nehmen. In ▶ Abschn. 13.1.4 hatten wir di
Welle als Oszillation der Spannung zwischen den beiden Leiter
der Lecher-Leitung dargestellt, doch nun erscheint die elektrisch
Feldstärke anstelle der Spannung. Aber dies ist kein wesentliche
Unterschied, denn die Feldstärke zwischen den Leitern der Lecher
Leitung ist direkt proportional zur Spannung zwischen ihnen. W
hätten bereits in ▶ Abschn. 13.1.4 die Feldstärke benutzen können.

Schon bei der Lösung der Wellengleichung in ▶ Abschn. 13.1.
haben wir gesehen, dass die Ausbreitungsgeschwindigkeit c der We
le durch die Konstante vor der zeitlichen Ableitung gegeben ist. Ge
nauer

$$\frac{1}{c^2} = \mu_0 \epsilon_0,$$ (13.41

was uns wieder auf die schon bekannte Relation

$$c = \frac{1}{\sqrt{\mu_0 \epsilon_0}}$$ (13.42

führt. Mit der Konstanten c lässt sich die Wellengleichung (Gl. 13.39
noch kompakter schreiben, nämlich

$$\left(\frac{\partial^2}{\partial x^2} + \frac{\partial^2}{\partial y^2} + \frac{\partial^2}{\partial z^2} - \frac{1}{c^2} \frac{\partial^2}{\partial t^2} \right) \vec{E} = 0$$ (13.4

oder

$$\Box \vec{E} = 0,$$ (13.4

wobei wir den d'Alembert- oder Quabla-Operator als vierdimensionale Erweiterung des Nabla-Operators eingeführt haben:

$$\Box = \Delta - \frac{1}{c^2}\frac{\partial}{\partial t} \tag{13.45}$$

Als Lösung dieser Differenzialgleichung erhalten wir wiederum elektromagnetische Wellen, die man in der Form

$$\vec{E}\left(\vec{r},t\right) = \vec{E}_0 e^{i(\omega t - \vec{k}\cdot\vec{r})} \tag{13.46}$$

angeben kann. Dabei ist $\vec{E}_0$ ein konstanter Vektor, der die Amplitude der Welle beschreibt. Kompliziertere Amplitudenverläufe lassen sich durch eine Überlagerung dieser Lösungen gewinnen (Fourier-Darstellung).

13.2.2 Ebene Wellen

Wir wollen die Lösungen der Wellengleichung noch etwas genauer analysieren. Um die Schreibarbeit zu vereinfachen, drehen wir das Koordinatensystem in der Art, dass die Ausbreitung der Welle entlang der z-Achse erfolgt. Eine ebene Welle ist dadurch charakterisiert, dass die Amplitude auf der Wellenfront konstant ist. Für eine ebene Welle, die sich in z-Richtung ausbreitet, stellt die Wellenfront eine Ebene senkrecht zur Ausbreitungsrichtung dar, d. h. parallel zur x-y-Ebene. Ist die Amplitude in dieser Ebene konstant, so muss gelten:

$$\frac{\partial \vec{E}}{\partial x} = \frac{\partial \vec{E}}{\partial y} = 0 \tag{13.47}$$

Wir beginnen mit der dritten Maxwell-Gleichung:

$$\vec{\nabla}\cdot\vec{E} = \frac{\partial E_x}{\partial x} + \frac{\partial E_y}{\partial y} + \frac{\partial E_z}{\partial z} = 0 \tag{13.48}$$

Wir hatten ja bereits bemerkt, dass die beiden ersten Summanden verschwinden, und kommen daher zum Schluss, dass gelten muss:

$$\frac{\partial E_z}{\partial z} = 0 \tag{13.49}$$

Daraus folgt, dass die z-Komponente des Feldes räumlich konstant sein muss. Wenn aber

$$\frac{\partial E_z}{\partial x} = \frac{\partial E_z}{\partial y} = \frac{\partial E_z}{\partial z} = 0 \tag{13.50}$$

gilt, ergibt sich aus der Wellengleichung Gl. 13.43, dass auch

$$\frac{\partial E_z}{\partial t} = 0 \tag{13.51}$$

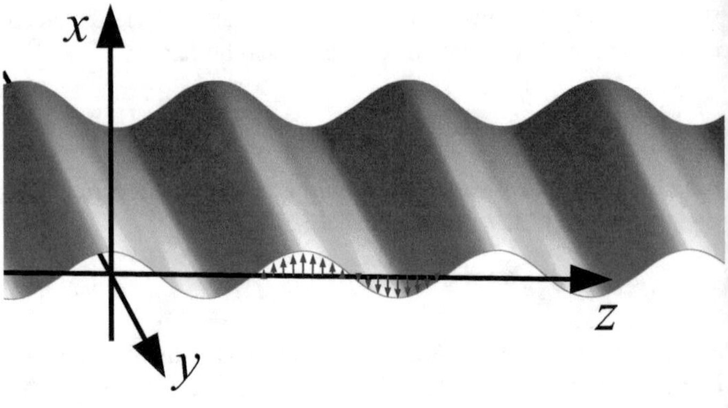

Abb. 13.5 Eine ebene Welle, die sich in z-Richtung ausbreitet

erfüllt sein muss, d. h., die z-Komponente des Feldes ist räumlich und zeitlich konstant. Eine solche konstante Feldkomponente hat keinerlei Einfluss auf die Wellenausbreitung und wir können $E_z = 0$ wählen. Das elektrische Feld hat also die Form:

$$\vec{E}\left(\vec{r},t\right) = \left(E_x(z,t), E_y(z,t), 0\right) \tag{13.52}$$

Es steht senkrecht auf der Ausbreitungsrichtung. Es liegt daher eine transversale Welle vor. Eine Momentaufnahme einer solchen Welle wird in ◻ Abb. 13.5 gezeigt. Dargestellt ist ein Ausschnitt aus der Welle in der y-z-Ebene. Jede darüber- oder darunterliegende Ebene würde exakt dasselbe Bild ergeben. Eingezeichnet sind die Feldvektoren entlang der z-Achse und die Einhüllende der Feldvektoren in der ganzen Ebene.

Nun können wir zwei linear unabhängige Lösungen der Wellengleichung angeben, die beide Wellen repräsentieren, die sich in z-Richtung ausbreiten:

$$\begin{aligned}\vec{E}_1\left(\vec{r},t\right) &= A_x\hat{e}_x e^{i(\omega t - kz)}\\\vec{E}_2\left(\vec{r},t\right) &= A_y\hat{e}_y e^{i(\omega t - kz)}\end{aligned} \tag{13.53}$$

Die Amplituden A_x und A_y sind konstant. Sie tragen die Einheit der Feldstärke (V/m). Wir setzen die erste Lösung in die Wellengleichung ein:

$$\begin{aligned}\frac{\partial^2 E_x}{\partial z^2} - \frac{1}{c^2}\frac{\partial^2 E_x}{\partial t^2} &= 0\\\left(-A_x\hat{e}_x k^2\right) - \frac{1}{c^2}\left(-A_x\hat{e}_x \omega^2\right) &= 0\\c^2 &= \frac{\omega^2}{k^2}\\v_{Ph} = \frac{\omega}{k} &= c\end{aligned} \tag{13.54}$$

Die Lösung ist eine Welle mit einer räumlichen Periode λ und einer zeitlichen Periode T. Wir bestimmen sie aus der Periodizität des Exponenten der Exponentialfunktion. Für die räumliche Periode muss der Exponent an der Stelle z sich vom Exponenten bei $z + \lambda$ gerade um 2π unterscheiden:

$$(\omega t - (k + \lambda)z) - (\omega t - kz) = 2\pi \Rightarrow k = \frac{2\pi}{\lambda} \qquad (13.55)$$

Man nennt λ die Wellenlänge und k die Wellenzahl der Welle. Entsprechend muss für die räumliche Periodizität gelten:

$$(\omega(t + T) - kz) - (\omega t - kz) = 2\pi \Rightarrow T = \frac{1}{f} = \frac{2\pi}{\omega} \qquad (13.56)$$

T ist die Periodendauer, f die Frequenz und ω die Kreisfrequenz der Welle. Dieselben Relationen erhalten Sie für die zweite Lösung in Gl. 13.53.

Wir hatten das Koordinatensystem so gedreht, dass sich die Welle in z-Richtung bewegt. Eine Welle mit beliebiger Ausbreitungsrichtung hat die Form

$$\vec{E}(\vec{r}, t) = \vec{A}_0 e^{i\left(\omega t - \vec{k}\cdot\vec{r}\right)}, \qquad (13.57)$$

wobei $\vec{A}_0$ ein konstanter Vektor im Raum ist, den man den Amplitudenvektor nennt. Im Exponenten haben wir die Wellenzahl k zum Wellenvektor $\vec{k}$ erweitert. Der Betrag dieses Vektors stimmt mit der Wellenzahl überein, seine Richtung und weist in die Ausbreitungsrichtung der Welle. Der Amplitudenvektor $\vec{A}_0$ steht senkrecht auf dem Wellenvektor $\vec{k}$.

Experiment 13.4: Dezimeterwellen

Nun stellen wir ein grundlegendes Experiment zu elektromagnetischen Wellen vor. Mit einem Dezimeterwellensender senden wir eine elektromagnetische Welle aus und fangen sie mit einer einfachen Stabantenne wieder auf. Eine Glühbirne zeigt die eingefangene Leistung an.

Der Sender besitzt eine Frequenz $f \approx 434\,\text{MHz}$ und eine Wellenlänge $\lambda \approx 69\,\text{cm}$. Mit Wellenlängen in diesem Bereich lässt es sich einfach experimentieren. Im linken Bereich der beiden Bilder ist unter der Kunststoffhaube der Generator zu erkennen. Bei dem horizontalen gelben Stab handelt es sich um die Sendeantenne. Seine Länge beträgt $\lambda/2$. Die Antenne sendet eine Welle, deren elektrisches Feld entlang des Antennenstabes schwingt. Die Empfangsantenne – schwarzer Metallstab mit gelb markierten Enden – wird von einem Kollegen gehalten. Zeigt sie parallel zum elektrischen Feld, kann sie dieses auffangen und die Glühbirne leuchtet. In senkrechter Richtung gelingt dies nicht.

© RWTH Aachen, Sammlung Physik

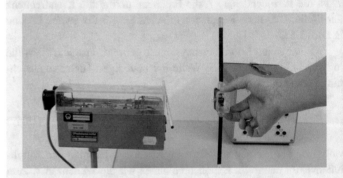

© RWTH Aachen, Sammlung Physik

Experiment 13.5: Wellenlänge in Wasser

Die Wellenlänge elektromagnetischer Wellen verändert sich, wenn sich die Welle durch ein Medium ausbreitet. Dies zeigen wir mit diesem Experiment am Beispiel von Wasser. In einem kleinen Tank werden zwei Empfangsantennen mit einer Glühbirne als Anzeige eingebaut. Wir benutzen wieder die Dezimeterwellen aus ▶ Experiment 13.4. Die gelbe Sendeantenne ist auf den Fotos noch im Hintergrund zu erkennen. Die untere Empfangsantenne im Wassertank besitzt wie die Sendeantenne eine Länge von 31 cm, die obere ist nur 6 cm lang. Wie das erste Foto zeigt, leuchtet im leeren Tank lediglich die untere Glühbirne. Füllen wir Wasser in den Tank, so erlischt diese, sobald der Wasserspiegel die Antenne übersteigt. Ist schließlich auch die obere Antenne mit Wasser überflutet, beginnt deren Glühbirne zu leuchten. Durch das Wasser wird die Wellenlänge der gesendeten Wellen von $\lambda/2 \approx 31$ cm auf $\lambda/2 \approx 6$ cm verkürzt.

© RWTH Aachen, Sammlung Physik

© RWTH Aachen, Sammlung Physik

Experiment 13.6: Abschirmung elektromagnetischer Wellen

Wir haben gelernt, dass ein elektrisches Feld nicht in einen
Faraday'schen Käfig eindringen kann. Da elektrische Felder
wesentlich für die Ausbreitung elektromagnetischer Wellen sind,
hält ein Faraday'scher Käfig auch elektromagnetische Wellen ab.
Dies wird in diesem Experiment demonstriert. Wir benutzen wieder
den Dezimeterwellensender aus ▶ Experiment 13.4. Der Aufbau
wird im ersten Foto gezeigt. Stülpen wir nun einen Käfig aus

Drahtgeflecht über die Sendeantenne, so geht die Glühbirne aus. Die Wellen können den Käfig nicht durchdringen.

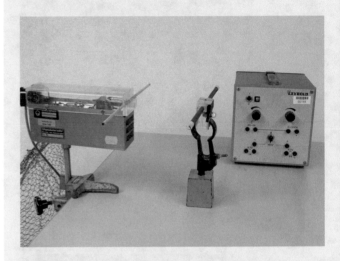

© RWTH Aachen, Sammlung Physik

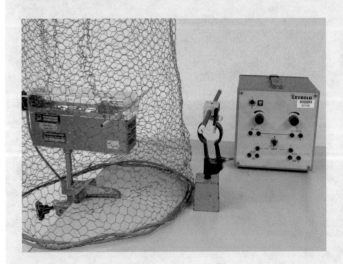

© RWTH Aachen, Sammlung Physik

Experiment 13.7: Mikrowellen

Wir haben dieses Kapitel mit stehenden Wellen auf der Lecher-Leitung begonnen. Stehende Wellen kann man auch mit Vakuumwellen erzeugen. Dies belegt dieses Experiment. Wir benutzen Mikrowellen mit einer Wellenlänge von etwa 3 cm. Sender und

Empfänger montieren wir auf einer optischen Bank und stellen sie
gegenüber voneinander auf (Foto). Die Wellen werden am Sender
und am Empfänger reflektiert, so dass sich dazwischen eine stehende Welle aufbaut, sofern der Abstand l die Bedingung $l = n\lambda/2$
erfüllt. Durch Verschieben des Senders oder Empfängers kann man
die Maxima aufsuchen und so die Wellenlänge vermessen.

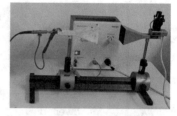

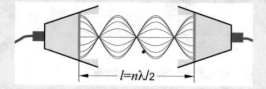

© RWTH Aachen, Sammlung Physik

Beispiel 13.3: Abschirmung des Mirkowellenherdes

Mikrowellen haben über den Mikrowellenherd Einzug in unseren
Alltag gefunden. Die Mikrowellen (typ. Wellenlänge 12 cm) regen
molekulare Dipole (meist Wasser) in den Speisen zum Schwingen
an, übertragen Energie auf diese und erwärmen so die Speisen.
Doch Mikrowellen können für Menschen schädlich sein. Sie
können in die Haut eindringen und bei entsprechender Leistung zu
Verbrennungen unter der Haut führen. Daher muss der Garraum
eines Mikrowellenherdes vollständig abgeschirmt sein. Dazu dient
ein Metallkäfig, der, wie wir in ▶ Experiment 13.6 gesehen haben,
Mikrowellen abschirmt. Eine besondere Bedeutung kommt der
Glastür zu. Sie wird mit einer perforierten Metallfolie beklebt,
durch die man die Speisen in der Mikrowelle beobachten kann.
Sind die Durchmesser der Löcher im Vergleich zur Wellenlänge der
Strahlung klein, gelingt es dieser nicht, die Folie zu durchdringen.

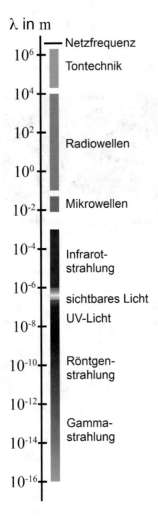

λ in m

10^{6} — Netzfrequenz
Tontechnik

10^{4}

10^{2}
Radiowellen

10^{0}

10^{-2} — Mikrowellen

10^{-4} — Infrarot-
strahlung

10^{-6}
sichtbares Licht

10^{-8} — UV-Licht

10^{-10} — Röntgen-
strahlung

10^{-12}

10^{-14} — Gamma-
strahlung

10^{-16}

Beispiel 13.4: Das Spektrum elektromagnetischer Strahlung

Die Wellenlängen der elektromagnetischen Wellen erstrecken sich über viele Dekaden. Die beiden Abbildungen zeigen das Spektrum der elektromagnetischen Wellen und den Ausschnitt des sichtbaren Lichtes. Alle Wellen breiten sich unabhängig von ihrer Wellenlänge im Vakuum mit der Lichtgeschwindigkeit c aus. Dispersion tritt erst in Medien auf. Aus $c = \lambda f$ lässt sich die Frequenz der Wellen bestimmen.

13.2.3   Die Lichtgeschwindigkeit

Die Lichtgeschwindigkeit ist eine Naturkonstante, die wir experimentell bestimmen müssen. Schon im 17. Jahrhundert hatten einige Astronomen bemerkt, dass auch Licht sich nur mit endlicher Geschwindigkeit ausbreitet. Ole Christensen Rømer befasste sich mit der Verfinsterung der Jupitermonde durch den Jupiter. Er beobachtete, dass die Verfinsterung 22 min später als erwartet eintrat, wenn der Jupiter gegenüber der Erde auf ihrer Umlaufbahn um die Sonne stand. Er schrieb diese Verzögerung korrekterweise der längeren Laufzeit des Lichtes vom Jupiter zur Erde zu, was allerdings zu seiner Zeit als Erklärung umstritten war.

In ▶ Experiment 13.8 und 13.9 werden zwei weitere Messmethoden vorgestellt. Heutzutage greift man auf die Lichtgeschwindigkeit zurück, um die Längeneinheit – das Meter – zu definieren. Der Wert der Lichtgeschwindigkeit ist festgelegt auf:

$$c = 2{,}99792458 \cdot 10^{8}\ \frac{m}{s} \tag{13.58}$$

Einen Standard für die Länge ergibt sich dann aus der Beziehung $c = f \cdot \lambda$. Man benutzt einen Laser, dessen Frequenz durch Frequenzmischung heute präzise bestimmbar ist.

Experiment 13.8: Lichtgeschwindigkeit mit der Drehspiegelmethode

Dieses Experiment zeigt eine Messmethode zur Bestimmung der Lichtgeschwindigkeit, die dem historischen Experiment von Bernard Léon Foucault nachempfunden ist. Wir benutzen einen grünen Laser, den Foucault 1860 allerdings noch nicht zur Verfügung hatte. Der Lichtstrahl fällt auf einen Spiegel, der auf einem rotierenden Tisch angebracht ist. Dies ist der Drehspiegel, der der Messmethode den Namen gibt. Vom Drehspiegel wird der Strahl über eine Linse auf einen entfernten Spiegel geworfen und von diesem über den Drehspiegel auf die Laseröffnung zurückreflektiert. Vor dem Laser steht ein halbdurchlässiger Spiegel, der einen Teil des Strahls auf einen Schirm mit einer Längenskala auslenkt.

Zur Messung der Lichtgeschwindigkeit lässt man den Drehspiegel sich zunächst sehr langsam drehen. Der Strahl wird in sich zurückreflektiert. Man markiert die Position auf der Skala. Dann lässt man den Drehspiegel sich schnell drehen. Unser Drehspiegel schafft 450 Hz. Ein Lichtsensor neben dem Drehspiegel registriert die Lichtstrahlen, die bei geeigneter Stellung des Spiegels vom Laser auf den Sensor geleitet werden. Er zählt die Lichtblitze in einem festen Zeitintervall, woraus wir die Frequenz des Drehspiegels bestimmen. Bei hoher Drehfrequenz dreht sich der Spiegel um einen merklichen Winkel weiter, während der Laserstrahl vom Drehspiegel durch die Linse zum entfernten Spiegel hin und wieder zurückläuft. In unserem Aufbau beträgt die einfache Strecke etwa 15 m. Der Strahl wird dann nicht exakt auf den Laser zurückreflektiert und der Lichtpunkt auf der Skala wandert. Mit ein wenig Geometrie kann man aus der Ablenkung auf der Skala und der Rotationsfrequenz des Drehspiegels die Lichtgeschwindigkeit bestimmen.

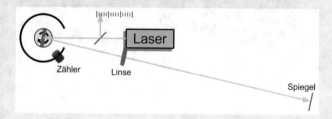

Experiment 13.9: Lichtgeschwindigkeit mit der Phasenmethode

Moderne laserbasierte Entfernungsmesser messen die Laufzeit eines Laserstrahls und ermitteln daraus den zu bestimmenden Abstand. Misst man unabhängig davon die Strecke, kann man die Zeitmessung benutzen, um die Lichtgeschwindigkeit zu bestimmen. Der Strahl einer Laserdiode ($\lambda = 650$ nm, rot) wird von einem Modulator in der Intensität mit 60 MHz moduliert. Ein kleiner Teil des Lichtstrahls wird mit einem teildurchlässigen Spiegel ausgekoppelt und auf die Fotodiode S1 geleitet. Der Hauptteil des Strahls durchläuft die Messstrecke l, wird an einer Reflektorfolie zurückgeworfen und von der Fotodiode S2 aufgefangen. Eine elektronische Messanordnung ermittelt die Phasenverzögerung zwischen den beiden Signalen.

Für die Messung der Lichtgeschwindigkeit befindet sich hinter der Reflektorfolie ein Maßstab. Wir verschieben die Folie um $\Delta l = 15\,\text{cm}$ und bestimmen die Änderung der Phasenverschiebung. Sie beträgt

$$\Delta t = \frac{2\Delta l}{c} \approx 1\,\text{ns},$$

woraus sich eine Lichtgeschwindigkeit von etwa 300.000 km/s ergibt.

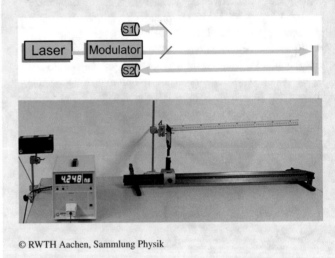

© RWTH Aachen, Sammlung Physik

13.2.4 Polarisation

Wir haben zwei Lösungen der Wellengleichung gefunden (Gl. 13.53). Beide Lösungen breiten sich in z-Richtung aus, aber in der ersten Lösung zeigt das elektrische Feld in x-Richtung, während es in der zweiten Lösung in der y-Richtung oszilliert. Die Lösungen beschreiben jeweils eine linear polarisierte Welle (Band 1, Abschn. 18.1). Das elektrische Feld schwingt entlang einer Linie. Die beiden Lösungen sind so gewählt, dass sie voneinander linear unabhängig sind. Sie stellen die beiden möglichen Polarisationszustände dar. In ◘ Abb. 13.6 sind Momentaufnahmen der beiden Polarisationszustände zu sehen.

Nun muss die Polarisationsrichtung nicht notwendigerweise mit einer der beiden Achsen zusammenfallen. Durch Superposition der beiden Lösungen $\vec{E}_1\,(\vec{r},t)$ und $\vec{E}_2\,(\vec{r},t)$ kann man beliebige Rich-

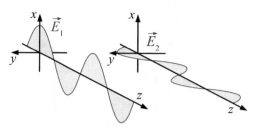

Abb. 13.6 Linear polarisierte Wellen

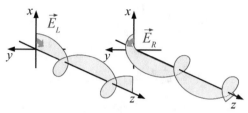

Abb. 13.7 Momentaufnahme einer links- und rechtspolarisierten Welle

tungen der Polarisation erhalten. Die folgende Welle

$$
\begin{aligned}
\vec{E}_a\left(\vec{r}, t\right) &= \vec{E}_1\left(\vec{r}, t\right) + \vec{E}_2\left(\vec{r}, t\right) \\
&= A_x \hat{e}_x e^{i(\omega t - kz)} + A_y \hat{e}_y e^{i(\omega t - kz)}
\end{aligned}
\tag{13.59}
$$

ist eine linear polarisiert Welle, die sich in z-Richtung ausbreitet und deren elektrisches Feld in der Richtung

$$
\hat{a} = \frac{1}{\sqrt{A_x^2 + A_y^2}}
\begin{pmatrix}
A_x \\
A_y \\
0
\end{pmatrix}
\tag{13.60}
$$

schwingt.

Neben der bisher betrachteten linearen Polarisation kann man auch zirkular polarisierte Wellen erzeugen. Unter einer zirkular polarisierten Welle versteht man eine Welle, bei der der elektrische Feldvektor nicht in einer Richtung schwingt, sondern sich im Kreis um die Ausbreitungsrichtung dreht. Es sind zwei Richtungen möglich, die man links- und rechtszirkulare Polarisation bzw. links- und rechtspolarisierte Wellen nennt. Sie sind in ◻ Abb. 13.7 abgebildet.

Man kann eine zirkular polarisierte Welle als Superposition zweier linear polarisierter Wellen darstellen, wenn man dabei eine Phasenverschiebung zwischen den beiden linear polarisierten Wellen berücksichtigt. Wir betrachten wiederum Wellen, die sich entlang der z-Richtung ausbreiten. Überlagern wir die folgenden beiden Wellen

$$
\begin{aligned}
\vec{E}_1'\left(\vec{r}, t\right) &= E_0 \hat{e}_x e^{i(\omega t - kz)} \\
\vec{E}_2'\left(\vec{r}, t\right) &= E_0 \hat{e}_y e^{i\left(\omega t - kz - \frac{\pi}{2}\right)},
\end{aligned}
\tag{13.61}
$$

so erhalten wir:

$$\vec{E}_L\left(\vec{r},t\right) = \vec{E}_1'\left(\vec{r},t\right) + \vec{E}_2'\left(\vec{r},t\right)$$

$$= E_0 \begin{pmatrix} 1 \\ 0 \\ 0 \end{pmatrix} e^{i(\omega t - kz)} + E_0 \begin{pmatrix} 0 \\ 1 \\ 0 \end{pmatrix} e^{i(\omega t - kz)} e^{-i\frac{\pi}{2}}$$

$$= E_0 \begin{pmatrix} 1 \\ 0 \\ 0 \end{pmatrix} e^{i(\omega t - kz)} - iE_0 \begin{pmatrix} 0 \\ 1 \\ 0 \end{pmatrix} e^{i(\omega t - kz)} \tag{13.62}$$

$$= a_x \vec{E}_1\left(\vec{r},t\right) + a_y \vec{E}_2\left(\vec{r},t\right) \quad \text{mit} \quad a_y = -ia_x$$

Dies nennt man eine linkszirkular polarisierte Welle. Der Betrag der Feldstärke ist zeitlich und räumlich konstant. Er beträgt E_0. Aber die Richtung des Feldstärkevektors ändert sich. Um den Feldstärkevektor zu bestimmen, müssen wir uns daran erinnern, dass wir in Gl. 13.62 die Feldstärke als komplexen Vektor dargestellt haben, von dem wir noch den Realteil bilden müssen. Dieser ist:

$$\vec{E}_L\left(\vec{r},t\right) = E_0 \hat{e}_x \cos\left(\omega t - kz\right) + E_0 \hat{e}_y \sin\left(\omega t - kz\right) \tag{13.63}$$

In dieser Schreibweise kann man den konstanten Betrag und die rotierende Richtung leicht erkennen. Betrachten Sie beispielsweise den Ursprung ($z = 0$), dann dreht sich der Feldstärkevektor an diesem Punkt mit der Winkelgeschwindigkeit ω um die z-Achse. Oder Sie betrachten einen festen Zeitpunkt, z. B. $t = 0$, und erkennen einen Feldstärkevektor, der mit der Ausbreitungsrichtung eine Linksschraube bildet. In ◼ Abb. 13.8 sind die Projektionen auf die Achsen dargestellt.

Entsprechend erhält man die rechtszirkulare Welle durch:

$$\vec{E}_R\left(\vec{r},t\right) = \vec{E}_1\left(\vec{r},t\right) + i\vec{E}_2\left(\vec{r},t\right) \tag{13.64}$$

Bitte beachten Sie, dass die Einteilung in links- und rechtszirkular von der Blickrichtung abhängt. Häufig bezeichnet man die linkszirkulare Polarisation auch als σ_+-Polarisation. Diese Benennung verweist auf den Drehimpuls, der mit der Welle verbunden ist. Bei σ_+-Polarisation zeigt er in Richtung des Wellenvektors $\vec{k}$, bei σ_--Polarisation entgegen $\vec{k}$.

Die elliptische Polarisation kann man als Mischung aus linearer und zirkularer Polarisation ansehen. Der Vektor des elektrischen Feldes läuft auf einer Ellipse um die Ausbreitungsrichtung. Je nach Umlaufrichtung erhält man links-elliptische oder rechts-elliptische Wellen. Ein Beispiel dafür wäre

$$\vec{E}_{R,\text{ell}}\left(\vec{r},t\right) = a_x \vec{E}_1\left(\vec{r},t\right) - ia_y \vec{E}_2\left(\vec{r},t\right),$$

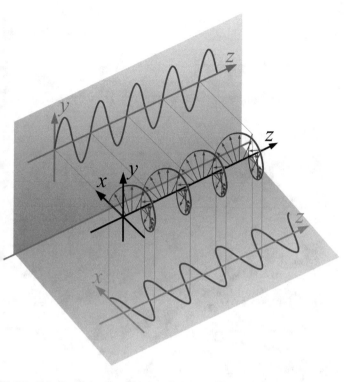

Abb. 13.8 Projektion einer zirkularpolarisierten Welle auf die Achsen

wobei a_x und a_y unterschiedlich groß sein können. Sind die Beträge gleich, entartet die Ellipse zu einem Kreis und es liegt zirkulare Polarisation vor. Ist hingegen einer der beiden Faktoren null, ist die Ellipse zu einer Linie entartet und es liegt lineare Polarisation vor.

Unpolarisiert ist eine Welle schließlich dann, wenn das elektrische Feld weder eine konstante noch eine sich periodisch ändernde Richtung aufweist. Die Richtung des Feldes variiert zufällig in Raum und Zeit.

Experiment 13.10: Mikrowellenpolarisation

Elektromagnetische Wellen mit makroskopischen Wellenlängen lassen sich recht einfach polarisieren. Das Foto zeigt einen Polarisator für Mikrowellen. Er besteht aus Metalldrähten, die in einem Holzrahmen parallel gespannt sind. Die Drähte fungieren als Antennen für die Anteile der Wellen, deren elektrisches Feld entlang der Drähte oszilliert. Das elektrische Feld dieser Wellen regt die Elektronen in den Drähten zu Schwingungen an. Dabei wird die Energie der Welle auf die Elektronen übertragen und die Welle dadurch absorbiert. Wellen, deren elektrisches Feld senkrecht zu den Drähten schwingt, werden durchgelassen, da sich die Elektronen in den Drähten in dieser Richtung nicht bewegen können.

In unserem Experiment wird der Polarisator zwischen einem Sender und einem Empfänger eingebracht. Der Sender sendet eine polarisierte Welle aus. Je nach Stellung des Polarisators wird diese durchgelassen und kann am Empfänger registriert werden oder sie wird absorbiert.

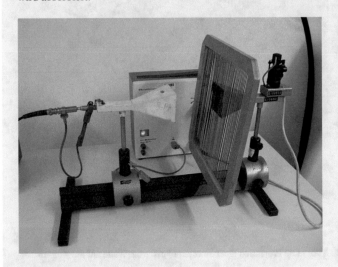

© RWTH Aachen, Sammlung Physik

13.2.5   Stehende Wellen

Bereits in ► Experiment 13.7 hatten wir stehende Wellen kennen gelernt. Sie entstehen, wenn eine Welle reflektiert wird und die einlaufende Welle sich mit der reflektierten überlagert. Es ist derselbe Mechanismus, den wir in ► Abschn. 13.1.4 für die stehenden Wellen auf der Lecher-Leitung diskutiert haben. Als Reflektor von Vakuumwellen dienen Metallflächen. Trifft beispielsweise eine ebene Welle (lineare Polarisation in x-Richtung), die sich in z-Richtung ausbreitet, bei $z = 0$ senkrecht auf eine leitende Fläche, so sind die ein- und die rücklaufende Welle gegeben durch:

$$
\begin{aligned}
\vec{E}_{\text{ein}}\left(\vec{r}, t\right) &= E_0 \hat{e}_x e^{i(\omega t - kz)} \\
\vec{E}_{\text{rück}}\left(\vec{r}, t\right) &= -E_0 \hat{e}_x e^{i(\omega t + kz)}
\end{aligned}
\tag{13.65}
$$

Da auf der reflektierenden Oberfläche das elektrische Feld verschwinden muss, stellt die Metallfläche für die Welle ein festes Ende dar. Die Welle wird mit einem Phasensprung von π reflektiert, was durch das negative Vorzeichen der rücklaufenden Welle in Gl. 13.65

ausgedrückt ist. Die Überlagerung der beiden Wellen ergibt die
stehende Welle:

$$
\begin{aligned}
\vec{E}_{\text{ges}}\left(\vec{r}, t\right) &= \vec{E}_{\text{ein}}\left(\vec{r}, t\right) + \vec{E}_{\text{rück}}\left(\vec{r}, t\right) \\
&= -E_0 \hat{e}_x e^{i\omega t}\left(e^{ikz} - e^{-ikz}\right) \\
\Re\left(\vec{E}_{\text{ges}}\left(\vec{r}, t\right)\right) &= 2E_0 \hat{e}_x \sin kz \sin \omega t
\end{aligned}
\tag{13.66}
$$

Ist die Welle allerdings von zwei Seiten durch eine Metallfläche begrenzt, wie dies in ▶ Experiment 13.7 der Fall war, so kann sich eine
stehende Welle nur dann ausbilden, wenn die Bedingung

$$
l = n\frac{\lambda}{2}
\tag{13.67}
$$

erfüllt ist.

Das Fabry-Pérot-Interferometer ist ein optischer Resonator. Es
wurde von den französischen Physikern Charles Fabry und
Alfred Pérot 1897 entwickelt. Das Interferometer besteht aus
zwei parallelen Spiegeln, zwischen denen das Licht hin- und
her reflektiert wird. Zwischen den Spiegeln bilden sich stehende
Wellen aus. Es kann aus justierbaren Spiegeln auf einer optischen
Bank aufgebaut sein, die es erlauben, die Wellenlänge der
Resonanzfrequenz durchzustimmen. Bei einer festen Wellenlänge
wird meist ein quaderförmiger Glaskörper verwendet, auf dessen
Stirnflächen dielektrische Spiegel aufgedampft sind. Man spricht
dann von einem Fabry-Pérot-Etalon.

Die Spiegel sind hochreflektierend, jedoch nicht vollständig
reflektierend. Trifft von links ein Lichtstrahl auf (Skizze), so
wird ein kleiner Anteil des Lichtes in den Resonator eindringen,
darin eine Resonanzmode anregen und teilweise rechts wieder
heraustreten. Dies ist allerdings nur für solche Frequenzen möglich,
die in Resonanz mit dem Resonator stehen. Andere Frequenzen
können den Resonator nicht passieren. Er filtert aus einem
Lichtstrahl ein enges Frequenzband heraus. Zur Charakterisierung
der Qualität eines Etalons benutzt man die so genannte Finesse F,
die definiert ist als

$$
F = \frac{\Delta\lambda}{\delta\lambda}.
$$

Dabei bezeichnet $\Delta\lambda$ den Abstand zwischen zwei Resonatormoden,
d. h. die Breite des Frequenzbandes, das das Etalon sperrt, und $\delta\lambda$
die Breite der Resonanz, die vom Etalon durchgelassen wird. Im
sichtbaren Bereich sind Finessen von 50 bis 10^5 gängig.

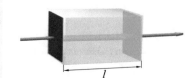

l

13.2.6 Der Hohlraumresonator

So wie wir im vergangenen Abschnitt eine Welle durch zwei Metallflächen in einer Dimension eingesperrt haben, kann man dies auch
in allen drei Raumrichtungen gleichzeitig tun. Regt man im Inneren eines Hohlraumes, der von metallenen Flächen umschlossen ist,
elektromagnetische Wellen an, so können diese nicht aus dem Hohlraum entkommen. Sie werden von den Wänden reflektiert und unter
bestimmten Bedingungen bilden sich im Hohlraum stehende Wellen aus. Man spricht von einem Hohlraumresonator. Im einfachsten
Fall hat der Hohlraum die Form eines Quaders. Für konstruktive Interferenz im Hohlraum muss für eine Welle mit dem Wellenvektor
$\vec{k} = (k_x, k_y, k_z)$ gelten:

$$
\begin{aligned}
l_x &= l\frac{\lambda}{2} & k_x &= \frac{l\pi}{l_x} \\
l_y &= m\frac{\lambda}{2} \quad \text{bzw.} \quad & k_y &= \frac{m\pi}{l_y} \\
l_z &= n\frac{\lambda}{2} & k_z &= \frac{n\pi}{l_z},
\end{aligned}
\tag{13.68}
$$

wobei l, m und n ganze Zahlen sind und l_x, l_y und l_z die Dimensionen
des Quaders angeben, wie sie in ◘ Abb. 13.9 verzeichnet sind. Für
Wellen mit anderen Wellenlängen führt die Überlagerung der vielfachen Reflexionen zu einer Auslöschung.

Der Betrag des Wellenvektors ist:

$$
|\vec{k}| = \pi \sqrt{\frac{l^2}{l_x^2} + \frac{m^2}{l_y^2} + \frac{n^2}{l_z^2}}
\tag{13.69}
$$

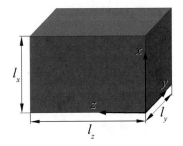

◘ **Abb. 13.9** Ein quaderförmiger
Hohlraumresonator

Man kann diese Wellenvektoren im so genannten k-Raum darstellen.
Der k-Raum ist in ◘ Abb. 13.10 angedeutet. Für einen quaderförmigen Hohlraumresonator ergibt sich im k-Raum ein kubisches Gitter
an Punkten. Die Gitterabstände sind π/l_x, π/l_y und π/l_z entlang
der entsprechenden Achsen.

Jeder Punkt im k-Raum entspricht einem Wellenvektor und damit
einer bestimmten stehenden Welle im Ortsraum, die man durch die
Zahlen l, m und n angeben kann. Man nennt sie die Eigenmoden des
Resonators oder auch die Resonatormoden. Sie lauten:

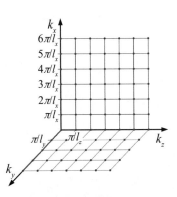

◘ **Abb. 13.10** Der k-Raum eines
quaderförmigen Hohlraumresonators

$$
\vec{E}_{lmn} = E_0
\begin{pmatrix}
\cos\left(\frac{l\pi}{l_x}x\right) \sin\left(\frac{m\pi}{l_y}y\right) \sin\left(\frac{n\pi}{l_z}z\right) \\
\sin\left(\frac{l\pi}{l_x}x\right) \cos\left(\frac{m\pi}{l_y}y\right) \sin\left(\frac{n\pi}{l_z}z\right) \\
\sin\left(\frac{l\pi}{l_x}x\right) \sin\left(\frac{m\pi}{l_y}y\right) \cos\left(\frac{n\pi}{l_z}z\right)
\end{pmatrix}
\cos\left(\omega t\right)
$$

$$
\tag{13.70}
$$

Abb. 13.11 Momentaufnahme des elektrischen Feldes der 220-Mode

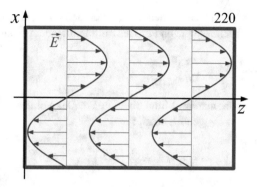

Beispielsweise ist $\vec{E}_{220}$ eine Mode, in der die Welle in z-Richtung polarisiert ist. Entlang der z-Achse ist das Feld konstant. In x- und y-Richtung hat das Feld einen sinusförmigen Verlauf, so dass es an den Wänden verschwindet. Ein Schnitt in der x-z-Ebene bei $y = 0$ zeigt **□** Abb. 13.11. Der Wellenvektor ist

$$\vec{k} = \left(\frac{2\pi}{l_x}, \frac{2\pi}{l_y}, 0 \right). \tag{13.71}$$

Der elektrische Feldvektor steht senkrecht auf $\vec{k}$, was generell der Fall ist. Ein Schnitt in der y-z-Ebene bei $x = 0$ würde das gleiche Bild ergeben.

Zu jedem Wellenvektor $\vec{k}$ gehört eine bestimmte Frequenz. Man erhält sie aus $\omega = v_{ph}k$, wobei im Vakuum die Phasengeschwindigkeit der Lichtgeschwindigkeit c entspricht:

$$\omega = c\pi \sqrt{\frac{l^2}{l_x^2} + \frac{m^2}{l_y^2} + \frac{n^2}{l_z^2}} \tag{13.72}$$

Die Behandlung der elektromagnetischen Schwingungen in einem Hohlraumresonator war für die Entwicklung der Quantenphysik von großer Bedeutung. Daher beschäftigen wir uns noch etwas intensiver mit der klassischen Behandlung als Grundlage. Wir wollen die Frage diskutieren, wie viele Schwingungsmoden es in einem Hohlraumresonator gibt. Es sind unendlich viele, daher müssen wir die Frage noch etwas präzisieren. Wir fragen, wie viele Schwingungsmoden unterhalb einer Grenzfrequenz ω_G möglich sind. Um die Rechnung zu vereinfachen, gehen wir von einem Quader zu einem Würfel mit der Kantenlänge a über, d. h., wir setzen:

$$l_x = l_y = l_z = a \tag{13.73}$$

Zur Grenzfrequenz ω_G gehört ein Wellenvektor mit Betrag k_G. Alle Wellenvektoren, deren Betrag kleiner als k_G ist, repräsentieren eine Resonatormode mit $\omega < \omega_G$. Ist ω_G hinreichend groß ($l^2 + m^2 +$

$n^2 \gg 1$), so können wir die Punkte im k-Raum durch eine kontinuierliche Dichte an Punkten mitteln. In jedem Volumen

$$V_0 = \left(\frac{\pi}{a}\right)^3 \tag{13.74}$$

findet man im Mittel einen Punkt. Das Volumen, das im k-Raum zu $\omega < \omega_G$ gehört, beträgt

$$V_G = \frac{1}{8}\frac{4\pi}{3}k_G^3 = \frac{\pi}{6}\left(\frac{\omega_G}{c}\right)^3. \tag{13.75}$$

Dies ist eine Kugel im k-Raum mit dem Radius k_G, von der wir nur den Anteil mit positivem l, m und n berücksichtigen, was den Faktor $\frac{1}{8}$ erklärt. In diesem Volumen befindet sich eine Anzahl N_G an Resonatormoden:

$$N_G = \frac{\pi}{6}\left(\frac{a\omega_G}{\pi c}\right)^3 \tag{13.76}$$

Berücksichtigen wir noch, dass es zu jeder Schwingungsmode zwei unabhängige Polarisationszustände gibt, so erhalten wir

$$N_G = \frac{\pi}{3}\left(\frac{a\omega_G}{\pi c}\right)^3 = \frac{8\pi f_G^3 a^3}{3c^3}, \tag{13.77}$$

wobei wir auf die Grenzfrequenz f_G umgerechnet haben. Durch Division durch das Volumen $V = a^3$ des Hohlraumresonators bekommen wir die Modendichte n_G:

$$n_G = \frac{N_G}{V} = \frac{8\pi f_G^3}{3c^3} \tag{13.78}$$

Manchmal interessiert statt der Modendichte n_G die spektrale Modendichte. Sie gibt die Dichte der Moden in einem Frequenzintervall df um eine Frequenz f an. Wir berechnen sie aus Gl. 13.78 durch Differenziation:

$$\frac{dn_G}{df} = \frac{8\pi f^2}{c^3} \tag{13.79}$$

Beispiel 13.6: Stimmgabel

Viele Musikinstrumente sind mit einem Resonanzkörper zur Verstärkung des Tones ausgestattet. Diesen kann man als akustischen Hohlraumresonator bezeichnen. In unserem Beispiel

© RWTH Aachen, Sammlung Physik

handelt es sich um eine Stimmgabel, die auf einem quaderförmigen Kasten montiert ist. Die Stimmgabel regt im Kasten stehende Schallwellen an. Die Dimensionen des Kastens müssen auf die Frequenz der Stimmgabel abgeglichen sein, so dass eine der Resonanzfrequenzen zur Stimmgabel passt. Nur dann kommt es zur Verstärkung des Tones.

Beispiel 13.7: Hohlraumresonator zur Teilchenbeschleunigung

Hohlraumresonatoren werden zur Beschleunigung von Teilchenstrahlen eingesetzt, vor allem in Speicherringen, in denen die Teilchen den Hohlraumresonator bei jedem Umlauf erneut durchlaufen und dadurch erneut beschleunigt werden. Die Skizze zeigt einen einfachen Hohlraumresonator, wie er beispielsweise am Speicherring DORIS am Deutschen Elektronensynchrotron (DESY) in Hamburg zur Beschleunigung von Elektronen eingesetzt wurde. Man nennt diese Hohlraumresonatoren auch Pillbox oder Kavität. Der Radius des Resonators ist etwa 23 cm. Die Frequenz der benutzten Mode liegt bei etwa $500\,\mathrm{MHz}$. Die Länge l des Resonators muss nach $c = \lambda f$ auf eine halbe Wellenlänge (etwa 30 cm) angepasst sein. Die Mode wird von außen durch eine Antenne angeregt. Ist die anregende Frequenz in Resonanz mit der Mode im Resonator, so wird nennenswert Energie von der Antenne in den Resonator übertragen und es baut sich eine Schwingung mit einer große Feldstärke im Resonator auf.

Die Resonatormode wird so gewählt, dass das elektrische Feld in Richtung der Strahlachse zeigt. Der Durchlauf der Elektronen muss mit der Schwingung im Resonator synchronisiert werden, so dass die Elektronen während des gesamten Durchlaufs ein beschleunigendes Feld erfahren.

In moderneren Beschleunigern werden heute Hohlraumresonatoren mit mehreren Zellen eingesetzt. Das Foto zeigt einen supraleitenden Hohlraumresonator aus dem TESLA-Projekt am DESY. Ein supraleitender Resonator hat keine Ohm'schen Verluste und daher eine viel schärfere Resonanz (höhere Güte), die eine höhere Feldamplitude erzeugt. Die Feldstärke kann so weit steigen, bis es zu Überschlägen im Resonator kommt. Der Resonator ist abgerundet, um Feldspitzen an den Kanten und Ecken zu vermeiden. Mit einem solchen Resonator können beschleunigende Felder von bis zu $40\,\mathrm{MV/m}$ erreicht werden.

13.2.7 Das Magnetfeld der Wellen

Wir hatten unsere Diskussion zunächst auf das elektrische Feld der Wellen eingeschränkt. Dies war rein willkürlich gewählt. Wir hätten ebenso mit dem magnetischen Feld beginnen können. Wir wollen nun die Diskussion des magnetischen Feldes nachholen. Wieder gehen wir von einer linear polarisierten Welle aus, die sich in z-Richtung bewegt und die in x-Richtung polarisiert ist. Das elektrische Feld der Welle lautet:

$$\vec{E}\left(\vec{r}, t\right) = E_0 \begin{pmatrix} 1 \\ 0 \\ 0 \end{pmatrix} e^{i(\omega t - kz)} \tag{13.80}$$

Um das magnetische Feld zu bestimmen, greifen wir auf die Maxwell-Gleichungen zurück:

$$\vec{\nabla} \times \vec{E} = -\frac{\partial \vec{B}}{\partial t} \tag{13.81}$$

und setzen das elektrische Feld ein

$$\vec{\nabla} \times \vec{E} = E_0 \begin{pmatrix} 0 \\ -ik \\ 0 \end{pmatrix} e^{i(\omega t - kz)} = - \begin{pmatrix} \dfrac{\partial B_x}{\partial t} \\ \dfrac{\partial B_y}{\partial t} \\ \dfrac{\partial B_z}{\partial t} \end{pmatrix}. \tag{13.82}$$

Wir finden

$$\frac{\partial B_x}{\partial t} = 0 \quad \text{und} \quad \frac{\partial B_z}{\partial t} = 0, \tag{13.83}$$

woraus zunächst folgt, dass diese beiden Komponenten des magnetischen Feldes zeitlich konstant sind. Da zeitlich konstante Felder zur Ausbreitung einer Welle nicht beitragen, können wir $B_x = 0$ und $B_z = 0$ wählen. Es bleibt, die y-Komponente des Magnetfeldes zu bestimmen. Für diese haben wir gefunden:

$$\frac{\partial B_y}{\partial t} = ik E_0 e^{i(\omega t - kz)} \tag{13.84}$$

Hieraus erhalten wir das Magnetfeld durch Integration:

$$B_y\left(\vec{r}, t\right) = ik E_0 \int e^{i(\omega t - kz)} dt = \frac{k}{\omega} E_0 e^{i(\omega t - kz)}$$

$$\Rightarrow \vec{B}\left(\vec{r}, t\right) = \frac{1}{c} \left| \vec{E}\left(\vec{r}, t\right) \right| \hat{e}_y \tag{13.85}$$

Das Magnetfeld der Welle steht senkrecht auf dem elektrischen Feld und senkrecht auf der Ausbreitungsrichtung. Wir können dies durch die folgende Relation ausdrücken, die in dieser Form für beliebige Ausbreitungsrichtungen gilt:

$$\vec{B} = \frac{1}{\omega} \left(\vec{k} \times \vec{E} \right) \tag{13.86}$$

Dieser Zusammenhang ist in ◘ Abb. 13.12 dargestellt. Das Magnetfeld schwingt bei einer elektromagnetischen Welle im Vakuum in Phase mit dem elektrischen Feld. Wir werden allerdings noch andere Situationen kennen lernen, bei denen dies nicht der Fall ist.

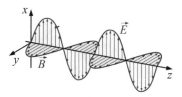

◘ **Abb. 13.12** Momentaufnahme des elektrischen und magnetischen Feldes einer linear polarisierten Welle

Beispiel 13.8: Feldstärke des Lichtes

Bei klarem Wetter trifft auf der Erdoberfläche Licht im sichtbaren Bereich mit einer Intensität von etwa $1\,\mathrm{kW/m^2}$ auf. Licht dieser Intensität hat eine elektrische Feldstärke von rund $1\,\mathrm{kV/m}$. Allerdings besteht das Sonnenlicht nicht aus einer einzigen Farbe. Brechen wir das Licht in Strahlen einzelner Farben herunter, so erhalten wir Feldstärken von der Größenordnung $10\,\mathrm{V/m}$ für eine einzelne Farbe. Nach Gl. 13.85 liegt die zugehörige magnetische Feldstärke im Bereich von $10^{-7}\,\mathrm{T}$. Um die beiden Feldstärken miteinander vergleichen zu können, betrachten wir die Kraftwirkung auf ein Elektron. Das elektrische Feld des Lichtstrahls übt eine Kraft von der Größenordnung $10^{-18}\,\mathrm{N}$ auf das Elektron aus, während die Kraftwirkung des magnetischen Feldes $v \cdot 10^{-26}\,\mathrm{N}$ beträgt, was sehr viel kleiner ist, sofern sich das Elektron nicht mit einer Geschwindigkeit v nahe der Lichtgeschwindigkeit bewegt.

Beispiel 13.9: Das Magnetfeld im Hohlraumresonator

Wir wollen das Beispiel der Mode 220 im Hohlraumresonator aus ► Abschn. 13.2.6 noch einmal aufgreifen. Dort hatten wir das elektrische Feld bestimmt. Nun wollen wir das zugehörige Magnetfeld berechnen. Wir starten von

$$\vec{E}_{220} = E_0 \begin{pmatrix} 0 \\ 0 \\ \sin\left(\dfrac{2\pi}{l_x}x\right)\sin\left(\dfrac{2\pi}{l_y}y\right) \end{pmatrix} \cos(\omega t)$$

und berechnen die Rotation

$$\vec{\nabla} \times \vec{E}_{220} = \begin{pmatrix} \dfrac{\partial E_z}{\partial y} \\[2mm] -\dfrac{\partial E_z}{\partial x} \\[2mm] 0 \end{pmatrix}$$

$$= \frac{2\pi}{a} E_0 \begin{pmatrix} \sin\left(\dfrac{2\pi}{l_x}x\right)\cos\left(\dfrac{2\pi}{l_y}y\right) \\[3mm] -\cos\left(\dfrac{2\pi}{l_x}x\right)\sin\left(\dfrac{2\pi}{l_y}y\right) \\[3mm] 0 \end{pmatrix} \cos(\omega t)$$

$$= -\begin{pmatrix} \dfrac{\partial B_x}{\partial t} \\[2mm] \dfrac{\partial B_y}{\partial t} \\[2mm] \dfrac{\partial B_z}{\partial t} \end{pmatrix}$$

Durch Integration bestimmen wir die Komponenten des magnetischen Feldes, wobei wir wiederum zeitlich konstante Beiträge wegfallen lassen. Wir erhalten:

$$B_x = \frac{2\pi}{a} E_0 \sin\left(\frac{2\pi}{l_x}x\right)\cos\left(\frac{2\pi}{l_y}y\right) \int \cos(\omega t)\, dt$$

$$B_y = -\frac{2\pi}{a} E_0 \cos\left(\frac{2\pi}{l_x}x\right)\sin\left(\frac{2\pi}{l_y}y\right) \int \cos(\omega t)\, dt$$

$$B_z = 0$$

Damit ergibt sich:

$$\vec{B}_{220}(\vec{r},t) = \frac{2\pi}{a\omega} E_0 \begin{pmatrix} \sin\left(\dfrac{2\pi}{l_x}x\right)\cos\left(\dfrac{2\pi}{l_y}y\right) \\[3mm] -\cos\left(\dfrac{2\pi}{l_x}x\right)\sin\left(\dfrac{2\pi}{l_y}y\right) \\[3mm] 0 \end{pmatrix} \sin(\omega t)$$

Wie erwartet, steht das magnetische Feld senkrecht auf dem elektrischen Feld. Die Feldvektoren sind in der Abbildung in der Ebene $y = 0$ dargestellt. Die Kurve links gibt den Verlauf der Feldamplitude entlang der x-Achse an. Entlang der z-Achse ändert sich die Feldstärke nicht. Die Relation $\vec{B} = 1/\omega(\vec{k} \times \vec{E})$ ist im Resonator nicht mehr erfüllt, wie man leicht an einzelnen Punkten überprüfen kann. Sie gilt nur im Vakuum weit weg von Ladungen, Strömen und Leitern.

Beachten Sie ferner, dass im Hohlraumresonator $\vec{E}$- und $\vec{B}$-Feld nicht in Phase sind. Sie schwingen um 90° phasenversetzt.

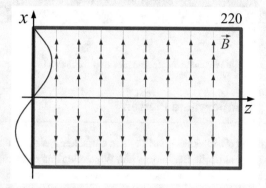

Zum Schluss der Diskussion über die Vakuumwellen wollen wir noch einmal auf den Mechanismus der Wellenausbreitung zurückblicken. Unser Ausgangspunkt war das Induktionsgesetz:

$$\vec{\nabla} \times \vec{E} = -\frac{\partial \vec{B}}{\partial t} \qquad (13.87)$$

Es drückt aus, dass das elektrische Feld einer Welle durch Induktion aus einem zeitlich veränderlichen Magnetfeld erzeugt wird. Doch wo kommt das Magnetfeld her? Die zweite der Maxwell-Gleichungen, die wir zur Aufstellung der Wellengleichung benutzt haben, gibt Aufschluss:

$$\vec{\nabla} \times \vec{B} = \epsilon_0 \mu_0 \frac{\partial \vec{E}}{\partial t} \qquad (13.88)$$

Das Magnetfeld wird über den Maxwell'schen Verschiebungsstrom durch ein zeitlich veränderliches elektrisches Feld erzeugt. Es ist wie eine Kette. Ein zeitlich veränderliches Magnetfeld erzeugt ein elektrisches Feld. Dieses ist ebenso zeitlich veränderlich und erzeugt durch Induktion ein wiederum zeitlich veränderliches Magnetfeld, welches dann erneut ein elektrisches Feld erzeugt, und so wiederholen sich die Abläufe. Da dabei weder Raumladungen noch Ströme auftauchen, kann dieser Prozess selbst im Vakuum ablaufen. Elektromagnetische Wellen benötigen kein Medium.

13.3 Hohlleiter

Im Bereich von Mikrowellen werden häufig so genannte Hohlleiter zum Transport von Wellen eingesetzt. Diese wollen wir hier noch in knapper Form behandeln.

Abb. 13.13 Ein Wellenleiter aufgebaut aus zwei parallelen Leiterebenen

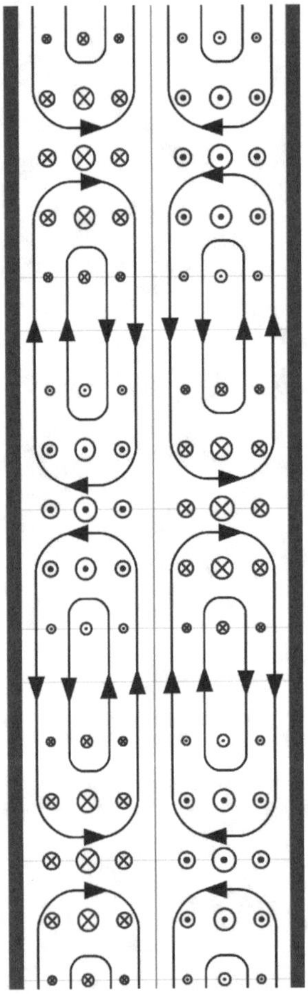

13.3.1 Planparallele Platten

Wir beginnen die Diskussion mit einem einfachen Beispiel, das allerdings kaum praktische Bedeutung hat. Wir stellen uns zwei unendlich ausgedehnte, ebene Metallflächen vor, zwischen denen sich Wellen ausbreiten. Wir nehmen an, dass die Platten parallel zur y-z-Ebene orientiert sind mit dem senkrechten Abstand d (siehe ◻ Abb. 13.13). Dazwischen breitet sich eine Welle mit dem Wellenvektor $\vec{k}$ aus. Wir können das Koordinatensystem so drehen, dass der Wellenvektor in der x-z-Ebene liegt, d. h. $\vec{k} = (k_x, 0, k_z)$, und die Welle sich in positiver z-Richtung ausbreitet. Sie sei in y-Richtung polarisiert. Die Welle trifft dann bei $x = \pm d/2$ auf die Leiterebene und wird dort reflektiert. Die einlaufende und die reflektierte Welle überlagern sich. Wir betrachten zunächst das elektrische Feld, das bei der Reflexion einen Phasensprung von π erfährt. Die x-Komponente des Wellenvektors ändert das Vorzeichen, während die z-Komponente bleibt:

$$
\begin{aligned}
\vec{E}\left(\vec{r}, t\right) &= E_0 \hat{e}_y e^{i(\omega t - k_x x - k_z z)} + E_0 \hat{e}_y e^{i(\omega t + k_x x - k_z z - \pi)} \\
&= E_0 \hat{e}_y e^{i(\omega t - k_x x - k_z z)} - E_0 \hat{e}_y e^{i(\omega t + k_x x - k_z z)} \\
&= 2 i E_0 \sin\left(k_x x\right) e^{i(\omega t - k_z z)} \hat{e}_y
\end{aligned}
\tag{13.89}
$$

Konstruktive Interferenz zwischen den Wellen führt wiederum auf die Bedingung

$$
k_x = \frac{n\pi}{d},
\tag{13.90}
$$

Abb. 13.14 Eine Ausbreitungsmode einer elektromagnetischen Welle zwischen zwei planparallelen Platten ($n = 2$) mit Polarisation in y-Richtung. Ausbreitungsrichtung nach unten. *Grün*: $\vec{E}$-Feld, *violett*: $\vec{B}$-Feld

während k_z beliebige Werte annehmen kann. Durch die Überlagerung ist eine Welle entstanden, die sich in z-Richtung ausbreitet. Die Amplitude ist in x-Richtung durch den Term $\sin\left(\frac{n\pi}{d} x\right)$ moduliert, aber eine Bewegung in x-Richtung ist nach der Überlagerung nicht mehr zu erkennen. Eine Momentaufnahme der Felder ist in ◻ Abb. 13.14 für $n = 2$ zu sehen. Das elektrische Feld steht senkrecht auf der Ausbreitungsrichtung. Man spricht daher auch von einer transversalelektrischen Welle (TE-Mode). Die Mode in ◻ Abb. 13.14 würde man TE$_2$-Mode nennen.

Neben der hier vorgestellten Lösung der Wellengleichung mit Polarisation in y-Richtung gibt es auch Lösungen mit x- und

z-Komponenten des elektrischen Feldes. Die Lösungen mit $E_z \neq 0$ nennt man die transversal-magnetischen Wellen (TM-Moden), da bei ihnen das magnetische Feld senkrecht auf der Ausbreitungsrichtung steht.

Betrachten wir die in Gl. 13.89 angegebene Mode noch einmal etwas genauer. Die Phasengeschwindigkeit bestimmt sich aus dem Exponentialfaktor $e^{i(\omega t - k_z z)}$ zu:

$$v_{Ph} = \frac{\omega}{k_z} \tag{13.91}$$

Beachten wir, dass die Lichtgeschwindigkeit im Vakuum gegeben ist durch $c = \omega / k$, so erhalten wir:

$$v_{Ph} = \frac{ck}{k_z} = c \frac{\sqrt{k_x^2 + k_z^2}}{k_z} = c \sqrt{1 + \frac{k_x^2}{k_z^2}} \geq c \tag{13.92}$$

Erstaunlicherweise wird die Phasengeschwindigkeit durch die Begrenzung der Welle größer. Sie ist größer als die Lichtgeschwindigkeit. Dies ist kein Widerspruch zur Relativitätstheorie, denn Letztere fordert lediglich, dass die Gruppengeschwindigkeit v_G die Lichtgeschwindigkeit nicht übersteigen darf.

$$v_G = \frac{d\omega}{dk_z} = \frac{d\omega}{dk} \cdot \frac{dk}{dk_z} = c \cdot \frac{k_z}{k} = \frac{c^2}{v_{Ph}} \leq c \tag{13.93}$$

13.3.2 Wellenleiter

Nun können wir uns mit Hohlleitern beschäftigen, die beidseitig geschlossen sind. Sie werden eingesetzt, um Mikrowellen nahezu verlustfrei zu transportieren. Am einfachsten zu behandeln sind Hohlleiter mit einem rechteckigen Querschnitt. In ◼ Abb. 13.15 ist ein Beispiel dargestellt. Die Hohlleiter bestehen aus einzelnen Elementen, die mit Flanschen versehen sind. Neben geraden Stücken, wie eines in der Abbildung zu sehen ist, gibt es gekrümmte Elemente und auch Abzweigungen. Aus diesen Elementen kann man die benötigten Verbindungen individuell aufbauen.

Der Mechanismus der Wellenausbreitung ist derselbe wie bei den planparallelen Platten. Die Wellen werden an den Wänden reflektiert. Aus der Überlagerung entsteht eine Welle, die sich entlang der Achse des Hohlleiters ausbreitet mit unterschiedlichen transversalen Moden. Man kann die Welle beschreiben durch

$$\vec{E}(\vec{r}, t) = \vec{E}_0(x, y) e^{i(\omega t - k_z z)}, \tag{13.94}$$

vorausgesetzt, wir wählen das Koordinatensystem wieder so, dass die Ausbreitung entlang der z-Achse erfolgt. An den Wänden müssen

■ **Abb. 13.15** Ein gerades Element
eines Mikrowellenhohlleiters

die Feldkomponenten parallel zu diesen verschwinden. Wir setzen
unseren Ansatz in die Wellengleichung (Gl. 13.43) ein und erhalten:

$$\left(\frac{\partial^2 \vec{E}_0}{\partial x^2} + \frac{\partial^2 \vec{E}_0}{\partial y^2} \right) + \vec{E}_0 \left(\frac{\omega^2}{c^2} - k_z^2 \right) = 0 \tag{13.95}$$

Wiederum ergeben sich als Lösungen dieser Differenzialgleichung
TE-Moden und TM-Moden. Wir beschränken uns auf die TE-Moden,
deren elektrischer Feldvektor senkrecht auf der z-Achse steht. Die
TE-Moden haben die Form:

$$\vec{E}_0 = \begin{pmatrix} E_{0x} \cos{(k_x x)} \sin{(k_y y)} \\ E_{0y} \sin{(k_x x)} \cos{(k_y y)} \\ 0 \end{pmatrix} \tag{13.96}$$

Aus den Randbedingungen ergeben sich folgende Einschränkungen:

$$k_x = \frac{n\pi}{l_x} \quad \text{und} \quad k_y = \frac{m\pi}{l_y}, \tag{13.97}$$

wobei l_x und l_y die Dimensionen des Kanals in die entsprechenden
Richtungen bezeichnen und n und m ganze, positive Zahlen sind.
Setzen wir diese Lösung in Gl. 13.95 ein, so erhalten wir noch eine
Bedingung für k_z:

$$-k_x^2 - k_y^2 - k_z^2 + \frac{\omega^2}{c^2} = 0 \Rightarrow k_z = \sqrt{\frac{\omega^2}{c^2} - \left(k_x^2 + k_y^2 \right)} \tag{13.98}$$

Die Phasengeschwindigkeit (Gl. 13.91) ist:

$$v_{Ph} = \frac{\omega}{k_z} = \frac{1}{\sqrt{1 - \frac{c^2}{\omega^2} \left(k_x^2 + k_y^2 \right)}} c \geq c \tag{13.99}$$

Die räumliche Periode der Welle beträgt

$$\lambda_z = \frac{2\pi}{k_z} = \frac{2\pi}{\sqrt{\frac{\omega^2}{c^2} - \left(k_x^2 + k_y^2 \right)}} = \frac{\lambda_0}{\sqrt{1 - \lambda_0^2 \left(\frac{1}{\lambda_x^2} + \frac{1}{\lambda_y^2} \right)}}, \tag{13.100}$$

wobei λ_0 die Wellenlänge einer Welle der entsprechenden Frequenz im Vakuum angibt und wir $\lambda_x = 2\pi/k_x$ bzw. $\lambda_y = 2\pi/k_y$ gesetzt haben. Die räumliche Periode im Hohlleiter ist also länger als die entsprechende Periode im Vakuum.

Da k_z eine reelle Zahl sein muss, folgt aus Gl. 13.98:

$$
\frac{\omega^2}{c^2} \geq k_x^2 + k_y^2 = \left(\frac{n\pi}{l_x}\right)^2 + \left(\frac{m\pi}{l_y}\right)^2
$$

$$
f \geq c\sqrt{\left(\frac{n}{2l_x}\right)^2 + \left(\frac{m}{2l_y}\right)^2} = f_{\text{Grenz}} \tag{13.101}
$$

Im Hohlleiter können sich nur Wellen ab einer Grenzfrequenz f_{Grenz} ausbreiten. Der Hohlleiter wirkt wie ein Hochpass für die Wellen.

Beispiel 13.10: Dimensionierung eines Hohlleiters

In ▶ Experiment 13.7 hatten wir einen Mikrowellensender benutzt, der Wellen mit einer Wellenlänge von etwa 3 cm aussendet. Wir wollen diese in einem Hohlleiter mit einem quadratischen Querschnitt übertragen. Welche Dimensionen muss der Hohlleiter mindestens haben?

Wie man aus Gl. 13.101 sieht, ergibt sich die niedrigste Grenzfrequenz in der TE_{01} bzw. TE_{10}-Mode. Sie beträgt $f_{\min} = c/2l$, wobei für l die Kantenlänge des quadratischen Querschnitts eingesetzt werden muss. Unsere Mikrowelle hat eine Frequenz von 10 GHz. Die Kantenlänge muss folglich mindestens $l = 1{,}5$ cm betragen. Betrachten wir die TE_{10}-Mode, dann ist $\lambda_x = 2\pi/k_x = 2l = 12$ cm und die effektive Wellenlänge im Hohlleiter ergibt sich zu

$$
\lambda_z = \frac{\lambda_0}{\sqrt{1 - \frac{\lambda_0^2}{\lambda_x^2}}} \approx 1{,}033 \cdot 3\,\text{cm}
$$

Beispiel 13.11: Moden in einem rechteckigen Hohlleiter

In der Abbildung ist eine Momentaufnahme der Feldlinien in einem rechteckigen Hohlleiter zu sehen. Es handelt sich um die TE_{01}-Mode mit Polarisation des Feldes in x-Richtung, d. h., in Gl. 13.96 haben wir $E_{0y} = 0$ gewählt. Das $\vec{B}$-Feld haben wir wiederum aus $\vec{\nabla} \times \vec{E} = -\frac{\partial}{\partial t}\vec{B}$ berechnet. Es ergibt sich:

$$
\vec{E}(\vec{r}, t) = E_{0x} \begin{pmatrix} \sin\left(\frac{\pi}{l_y}y\right)\cos\left(\omega t - k_z z\right) \\ 0 \\ 0 \end{pmatrix}
$$

und

$$\vec{B}\left(\vec{r},t\right) = -E_{0x} \begin{pmatrix} 0 \\ \dfrac{k_z}{\omega}\sin\left(\dfrac{\pi}{l_y}y\right)\cos\left(\omega t - k_z z\right) \\ \dfrac{k_x}{\omega}\cos\left(\dfrac{\pi}{l_y}y\right)\sin\left(\omega t - k_z z\right) \end{pmatrix}$$

Offensichtlich steht das Magnetfeld nicht senkrecht auf der Ausbreitungsrichtung, wie dies bei einer Welle im Vakuum der Fall wäre. Es hat eine Komponente in Bewegungsrichtung.

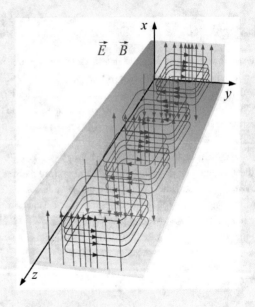

13.4   Energietransport

13.4.1   Die Intensität einer Welle

In ▶ Abschn. 10.3 hatten wir die Energiedichte des elektromagnetischen Feldes im Vakuum untersucht und sind zu dem folgenden Ergebnis gekommen:

$$w = \frac{1}{2}\epsilon_0\left(E^2 + c^2 B^2\right) \tag{13.102}$$

In dieser Form ist die Energiedichte symmetrisch im elektrischen und magnetischen Feld angegeben. Mit der Relation

$$\vec{B} = \frac{1}{\omega}\left(\vec{k} \times \vec{E}\right) = \frac{1}{c}\left(\hat{k} \times \vec{E}\right) \tag{13.103}$$

können wir die Energiedichte entweder durch das elektrische oder das magnetische Feld alleine ausdrücken, z. B.:

$$w = \epsilon_0 E^2 \tag{13.104}$$

Wir wollen nun untersuchen, wie viel Energie eine elektromagnetische Welle transportiert. Wir gehen von einer ebenen Welle aus. Wegen der unendlichen Ausdehnung einer ebenen Welle macht es keinen Sinn, die transportierte Energie einer solchen Welle zu berechnen. Sie muss unendlich groß sein. Dies ist kein Widerspruch, denn ebene Wellen sind ein einfaches Konstrukt, das in der Natur nicht auftritt. Alle in der Natur vorkommenden Wellen sind räumlich begrenzt. Um zu einer sinnvollen Aussage zu kommen, betrachten wir statt der transportierten Energie die Energiestromdichte oder Intensität I, das ist die Energie, die von der Welle in einer festen Zeiteinheit durch eine Fläche bestimmter Größe transportiert wird. Die Fläche orientieren wir so, dass sie senkrecht zur Ausbreitungsrichtung steht (siehe ◻ Abb. 13.16).

Die Intensität I ist definiert als

$$I = \frac{W_{em}}{\Delta t\, A} \tag{13.105}$$

mit der elektromagnetischen Feldenergie in dem Volumen, das in ◻ Abb. 13.16 grau markiert ist. Wir drücken die Feldenergie über die Energiedichte aus:

$$I = \frac{w_{em} V}{\Delta t\, A} = \frac{w_{em} A c \Delta t}{\Delta t\, A} = c w_{em} = c\epsilon_0 E^2 \tag{13.106}$$

Die Intensität einer elektromagnetischen Welle ist proportional zum Quadrat der elektrischen Feldstärke. Diese Aussage bezieht sich zunächst auf die momentane Feldstärke an einem bestimmten Ort. Um eine sinnvollere Aussage zu erhalten, müssen wir über die Wellenzüge der Welle mitteln. Wir nehmen zunächst an, dass es sich um eine linear polarisierte Welle handelt. Die Fläche A befinde sich an der Position $z = z_0$. Dann ist auf der Fläche A:

$$\vec{E}\left(\vec{r}, t\right) = E_0 \hat{e}_x \cos\left(\omega t - k z_0\right)$$
$$I(t) = I_0 \cos^2\left(\omega t - k z_0\right) \quad \text{mit } I_0 = c\epsilon_0 E_0^2 \tag{13.107}$$

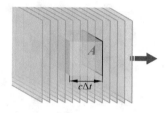

◻ **Abb. 13.16** Zur Bestimmung der Energiestromdichte einer ebenen Welle

Wir mitteln auf der Fläche A über eine Periode der Welle:

$$\overline{I} = \int\limits_0^T I_0 \cos^2(\omega t - k z_0)\, dt = \frac{1}{2} I_0 = \frac{1}{2} c \epsilon_0 E_0^2 \qquad (13.108)$$

Für eine zirkular polarisierte Welle ergibt sich wegen $\left|\vec{E}(\vec{r}, t)\right| = $ konst der doppelte Wert. Dies ist nicht weiter erstaunlich, da es sich bei einer zirkular polarisierten Welle ja um eine Überlagerung zweier linear polarisierter Wellen handelt, deren Intensitäten sich addieren.

$$\overline{I} = c \epsilon_0 E_0^2 \qquad (13.109)$$

Wie wir sehen, ist die Intensität einer Welle immer proportional zum Quadrat der Amplitude. Ein Ergebnis, das wir auch schon in der Mechanik erhalten hatten (Abschn. 18.4, Band 1).

13.4.2 Der Poynting-Vektor

Zur Beschreibung des Energieflusses einer elektromagnetischen Welle führen wir den Poynting-Vektor $\vec{S}$ ein. Er ist definiert als

$$\vec{S} = \vec{E} \times \vec{H}, \qquad (13.110)$$

was sich im Vakuum umschreiben lässt auf

$$\vec{S} = \epsilon_0 c^2 \left(\vec{E} \times \vec{B}\right). \qquad (13.111)$$

Im Vakuum stehen die Vektoren des elektrischen und magnetischen Feldes jeweils senkrecht auf der Ausbreitungsrichtung der Welle. Mit der Rechte-Hand-Regel kann man sich leicht vergewissern, dass der Poynting-Vektor dann in Ausbreitungsrichtung der Welle zeigt. Sein Betrag ist:

$$S = \left|\vec{S}\right| = \epsilon_0 c^2 \left|\vec{E}\right|\left|\vec{B}\right| = \epsilon_0 c E^2 = I \qquad (13.112)$$

Er entspricht dem Energiefluss durch eine Fläche senkrecht zur Ausbreitungsrichtung der Welle. Der Vektor $\vec{S}$ gibt Richtung und Betrag des Energieflusses an.

Betrachten wir ein beliebiges Volumen V, so ist in diesem eine Energie W_{em} eingeschlossen:

$$W_{em} = \epsilon_0 \int\limits_V E^2\, dV \qquad (13.113)$$

Nehmen wir an, dass in diesem Volumen keine Energie verbraucht (umgewandelt) wird, so kann sich diese Energie nur durch einen Zu-

oder Abfluss an Energie aus dem Volumen verändern. Dabei muss die zeitliche Änderung des Energieinhaltes des Volumens V dem Energiefluss durch seine Oberfläche A entsprechen:

$$-\frac{\partial W_{em}}{\partial t} = -\frac{\partial}{\partial t}\int_V \epsilon_0 E^2 dV = \oint_A \vec{S}\cdot d\vec{A} = \int_V \text{div}\,\vec{S}dV \quad (13.114)$$

Im letzten Schritt haben wir den Gauß'schen Satz verwendet. Da diese Beziehung für beliebige Volumina gegeben sein muss, müssen bereits die Integranden übereinstimmen. Wir kommen zu folgender Darstellung der Energieerhaltung:

$$-\frac{\partial}{\partial t}\left(\epsilon_0 E^2\right) = \text{div}\,\vec{S} \quad (13.115)$$

13.4.3 Impulstransport

Eine elektromagnetische Welle transportiert nicht nur Energie, sondern auch einen Impuls. Bei zirkular polarisierten Wellen kommt noch der Transport von Drehimpuls hinzu. Es ist möglich, den Impulstransport ähnlich wie den Energietransport durch einen Vektor darzustellen. Dieser berechnet sich als:

$$\vec{\Pi} = \frac{1}{c^2}\vec{S} = \epsilon_0\left(\vec{E}\times\vec{B}\right) \quad (13.116)$$

Man kann den Impulstransport als Impulsübertrag auf einen Spiegel sichtbar machen. Die Skizze in ◘ Abb. 13.17 zeigt das Prinzip an einer vollständig absorbierenden Wand. Die Absorption des Impulses an der Wand erzeugt einen Druck auf die Wand. Man nennt ihn den Strahlungsdruck p_{St}. Es ist

$$p_{St} = \frac{F}{A} = \frac{\Delta p}{\Delta t A} \quad (13.117)$$

mit der Impulsänderung Δp. Für die Impulsänderung gilt:

$$\Delta p = \left|\vec{\Pi}\right| V = \left|\vec{\Pi}\right| A c \Delta t \quad (13.118)$$

Damit ist

$$p_{St} = \frac{\Delta p}{\Delta t A} = \frac{\left|\vec{\Pi}\right| A c \Delta t}{\Delta t A} = c\left|\vec{\Pi}\right| = \epsilon_0 E^2 = w_{em}. \quad (13.119)$$

Bei einem Spiegel erhält man den doppelten Wert, da es durch die Impulsumkehr der Welle zum doppelten Impulsübertrag kommt.

◘ **Abb. 13.17** Zur Bestimmung des Strahlungsdrucks

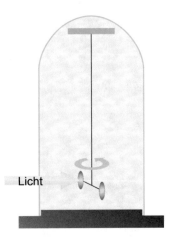

Licht

Mit einem sehr empfindlichen Messgerät kann man den Strahlungsdruck messen. Die Abbildung zeigt das Radiometer von E. F. Nichols und G. F. Hull, mit dem ihnen 1901 der Nachweis gelang. Es handelt sich um eine Torsionswaage. An einem dünnen Quarzfaden hängen an einem Querbalken zwei kleine Glasspiegel. Die Torsionswaage befindet sich unter eine evakuierbaren Glasglocke. Nichols und Hull beleuchteten abwechselnd die beiden Spiegel mit einem intensiven Lichtstrahl. Aus dem Ausschlag konnten Sie den Strahlungsdruck bestimmen.

Die Erde wird durch die Gravitationskraft der Sonne auf ihrer Bahn gehalten. Die Kraft beträgt etwa $3 \cdot 10^{22}$ N. Das Licht, das sie zu der Erde schickt, wird von dieser weitgehend absorbiert, wodurch ein Strahlungsdruck entsteht. Wie groß ist die daraus resultierende Kraft im Vergleich zur Gravitationskraft?
Den Strahlungsdruck können wir aus der Solarkonstanten $E_0 = 1367\,\text{W/m}^2$ ausrechnen. Er beträgt:

$$p_{St} = \frac{E_0}{c} \approx 4{,}6710^{-6}\ \frac{\text{N}}{\text{m}^2}$$

Mit dem Erdradius $r_\odot = 6{,}38 \cdot 10^6$ m ergibt sich eine Kraft von ungefähr $6 \cdot 10^8$ N, fast 14 Größenordnungen kleiner als die Gravitationskraft.

Nähert sich ein Komet der Sonne, wird er stark erhitzt. Material dampft von seiner Oberfläche ab. Auf Grund der Bewegung des Kometen entsteht ein Schweif, den er hinter sich herzieht. Er besteht aus Staub und Gas. An diesem Material wird Sonnenlicht reflektiert. Dadurch wird der Schweif sichtbar. Licht trifft von der Sonne kommend auf die winzigen Staubkörner und Moleküle auf und überträgt Impuls auf den Schweif. Es entsteht ein Strahlungsdruck, der den Schweif von der Sonne abdrängt. Die elektrisch geladene Komponente des Schweifs wird zudem von den Feldern des Sonnenwindes beeinflusst, so dass sich der Schweif häufig in zwei Komponenten aufteilt, wie im Foto des Kometen Hale Bopp bei seinem Vorbeiflug an der Sonne 1997 zu erkennen ist.

© Geoff Chester (USNO)

Experiment 13.11: Lichtmühle

Im Foto ist eine Lichtmühle zu sehen. Bestrahlt man sie mit einer Lampe, so wirkt ein Strahlungsdruck auf die vier Flügel. Trifft Licht auf die schwarze Seite der Flügel, wird der Impuls des Lichtes absorbiert, trifft es auf die versilberte Seite, so wird das Licht reflektiert und dabei der doppelte Impuls übertragen. Dadurch entsteht ein Strahlungsdruck, der die Mühle antreiben könnte. Allerdings sind die Kräfte gering. Wir wollen sie abschätzen.

Wir verwenden eine kräftige Lampe mit 5 W Lichtleistung, die auf einen Leuchtfleck von 5 cm Durchmesser an der Lichtmühle fokussiert wird. Ein einzelner Flügel wird von einer Leistung von $\overline{P} = 250$ mW getroffen. Daraus resultiert eine Kraft F auf den Flügel

$$F = \frac{dp}{dt} = \frac{\overline{P}}{c} \approx 1 \text{ nN}$$

Diese Kraft ist offensichtlich zu klein, um das Flügelrad in Bewegung zu setzen. Es wird stattdessen durch thermische Effekte, die von der Aufwärmung der schwarzen Flächen ausgelöst werden, bewegt. Dadurch wird das Flügelrad in die entgegengesetzte Richtung angetrieben, also mit den silbernen Flächen voran.

© wikimedia.en: Timeline

❓ Übungsaufgaben zu ▶ Kap. 13

1. Zwei in Transformatorenöl getauchte Stäbe senden elektromagnetische Wellen aus. Bei einer Frequenz von 505 MHz entstehen

stehende Wellen mit einem Abstand von 20 cm zwischen den benachbarten Wellenknoten. Wie groß ist die relative Dielektrizitätskonstante ϵ des Öls, wenn seine relative Permeabilität zu $\mu = 1$ angenommen werden kann?

2. Bei einer stehenden elektromagnetischen Welle auf einer Lecher-Leitung beobachtet man zwischen den benachbarten Knoten einen Abstand von 15 cm. Taucht man die Lecher-Leitung in Wasser, so verringert sich der Knotenabstand auf 1,6 cm. Berechnen Sie hieraus die Dielektrizitätskonstante des Wassers. Bei welcher Frequenz haben Sie diese ermittelt?

3. Beim Koaxialkabel RG 58 sind Innenleiter (Durchmesser 0,9 mm) und Außenleiter (Durchmesser 3 mm) durch Polyethylen mit einer relativen Dielektrizitätskonstanten $\epsilon = 2,25$ voneinander isoliert. Berechnen Sie die Signalgeschwindigkeit und den Wellenwiderstand des Kabels.

4. Betrachten Sie noch einmal ▶ Experiment 13.8. Leiten Sie aus der Ablenkung des Lichtstrahls Δx auf der Skala die Lichtgeschwindigkeit ab. Bestimmen Sie selbst, welche weiteren Größen des Aufbaus Sie noch kennen müssen.

5. Eine elektromagnetische Welle mit der Frequenz $6,5 \cdot 10^{14}$ Hz breitet sich im Vakuum in die positive z-Richtung aus. Sie ist linear polarisiert, wobei die Schwingungsebene des elektrischen Felds um 30° gegenüber der xz-Ebene geneigt ist. Das elektrische Feld besitzt eine Amplitude von $50 \frac{V}{m}$. Bestimmen Sie die Komponenten des elektrischen und magnetischen Feldvektors sowie die Wellenlänge.

6. Bestimmen Sie das elektrische und das magnetische Feld der Mode 111 in einem würfelförmigen Hohlraumresonator der Kantenlänge a.

7. Ein Mobiltelefon strahlt elektromagnetische Wellen mit einer Leistung von 1 W ab. Wie groß sind dann die elektrische und magnetische Feldstärke in einem Abstand von 10 cm?

Wellenabstrahlung

Stefan Roth und Achim Stahl

© Springer-Verlag GmbH Deutschland, ein Teil von Springer Nature 2018
S. Roth, A. Stahl, *Elektrizität und Magnetismus*, DOI 10.1007/978-3-662-54445-7_14

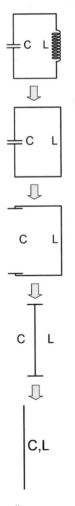

■ **Abb. 14.2** Übergang von einem
Schwingkreis in einen Hertz'schen
Dipol

14.1   Der Hertz'sche Dipol

14.1.1   Der Hertz'sche Dipol als Schwingkreis

Der Hertz'sche Dipol ist das Grundelement vieler Antennen. Mit einer ausführlichen Diskussion dieser einfachen Anordnung wollen wir dieses Kapitel über die Erzeugung elektromagnetischer Wellen beginnen. Heinrich Hertz (■ Abb. 14.1) entwickelte solche Antennen, mit denen ihm dann der Nachweis elektromagnetischer Wellen gelang. Heute tragen die Antennen seinen Namen.

Um die Funktion des Hertz'schen Dipols verständlich zu machen, greifen wir auf einen einfachen, verlustfreien Schwingkreis zurück und entwickeln den Hertz'schen Dipol Schritt für Schritt aus diesem Schwingkreis (siehe ■ Abb. 14.2).

Ein einfacher Schwingkreis besteht aus einer Kapazität C und einer Induktivität L. Schwingkreise haben wir ausführlich in ▶ Abschn. 12.1 besprochen. Unsere Schaltung stellt einen freien Schwingkreis ohne Dämpfung dar. Der Kondensator und die Spule bestimmen die Frequenz des Schwingkreises nach der Thomson-Formel:

$$\omega_0 = \frac{1}{\sqrt{LC}} \tag{14.1}$$

Zunächst verringern wir die Induktivität der Spule, indem wir die Spule auf einen einzigen Draht reduzieren. Wie wir bei der Behandlung der Lecher-Leitung gesehen haben (▶ Beispiel 10.6), weist auch ein gerades Stück Draht eine Induktivität auf. Allerdings fällt diese recht klein aus, so dass nach der Thomson-Formel (Gl. 14.1) die Frequenz des Schwingkreises ansteigt.

Nachdem wir die Induktivität durch die Betrachtung nur eines einzigen Drahtes verkleinert haben, verringern wir nun auch die Kapazität. Wir ziehen die Kondensatorplatten auseinander auf einen Abstand von der Länge dieses Drahtes. Dadurch reduziert sich die Kapazität. Wir erhöhen dabei die Resonanzfrequenz weiter.

Dabei ist es irrelevant, von welcher Seite wir die Platten des Kondensators kontaktieren. Bei großem Plattenabstand können wir den Anschluss auf die Innenseite verlegen. Nun ist es möglich, den Draht auch durch einen Metallstab zu ersetzen. Wir haben nun zwei entfernte Platten, die die Kapazität bilden, und einen Metallstab zwischen den Platten, der die Induktivität ausmacht.

In einem letzten Schritt verkleinern wir die Größe der Platten auf den Durchmesser des Metallstabes, das bedeutet, wir lassen die Platten weg. Dadurch sinkt die Kapazität noch einmal und die Resonanzfrequenz steigt erneut. Der verbleibende Schwingkreis wird so auf einen einfachen Metallstab reduziert.

Es gibt allerdings einen wesentlichen Unterschied zwischen dem Schwingkreis, von dem wir ausgingen, und dem Hertz'schen Dipol,

◻ Abb. 14.3
Elektrische und
magnetische
Felder in einem
Schwingkreis und
am Hertz'schen
Dipol. Beachten
Sie bitte, dass die
dargestellten Felder
so nicht zeitgleich
auftreten

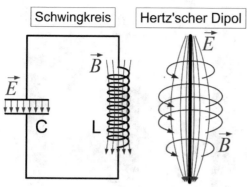

bei dem wir endeten. Man erkennt ihn, wenn man die elektrischen
und magnetischen Felder in ◻ Abb. 14.3 betrachtet. Beim Schwingkreis sind elektrisches und magnetisches Feld räumlich voneinander getrennt. Beim Hertz'schen Dipol überlagern sie sich dagegen.
Dadurch beeinflussen sich die Felder untereinander. Induktion und
Maxwell'scher Verschiebungsstrom spielen beim Hertz'schen Dipol
eine entscheidende Rolle. Es kommt zur wechselseitigen Erzeugung
elektrischer und magnetischer Felder, was letztlich zur Abstrahlung
elektromagnetischer Wellen führt.

Wie in einem Schwingkreis oszillieren auf dem Hertz'schen Dipol elektrische Ladungen. Da im Festkörper des Metallstabes die
positiv geladenen Atomrümpfe ortsfest gebunden sind, können sich
lediglich die Elektronen des Leitungsbandes bewegen. Diese führen die eigentliche Oszillation aus. Die linke Skizze in ◻ Abb. 14.4
versucht, einen mikroskopischen Zustand zu zeigen. Während die
positiven Ladungen eine gleichmäßige Verteilung aufweisen, sind
die Elektronen gegenüber den Atomrümpfen mehrheitlich nach oben
verschoben. Betrachtet man die Nettoladungen, so sieht man, dass
der Elektronenüberschuss im oberen Bereich des Stabes dort zu einer negativen Raumladung führt, der untere Teil des Stabes jedoch
positiv geladen ist. Man kann die komplizierte Ladungsverteilung
durch zwei Raumladungen q^+ und q^- approximieren. Dies ist im
rechten Teil von ◻ Abb. 14.4 veranschaulicht. Der negative Ladungsüberschuss im oberen Teil des Stabes wird durch q^- repräsentiert,
während q^+ den positiven Ladungsüberschuss im unteren Teil darstellt.

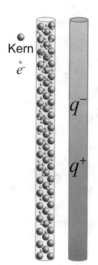

◻ Abb. 14.4 Ladungen in einem
Hertz'schen Dipol

14.1.2 Beschreibung der Schwingung

Wird auf dem Hertz'schen Dipol eine Schwingung angeregt, so bewegen sich die Ladungen periodisch. Es entsteht ein Wechsel zwischen
Spannungen und Strömen, den wir bereits von den Schwingkreisen
kennen. ◻ Abb. 14.5 skizziert diesen Wechsel. Beginnen wir bei $t =$
0 mit einer Situation, in der eine Trennung der Ladungen vorliegt.

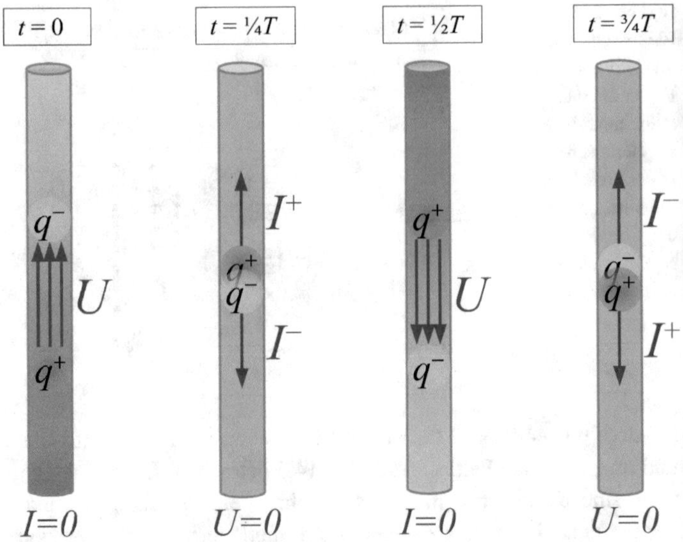

Abb. 14.5 Periodische Bewegung der Ladungen auf dem Hertz'schen Dipol

Die Elektronen sind nach oben verschoben. Im oberen Teil des Stabes herrscht eine negative Raumladung, im unteren Bereich eine positive. Zwischen den Ladungen hat sich eine Spannung U ausgebildet. Ein Strom fließt in diesem Moment nicht.

Gehen wir eine Viertelperiode weiter ($t = \frac{1}{4}T$), so haben die Raumladungen sich so weit aufeinander zubewegt, dass sie nun beide in der Mitte des Stabes angekommen sind und sich gegenseitig neutralisieren. Eine Spannung herrscht jetzt nicht mehr, aber die Bewegung der Ladungen geht entlang der in der Abbildung angedeuteten Richtung weiter, so dass in diesem Moment ein Strom im Stab fließt. Die konventionelle Stromrichtung zeigt für beide Raumladungen nach oben.

Eine weitere Viertelperiode später ($t = \frac{1}{2}T$) haben die Raumladungen die Extrempositionen wieder eingenommen, allerdings nun entgegengesetzt zur Konfiguration bei $t = 0$. Wie zuvor liegt eine Spannung an, aber es fließt kein Strom.

Bei $t = \frac{3}{4}T$ bewegen sich die Ladungen erneut, die negative Raumladung strebt nach oben, die positive nach unten. Wir erkennen einen Strom, dessen Richtung umgekehrt zum Strom in der Phase $t = \frac{1}{4}T$ ist. Eine Spannung tritt in diesen Phasen nicht auf. Noch eine Viertelperiode weiter und der Dipol wird wieder die Ausgangskonfiguration erreicht haben und die Schwingung beginnt von Neuem.

Der periodische Wechsel zwischen Strömen und Spannungen ist von einem entsprechenden Wechsel zwischen elektrischen und magnetischen Feldern begleitet. Dieser ist in **Abb. 14.6** in denselben Phasen wie zuvor dargestellt. Eine Trennung der beiden Raumladungen geht immer mit einem elektrischen Feld einher, während die Ströme zu einem magnetischen Feld führen.

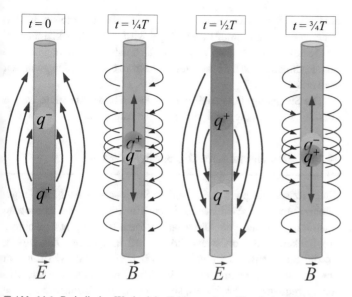

□ **Abb. 14.6** Periodischer Wechsel der Felder an einem Hertz'schen Dipol

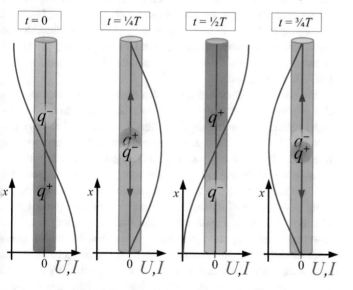

□ **Abb. 14.7** Stehende Wellen auf dem Hertz'schen Dipol

Durch die Trennung der Ladungen bildet sich auf dem Stab ein Dipol aus, dessen Stärke oszilliert. Daher auch der Name Hertz'scher Dipol. Angegeben wird die Stärke des Dipols durch das Dipolmoment $\vec{p}$:

$$\vec{p} = q\vec{d} \tag{14.2}$$

Dabei bezeichnet q den Betrag der Ladung des Dipols und $\vec{d}$ einen Vektor, der von der positiven Ladung zur negativen Ladung des Dipols zeigt. Seine Länge entspricht der Strecke, um die die beiden Ladungen getrennt sind. In der Regel wird d deutlich kleiner sein als die Länge l des Stabes, auch wenn sich nahezu auf dem gesamten Stab Raumladungen ausbilden und der Strom ebenfalls den gesamten Stab erfasst.

Die Spannung (Potenzial) und der Strom bilden stehende Wellen auf dem Stab aus, die in ▪ Abb. 14.7 dargestellt sind.

14.1.3 Der Hertz'sche Dipol als Antenne

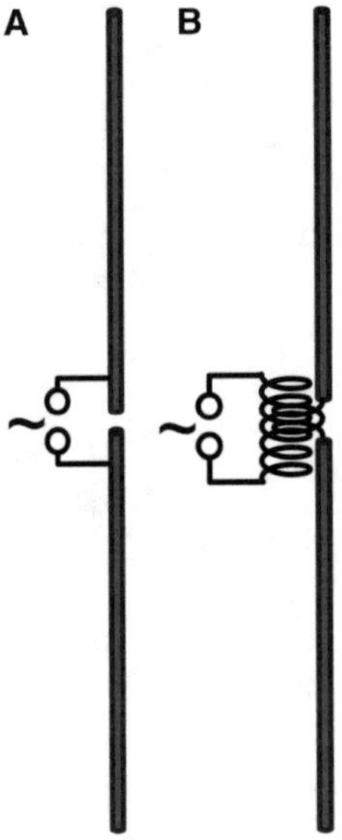

Ein Hertz'scher Dipol kann sowohl als Sende- als auch als Empfangsantenne fungieren. Will man die Sendefunktion nutzen, muss man eine Oszillation auf dem Dipolstab anregen. Hierzu gibt es mehrere Möglichkeiten. Beispielsweise können wir in der Mitte des Dipols, wo die Stromverteilung einen Bauch hat, einen Wechselstrom mit Frequenz ω einkoppeln. Liegt die Frequenz der Anregung auf der Resonanzfrequenz ω_0 des Stabes, so kommt es zur Resonanzanregung und es kann effizient Energie auf den Dipol übertragen werden. Es gibt mehrere Methoden den Wechselstrom einzukoppeln. Man kann beispielsweise den Dipol in der Mitte auftrennen und an dieser Stelle eine Wechselstromquelle einklemmen, oder man überträgt den Strom per Induktion von einer Spule. Diese beiden Möglichkeiten werden in ▪ Abb. 14.8 skizziert.

Als Empfangsantenne hält man den Stab in ein elektromagnetisches Wellenfeld. Der Stab muss so gedreht werden, dass das elektrische Feld der Welle entlang der Achse des Stabes zeigt. Das elektrische Feld übt Kräfte auf die Elektronen im Stab aus und versetzt diese in Oszillation. Allerdings findet eine signifikante Anregung der Schwingung auf der Antenne nur dann statt, wenn die Frequenz der Welle auf die Eigenfrequenz des Hertz'schen Dipols abgestimmt ist. Einzig in diesem Fall kann die Antenne effizient Energie aus dem Wellenfeld entnehmen. Nun muss man die Schwingung noch aus der Antenne auskoppeln. Dazu werden dieselben Methoden angewandt wie beim Einkoppeln an der Sendeantenne (▪ Abb. 14.8), mit dem Unterschied, dass man nun statt der Wechselstromquelle eine Gleichrichterdiode anbringt, die Schwingung gleichrichtet und anschließend die Intensität misst.

▪ **Abb. 14.8** Einkopplung einer Schwingung in einen Hertz'schen Dipol

14.2 Abstrahlung des Hertz'schen Dipols

14.2.1 Retardierung

Um die Abstrahlung elektromagnetischer Wellen zu verstehen, müssen wir ein paar Überlegungen zur Ausbreitung der Felder machen. Wir beginnen mit einem einfachen Gedankenexperiment. Im Ursprung eines Koordinatensystems liegen eine positive und eine

◻ **Abb. 14.9** Ausbreitung des Feldes eines oszillierenden Dipols

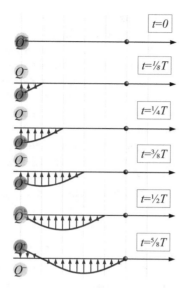

negative Punktladung, Q^+ und Q^-. Zum Zeitpunkt $t = 0$ trennen wir die beiden Punktladungen entlang der x-Achse. Dadurch entsteht ein Dipol, der von einem elektrischen Feld begleitet ist. Auf der z-Achse im Abstand s vom Ursprung befindet sich eine Probeladung q. Auf diese übt der Dipol eine Kraft in x-Richtung aus. Zu welchem Zeitpunkt spürt die Probeladung die Kraft? Beginnt die Kraftwirkung instantan, d. h. zum Zeitpunkt $t = 0$, zu dem die Ladungen getrennt werden? Oder wird die Probeladung die Kraft erst später spüren?

Tatsächlich wird die Probeladung die Kraft erst nach einer kurzen Zeitspanne spüren. Das elektrische Feld breitet sich von den Ladungen mit Lichtgeschwindigkeit aus. In dem Moment, wenn das Feld die Probeladung erreicht, tritt die Kraftwirkung ein. Dazu ist eine Ausbreitungszeit $\Delta t = s/c$ notwendig. Erst nach dieser Verzögerung beginnt die Kraftwirkung. Eine instantane Kraftwirkung würde man eine Fernwirkung nennen, da die Kraft direkt aus der Ferne des Ursprungs auf die Probeladung wirken würde. Solche Fernwirkungen widersprechen der Relativitätstheorie.

Die Probeladung sieht zum Zeitpunkt t die Kraftwirkung, wie sie von den Ladungen in einer Position erzeugt wurde, die sie zum Zeitpunkt $t - s/c$ eingenommen haben. Man nennt dies Retardierung oder Verzögerung. Die Kraftwirkung tritt erst nach einer Verzögerung um $\Delta t = s/c$ ein. Diese Retardierung müssen wir bei der Behandlung der Abstrahlung elektromagnetischer Wellen berücksichtigen. Zur Illustration wird in ◻ Abb. 14.9 gezeigt, wie sich das elektrische Feld eines Dipols entlang einer Achse ausbreitet, dessen Schwingung zum Zeitpunkt $t = 0$ beginnt. Im Abstand $5/8\lambda$ vom Dipol haben wir eine Probeladung positioniert. Erst zum Zeitpunkt $t = 5/8T$ erreicht die Kraftwirkung die Probeladung.

Betrachten Sie noch einmal ◻ Abb. 14.9. Die Oszillation startet zum Zeitpunkt $t = 0$. Das elektrische Feld am Dipol baut sich nun auf. Eine Viertelperiode später hat es sein Maximum erreicht. Aber in einer gewissen Entfernung vom Dipol ist das Feld noch null, denn es ist noch nicht genügend Zeit vergangen, damit die Information, dass sich am Dipol ein Feld gebildet hat, dorthin hätte gelangen können. Eine Achtelperiode später baut sich das Feld am Dipol schon wieder ab. Dagegen wächst es beispielsweise an einem Punkt im Abstand $\lambda/4$ (zwei vertikale Linien) vom Dipol immer noch an, da die Information vom Aufbau des Feldes gerade ankommt, während die Information, dass das Feld schon wieder zurückgeht, den Punkt noch nicht erreicht hat. Dies setzt sich über die Perioden fort. So entsteht aus der zeitlichen Oszillation auch eine räumliche.

14.2.2 Das Magnetfeld des schwingenden Dipols

Allgemein können wir Magnetfelder über das Biot-Savart-Gesetz bestimmen. Für das Vektorpotenzial $\vec{A}$ am Ort $\vec{r}$ gilt nach (Gl. 7.38):

$$\vec{A}\left(\vec{r}, t\right) = \frac{\mu_0}{4\pi} \int \frac{\vec{j}\left(\vec{r}', t\right)}{\left|\vec{r} - \vec{r}'\right|} d^3\vec{r}' \tag{14.3}$$

Dabei ist $\vec{r} - \vec{r}'$ der Vektor, der von einem Stromelement auf dem Hertz'schen Dipol zum Punkt $\vec{r}$ zeigt, an dem wir das Potenzial bestimmen wollen. Als Stromdichte setzen wir die oszillierenden Ströme auf dem Hertz'schen Dipol ein.

Wir drücken die Stromdichte durch die Geschwindigkeit der Ladungsträger aus,

$$\vec{j}\left(\vec{r}', t\right) = \vec{v}\left(\vec{r}', t\right) \cdot \rho\left(\vec{r}', t\right), \tag{14.4}$$

und schränken uns auf einen Feldbereich ein, für den $\left|\vec{r} - \vec{r}'\right| \gg l$ gilt, mit der Länge l des Stabes. Um die Bezeichnungen zu vereinfachen, legen wir das Koordinatensystem in die Mitte des Stabes. Dann ist $r = |\vec{r}| \gg l$ und $\left|\vec{r} - \vec{r}'\right| \approx r$ unabhängig von der Integrationsvariablen $\vec{r}'$. Wir erhalten:

$$\vec{A}\left(\vec{r}, t\right) = \frac{\mu_0}{4\pi r} \int_{\text{Stab}} \vec{v}\left(\vec{r}', t'\right) \cdot \rho\left(\vec{r}', t'\right) d^3\vec{r}' \tag{14.5}$$

Nun ist es wichtig, dass wir die Retardierung berücksichtigen. Wir müssen im Integral die Zeit durch die retardierte Zeit ersetzen:

$$\vec{A}\left(\vec{r}, t\right) = \frac{\mu_0}{4\pi r} \int_{\text{Stab}} \vec{v}\left(\vec{r}', t - \frac{r}{c}\right) \cdot \rho\left(\vec{r}', t - \frac{r}{c}\right) d^3\vec{r}' \tag{14.6}$$

Im nächsten Schritt drücken wir den Integranden durch einen oszillierenden Dipol aus. Der Dipol sei entlang der z-Achse orientiert, dann ist

$$\vec{p}(t) = Qd \sin \omega t \hat{e}_z = Q\vec{d}. \tag{14.7}$$

Wir hatten bereits darauf hingewiesen, dass d, also die Strecke, um die sich die Ladungen bewegen, sehr viel kleiner ist als die Länge l des Dipols. Tatsächlich bewegen sich die Ladungen meist noch nicht einmal um Mikrometer-Distanzen, während die Länge der Antenne einige Zentimeter beträgt. Aus Gl. 14.7 folgt dann die Geschwindigkeit:

$$\frac{d\,\vec{p}(t)}{dt} = Q\frac{d\vec{d}}{dt} = Q\vec{v}(t) \tag{14.8}$$

Wir ersetzen das Volumenintegral durch ein Ladungsintegral,

$$\rho\left(\vec{r}',t\right) d^3\vec{r}' = dq, \tag{14.9}$$

und erhalten

$$\vec{A}\left(\vec{r},t\right) = \frac{\mu_0}{4\pi r}\frac{1}{Q}\frac{d\,\vec{p}\left(t - \frac{r}{c}\right)}{dt}\int_{\text{Stab}} dq = \frac{\mu_0}{4\pi r}\frac{d}{dt}\vec{p}\left(t - \frac{r}{c}\right).$$

Nun müssen wir nur noch mit Gl. 14.7 die Ableitung berechnen:

$$\begin{aligned} \vec{A}\left(\vec{r},t\right) &= \frac{\mu_0}{4\pi r}Qd\omega\cos\left(\omega\left(t - \frac{r}{c}\right)\right)\hat{e}_z \\ &= \frac{\mu_0}{4\pi}p_0\omega\frac{\cos\left(\omega t - kr\right)}{r}\hat{e}_z \end{aligned} \tag{14.10}$$

Aus der Retardierung ist die übliche Phase einer Welle entstanden. Die Größe p_0 bezeichnet den maximalen Betrag des Dipolmomentes, der hier als Amplitude der Oszillation auftritt. Jetzt können wir aus $\vec{B} = \vec{\nabla} \times \vec{A}$ das Magnetfeld bestimmen:

$$\vec{B}\left(\vec{r},t\right) = \begin{pmatrix} \frac{\partial A_z}{\partial y} \\ -\frac{\partial A_z}{\partial x} \\ 0 \end{pmatrix} \tag{14.11}$$

Bei der Berechnung der Ableitungen müssen wir beachten, dass sowohl der Abstand r von den Koordinaten x und y abhängt, als auch durch die Retardierung das Dipolmoment und dessen zeitliche Ableitung von x und y abhängen. Wir erhalten

$$\vec{B}\left(\vec{r},t\right) = \frac{\mu_0}{4\pi}\begin{pmatrix} \frac{d}{dt}p\left(t - \frac{r}{c}\right)\frac{\partial}{\partial y}\left(\frac{1}{r}\right) + \frac{1}{r}\frac{\partial}{\partial y}\frac{d}{dt}p\left(t - \frac{r}{c}\right) \\ \frac{d}{dt}p\left(t - \frac{r}{c}\right)\frac{\partial}{\partial y}\left(\frac{1}{r}\right) + \frac{1}{r}\frac{\partial}{\partial y}\frac{d}{dt}p\left(t - \frac{r}{c}\right) \\ 0 \end{pmatrix}, \tag{14.12}$$

wobei wir p für den Betrag des Dipolmomentes gesetzt haben. Wir definieren die retardierte Zeit $t' = t - \frac{r}{c}$ und schreiben:

$$\frac{d}{dt} p \left(t - \frac{r}{c} \right) = \frac{d}{dt'} p(t') \frac{dt'}{dt} = \frac{d}{dt'} p(t') = \dot{p} \tag{14.13}$$

Dann ist

$$\frac{\partial}{\partial y} \frac{d}{dt} p \left(t - \frac{r}{c} \right) = \frac{\partial}{\partial y} \dot{p} = \frac{\partial \dot{p}}{\partial t'} \frac{\partial t'}{\partial r} \frac{\partial r}{\partial y} = \ddot{p} \left(-\frac{1}{c} \right) \left(\frac{y}{r} \right)$$

$$\frac{\partial}{\partial x} \frac{d}{dt} p \left(t - \frac{r}{c} \right) = \frac{\partial}{\partial x} \dot{p} = \frac{\partial \dot{p}}{\partial t'} \frac{\partial t'}{\partial r} \frac{\partial r}{\partial x} = \ddot{p} \left(-\frac{1}{c} \right) \left(\frac{x}{r} \right) \tag{14.14}$$

$$\frac{\partial}{\partial y} \left(\frac{1}{r} \right) = -\frac{y}{r^3} \text{ und } \frac{\partial}{\partial x} \left(\frac{1}{r} \right) = -\frac{x}{r^3}$$

und es ergibt sich

$$\vec{B}(\vec{r}, t) = \frac{\mu_0}{4\pi} \begin{pmatrix} -\dot{p}(t') \frac{y}{r^3} - \ddot{p}(t') \frac{y}{cr^2} \\ \dot{p}(t') \frac{x}{r^3} + \ddot{p}(t') \frac{x}{cr^2} \\ 0 \end{pmatrix}, \tag{14.15}$$

was man auch schreiben kann als

$$\vec{B}(\vec{r}, t) = \frac{\mu_0}{4\pi} \left[\left(\frac{\dot{p}(t')}{r^2} \times \hat{r} \right) + \left(\frac{\ddot{p}(t')}{cr} \times \hat{r} \right) \right] \tag{14.16}$$

mit

$$\vec{p}(t') = p_0 \sin(\omega t - kr) \hat{e}_z$$

$$\dot{\vec{p}}(t') = p_0 \omega \cos(\omega t - kr) \hat{e}_z \tag{14.17}$$

$$\ddot{\vec{p}}(t') = -p_0 \omega^2 \sin(\omega t - kr) \hat{e}_z.$$

Auf die Interpretation des Ergebnisses werden wir gleich zurückkommen. Wir wollen zunächst noch das elektrische Feld berechnen.

14.2.3   Das elektrische Feld

Wir beginnen mit der Berechnung des elektrischen Feldes, indem wir uns im ersten Schritt über die Eichung des Vektorpotenzials im Klaren werden (▶ Abschn. 7.4). Wir bestimmen div $\vec{A}$, wobei wir die Ergebnisse für $\frac{\partial}{\partial x} A_z$ und $\frac{\partial}{\partial y} A_z$ übertragen können:

$$\text{div}\, \vec{A} = \frac{\partial A_z}{\partial z} = \frac{\mu_0}{4\pi} \left(\dot{p}(t') \frac{z}{r^3} + \ddot{p}(t') \frac{z}{cr^2} \right) \tag{14.18}$$

Hierbei handelt es sich um die Lorentz-Eichung des Vektorpotenzials (Gl. 7.30)

$$\text{div}\, \vec{A} = -\frac{1}{c^2} \frac{\partial}{\partial t} \varphi_{\text{el}}, \tag{14.19}$$

so dass wir das elektrische Potenzial aus der Eichbedingung bestimmen können ($c^2 = 1/\epsilon_0\mu_0$),

$$\frac{\partial}{\partial t}\varphi_{\text{el}}\left(\vec{r},t\right) = \frac{1}{4\pi\epsilon_0}\left(\dot{p}\left(t'\right)\frac{z}{r^3} + \ddot{p}\left(t'\right)\frac{z}{cr^2}\right), \qquad (14.20)$$

und daraus

$$\varphi_{\text{el}}\left(\vec{r},t\right) = \frac{1}{4\pi\epsilon_0}\left(p\left(t'\right)\frac{z}{r^3} + \dot{p}\left(t'\right)\frac{z}{cr^2}\right). \qquad (14.21)$$

Aus dem Potenzial können wir nun das elektrische Feld ermitteln (Gl. 10.47)

$$\vec{E} = -\vec{\nabla}\varphi_{\text{el}} - \frac{\partial\vec{A}}{\partial t} \qquad (14.22)$$

Nun müssen wir nur noch ableiten. Eine etwas längliche Rechnung ergibt

$$\vec{E}\left(\vec{r},t\right) = \frac{1}{4\pi\epsilon_0}$$
$$\cdot\begin{pmatrix} 3p\left(t'\right)\frac{xz}{r^5} & + 3\dot{p}\left(t'\right)\frac{xz}{cr^4} & + \ddot{p}\left(t'\right)\frac{xz}{c^2r^3} \\ 3p\left(t'\right)\frac{yz}{r^5} & + 3\dot{p}\left(t'\right)\frac{yz}{cr^4} & + \ddot{p}\left(t'\right)\frac{yz}{c^2r^3} \\ p\left(t'\right)\left(3\frac{z^2}{r^5} - \frac{1}{r^3}\right) & + \dot{p}\left(t'\right)\left(3\frac{z^2}{cr^4} - \frac{1}{cr^2}\right) & + \ddot{p}\left(t'\right)\left(\frac{z^2}{c^2r^3} - \frac{1}{c^2r}\right) \end{pmatrix},$$
$$(14.23)$$

was man auch schreiben kann als

$$\vec{E}\left(\vec{r},t\right) = \frac{1}{4\pi\epsilon_0}\left[3\left(\frac{\vec{p}\left(t'\right)}{r^3}\cdot\hat{r}\right)\cdot\hat{r} - \frac{\vec{p}\left(t'\right)}{r^3} + 3\left(\frac{\dot{\vec{p}}\left(t'\right)}{cr^2}\cdot\hat{r}\right)\cdot\hat{r}\right.$$
$$\left. - \frac{\dot{\vec{p}}\left(t'\right)}{cr^2} + \left(\frac{\ddot{\vec{p}}\left(t'\right)}{c^2r}\times\hat{r}\right)\times\hat{r}\right].$$
$$(14.24)$$

Nun haben wir die Felder des Hertz'schen Dipols vollständig bestimmt. Die Gl. 14.16 gibt das magnetische Feld an und Gl. 14.24 das elektrische. Wir hatten bei der Ableitung angenommen, dass $r \gg l$ gilt, so dass wir unsere Ergebnisse in unmittelbarer Nähe des Stabes nicht anwenden dürfen. Mit zunehmender Entfernung vom Stab wird das Feld schwächer. Alle Terme fallen mit dem Abstand r vom Stab ab, aber wir finden Terme, die unterschiedlich schnell abfallen. In der Nähe des Dipols überwiegen die Terme, die mit $1/r^3$ bzw. $1/r^2$ abfallen. Diese fassen wir zusammen und nennen sie das Nahfeld des Dipols. ◻ Abb. 14.10 zeigt dieses Nahfeld in einem Schnitt durch die x-z-Ebene für die erste Schwingungsperiode nach Beginn der Schwingung.

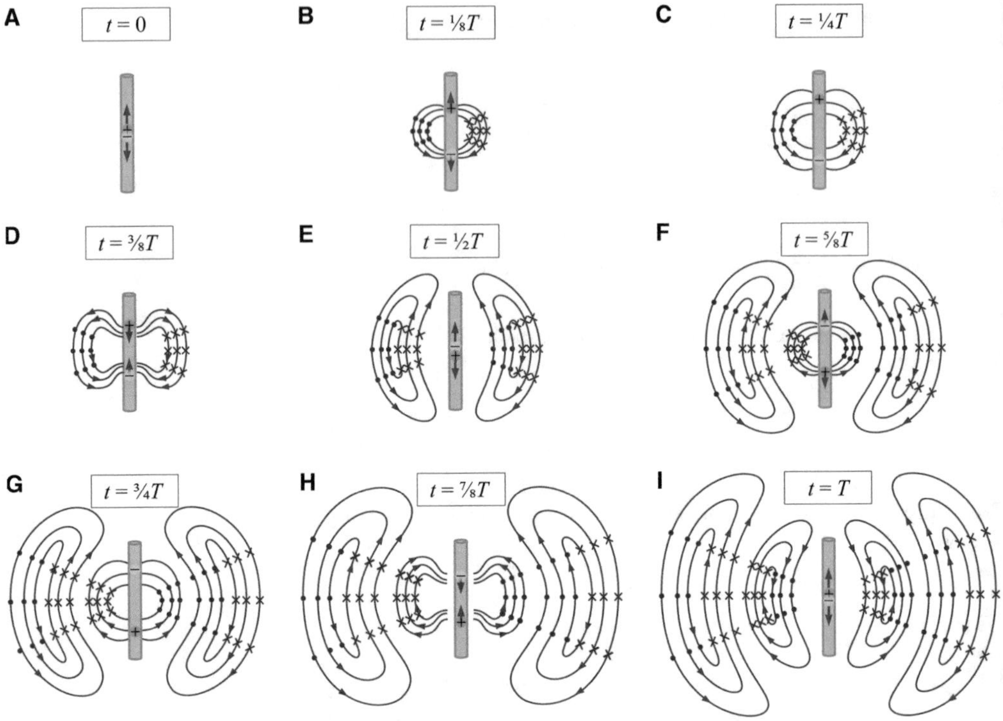
A
t = 0
B
t = ⅛T
C
t = ¼T
D
t = ⅜T
E
t = ½T
F
t = ⅝T
G
t = ¾T
H
t = ⅞T
I
t = T

Abb. 14.10 Das Nahfeld eines Hertz'schen Dipols

Wir sehen die typischen Felder eines Dipols, die wir bereits aus ▶ Abschn. 3.3 und 8.3.2 kennen. Das elektrische Feld ist das eines Stabmagneten mit periodisch oszillierender Stärke, die magnetischen Feldlinien sind Ringe um die Dipolachse, entlang derer der Strom oszilliert.

In der Nähe des Dipols schwingen elektrisches und magnetisches Feld um 90° phasenversetzt. Das elektrische Feld erreicht seine maximale Stärke in dem Moment, in dem die Ladungen auf dem Dipol maximal separiert und damit in Ruhe sind. Der Strom und mit ihm das magnetische Feld haben dagegen ihr Maximum am Nulldurchgang der Ladungen.

In der Nähe des Dipols werden die Terme, die proportional zu $\frac{1}{r}$ abfallen, durch einen zusätzlichen Faktor $1/c$ gegenüber den Termen des Nahfeldes unterdrückt. Aber je weiter wir uns vom Dipol entfernen, desto wichtiger wird ihr Beitrag. Bei großen Entfernungen dominieren sie schließlich. Wir haben dann das Fernfeld erreicht. Die Quelle der Felder im Fernfeld ist nicht der Dipol selbst, sondern die Felder erzeugen sich gegenseitig, wie wir das bei elektromagnetischen Wellen besprochen haben.

Elektrisches und magnetisches Feld entwickeln sich im Fernfeld beide wie $\ddot{p}$. Die Phasenverschiebung zwischen elektrischem und magnetischem Feld ist verschwunden. Man sieht direkt aus den Formeln (Gln. 14.16 und 14.24), dass beide Feldvektoren senkrecht auf der Ausbreitungsrichtung stehen. Eine kurze Rechnung zeigt, dass auch $\vec{E}$ und $\vec{B}$ senkrecht zueinander stehen. Wir finden das für elektromagnetische Wellen im Vakuum typische Dreibein aus $\vec{k}$, $\vec{E}$ und $\vec{B}$.

Ein Abfall der Amplituden der Felder mit $1/r$ impliziert, dass die Intensität der Welle von der Sendeantenne ausgehend mit $1/r^2$ abfällt. Dies ist der erwartete Abfall der Intensität, wenn man berücksichtigt, dass die Fläche, die von der Welle durchdrungen wird, wie r^2 mit dem Abstand vom Sender zunimmt. Energie und Impuls der Welle gehen nicht verloren, sie werden mit steigendem Abstand lediglich auf einen immer größeren Raumbereich verteilt.

Betrachten wir nun noch die Richtung der Abstrahlung, die so genannte Abstrahlcharakteristik. Aus Gln. 14.16 und 14.24 wird ersichtlich, dass diese nicht isotrop ist. Am einfachsten lässt sich der funktionale Zusammenhang für das Magnetfeld erkennen. Sowohl der Vektor $\dot{\vec{p}}$ als $\ddot{\vec{p}}$ zeigen in Richtung von $\vec{p}$. Folglich bestimmt das Kreuzprodukt $\vec{p} \times \hat{r}$ die Richtungsabhängigkeit. Die Feldstärke der abgestrahlten Welle ist proportional zu $\sin\theta$, wobei θ den Winkel der abgestrahlten Welle zur Richtung des Dipols, d. h. zum Antennenstab, bezeichnet. Die abgestrahlte Leistung variiert dann wie $\sin^2\theta$. Sie ist maximal in der Ebene senkrecht zum Dipol und verschwindet in Richtung des Dipols. Eine genauere Betrachtung von Gl. 14.24 zeigt, dass das elektrische Fernfeld dieselbe Richtungsabhängigkeit aufweist.

Experiment 14.1: Empfangscharakteristik des Hertz'schen Dipols

Wir hatten die Richtungscharakteristik eines Hertz'schen Dipols bestimmt und $I(\theta) = I_0 \sin^2\theta$ erhalten. Dieses Ergebnis lässt sich experimentell überprüfen. Im Foto sehen Sie rechts die Sendeantenne, die wir schon mehrfach benutzt haben, und davor links eine Empfangsantenne, die drehbar montiert ist. Wir drehen die Empfangsantenne im Feld der Sendeantenne und vermessen jeweils den Winkel θ zur Sendeantenne und die Intensität der empfangenen Welle. Wir vermessen hiermit die Empfangscharakteristik der Empfangsantenne, die wie die Abstrahlcharakteristik der Sendeantenne eine Proportionalität zu $\sin^2\theta$ zeigen sollte. Es ist einfacher, die Empfangsantenne zu drehen, weshalb wir diesen Weg wählen.

Der Drehwinkel der Empfangsantenne kann von einem Computer erfasst werden, ebenso wie das Signal der Empfangsantenne. Dieses wird direkt an der Antenne mit einer Diode gleichgerichtet und dann aufgezeichnet. Im zweiten Bild sehen Sie das Ergebnis einer Messung (schwarze Quadrate) im Vergleich zu einer idealen $\sin^2\theta$-Verteilung (rote Dreiecke). Es zeigt sich eine sehr gute

Übereinstimmung. Die Werte sind in einem Polardiagramm eingezeichnet. Zu jedem Winkel θ gibt die Länge des Vektors vom Ursprung zum Messpunkt den Messwert an.

© RWTH Aachen, Sammlung Physik

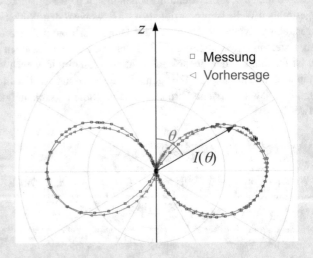

© RWTH Aachen, Sammlung Physik

Beispiel 14.1: $3\lambda/2$-Dipolantenne

Dipolantennen müssen nicht notwendigerweise die Länge $\lambda/2$ haben, wie wir das bisher implizit angenommen haben. Tatsächlich hat eine optimierte Sendeantenne wegen der Strahlungsdämpfung nicht exakt die Länge $\lambda/2$. Die optimale Länge hängt auch von der Dicke des Stabes und selbst von reflektierenden Materialien in der Umgebung ab. Wichtig ist, dass die Länge der Antenne auf die Schwingung des antreibenden Schaltkreises abgestimmt ist, so dass die Leistung effektiv auf die Antenne übertragen

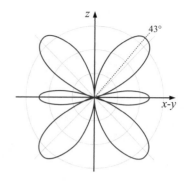

werden kann (Resonanzbedingung). Dies gelingt aber nicht nur bei einer Länge des Dipols von $\lambda/2$. Man kann auch höhere Resonanzen nutzen. Allerdings ergeben sich dann andere Abstrahlcharakteristiken. Unsere Abbildung zeigt die Abstrahlcharakteristik einer Dipolantenne der Länge $3\lambda/2$ im Polardiagramm. Sie ist komplizierter als die des Hertz'schen Dipols.

Beispiel 14.2: Yagi-Antenne

Bei einer Yagi- oder Yagi-Uda-Antenne handelt es sich um eine Richtantenne, wie sie vornehmlich für den terrestrischen Fernsehempfang eingesetzt wurde. Sie beruht auf der Dipolantenne. Die japanischen Physiker und Elektrotechniker Hidetsugu Yagi und Shintaro Uda fügten der einfachen Dipolantenne Direktoren und Reflektoren hinzu und optimierten diese für den Empfang eines Senders aus der Richtung der Antennenachse. Das Foto zeigt zwei Yagi-Uda-Antennen. Die obere ist auf den Ultra-High-Frequency-Bereich optimiert (UHF, 300 MHz bis 3 GHz), die untere auf Very High Frequency (VHF, 30 MHz bis 300 MHz).

Die eigentliche Empfangsantenne ist jeweils mit „1" markiert. Hier liegt ein so genannter gefalteter Dipol vor. In der Mitte des Dipols ist dieser geöffnet. An dieser Stelle wird die empfangene Leistung gleichgerichtet und auf das Antennenkabel eingekoppelt. Aus Sicht des Senders hinter dem Empfangsdipol befindet sich ein Reflektor („2"), der nicht absorbierte Leistung auf die Empfangsantenne zurückwirft. In der UHF-Antenne (oben) ist der Reflektor als Metallgitter ausgeführt, in der unteren VHF-Antenne wirkt ein Stab mit einer Länge, die für den Empfang etwas zu groß ist, als Reflektor. Mehrere Stäbe vor der Empfangsantenne („3") richten die Welle auf den Empfangsdipol aus und drehen die Polarisationsrichtung parallel zu diesem. Position und Länge der Stäbe, die elektrisch nicht miteinander verbunden sind, müssen optimal eingestellt sein. Der Abstand des Reflektors von den Empfangsantennen muss beispielsweise ca. $0,15\lambda$ betragen. Eine Yagi-Uda-Antenne empfängt eine höhere Leistung verglichen mit einem einfachen Dipol und schränkt den Empfang auf einen Richtungsbereich von $\pm40°$ bis $\pm60°$ ein.

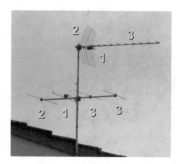

© wikimedia: Carnby

14.2.4 Strahlungsdämpfung

Nun sind wir auch in der Lage, die abgestrahlte Leistung zu bestimmen. Wir hatten ja gesehen, dass sich die Energiestromdichte (Betrag des Poynting-Vektors) berechnen lässt als (Gl. 13.112):

$$S = \epsilon_0 c E^2 \tag{14.25}$$

Im Fernfeld ergibt sich aus Gl. 14.24

$$S = \epsilon_0 c \left(\frac{1}{4\pi\epsilon_0} \frac{\ddot{p}}{c^2 r} \sin\theta \right)^2 \tag{14.26}$$

mit

$$\ddot{p}^2 = -p_0^2 \omega^4 \sin^2 \left(\omega \left(t - \frac{r}{c} \right) \right). \tag{14.27}$$

Mitteln wir über die Zeit, so erhalten wir

$$\overline{\ddot{p}^2} = \frac{1}{2} p_0^2 \omega^4 \tag{14.28}$$

und daraus

$$S = \frac{1}{32\pi^2\epsilon_0 c^3} \frac{p_0^2 \omega^4}{r^2} \sin^2\theta. \tag{14.29}$$

Beachten Sie bitte, dass der abgestrahlte Energiefluss mit der vierten Potenz der Frequenz der Strahlung ansteigt. Signifikante Abstrahlung beobachtet man nur bei sehr hohen Frequenzen. Integrieren wir schließlich den Energiefluss über alle Raumrichtungen, so erhalten wir die von der Antenne abgestrahlte Leistung P:

$$P = \frac{1}{32\pi^2\epsilon_0 c^3} \int_{4\pi} \frac{p_0^2 \omega^4}{r^2} \sin^2\theta \, r^2 \sin\theta \, d\theta \, d\phi = \frac{p_0^2 \omega^4}{12\pi\epsilon_0 c^3} \tag{14.30}$$

Offensichtlich kann die damit verbundene Energie nicht aus dem Nichts entstehen. Sie wird der Schwingung auf dem Dipol entzogen. Die Anregung der Sendeantenne erfolgt von außen. Von der elektrischen Schaltung wird Leistung in den Dipol eingekoppelt. Wir hatten dies in ▶ Abschn. 14.1.3 besprochen. Diese Leistung wird mit dem Wellenfeld abgestrahlt, was zu einer Dämpfung der Schwingung auf dem Dipol führt. Bei konstanter Einkopplung entsteht ein dynamisches Gleichgewicht mit einer festen Amplitude der Schwingung. Aus der Abstrahlung können wir die Dämpfung berechnen. Dies ist allerdings einfacher für eine freie Schwingung. Wir nehmen also für die folgende Rechnung an, wir hätten die Schwingung auf dem Hertz'schen Dipol auf die Amplitude p_0 angeregt. Zum Zeitpunkt $t = 0$ schalten wir dann die Einkopplung ab und beobachten, wie die Amplitude abnimmt. Wir werden einen exponentiellen Abfall der Amplitude beobachten (Abschn. 17.2; Band 1; schwache Dämpfung):

$$p(t) = p_0 e^{-\gamma t} \tag{14.31}$$

Da die Energie $E_{\text{tot}} = E_{\text{kin}} + E_{\text{pot}}$ der Schwingung proportional zum Quadrat der Amplitude ist, gilt

$$E_{\text{tot}}(t) = E_{\text{tot},0} e^{-2\gamma t}, \tag{14.32}$$

was wir mit der abgestrahlten Leistung in Verbindung bringen können:

$$P = \frac{dE_{\text{tot}}(t)}{dt} = -2\gamma E_{\text{tot}}(t) \Rightarrow \gamma = -\frac{1}{2} \frac{P}{E_{\text{tot}}} \tag{14.33}$$

Das Minuszeichen berücksichtigt, dass die abgestrahlte Leistung in Bezug auf den Dipol einen Energieverlust darstellt. Wir müssen folglich das Negative von Gl. 14.30 einsetzen. Es bleibt nun noch die Bestimmung der Energie des Hertz'schen Dipols. Dazu greifen wir auf die Rechnungen aus Band 1 zurück. Wir hatten in Abschn. 17.1 (Gl. 17.18) berechnet:

$$E_{\text{tot}} = \frac{1}{2} m v_{\text{max}}^2 = \frac{1}{2} m_e \omega^2 d^2 \tag{14.34}$$

Damit ergibt sich

$$\gamma = \frac{q^2 \omega^2}{12\pi \epsilon_0 m_e c^3} \tag{14.35}$$

mit der Ladung q des oszillierenden Dipols und der Masse der oszillierenden Elektronen m_e. Auf diese Dämpfung müssen wir gegebenenfalls noch die Dämpfung durch die Ohm'schen Verluste auf dem Stab addieren, doch diese sind in den meisten Fällen vernachlässigbar.

Nachdem wir nun die Dämpfung des Oszillators berechnet haben, wollen wir uns zum Schluss noch Gedanken über das ausgesandte Frequenzspektrum machen. Man mag naiv erwarten, dass der Dipol ausschließlich seine Resonanzfrequenz aussendet, doch durch die Dämpfung hat sich das Frequenzspektrum verbreitert. Man kann sich das folgendermaßen vorstellen. Von einer einmaligen Anregung geht nun kein zeitlich unbegrenzter Wellenzug mehr aus. Die Antenne sendet ein Wellenpaket mit einer exponentiell abklingenden Amplitude. Um ein solches zeitlich begrenztes Wellenpaket zu erzeugen, müssen wir ebene Wellen unterschiedlicher Frequenzen überlagern. Daher liegt ein verbreitertes Frequenzspektrum[1] vor.

Dieses Frequenzspektrum hatten wir ebenfalls bereits in Band 1 berechnet. Wir greifen auf das Ergebnis zurück (Gl. 17.56):

$$d = \frac{K}{\sqrt{\left(\omega_0^2 - \omega^2\right)^2 + (2\gamma\omega)^2}}, \tag{14.36}$$

---

[1] Tatsächlich ist die Resonanzkurve, die sich durch die Strahlungsdämpfung ergibt, die Fourier-Transformierte des exponentiellen Zerfalls. Man bezeichnet sie als Lorentz- oder Breit-Wigner-Verteilung.

dabei gibt d die Amplitude unseres Oszillators bei der Frequenz ω an und ω_0 bezeichnet die Resonanzfrequenz des ungedämpften Oszillators. Die Konstante K beschreibt die Stärke der Anregung. Wir setzen dies in $P = -2\gamma E_{\text{tot}}$ ein und erhalten

$$P = \frac{q^2\omega^4 K^2}{12\pi\epsilon_0 c^3} \frac{1}{\left(\omega_0^2 - \omega^2\right)^2 + (2\gamma\omega)^2}, \tag{14.37}$$

was eine Linie mit der vollen Halbwertsbreite $\Delta\omega = \gamma$ darstellt.

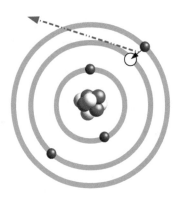

Beispiel 14.3: Lebensdauer eines atomaren Zustandes

Im Bohr'schen Atommodell kreisen die Elektronen auf Kreisbahnen um den Atomkern. Projizieren wir die Bewegung auf eine Ebene senkrecht zur Bahnebene der Elektronen, so sehen wir ein schwingendes Elektron, das wie die Ladungen des Hertz'schen Dipols Strahlung aussendet. Die Schwingung der Elektronen wird dadurch gedämpft. Betrachten Sie in der Abbildung ein angeregtes Elektron. Aus Gl. 14.35 lässt sich die Lebensdauer des angeregten Zustandes abschätzen. Nehmen wir beispielsweise eine Wellenlänge der emittierten Strahlung von 300 nm an, so erhalten wir

$$\gamma = \frac{q^2\omega^2}{12\pi\epsilon_0 m_e c^3} = \frac{e^2\pi}{3\epsilon_0 m_e c\lambda^2} \approx 4 \cdot 10^8 \, \text{s}^{-1}$$

und daraus eine charakteristische Abklingzeit der Strahlung von

$$T = \frac{1}{2\gamma} \approx 10 \, \text{ns},$$

was in diesem einfachen Bild der Lebensdauer des angeregten Zustandes entspricht.

14.3   Beschleunigte Ladungen

14.3.1   Liénard-Wiechert-Potenziale

Wir hatten in der Elektrostatik das Potenzial φ_{el} einer beliebigen Ladungsverteilung bestimmt als (Gl. 2.32):

$$\varphi(\vec{r}) = \frac{1}{4\pi\epsilon_0} \int\limits_{\text{Körper}} \frac{\rho(\vec{r}')}{|\vec{r} - \vec{r}'|} dV \tag{14.38}$$

Wollen wir diese Gleichung auf den Fall bewegter Ladungen verallgemeinern, so müssen wir die Retardierung berücksichtigen. Man könnte dies folgendermaßen ansetzen:

$$\varphi\left(\vec{r}\right) = \frac{1}{4\pi\epsilon_0} \int\limits_{\text{Körper}} \frac{\rho\left(\vec{r}'(t - r/c)\right)}{\left|\vec{r} - \vec{r}'(t - r/c)\right|} dV \qquad (14.39)$$

Wir setzen in das Integral jeweils die Ladungsdichte und den Abstand zum retardierten Zeitpunkt $t - \frac{r}{c}$ ein. Doch es gibt eine weitere Änderung, die wir an dem Integral vornehmen müssen. Die Volumina der Integration (dV) verändern sich durch die Bewegung. Wir markieren dies zunächst durch einen Index dV_r:

$$\varphi\left(\vec{r}\right) = \frac{1}{4\pi\epsilon_0} \int\limits_{\text{Körper}} \frac{\rho\left(\vec{r}'(t - r/c)\right)}{\left|\vec{r} - \vec{r}'(t - r/c)\right|} dV_r \qquad (14.40)$$

Wir wollen versuchen zu erklären, wie es dazu kommt. Es handelt sich um einen rein geometrischen Effekt. Betrachten Sie hierzu ◻ Abb. 14.11. Wir betrachten das Volumen dV vom Punkt $\vec{r}$ aus. Dabei beobachten wir immer Licht, bzw. allgemein elektromagnetische Wellen, die zum selben Zeitpunkt am Beobachtungspunkt $\vec{r}$ ankommen. Bei einem ruhenden Volumen dV ist dies offensichtlich, aber es gilt auch, wenn sich das Volumen bewegt. Allerdings wurden die Wellen, die beim Beobachter am Punkt $\vec{r}$ gleichzeitig ankommen, zu unterschiedlichen Zeitpunkten ausgesandt.

Sehen wir uns einen Stab der Länge l an, der sich auf den Beobachter am Punkt $\vec{r}$ zubewegt (◻ Abb. 14.12). Zum Zeitpunkt t_1 wird vom linken Ende des Stabes eine Welle ausgesandt, die den Beobachter zum Zeitpunkt t_0 erreicht. Die Laufzeit dieser Welle sei $t_1 = s_1/c$. Die Welle, die, ausgesandt vom rechten Ende des Stabes, den Beobachter zum selben Zeitpunkt t_0 erreicht, hat eine kürzere Laufzeit $t_2 = s_2/c$. Sie wurde folglich zu einem späteren Zeitpunkt t_2 ausgesandt. Der Unterschied in den Laufzeiten beträgt:

$$\Delta t = t_1 - t_2 = \frac{s_1 - s_2}{c} \qquad (14.41)$$

Diesen Laufzeitunterschied registriert der Beobachter als die scheinbare Länge des Stabes $l' = s_1 - s_2 = c\Delta t$. In dieser Zeit hat sich der Stab um die Strecke $\Delta s = v\Delta t$ auf den Beobachter zubewegt,

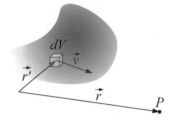

◻ **Abb. 14.11** Zur Bestimmung des retardierten Volumens

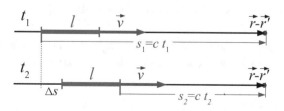

◻ **Abb. 14.12** Scheinbare Verlängerung eines Stabes durch seine Bewegung

so dass der Stab länger erscheint, als er tatsächlich ist ($l' > l$). Die scheinbare Länge l' lässt sich berechnen aus:

$$\frac{l'}{c} = \Delta t = \frac{\Delta s}{v} = \frac{l' - l}{v} \Rightarrow l' = \frac{l}{1 - \frac{v}{c}} \qquad (14.42)$$

Der Vektor $\vec{r} - \vec{r}'$ zeigt vom Objekt zum Beobachter. Lediglich Geschwindigkeitskomponenten entlang dieser Richtung führen zu einer scheinbaren Veränderung der Länge des Stabes. Geschwindigkeitskomponenten senkrecht dazu verändern die Länge des Stabes nicht. Daher gilt für unser Volumen

$$dV_r = \frac{dV}{1 - \frac{\vec{r} - \vec{r}'}{|\vec{r} - \vec{r}'|} \cdot \frac{\vec{v}}{c}} \qquad (14.43)$$

und damit ergibt sich für das retardierte Potenzial einer bewegten Ladungsverteilung:

$$\varphi\left(\vec{r}\right) = \frac{1}{4\pi\epsilon_0} \int\limits_{\text{Körper}} \frac{\rho\left(\vec{r}'(t - r/c)\right)}{\left|\vec{r} - \vec{r}'(t - r/c)\right|} \frac{1}{1 - \frac{\vec{r} - \vec{r}'}{|\vec{r} - \vec{r}'|} \cdot \frac{\vec{v}}{c}} dV \quad (14.44)$$

Betrachten wir nun eine Punktladung, so erhalten wir

$$\varphi\left(\vec{r}, t\right) = \frac{1}{4\pi\epsilon_0} \left. \frac{qc}{\left|\vec{r} - \vec{r}'\right| c - \left(\vec{r} - \vec{r}'\right) \cdot \vec{v}} \right|_{\text{retardiert}}, \qquad (14.45)$$

wobei der Zusatz „retardiert" uns daran erinnert, dass der Vektor $\vec{r}'$ zum retardierten Zeitpunkt $t - r/c$ zu nehmen ist. Eine entsprechende Überlegung für das Vektorpotenzial einer bewegten Ladung ergibt:

$$\vec{A}\left(\vec{r}, t\right) = \frac{\mu_0}{4\pi} \left. \frac{qc\vec{v}}{\left|\vec{r} - \vec{r}'\right| c - \left(\vec{r} - \vec{r}'\right) \cdot \vec{v}} \right|_{\text{retardiert}} = \frac{\vec{v}}{c^2} \varphi\left(\vec{r}, t\right) \tag{14.46}$$

Man nennt diese beiden Gleichungen die Liénard-Wiechert-Potenziale einer bewegten Punktladung.

14.3.2 Das Feld einer bewegten Punktladung

Nun, da wir die Potenziale einer bewegten Punktladung bestimmt haben, können wir auch die Felder berechnen. Wir ermitteln sie aus:

$$\vec{E}\left(\vec{r}, t\right) = -\vec{\nabla}\varphi\left(\vec{r}, t\right) - \frac{\partial \vec{A}\left(\vec{r}, t\right)}{\partial t} \qquad (14.47)$$

$$\vec{B}\left(\vec{r}, t\right) = \vec{\nabla} \times \vec{A}\left(\vec{r}, t\right)$$

Wir müssen „lediglich" Gln. 14.45 und 14.46 einsetzen und die Ableitungen berechnen. Allerdings ist die Rechnung länglich, so dass wir sie hier nicht Schritt für Schritt durchgehen wollen. Wir geben direkt das Ergebnis an:

$$\vec{E}\left(\vec{r},t\right) = \frac{1}{4\pi\epsilon_0}\frac{qw}{\left(\vec{w}\cdot\vec{u}\right)^3}\left(\left(c^2 - v^2\right)\vec{u} + \vec{w}\times\left(\vec{u}\times\vec{a}\right)\right)\Bigg|_{\text{retardiert}}$$

$$\vec{B}\left(\vec{r},t\right) = \frac{1}{c}\hat{w}\times\vec{E}\left(\vec{r},t\right)$$

$$\text{(14.48)}$$

Dabei haben wir zwei neue Vektoren eingeführt. Der Vektor $\vec{w}$ zeigt von der retardierten Position $\vec{r}'$ zum Ort $\vec{r}$, an dem wir die Felder angeben. Es ist:

$$\vec{w} = \vec{r} - \vec{r}'$$

$$\vec{u} = c\hat{w} - \vec{v}$$

$$\text{(14.49)}$$

Dabei bezeichnet $\vec{v}$ die Geschwindigkeit der Punktladung und $\vec{a}$ deren Beschleunigung jeweils zum retardierten Zeitpunkt.

Wieder können wir die Felder in ein Nahfeld und ein Fernfeld unterteilen. Der erste Term in Gl. 14.48, der proportional zu $\vec{u}$ ist, stellt das Nahfeld dar. Sowohl elektrisches als auch magnetisches Feld fallen mit dem Abstand w von der Punktladung wie $1/w^2$ ab. Der Energiefluss, der von diesem Anteil des Feldes aufgeht, fällt folglich mit dem Abstand wie $1/w^4$. Schließen wir die Ladung in einer gedachten Kugel ein und integrieren den Energiefluss über deren Oberfläche, so verschwindet der Beitrag des Nahfeldes mit zunehmendem Abstand von der Ladung.

Der zweite Term des elektrischen Feldes in Gl. 14.48 beschreibt die eigentliche Abstrahlung in das Fernfeld. Die Feldstärke fällt mit dem Abstand wie $1/w$. Integrieren wir den damit verbundenen Energiefluss über die gerade eingeführte Kugeloberfläche, so erhalten wir ein konstantes Ergebnis unabhängig vom Radius der Kugel. Elektromagnetische Wellen tragen die Energie bis ins Unendliche. In Gl. 14.48 erkennen wir einen weiteren wichtigen Zusammenhang. Die Wellenabstrahlung ist proportional zur Beschleunigung $\vec{a}$ der Ladung. Eine Ladung, die sich mit konstanter Geschwindigkeit bewegt, strahlt noch keine elektromagnetischen Wellen ab. Erst durch die Beschleunigung entsteht eine Abstrahlung. Mit der Abstrahlung geht eine Strahlungsdämpfung einher. Die Ladung verliert Energie und wird dadurch abgebremst.

Zur Illustration wollen wir einige Spezialfälle diskutieren. Beginnen wir mit einer ruhenden Ladung. Der Vektor $\vec{u}$ reduziert sich auf $\vec{u} = c\hat{w}$, d. h., er zeigt entlang der Verbindungslinie von der Ladung zum Punkt $\vec{r}$. Das elektrische Feld vermindert sich auf

$$\vec{E}\left(\vec{r},t\right) = \frac{1}{4\pi\epsilon_0}\frac{qw}{c^3\left(\vec{w}\cdot\hat{w}\right)^3}c^2\left(c\hat{w}\right) = \frac{1}{4\pi\epsilon_0}\frac{q}{w^2}\hat{w} \qquad \text{(14.50)}$$

und das magnetische Feld wird zu null, da $\vec{E}$ parallel zu $\hat{w}$ zeigt. Dies ist aber nichts anderes als das elektrische Feld einer Punktladung, das wir aus der Elektrostatik gut kennen (Gl. 2.13).

Betrachten wir als Nächstes eine Ladung, die sich mit konstanter Geschwindigkeit bewegt. Die Bewegung der Ladung sei gegeben durch $\vec{r}'(t) = \vec{v}t$. Das elektrische Feld ist

$$\vec{E}\left(\vec{r},t\right) = \frac{1}{4\pi\epsilon_0} \frac{qw}{\left(\vec{w}\cdot\vec{u}\right)^3} \left(c^2 - v^2\right)\vec{u}\,\bigg|_{\text{retardiert}} \tag{14.51}$$

mit

$$w\vec{u} = c\vec{w} - w\vec{v} = c\vec{r} - c\vec{r}'\left(t - \frac{w}{c}\right) - w\vec{v} = c\vec{r} - c\vec{r}'(t)$$
$$= c\left(\vec{r} - \vec{v}t\right) = c\,\vec{\Delta r} \tag{14.52}$$

mit dem Vektor $\vec{\Delta r}$, der von der aktuellen Position (Zeitpunkt t) zum Punkt $\vec{r}$ zeigt. Ferner ist:

$$\vec{w}\cdot\vec{u} = \sqrt{\left(c^2 t - \vec{r}\cdot\vec{v}\right)^2 - \left(c^2 - v^2\right)\left(r^2 - c^2 t^2\right)}$$
$$= c\,\vec{\Delta r}\sqrt{1 - \frac{v^2}{c^2}\sin^2\theta} \tag{14.53}$$

Dies setzen wir in Gl. 14.51 ein und erhalten

$$\vec{E}\left(\vec{r},t\right) = \frac{1}{4\pi\epsilon_0} \frac{1 - \frac{v^2}{c^2}}{\left(1 - \frac{v^2}{c^2}\sin^2\theta\right)^{\frac{3}{2}}} \frac{q}{\Delta r^2}\vec{\Delta r}. \tag{14.54}$$

Die Feldstärke ist für einige Werte von $\beta = v/c$ in ☐ Abb. 14.13 im Polardiagramm gezeigt. In grün ist das Feld einer ruhenden Ladung zu sehen. Die Feldstärke ist unabhängig vom Winkel konstant. Mit zunehmender Geschwindigkeit wird die Kugel deformiert. Quer zur Bewegungsrichtung steigt die Reichweite des Feldes, in Bewegungsrichtung nimmt sie ab.

14.3.3 Abstrahlung

Nun betrachten wir schließlich das Fernfeld, d. h. die Abstrahlung elektromagnetischer Wellen, die durch den Term proportional zur Beschleunigung der Ladung in Gl. 14.48 entsteht. Der abgestrahlte Energiefluss wird durch den Poynting-Vektor $\vec{S}$ beschrieben (Gl. 13.111):

$$\vec{S} = \epsilon_0 c^2 \left(\vec{E}\times\vec{B}\right) = \epsilon_0 c\left(\vec{E}\times\left(\hat{w}\times\vec{E}\right)\right)$$
$$= \epsilon_0 c\left(E^2\hat{w} - \left(\hat{w}\cdot\vec{E}\right)\vec{E}\right) \tag{14.55}$$

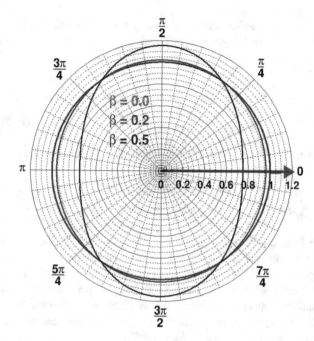

Abb. 14.13 Das elektrische Feld einer bewegten Ladung im Polardiagramm (willkürliche Einheiten). Der *rote Vektorpfeil* zeigt die Bewegungsrichtung an

Da im Fernfeld der elektrische Feldvektor senkrecht auf dem Vektor $\vec{w}$ steht, verschwindet der zweite Term und der Poynting-Vektor reduziert sich auf

$$\vec{S} = \epsilon_0 c E^2 \hat{w}. \tag{14.56}$$

Das elektrische Feld hängt sowohl von der Geschwindigkeit $\vec{v}$ der Ladung, als auch von deren Beschleunigung $\vec{a}$ ab. Allerdings gibt es einen wesentlichen Unterschied: Wird die Geschwindigkeit null, so verändert sich die Abstrahlung zwar – $\vec{u}$ wird zu $c\hat{w}$ –, aber sie verschwindet nicht. Wird die Beschleunigung hingegen null, so tritt keine Abstrahlung mehr auf. Umgekehrt kann man für eine von null verschiedene Beschleunigung $\vec{a}$ immer Richtungen finden, unter denen die Abstrahlung nicht verschwindet. Wir halten daher fest:

Merksatz

Beschleunigte elektrische Ladungen strahlen elektromagnetische Wellen ab.

Bitte beachten Sie, dass wir eine entsprechende Bemerkung schon beim Hertz'schen Dipol hätten machen können. Dort haben wir festgestellt, dass die Abstrahlung ins Fernfeld proportional zu $\ddot{p}$ ist, was direkt proportional zur Beschleunigung der Ladungen auf dem Antennenstab ist.

Die abgestrahlte Leistung in einen Raumwinkel $d\Omega$ bekommen wir dann durch Integration des Poynting-Vektors über eine Kugeloberfläche,

$$P = \oint \vec{S} \cdot d\vec{A} = \epsilon_0 c \oint E^2 \hat{w} d\vec{A} = \epsilon_0 c \oint E^2 w^2 \sin\theta d\theta d\phi, \tag{14.57}$$

oder, falls wir nur an der Abstrahlung in einen Raumwinkel $d\Omega$ interessiert sind,

$$\frac{dP}{d\Omega} = \epsilon_0 c E^2 w^2. \tag{14.58}$$

Der Poynting-Vektor, von dem wir ausgegangen sind, gibt die Leistung an, die von der bewegten Ladung in eine bestimmte Richtung abgestrahlt wird (aus der Sicht der bewegten Ladung). Was uns aber meist interessiert, ist die Leistung, die wir am Ort $\vec{r}$ von der abgestrahlten Ladung beobachten (aus der Sicht eines ruhenden Beobachters in $\vec{r}$). Diese beiden Leistungen sind nicht notwendigerweise gleich. Sie sind über eine Art Doppler-Effekt miteinander verbunden. Bewegt sich beispielsweise die Ladung auf den Ort $\vec{r}$ zu, so kommen die Wellenberge in $\vec{r}$ in kürzeren Abständen an, als sie aus Sicht der Ladung ausgestoßen werden. Daher beobachten wir in $\vec{r}$ einen erhöhten Energiefluss. Diesen Effekt müssen wir noch berücksichtigen. Er liefert einen zusätzlichen Faktor:

$$\frac{dP}{d\Omega} = \epsilon_0 c E^2 w^2 \left(\frac{\vec{w} \cdot \vec{u}}{wc}\right) \tag{14.59}$$

Wir wollen nun noch zwei Spezialfälle diskutieren. Nehmen wir zunächst an, dass die Beschleunigung parallel zur Geschwindigkeit $\vec{v}$ wirkt. Dann ist $\vec{u} \times \vec{a} = c(\vec{w} \times \vec{a})$ und $\vec{w} \cdot \vec{u} = w(c - \hat{w} \cdot \vec{v})$ und wir erhalten

$$\frac{dP}{d\Omega} = \frac{q^2 c^2}{16\pi^2 \epsilon_0} \frac{\left|\hat{w} \times (\hat{w} \times \vec{a})\right|^2}{(c - \hat{w} \cdot \vec{v})^5} = \frac{q^2 a^2}{16\pi^2 \epsilon_0 c^3} \frac{\sin^2 \theta}{\left(1 - \frac{v}{c}\cos\theta\right)^5}, \tag{14.60}$$

wobei θ den Winkel zwischen der Beobachtungsrichtung und der Bewegungsrichtung der Ladung bezeichnet. Für einige Werte von v/c ist die Abstrahlcharakteristik in ◨ Abb. 14.14 dargestellt. Mit zunehmender Geschwindigkeit klappt die ursprünglich senkrechte Abstrahlung immer weiter in Bewegungsrichtung um. Beachten Sie, dass die Beschleunigung $\vec{a}$ nur als Betragsquadrat in der Formel auftaucht, so dass wir für Beschleunigen und Abbremsen die gleiche Abstrahlcharakteristik erhalten. Das Vorzeichen von $\vec{a}$ geht nicht ein, ebenso verhält es sich mit dem Vorzeichen der Ladung q. Die

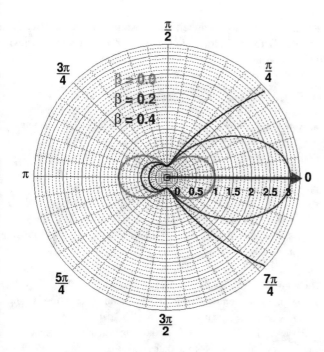

Abb. 14.14 Abstrahlung einer Ladung, die in Bewegungsrichtung beschleunigt wird. Der *rote Pfeil* zeigt die Richtung der Geschwindigkeit an

Abstrahlung erfolgt immer bevorzugt in Bewegungsrichtung. Ferner sollten Sie beachten, dass wir hier nichtrelativistische Rechnungen ausführen, so dass wir unsere Ergebnisse streng genommen nur für $v \ll c$ benutzen dürfen. Nähert sich v der Lichtgeschwindigkeit, wird unser Ergebnis von der Realität abweichen.

Die Strahlung, die die bewegte Ladung beim Beschleunigen oder Abbremsen aussendet, nennt man Bremsstrahlung. Sie tritt beispielsweise auf, wenn energiereiche Teilchen in Materie eindringen und dort von den Atomen abgebremst werden. Es steht noch aus, die gesamte abgestrahlte Leistung zu berechnen, die wir durch Integration über den kompletten Raumwinkel erhalten:

$$
P = \int_{4\pi} \frac{dP}{d\Omega} d\Omega = \frac{q^2 a^2}{16\pi^2 \epsilon_0 c^3} \iint \frac{\sin^2 \theta}{(1 - \beta \cos \theta)^5} \sin \theta \, d\theta \, d\phi
$$

$$
= \frac{q^2 a^2 \gamma^6}{6\pi \epsilon_0 c^3}
$$

$$(14.61)$$

mit dem Lorentz-Faktor

$$
\gamma = \frac{1}{\sqrt{1 - \beta^2}}, \beta = \frac{v}{c}.
$$

$$(14.62)$$

Beachten Sie die Abhängigkeit der Abstrahlung von der sechsten Potenz des Lorentz-Faktors. Sie steigt mit zunehmender Geschwindigkeit rapide an.

Beispiel 14.4: Röntgenröhre

In Röntgenröhren nutzt man die Bremsstrahlung zur Erzeugung der Röntgenstrahlung aus. Aus der geheizten Kathode treten Elektronen durch thermische Emission in die evakuierte Röhre aus. Gegenüber der Kathode befindet sich die Anode auf positivem Potenzial. Die Elektronen werden auf die Anode hin beschleunigt. Die Beschleunigungsspannung beträgt zwischen 20 kV und 100 kV ($\beta = 0{,}07$ bis $0{,}3$). Die Elektronen gewinnen eine kinetische Energie $E_{\text{kin}} = eU$. Mit dieser Energie bombardieren sie die Oberfläche der Kathode und dringen in diese ein. Geraten sie in die Nähe eines positiven Atomkernes, werden sie stark aus ihrer Richtung abgelenkt, wobei Beschleunigungen in großem Ausmaß auftreten. Bei diesen Beschleunigungen kommt es zur Abstrahlung energiereicher elektromagnetischer Wellen, der Röntgenstrahlung. Auch wenn hier Geschwindigkeit und Beschleunigung nicht immer exakt in dieselbe Richtung zeigen, spricht man von Bremsstrahlung. Die abgeschrägte Oberfläche der Kathode erhöht die seitliche Emission der Strahlung. Ein Großteil der Energie der Elektronen wird in der Kathode absorbiert. Sie ist als massiver Metallblock ausgeführt, der von hinten mit Wasser gekühlt wird. Teilweise werden auch rotierende Kathoden eingesetzt, wodurch die Wärme über ein größeres Volumen verteilt wird.

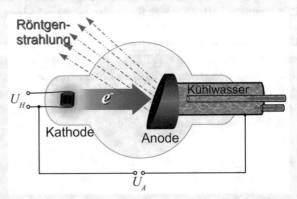

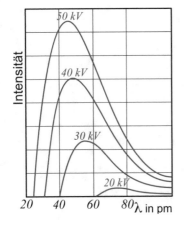

Die zweite Abbildung zeigt das Spektrum einer Röntgenröhre für unterschiedliche Beschleunigungsspannungen. Mit zunehmender Spannung wird das Spektrum härter und die Intensität steigt deutlich an.

Als zweiten Spezialfall betrachten wir eine Ladung, die senkrecht zu ihrer Geschwindigkeit beschleunigt wird. Wir wählen die Ach-

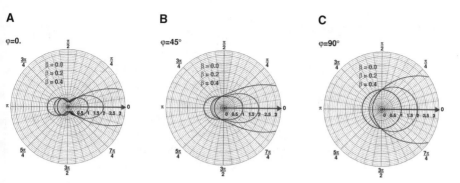

Abb. 14.15 Abstrahlcharakteristik der Synchrotronstrahlung. Der *rote Pfeil* zeigt die Bewegungsrichtung an. Beschleunigung senkrecht zur Zeichenebene

sen so, dass die Geschwindigkeit entlang der z-Achse zeigt und die Beschleunigung entlang der x-Achse. Den Vektor $\vec{w}$ stellen wir in Polarkoordinaten dar. Sein Polarwinkel entspricht dem Winkel zur Geschwindigkeit der Ladung. Die Rechnung ergibt

$$\frac{dP}{d\Omega} = \frac{q^2 a^2}{16\pi^2 \epsilon_0 c^3} \frac{(1 - \beta \cos \theta)^2 - \left(1 - \beta^2\right) \sin^2 \theta \cos^2 \phi}{(1 - \beta \cos \theta)^5} \quad (14.63)$$

und

$$P = \frac{q^2 a^2 \gamma^4}{6\pi \epsilon_0 c^3}. \quad (14.64)$$

Wieder sehen wir, dass die Abstrahlung für steigende Geschwindigkeiten zunehmend in Bewegungsrichtung erfolgt, da der Nenner dann besonders klein wird. Einige Polardiagramme sind in ■ Abb. 14.15 wiedergegeben. Auch in diesem Fall hängt die Abstrahlung nur von q^2 ab. Sie zeigt für positive wie negative Ladungen in Bewegungsrichtung. Diese Art der Strahlung tritt auf, wenn wir Ladungen auf eine Kreisbahn zwingen, wie dies beispielsweise in Speicherringen für geladene Teilchen der Fall ist. Im Jahr 1946 wurde diese Strahlung erstmals an einem Synchrotron beobachtet, einem bestimmten Typ eines Kreisbeschleunigers. Man nennt die Strahlung daher Synchrotronstrahlung.

Beispiel 14.5: Synchrotronstrahlungsquelle

In Speicherringen für Elektronen werden diese beschleunigt und durch Magnete annähernd auf eine Kreisbahn gezwungen. Es erfolgt also eine Beschleunigung in Richtung des Mittelpunkts des Rings. Die Elektronen senden deshalb Synchrotronstrahlung aus. Die Synchrotronstrahlung ist zwar auf der einen Seite störend, da sie

© DESY

den Elektronen Energie entzieht und damit die erreichbare Energie des Speicherrings begrenzt, auf der anderen Seite wird sie heute als Strahlungsquelle für Strukturuntersuchungen unterschiedlicher Art eingesetzt. Es ist möglich, Strahlung mit Wellenlängen bis hinunter zu etwa 0,01 nm zu erzeugen. Das Spektrum erstreckt sich über viele Größenordnungen. Für Strukturuntersuchungen blenden Monochromatoren meist einen engen Wellenlängenbereich aus. Das Foto zeigt den sichtbaren Anteil der Strahlung.

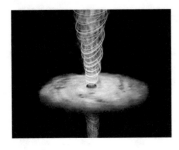

© NASA

Beispiel 14.6: Kosmische Synchrotronstrahlung

Die Synchrotronstrahlung spielt auch in manchen energiereichen astrophysikalischen Systemen eine wichtige Rolle. Ein Beispiel sind Quasare. Der Name ist ein Kunstwort, das sich von *„quasi-stellar radio source"* ableitet. Es handelt sich um Galaxien, in deren Zentrum sich ein supermassives schwarzes Loch befindet, das in einer Akkretionsscheibe Materie aus der Umgebung einsaugt. Senkrecht zur Akkretionsscheibe wird ein Teil dieser Materie als hochenergetischer Gas-Jet wieder ausgestoßen. Treffen die Jets auf Materie, können darin Teilchen auf extrem hohe Energien beschleunigt werden. Die genauen Mechanismen sind noch nicht geklärt, aber vermutlich spielt dabei die Synchrotronstrahlung der Teilchen, die von den Magnetfeldern im Inneren des Jets abgelenkt werden, eine wichtige Rolle.

Beispiel 14.7: Der Strahlentod der Atome

Nicht nur makroskopische Ladungen sollten unter Beschleunigung elektromagnetische Wellen abstrahlen. Da die klassische Physik keinen Unterschied zwischen makroskopischen und mikroskopischen Prozessen macht, sollte dies auch für die Atome gelten. Dort werden die Elektronen durch die Coulomb-Kräfte des Kerns auf Kreisbahnen gehalten. Sie werden dabei permanent zum Atomkern hin beschleunigt und müssten dadurch Synchrotronstrahlung aussenden. Sollte dies zutreffen, verlieren die Elektronen kontinuierlich an Energie. Ihre Geschwindigkeit nimmt ab, wodurch die Zentrifugalkraft sinkt und der Radius der Elektronenbahn schrumpft. Durch den kontinuierlichen Energieverlust müssten die Elektronen in einer Spiralbahn in den Kern stürzen. Die Atome wären instabil, was offensichtlich nicht der Fall ist. Dieses Rätsel um den so genannten Strahlentod der Atome spielte eine wichtige Rolle in den Anfängen der Quantenphysik. Es begann damit, dass Niels Bohr in seinem Atommodell einfach postulierte, dass bestimmte Bahnen stabil seien und die Elektronen auf diesen

Bahnen keine Synchrotronstrahlung aussenden. Doch erst die vollständige Quantenmechanik konnte eine tragbare Erklärung für die Stabilität der Atome liefern. .

❓ Übungsaufgaben zu ▶ Kap. 14

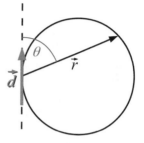

1. Die Energiestromdichte S eines Hertz'schen Dipols ist im Fernfeld durch Gl. 14.29 gegeben. Machen Sie sich klar, dass in einer Ebene, in der die Dipolachse liegt (fester Azimuthalwinkel φ), Orte mit gleicher Energiestromdichte einen Kreis bilden, auf dem der Dipol liegt und zu dem die Dipolachse eine Tangente bildet (Skizze).

2. Führen Sie die Fourier-Transformation der gedämpften elektromagnetischen Schwingung durch. Das Betragsquadrat der Fourier-Transformierten ergibt als Frequenzspektrum die Lorentz-Kurve. Zeigen Sie, dass Gl. 14.37 für den Fall $\omega - \omega_0 \ll \omega_0$ die gleiche Frequenzabhängigkeit liefert.

3. Rotes Licht ($\lambda_r = 650\,\text{nm}$) und blaues Licht ($\lambda_b = 450\,\text{nm}$) trifft auf Luftmoleküle und regt deren Elektronen zu Schwingungen an. In welchem Verhältnis werden dann rotes und blaues Licht gemäß der Theorie des Hertz'schen Dipols wieder abgestrahlt? Mit Hilfe des Ergebnisses kann man begründen, warum der Himmel blau ist.

4. Ein freies Elektron bewegt sich in einem äußeren oszillierenden elektrischen Feld mit der maximalen Feldstärke $E_0 = 1\,\frac{\text{MV}}{\text{m}}$ und der Schwingungsfrequenz $f = 1\,\text{GHz}$. Wie groß ist die Schwingungsamplitude A des Elektrons? Welche Leistung strahlt das Elektron im Mittel ab? Welche Leistung würde das Elektron auf einer Kreisbahn mit dem Radius A, auf der es mit der Frequenz f umläuft, abstrahlen? Wie groß müsste das Magnetfeld sein, um es auf dieser Kreisbahn zu halten?

5. In einem Betatron werden Elektronen durch ein von einer Transformatorspule erzeugtes elektrisches Wirbelfeld schnell auf hohe Energien beschleunigt. Schätzen Sie für ein Betatron, das Elektronen auf eine Energie von $30\,\text{MeV}$ bringt ($\gamma = 60; \beta \approx 1$), mit welcher Leistung der Elektronstrahl bei Erreichen der Endenergie Synchrotronstrahlung abgibt. Beachten Sie, dass diese Leistung nur kurzzeitig, also nicht kontinuierlich während des Betatronbetriebs abgegeben wird.

6. Heutzutage wird Synchrotronstrahlung meist in so genannten Undulatoren erzeugt, in denen ein Elektronstrahl durch alternierende Magnetfelder auf die Bahn einer Schlangenlinie gezwungen wird. In einer speziellen Bauform, dem Freie-Elektronen-Laser (FEL), emittieren die einzelnen Elektronen nicht unabhängig voneinander Strahlung, sondern das gesamte Ladungspaket; die Elektronen strahlen kohärent. Um wie viel wird die Strahlungsleistung dadurch erhöht?

Wie stark ist diese Erhöhung konkret im Fall des FEL „FLASH"
des Deutschen Elektronen-Synchrotrons, bei dem ein Elektro-
nenpaket (Bunch) eine Ladung von 1 nC hat und sich dieses im
Undulator in 10.000 Mikrobunche aufspaltet, von denen jedes
Einzelne für sich abstrahlt?

Wellen im Medium

Stefan Roth und Achim Stahl

© Springer-Verlag GmbH Deutschland, ein Teil von Springer Nature 2018
S. Roth, A. Stahl, *Elektrizität und Magnetismus*, DOI 10.1007/978-3-662-54445-7_15

15.1   Der Brechungsindex

15.1.1   Die Reaktion des Mediums

In den vorangegangenen Kapiteln haben wir die Abstrahlung und Ausbreitung elektromagnetischer Wellen im Vakuum untersucht. In diesem Kapitel gehen wir der Frage nach, was sich verändert, wenn sich eine elektromagnetische Welle durch ein Medium, wie z. B. eine Glasscheibe, ausbreitet.

Beginnen wir mit einer dünnen Schicht eines Mediums (siehe ◘ Abb. 15.1). Eine ebene Welle kommt aus dem Vakuum, trifft auf das Medium, durchquert dieses und breitet sich dahinter erneut im Vakuum aus. Hinter dem Medium gelten wieder dieselben Gesetzmäßigkeiten wie davor, so dass die Welle dort abermals die gleichen Eigenschaften haben wird, wie vor dem Medium. Aber was ändert sich im Medium? Etwa die Ausbreitungsgeschwindigkeit? Oder die Wellenlänge? Oder die Frequenz? Oder vielleicht auch alle drei?

Um diese Fragen zu beantworten, müssen wir die mikroskopischen Prozesse im Medium betrachten. Das Medium ist aufgebaut aus positiv geladenen Atomrümpfen und zumindest teilweise beweglichen Elektronen. Das elektrische Feld der Welle wird Kräfte auf diese Ladungen ausüben. Wegen der Bindung der Atomrümpfe an ihre Gitterplätze haben die Kräfte auf die Atomrümpfe kaum einen Einfluss. Sie können sich nicht bewegen, daher kann weder Energie noch Impuls auf die Atomrümpfe übertragen werden und es kommt zu keiner Veränderung des Mediums. Dadurch gibt es auch keine Rückwirkungen auf die Welle. Anders sind die Verhältnisse bei den frei beweglichen Elektronen. Das elektrische Feld der Welle übt eine periodisch oszillierende Kraft auf diese Elektronen senkrecht zur Ausbreitungsrichtung der Welle aus. Diese bewirkt, dass die Elektronen zu erzwungenen Schwingungen angeregt werden(siehe ◘ Abb. 15.2). Die Bewegung der Elektronen lässt sich dabei durch die bekannte Differenzialgleichung (Abschn. 17.2.4, Band 1) beschreiben:

$$\frac{d^2x(t)}{dt^2} + 2\gamma\frac{dx(t)}{dt} + \omega_0^2 x(t) = Ke^{i\omega t} \tag{15.1}$$

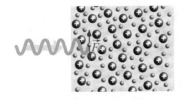

◘ **Abb. 15.2** Anregung des Mediums durch eine externe Welle

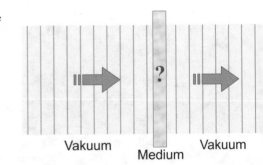

◘ **Abb. 15.1** Eine Welle durchdringt ein Medium

mit der Auslenkung $x(t)$ des Elektrons aus seiner Ruhelage. Die Konstanten in Gl. 15.1 sind:

$$\gamma = \frac{1}{2} \frac{b}{m_e}$$
$$\omega_0^2 = \frac{D}{m_e} \qquad (15.2)$$
$$K = -\frac{e E_0}{m_e}$$

Dabei bezieht b eine eventuelle Dämpfung der Schwingung der Elektronen durch Energieübertrag auf den Festkörper mit ein und D gibt die Stärke der Rückstellkraft ($F_r = -D x(t)$) an, mit der die Elektronen an ihrem Platz im Festkörper gehalten werden. Mit E_0 wird die Amplitude der anregenden Welle bezeichnet und $-e$ und m_e stehen für die Ladung und Masse des Elektrons.

Wir gehen hier davon aus, dass die Elektronen durch atomare Kräfte an die Atomrümpfe gebunden sind, diese aber nicht so stark ausfallen, dass die Elektronen nicht oszillieren könnten. Substanzen, bei denen die Elektronen völlig frei beweglich sind (Metalle), erweisen sich für elektromagnetische Wellen als undurchdringlich.

Die Lösung dieser Differenzialgleichung lautet

$$x(t) = x_0(\omega) e^{i\omega t}, \qquad (15.3)$$

wobei sich die Amplitude x_0 und die Phasenverschiebung ϕ der Schwingung relativ zur anregenden Welle aus den folgenden Gleichungen ergeben. In komplexer Darstellung erhalten wir

$$x_0(\omega) = \frac{K}{\omega_0^2 - \omega^2 + 2i\gamma\omega}, \qquad (15.4)$$

woraus wir die bekannten Formeln für Amplitude und Phasenverschiebung erhalten:

$$x_0(\omega) = \frac{|K|}{\sqrt{\left(\omega_0^2 - \omega^2\right)^2 + (2\gamma\omega)^2}}$$
$$\phi(\omega) = \pi + \arctan\frac{\gamma\omega}{\omega_0^2 - \omega^2} \qquad (15.5)$$

Der zusätzliche Term π in der Phase berücksichtigt, dass die Kraft auf die Elektronen wegen deren negativer Ladung entgegengesetzt zum elektrischen Feld der Welle gerichtet ist.

15.1.2 Emission sekundärer Wellen

Das Elektron bildet mit dem positiven Atomrumpf einen Dipol. Durch die Schwingung des Elektrons oszilliert dieser periodisch. Es

Abb. 15.3 Ein schwingendes Elektron als Hertz'scher Dipol

entsteht ein Hertz'scher Dipol, der nun selbst eine elektromagnetische Welle aussendet (▪ Abb. 15.3).

Diese Welle lässt sich beschreiben als:

$$\vec{E}_D\left(\vec{r},t\right) = \vec{E}_{D0}e^{i\left(\omega\left(t-\frac{r}{c}\right)+\phi+\pi\right)} \tag{15.6}$$

Dies nennen wir eine sekundäre Welle, um sie von der anregenden primären Welle zu unterscheiden. Die sekundäre Welle überlagert sich der primären Welle. Allerdings müssen wir beachten, dass es im Medium nicht nur ein einziges Elektron gibt. Das Medium enthält sehr viele Elektronen, die zu erzwungenen Schwingungen angeregt werden. Die Welle, die wir schließlich im Medium beobachten, ist die Überlagerung der Primärwelle mit all diesen sekundären Wellen. Durch die Überlagerung verändert sich die durchlaufende Welle, was wir im folgenden Abschnitt näher betrachten werden. Dort finden wir auch die Antwort auf die anfänglichen Fragen nach den Veränderungen der Welle.

15.1.3 Überlagerung von primärer und sekundärer Welle

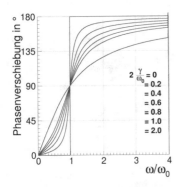

Abb. 15.4 Phasenverzögerung bei einer erzwungenen Schwingung

Wie im vorherigen Abschnitt beschrieben, entsteht die Welle im Medium aus einer Überlagerung der einfallenden Welle und mit den von den Elektronen ausgesandten Sekundärwellen. Um die Situation zu vereinfachen, wollen wir zunächst die Überlagerung der Primärwelle mit einer einzigen Sekundärwelle betrachten. Dabei müssen wir beachten, dass die sekundäre Welle gegenüber der primären phasenverzögert ist. Die Grafik in ▪ Abb. 15.4 zeigt die Phasenverschiebung zwischen primärer und sekundärer Welle für unterschiedliche Dämpfungen, wie Sie sie aus Band 1 kennen (Abb. 17.11). Es stellt sich heraus, dass für die allermeisten Medien die Eigenfrequenz ω_0 der Elektronen groß ist und deutlich oberhalb der Frequenzen der durchlaufenden Wellen liegt. Wir können ▪ Abb. 15.4 entnehmen, dass in diesem Bereich die Phasenverschiebung immer positiv und dem Betrage nach recht klein ist.

Wir überlagern Primär- und Sekundärwelle zunächst grafisch. Dies wird in ▪ Abb. 15.5 gezeigt. Aus der Überlagerung der Primär- und Sekundärwelle entsteht wieder eine Welle mit gleicher Wellenlänge. Die Sekundärwelle ist gegenüber der Primärwelle phasenverschoben und ebenso ist die Überlagerung der beiden Wellen gegenüber der Primärwelle leicht phasenverzögert.

Von dieser einfachen Überlagerung zweier Wellen können wir nun zu einem ausgedehnten Medium übergehen, indem wir dieses gedanklich in viele dünne Schichten unterteilen. Jede Schicht soll so dünn sein, dass sie gerade eine Lage sekundärer Dipole enthält. Jede dieser Schichten produziert dann eine Sekundärwelle. Wir nennen $\vec{E}_0$ die Primärwelle, die in die erste Schicht eindringt, und $\vec{E}_1$ die Welle nach der ersten Schicht, d. h. die Überlagerung von $\vec{E}_0$ mit der in

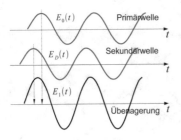

Abb. 15.5 Überlagerung der Primärwelle mit einer Sekundärwelle

der ersten Schicht erzeugten Sekundärwelle. Diese Welle $\vec{E}_1$ dringt in die zweite Schicht ein und wirkt dort wie eine Primärwelle. Sie erzeugt eine neue Sekundärwelle, überlagert sich mit dieser und tritt als $\vec{E}_2$ aus dieser Schicht aus. Dies setzt sich dann in jeder Schicht entsprechend fort.

Die Überlagerung ist in ◘ Abb. 15.6 dargestellt. Wie man sieht, wird mit jeder Schicht die Phase der Welle ein wenig weiter verzögert. Vergleicht man den Abstand der Maxima der Wellen, so verringert sich dieser durch die Verzögerungen etwas. Die Wellenlänge der Welle hat sich durch den Einfluss des Mediums verkürzt.

Nun ist eine Bemerkung angebracht: Wir haben bisher nur die Wellen betrachtet, die in Ausbreitungsrichtung der Primärwelle ausgesandt wurden. Ein Hertz'scher Dipol strahlt aber nicht nur in diese Richtung ab. Er strahlt in alle Richtungen senkrecht zum elektrischen Feld. Man mag sich fragen, warum keine Sekundärwellen zu beobachten sind, die von der Richtung der ursprünglichen Primärwelle abweichen. Dies liegt daran, dass nicht nur eine einzige Sekundärwelle vorliegt, sondern viele, die sich aus unterschiedlichen Schichttiefen und unterschiedlichen Orten in den Schichten überlagern. Lediglich in Ausbreitungsrichtung besteht zwischen allen Sekundärwellen eine feste Phasenbeziehung. In Richtungen, die von der Ausbreitungsrichtung abweichen, variiert die Phasenbeziehung, so dass sich die Wellen in eine solche Richtung zu null addieren, wenn man nur genügend Sekundärwellen berücksichtigt.

Wir kommen zurück zur Welle in Ausbreitungsrichtung, bei der wir gesehen haben, dass sie eine kürzere Wellenlänge besitzt als die Primärwelle, die aus dem Vakuum auftrifft. Gleichzeitig hatten wir erkannt, dass es sich um erzwungene Schwingungen handelt. Systeme, deren Schwingungen von außen erzwungen werden, schwingen immer mit der Frequenz der Anregung. Folglich haben sowohl die Primärwelle, als auch alle Sekundärwellen dieselbe Frequenz ω.

Versehen wir alle Größen, die sich auf die Primärwelle im Vakuum beziehen, mit einem Index 0 (f_0, λ_0, c_0, ...) und belassen die Größen, die sich auf die Welle im Medium beziehen ohne Index, so erhalten wir:

$$\lambda < \lambda_0$$
$$f = f_0 \tag{15.7}$$

Für die Geschwindigkeit der Welle im Medium ergibt sich dann:

$$v_{Ph} = c = \frac{\omega}{k} = \lambda f = \lambda f_0 = \frac{\lambda_0}{n} f_0 = \frac{c_0}{n} \tag{15.8}$$

Am Ende der Rechnung führten wir den Brechungsindex (oder die Brechzahl) n als den Faktor ein, um den sich die Wellenlänge im Medium gegenüber dem Vakuum verkürzt. Wie die Rechnung zeigt, verringert sich die Geschwindigkeit der Welle um denselben Faktor. Die Welle bewegt sich im Medium langsamer als im Vakuum.

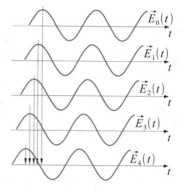

◘ **Abb. 15.6** Die Überlagerung der Wellen in vielen Schichten

Hier noch eine kurze Bemerkung zur Relativitätstheorie: Die Lichtgeschwindigkeit, die in der Relativitätstheorie als Grenzgeschwindigkeit auftritt, ist immer die Vakuumlichtgeschwindigkeit[1]. Es ist durchaus möglich, dass sich Objekte in einem Medium mit einer Geschwindigkeit bewegen, die größer ist als die Lichtgeschwindigkeit in diesem Medium, solange sie nicht schneller als die Vakuumlichtgeschwindigkeit sind.

15.1.4 Phasenverschiebung

Wir betrachten noch einmal den Durchgang einer Welle durch eine Schicht eines Mediums (◘ Abb. 15.7). Um die Phasenverschiebung der Welle beim Durchgang durch das Medium zu berechnen, bestimmen wir die Laufzeit der Welle durch das Medium der Dicke Δz. Für die Vakuumwelle wäre dies die Zeit:

$$t_0 = \frac{\Delta z}{c_0} \tag{15.9}$$

Die Welle im Medium braucht für diese Strecke aber länger, nämlich

$$t_{\Delta z} = \frac{\Delta z}{c} = n\frac{\Delta z}{c_0} = \frac{\Delta z}{c_0} + (n-1)\frac{\Delta z}{c_0} = t_0 + \Delta t. \tag{15.10}$$

Beschreiben wir die Welle beim Eintritt ins Medium durch

$$E(t) = E_0 e^{i\omega t}. \tag{15.11}$$

Beim Austritt aus dem Medium hat sie dann die Form:

$$
\begin{aligned}
E(\Delta z, t) &= E_0 e^{i\omega(t - t_{\Delta z})}\\
&= E_0 e^{i\omega\left(t - \frac{\Delta z}{c_0} - (n-1)\frac{\Delta z}{c_0}\right)}\\
&= E_0 e^{i\omega\left(t - \frac{\Delta z}{c_0}\right)} e^{-i\omega(n-1)\frac{\Delta z}{c_0}}\\
&= E_0 e^{i\omega\left(t - \frac{\Delta z}{c_0}\right)} e^{-i\phi}
\end{aligned}
\tag{15.12}
$$

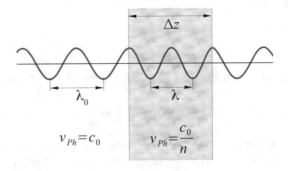

◘ **Abb. 15.7** Phasenverschiebung einer Welle im Medium

[1] Es ist die Gruppengeschwindigkeit im Vakuum.

Hinter dem Medium breitet sie sich dann wieder mit der Vakuum-lichtgeschwindigkeit c_0 aus, so dass die Welle dort gegeben ist durch:

$$E(z,t) = E_0 e^{i\omega\left(t-\frac{z}{c_0}\right)} e^{-i\omega(n-1)\frac{\Delta z}{c_0}} = E_0 e^{i\omega\left(t-\frac{z}{c_0}\right)} e^{-i\phi} \quad (15.13)$$

Der erste Term unseres Ergebnisses stellt eine ungestörte Welle dar, wie wir sie nach Durchlaufen einer Strecke Δz im Vakuum erhalten würden. Beim Durchlaufen des Mediums erfährt die Welle eine zusätzliche Phasenverschiebung ϕ. Um diesen Wert ist die Phase der Welle hinter dem Medium gegenüber einer ungestörten Vakuumwelle verzögert. Die Phasenverschiebung ist

$$\phi = \omega(n-1)\frac{\Delta z}{c_0} = 2\pi(n-1)\frac{\Delta z}{\lambda_0}. \quad (15.14)$$

Für dünne Schichten lässt sich dieses Ergebnis noch weiter vereinfachen. Für solche ist die Phasenverschiebung sehr klein, so dass wir näherungsweise schreiben können:

$$e^{-i\phi} \approx 1 - i\phi \qquad (\phi \ll 1) \quad (15.15)$$

In dieser Näherung ist die Welle nach Durchlaufen des Mediums gegeben durch:

$$E(t) = E_0 e^{i\omega\left(t-\frac{\Delta z}{c_0}\right)} - i\omega(n-1)\frac{\Delta z}{c_0} E_0 e^{i\omega\left(t-\frac{\Delta z}{c_0}\right)} \quad (15.16)$$

Sie stellt sich als Überlagerung der ungestörten Welle mit einer im Medium erzeugten Welle dar.

15.1.5 Mikroskopisches Modell des Brechungsindex

Wir wollen nun versuchen, den Brechungsindex mikroskopisch zu berechnen. Dazu gehen wir wieder von der Vorstellung aus, dass die Sekundärwellen durch Hertz'sche Dipole entstehen, die von der Primärwelle in erzwungenen Schwingungen angeregt werden. In den Atomen des Mediums schwingen die Elektronen gegenüber den positiven Atomrümpfen, die wir als ortsfest annehmen. Wir gehen ferner davon aus, dass pro Atom nur ein Elektron angeregt wird, so dass nur eine einzige Resonanzfrequenz ω_0 auftritt. Weiterhin setzen wir voraus, dass genügend Atome mit Sekundärwellen beitragen, so dass wir die Atome als kontinuierlich verteilt annehmen können. Dabei sei n_{at} die Anzahl der Atome pro Volumeneinheit, also die Dichte der Dipole. Schließlich werden wir wieder die oben eingeführte Näherung für eine geringe Schichtdicke benutzen.

Wir unterteilen das dünne Medium in konzentrische Ringe um die Ausbreitungsrichtung der primären Welle. Die Skizze in ◻ Abb. 15.8 definiert die Bezeichnungen.

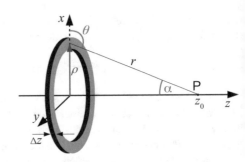

▢ **Abb. 15.8** Zur mikroskopischen Beschreibung des Brechungsindex

Wir wollen das elektrische Feld der Welle im Punkt P berechnen. Die primäre Welle stellen wir als ebene Welle dar, so dass der Punkt immer auf der Ausbreitungsrichtung dieser Welle liegt (z-Achse). Wir berücksichtigen zunächst die Sekundärwellen eines Kreisringes mit Radius ρ um diese Ausbreitungsrichtung und werden am Ende über alle Radien integrieren. Aus ▶ Abschn. 14.2.3 (Gln. 14.24 und 14.17) übernehmen wir die Abstrahlung $\vec{E}_D$ der Dipole in Richtung auf den Punkt P. Wir gehen davon aus, dass die primäre Welle in x-Richtung polarisiert ist und somit die Dipole alle in x-Richtung schwingen. Dann ist:

$$\left(\ddot{\vec{p}} \times \hat{r}\right) \times \hat{r} = p_0 \begin{pmatrix} 1 - \frac{\rho^2}{r^2}\cos^2\phi \\ -\frac{\rho^2}{r^2}\sin\phi\cos\phi \\ \frac{\rho z_0}{r^2}\cos\phi \end{pmatrix} \tag{15.17}$$

Dabei ist ϕ der Azimuthwinkel im Ring. Wir betrachten nur das Fernfeld des Dipols und setzen $p_0 = -e x_0$, wobei x_0 die Amplitude der Schwingung der Dipole bezeichnet und das Minuszeichen berücksichtigt, dass der Vektor des Dipolmoments von der negativen zur positiven Ladung zeigt, d. h. in unserem Fall gegen die Auslenkung der Elektronen. Dann ist:

$$\vec{E}_D\left(z,t\right) = \frac{1}{4\pi\epsilon_0} \frac{-e x_0 \omega^2}{c_0^2 r} e^{i\omega\left(t-\frac{r}{c_0}\right)} \begin{pmatrix} 1 - \frac{\rho^2}{r^2}\cos^2\phi \\ -\frac{\rho^2}{r^2}\sin\phi\cos\phi \\ \frac{\rho z_0}{r^2}\cos\phi \end{pmatrix} \tag{15.18}$$

Die Amplitude x_0 übernehmen wir in komplexer Darstellung aus Gl. 15.4. Die Kreisscheibe hat das Volumen

$$dV = \Delta z\, d\phi \rho\, d\rho, \tag{15.19}$$

so dass sich darin

$$dN = n_{at}\Delta z\, d\phi \rho\, d\rho$$

Dipole befinden. Die Sekundärwellen aller Dipole im Ring überlagern sich auf der z-Achse konstruktiv, da sämtliche Dipole im Kreisring synchron schwingen und sie zur z-Achse auch alle die gleiche

Laufstrecke haben. Daher ist die resultierende Welle gerade dN mal die Sekundärwelle eines einzelnen Dipols in diesem Ring. Wir erhalten folglich

$$d\vec{E}_D(z,t)$$

$$= \frac{1}{4\pi\epsilon_0} \frac{-ex_0\omega^2}{c_0^2 r} n_{at} \Delta z e^{i\omega\left(t-\frac{r}{c_0}\right)} \begin{pmatrix} 1 - \frac{\rho^2}{r^2}\cos^2\phi \\ -\frac{\rho^2}{r^2}\sin\phi\cos\phi \\ \frac{\rho z_0}{r^2}\cos\phi \end{pmatrix} d\phi \rho d\rho,$$

$$(15.20)$$

was wir über den Kreisrings integrieren müssen. Nun ist $r^2 = \rho^2 + z_0^2$, wie man in ◘ Abb. 15.8 sieht. Da z_0 konstant ist, gilt $\rho d\rho = r dr$ und wir können die Integration über ρ durch eine Integration über r ersetzen.

$$\vec{E}_D(z,t) = \frac{1}{4\pi\epsilon_0} \frac{-ex_0\omega^2}{c_0^2} n_{at} \Delta z e^{i\omega t}$$

$$\cdot \left(\hat{e}_x \int_{z_0}^{\infty} \int_0^{2\pi} \frac{1}{r}\left(1 - \frac{\rho^2}{r^2}\cos^2\phi\right) e^{-i\frac{\omega}{c_0}r} d\phi dr \right.$$

$$+ \hat{e}_y \int_{z_0}^{\infty} \int_0^{2\pi} \frac{1}{r}\left(-\frac{\rho^2}{r^2}\sin\phi\cos\phi\right) e^{-i\frac{\omega}{c_0}r} d\phi dr$$

$$\left. + \hat{e}_z \int_{z_0}^{\infty} \int_0^{2\pi} \frac{1}{r}\left(\frac{\rho z_0}{r^2}\cos\phi\right) e^{-i\frac{\omega}{c_0}r} d\phi dr \right)$$

$$(15.21)$$

Die y- und z-Komponenten ergeben nach Integration über ϕ null, da es sich um ungerade Integranden handelt. Man hätte auch anschaulich argumentieren können, dass diese Komponenten des elektrischen Feldes auf Grund der Rotationssymmetrie des Rings verschwinden müssen. Es verbleibt lediglich die Komponente in Richtung der anregenden Primärwelle:

$$\vec{E}_D(z,t)$$

$$= \frac{1}{4\pi\epsilon_0} \frac{-ex_0\omega^2}{c_0^2} n_{at} \Delta z e^{i\omega t} \int_{z_0}^{\infty} \int_0^{2\pi} \left(1 - \frac{\rho^2}{r^2}\cos^2\phi\right) e^{-i\frac{\omega}{c_0}r} d\phi dr \hat{e}_x$$

$$(15.22)$$

Die Integration über den Azimuthwinkel ϕ können wir nun ausführen und erhalten:

$$\vec{E}_D(z,t) = \frac{1}{4\pi\epsilon_0} \frac{-ex_0\omega^2}{c_0^2} n_{at} \Delta z e^{i\omega t} \int_{z_0}^{\infty} \pi\left(1 + \frac{z_0^2}{r^2}\right) e^{-i\frac{\omega}{c_0}r} dr \hat{e}_x$$

$$(15.23)$$

An dieser Stelle zeigt sich ein Problem mit unserem Ansatz einer ebenen, unendlich ausgedehnten einlaufenden Welle. Das Integral über r konvergiert nicht, sofern wir die Integrationsgrenze bis ins Unendliche schieben und damit unendlich viele Hertz'sche Dipole zur resultierenden Welle beitragen. Wir müssen die anregende Welle räumlich begrenzen. Dadurch ergeben sich zwei Vereinfachungen. Zum einen wird $z_0^2 \approx r^2$, sofern wir uns in genügendem Abstand von den Dipolen im Fernfeld befinden, und zum anderen entfällt der Beitrag von der oberen Grenze des Integrals. Wir erhalten:

$$\vec{E}_D\left(z,t\right) = \frac{1}{2\epsilon_0} \frac{ex_0\omega^2}{c_0^2} n_{at} \Delta z e^{i\omega t} \left(i\frac{c_0}{\omega}\right) e^{-i\frac{\omega}{c_0}z_0}\hat{e}_x \tag{15.24}$$

Setzen wir noch die Amplitude x_0 aus Gl. 15.4 ein ergibt sich:

$$\vec{E}_D\left(z,t\right) = -i\frac{e^2\omega n_{at}}{2\epsilon_0 m_e} \frac{\Delta z}{c_0} E_0 \frac{1}{\omega_0^2 - \omega^2 + 2i\gamma\omega} e^{i\omega\left(t-\frac{z_0}{c_0}\right)} \tag{15.25}$$

Vergleichen wir dieses Ergebnis mit dem in ▶ Abschn. 15.1.4 aus makroskopischen Überlegungen erzielten Ergebnis (Gl. 15.16), so können wir den Brechungsindex des Mediums bestimmen. Der Vergleich ergibt:

$$\frac{e^2\omega n_{at}}{2\epsilon_0 m_e}\frac{\Delta z}{c_0}E_0\frac{1}{\omega_0^2-\omega^2+2i\gamma\omega} = \omega\left(n-1\right)\frac{\Delta z}{c_0}E_0$$

$$n = 1 + \frac{e^2 n_{at}}{2\epsilon_0 m_e}\frac{1}{\omega_0^2-\omega^2+2i\gamma\omega} \tag{15.26}$$

Damit ist es uns gelungen, den Brechungsindex des Mediums auf die mikroskopischen Eigenschaften der Elektronen im Medium zurückzuführen. Er hängt sowohl von deren Dichte n_{at} als auch über die Eigenfrequenz ω_0 und die Dämpfung γ von deren Bindung an die Atomrümpfe ab. Bitte beachten Sie, dass wir uns auf Medien mit $n-1 \ll 1$ beschränkt haben (Gl. 15.16). Wir werden im Band über die Optik noch genauer darauf eingehen.

Wir gingen davon aus, dass sich im Medium nur Elektronen mit einer festen Eigenfrequenz ω_0 befinden. Die Rechnung lässt sich leicht auf Medien mit N Eigenfrequenzen ω_j erweitern. Bezeichnen wir mit γ_j deren Dämpfung und mit n_j die Dichte der jeweiligen Elektronen, so erhalten wir:

$$n = 1 + \frac{e^2}{2\epsilon_0 m_e}\sum_{j=1}^{N}\frac{n_j}{\omega_j^2-\omega^2+2i\gamma_j\omega} \tag{15.27}$$

15.1.6 Absorption und Dispersion

Beachten Sie, dass der Brechungsindex n in Gl. 15.26 eine komplexe Zahl ist. Wir teilen ihn in Real- und Imaginärteil auf, indem wir ihn in der Form $n = n' - i\kappa$ darstellen:

$$n = 1 + \frac{e^2 n_{at}}{2\epsilon_0 m_e} \frac{\omega_0^2 - \omega^2}{\left(\omega_0^2 - \omega^2\right)^2 + 4\gamma^2\omega^2} - i\frac{e^2 n_{at}}{2\epsilon_0 m_e} \frac{4\gamma^2\omega^2}{\left(\omega_0^2 - \omega^2\right)^2 + 4\gamma^2\omega^2}$$

$$(15.28)$$

Um zu verstehen, welche Bedeutung einem komplexen Anteil im Brechungsindex zukommt, setzen wir n in Gl. 15.13 ein:

$$\vec{E}(z_0, t) = E_0 e^{-\omega\kappa\frac{\Delta z}{c_0}} e^{-i\omega(n'-1)\frac{\Delta z}{c_0}} e^{i\omega\left(t - \frac{z_0}{c_0}\right)}$$

$$= E_0 e^{-2\pi\kappa\frac{\Delta z}{\lambda}} e^{-2\pi i(n'-1)\frac{\Delta z}{\lambda}} e^{i\omega\left(t - \frac{z_0}{c_0}\right)}$$

$$(15.29)$$

Wir erhalten drei Exponentialfunktionen. Die letzte stellt zusammen mit der Amplitude E_0 die auslaufende ebene Welle dar. Die mittlere beschreibt die Phasenverschiebung durch das Medium. Sie ist proportional zu $n' - 1$. Für eine optische Schicht der Dicke $\Delta z = \lambda$ ergibt sich eine Phasenverschiebung von $(n' - 1) \cdot 2\pi$. Für dickere Schichten nimmt die Phasenverschiebung entsprechend linear zu. Da n' von der Frequenz der Welle abhängt, tritt Dispersion auf. Die erste Exponentialfunktion drückt schließlich die Absorption der Welle im Medium aus. Die Amplitude der Welle klingt mit zunehmender Schichtdicke des Mediums exponentiell ab. Der Imaginärteil κ des Brechungsindexes bestimmt, wie schnell die Amplitude bei gegebener Schichtdicke abnimmt. Üblicherweise definiert man einen Absorptionskoeffizienten α durch

$$I(\Delta z) = I_0 e^{-\alpha\Delta z}. \qquad (15.30)$$

Er hängt mit dem Imaginärteil des Brechungsindex zusammen über

$$e^{-\alpha\Delta z} = \left(e^{-2\pi\kappa\frac{\Delta z}{\lambda}}\right)^2 \Rightarrow \alpha = \frac{4\pi\kappa}{\lambda}. \qquad (15.31)$$

Beispiel 15.1: Dispersion in Gläsern

Die Eigenfrequenzen der Elektronen in Gläsern nehmen Werte in der Gegend von 10^{15} Hz an, was einer Wellenlänge von etwa 200 nm entspricht. Sichtbares und infrarotes Licht liegt damit unterhalb der Eigenfrequenzen. Weit weg von den Eigenfrequenzen ist der Einfluss des Mediums auf eine durchgehende Lichtwelle noch gering. Doch nähert man sich den Eigenfrequenzen, so steigt der Brechungsindex immer weiter an und die Absorption nimmt schließlich stark zu. Im Ultravioletten, in der Nähe der Eigenfrequenzen, sind die Gläser undurchsichtig. Der Verlauf des Brechungsindex wird für einige Gläser exemplarisch in der Abbildung gezeigt.

Mit dem Brechungsindex ändert sich auch die Ausbreitungsgeschwindigkeit der Welle im Medium. Geht man von rotem zu blauem Licht über, so steigt der Brechungsindex und die Ausbreitungsgeschwindigkeit nimmt ab. Es tritt Dispersion auf.

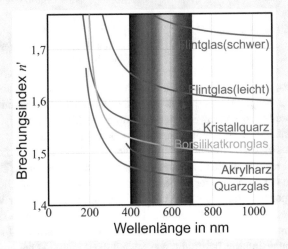

15.2   Ausblick auf die Optik

Mit einem Ausblick auf die Optik wollen wir die Diskussion des Elektromagnetismus abschließen. Das ein oder andere Thema werden wir im Band über die Optik noch einmal aufgreifen. Der Übergang zwischen Elektrizitätslehre und Optik ist fließend. Quasi als Vorschau präsentieren wir noch eine Anwendung der Gesetzmäßigkeiten zum Brechungsindex und hoffen, dass Sie mit dem nächsten Band weitermachen.

Beispiel 15.2: Snellius'sches Brechungsgesetz

Die Veränderung der Ausbreitungsgeschwindigkeit einer elektromagnetischen Welle in einem Medium durch die Überlagerung der Sekundärwellen bildet die Grundlage für das Snellius'sche

Brechungsgesetz. Eine Lichtwelle tritt von einem Medium mit Brechungsindex n_1 in ein Medium mit Index n_2 über. Nehmen wir an, dass $n_1 < n_2$ gilt, dann wird die Lichtwelle zum Lot hin gebrochen. Es gilt:

$$\frac{\sin \beta_1}{\sin \beta_2} = \frac{n_2}{n_1}$$

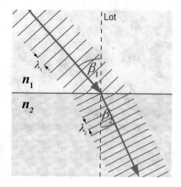

Dies nennt man das Snellius'sche Brechungsgesetz. In der zweiten Skizze ist eine geometrische Ableitung angedeutet. Wir betrachten die beiden orangefarbenen Strahlen aus der ebenen Welle. Der linke Strahl erreicht zum Zeitpunkt t_0 die Grenze zwischen den Medien. Die graue Linie senkrecht zur Ausbreitungsrichtung dieses Strahls gibt die Wellenfront in diesem Moment an. Der rechte Strahl ist noch eine Strecke $l_1 = c_1 \cdot \Delta t$ von der Grenze der Medien entfernt. Warten wir die Zeit Δt ab, hat der rechte Strahl die Mediengrenze erreicht, der linke Strahl hat aber bereits die Strecke $l_2 = c_2 \cdot \Delta t$ im unteren Medium zurückgelegt. Offensichtlich muss gelten:

$$\frac{l_1}{l_2} = \frac{c_1}{c_2}$$

Bezeichnen wir mit d den Abstand zwischen den beiden Punkten, an denen die orangefarbenen Strahlen die Grenze der Medien erreichen, so ist

$$\frac{l_1/d}{l_2/d} = \frac{\sin \beta_1}{\sin \beta_2} = \frac{c_1}{c_2}.$$

Nun müssen wir nur noch $c_1 = c_0/n_1$ und $c_2 = c_0/n_2$ einsetzen und erhalten das Snellius'sche Brechungsgesetz.

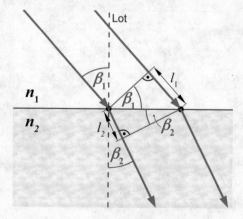

© RWTH Aachen, Sammlung Physik

Dieses Experiment zeigt die Brechung und Reflexion von Lichtstrahlen an einer Wasseroberfläche. Aus dem Licht einer Halogenlampe werden durch Blenden zehn Lichtstrahlen geformt. Die linken Strahlen treffen mit einem kleinen Winkel relativ zum Lot auf die Wasseroberfläche. Sie verlassen das Wasser und werden dabei vom Lot weggebrochen. Dies entspricht der umgekehrten Strahlrichtung des Lichts im Vergleich zu ▶ Beispiel 15.2. Die Strahlen weiter rechts treffen mit größeren Winkeln auf und werden auch entsprechend stärker vom Lot weggebrochen. Wird der Winkel allerdings so groß, dass der Winkel zwischen gebrochenem Strahl und Lot in der Luft 90° übersteigen würde, wird der Lichtstrahl an der Wasseroberfläche vollständig reflektiert. Man spricht von Totalreflexion.

15

Serviceteil

© Springer-Verlag GmbH Deutschland, ein Teil von Springer Nature 2018
S. Roth, A. Stahl, *Elektrizität und Magnetismus*, DOI 10.1007/978-3-662-54445-7

A1 Liste der Symbole

Absorptionskoeffizient	coefficient of absorption	α	▶ Abschn. 15.1.6
Ampere (Einheit)	Ampere	A	▶ Abschn. 6.1.1
Arbeit	work	W	▶ Abschn. 2.4.1
Avogadro-Konstante	Avogadro constant	N_A	
Azimuth-Winkel	azimuthal angle	ϕ	
Beweglichkeit	mobility	β	▶ Abschn. 6.6.1
Bohr'sches Magneton	Bohr magneton	μ_B	▶ Abschn. 9.1.1
Boltzmann-Konstante	Boltzmann's constant	k	
Brechungsindex	index of refraction	n	▶ Abschn. 15.1
Coulomb (Einheit)	Coulomb	C	▶ Abschn. 1.2.1
Dichte	density	ρ	
dielektrische Suszeptibilität	electric susceptibility	χ_e	▶ Abschn. 5.1.2
Dielektrizitätskonstante	vacuum permittivity	ϵ_0	▶ Abschn. 2.1.2
Dielektrizitätskonstante, relativ	permittivity	ϵ	▶ Abschn. 5.1.2
Dipolmoment	dipole moment	$\vec{p}$	▶ Abschn. 3.3
Drehmoment	torque	$\vec{M}$	
elektrische Energie	electrical energy	E_{el}	▶ Abschn. 4.4
elektrische Erregung	electric displacement field	$\vec{D}$	▶ Abschn. 5.2.1
elektrische Feldstärke	electrical field strength	$\vec{E}$	▶ Abschn. 2.3
elektrische Kraft	electrostatic force	$\vec{F}_{el}$	▶ Abschn. 2.1.1
elektrische Leitfähigkeit	conductivity	σ_{el}	▶ Abschn. 6.4.1
elektrische Polarisierbarkeit	polarizability	α	▶ Abschn. 5.3.1
elektrischer Fluss	electrical flux	Φ or Φ_{el}	▶ Abschn. 2.5.1
elektrisches Dipolmoment	electric dipol moment	$\vec{d}_e$	▶ Abschn. 3.3
elektrisches Potenzial	electrical potential	φ	▶ Abschn. 2.4.2
Elektronendichte	electron density	n_e	
Elektronenmasse	mass of electron	m_e	
Elementarladung	elementary charge	e	▶ Abschn. 1.3
Energiedichte	energy density	w_{el}, w_m	▶ Abschn. 10.3
Fallbeschleunigung	gravitational acceleration	$\vec{g}$	

Farad (Einheit)	Farad	F	▶ Abschn. 9.2
Fermienergie	Fermi energy	E_F	▶ Abschn. 6.8.1
Finesse	finesse	F	▶ Abschn. 13.2.5
Flächenladungsdichte	surface charge density	σ	▶ Abschn. 4.2.2
Frequenz	frequency	f	▶ Abschn. 12.1
Gradient	gradient	$\vec{\nabla}$	▶ Abschn. 2.4.3
Gravitationskonstante	gravitational constant	G	
gyromagnetisches Verhältnis	gyromagnetic ratio	γ	
Henry (Einheit)	Henry	H	▶ Abschn. 10.2.1
Impedanz	impedance	Z	▶ Abschn. 11.4.3
Impuls	momentum	$\vec{p}$	
Impulsstromdichte	momentum flux	$\vec{\Pi}$	▶ Abschn. 13.4.3
Intensität/Energiestromdichte	intensity	I	▶ Abschn. 13.4.1
Kapazität	capacitance	C	▶ Abschn. 4.2
Kraft	force	$\vec{F}$	
Kreisfrequenz	angular frequency	ω	▶ Abschn. 12.1
Ladung	charge	q, Q	▶ Kap. 1
Ladungsdichte	charge density	ρ	▶ Abschn. 2.1
Ladungsträgerdichte	charge carrier density	n_{el}	
Laplace-Operator	lapace operator	Δ	▶ Abschn. 7.4
Leistung	power	P	▶ Abschn. 6.3
Leitfähigkeit	conductivity	σ_{el}	▶ Abschn. 6.4.1
Lichtgeschwindigkeit	velocity of light	c	▶ Abschn. 13.1.4
Liniendichte der Ladung	line charge density	λ	
Lorentz-Faktor	Lorentz-factor	γ	▶ Abschn. 14.3.3
Madelung-Konstante	Madelung constant	α	▶ Abschn. 4.4.1
magnetische Feldenergie	magnetic energy	E_m	▶ Abschn. 7.3
magnetische Feldkonstante	vacuum permeability	μ_0	▶ Abschn. 7.3
magnetische Feldstärke	magnetic field strength	$\vec{B}$	▶ Abschn. 7.2.4
magnetischer Fluss	magnetic flux	Φ or Φ_m	▶ Abschn. 7.3
magnetisches Dipolmoment	magnetic dipole moment	$\vec{d}_m$	▶ Abschn. 8.3.2
magnetische Suszeptibilität	magnetic susceptibility	χ_m	▶ Abschn. 9.1.2
Magnetisierung	magnetization	$\vec{M}$	▶ Abschn. 9.1.2
mittlere frei Weglänge	mean free path	λ	▶ Abschn. 6.4.1

Ohm (Einheit)	Ohm	Ω	► Abschn. 6.2
Periodendauer	periode	T	► Abschn. 13.2.2
Permeabilitätszahl	permeability	μ	► Abschn. 9.1.2
Phasengeschwindigkeit (Welle)	phase velocity	v_{Ph}	► Abschn. 13.1.4
Planck'sches Wirkungsquantum	Planck constant	$h = 2\pi\hbar$	► Abschn. 9.1.1
Polarisation	polarization	$\vec{P}$	► Abschn. 5.1.1
Polarisierbarkeit	polarizability	α	► Abschn. 5.3.1
Polarwinkel	polar angle	θ	
potenzielle Energie	potential energy	E_{pot}	
Poynting-Vektor	Poynting-vector	$\vec{S}$	► Abschn. 13.4.2
Quadrupoltensor	quadrupole tensor	Q	► Abschn. 3.5.1
Radius	radius	r, R	
relative Permittivität	relative permittivity	ϵ_r	► Abschn. 5.1.2
Selbstinduktivität	inductance	L	► Abschn. 10.2.1
Spannung	voltage	U	► Abschn. 4.1
spezifischer Widerstand	resistivity	ρ_{el}	► Abschn. 6.4.1
Strom	current	I	► Abschn. 6.1.1
Stromdichte	current density	$\vec{j}$	► Abschn. 6.1.1
Suszeptibilität, dielektrische	electric susceptibility	χ_e	► Abschn. 5.1.2
Temperatur	temperature	T	
Temperaturkoeffizient	temperature coefficient	α	► Abschn. 6.4.1
Tesla (Einheit)	Tesla	T	► Abschn. 7.2.4
Übertragungsverhältnis	transfer ratio	k	► Abschn. 11.5.1
Vektorpotenzial	vector potential	$\vec{A}$	► Abschn. 7.4
Viskosität	viscosity	η	
Volt (Einheit)	Volt	V	► Abschn. 4.1
Watt (Einheit)	Watt	W	► Abschn. 6.3
Wellenlänge	wave length	λ	► Abschn. 13.1
Wellenzahl	wave number	k	► Abschn. 13.1
Widerstand	resistance	R	► Abschn. 6.2
Windungszahl	number of turns	N	► Abschn. 11.7.1

A2 Lösungen der Aufgaben

► Kapitel 1

1. Triboelektrische Reihe: Beide Stäbe mit demselben Tuch gerieben ergibt Abstoßung. Ein Stab mit Kunstseide, ein anderer mit einem der anderen Materialien gerieben ergibt Anziehung.
2. Zwischen Seide und Papier.
3. $4{,}5 \cdot 10^5$ C
4. Einfach positiv geladen.
5. Das Öltröpfchen trägt fünf Elementarladungen. (Gl. 1.7)

► Kapitel 2

1. $F = \frac{3}{4\pi\epsilon_0} \frac{q^2}{r^2} \approx 4{,}3 \cdot 10^{-7}$ C, die Kraft zeigt nach rechts.
2. $\frac{F_{\text{el}}}{F_G} = \frac{1}{4\pi\epsilon_0 G} \frac{\Delta Q^2}{m_H^2} \approx 1{,}2 \cdot 10^{-6}$
3. $q = 6{,}03 \cdot 10^{-3}$ C
4. Man bestimme die Beschleunigung des Tischtennisballs, wenn er die Ladung q trägt. $f = \sqrt{\frac{qU}{2md^2}}$.
5. Potenzial eines beliebigen Nachbarn $\phi_n = \frac{1}{4\pi\epsilon_0} \frac{(-1)^n}{na}$. Summation (linke und rechte Nachbarn beachten) ergibt $E_{\text{pot}} = -\frac{e^2}{2\pi\epsilon_0 a} \ln 2 = -6{,}4 \cdot 10^{-19}$ J.
6. $F = \frac{1}{4\pi\epsilon_0} \int_0^l \frac{Q_1 \lambda}{(a+x)^2 d} dx \approx 1{,}5$ mN.
7. $F_{\text{el}} = F_{ZF}$, $v = 2{,}2 \cdot 10^6$ m/s $= 0{,}007c$.
8. Der Punkt muss zwischen den Ladungen liegen, wo die Felder der Ladungen in entgegengesetzte Richtungen zeigen: $\frac{1}{4\pi\epsilon_0} \frac{Q}{x^2} - \frac{1}{4\pi\epsilon_0} \frac{3Q}{(x-a)^2} = 0$, woraus sich $x = (\sqrt{3} - 1)\frac{a}{2}$ ergibt.
9. Ladungsdichte $\sigma = (n + 1)^2 q/L^2$. Auf Grund der Symmetrie heben sich die Feldkomponenten parallel zur Gitterfläche weg. Es genügt die senkrechten Komponenten zu berechnen. Es gibt jeweils 4 bzw. 8 Ladungen mit identischem Abstand zur Symmetrieachse. Deren Beiträge müssen jeweils nur einmal berechnet werden.
10. Ohne Beschränkung der Allgemeinheit: Ladungen bei $x = \pm a/2$. Potenzial

$$\varphi = \frac{1}{4\pi\epsilon_0} \cdot \left[Q \Big/ \sqrt{\left(x + \frac{a}{2}\right)^2 + y^2 + z^2} + Q \Big/ \sqrt{\left(x - \frac{a}{2}\right)^2 + y^2 + z^2} \right];$$

   Fernfeld $a \ll \sqrt{x^2 + y^2 + z^2}$; Näherung ergibt $\varphi = \frac{2Q}{4\pi\epsilon_0} \frac{1}{r}$.
11. Z. B. Oberfläche bei $z = d$. $\vec{E} = \frac{q}{4\pi\epsilon_0} \frac{1}{(x^2+y^2+d^2)^{3/2}} \begin{pmatrix} x \\ y \\ d \end{pmatrix}$ und $d\vec{A} = dxdy \begin{pmatrix} 0 \\ 0 \\ 1 \end{pmatrix}$. Integration (Integrationstabelle) ergibt $\Phi_A = \frac{q}{6\epsilon_0}$ und damit in der Summe der 6 Oberflächen das gesuchte Ergebnis.
12. Das Feld ist radialsymmetrisch um den Mittelpunkt der Kugelschale. Man integriert über Kugeloberflächen um den Mittelpunkt: $\int \vec{E} d\vec{A} = 4\pi r^2 E(r)$. Im Inneren $E(r) = 0$, da $Q_{\text{ein}} = 0$. Für $r_a > r > r_i$ ergibt sich $E(r) = \frac{\rho}{3\epsilon_0} \frac{r^3 - r_i^3}{r^2}$ und für $r > r_a$ erhält man $E(r) = \frac{\rho}{3\epsilon_0} \frac{r_a^3 - r_i^3}{r^2}$.
13. rot $\vec{E} = C(0, 0, 2x - 2bx)$, div $\vec{E} = (2b + 2a)y$, folglich $a = -1$ und $b = 1$.

► Kapitel 3

1. Dipolmoment aus ► Beispiel 3.3. Keine Kraft. Maximales Drehmoment $M_{\text{max}} = pE = 6{,}15 \cdot 10^{-26}$ N m.
2. Entscheidend ist der Gradient des Feldes, der nach oben zeigen muss (Feldstärke oben höher). $\vec{\nabla} \vec{E} = mg/p = 47.700$ V/m^2.

3. Das Drehmoment ist null, da der Hebelarm null ist.
4. Dipol dreht sich, so dass die negative Ladung auf $+500\,\mathrm{V}$ zeigt. Ferner wird er auf die $+500\,\mathrm{V}$ Punktladung hingezogen.

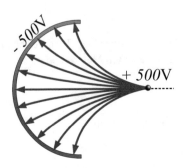

5. Stange entlang z-Achse, Nullpunkt in der Mitte. $\rho(z) = 2\rho_0 z/a$, $\vec{p} = \frac{1}{6}\pi r^2 a^2 \rho_0 \hat{e}_z$ (Gl. 3.36).
6. Nein. Zum Beispiel $\hat{Q}_{11} = \sum_{n=1}^{6}(3x_n^2 - r^2)Q = 0$ bzw. $\hat{Q}_{12} = \sum_{n=1}^{6} x_n y_n Q = 0$. Man bestimmt die Koordinaten der 6 Ladungen (Koordinatenursprung im Mittelpunkt des Sechsecks) und setzt ein.

▶ Kapitel 4
1. Siehe ▶ Beispiel 4.6. Aus der Formel für U die Ladung berechnen und in die Formel für E_r einsetzen: $E_r(R) = 9,2\,\mathrm{kV/m}$ und $E_r(r) = 1,2\,\mathrm{MV/m}$.
2. $E_{\mathrm{el}} = \frac{1}{2}\frac{1}{4\pi\epsilon_0}\sum_{j=1}^{3}\sum_{i\neq j}(-Q)^2/a = \frac{1}{4\pi\epsilon_0}3\frac{Q^2}{a}$.
3. $E_{\mathrm{el}} = -\frac{\pi}{24\epsilon_0}\frac{Q^2}{a^2}$.
4. 5,2 Jahre.
5. Verfahren wie bei ▶ Beispiel 2.19 und 2.20. Achtung: Das Potenzial kann nicht im Unendlichen normiert werden, da es divergiert. Im Inneren des Drahtes $E_r = \frac{1}{2\pi\epsilon_0}\frac{\lambda}{R^2}r$, $\varphi(\vec{r}) = \frac{1}{2\pi\epsilon_0}\frac{\lambda}{R^2}(R^2 - r^2)$ und $\frac{E_{\mathrm{el}}}{l} = \frac{1}{4}\frac{1}{4\pi\epsilon_0}\lambda^2$.
6. Achtung: Der Nullpunkt der Potenziale von Draht und Spiegeldraht müssen sich auf denselben Ort beziehen. Wir wählen den Mittelpunkt zwischen Draht und Spiegeldraht. $E_r = \frac{1}{2\pi\epsilon_0}\frac{\lambda}{r}$, $\varphi(r) = \frac{\lambda}{2\pi\epsilon_0}\ln\frac{d}{r}$, $\frac{C}{l} = 2\pi\epsilon_0\frac{1}{\ln\frac{4d}{b}} \approx 22\frac{\mathrm{pF}}{\mathrm{m}}$.
7. $C_{\mathrm{ges}} = 8\,C$.
8. $Q_1 = 6,5\,\mu\mathrm{C}$, $U_1 = U_2 = U_3 = 43,5\,\mathrm{V}$.
9. Sie schalten drei der 220-nF-Kondensatoren in Reihe. Sie erreichen eine Spannungsfestigkeit von 300 V bei einer Kapazität von $\frac{220}{3}$ nF. Nun müssen Sie nur noch drei solcher Zweige parallel schalten, um die Kapazität auf 220 nF zu erhöhen.
10. $l = 33\,\mathrm{mm}$.

▶ Kapitel 5
1. Im Medium Winkel zum Lot: $\tan\alpha = \epsilon\tan\alpha_0$, $\alpha = 69°$. Beträge $E = 0,502 E_0$, $D = 2,508\epsilon_0 E_0$.
2. a. 133 pF, b. 90 pF.
3. 500 nC.
4. Kräftegleichgewicht des Elektrons $eE_{\mathrm{med}} = eE_r$ mit E_r aus ▶ Beispiel 2.20 $\alpha = 4\pi\epsilon_0 R^3$ mit dem Atomradius R.
5. Im Inneren des geladenen Zylinders herrscht kein elektrisches Feld. Der innerste Zylinder ist daher ohne jegliche Wirkung. Der Kondensator wird lediglich von den beiden äußeren Zylindern gebildet. Für ihn gilt $C \sim \epsilon_r$. Ein Dielektrikum im Inneren hat keine Wirkung.

▶ Kapitel 6

1. $\epsilon_I = \frac{I_{\text{Fe}}}{I_{\text{ges}}} = (1 + 3\frac{\rho_{\text{Fe}}}{\rho_{\text{Cu}}})^{-1} = 5{,}4\,\%$; $\epsilon_P = \frac{P_{\text{Fe}}}{P_{\text{ges}}} = \frac{UI_{\text{Fe}}}{UI_{\text{ges}}} = 5{,}4\,\%$

2. a. $R_{\text{Leit}} = 0{,}85\,\Omega$; $U_{\text{Leit}} = 0{,}2\,\text{kV}$; $P_{\text{Leit}} = 0{,}07\,\text{MW}$

   b. $P_{\text{Lok}} = U_0 I - R_{\text{Leit}} I^2$; in der quadratischen Gleichung Diskriminante größer 0: $R_{\text{Leit}} \leq 0{,}54\,\Omega$; $A \geq 159\,\text{mm}^2$; $I = 2800\,\text{A}$; $U_{\text{Leit}} = 1{,}5\,\text{kV}$; $P_{\text{Leit}} = 4{,}2\,\text{MW}$

3. $I(2500\,\text{K}) = 0{,}26\,\text{A}$; $I(300\,\text{K}) = 2{,}2\,\text{A}$

4.
$$d = \sqrt{\frac{4}{\pi}\frac{\rho l P}{U^2}} = 11\,\mu\text{m}$$

5. $R_A = \frac{R_1 R_3}{R_1+R_2+R_3}$; $R_B = \frac{R_1 R_2}{R_1+R_2+R_3}$; $R_C = \frac{R_2 R_3}{R_1+R_2+R_3}$

6. $I_1 = -0{,}6\,\text{A}$; $I_2 = +0{,}4\,\text{A}$; $I_3 = +0{,}2\,\text{A}$

7. $R = 160\,\Omega$

8. $v_D = 12\,\frac{\mu\text{m}}{\text{s}}$

9. Pro Nickelatom werden 2 Elektronen benötigt. $t = 41\,\text{min}$

▶ Kapitel 7

1. $B = 2\frac{\mu_0}{\pi}I\frac{\sqrt{a^2+b^2}}{ab} = 4\frac{\mu_0}{\pi}\frac{I}{L}(1 + \frac{b}{a})\sqrt{1 + (\frac{a}{b})^2}$; Minimum bei $a = b$; $B_{\min} = 8\sqrt{2}\frac{\mu_0}{\pi}\frac{I}{L}$

2. $B = \frac{\mu_0}{\pi}jd \arctan\frac{w}{2d}$; Für $d \ll w$ gilt: $B = \frac{\mu_0}{2}jd$

3. Gradientenfeld, d. h., die Feldstärke steigt proportional zu z.

$$\vec{B}(z) = \frac{\mu_0 NI}{R}\frac{3d_0}{R}\left(1 + \frac{d_0^2}{4R^2}\right)^{-\frac{5}{2}}\frac{z}{R}\hat{e}_z + \mathcal{O}(z^3)$$

4. $B = \frac{\mu_0}{2\pi}\frac{I}{h} = 13\,\mu\text{T}$; dies ist ca. ein Viertel des Erdmagnetfelds.

5. $B = \frac{\mu_0 I}{2\pi R}(1 + \pi)$; Anteil Schleife: 76 %; Anteil gerader Leiter: 24 %

6. $B = 12{,}4\,\text{T}$

7. a. $\vec{B} = \text{rot}\,\vec{A} = -\frac{\mu_0 I}{2\pi r}\frac{z^2}{x^2+y^2}(\frac{2y}{z^2}, -\frac{2x}{z^2}, 0) = \widehat{\frac{\mu_0 I}{2\pi r}}\hat{e}_\varphi$

   b. $\text{div}\,\vec{A} = \partial_z A_z = \frac{\mu_0 I}{2\pi}\frac{1}{z}$

   c. $\vec{A}' = -\frac{\mu_0 I}{4\pi}\ln(x^2 + y^2)\hat{e}_z$

▶ Kapitel 8

1. $\vec{E} = \vec{B}\times\vec{v}$; $v = E/B = 6\cdot 10^4\,\frac{\text{m}}{\text{s}}$

2. $v = \omega R = \frac{q}{m}BR = 1{,}9\cdot 10^6\,\frac{\text{m}}{\text{s}}$

3. $n_{\text{Ag}}/n_{\text{Ge}} = 1{,}6\cdot 10^8$

4. $F = \frac{\mu_0}{2\pi}I^2\frac{a^2}{s(s+a)}$

5. $\tan\theta = \frac{IB}{\rho_{\text{Ag}}}\frac{a}{a+b}$

6. Integriere über einzelne Kreisringe: $p_m = \frac{1}{2}Q\omega R^2 \omega \int_0^{\pi/2}\sin^3\theta\,d\theta = \frac{1}{3}Q\omega R^2$

7. $F_z = p_m\frac{\partial B}{\partial z}$; $p_m = \frac{\Delta z m v^2}{\partial B/\partial z}(l_{\text{Magnet}}(\frac{1}{2}l_{\text{Magnet}} + d_{\text{Schirm}}))^{-1} = 9{,}2\cdot 10^{-24}\,\text{N m/T}$

8. Im Zentrum ist $\vec{B} = 0$ (Symmetrie!). Entlang der Symmetrieachse (z-Achse, Ursprung im Zentrum): $B_z = \pm kz$. Bei $a = \sqrt{3}R$ (a Abstand der Spulen; R Radius der Spulen) verschwinden die Koeffizient des quadratischen und kubischen Terms.

▶ Kapitel 9

1. $B = \mu_0\mu\frac{NI}{l} = 0,2\,\text{T}; \; I' = I\mu = 50\,\text{A}$

2. $NI = \frac{B}{\mu_0}(\frac{l}{\mu} + d) = 7,9 \cdot 10^3\,\text{A}$

   Spalt: $H = 6,4 \cdot 10^6\,\frac{\text{A}}{\text{m}}$

   Eisen: $B = 0,8\,\text{T}; \; H = 1,6 \cdot 10^3\,\frac{\text{A}}{\text{m}}$

3. $P = wfV = 0,67\,\text{W}$

▶ Kapitel 10

1. 1. $dU = vB\,dr = B\omega r\,dr \Rightarrow U = \int_0^R B\omega r\,dr = \frac{1}{2}B\omega R^2 \Rightarrow f = \frac{U}{\pi BR^2} = 3,2 \cdot 10^3\,\text{s}^{-1}$

2. Es gilt $\Phi_a(I_i) = \Phi_i(I_a)$ für $I_i = I_a$

   d. h. $\Phi_a(I) = \Phi_i(I) = B_i\pi R_i^2 = \frac{\mu_0 I}{2R_a}\pi R_i^2 = \frac{\pi}{2}\mu_0 I\frac{R_i^2}{R_a}$

3.

$$v_0 = \sqrt{2gs_0}$$

$$s_a = \frac{1}{2}at_a^2 = \frac{1}{2}v_0 t_a$$

$$t_a = 2\frac{s_a}{v_0} = s_a\sqrt{\frac{2}{gs_0}} = 28\,\text{ms}$$

4. $U = \dot\Phi = Bbv = Bb^2\omega \Rightarrow P = \frac{U^2}{R} = \frac{B^2 b^4 \omega}{R} \Rightarrow f = \frac{1}{2\pi}\frac{PR}{B^2 b^4} = 1,6 \cdot 10^3\,\text{s}^{-1}$

5.

$$U(t) = \dot\Phi = B_{\text{erd}}\pi r^2\omega\cos(\omega t) \Rightarrow B_{\text{ind}} = \frac{\mu_0}{2r}I_{\text{eff}} = \frac{\mu_0}{2r}\frac{1}{R}U_{\text{eff}} = \frac{\mu_0}{2}\frac{B\pi r\omega}{\sqrt{2}R}; R = \rho\frac{2\pi r}{\frac{\pi}{4}d^2}$$

$$B_{\text{ind}}/B_{\text{erd}} = \tan 2° \Rightarrow f = \frac{8\sqrt{2}}{\mu_0\pi^2}\frac{\rho}{d^2}\tan 2° = 540\,\text{s}^{-1}$$

6.

$$L = \mu_0\mu\frac{N^2 A}{l} = 126\,\text{H}$$

$$R = \rho N\frac{2\pi\sqrt{\frac{A}{\pi}}}{\left(\frac{\pi}{4}\right)d^2} = 7,7\,\Omega$$

$$\tau = \frac{L}{R} = 16\,\text{s}$$

7. $U = \dot\Phi = \dot B ad; E = \frac{U_{\text{eff}}}{2a} = \frac{B_0\omega}{2\sqrt{2}}d = \frac{1}{2}B\omega d; p = jE = \frac{1}{4}\sigma B^2\omega^2 d^2$

▶ Kapitel 11

1. $I = 0,36\,\text{A}; \phi = 43°; U_R = 3,6\,\text{V}; U_L = 4,6\,\text{V}; U_C = 1,2\,\text{V}$

2. $U_D = \sqrt{(230\,\text{V})^2 - (58\,\text{V})^2} = 222\,\text{V}; L = \frac{U_D}{2\pi fI} = 0,71\,\text{H}$

3. $\omega_0 = \frac{1}{RC}$

4.

$$k = \frac{1}{(1 - \omega^2) + \omega^2\frac{L^2}{R^2}}\left(\left(1 - \omega^2 CL\right)^2 - i\omega\frac{L}{R}\left(1 - \omega^2 CL\right)\right)$$

$$|k| = \frac{1 - \omega^2 CL}{\sqrt{(1 - \omega^2 CL)^2 + \omega^2\frac{R^2}{R^2}}}$$

$$\tan\phi_k = -\frac{\omega\frac{L}{R}}{1 - \omega^2 CL}$$

5. $C = \frac{1}{\omega^2 L} = 2{,}9\,\mu\text{F}$

6.

$$\left|\frac{U_2}{U_1}\right| = \frac{0{,}8}{\sqrt{1 + \frac{1-0{,}8^2}{0{,}2^2}}} \sqrt{\frac{L_2}{L_1}} = 0{,}25\,\frac{n_2}{n_1}$$

▶ Kapitel 12

1. $\frac{d^2 Q(t)}{dt^2} = -Q_0 \omega_0^2 \cos(\omega_0 t + \phi)$ Einsetzen in Gl. 12.13 führt auf die Thomson-Formel.

2.

$$\frac{1}{2} = e^{-\delta t} \Rightarrow \ln 2 = \frac{R}{2L} t \Rightarrow L = \frac{Rt}{2\ln 2} = 2{,}9\,\text{mH}$$

$$f = \frac{1}{2\pi}\sqrt{\frac{1}{LC} - \frac{R^2}{4L^2}} \Rightarrow C = \left(L\left((2\pi f)^2 + \frac{R^2}{4L^2}\right)\right)^{-1} = 2{,}2\,\mu\text{F}$$

3. $\frac{1}{LC} = (2\pi f)^2 = (\frac{2\pi c}{\lambda})^2 \Rightarrow C = 28\,\text{pF}\ldots 2800\,\text{pF}$

4. $\omega = \sqrt{\frac{1}{LC} - (\frac{R}{2L})^2} = 0$ (asymptotischer Grenzfall) $\Rightarrow R = 2\sqrt{\frac{L}{C}} = 63\,\Omega$

5. $\omega_1 = \sqrt{\frac{1}{LC}}; \omega_2 = \sqrt{\frac{1}{L}(\frac{1}{C} + \frac{2}{C_{12}})}$

6. Zeit bis Erreichen der Zündspannung: $t_Z = \tau \ln \frac{U_0}{U_0 - U_Z}$
   Zeit bis Erreichen der Löschspannung: $t_L = \tau \ln \frac{U_0}{U_0 - U_Z}$
   Periodendauer: $T = t_Z + t_L = RC \ln \frac{U_0 - U_L}{U_0 + U_Z} = 1{,}1\,\text{s}$

▶ Kapitel 13

1. $\epsilon = \frac{1}{\epsilon_0 \mu_0 \mu f^2 \lambda^2} = 2{,}2$

2. $\epsilon = (\frac{\lambda_0}{\lambda})^2 = 88; f = \frac{c_0}{\lambda_0} = 2\,\text{GHz}$

3.

$$l = \frac{\mu_0}{2\pi}\ln\frac{b}{a}; c = \frac{2\pi\epsilon_0\epsilon}{\ln\frac{b}{a}} \Rightarrow v = \frac{1}{\sqrt{lc}} = \frac{1}{\sqrt{\mu_0\epsilon_0\epsilon}} = 2\cdot 10^8\,\frac{\text{m}}{\text{s}} \approx \frac{2}{3}c;$$

$$Z = \sqrt{\frac{l}{c}} = \sqrt{\frac{\mu_0}{\epsilon_0\epsilon}}\frac{1}{2\pi}\ln\frac{b}{a} = 48\,\Omega$$

4. Distanz Drehspiegel-Spiegel: L
   Distanz Drehspiegel-Skala: D
   Drehfrequenz des Spiegels: f
   $\frac{\Delta x}{D} = 2\Delta\varphi = 2\omega\Delta t = 2\omega\frac{L}{c} \Rightarrow c = \frac{4\pi f L D}{\Delta x}$

5. $\vec{E} = (43{,}3; 25{,}0; 0)\,\frac{\text{V}}{\text{m}}; \vec{B} = (0; 1{,}44; -0{,}83)\cdot 10^{-7}\,\text{T}; \lambda = 462\,\text{nm}$ (blaues Licht)

6.

$$\vec{E}_{111} = E_0 \begin{pmatrix} \cos\left(\frac{\pi x}{a}\right)\sin\left(\frac{\pi y}{a}\right)\sin\left(\frac{\pi z}{a}\right) \\ \sin\left(\frac{\pi x}{a}\right)\cos\left(\frac{\pi y}{a}\right)\sin\left(\frac{\pi z}{a}\right) \\ \sin\left(\frac{\pi x}{a}\right)\sin\left(\frac{\pi y}{a}\right)\cos\left(\frac{\pi z}{a}\right) \end{pmatrix} \cos(\omega t); \vec{\nabla}\times\vec{E}_{111} = 0 \Rightarrow \vec{B}_{111} = 0$$

7. $I = \frac{P}{4\pi d^2} \Rightarrow E = \sqrt{\frac{1}{c\epsilon_0}\frac{P}{4\pi d^2}} = 55\,\frac{\text{V}}{\text{m}}; B = \frac{1}{c}E = 0{,}18\,\mu\text{T}$

▶ Kapitel 14

1. $r = 2R \sin\theta \Rightarrow \frac{\sin^2\theta}{r^2} = \frac{1}{4R^2} = \text{const.}$

2.
$$F[e^{i\omega_0 t} e^{-\gamma t}] = \int_0^\infty e^{i\omega_0 t} e^{-\gamma t} e^{-i\omega t}\, dt = \frac{1}{i(\omega - \omega_0) + \gamma}$$

$$|F|^2 = \frac{1}{(\omega - \omega_0)^2 + \gamma^2}$$

$$P(\omega) \propto \frac{1}{(\omega^2 - \omega_0^2)^2 + (2\gamma\omega)^2} \approx \frac{1}{4\omega_0^2} \frac{1}{(\omega - \omega_0)^2 + \gamma^2}$$

3. $\frac{P_b}{P_r} = \left(\frac{650}{450}\right)^4 \approx 5$

4.
$$A\omega^2 = \frac{e}{m}E_0 \Rightarrow A = \frac{1}{4\pi^2 f^2}\frac{e}{m}E_0 = 4,5\,\text{mm}$$

$$\langle P \rangle_{\text{Schwing}} = \frac{e^2 A^2 \omega^4}{12\pi\epsilon_0 c^3} = 3 \cdot 10^{-20}\,\text{W}$$

$$\langle P \rangle_{\text{Kreis}} = \frac{e^2 A^2 \omega^4}{6\pi\epsilon_0 c^3} A^2 \omega^4 = 2\langle P \rangle_{\text{Schwing}} = 6 \cdot 10^{-20}\,\text{W}$$

$$B = \frac{m}{e} 2\pi f = 0,036\,\text{T}$$

5. $a = \frac{c^2}{R}; q = \frac{12\pi R}{c} \Rightarrow P = \frac{2\pi}{3\epsilon_0 c} I^2 \gamma^4 = 47\,\text{kW}$

6. Inkohärent: $P \propto N_e e^2$

   Kohärent: $P \propto N_e^2 e^2$

   Erhöhung der Strahlungsleistung um den Faktor N_e, im Fall von FLASH um ca. $0,5 \cdot 10^6$

A3 Mathematische Einführung

In vielen Bereichen dieses Buches greifen wir auf mathematische Verfahren zurück, die wir als bekannt voraussetzen. Sollten Ihnen diese Verfahren nicht vertraut sein, müssen Sie sich damit näher befassen. Hier stellen wir Ihnen eine kleine Hilfestellung für den Einstieg bereit. Falls Sie Bedarf für einen tiefergreifenden Zugang zu diesen mathematischen Themen sehen, müssen wir Sie auf die mathematische Fachliteratur verweisen. Folgende Bücher könnten Ihnen weiterhelfen:

- Christian B. Lang und Norbert Pucker, *Mathematische Methoden in der Physik*, Spektrum akademischer Verlag
- Siegfried Großmann, *Mathematischer Einführungskurs für die Physik*, Teubner Studienbücher Physik
- Klaus Weltner, *Mathematik für Physiker 2*, Springer Verlag
- Helmut Fischer und Helmut Kaul, *Mathematik für Physiker Band 1*, Teubner Verlag

A3.1 Felder

Feldern kommt in der Physik eine große Bedeutung zu. Sie sind Spezialfälle mathematischer Funktionen. Allgemein ist eine Funktion eine Abbildung, die jedem Element einer Menge D, die man den Definitionsbereich der Funktion nennt, ein Element der Zielmenge Z, die man auch den Wertebereich nennt, zuweist. Betrachten Sie als Beispiel die Beschleunigung $\vec{a}(t)$, die auf einen Fußball während eines Abschlages vom Tor wirkt. Der Definitionsbereich D umfasst die Zeiten vom Abschlag bis zur Annahme des Balls durch einen Feldspieler. Hier ist D eine Teilmenge der reellen Zahlen ($D \subset \mathbb{R}$). Die Zielmenge wird hier von den Vektoren im dreidimensionalen Raum aufgespannt, bzw. von einer Teilmenge dieser Vektoren, die alle auftretenden Beschleunigungen enthält. Man schreibt

$$\vec{a}: D \rightarrow \mathbb{R}^3, t \rightarrow \vec{a}(t)$$

Felder stellen einen Spezialfall der Funktionen dar, der in der Physik überaus wichtig ist. Bei Feldern ist der Definitionsbereich der dreidimensionale Raum oder ein Teil dessen. Ein Feld weist jedem Punkt im Raum (oder in einem Teilbereich des Raums) einen Funktionswert zu. Man unterscheidet zwischen skalaren Feldern und Vektorfeldern, je nachdem, ob dieser Funktionswert eine einfache Zahl (ein Skalar) oder wiederum ein Vektor ist.

Ein Temperaturfeld ist ein skalares Feld

$$T: D \subseteq \mathbb{R}^3 \rightarrow \mathbb{R}, \; \vec{r} \rightarrow T(\vec{r})$$

Betrachten Sie als Beispiel einen Ofen. Das Temperaturfeld $T(\vec{r})$ gibt für jeden Ort $\vec{r}$ im Ofen die Temperatur an diesem Ort an. Andere Beispiele skalarer Felder sind die Dichte $\rho(\vec{r})$ der Atmosphäre oder der Druck $p(\vec{r})$ in einem System gekoppelter Wasserrohre.

Ein Vektorfeld weist hingegen jedem Ort einen Vektor zu. Beispiele sind ein Kraftfeld, das an jedem Ort die Kraft (Vektor!) auf einen Körper angibt oder das Geschwindigkeitsfeld eines strömenden Fluids, das an jedem Ort die Geschwindigkeit des Fluids wiedergibt.

Die Darstellung eines Vektorfeldes in drei Dimensionen auf einem zweidimensionalen Blatt ist naturgemäß schwierig. Daher beschränken wir uns meist auf die Darstellung zweidimensionaler Schnitte der Felder. Den Wert eines skalaren Feldes in der Schnittebene kann man beispielsweise durch eine Farbkodierung oder durch Höhenlinien angeben. Bei Vektorfeldern benutzen wir die Darstellung

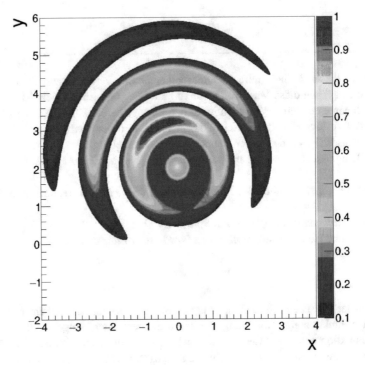

Abb. A3.1 Darstellung eines Schnittes durch ein skalares Feld als Farbkodierung. In den *weißen* Bereich ist der Wert des Feldes kleiner als 0,1

Abb. A3.2 Darstellung eines Schnittes durch ein skalares Feld mittels Höhenlinien. Die Werte, die die Höhenlinien repräsentieren, sind farbkodiert

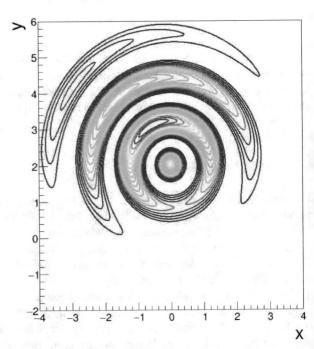

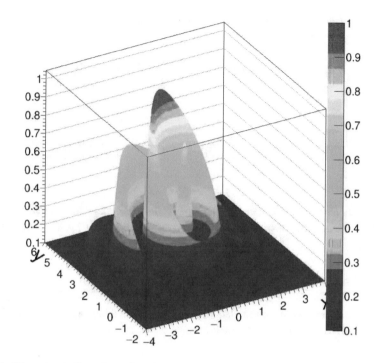

◻ Abb. A3.3 Dreidimensionale Darstellung eines Schnittes durch ein skalares Feld. Der Wert des Feldes ist zusätzlich farbkodiert

◻ Abb. A3.4 Darstellung eines Schnittes durch ein Vektorfeld mittels Vektorpfeilen

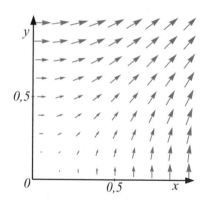

durch Vektorpfeile (in der Regel Projektionen der Vektoren in die Schnittebene) oder Feldlinien. In Abschn. 16.1 im ersten Band hatten wir diese Möglichkeiten bei der Beschreibung von Strömungsfeldern diskutiert.

In ◻ Abb. A3.1 ist ein Schnitt durch ein skalares Feld gezeigt. Dargestellt ist die x-y-Ebene. Der Wert des Feldes ist in dieser Abbildung farbkodiert. In den folgenden Abbildungen wird derselbe Schnitt mittels Höhenlinien (◻ Abb. A3.2) und als Höhenprofil (◻ Abb. A3.3) dargestellt.

In ◻ Abb. A3.4 wird ein Schnitt durch ein Vektorfeld gezeigt. In dieser Abbildung wird das Vektorfeld durch Vektorpfeile veranschaulicht, die an einem regelmäßigen Gitter von Punkten angebracht sind. In ◻ Abb. A3.5 wird derselbe Schnitt durch Feldlinien dargestellt. In dieser Abbildung wird der Betrag des Vektorfeldes durch eine Farbkodierung und nicht durch die Dichte der Feldlinien angezeigt.

◼ Abb. A3.5 Darstellung eines Schnittes durch ein Vektorfeld mittels Feldlinien. Der Betrag des Feldes am jeweiligen Ort ist in dieser Darstellung farbkodiert

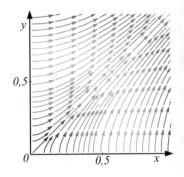

In der Elektrizitätslehre spielen Felder eine zentrale Rolle. Das elektrostatische Potenzial ist ein skalares Feld. Die elektrischen und magnetischen Feldstärken sind Beispiele für Vektorfelder, ebenso wie das Vektorpotenzial.

A3.2   Der Gradient

Der Gradient ist ein Differenzialoperator, den wir häufig zur Charakterisierung von skalaren Feldern benutzen. Für eine differenzierbare skalare Funktion

$$f : \mathbb{R}^3 \to \mathbb{R}, \; \vec{r} \to f(\vec{r})$$

kann man den Gradienten der Funktion schreiben als

$$\operatorname{grad} f = \begin{pmatrix} \frac{\partial f(\vec{r})}{\partial x} \\ \frac{\partial f(\vec{r})}{\partial y} \\ \frac{\partial f(\vec{r})}{\partial z} \end{pmatrix}.$$

Man schreibt auch $\vec{\nabla} f$ mit dem Gradienten- oder Nabla-Operator

$$\vec{\nabla} = \left(\frac{\partial}{\partial x}, \frac{\partial}{\partial y}, \frac{\partial}{\partial z} \right)$$

Will man die Steigung S eines skalaren Feldes f an einem Punkt $\vec{r}$ bestimmen, so muss man zunächst die Richtung festlegen, entlang derer die Steigung angegeben werden soll. Diese Richtung sei durch einen Einheitsvektor $\hat{c}$ gegeben. Dann ist

$$S = \hat{c} \cdot \left(\vec{\nabla} f(\vec{r}) \right)$$

die Steigung von f in Richtung von $\hat{c}$. Man nennt dies die Richtungsableitung der Funktion in Richtung von $\hat{c}$. Wählen wir $\hat{c}$ in Richtung des Vektors $\vec{\nabla} f(\vec{r})$, so wird S maximal. Der Vektor $\vec{\nabla} f(\vec{r})$ zeigt offensichtlich in Richtung der maximalen Steigung der Funktion f am Ort $\vec{r}$. In diesem Fall gilt

$$S = |\hat{c}| \cdot \left| \vec{\nabla} f(\vec{r}) \right|$$

◻ **Abb. A3.6** Relief eines gaußförmigen Berges

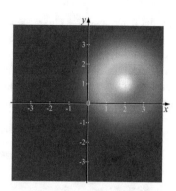

◻ **Abb. A3.7** Die Ableitung des Reliefs

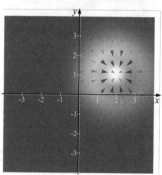

Daraus sieht man, dass der Betrag des Gradientenvektors $\vec{\nabla} f(\vec{r})$ der maximalen Steigung am Ort $\vec{r}$ entspricht.

Anschaulicher lässt sich die Bedeutung des Gradienten erklären, wenn wir ein Beispiel aus dem zweidimensionalen Raum wählen. Wir betrachten eine Landschaft als Beispiel. Ein Ort in dieser Landschaft sei durch den Vektor $\vec{r} = (x, y)$ gegeben. Das skalare Feld $h(\vec{r})$ gibt die Höhe der Landschaft im Punkt $\vec{r}$ an. Man bezeichnet es auch als das Relief der Landschaft. Wir wählen eine künstliche Landschaft mit einem gaußförmigen Berg am Ort $\vec{r}_0 = (2, 1)$:

$$h(\vec{r}) = \frac{h_0}{\sigma\sqrt{2\pi}} e^{-\frac{1}{2}\frac{(\vec{r}-\vec{r}_0)^2}{\sigma^2}}$$

Dieses Relief ist in ◻ Abb. A3.6 zu sehen. Wir haben es in der üblichen Weise koloriert: Grün für tiefe Bereiche, Braun für mittlere Berge und Weiß für die höchsten Bergspitzen.

Nun berechnen wir den Gradienten. Es ergibt sich:

$$\text{grad } h(x, y) = \frac{-h_0}{\sigma^3\sqrt{2\pi}} \begin{pmatrix} (x-2)e^{-\frac{1}{2}\frac{(x-2)^2+(y-1)^2}{\sigma^2}} \\ (y-1)e^{-\frac{1}{2}\frac{(x-2)^2+(y-1)^2}{\sigma^2}} \end{pmatrix}$$

In ◻ Abb. A3.7 ist der Gradient als Vektorfeld dargestellt. Wir haben ihn der farbkodierten Funktion $h(x, y)$ überlagert. Wie man sieht, zeigt der Gradient immer auf die Spitze unseres Berges, dabei ist der Betrag der Vektoren umso größer, je größer die Steigung der Funktion h ist. Am Fuß des Berges und auf seiner Spitze beträgt der Gradient null. Dort verläuft das Gelände flach. Am größten ist der Gradient etwas abseits der Bergspitze an seinen Hängen. Sie sehen, dass der Gradient angewandt auf die Funktion, die ein skalares Feld beschreibt, in jedem Punkt einen Vektor erzeugt, der Betrag und Richtung der Ableitung der Funktion anzeigt.

Auf der Basis des Gradienten kann man die Eigenschaften der Funktion studieren, wie Sie dies vermutlich aus der Kurvendiskussion eindimensionaler Funktionen kennen. Beispielsweise kann man die Lage des Maximums $\vec{r}_0 = (x_0, y_0)$ dadurch erkennen, dass dort der Gradient verschwindet, also

$$\operatorname{grad} h\,(x_0, y_0) = \begin{pmatrix} 0 \\ 0 \end{pmatrix}$$

Wir erhalten:

$$\frac{-h_0}{\sigma^3 \sqrt{2\pi}}\,(x_0 - 2)\,e^{-\frac{1}{2}\frac{(x_0-2)^2+(y_0-1)^2}{\sigma^2}} = 0 \Rightarrow x_0 = 2$$

$$\frac{-h_0}{\sigma^3 \sqrt{2\pi}}\,(y_0 - 1)\,e^{-\frac{1}{2}\frac{(x_0-2)^2+(y_0-1)^2}{\sigma^2}} = 0 \Rightarrow y_0 = 1$$

Der Gipfel unseres Berges liegt bei $\vec{r}_0 = (2, 1)$.

A3.3   Koordinatentransformationen

Oft erscheinen uns kartesische Koordinaten als das natürlichste Koordinatensystem, doch viele Probleme lassen sich in anderen Koordinatensystemen einfacher lösen. Dazu muss das Problem mittels einer Koordinatentransformation in ein anderes Koordinatensystem umgerechnet werden. Wir haben dies bereits im ersten Band an vielen Stellen durchgeführt. Wir wollen hier noch zeigen, wie man den Gradienten in ein anderes Koordinatensystem umrechnet. Als Beispiel betrachten wir Polarkoordinaten (Zylinderkoordinaten):

$$x = \rho \cos\phi \quad \phi = \arctan \frac{y}{x}$$
$$y = \rho \sin\phi \quad \rho = \sqrt{x^2 + y^2}$$
$$z = z \qquad\quad z = z$$

Die Koordinatenvektoren der Polarkoordinaten stellen sich folgendermaßen dar:

$$\hat{e}_x = -\sin\phi\,\hat{e}_\phi + \cos\phi\,\hat{e}_\rho \quad \hat{e}_\phi = -\frac{y}{\sqrt{x^2 + y^2}}\hat{e}_x + \frac{x}{\sqrt{x^2 + y^2}}\hat{e}_y$$

$$\hat{e}_y = \cos\phi\,\hat{e}_\phi + \sin\phi\,\hat{e}_\rho \quad \hat{e}_\rho = \frac{x}{\sqrt{x^2 + y^2}}\hat{e}_x + \frac{y}{\sqrt{x^2 + y^2}}\sin\phi\,\hat{e}_y$$

$$\hat{e}_z = \hat{e}_z \qquad\qquad\qquad \hat{e}_z = \hat{e}_z$$

Den Gradienten schreiben wir als

$$\operatorname{grad} f\,(x, y, z)$$
$$= \frac{\partial}{\partial x} f\,(x, y, z)\,\hat{e}_x + \frac{\partial}{\partial y} f\,(x, y, z)\,\hat{e}_y + \frac{\partial}{\partial z} f\,(x, y, z)\,\hat{e}_z$$

Nun schreiben wir die Funktion als $f(\phi(x, y, z), \rho(x, y, z), z(x, y, z))$ und benutzen die Kettenregel, um die Ableitungen umzuschreiben:

$$
\begin{aligned}
\operatorname{grad} f(\phi, \rho, z) = \Bigg(& \frac{\partial}{\partial \phi} f(\phi, \rho, z) \frac{\partial \phi}{\partial x} + \frac{\partial}{\partial \rho} f(\phi, \rho, z) \frac{\partial \rho}{\partial x} \\
& + \frac{\partial}{\partial z} f(\phi, \rho, z) \frac{\partial z}{\partial x} \Bigg) \left(- \sin \phi \, \hat{e}_\phi + \cos \phi \, \hat{e}_\rho \right) \\
+ \Bigg(& \frac{\partial}{\partial \phi} f(\phi, \rho, z) \frac{\partial \phi}{\partial y} + \frac{\partial}{\partial \rho} f(\phi, \rho, z) \frac{\partial \rho}{\partial y} \\
& + \frac{\partial}{\partial z} f(\phi, \rho, z) \frac{\partial z}{\partial y} \Bigg) \left(\cos \phi \, \hat{e}_\phi + \sin \phi \, \hat{e}_\rho \right) \\
+ \Bigg(& \frac{\partial}{\partial \phi} f(\phi, \rho, z) \frac{\partial \phi}{\partial z} + \frac{\partial}{\partial \rho} f(\phi, \rho, z) \frac{\partial \rho}{\partial z} \\
& + \frac{\partial}{\partial z} f(\phi, \rho, z) \frac{\partial z}{\partial z} \Bigg) \hat{e}_z
\end{aligned}
$$

Weiter bestimmen wir die Ableitungen der Koordinaten ($\frac{\partial \phi}{\partial x}$ etc.) und setzen ein:

$$
\begin{aligned}
\operatorname{grad} f(\phi, \rho, z) = \Bigg(& \frac{\partial}{\partial \phi} f(\phi, \rho, z) \frac{(-y)}{x^2 + y^2} \\
& + \frac{\partial}{\partial \rho} f(\phi, \rho, z) \frac{x}{\sqrt{x^2 + y^2}} \Bigg) \left(- \sin \phi \, \hat{e}_\phi + \cos \phi \, \hat{e}_\rho \right) \\
+ \Bigg(& \frac{\partial}{\partial \phi} f(\phi, \rho, z) \frac{x}{x^2 + y^2} \\
& + \frac{\partial}{\partial \rho} f(\phi, \rho, z) \frac{y}{\sqrt{x^2 + y^2}} \Bigg) \left(\cos \phi \, \hat{e}_\phi + \sin \phi \, \hat{e}_\rho \right) \\
+ & \frac{\partial}{\partial z} f(\phi, \rho, z) \, \hat{e}_z
\end{aligned}
$$

Nun drücken wir die Ableitungen durch ϕ, ρ und z aus,

$$
\begin{aligned}
\operatorname{grad} f(\phi, \rho, z) = \Bigg(& - \frac{\partial}{\partial \phi} f(\phi, \rho, z) \frac{\sin \phi}{\rho} \\
& + \frac{\partial}{\partial \rho} f(\phi, \rho, z) \cos \phi \Bigg) \left(- \sin \phi \, \hat{e}_\phi + \cos \phi \, \hat{e}_\rho \right) \\
+ \Bigg(& \frac{\partial}{\partial \phi} f(\phi, \rho, z) \frac{\cos \phi}{\rho} \\
& + \frac{\partial}{\partial \rho} f(\phi, \rho, z) \sin \phi \Bigg) \left(\cos \phi \, \hat{e}_\phi + \sin \phi \, \hat{e}_\rho \right) \\
+ & \frac{\partial}{\partial z} f(\phi, \rho, z) \, \hat{e}_z,
\end{aligned}
$$

und sortieren nach den neuen Koordinatenvektoren:

$$\operatorname{grad} f(\phi, \rho, z) = \left(\frac{\partial}{\partial \phi} f(\phi, \rho, z) \frac{\sin^2 \phi}{\rho} + \frac{\partial}{\partial \phi} f(\phi, \rho, z) \frac{\cos^2 \phi}{\rho} \right) \hat{e}_\phi$$

$$+ \left(\frac{\partial}{\partial \rho} f(\phi, \rho, z) \cos^2 \phi + \frac{\partial}{\partial \rho} f(\phi, \rho, z) \sin^2 \phi \right) \hat{e}_\rho$$

$$+ \frac{\partial}{\partial z} f(\phi, \rho, z) \hat{e}_z$$

Wir erhalten schließlich den Gradienten in Polarkoordinaten:

$$\operatorname{grad} f(\phi, \rho, z) = \frac{1}{\rho} \frac{\partial}{\partial \phi} f(\phi, \rho, z) \hat{e}_\phi + \frac{\partial}{\partial \rho} f(\phi, \rho, z) \hat{e}_\rho + \frac{\partial}{\partial z} f(\phi, \rho, z) \hat{e}_z$$

Mit einer ähnlichen Rechnung bekommen Sie für Kugelkoordinaten

$$x = r \cos \phi \cos \theta \quad \phi = \arctan \frac{y}{x}$$

$$y = r \sin \phi \cos \theta \quad \theta = \arccos \frac{z}{\sqrt{x^2 + y^2 + z^2}}$$

$$z = r \sin \theta \qquad r = \sqrt{x^2 + y^2 + z^2}$$

$$\hat{e}_x = -\sin \phi \hat{e}_\phi + \cos \theta \cos \phi \hat{e}_\theta + \sin \theta \cos \phi \hat{e}_r$$

$$\hat{e}_y = \cos \phi \hat{e}_\phi + \cos \theta \sin \phi \hat{e}_\theta + \sin \theta \sin \phi \hat{e}_r$$

$$\hat{e}_z = -\sin \theta \hat{e}_\theta + \cos \theta \hat{e}_z$$

$$\hat{e}_\phi = -\frac{y}{\sqrt{x^2 + y^2}} \hat{e}_x + \frac{x}{\sqrt{x^2 + y^2}} \hat{e}_y$$

$$\hat{e}_\rho = \frac{xz}{\sqrt{(x^2 + y^2 + z^2)(x^2 + y^2)}} \hat{e}_x + \frac{yz}{\sqrt{(x^2 + y^2 + z^2)(x^2 + y^2)}} \hat{e}_y$$

$$+ \frac{-x^2 - y^2}{\sqrt{(x^2 + y^2 + z^2)(x^2 + y^2)}} \hat{e}_z$$

$$\hat{e}_r = \frac{x}{\sqrt{x^2 + y^2 + z^2}} \hat{e}_x + \frac{y}{\sqrt{x^2 + y^2 + z^2}} \hat{e}_y + \frac{z}{\sqrt{x^2 + y^2 + z^2}} \hat{e}_z$$

den Gradienten

$$\operatorname{grad} f(r, \theta, \phi) = \frac{\partial}{\partial r} f(r, \theta, \phi) \hat{e}_r + \frac{1}{r} \frac{\partial}{\partial \theta} f(r, \theta, \phi) \hat{e}_\theta + \frac{1}{r \sin \theta} \frac{\partial}{\partial \phi} f(r, \theta, \phi) \hat{e}_\phi .$$

A3.4 Divergenz und Rotation

Mit dem Gradienten haben wir die Ableitungen eines skalaren Feldes beschrieben. Mit der Divergenz und der Rotation behandeln wir entsprechend die Ableitungen der Vektorfelder. Es sei $\vec{A}(\vec{r}) = (A_x(\vec{r}), A_y(\vec{r}), A_z(\vec{r}))$ ein differenzierbares Vektorfeld, dann können wir die folgenden beiden Operationen definieren

$$\operatorname{div} \vec{A}(\vec{r}) = \vec{\nabla} \cdot \vec{A}(\vec{r})$$

$$\operatorname{rot} \vec{A}(\vec{r}) = \vec{\nabla} \times \vec{A}(\vec{r}) .$$

Abb. A3.8 Zur Bedeutung der Divergenz

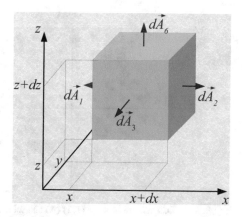

Man nennt sie die Divergenz und die Rotation des Vektorfeldes. Die Divergenz führt auf ein skalares Feld, die Rotation erneut auf ein Vektorfeld. Ausgeschrieben in kartesischen Koordinaten ergibt sich:

$$\text{div}\,\vec{A}\left(\vec{r}\right) = \frac{\partial A_x\left(\vec{r}\right)}{\partial x} + \frac{\partial A_y\left(\vec{r}\right)}{\partial y} + \frac{\partial A_z\left(\vec{r}\right)}{\partial z}$$

und

$$\text{rot}\,\vec{A}\left(\vec{r}\right) = \begin{pmatrix} \frac{\partial A_z(\vec{r})}{\partial y} - \frac{\partial A_y(\vec{r})}{\partial z} \\ \frac{\partial A_x(\vec{r})}{\partial z} - \frac{\partial A_z(\vec{r})}{\partial x} \\ \frac{\partial A_y(\vec{r})}{\partial x} - \frac{\partial A_x(\vec{r})}{\partial y} \end{pmatrix} .$$

Betrachten wir zunächst die Divergenz näher. Im Haupttext dieses Buches hatten wir geschrieben, dass die Divergenz ein Maß für die Quellstärke eines Feldes ist. Dies wollen wir am Beispiel eines Strömungsfeldes eines Fluids näher betrachten. In Band 1 (Abschn. 16.2) hatten wir die Massenstromdichte $\vec{j}(\vec{r}) = \rho(\vec{r}) \cdot \vec{v}(\vec{r})$ eingeführt. Sie gibt an, welche Menge des Fluids (gemessen als Masse) in einer Zeiteinheit durch eine infinitesimal kleine Fläche am Ort $\vec{r}$ fließt. Betrachten wir nun einen infinitesimal kleinen Würfel um einen Punkt $\vec{r}$, in dem sich eine Quelle der Strömung befinden soll. Dies bedeutet, dass Fluid aus der Oberfläche dieses Würfels austritt, bzw. dass mehr Fluid aus der Oberfläche austritt als eintritt. Bei einer Senke am Punkt $\vec{r}$ wäre es entsprechend umgekehrt.

Nun versuchen wir die Bilanz des Massenstroms durch die Oberfläche zu berechnen (**Abb. A3.8**). Der Massenstrom durch eine infinitesimale Oberfläche ist gegeben durch $J = \vec{j} \cdot d\vec{A}$. Den Massenstrom entwickeln wir in einer Taylorreihe in erster Ordnung, z. B.:

$$\vec{j}\left(\vec{r} + dx\hat{e}_x\right) = \vec{j}\left(\vec{r}\right) + \left.\frac{\partial \vec{j}}{\partial x}\right|_{\vec{r}} dx .$$

Dann ist

$$\begin{aligned}
\Delta J &= \vec{j}_1 \cdot d\vec{A}_1 + \vec{j}_2 \cdot d\vec{A}_2 + \vec{j}_3 \cdot d\vec{A}_3 + \vec{j}_4 \cdot d\vec{A}_4 + \vec{j}_5 \cdot d\vec{A}_5 + \vec{j}_6 \cdot d\vec{A}_6 \\
&= -j_x\left(\vec{r}\right) dy dz + j_x\left(\vec{r} + dx\hat{e}_x\right) dy dz \\
&\quad - j_y\left(\vec{r}\right) dx dz + j_y\left(\vec{r} + dy\hat{e}_y\right) dx dz \\
&\quad - j_z\left(\vec{r}\right) dx dy + j_z\left(\vec{r} + dz\hat{e}_z\right) dx dy \\
&= \left.\frac{\partial \vec{j}}{\partial x}\right|_{\vec{r}} dx dy dz + \left.\frac{\partial \vec{j}}{\partial y}\right|_{\vec{r}} dx dy dz + \left.\frac{\partial \vec{j}}{\partial z}\right|_{\vec{r}} dx dy dz = \text{div}\,\vec{j}\left(\vec{r}\right) dV .
\end{aligned}$$

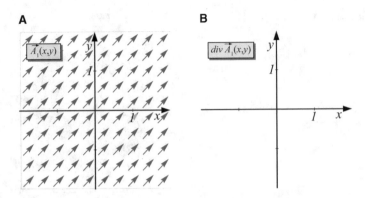

Abb. A3.9 Das Vektorfeld $\vec{A}_1 = (1,1)$ (**A**) und seine Divergenz div $\vec{A}_1 = 0$ (**B**)

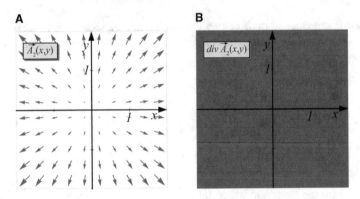

Abb. A3.10 Das Vektorfeld $\vec{A}_2 = (x, y)$ (**A**) und seine Divergenz div $\vec{A}_2 = 2$ (**B**)

Wie wir sehen, ergibt die Divergenz gerade die Quellstärke pro Volumeneinheit.

Zum besseren Verständnis wollen wir noch einige Beispiele zur Divergenz diskutieren. Um die Darstellung zu vereinfachen, betrachten wir zweidimensionale Schnitte, nämlich die x-y-Ebenen. Das erste Beispiel ist ein konstantes Vektorfeld $\vec{A}_1$. An jedem Punkt $\vec{r} = (x, y)$ in der Ebene hat das Vektorfeld den Wert $\vec{A}_1 = (1, 1)$. Die Divergenz des Vektorfeldes ist

$$\mathrm{div}\,\vec{A}_1 = \frac{\partial A_x}{\partial x} + \frac{\partial A_y}{\partial y} = 0.$$

In ◻ Abb. A3.9A wird das Vektorfeld $\vec{A}_1$ durch Vektorpfeile dargestellt und in B die Divergenz des Feldes, die ja selbst ein skalares Feld ist, in Farbkodierung gezeigt. In diesem Beispiel ist der Wert der Divergenz überall null und es ergibt sich eine einfarbige Fläche.

Das nächste Beispiel behandelt das Vektorfeld $\vec{A}_2(x, y) = (x, y)$. Es wird in ◻ Abb. A3.10 zusammen mit der Divergenz gezeigt. Für dieses Vektorfeld ergibt sich:

$$\mathrm{div}\,\vec{A}_2 = \frac{\partial A_x}{\partial x} + \frac{\partial A_y}{\partial y} = 1 + 1 = 2.$$

Legen Sie hier einen gedachten Würfel in das Vektorfeld, so treten die Feldlinien jeweils auf einer Seite des Würfels ein und auf der gegenüberliegenden Seite wieder aus. Da der Betrag des Vektorfeldes aber

A   B

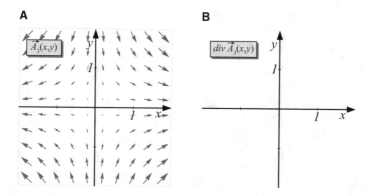

Abb. A3.11 Das Vektorfeld $\vec{A}_3 = (x, -y)$ (**A**) und seine Divergenz div $\vec{A}_2 = 0$ (**B**)

A   B

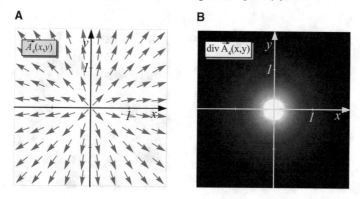

Abb. A3.12 Das Vektorfeld $\vec{A}_4(x, y)$ (**A**) und seine Divergenz div $\vec{A}_4$ (**B**)

mit dem Abstand vom Koordinatenursprung zunimmt, treten mehr Feldlinien aus als ein, sodass sich eine positive Quellstärke im Würfel ergibt. Dies ist in ◻ Abb. A3.10B dargestellt. Die Farbskala erstreckt sich von null (schwarz) bis vier (weiß) über immer hellere Zwischenfarben. Die einfarbige Fläche zeigt den konstanten Wert an.

Das dritte Beispiel behandelt das Vektorfeld $\vec{A}_3(x, y) = (x, -y)$. Im ersten Moment scheint dieses Vektorfeld dem Vektorfeld $\vec{A}_2(\vec{r})$ ähnlich zu sein, doch ein Blick auf die Rechnung zeigt, dass die Divergenz verschwindet:

$$\text{div } \vec{A}_3 = \frac{\partial A_x}{\partial x} + \frac{\partial A_y}{\partial y} = 1 - 1 = 0.$$

Das Vektorfeld und die Divergenz werden in ◻ Abb. A3.11 gezeigt.

Die ◻ Abb. A3.12, A3.13, A3.14 veranschaulichen noch drei weitere Beispiele. Diese sind:

$$\vec{A}_4(x, y) = \frac{1}{(x^2 + y^2)^{\frac{1}{2}}}(x, y) \qquad \text{◻ Abb. A3.12}$$

$$\vec{A}_5(x, y) = \frac{1}{(x^2 + y^2)}(x, y) \qquad \text{◻ Abb. A3.13}$$

$$\vec{A}_6(x, y) = \frac{1}{(x^2 + y^2)^{\frac{3}{2}}}(x, y) \qquad \text{◻ Abb. A3.14}$$

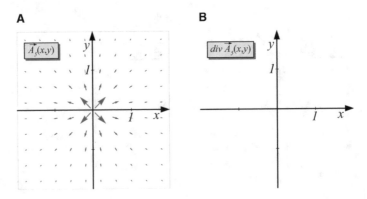

Abb. A3.13 Das Vektorfeld $\vec{A}_5(x, y)$ (**A**) und seine Divergenz div $\vec{A}_5$ (**B**)

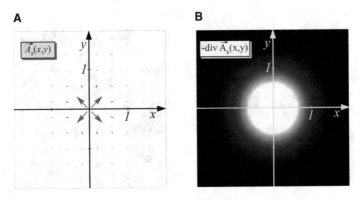

Abb. A3.14 Das Vektorfeld $\vec{A}_6(x, y)$ (**A**) und das negative seiner Divergenz $-$div $\vec{A}_6$ (**B**)

Es sind jeweils radiale Felder. Die Vektorpfeile zeigen vom Ursprung nach außen. Für $\vec{A}_4$ ist der Betrag der Vektoren konstant, für $\vec{A}_5$ fällt der Betrag wie $1/r$ ab und für $\vec{A}_6$ fällt er wie $1/r^2$. Die Divergenz des Vektorfeldes $\vec{A}_5$ verschwindet. Dies ist eine Eigenschaft des $1/r$-Abfalls. Für $\vec{A}_4$ sehen wir eine positive Divergenz, für $\vec{A}_6$ ist sie negativ. Allerdings müssen Sie beachten, dass die Felder $\vec{A}_5$ und $\vec{A}_6$ im Ursprung divergieren. Tatsächlich ergibt sich dort eine unendliche Divergenz.

Das Verschwinden der Divergenz eines radialen Feldes mit einem $1/r$-Abfall ist eine Eigenschaft des zweidimensionalen Raumes, den wir für unsere Beispiele gewählt haben. In der Elektrostatik taucht es beim elektrischen Feld eines unendlich langen, infinitesimal dünnen Drahtes auf. Nach Projektion in eine Ebene senkrecht zum Draht stellt dieses quasi ein zweidimensionales Beispiel dar. Für ein dreidimensionales radiales Feld ergibt sich ein anderes Ergebnis. Schreiben wir das radiale Feld als

$$\vec{A}_7 = \frac{1}{(x^2 + y^2 + z^2)^n} (x, y, z),$$

so ergibt sich eine Divergenz von

$$\text{div } \vec{A}_7(x, y, z) = \frac{-2n + 3}{(x^2 + y^2 + z^2)^n}$$

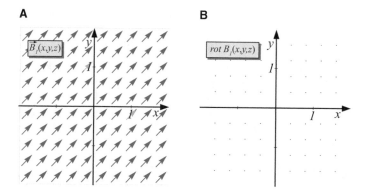

Abb. A3.15 Das Vektorfeld $\vec{B}_1(x, y, z)$ (**A**) und seine Rotation rot $\vec{B}_1$ (**B**) jeweils als Schnitt in der x-y-Ebene

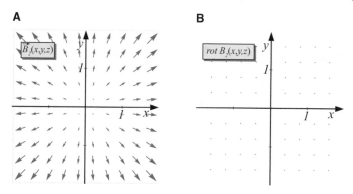

Abb. A3.16 Das Vektorfeld $\vec{B}_2(x, y, z)$ (**A**) und seine Rotation rot $\vec{B}_2$ (**B**) jeweils als Schnitt in der x-y-Ebene

welche für $n = 3/2$, d. h. für einen Abfall wie $1/r^2$ verschwindet. Dies ist der Fall des elektrischen Feldes einer Punktladung. Die verschwindende Divergenz ihres Feldes außerhalb der Punktladung selbst ist also direkt mit dem $1/r^2$-Verhalten des Coulomb-Gesetzes verknüpft.

Nun wenden wir uns der Rotation als zweiten wichtigen Operator für ein Vektorfeld zu. An der Definition der Rotation sehen wir, dass es nicht offensichtlich ist, wie wir die Rotation auf zwei Dimensionen reduzieren können. Daher bleiben wir bei drei Dimensionen, können dann aber jeweils nur zweidimensionale Schnitte der Felder und ihrer Rotationen zeigen. Wir beginnen wieder mit einem konstanten Feld. Da die Ableitungen alle verschwinden, ergibt sich als Rotation ein Vektorfeld von Nullvektoren:

$$\vec{B}_1(x, y, z) = (1, 1, 0)$$
$$\text{rot } \vec{B}_1(x, y, z) = (0, 0, 0).$$

Das Feld wird in ■ Abb. A3.15A zusammen mit seiner Rotation ■ Abb. A3.15B gezeigt. Dargestellt ist jeweils der Schnitt durch die x-y-Ebene.

Unser zweites Beispiel (■ Abb. A3.16) zeigt ein radiales Feld. Es handelt sich um das Feld

$$\vec{B}_2(\vec{r}) = (x, y, z).$$

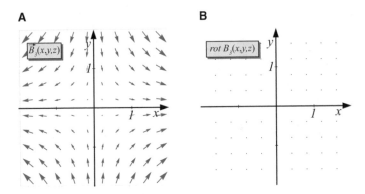

● **Abb. A3.17**   Das Vektorfeld $\vec{B}_3(x, y, z)$ (**A**) und seine Rotation rot $\vec{B}_3$ (**B**) jeweils als Schnitt in der x-y-Ebene

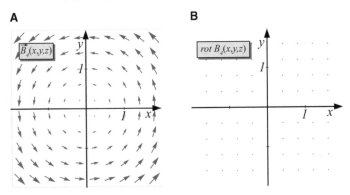

● **Abb. A3.18**   Das Vektorfeld $\vec{B}_4(x, y, z)$ (**A**) und seine Rotation rot $\vec{B}_4$ (**B**) jeweils als Schnitt in der x-y-Ebene

Ein Blick auf die Definition der Rotation zeigt, dass auch hier sämtliche Ableitungen verschwinden, sodass sich ein Feld aus Nullvektoren ergibt.

Auch das dritte Beispiel zur Rotation (● Abb. A3.17), welches dem Beispiel $\vec{A}_3$ zur Divergenz entspricht, zeigt keine Rotation

$$\vec{B}_3 (x, y, z) = (x, -y, z)$$

$$\text{rot } \vec{B}_3 (x, y, z) = (0, 0, 0).$$

Mit $\vec{B}_4$ stellen wir das erste Beispiel vor, das eine nicht verschwindende Rotation zeigt. Das Vektorfeld ist in ● Abb. A3.18A zu sehen. Die Vektoren des Feldes bilden geschlossene Linien (Kreise) im Feld, die man auch Wirbel nennt. Die Rotation ist ein Maß für die Stärke dieser Wirbel:

$$\vec{B}_4 (x, y, z) = (-y, x, 0)$$

$$\text{rot } \vec{B}_4 (x, y, z) = \begin{pmatrix} 0 \\ 0 \\ 2 \end{pmatrix}$$

In ● Abb. A3.18 haben wir das Feld wie auch seine Rotation als Schnitt in der x-y-Ebene gezeigt. Wiederum sehen wir bei der Rotation (● Abb. A3.18B) nur Nullvektoren. Ein Blick auf die Berechnung zeigt,

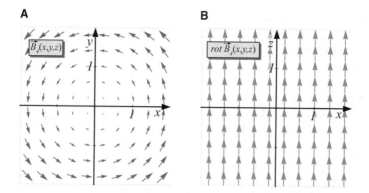

◻ Abb. A3.19 Das Vektorfeld $\vec{B}_4(x, y, z)$ (**A**, Schnitt in der x-y-Ebene) und seine Rotation rot $\vec{B}_4$ (**B**, Schnitt in der x-z-Ebene)

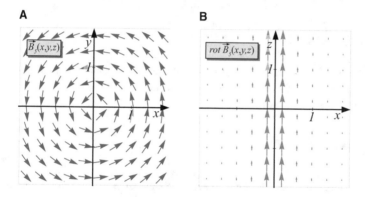

◻ Abb. A3.20 Das Vektorfeld $\vec{B}_5(x, y, z)$ (**A**, Schnitt in der x-y-Ebene) und seine Rotation rot $\vec{B}_5$ (**B**, Schnitt in der x-z-Ebene)

woran es diesmal liegt. Die Rotation verschwindet keineswegs. Die Vektoren stehen allerdings senkrecht auf der Ebene der Wirbel. In unserem Beispiel zeigen sie in z-Richtung. Wir haben die falsche Projektion gewählt. Wir zeigen daher das Vektorfeld in ◻ Abb. A3.19 erneut, dieses Mal allerdings zusammen mit einer Projektion der Rotation in die x-z-Ebene. Nun ist die Rotation zu erkennen. Die Richtung des Rotationsfeldes gibt die Orientierung der Wirbel an. Sie drehen sich immer in einer Rechtsschraube um die Vektoren der Rotation.

In ◻ Abb. A3.20A ist ein weiteres Wirbelfeld zu sehen. Dieses Feld weist Vektoren mit einem konstanten Betrag auf. Daneben ist die Projektion der Rotation in die x-z-Ebene dargestellt. Wieder zeigt die Rotation in die z-Richtung. Allerdings nimmt der Betrag der Rotation mit steigendem Abstand von der z-Achse ab:

$$\vec{B}_5(x, y, z) = \frac{1}{\sqrt{x^2 + y^2}}(-y, x, 0)$$

$$\text{rot } \vec{B}_5(x, y, z) = \begin{pmatrix} 0 \\ 0 \\ \frac{1}{\sqrt{x^2+y^2}} \end{pmatrix}.$$

Wie schon der Gradient lassen sich auch Divergenz und Rotation in beliebigen Koordinatensystemen ausdrücken. In unseren Beispielen hatten wir kartesische Koordinaten benutzt. In Zylinderkoordinaten lauten Divergenz und Rotation

$$
\operatorname{div} \vec{A} = \frac{1}{\rho} \frac{\partial}{\partial \rho} \left(\rho \cdot A_\rho \right) + \frac{1}{\rho} \frac{\partial A_\phi}{\partial \phi} + \frac{\partial A_z}{\partial z}
$$

$$
\operatorname{rot} \vec{A} = \left(\frac{\partial A_\rho}{\partial z} - \frac{\partial A_z}{\partial \rho} \right) \hat{e}_\phi + \left(\frac{1}{\rho} \frac{\partial A_z}{\partial \phi} - \frac{\partial A_\phi}{\partial z} \right) \hat{e}_\rho + \frac{1}{\rho} \left(\frac{\partial}{\partial \rho} \left(\rho \cdot A_\phi \right) - \frac{\partial A_\rho}{\partial \phi} \right) \hat{e}_z
$$

und in Kugelkoordinaten

$$
\operatorname{div} \vec{A} = \frac{1}{r \sin \theta} \frac{\partial A_\phi}{\partial \phi} + \frac{1}{r \sin \theta} \frac{\partial}{\partial \theta} \left(\sin \theta \cdot A_\theta \right) + \frac{1}{r^2} \frac{\partial}{\partial r} \left(r^2 \cdot A_r \right)
$$

$$
\operatorname{rot} \vec{A} = \frac{1}{r} \left(\frac{\partial}{\partial r} \left(r \cdot A_\theta \right) - \frac{\partial A_r}{\partial \theta} \right) \hat{e}_\phi + \left(\frac{1}{r \sin \theta} \frac{\partial A_r}{\partial \phi} - \frac{1}{r} \frac{\partial}{\partial r} \left(r \cdot A_\phi \right) \right) \hat{e}_\theta
$$

$$
+ \frac{1}{r \sin \theta} \left(\frac{\partial}{\partial \theta} \left(\sin \theta \cdot A_\phi \right) - \frac{\partial A_\theta}{\partial \phi} \right) \hat{e}_r .
$$

Wichtig für die Anwendung in der Physik ist es festzuhalten, dass sich ein wirbelfreies Feld $\vec{A}$, d. h. ein Feld $\vec{A}$, für das $\operatorname{rot} \vec{A} = 0$ gilt, als Gradientenfeld eines skalaren Feldes Φ darstellen lässt. Ist das Feld $\vec{A}$ gegeben, lässt sich Φ bestimmen aus

$$
\Phi \left(\vec{r} \right) = \frac{1}{4\pi} \int \frac{\operatorname{div} \vec{A} \left(\vec{r}' \right)}{\left| \vec{r} - \vec{r}' \right|} d^3 \vec{r}' .
$$

Dabei müssen wir annehmen, dass das Feld $\vec{A}$ stetig differenzierbar ist und zum Rand des Integrationsvolumens hinreichend schnell gegen Null geht.

Entsprechend lässt sich ein quellenfreies Feld $\vec{B}$, d. h. ein Feld $\vec{B}$, für das $\operatorname{div} \vec{B} = \vec{0}$ gilt, als Rotation eines Vektorfeldes $\vec{\Phi}$ darstellen. Das Vektorfeld $\vec{\Phi}$ bestimmt sich aus $\vec{B}$ nach

$$
\vec{\Phi} \left(\vec{r} \right) = \frac{1}{4\pi} \int \frac{\operatorname{rot} \vec{A} \left(\vec{r}' \right)}{\left| \vec{r} - \vec{r}' \right|} d^3 \vec{r}' .
$$

Die ursprünglichen Felder erhält man zurück aus

$$
\vec{A} \left(\vec{r} \right) = - \operatorname{grad} \Phi \left(\vec{r} \right)
$$

$$
\vec{B} \left(\vec{r} \right) = \operatorname{rot} \vec{\Phi} \left(\vec{r} \right) .
$$

In der Elektro- und Magnetostatik benutzen wir diese Relationen, um die elektrischen und magnetischen Felder aus dem skalaren elektrostatischen Potenzial $\phi(\vec{r})$ und dem magnetischen Vektorpotenzial, das wir ebenfalls $\vec{A}$ genannt hatten, abzuleiten.

Vielleicht haben Sie sich schon gefragt, warum in der ganzen Diskussion der Vektorfelder meist nur die beiden Operatoren div und rot auftauchen? Es liegt daran, dass sich unter bestimmten Voraussetzungen ein beliebiges Vektorfeld $\vec{C}$ durch Superposition aus einem wirbelfreien Feld $\vec{A}$ und einem quellenfreien Feld $\vec{B}$ zusammensetzen lässt. Weitere Anteile treten dabei nicht auf. Diese Superposition gelingt für stetig differenzierbare Felder $\vec{C}$, die zum Rand des Definitionsbereiches hin hinreichend schnell abfallen. Man nennt dies die Helmholtz-Zerlegung oder auch den Fundamentalsatz der Vektoranalysis.

A3.5   Der Laplace-Operator

Gradient, Divergenz und Rotation sind Differenzialoperatoren erster Ordnung. In vielen Fällen benötigen wir aber zweite Ableitungen. Dann tritt häufig der Laplace-Operator auf. Man bezeichnet ihn mit einem Dreieck: Δ. Für ein dreidimensionales, skalares Feld $f(\vec{r})$ erhält man ihn, indem man zunächst den Gradienten des Feldes bestimmt und dann die Divergenz davon bildet

$$\Delta f(\vec{r}) = \text{div}\left(\text{grad } f(\vec{r})\right).$$

Der Laplace-Operator angewandt auf ein skalares Feld ergibt wiederum ein skalares Feld. Daher trägt er keinen Vektorpfeil. In kartesischen Koordinaten ausgedrückt lautet er

$$\Delta f(\vec{r}) = \text{div}\left(\frac{\partial f(\vec{r})}{\partial x}, \frac{\partial f(\vec{r})}{\partial y}, \frac{\partial f(\vec{r})}{\partial z}\right) = \frac{\partial^2 f(\vec{r})}{\partial x^2} + \frac{\partial^2 f(\vec{r})}{\partial y^2} + \frac{\partial^2 f(\vec{r})}{\partial z^2}.$$

Der Laplace-Operator in kartesischen Koordinaten ist

$$\Delta = \frac{\partial^2}{\partial x^2} + \frac{\partial^2}{\partial y^2} + \frac{\partial^2}{\partial z^2}.$$

Reduzieren wir das skalare Feld $f(\vec{r})$ auf eine skalare Funktion einer Variablen $f(x)$, so sehen wir, dass sich der Laplace-Operator in diesem Fall auf die zweite Ableitung reduziert.

Dargestellt in Zylinderkoordinaten lautet der Laplace-Operator

$$\Delta f(\phi, \rho, z) = \frac{1}{\rho^2}\frac{\partial^2 f}{\partial \phi^2} + \frac{1}{\rho}\frac{\partial}{\partial \rho}\left(\rho \cdot \frac{\partial f}{\partial \rho}\right) + \frac{\partial^2 f}{\partial z^2}$$

und in Kugelkoordinaten

$$\Delta f(\phi, \theta, r) = \frac{1}{r^2 \sin^2 \theta}\frac{\partial^2 f}{\partial \phi^2} + \frac{1}{r^2 \sin \theta}\frac{\partial}{\partial \theta}\left(\sin \theta \frac{\partial f}{\partial \theta}\right) + \frac{1}{r^2}\frac{\partial}{\partial r}\left(r^2 \frac{\partial f}{\partial r}\right).$$

Man kann den Laplace-Operator auch auf Vektorfelder erweitern. Wir stellen den Gradienten und die Divergenz mit dem Nabla-Operator $\vec{\nabla}$ dar:

$$\Delta f = \vec{\nabla} \cdot (\vec{\nabla} f).$$

Nun benutzen wir das Assoziativgesetz und schreiben

$$\Delta f = (\vec{\nabla} \cdot \vec{\nabla}) f.$$

In dieser Form können wir den Operator nun auch auf ein Vektorfeld anwenden:

$$\Delta \vec{A} = \overrightarrow{(\vec{\nabla} \cdot \vec{\nabla})\vec{A}}.$$

Ausgeschrieben in kartesischen Koordinaten ergibt sich für das Vektorfeld $\vec{A} = (A_x, A_y, A_z)$

$$\Delta \vec{A} = \begin{pmatrix} \frac{\partial^2 A_x}{\partial x^2} + \frac{\partial^2 A_x}{\partial y^2} + \frac{\partial^2 A_x}{\partial z^2} \\ \frac{\partial^2 A_y}{\partial x^2} + \frac{\partial^2 A_y}{\partial y^2} + \frac{\partial^2 A_y}{\partial z^2} \\ \frac{\partial^2 A_z}{\partial x^2} + \frac{\partial^2 A_z}{\partial y^2} + \frac{\partial^2 A_z}{\partial z^2} \end{pmatrix}.$$

A3.6   Rechenregeln für Vektoroperatoren

Hier seien noch einige hilfreiche Rechenregeln für die Differenzialoperatoren angegeben. Bezüglich der Beweise verweisen wir auf die Fachliteratur. Für die skalaren Felder $f(\vec{r})$ und $g(\vec{r})$ und die Vektorfelder $\vec{A}(\vec{r})$ und $\vec{B}(\vec{r})$ gilt:

$$\operatorname{grad}(f \cdot g) = f \operatorname{grad} g + g \operatorname{grad} f$$

$$\operatorname{div}\left(\vec{A} \times \vec{B}\right) = \vec{B} \cdot \operatorname{rot} \vec{A} - \vec{A} \cdot \operatorname{rot} \vec{B}$$

$$\operatorname{div}\left(f \cdot \vec{A}\right) = \vec{A} \operatorname{grad} f + f \operatorname{div} \vec{A}$$

$$\operatorname{rot}\left(f \cdot \vec{A}\right) = f \operatorname{rot} \vec{A} + (\operatorname{grad} f) \times \vec{A}$$

$$\operatorname{rot} \operatorname{grad} f = \vec{0}$$

$$\operatorname{div} \operatorname{rot} \vec{A} = 0$$

$$\operatorname{rot} \operatorname{rot} \vec{A} = \operatorname{grad} \operatorname{div} \vec{A} - \Delta \vec{A}.$$

A3.7   Integralsätze

Die Integralsätze stellen Beziehungen zwischen einem Integral über ein Integrationsvolumen und ein Integral über dessen Rand dar. Von besonderer Bedeutung für die Elektrizitätslehre sind der Gauß'sche Integralsatz und der Stoke'sche Integralsatz. Auf diese wollen wir uns hier konzentrieren. Beginnen wir mit dem Gauß'schen Integralsatz. Er lautet:

$$\int_V \operatorname{div} \vec{B}\, dV = \int_{\partial V} \vec{B} \cdot d\vec{A}.$$

Dabei ist $\vec{B}$ ein Vektorfeld, das innerhalb des Integrationsvolumens samt dessen Rand stetig differenzierbar sein muss, d. h. die partiellen Ableitungen des Vektorfeldes müssen existieren und stetig sein. Das Integrationsvolumen haben wir mit V bezeichnet. Wir betrachten hier nur den Fall eines dreidimensionalen Volumens, obwohl sich der Gauß'sche Integralsatz auch für höhere Dimensionen formulieren lässt. Der Rand ∂V des Volumens entspricht im dreidimensionalen Fall der Oberfläche des eingeschlossenen Volumens. Als Voraussetzungen für die Anwendung des Satzes muss man fordern, dass das Volumen kompakt und die Oberfläche zumindest stückweise glatt ist. Die Forderung nach einem kompakten Volumen ist in der Elektrizitätslehre meist unkritisch. Sie bedeutet in etwa, dass die Punkte, über die sich das Integral erstreckt, zusammenhängen und nicht durch Lücken voneinander getrennt sind und dass der Rand Teil des Volumens ist (die Oberfläche zählt zum Volumen dazu). Eine Oberfläche ist stückweise glatt, wenn man sie aus Flächenstücken zusammensetzen kann, deren Parameterdarstellung sich stetig nach den Koordinaten differenzieren lässt. Sind diese Voraussetzungen erfüllt, kann man den Gauß'schen Integralsatz benutzen. Dabei müssen Sie darauf achten, dass sich das Integral der rechten Seite auch tatsächlich über die Oberfläche erstreckt, die zum Integrationsvolumen der linken Seite gehört.

Zu Beginn von Abschn. A3.4 hatten wir gezeigt, dass für ein infinitesimales Volumen dV mit einem Vektorfeld $\vec{j}$ gilt

$$\vec{j} \cdot d\vec{A} = \sum_i \vec{j}_i \cdot d\vec{A}_i = \operatorname{div} \vec{j}\, dV.$$

Dabei sind $d\vec{A}_i$ die Stücke, aus denen sich die Oberfläche des Volumens dV zusammensetzt. Wir hatten in unserem Beispiel einen Würfel benutzt, dessen Oberfläche sich dann aus den sechs Seitenflächen

■ Abb. A3.21 Zur Beweisführung des Gauß'schen Satzes

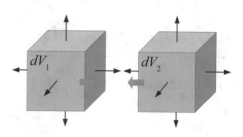

zusammensetzt. Setzen wir nun zwei Volumenelemente dV_1 und dV_2 aneinander (siehe ■ Abb. A3.21), so tritt die Kontaktfläche zwischen den beiden Volumina in der Summe der Teilflächen zweimal auf, einmal als Oberflächenstück von dV_1 mit dem Normalenvektor nach außen in Bezug auf dV_1 und einmal als Teilstück der Oberfläche von dV_2 mit entgegengesetztem Normalenvektor. Diese beiden Beiträge heben sich gegenseitig auf, sodass die Summe über die Teilstücke der Oberfläche des vereinten Volumens $dV_1 + dV_2$ umfasst. So kann man Stück für Stück weitere Volumenelemente hinzufügen und gelangt auf diese Weise zu einem Integral über ein endliches Volumen und dessen Oberfläche. Aus der Relation für infinitesimale Volumina entsteht so der Gauß'sche Integralsatz.

In der Physik repräsentiert der Gauß'sche Integralsatz meist Erhaltungssätze eines Fluids oder einer ähnlichen Größe. Auf der linken Seite wird die Quellstärke des Feldes über ein Volumen integriert. Quellen tragen positiv zum Integral bei, Senken wirken negativ. Die linke Seite gibt den Nettozufluss aus den Quellen und Senken im Volumen an. Der Satz besagt dann, dass dieser Nettozufluss genauso groß sein muss wie das, was von $\vec{A}$ durch die Oberfläche abfließt.

Der Stoke'sche Integralsatz lautet

$$\int_A \operatorname{rot} \vec{B}\, d\vec{A} = \oint_{\partial A} \vec{B} \cdot d\vec{s}.$$

Hier ist $\vec{B}$ wieder ein Vektorfeld, das innerhalb des Integrationsvolumens samt dessen Rand stetig differenzierbar sein muss. Die Integration erstreckt sich beim Stoke'schen Satz über eine endliche Fläche A, für die über den Normalenvektor eine Orientierung definiert ist, d. h., es ist festgelegt, welches die Innen- bzw. Außenseite der Fläche ist. Der Rand ∂A ist die Linie, die die Fläche begrenzt. Das Linienintegral über den Rand auf der rechten Seite des Stoke'schen Integralsatzes ist dabei so zu durchlaufen, dass sich eine Rechtsschraube um die Normalenvektoren der Fläche ergibt. Wichtig ist dabei, dass es sich bei der Linie auf der rechten Seite des Satzes tatsächlich um den Rand der Fläche auf der linken Seite des Satzes handelt. Dabei ist zu beachten, dass die Fläche durch den Rand nicht eindeutig bestimmt ist. Bei vorgegebenem Rand gibt es viele Möglichkeiten, eine Fläche in diesen einzupassen. Den Stoke'schen Integralsatz kann man auch so interpretieren, dass er besagt, dass sich für jede dieser Flächen dasselbe Ergebnis des Integrals über rot $\vec{B}$ ergibt. Diese Aussage veranlasste Maxwell zur Einführung des nach ihm benannten Verschiebungsstroms.

Stichwortverzeichnis